rapid biological and social inventories

INFORME/REPORT NO. 27

Perú: Tapiche-Blanco

Nigel Pitman, Corine Vriesendorp, Lelis Rivera Chávez, Tyana Wachter, Diana Alvira Reyes, Álvaro del Campo, Giussepe Gagliardi-Urrutia, David Rivera González, Luis Trevejo, Dani Rivera González y/and Sebastian Heilpern

editores/editors

Octubre/October 2015

Instituciones Participantes/Participating Institutions

The Field Museum

Centro para el Desarrollo del Indígena Amazónico (CEDIA)

Instituto de Investigaciones de la Amazonía Peruana (IIAP)

Servicio Nacional de Áreas Naturales Protegidas por el Estado (SERNANP)

Servicio Nacional Forestal y de Fauna Silvestre (SERFOR)

Herbario Amazonense de la Universidad Nacional de la Amazonía Peruana (AMAZ)

Museo de Historia Natural de la Universidad Nacional Mayor de San Marcos

Centro de Ornitología y Biodiversidad (CORBIDI)

LOS INFORMES DE INVENTARIOS RÁPIDOS SON PUBLICADOS POR/
RAPID INVENTORIES REPORTS ARE PUBLISHED BY:

THE FIELD MUSEUM
Science and Education
1400 South Lake Shore Drive
Chicago, Illinois 60605-2496, USA
T 312.665.7430, F 312.665.7433
www.fieldmuseum.org

Editores/Editors

Nigel Pitman, Corine Vriesendorp, Lelis Rivera Chávez,
Tyana Wachter, Diana Alvira Reyes, Álvaro del Campo,
Giussepe Gagliardi-Urrutia, David Rivera González, Luis Trevejo,
Dani Rivera González y/and Sebastian Heilpern

Diseño/Design

Costello Communications, Chicago

Mapas y gráficas/Maps and graphics

Mark K. Johnston, Jonathan Markel y/and Blanca Sandoval Ibañez

Traducciones/Translations

Patricia Álvarez-Loayza (English-castellano), Álvaro del Campo
(English-castellano), Emily Goldman (castellano-English),
Sebastian Heilpern (castellano-English), Humberto Huaninche
Sachivo (castellano-Capanahua), Nigel Pitman (castellano-English),
Ernesto Ruelas Inzunza (English-castellano), Ruth Silva (English-
castellano) y/and Lauren Wustenberg (castellano-English)

The Field Museum es una institución sin fines de lucro exenta de
impuestos federales bajo la sección 501(c)(3) del Código Fiscal Interno./
The Field Museum is a non-profit organization exempt from federal
income tax under section 501(c)(3) of the Internal Revenue Code.

ISBN NUMBER 978-0-9828419-5-2

Cualquiera de las opiniones expresadas en los informes de los
Inventarios Rápidos son expresamente las de los autores y no reflejan
necesariamente las del Field Museum./Any opinions expressed in
the Rapid Inventories reports are those of the authors and do not
necessarily reflect those of The Field Museum.

Esta publicación ha sido financiada en parte por The Gordon and Betty
Moore Foundation y The Field Museum./This publication has been funded in
part by The Gordon and Betty Moore Foundation and The Field Museum.

Cita sugerida/Suggested citation

Pitman, N., C. Vriesendorp, L. Rivera Chávez, T. Wachter,
D. Alvira Reyes, Á. del Campo, G. Gagliardi-Urrutia,
D. Rivera González, L. Trevejo, D. Rivera González y/and S. Heilpern,
eds. 2015. *Perú: Tapiche-Blanco*. Rapid Biological and Social
Inventories Report 27. The Field Museum, Chicago.

Fotos e ilustraciones/Photos and illustrations

Carátula/Cover: Los bosques entre los ríos Tapiche y Blanco
albergan unas 17 especies de primates, incluyendo poblaciones
grandes del huapo rojo, *Cacajao calvus* ssp. *ucayalii*, considerado
Vulnerable en el ámbito mundial. Foto de Álvaro del Campo./
The forests of Peru's Tapiche-Blanco region harbor some 17 species
of primates, including large populations of the globally Vulnerable
red uakari, *Cacajao calvus* ssp. *ucayalii*. Photo by Álvaro del Campo.

Carátula interior/Inner cover: Un mosaico de bosques de arena
blanca, bosques de altura y vastos humedales estacionalmente
inundables hace del interfluvio de Tapiche-Blanco una prioridad
para la conservación en el Perú. Foto de Álvaro del Campo./
With its striking mosaic of white-sand forests, upland forests, and
vast seasonally flooded wetlands, the Tapiche-Blanco region is a
leading conservation priority for Peru. Photo by Álvaro del Campo.

Láminas a color/Color plates: Figs. 10Q–S, P. Álvarez-Loayza;
Fig. 12F, D. Alvira Reyes; Fig. 10H, R. Aquino; Figs. 7A–U,
M. I. Corahua; Figs. 4D, 5C, T. Crouch; Figs. 1, 3D–F, 4F–G, 6L, 8B,
9A, 9G–H, 10A, 10C, 10G, 10J, 10K, 10M, 10O, 11B, 12A (inset),
13A–C, Á. del Campo; Figs. 10B, 10D–F, 10L, 10P, M. Escobedo;
Figs. 8A, 8G, 8J–M, 8O–P, G. Gagliardi-Urrutia; Figs. 7V, 8E, 9J,
11A, 11F, 12E, J. J. Inga Pinedo; Fig. 5A, M. K. Johnston; Figs. 2A–B,
3A–C, J. A. Markel; Fig. 5E, T. McNamara; Figs. 5G, 6A, 6C, 6D, 6G,
6J–K, T. J. Mori Vargas; Fig. 11E, C. Núñez Pérez; Fig. 8Q, M. Odicio
Iglesias; Fig. 10N, B. J. O'Shea; Fig. 7W, E. Pacaya; Figs. 11C–D,
12A–D, M. Pariona; Figs. 4B–C, N. Pitman; Figs. 9B–F, 9K,
P. Saboya del Castillo; Fig. 4A, R. F. Stallard; Figs. 6B, 6F, L. A. Torres
Montenegro; Figs. 8C–D, 8F, 8H, 8N, P. Venegas Ibáñez; Figs. 4E,
5B, 5D, 5F, 6E, 6H, C. Vriesendorp.

CONTENIDO/CONTENTS

INTEGRANTES DEL EQUIPO

EQUIPO DE CAMPO

María I. Aldea-Guevara (*peces*)
Universidad Nacional de la Amazonía Peruana (UNAP)
Iquitos, Perú
maryaldea@hotmail.com

Patricia Álvarez-Loayza (*cámaras trampa*)
Duke University
Durham, NC, EE.UU.
alvar.patricia@gmail.com

Diana (Tita) Alvira Reyes (*caracterización social*)
Science and Education
The Field Museum
Chicago, IL, EE.UU.
dalvira@fieldmuseum.org

Luciano Cardoso (*caracterización social*)
Comunidad Nativa Lobo Santa Rocino
Río Blanco, Perú

Álvaro del Campo (*coordinación, logística de campo y fotografía*)
Science and Education
The Field Museum
Chicago, IL, EE.UU.
adelcampo@fieldmuseum.org

María Isabel Corahua (*peces*)
Museo de Historia Natural
Universidad Nacional Mayor de San Marcos
Lima, Perú
mycorahua@gmail.com

Trey Crouch (*geología*)
University of Florida
Gainesville, FL, EE.UU.
treycrouch@gmail.com

Mario Escobedo (*mamíferos*)
Servicios de Biodiversidad EIRL
Lima, Perú
marioescobedo@gmail.com

Giussepe Gagliardi-Urrutia (*anfibios y reptiles*)
Instituto de Investigaciones de la Amazonía Peruana (IIAP)
Iquitos, Perú
giussepegagliardi@yahoo.com

Emily Graslie (*The Brain Scoop*)
Science and Education
The Field Museum
Chicago, IL, EE.UU.
egraslie@fieldmuseum.org

Max H. Hidalgo (*peces*)
Museo de Historia Natural
Universidad Nacional Mayor de San Marcos
Lima, Perú
mhidalgod@unmsm.edu.pe

Dario Hurtado Cardenas (*logística de transporte aéreo*)
Lima, Perú
dhcapache1912@yahoo.es

Jorge Joel Inga Pinedo (*caracterización social*)
Universidad Nacional de la Amazonía Peruana (UNAP)
Iquitos, Perú
jorgeinga85@gmail.com

Mark K. Johnston (*cartografía*)
Science and Education
The Field Museum
Chicago, IL, EE.UU.
mjohnston@fieldmuseum.org

Guillermo Knell (*logística de campo*)
Ecologística Perú
Lima, Perú
atta@ecologisticaperu.com

Ángel López Panduro (*caracterización social*)
Comunidad Nativa Palmera del Tapiche
Río Tapiche, Perú

Jonathan A. Markel (*cartografía*)
Science and Education
The Field Museum
Chicago, IL, EE.UU.
jmarkel@fieldmuseum.org

Tom McNamara (*The Brain Scoop*)
Science and Education
The Field Museum
Chicago, IL, EE.UU.
tmcnamara@fieldmuseum.org

Italo Mesones Acuy (*logística de campo*)
Universidad Nacional de la Amazonía Peruana (UNAP)
Iquitos, Perú
italomesonesacuy@yahoo.es

Tony Jonatan Mori Vargas (*plantas*)
Servicios de Biodiversidad EIRL
Iquitos, Perú
tjmorivargas@gmail.com

Cecilia Núñez Pérez (*caracterización social*)
Asociación Mayantú
Iquitos, Perú
cecilia.nunez.perez@gmail.com

Marco Odicio Iglesias (*anfibios y reptiles*)
Peruvian Center for Biodiversity and Conservation (PCBC)
Iquitos, Perú
odicioiglesias@gmail.com

Brian J. O'Shea (*aves*)
North Carolina Museum of Natural Sciences
Raleigh, NC, EE.UU.
brian.oshea@naturalsciences.org

Joel Yuri Paitan Cano (*caracterización social*)
Servicio Nacional de Áreas Naturales Protegidas por el Estado (SERNANP)
Zona Reservada Sierra del Divisor
Pucallpa, Perú
ypaitan@sernanp.gob.pe

Mario Pariona (*caracterización social*)
Science and Education
The Field Museum
Chicago, IL, EE.UU.
mpariona@fieldmuseum.org

Nigel Pitman (*plantas*)
Science and Education
The Field Museum
Chicago, IL, EE.UU.
npitman@fieldmuseum.org

Marcos Ríos Paredes (*plantas*)
Servicios de Biodiversidad EIRL
Iquitos, Perú
marcosriosp@gmail.com

Dani Rivera González (*coordinación, logística*)
Centro para el Desarrollo del Indígena Amazónico (CEDIA)
Iquitos, Perú
danirivera@cedia.org.pe

Lelis Rivera Chávez (*coordinación, logística*)
Centro para el Desarrollo del Indígena Amazónico (CEDIA)
Lima, Perú
lerivera@cedia.org.pe

David Rivera González (*caracterización social*)
Centro para el Desarrollo del Indígena Amazónico (CEDIA)
Lima, Perú
darigo@cedia.org.pe

Alberto Victor Romero Ramón (*coordinación*)
Centro para el Desarrollo del Indígena Amazónico (CEDIA)
Lima, Perú
alromero@cedia.org.pe

Ernesto Ruelas Inzunza (*aves, coordinación*)
Science and Education
The Field Museum
Chicago, IL, EE.UU.
eruelas@fieldmuseum.org

Percy Saboya del Castillo (*aves*)
Peruvian Center for Biodiversity and Conservation (PCBC)
Iquitos, Perú
percnostola@gmail.com

Blanca E. Sandoval Ibañez (*cartografía*)
Centro para el Desarrollo del Indígena Amazónico (CEDIA)
Iquitos, Perú
besmeraldasandoval@gmail.com

Robert F. Stallard (*geología*)
Instituto Smithsonian de Investigaciones Tropicales
Balboa, República de Panamá
stallard@si.edu

Douglas F. Stotz (*aves*)
Science and Education
The Field Museum
Chicago, IL, EE.UU.
dstotz@fieldmuseum.org

Luis Alberto Torres Montenegro (*plantas*)
Servicios de Biodiversidad EIRL
Iquitos, Perú
luistorresmontenegro@gmail.com

Luis Trevejo (*logística, coordinación*)
Centro para el Desarrollo del Indígena Amazónico (CEDIA)
Iquitos, Perú
ltrevejo@cedia.org.pe

José Alejandro Urrestty Aspajo (*caracterización social*)
Servicio Nacional de Áreas Naturales Protegidas por el Estado
(SERNANP)
Reserva Nacional Matsés
Iquitos, Perú
jurrestty@sernanp.gob.pe

Magno Vásquez Pilco (*logística de campo*)
Universidad Nacional de la Amazonía Peruana (UNAP)
Iquitos, Perú
carlomagno3818@hotmail.com

Pablo Venegas Ibáñez (*anfibios y reptiles*)
Centro de Ornitología y Biodiversidad (CORBIDI)
Lima, Perú
sancarranca@yahoo.es

Rony Villanueva Fajardo (*caracterización social, logística, coordinación*)
Centro para el Desarrollo del Indígena Amazónico (CEDIA)
Iquitos, Perú
rony.villanueva@cedia.org.pe

Corine Vriesendorp (*coordinación, plantas*)
Science and Education
The Field Museum
Chicago, IL, EE.UU.
cvriesendorp@fieldmuseum.org

Tyana Wachter (*logística general*)
Science and Education
The Field Museum
Chicago, IL, EE.UU.
twachter@fieldmuseum.org

COLABORADORES

Comunidades (en orden alfabético)

Comunidad Campesina Canchalagua
Río Tapiche, Perú

Comunidad Nativa España
Río Blanco, Perú

Comunidad Nativa Frontera
Río Blanco, Perú

Comunidad Nativa Lobo Santa Rocino
Río Blanco, Perú

Comunidad Campesina Morales Bermúdez
Río Tapiche, Perú

Comunidad Nativa Nuevo Capanahua
Río Tapiche, Perú

Comunidad Campesina Nueva Esperanza
Río Tapiche, Perú

Comunidad Nativa Palmera del Tapiche
Río Tapiche, Perú

**Comunidad Campesina Tres Tigres del Bajo Tapiche
(anexo Monte Sinaí)**
Río Tapiche, Perú

Comunidad Nativa Wicungo
Río Tapiche, Perú

Gobiernos locales

Municipalidad Distrital Alto Tapiche

Municipalidad Distrital Soplín

Municipalidad Distrital Tapiche

Gobierno Regional de Loreto

**Programa Regional de Manejo de Recursos Forestales y
de Fauna Silvestre (PRMRFFS)**
Gobierno Regional de Loreto
Iquitos, Perú

Otras instituciones colaboradoras

Instituto Smithsonian de Investigaciones Tropicales (STRI)
Panamá, República de Panamá

The Field Museum

The Field Museum es una institución dedicada a la investigación y educación con exhibiciones abiertas al público; sus colecciones representan la diversidad natural y cultural del mundo. Su labor de ciencia y educación —dedicada a explorar el pasado y el presente para crear a un futuro rico en diversidad biológica y cultural— está organizada en tres centros que desarrollan actividades complementarias. El Centro de Colecciones Gantz salvaguarda más de 24 millones de objetos que están disponibles a investigadores, educadores y científicos ciudadanos; el Centro de Investigación Integrativa resuelve preguntas científicas con base en sus colecciones, mantiene investigaciones de talla mundial sobre evolución, vida y cultura, y trabaja de manera interdisciplinaria para resolver las cuestiones más críticas de nuestros tiempos; finalmente, el Centro de Ciencia en Acción Keller aplica la ciencia y colecciones del museo al trabajo en favor de la conservación y el entendimiento cultural. Este centro se enfoca en resultados tangibles en el terreno: desde la conservación de grandes extensiones de bosques tropicales y la restauración de la naturaleza cercana a centros urbanos, hasta el restablecimiento de la conexión entre la gente y su herencia cultural. Las actividades educativas son parte de la estrategia central de los tres centros: estos colaboran cercanamente para llevar la ciencia, colecciones y acciones del museo al aprendizaje del público.

The Field Museum
1400 S. Lake Shore Drive
Chicago, IL 60605–2496 EE.UU.
1.312.922.9410 tel
www.fieldmuseum.org

Centro para el Desarrollo del Indígena Amazónico (CEDIA)

CEDIA es una organización civil peruana sin fines de lucro con más de 32 años trabajando en favor de las poblaciones indígenas de la Amazonía peruana, mediante el ordenamiento territorial, seguridad jurídica de la propiedad indígena, la cogestión de áreas protegidas y la promoción e implementación participativa de planes de manejo de sus bosques.

Ha facilitado procesos de titulación de alrededor de 375 comunidades nativas con más de 4 millones de hectáreas para 11,500 familias indígenas; es pionero en la formulación y establecimiento de Reservas Territoriales para Pueblos Indígenas Aislados y de Contacto Inicial; y ha promovido la creación de cinco áreas protegidas y la categorización de otras tres.

CEDIA busca consolidar su labor a través del fortalecimiento de la organización comunal y promueve la conservación y el manejo sostenible de recursos naturales de los territorios indígenas y las áreas protegidas de su entorno. Sus actividades han beneficiado a los pueblos indígenas Machiguenga, Yine Yami, Ashaninka, Kakinte, Nanti, Nahua, Harakmbut, Urarina, Iquito, Matsés, Capanahua, Kokama kokamilla, Secoya, Huitoto y Kichwa en las cuencas de los ríos Alto y Bajo Urubamba, Apurímac, Alto Madre de Dios, Chambira, Nanay, Gálvez, Yaquerana, Putumayo, Napo, Tigre, Blanco, Tapiche y Bajo Ucayali de la Amazonía peruana.

Centro para el Desarrollo del Indígena Amazónico
Pasaje Bonifacio 166, Urb. Los Rosales de Santa Rosa
La Perla-Callao, Lima, Perú
51.1.420.4340 tel
51.1.457.5761 tel/fax
www.cedia.org.pe

Instituto de Investigaciones de la Amazonía Peruana (IIAP)

El Instituto de Investigaciones de la Amazonía Peruana (IIAP) es una institución pública de investigación y desarrollo tecnológico especializada en la Amazonía, entre cuyos objetivos están la investigación, aprovechamiento sostenible y conservación de los recursos de la biodiversidad, con miras a promover el desarrollo de la población amazónica. Su sede principal está en Iquitos y cuenta con oficinas en seis regiones con territorio amazónico. Además de investigar los posibles usos de especies promisorias y desarrollar tecnologías de cultivo, manejo y transformación de recursos de la biodiversidad, el IIAP está promoviendo activamente acciones orientadas al manejo, conservación de especies y ecosistemas, incluyendo la creación de áreas protegidas; también participa en los estudios necesarios para su sustentación. Actualmente cuenta con seis programas de investigación, enfocados en ecosistemas y recursos acuáticos, ecosistemas y recursos terrestres, zonificación ecológica económica y ordenamiento ambiental, biodiversidad amazónica, sociodiversidad amazónica y servicios de información sobre la biodiversidad.

Instituto de Investigaciones de la Amazonía Peruana
Av. José A. Quiñones km 2.5 - Apartado Postal 784
Iquitos, Loreto, Perú
51.65.265515, 51.65.265516 tel
51.65.265527 fax
www.iiap.org.pe

Servicio Nacional de Áreas Naturales Protegidas por el Estado (SERNANP)

El SERNANP es un organismo público técnico especializado adscrito al Ministerio del Ambiente del Perú, a través del Decreto Legislativo 1013 del 14 de mayo de 2008, encargado de dirigir y establecer los criterios técnicos y administrativos para la conservación de las Áreas Naturales Protegidas (ANP), y de cautelar el mantenimiento de la diversidad biológica. El SERNANP es el ente rector del Sistema Nacional de Áreas Naturales Protegidas por el Estado (SINANPE), y en su calidad de autoridad técnico-normativa realiza su trabajo en coordinación con gobiernos regionales, locales y propietarios de predios reconocidos como áreas de conservación privada. La misión del SERNANP es conducir el SINANPE con una perspectiva ecosistémica, integral y participativa, con la finalidad de gestionar sosteniblemente su diversidad biológica y mantener los servicios ecosistémicos que brindan beneficios a la sociedad. En el Perú se tienen 76 ANP de administración nacional, así como 17 áreas de conservación regional y 82 áreas de conservación privada, que conforman el 17.25% del territorio nacional.

Servicio Nacional de Áreas Naturales Protegidas por el Estado
Calle Diecisiete 355
Urb. El Palomar, San Isidro, Lima, Perú
51.1.717.7520 tel
www.sernanp.gob.pe

Servicio Nacional Forestal y de Fauna Silvestre (SERFOR)

El SERFOR es un organismo público técnico especializado, adscrito al Ministerio de Agricultura y Riego, encargado de establecer las normas, la política, los lineamientos, las estrategias y los programas del sector, a fin de asegurar la gestión sostenible de los recursos forestales y de fauna silvestre del país.

El SERFOR es el ente rector del Sistema Nacional de Gestión Forestal y de Fauna Silvestre (Sinafor) y es la autoridad nacional técnico-normativo. Mantiene las funciones forestales y de fauna silvestre a través de sus 13 Administraciones Técnicas Forestales y de Fauna Silvestre (ATFFS) como son Lima, Apurímac, Áncash, Arequipa, Cajamarca, Cusco, Lambayeque, Tumbes-Piura, Sierra Central, Selva Central, Puno, Moquegua-Tacna e Ica.

Además coordina estrechamente con las nueve regiones a las que el Gobierno Nacional le ha transferido las funciones forestales y de fauna silvestre como son: Tumbes, Loreto, San Martín, Ucayali, Huánuco, Ayacucho, Madre de Dios, Amazonas y La Libertad.

Ejerce sus funciones como Autoridad Nacional Forestal y de Fauna Silvestre con un enfoque participativo, inclusivo para la gestión sostenible que impacte en el bienestar de los ciudadanos y el desarrollo del país. El Perú cuenta con 73 millones de hectáreas de superficie de bosques, lo que representa más del 57% del territorio nacional, extensión que lo ubica como segundo país forestal en América Latina y noveno en el mundo.

Servicio Nacional Forestal y de Fauna Silvestre
Calle Diecisiete 355
Urb. El Palomar, San Isidro, Lima, Perú
51.1.225.9005 tel
www.serfor.gob.pe

Herbario Amazonense de la Universidad Nacional de la Amazonía Peruana (AMAZ)

El Herbario Amazonense (AMAZ) pertenece a la Universidad Nacional de la Amazonía Peruana (UNAP), situada en Iquitos, Perú. Fue creado en 1972 como una institución abocada a la educación e investigación de la flora amazónica. En él se preservan ejemplares representativos de la flora amazónica del Perú, considerada una de las más diversas del planeta. Además, cuenta con una serie de colecciones provenientes de otros países. Su amplia colección es un recurso que brinda información sobre la clasificación, distribución, temporadas de floración, fructificación y hábitats de los Pteridophyta, Gymnospermae y Angiospermae. Las colecciones permiten a estudiantes, docentes e investigadores locales y extranjeros disponer de material para sus actividades de enseñanza, aprendizaje, identificación e investigación de la flora. De esta manera, el Herbario Amazonense busca fomentar la conservación y divulgación de la flora amazónica.

Herbario Amazonense
Esquina Pevas con Nanay s/n
Iquitos, Perú
51.065.222.649 tel
herbarium@dnet.com

Museo de Historia Natural de la Universidad Nacional Mayor de San Marcos

El Museo de Historia Natural, fundado en 1918, es la fuente principal de información sobre la flora y fauna del Perú. Su sala de exposiciones permanentes recibe visitas de cerca de 50,000 escolares por año, mientras sus colecciones científicas —de aproximadamente un millón y medio de especímenes de plantas, aves, mamíferos, peces, anfibios, reptiles, así como de fósiles y minerales— sirven como una base de referencia para cientos de tesistas e investigadores peruanos y extranjeros. La misión del museo es ser un núcleo de conservación, educación e investigación de la biodiversidad peruana, y difundir el mensaje, en el ámbito nacional e internacional, que el Perú es uno de los países con mayor diversidad de la Tierra y que el progreso económico dependerá de la conservación y uso sostenible de su riqueza natural. El museo forma parte de la Universidad Nacional Mayor de San Marcos, la cual fue fundada en 1551.

Museo de Historia Natural
Universidad Nacional Mayor de San Marcos
Avenida Arenales 1256
Lince, Lima 11, Perú
51.1.471.0117 tel
www.museohn.unmsm.edu.pe

Centro de Ornitología y Biodiversidad (CORBIDI)

El Centro de Ornitología y Biodiversidad (CORBIDI) fue creado en Lima en el año 2006 con el fin de desarrollar las ciencias naturales en el Perú. Como institución, se propone investigar y capacitar, así como crear condiciones para que otras personas e instituciones puedan llevar a cabo investigaciones sobre la biodiversidad peruana. CORBIDI tiene como misión incentivar la práctica de conservación responsable que ayude a garantizar el mantenimiento de la extraordinaria diversidad natural del Perú. También prepara y apoya a peruanos para que se desarrollen en la rama de las ciencias naturales. Asimismo, CORBIDI asesora a otras instituciones, incluyendo gubernamentales, en políticas relacionadas con el conocimiento, la conservación y el uso de la diversidad en el Perú. Actualmente, la institución cuenta con tres divisiones: ornitología, mastozoología y herpetología.

Centro de Ornitología y Biodiversidad
Calle Santa Rita 105, Oficina 202
Urb. Huertos de San Antonio
Surco, Lima 33, Perú
51.1.344.1701 tel
www.corbidi.org

AGRADECIMIENTOS

Nuestro aliado principal en este inventario fue el Centro para el Desarrollo del Indígena Amazónico (CEDIA). Contar con la vasta experiencia y entusiasmo de sus integrantes marcó decididamente la diferencia para poder llevar a cabo todas las actividades del trabajo de manera fluida y dinámica. Lelis Rivera, Dani Rivera, David Rivera, Alberto Romero 'El Doc', Luis Trevejo, Rony Villanueva, Blanca Sandoval, Ronald Rodríguez, Melcy Rivera, Melissa González, Santos Chuncun Bai Bëso, Argelio Rimachi Huanaquiri, Ángel Valles Sandoval y César Aquitari nos apoyaron en todo momento desde las fases previas, durante el inventario en sí, y después de los trabajos en el bosque y las comunidades aledañas al interfluvio de Tapiche-Blanco.

No hubiéramos podido realizar este trabajo sin la debida autorización y consentimiento de las comunidades vecinas al área de estudio. Agradecemos enormemente a los *apus* y dirigentes de las comunidades Frontera, España, Lobo Santa Rocino y Nuevo Capanahua en el río Blanco, así como Puerto Ángel, Palmera del Tapiche, Morales Bermúdez, Canchalagua, Wicungo, Pacasmayo, Monte Alegre, Nuestra Señora de Fátima y Bellavista en el río Tapiche, por haber acudido puntual y masivamente a los poblados anfitriones de Curinga y Santa Elena para las reuniones del consentimiento informado previo. Agradecemos igualmente a las autoridades de Curinga y de Santa Elena por permitir y facilitar las reuniones en sus centros poblados. Asimismo agradecemos a los profesionales en Iquitos encargados de las oficinas de los distritos de Soplín, Alto Tapiche y Tapiche por facilitar información pertinente antes de comenzar el inventario.

Las comunidades anfitrionas hicieron que el equipo social se sintiera siempre como en casa. Va un agradecimiento muy especial a todas ellas, que nos recibieron siempre con mucho entusiasmo. A toda la comunidad de Lobo Santa Rocino, con mención especial a Gisella Suárez Shapiama, Soraida Fasabi Arirama, Florinda Suárez Shapiama, Alberto Cardoso Goñez, Juan José Gonzales, Miguel Cardoso Chuje, Armando Taricuarima, Karina Revilla Ríos, Medardo Ruiz, Mireya Cardoso Goñez y Eugenia Cardoso Goñez; a toda la comunidad de Wicungo, con mención especial a Kelly Rengifo Tafur, Joyla Pérez Arimuya, Miroslava Solsol, Jaker Mozombite, Levis Mozombite, Silpa Freita Panarúa, Adriano Arimuya Chumbe, Olga Cainamari Tapullima, Mario Macuyama Arirama, Wilder Ahuanari Rengifo, Juan Luis Arimuya Silvano, José Solsol, Roberto Tafur Shupingahua, Eneida Rojas, Richar Ahuanari Rengifo, Julio Yaicate Inuma, Neiser Bocanegra Ríos y Alfredo Bocanegra Macuyama; a toda la comunidad de Palmera del Tapiche, con mención especial a Kelly Margarita Cuñañay, Demilar Manihuari Torres, María Canayo Shahuano, Sara Shahuano Lavi, Carlos Chumo Huaminchi, Ángel López Panduro, Telésforo Maytahuari Ricopa, Rosa Panduro, Emerson Cuñañay Pizarro, Diego Rengifo y Junior Huayllahua López; y a toda la comunidad de Frontera, con mención especial a Adita Cachique Ahuanari, Lorgia DaSilva Cachique, Rubi Catashunga Córdova, Lizi Catashunga, Roger Saavedra Galvis, Juan López Mosombite, Jorge Da Silva Villacorta, Johny Marin Lopez, Clever Ricopa, Octavio Cachique y Amanda Macuyama. También va un agradecimiento muy especial a las autoridades y todos los miembros de la comunidad de Nueva Esperanza en la confluencia de los ríos Tapiche y Blanco, donde fuimos acogidos tanto el equipo social como biológico y varios líderes comunales para realizar la presentación preliminar de los resultados del inventario. Mención especial al agente municipal Raúl Pérez Solsol y teniente gobernador Teófilo Lancha Bachiche de la comunidad de Nueva Esperanza.

María Elena Díaz Ñaupari, jefa encargada de la Zona Reservada Sierra del Divisor, Carola Carpio Martínez, jefa de la Reserva Nacional Matsés, Pascual Yurimachi Panduro, guardaparque de la Zona Reservada Sierra del Divisor, y antropólogo Lukasz Krokoszynski colaboraron también sobremanera con nosotros para poder lograr nuestros objetivos trazados. Un agradecimiento muy especial a Blanca Sandoval, especialista SIG de CEDIA, quien colaboró sin descanso con el equipo social en Iquitos para la preparación de los mapas base de las comunidades a visitar y la digitalización y elaboración del mapa de uso de recursos naturales de las comunidades visitadas.

El equipo social agradece a los excelentes motoristas que con frecuencia colaboran con CEDIA. Santos Chuncun Bai Bëso, Luis Márquez Gómez y Ángel Valles Sandoval demostraron desde las fases previas del inventario su pericia en navegación y un excelente conocimiento de los tantas veces complicados ríos Blanco y Tapiche. Nuestro profundo agradecimiento va también para Luciano Cardoso Chuje y Ángel López Panduro, los líderes comunales que participaron como miembros del equipo durante las visitas a las comunidades elegidas.

Los sobrevuelos de reconocimiento previo se han convertido decididamente en una herramienta indispensable para los inventarios rápidos. Gracias a estos vuelos podemos tener una inmejorable percepción de la vegetación del área de estudio, y podemos también decidir con mucha precisión el lugar donde estableceremos los campamentos. Agradecemos enormemente al personal de la Fuerza Aérea del Perú, en especial al señor Orlando Soplín y a los excelentes pilotos del Twin Otter Donovan Ortega Diez y Julio Rivas Ego-Aguirre por todo el apoyo brindado. Gracias a la habilidad y entera disposición de los pilotos pudimos tener una idea muy clara del terreno antes de entrar al campo.

La decidida colaboración de más de 40 residentes de las comunidades locales fue nuevamente crítica para poder instaurar los tres campamentos del inventario. Además de abrir los helipuertos, acondicionar los sitios para acampar, y construir comedores, mesas de trabajo, almacenes, cocinas, letrinas y 'bañaderos' para la comodidad de los científicos, los ingeniosos 'tigres' ayudaron a establecer un excelente sistema de trochas de aproximadamente 70 km que fue utilizado por los biólogos durante el inventario. Las tres cocineras mantuvieron contentos a los hambrientos comensales después de las largas jornadas de trabajo en el monte. Muchos de los tigres se quedaron o regresaron a los campamentos para apoyar al equipo de científicos, y otros llegaron para transportar a algunos de sus compañeros de vuelta a casa. A continuación la larga lista de comuneros que colaboraron con nosotros: Julio Cabudibo, Werlin Cabudibo, César Cachique, Erder Cananahuari, Antonio Chumo, Ernesto Chumo, Rolin Corales, Iris Culpano, Deivi Curichimba, Jorge Luis Da Silva, Jerson Del Águila, Luis Del Castillo, Henry Delgado, Luis Gómez, Esteban Gordon, Raúl Huaymacari, Cleider Icomena, Teófilo Lancha, Justino López, Gomer Macaya, Tomasa Macuyama, Ramón Manihuari, Manuel 'Chino' Márquez, Dainer Murayari, Jonathan Ochoa, Edwin Pacaya, Alexander Peña, Carlos Pezo, Kedvin Ramírez, Jesús Ricopa, Klever Ricopa, Milton Ricopa, Bernardo Saboya, Andy Sánchez, Melvin Suárez, Rosa Taricuarima, Helider Tenazoa G., Helider Tenazoa T., Celidoño Torres, Chairlon Tuanama, Séfora Ugarte, Damián Yaicate y David Yumbato. Cuatro comuneros de Wicungo y Monte Alegre no pudieron llegar a la fase de avanzada debido a que se les malogró el motor del bote cuando se dirigían a Requena, pero estamos seguros de que ellos también hubiesen hecho un trabajo excelente.

La gran labor realizada por los comuneros dentro de estas áreas remotas fue minuciosamente planeada, coordinada e implementada junto al personal de The Field Museum y CEDIA, por los líderes de avanzada Álvaro del Campo, Guillermo Knell e Italo Mesones, quienes contaron esta vez con el incondicional apoyo de Tony Mori, Luis Torres y Magno Vásquez. A todos ellos les expresamos nuestro más profundo agradecimiento. Merece mención especial Tony Mori por haber ayudado incondicionalmente con asuntos logísticos en Iquitos y de comunicación constante por radio con los campamentos. Asimismo, nuestro amigo Helider Tenazoa Guerra organizó eficientemente la brigada de su comunidad Monte Sinaí en el Tapiche y ayudó a mantener puntualmente las comunicaciones radiales desde nuestro segundo campamento.

Por su ayuda durante el proceso de solicitud de los permisos de investigación ante el Servicio Nacional Forestal y de Fauna Silvestre (SERFOR) del Ministerio de Agricultura, quisiéramos agradecer a Fabiola Muñoz Dodero, Karina Ramírez Cuadros y Katherine Sarmiento Canales, quienes fueron clave para ayudarnos a que el permiso saliera a tiempo. Asimismo agradecemos a los profesionales del Programa Forestal Regional en las oficinas de Iquitos y Requena por facilitar la información pertinente del sector forestal para poder desarrollar este inventario.

Agradecimientos a Emilio Álvarez Romero e Iliana Pérez Meléndez, directivos del OSINFOR Lima e Iquitos respectivamente, por habernos brindado informaciones y mapas concernientes a concesiones forestales. Asimismo a Celso Peso Mejía, presidente de la Asociación de Productores Forestales de Requena, por coordinar e informar a sus agremiados sobre el desarrollo del inventario rápido, y a Manuel Abadie y Vladimiro Ambrosio de Perú Bosques con sede en Iquitos, por facilitarnos el salón de reuniones para informar los objetivos del inventario rápido a los concesionarios de los ríos Tapiche y Blanco.

Extendemos nuestros agradecimientos a Nancy Portugal y Margarita Vara del Ministerio de Cultura por brindarnos informaciones valiosas de la propuesta Reserva Indígena Tapiche, Blanco, Yaquerana, Chobayacu y afluentes (Yavarí Tapiche). Igualmente agradecemos a Isrrail Aquise Lizarbe de AIDESEP por compartir sus experiencias sobre pueblos en aislamiento voluntario en las cabeceras de los ríos Tapiche y Blanco.

Agradecemos a Gareth Hughes y Nereida Flores de Green Gold Forestry Perú por haber compartido con nosotros la información de su concesión forestal que se superpone con nuestro segundo campamento, y por siempre mantener un diálogo muy abierto con nosotros. También agradecemos a Murilo da Costa Reis y Deborah Chen de la Reserva Tapiche por compartir con nosotros mapas, fotos, filmaciones y otra información valiosa sobre su experiencia llevando adelante una iniciativa de conservación y ecoturismo en la región de estudio.

Antes de empezar el inventario tuvimos una serie de presentaciones en el auditorio del IIAP en Iquitos para analizar el panorama general del manejo forestal en el Perú y para sensibilizar a todo el equipo sobre la realidad forestal de la zona de estudio. En esta oportunidad agradecemos las excelentes ponencias de Hugo Che Piu, Robin Sears de CIFOR y Gustavo Torres Vásquez de OSINFOR. También damos las gracias al Ing. Keneth Reátegui del Águila, Presidente del IIAP en ese entonces, al Dr. Luis Campos Baca, actual Presidente del IIAP, y a Giussepe Gagliardi-Urrutia por apoyar en la organización del evento, así como al señor Juanito por preparar la sala.

Nuestra querida cocinera de la expedición merece un párrafo aparte. Wilma Freitas se las ingenió una vez más para mantener el espíritu de todo el equipo muy en alto durante las tres semanas que duró el trabajo de campo. Wilma sorprendió a los paladares más exigentes preparando deliciosos potajes como ají de gallina, arroz chaufa con cecina, lomo saltado oriental, entre otros, al vivo fuego de su cocina de leña en medio del monte y en las condiciones más rústicas. Inclusive, se las arregló para trabajar sin dejar su contagioso buen humor en la cocina semi-inundada del primer campamento.

Trey Crouch del equipo de geología quisiera agradecer a María Rocío Waked por su apoyo en la fase previa al inventario y a Andrés Erazo por el préstamo de su carpa y equipo, y por haberle ayudado a preparar el trabajo. Gracias especiales a Teófilo Lancha, Andy Sánchez, y Alain Cárdenas por su apoyo con el trabajo en el campo en el campamento Wiswincho; a Manuel (Chino) Márquez por su ayuda con muestras de suelo y agua en el campamento Anguila; y a César Cachique por sus indicaciones hidrológicas a lo largo de la quebrada Pobreza y el río Blanco en el campamento Quebrada Pobreza. Bob Stallard agradece a Micki Kaplan por el regalo de las vacaciones y por el apoyo previo al inventario, y a Sheila Murphy por su ayuda para preparar el inventario.

Como es apropiado para la *scientia amabilis*, el equipo botánico tiene muchos amigos a quienes agradecer. Estamos especialmente endeudados con Tyana Wachter y Carlos Amasifuén, quienes se cercioraron de que nuestros especímenes de plantas empezaran el largo y laborioso proceso de secado mientras nosotros todavía estábamos en el campo; a Jorge Luis Da Silva, quien hizo docenas de colectas en nuestra tercera parcela de árboles; al Amazon Tree Diversity Network y a Hans ter Steege,

quien generó predicciones acerca de cuáles especies de árboles encontraríamos (desde una computador en Holanda); a Paul Fine y Chris Baraloto, quienes compartieron datos de sus parcelas de árboles de los ríos Blanco y Tapiche; a Robin Foster, Juliana Philipp y Tyana Wachter, cuyas docenas de guías fotográficas de plantas de Loreto nos ayudaron a identificar especies en el campo; a Jon Markel y Mark Johnston, quienes analizaron imágenes se satélite del interfluvio de Tapiche-Blanco y dieron sentido a los puntos de GPS que trajimos del campo; a Lelis Rivera y el equipo social por su trabajo de búsqueda de vegetación de sabana en la zona; a Crystal McMichael, quien nos prestó un barreno para muestrear suelos y una gran hipótesis para poner a la prueba; a Álvaro del Campo, quien movió nuestra mesa para prensar plantas a un lugar más seco cuando el primero campamento se inundó; y a Giuseppe Gagliardi-Urrutia, quien nos hizo notar en nuestro primer campamento que había una orquídea terrestre 'colectable' creciendo detrás de la letrina. Al final esa orquídea fue la primera colecta confirmada de *Galeandra styllomisantha* en el Perú.

También agradecemos a Mark Johnston, Tyana Wachter y Ernesto Ruelas por habernos facilitado la obtención de equipos para el registro fotográfico durante el inventario; a Giovana Vargas Sandoval por brindarnos el espacio para guardar los materiales y equipos, previo al trabajo de campo; a Álvaro del Campo y Guillermo Knell por invitarnos a participar en el equipo de avanzada y poder realizar colectas botánicas durante la construcción de los campamentos; y a los amigos de las comunidades de Nueva Esperanza, Lobo, Frontera, Monte Sinaí y Requena por su apoyo antes y durante el inventario biológico; y finalmente a Mario Escobedo y Esteban Gordon por su asistencia en el bote peque-peque durante las colectas en el río Blanco.

El proceso de exportación de especímenes de plantas no es tarea sencilla. En esta oportunidad se consiguió en tiempo record el envío a Chicago de las plantas colectadas en Tapiche-Blanco, en gran medida gracias a la perseverancia de Marcos Ríos, quien lideró el proceso, y al valiosísimo apoyo de Hamilton Beltrán, Patricia Velazco, Maria Isabel La Torre y Severo Baldeón del herbario del MHN-UNMSM, así como de la Dra. Haydeé Montoya Terreros, jefa del herbario. Renzo Teruya, Gaby Nuñez e Isela Arce de SERFOR también apoyaron decididamente para hacer realidad la exportación de las plantas. Gracias a Robin Foster, Nancy Hensold, Colleen Dennis, Tyana Wachter, Christine Niezgoda, Anna Balla, Mariana Ribeiro de Mendonça y The

Museum Collections Spending Fund por su apoyo con la tarea de procesar los especímenes en el herbario de The Field Museum.

Las ictiólogas agradecen el apoyo invalorable de Max Hidalgo por la confianza y apoyo en la identificación taxonómica. Gracias a Hernán Ortega y Sebastian Heilpern por sus muy valiosos comentarios al capítulo de peces. Agradecemos a los 'tigres' de Nueva Esperanza, Frank Saboya, Teófilo Lancha y Jerson del Águila, por conducirnos de manera segura por las turbias aguas del río Blanco. Muchas gracias a Edwin Pacaya, de la ciudad de Requena, por el entusiasmo y valor en la pesca 'eléctrica' de las aguas negras del Yanayacu; a David Medina y César Cachique de la comunidad de Fortaleza por la energía en las largas caminatas y por enfrentar las numerosas palizadas de la quebrada Pobreza en busca de nuevos peces.

El equipo de herpetólogos está infinitamente agradecido con todos los miembros del equipo biológico y social por sus valiosos registros, que permitieron aumentar el listado de especies para el área. También estamos agradecidos con los tigres Frank Saboya, del campamento Wiswincho, y Manuel Vásquez (El Chino), del campamento Anguila, por la asistencia en la búsqueda de anfibios y reptiles durante largas horas de la noche. Agradecemos a Pablo Passos por la identificación de una serpiente ciega del género *Atractus* y a Evan Twomey por su ayuda en la identificación de los dendrobátidos.

El equipo ornitológico quisiera agradecer al North Carolina Museum of Natural Sciences por facilitar la participación de Brian O'Shea en el inventario y al Macaulay Library del Cornell Laboratory of Ornithology por prestar el equipo de grabación de Brian O'Shea, en especial a Greg Budney, Jay McGowan y Matt Medler. Teófilo Lancha acompañó a parte del equipo a las trochas inundadas utilizando su peque-peque. También agradecemos a R. H. Wiley, Juan Díaz Alván y Jacob Socolar por compartir información con respecto a la avifauna de la zona. El Programa de Investigación en Biodiversidad Amazónica del IIAP gentilmente permitió a Percy Saboya usar su lente fotográfico de 100–400 mm para fotografiar aves. Agradecemos al equipo social, en especial a Joel Inga, por compartir sus registros de la avifauna de las comunidades visitadas por su equipo. Nuestros compañeros de los equipos de avanzada y biológico compartieron fotos y grabaciones con nosotros para documentar algunos registros de aves.

El equipo mastozoológico agradece especialmente a la Dra. Patricia Álvarez-Loayza por su gran trabajo en la instalación de cámaras-trampa, que nos permitió registrar especies de fauna silvestre pocas veces observados, y al Blgo. Rolando Aquino Yarihuamán por su ayuda en la identificación de especies de primates reportados en este estudio. Gracias a los guías de campo Esteban Gordon Cauper, Damian Yaicate Saquiray y Justino López González por su gran ayuda durante la fase de campo en el inventario.

También queremos agradecer a todos los expertos en primates sudamericanos que nos ayudaron a revisar nuestro registro fotográfico de un *Callicebus* desconocido en las cabeceras de la quebrada Yanayacu: Rolando Aquino, Victor Pacheco y Jan Vermeer en el Perú; Thomas Defler en Colombia; Paulo Auricchio en Brasil; Robert Voss y Paul Velazco en el American Museum of Natural History; y Bruce Patterson de The Field Museum.

El equipo de The Brain Scoop agradece al Departamento de Medios de Comunicación en The Field Museum por facilitarnos equipos y ayudar en la preparación del inventario. Emily Graslie y Tom McNamara quisieran agradecer de manera especial a Corine Vriesendorp, Álvaro del Campo, Ernesto Ruelas, Tyana Wachter y el resto del equipo de inventarios rápidos por su paciencia y apoyo durante el inventario.

Agradecemos a la empresa A&S Aviation Pacific por haber facilitado las operaciones con su helicóptero MI-17 para que el equipo pudiera acceder a los remotos campamentos del inventario. El general de la Policía Nacional del Perú Dario Hurtado Cárdenas 'Apache' jugó una vez más un rol fundamental con la logística del alquiler de los helicópteros, mantuvo comunicación constante con el personal de A&S y siguió siempre al milímetro nuestros traslados aéreos en el campo. Extendemos también nuestro agradecimiento a Guilmer Coaguila y a los pilotos de A&S Martín Iparraguirre, Jesús Iparraguirre, Oscar David Aranda 'Gato Gordo' y Luis Rivas, así como a los mecánicos Carlos Chang y José Namuche.

En los momentos en que A&S ya no pudo seguir apoyándonos, Apache movió cielo y tierra para que la Aviación del Ejército del Perú, con la valiosísima gestión del Coronel César Alex Guerrero, nos alquile uno de sus helicópteros MI-17. Los pilotos del ejército realizaron las operaciones aéreas de manera impecable, lo cual facilitó que los integrantes de los equipos de avanzada, biológico y social se trasladaran a sus puntos de estudio sin contratiempos. Muchas gracias al Comandante Coronel EP Roberto Espinoza Zapata, Copiloto Teniente EP Edwin Escobar Ishodes, Ingeniero de vuelo TCO3 EP Edwin Soncco Marroquín y ALO ingeniero de vuelo SO1 EP Ignacio Area Flores.

En Requena agradecemos a Comercial Janeth y Comercial Palomino, especialmente a Delfín Palomino y sus incondicionales asistentes Juan Carlos y Eliseo y por habernos apoyado con las provisiones durante las fases previas y durante el inventario en sí, tanto al equipo biológico como al social. Ellos organizaron, empacaron y enviaron eficientemente los pedidos de alimentos y equipo al campo donde el margen de error siempre debe ser mínimo. A Rosember y todo el personal del Grifo El Volcán de Requena por haber provisto el combustible necesario para acceder a las comunidades durante las distintas y complejas etapas del inventario. Al Hotel Sadicita por hospedarnos, y a las empresas de transporte fluvial BPR Transtur por trasladar a nuestros diferentes equipos entre Iquitos, Nauta y Requena en numerosas ocasiones.

En Iquitos nos ayudaron también muchísimas otras personas, como el personal del Hotel Marañón y el Hotel Gran Marañón, donde nos hicieron sentir en familia, especialmente durante la fase de escribir el reporte. Agradecemos a Moisés Campos Collazos y a Priscilla Abecasis Fernández de Telesistemas EIRL por el alquiler de la radio HF y toda su ayuda para mantener el contacto entre Iquitos y los diferentes campamentos. Ya como es costumbre, Ana Rosita Sáenz y Fredy Ferreira del Instituto del Bien Común nos facilitaron una de sus radios HF para usarlas en el campo y siempre estamos muy agradecidos por su colaboración y apoyo. También, expresamos nuestro agradecimiento a Diego Lechuga Celis y al Vicariato Apostólico de Iquitos quienes nos prestaron algunas mesas para que nuestros científicos reporten cómodamente sus hallazgos. Beto Silva y Wilder Valera de Transportes Silva y Armando Morey nos apoyaron con sus medios de transporte durante los numerosos recados que tuvimos que cumplir en Iquitos. Serigrafía y Confecciones Chu se encargó de la confección de los siempre clásicos y populares polos del inventario. Doña Teresa Haydee del Águila Chu como siempre nos proveyó la comida y servicio para la presentación en Iquitos.

Agradecemos al Ing. Keneth Reátegui del Águila, Dr. Luis Campos Baca y a Giussepe Gagliardi-Urrutia por facilitarnos gentilmente el auditorio del IIAP para la presentación de nuestros resultados en Iquitos. En Lima por habernos acogido y facilitado amablemente el auditorio, nuestros agradecimientos a Amelia Díaz Pabló y Luis Alfaro Lozano del Servicio Nacional de Meteorología e Hidrología (SENAMHI) del Perú. Melissa González ayudó a organizar la presentación y el refrigerio en Lima.

Las siguientes personas o instituciones nos brindaron también de distintas maneras su valioso apoyo durante nuestro trabajo: el personal del Hotel Señorial en Lima; Susana Orihuela de Virreynal Tours; y Milagritos Reátegui, Cynthia Reátegui, Gloria Tamayo, Sylvia del Campo y Chelita Díaz.

Agradecemos a Humberto Huaninche Sachivo y Lukasz Krokoszynski por su excelente traducción del informe ejecutivo al idioma Capanahua.

Como en anteriores oportunidades, Jim Costello fue siempre muy expeditivo en la ardua labor de transformar nuestro reporte escrito, fotografías y mapas en otro impecable libro impreso. Agradecemos a Jim, Jennifer Ackerman y todo su equipo de diseño por el constante apoyo durante el proceso de edición de todas las numerosas versiones previas de los distintos capítulos del reporte.

Mark Johnston y Jonathan Markel fueron como siempre fundamentales durante todas las diferentes etapas del inventario, con la preparación rápida y eficaz de mapas y datos geográficos. Adicionalmente, la participación de Mark y Jon durante la fase de redacción del informe y la presentación de resultados fue extraordinaria. También estamos endeudados con Bernice Jacobs, quien ayudó a convertir una colección de archivos caóticos en la elegante bibliografía al final de este informe.

No podemos imaginar un inventario rápido sin el incondicional apoyo de nuestra querida Tyana Wachter, quien no sabemos cómo pero se las ingenia siempre para asegurar que todos los participantes del inventario no tuvieran percance alguno. Es reconfortante saber que Tyana está siempre ahí, solucionando cualquier problema, ya sea desde Chicago, Lima, Iquitos o Requena.

Meganne Lube hizo lo posible e imposible para enviarnos siempre a tiempo nuestros requerimientos financieros, muchas veces realizados a último minuto por motivos fuera de nuestro control. Por otro lado Dawn Martin y Sarah Santarelli estuvieron siempre al tanto de todas nuestras actividades en el campo para brindarnos todo su apoyo desde Chicago. Finalmente, saludamos a Debby Moskovits y Richard Lariviere del Field Museum por su liderazgo inspirador y su apoyo incondicional al equipo de inventarios rápidos.

Este inventario ha sido posible solo gracias al soporte financiero de The Gordon and Betty Moore Foundation y The Field Museum.

La meta de los inventarios rápidos —biológicos y sociales—
es catalizar acciones efectivas para la conservación en regiones
amenazadas que tienen una alta riqueza y singularidad
biológica y cultural

Metodología

Los inventarios rápidos son estudios de corta duración realizados por expertos que tienen como objetivo levantar información de campo sobre las características geológicas, ecológicas y sociales en áreas de interés para la conservación. Una vez culminada la etapa de campo, los equipos biológico y social sintetizan sus hallazgos y elaboran recomendaciones integradas para proteger el paisaje y mejorar la calidad de vida de sus pobladores.

Durante los inventarios el equipo científico se concentra principalmente en los grupos de organismos que sirven como buenos indicadores del tipo y condición de hábitat, y que pueden ser inventariados rápidamente y con precisión. Estos inventarios no buscan producir una lista completa de los organismos presentes. Más bien, usan un método integrado y rápido para 1) identificar comunidades biológicas importantes en el sitio o región de interés y 2) determinar si estas comunidades son de valor excepcional y de alta prioridad en el ámbito regional o mundial.

En la caracterización del uso de recursos naturales, fortalezas culturales y sociales, científicos y comunidades trabajan juntos para identificar las formas de organización social, uso de los recursos naturales, aspiraciones de sus residentes, y las oportunidades de colaboración y capacitación. Los equipos usan observaciones de los participantes y entrevistas semi-estructuradas para evaluar rápidamente las fortalezas de las comunidades locales que servirán de punto de partida para programas de conservación a largo plazo.

Los científicos locales son clave para el equipo de campo. La experiencia de estos expertos es particularmente crítica para entender las áreas donde previamente ha habido poca o ninguna exploración científica. A partir del inventario, la investigación y protección de las comunidades naturales con base en las organizaciones y las fortalezas sociales ya existentes dependen de las iniciativas de los científicos y conservacionistas locales.

Una vez terminado el inventario rápido (por lo general en un mes), los equipos transmiten la información recopilada a las autoridades y tomadores de decisión regionales y nacionales quienes fijan las prioridades y los lineamientos para las acciones de conservación en el país anfitrión.

**Fechas del trabajo
de campo**   9–26 de octubre de 2014

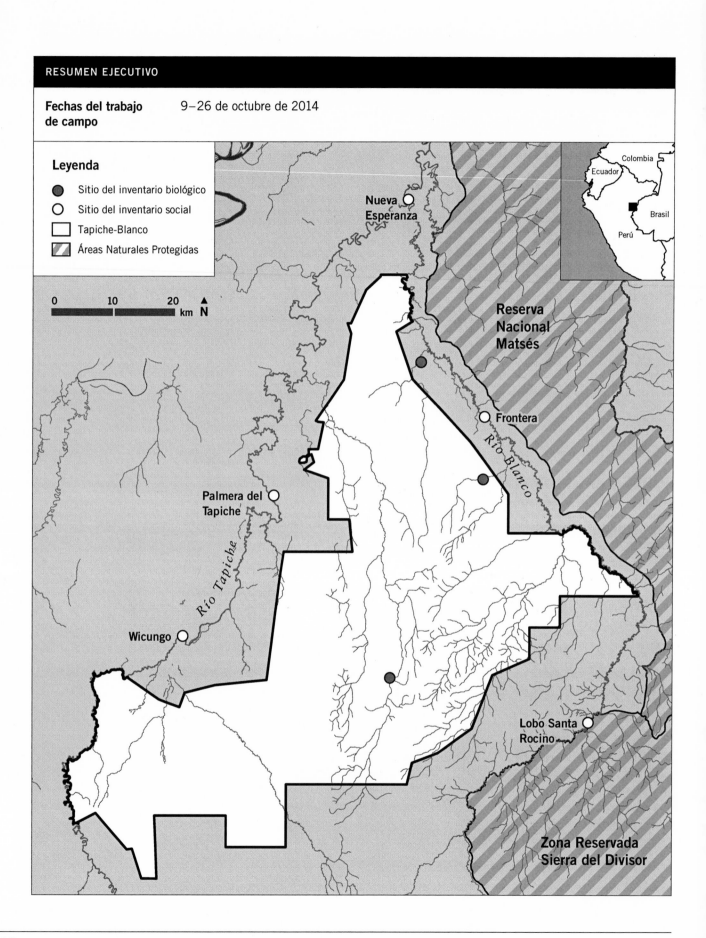

Leyenda

● Sitio del inventario biológico
○ Sitio del inventario social
▢ Tapiche-Blanco
▨ Áreas Naturales Protegidas

0   10   20
km ▲N

Nueva
Esperanza ○

Colombia
Ecuador
Brasil
Perú

Reserva
Nacional
Matsés

Frontera ○

Río Blanco

Palmera del ○
Tapiche

Río Tapiche

Wicungo ○

Lobo Santa ○
Rocino

Zona Reservada
Sierra del Divisor

Región	El río Tapiche, tributario del río Ucayali ubicado a su margen derecho, drena una gran extensión de selva baja amazónica en el sur de la Región Loreto, Perú. Durante el inventario rápido visitamos siete sitios en un área de 310,000 ha entre el Tapiche y su más grande tributario, el río Blanco. Parte del territorio ancestral de los pueblos indígenas Capanahua y Matsés, ésta es una gran extensión de bosque sin caminos o carreteras que forma un corredor natural entre dos áreas protegidas adyacentes (ver mapa). Sin embargo, años de tala, caza y exploración petrolera han dejado una herencia conspicua de trochas madereras, tocones de árboles derribados y líneas de prospección sísmica. Hoy en día la mayor parte del área está demarcada como concesiones forestales y petroleras. A la fecha existen 23 comunidades campesinas, comunidades nativas y otros asentamientos a lo largo de los ríos Tapiche y Blanco, con una población aproximada de 2,900 residentes mestizos, Capanahua y Kichwa.

Sitios visitados

Campamentos visitados por el equipo biológico:

Cuenca del río Blanco	Wiswincho (Quebrada Yanayacu/Blanco)	9–14 de octubre de 2014
	Quebrada Pobreza	20–26 de octubre de 2014
Cuenca del río Tapiche	Anguila (Quebrada Yanayacu/Tapiche)	14–20 de octubre de 2014

Sitios visitados por el equipo social:

Cuenca del río Blanco	Comunidad Nativa Lobo Santa Rocino	9–13 de octubre de 2014
	Comunidad Nativa Frontera	20–25 de octubre de 2014
Cuenca del río Tapiche	Comunidad Nativa Wicungo	13–17 de octubre de 2014
	Comunidad Nativa Palmera del Tapiche	17–20 de octubre de 2014

Durante el inventario, el equipo social también se reunió con residentes de las comunidades de España, Nuestra Señora de Fátima, Monte Alegre, Morales Bermúdez, Pacasmayo, Puerto Ángel, San Antonio de Fortaleza, San Pedro y Yarina Frontera Topal.

Un día después de salir del campo, el 26 de octubre de 2014, los equipos social y biológico presentaron los resultados preliminares del inventario en Nueva Esperanza, ante la presencia de autoridades y residentes de comunidades de estas cuencas. Los días 28 y 29 de octubre, todo el equipo se reunió en Iquitos para compartir sus observaciones de campo, identificar las principales amenazas, fortalezas y oportunidades en la zona y formular las recomendaciones para la conservación.

Enfoques geológicos y biológicos	Geomorfología, estratigrafía, hidrología y suelos; vegetación y flora; peces; anfibios y reptiles; aves; mamíferos grandes y medianos; murciélagos

Enfoques sociales

Fortalezas sociales y culturales; etnohistoria; demografía, economía y sistemas de manejo de recursos naturales; etnobotánica

Resultados biológicos principales

El interfluvio Tapiche-Blanco tipifica la extraordinaria diversidad paisajística de Loreto. Posee grandes extensiones de humedales y turberas, bosques sobre arena blanca y bosques hiperdiversos de tierra firme, drenadas por una variedad de quebradas negras, blancas y claras. Ubicada dentro de un epicentro mundial de diversidad para los anfibios, mamíferos y aves, y destacada por almacenar uno de los mayores stocks de carbono en el Perú, la zona demuestra un buen estado de conservación a pesar de décadas de tala ilegal, cacería y pesca. Asimismo, la alta diversidad de flora y fauna registrada durante nuestro trabajo de campo confirma como acertada la decisión de los gobiernos nacional y regional en designar este paisaje como una prioridad de conservación.

Durante el inventario **registramos 962 especies de plantas y 741 especies de vertebrados.** Decenas de estas especies tienen distribuciones geográficas de tipo 'archipiélago' dentro de la Amazonía peruana debido a su especialización en islas de vegetación de suelos muy pobres. Se estima entre 3,878 y 4,478 especies de plantas vasculares y de vertebrados para el interfluvio de Tapiche-Blanco.

	Especies registradas durante el inventario	Especies estimadas para el área
Plantas vasculares	962	2,500–3,000
Peces	180	400–500
Anfibios	65	124
Reptiles	48	100
Aves	394	550
Mamíferos medianos y grandes	42	101
Murciélagos	12	103
Total de especies de plantas vasculares y vertebrados	**1,703**	**3,878–4,478**

**Elementos
del paisaje**

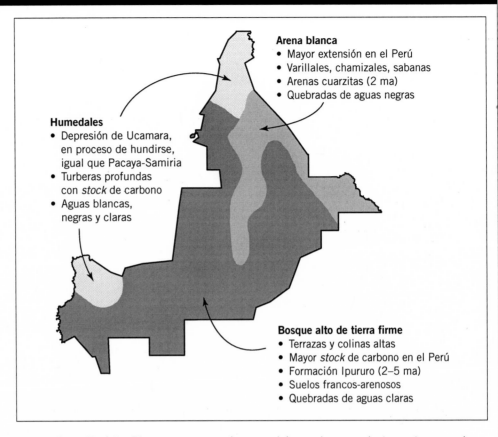

Arena blanca
- Mayor extensión en el Perú
- Varillales, chamizales, sabanas
- Arenas cuarzitas (2 ma)
- Quebradas de aguas negras

Humedales
- Depresión de Ucamara,
  en proceso de hundirse,
  igual que Pacaya-Samiria
- Turberas profundas
  con *stock* de carbono
- Aguas blancas,
  negras y claras

Bosque alto de tierra firme
- Terrazas y colinas altas
- Mayor *stock* de carbono en el Perú
- Formación Ipururo (2–5 ma)
- Suelos francos-arenosos
- Quebradas de aguas claras

El paisaje de Tapiche-Blanco es un mosaico complejo en el que se destacan tres grandes elementos. En el norte, cerca de la confluencia de los ríos Tapiche y Blanco, las tierras inundadas de la Depresión Ucamara albergan grandes extensiones de humedales (aprox. 100 m sobre el nivel del mar). En el este, una faja de arenas blancas que se extiende por el margen izquierdo del río Blanco alberga varios tipos de bosque enano, conocido en Loreto como varillal o chamizal (100–125 msnm). El resto del paisaje está dominado por colinas y terrazas de tierra firme (125–180 msnm).

**Geología, hidrología
y suelos**

El Blanco y el Tapiche son ríos de aguas blancas pobres en nutrientes. Las formaciones geológicas que drenan estos ríos corresponden ampliamente a los tres elementos del paisaje descritos anteriormente. A las áreas inundables les subyacen sedimentos aluviales recientes y turberas que se localizan dentro de la Depresión Ucamara que se está hundiendo lentamente de la misma manera que los vastos humedales de Pacaya-Samiria más al norte. Los depósitos de arenas de cuarzo del Plio-pleistoceno (de aprox. 2 millones de años) están por debajo de los varillales y los chamizales. Finalmente, la Formación Ipururo (de 2–5 millones de años) ocupa la mayoría de las terrazas.

Los suelos que se derivan de las tres formaciones geológicas tienden a ser arenosos, pobres en nutrientes y cubiertos por una densa alfombra de raíces cuyo grosor varía de 5–15 cm en los suelos ligeramente más ricos de las terrazas hasta 10–30 cm en las

Geología, hidrología y suelos
(continuación)

arenas blancas más pobres y la turbera. Los suelos de arena franca amarilla-marrón y los suelos francos arenosos de la Formación Ipururo son drenados por quebradas de aguas claras con conductividades muy bajas (<10 μS/cm) y un pH ligeramente ácido. Los suelos con arenas de cuarzo en varillales y chamizales son drenados por quebradas de aguas negras de conductividad más alta (30–50 μS/cm) y mayor acidez (pH <4.5). Los cuerpos de agua en las áreas inundables tienen una mezcla de aguas blancas, negras y claras. Las *collpas* son relativamente raras en la zona, pero son atracciones importantes para mamíferos terrestres y para cazadores. Una *collpa* de guacamayos de un tipo relativamente raro en Loreto fue observada en la ladera de un barranco a lo largo del río Blanco.

Esta es una de las regiones geológicamente más activas en las tierras bajas de Loreto, surcada por fallas profundas y someras. La más notable es la Falla Bolognesi, cuyo papel en el levantamiento de las terrazas por encima de los bosques de arena blanca al occidente del río Blanco le hace conspicua en las imágenes de satélite. El mismo río Blanco parece haberse desarrollado a lo largo de una zona de fallas secundarias que muy posiblemente permitió al Blanco la geológicamente reciente 'captura' de las cabeceras que antes pertenecían al río Gálvez.

Los suelos arenosos pobres en nutrientes de este paisaje le hacen especialmente vulnerable a actividades extractivas de gran escala. La alfombra de raíces que a la fecha protege los suelos puede ser fácilmente destruida por la construcción de caminos, deforestación y manejo forestal intensivo. La pérdida de estas alfombras de raíces podría resultar en una erosión excesiva de las terrazas y el subsecuente azolvamiento de humedales importantes y varillales y chamizales que se encuentran río abajo. Aunque los tres pozos petroleros que han sido perforados son secos, la exploración está en marcha y constituye un grave riesgo. La perforación en el interfluvio de Tapiche-Blanco puede causar derrames de aguas de formaciones salobres o de petróleo que puede contaminar las aguas superficiales y ecosistemas acuáticos, una preocupación especialmente grave dados los niveles excesivamente bajos de sales en el paisaje.

Vegetación

De manera general, el paisaje tiene tres conjuntos de vegetación: humedales, bosques de arena blanca y bosques altos de tierra firme (ver ilustración arriba). Dentro de estos elementos encontramos una gran heterogeneidad de tipos de vegetación (cinco tipos y ocho sub-tipos), muchos de ellos creciendo sobre suelos pobres en nutrientes, con especies especializadas y endémicas.

Los bosques en suelos pobres incluyen aquellos que crecen sobre arena blanca y los que crecen sobre turbera. Los varillales y chamizales sobre arena blanca son muy similares en fisonomía y composición a los de las Reservas Nacionales Matsés y Allpahuayo-Mishana, pero dominados por otras especies. También encontramos hábitats en apariencia muy similares a los varillales, incluso con la presencia de ciertas especies que se creían propias de estos (*Pachira brevipes*, *Macrolobium microcalyx*, *Pagamea*, *Platycarpum* sp. nov.), pero que tienen turba como principal sustrato. Estos tipos de vegetación, que hemos denominado varillales y chamizales de turberas, poseen las mismas características de muchos de los varillales de arena blanca conocidos en Loreto, pero con dispersas palmeras *Mauritia flexuosa* y *Mauritiella armata* emergiendo sobre el dosel.

Encontramos un tercer hábitat de turbera con vegetación bastante baja y abierta, dominada por hierbas y helechos, parecida a una sabana. Estas sabanas de turbera, conocidas de apenas otros dos sitios en Loreto, ocupan parches muy pequeños dentro del paisaje pero probablemente albergan plantas y animales especialistas y merecen más estudios.

En las elevaciones más altas del área encontramos bosques de tierra firme muy diversos y parecidos en composición a los observados en Jenaro Herrera, la Reserva Nacional Matsés y la cuenca del Yavarí. Estos bosques también fueron los más perturbados, y observamos múltiples árboles tumbados, viales de extracción de madera de la actividad forestal ilegal y líneas sísmicas de la exploración petrolera.

Flora	El equipo botánico colectó 1,069 especímenes de plantas vasculares y observó cerca de 200 especies adicionales para un total de 962 especies registradas durante el inventario. Estimamos que la flora del interfluvio de Tapiche-Blanco posee 2,500–3,000 especies de plantas vasculares.

Entre los hallazgos más destacados, la comunidad de palmeras sobresalió por su alta diversidad. Registramos 19 géneros y 36 especies, incluyendo especies raramente observadas en Loreto como *Oenocarpus balickii* y *Syagrus smithii*. Adicionalmente, encontramos una especie nueva para la ciencia (del género *Platycarpum*), además de cuatro nuevos registros para el Perú (la hierba *Monotagma densiflorum*, las orquídeas *Palmorchis sobralioides* y *Galeandra styllomisantha*, y el arbolito *Retiniphyllum chloranthum*).

Nuestros inventarios de árboles en los bosques de tierra firme muestran resultados semejantes a los obtenidos en recientes inventarios forestales de la zona. Seis familias —Fabaceae, Arecaceae, Sapotaceae, Chrysobalanaceae, Lauraceae y Myristicaceae— representan más de la mitad de los tallos y contribuyen el mayor número de especies, incluyendo las especies dominantes. En los 70 km de trochas que recorrimos y en nuestras parcelas de árboles no encontramos ningún individuo de las especies maderables de alto valor comercial como cedro (*Cedrela odorata*) o caoba (*Swietenia macrophylla*). Solo encontramos tres individuos de tornillo (*Cedrelinga cateniformis*) y todos habían sido tumbados.

Peces	La comunidad de peces registrada en los hábitats acuáticos del interfluvio de Tapiche-Blanco es muy diversa. Durante los 14 días de evaluación, registramos 180 especies en 22 estaciones de muestreo. La mayoría de las estaciones fueron quebradas de aguas negras y la mayor parte de nuestros registros son especies adaptadas a esos hábitats

Peces
(continuación)

pobres en nutrientes. Estimamos una ictiofauna para toda la cuenca del río Tapiche-Blanco de 400–500 especies de peces, las cuales representan aproximadamente el 40% de los peces de agua dulce conocidos en el Perú.

De nuestros registros para este inventario, cuatro son posibles nuevos registros para el Perú o potencialmente nuevas para la ciencia, correspondientes a los géneros *Hemigrammus*, *Tyttocharax*, *Characidium* y *Bunocephalus*.

De las especies registradas en este inventario el 23% son compartidas con la Zona Reservada Sierra del Divisor, el 22% con lo registrado en un inventario reciente en la cuenca baja del río Tapiche, y el 7% con lo registrado en un inventario rápido de la Reserva Nacional Matsés. El 50% de las especies registradas en nuestro inventario no fueron registradas en los tres inventarios anteriores.

Aproximadamente la mitad de las especies que registramos son usadas de alguna forma por los pobladores de la región. Muchas son especies ornamentales y son comercializadas en el ámbito nacional e internacional (*Osteoglossum bicirrhosum*, *Hyphessobrycon* spp., *Hemigrammus* spp., *Corydoras* spp., *Apistogramma* spp. y *Gymnotus* spp.) según la DIREPRO (2013), siendo la cuenca de los ríos Tapiche-Blanco zonas de pesca preferentes para este fin. Otras especies son de consumo y constituyen la principal fuente de proteína de las comunidades locales. Entre éstas se destacan especies de hábitos migratorios como sábalos (*Brycon*, *Salminus*), sardinas (*Triportheus*), lisas (*Leporinus*, *Schizodon*), boquichicos (*Prochilodus*, *Semaprochilodus*), doncellas y zúngaros (*Pseudoplatystoma*, *Brachyplatystoma*). También se reporta la presencia y consumo del paiche (*Arapaima* spp.).

Anfibios y reptiles

El equipo herpetológico trabajó en hábitats terrestres y acuáticos en bosques de tierra firme, bosques inundables de aguas negras y bosques de arenas blancas y encontró comunidades de anfibios y reptiles en buen estado de conservación. Registramos 113 especies (65 anfibios y 48 reptiles) durante el inventario y estimamos que la zona alberga por lo menos 124 anfibios y 100 reptiles. Estas son cifras bastante elevadas pero no sorprendentes, ya que el interfluvio se sitúa dentro del epicentro global de diversidad de anfibios.

Como registros notables destaca la rana venenosa *Ranitomeya cyanovittata*, con una distribución restringida a la porción sur de Loreto. Cuatro especies de ranas registradas durante el inventario podrían ser nuevas para la ciencia: *Hypsiboas* aff. *cinerascens*, *Osteocephalus* aff. *planiceps*, *Chiasmocleis* sp. nov. y *Pristimantis* aff. *lacrimosus*. También registramos dos especies consideradas Vulnerables en el ámbito mundial de acuerdo con la UICN: la tortuga motelo (*Chelonoidis denticulata*) y la tortuga de río taricaya (*Podocnemis unifilis*, también considerada Vulnerable en la legislación nacional).

Aves

Encontramos 394 especies de aves en los tres campamentos visitados, una riqueza intermedia a la de los inventarios rápidos en la Reserva Nacional Matsés (416 especies) y la Zona Reservada Sierra del Divisor (365 especies). Al agregar otros registros históricos y de trabajo realizado en las cuencas de los ríos Tapiche y Blanco, el número total de especies de aves registradas para el interfluvio es de 501. Estimamos que la avifauna regional de Tapiche-Blanco es de 550 especies.

Los registros más destacados son de un grupo de 23 aves especialistas de bosques de suelos pobres, como *Notharchus ordii*, *Hemitriccus minimus* y *Myrmotherula cherriei*. Sin embargo, aunque el equipo ornitológico puso especial atención en la búsqueda de tres especialistas de suelos pobres endémicos de Loreto o del Perú (*Percnostola arenarum*, *Polioptila clementsii* y *Zimmerius villarejoi*), ninguna de estas especies fue registrada.

Obtuvimos registros de por lo menos 15 especies que son extensiones de rango. Si bien algunas de estas solo reflejan la falta de trabajo de campo en esta zona, la mayoría son especies de distribuciones restringidas y disyuntas asociadas a bosques de suelos pobres. Cuatro ejemplos son *Nyctibius leucopterus* (anteriormente sólo conocida de algunas localidades al norte de la unión del Ucayali y el Marañón; Fig. 9A), *Myrmotherula cherriei* (conocida sólo en el bajo río Tigre, Loreto; Fig. 9F) *Xenopipo atronitens* (con registros en el medio Marañón, Loreto y Pampas del Heath, Madre de Dios; Fig. 9B) y *Polytmus theresiae* (conocida de Morona, Jeberos y Pampas del Heath). Otras especies con extensiones de rango están asociadas a bosques inundables de grandes ríos como *Capito aurovirens* y *Myrmoborus melanurus*.

Encontramos un número modesto de individuos de especies de caza, principalmente *Penelope jacquacu*, *Mitu tuberosum* y *Psophia leucoptera*. Es posible que sus números sean reducidos por efecto de la caza, o podrían reflejar los suelos pobres que dominan el área. El interfluvio de Tapiche-Blanco alberga por lo menos 70 especies de aves de interés especial para la conservación: tres especies Vulnerables en el ámbito mundial según la UICN, dos especies Vulnerables en el ámbito nacional y un gran número de especies en los apéndices CITES.

Mamíferos

Evaluamos la comunidad de mamíferos en el interfluvio de Tapiche-Blanco mediante censos por transectos (mamíferos grandes y medianos) y redes de neblina (murciélagos). Logramos registrar 42 especies de mamíferos grandes y medianos, y 12 de murciélagos. Estimamos que un total de 204 especies de mamíferos ocurren en la zona: 101 mamíferos grandes y medianos, y 103 murciélagos. Estos datos confirman que Tapiche-Blanco se encuentra entre las regiones con mayor diversidad de mamíferos en el mundo.

Registramos una diversidad especialmente alta de primates. Las 13 especies registradas durante el inventario, y las 4 más esperadas para la zona o registradas en expediciones anteriores, representan más de la mitad de todos los primates conocidos en la Región

Mamíferos (continuación)	Loreto. En el Perú, el primate *Saguinus fuscicollis* solo se encuentra en el interfluvio de Tapiche-Blanco. En el río Blanco encontramos poblaciones saludables de *Cacajao calvus*, un primate considerado Vulnerable según la UICN. En el campamento Anguila fue avistado un *Callicebus* no identificado que podría representar una especie nueva. En total fueron registradas 15 especies de mamíferos consideradas amenazadas en el ámbito mundial o nacional. Las poblaciones de ungulados, especialmente de *Tayassu pecari*, fueron escasas en los sitios visitados. Esto posiblemente se debe a los efectos de la cacería que acompaña la actividad maderera. Sin embargo, también recibimos reportes de poblaciones saludables de mamíferos cerca de algunas comunidades, donde se realiza la caza de subsistencia y ocasionalmente la caza para la venta. Esta incertidumbre general sobre el estado de las poblaciones de mamíferos en la zona hace urgente la elaboración de acuerdos entre comunidades locales y madereros sobre el monitoreo y manejo sostenible de los animales de caza.
Comunidades humanas	Entre las cuencas de los ríos Tapiche y Blanco viven alrededor de 2,900 personas en 22 asentamientos —comunidades nativas, comunidades campesinas y caseríos— la mayoría de ellos en proceso de reconocimiento y titulación. Estas comunidades están mayormente compuestas por población mestiza proveniente de ciudades como Requena e Iquitos, de ríos colindantes como el Ucayali, Tigre y Marañón, y de otras regiones del Perú como San Martín. Este interfluvio es parte del territorio ancestral de la etnia indígena Capanahua, así como de los Remo de la familia lingüística Pano, y también ha sido explorada y utilizada históricamente por miembros de la etnia Matsés. La ocupación de este territorio por población mestiza comenzó en la época del caucho alrededor de 1900 en la que se ha dado el desplazamiento paulatino de la población Capanahua hacia la cuenca alta del Tapiche y los Matsés hacia el este en la amplia región de los ríos Yaquerana y Gálvez. La economía de la zona es diversificada y dinámica por estar muy conectada al mercado. Las principales actividades son la extracción de madera, la pesca ornamental y de consumo, la caza de animales, la agricultura de autoconsumo y la comercialización de plátanos y de derivados de la yuca como la fariña y la tapioca en Requena, Curinga y Santa Elena. Estas actividades económicas han impulsado los patrones de asentamiento, dando vida a la mayoría de las comunidades. De igual manera, como estas actividades requieren de un amplio conocimiento del paisaje, de sus recursos naturales y del calendario ecológico, han creado una relación estrecha entre los pobladores y su entorno natural. En ambas cuencas se extrae la madera bajo diversas modalidades de aprovechamiento, llámese bosques locales, permisos forestales, concesiones y aprovechamiento en áreas no autorizadas. La actividad forestal involucra a un sinnúmero de actores locales y

externos que mantienen instaurado el sistema de habilito, el cual ha derivado en el endeudamiento, abuso y explotación laboral de muchos residentes y comunidades de la zona. En cuanto a la extracción pesquera la situación es un poco más autónoma pero no menos vinculada al mercado.

Frente a este panorama nos encontramos con liderazgos emergentes y una creciente representatividad de personas locales en cargos políticos municipales. Asimismo existen espacios legitimizados de toma de decisiones como las asambleas comunales donde se toman y respetan los acuerdos internos para el aprovechamiento de los recursos naturales, y los trabajos y actividades comunales. También existen buenas relaciones intercomunales que son propicias para iniciar la gestión sostenible del territorio. La presencia de instituciones del estado como el Servicio Nacional de Áreas Protegidas por el Estado (SERNANP, activo en la zona por el manejo de la Reserva Nacional Matsés y la Zona Reservada Sierra del Divisor), la iniciativa de conservación privada Reserva Tapiche, y ONGs como el Centro para el Desarrollo del Indígena Amazónico (CEDIA) podrá ayudar a fortalecer las iniciativas locales para reemplazar el modo de aprovechamiento actual de los recursos naturales con sistemas más justos y sostenibles.

| **Estado actual** | El interfluvio de Tapiche-Blanco figura como una prioridad de conservación en el Plan Director de las Áreas Naturales Protegidas del Perú (SERNANP 2009). El mapa de áreas prioritarias en el Plan Director muestra la zona como un eslabón importante en un corredor que conecta la Zona Reservada Sierra del Divisor con la Reserva Nacional Matsés. El interfluvio de Tapiche-Blanco también figura como una Zona de Interés para la Conservación del Gobierno de Loreto (PROCREL 2009). Parte del área también ha sido propuesta como una Reserva Territorial Yavarí-Tapiche, para la protección de pueblos indígenas en aislamiento voluntario y contacto inicial. Sin embargo, la única área de conservación establecida en la zona hasta la fecha es una iniciativa privada cerca de la confluencia de los ríos Blanco y Tapiche, la Reserva Tapiche (1,500 ha). |

La mayor parte de la zona ha sido designada por el estado como Bosque de Producción Permanente —incluso grandes extensiones de varillales que no tienen aptitud forestal alguna—, a pesar de que ya no quedan especies maderables de alto valor comercial en el paisaje. Hay varias concesiones forestales en la región, pero muchas se caducaron en años recientes. También hay actividad forestal en bosques locales de las comunidades, así como operaciones madereras ilegales e informales que afectan toda la región.

Existen tres concesiones de hidrocarburos en la zona. En los últimos dos años la empresa petrolera Pacific Rubiales ha abierto decenas de kilómetros de líneas sísmicas en el sector sur del área de estudio.

Principales objetos de conservación	01	La mayor extensión de vegetación de arenas blancas en el Perú (aprox. 18,000 ha), así como sabanas que son poco conocidas y muy raras en Loreto
	02	Bosques de terraza que se estima contienen los stocks de carbono más grandes del Perú
	03	Suelos frágiles y comunidades acuáticas de aguas negras que serían destruidas por la deforestación y la construcción de caminos
	04	Comunidades hiperdiversas de plantas y vertebrados, incluyendo especies amenazadas en el ámbito nacional o internacional, y especies de rango restringido
	05	Una comunidad de primates compuesta de hasta 17 especies, más de la mitad de toda la diversidad de monos en Loreto
	06	Especies de peces de alta importancia económica para las comunidades de la zona
Fortalezas principales para la conservación	01	Bosques y ríos que han mantenido un alto valor de conservación a pesar de años de extracción de recursos y que todavía constituyen importantes corredores entre áreas protegidas adyacentes
	02	Herramientas de gestión del territorio a nivel comunal como planes de vida en elaboración o en marcha para la gran mayoría de las comunidades de la zona
	03	Interés en las comunidades por oportunidades de trabajo justo y de bajo impacto ambiental, como el manejo de recursos pesqueros
	04	La presencia de actores con experiencia en la conservación y el manejo sostenible de los recursos naturales (SERNANP, CEDIA, la Reserva Tapiche)
	05	La nueva ley forestal del Perú, que representa una oportunidad para que el estado revierta los aspectos más nocivos del escenario forestal actual
Amenazas principales	01	Operaciones forestales que son ilegales, informales o dejan grandes impactos en comunidades sociales y biológicas
	02	Carreteras existentes y propuestas para el transporte de madera
	03	Débil o nula supervisión de la extracción de recursos naturales por todos los actores de la zona
	04	Un paisaje social marcado por tenencia de la tierra indefinida, corrupción y una presencia gubernamental prácticamente nula
	05	Exploración activa de hidrocarburos en una zona tectónicamente activa donde la producción de petróleo y gas natural representa graves riesgos de contaminación

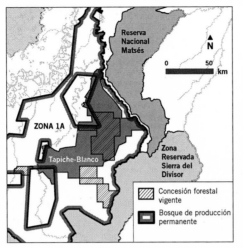 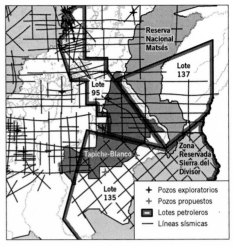

Recomendaciones principales	01	Completar el proceso de saneamiento físico-legal en todas las comunidades y otros asentamientos humanos de la zona
	02	Crear un área de conservación y uso sostenible de recursos naturales de 308,463 ha en el interfluvio entre los ríos Tapiche y Blanco (Figs. 2A–B)
	03	Redimensionar el Bosque de Producción Permanente (Zona 1A) para evitar cualquier superposición con el área propuesta de conservación Tapiche-Blanco, ya que la pobreza y fragilidad de los suelos imposibilitan el aprovechamiento forestal de bajo impacto
	04	Trabajar con las comunidades y autoridades competentes de forma estrechamente participativa para lograr una gestión efectiva del territorio comunal, de las áreas naturales protegidas adyacentes y de otras iniciativas de conservación
	05	Tomar acciones conjuntas entre el Estado y las poblaciones locales para eliminar la extracción ilegal de madera en las cuencas de los ríos Tapiche y Blanco

¿Por qué Tapiche-Blanco?

En julio de 2014 un grupo de investigadores que mapeaba las reservas de carbono superficial en el Perú anunció dos descubrimientos sorprendentes: los bosques amazónicos en la Región Loreto poseen la mayor parte del carbono del Perú, y las reservas de carbono más grandes se encuentran en los bosques a lo largo de la frontera Loreto-Brasil (Asner et al. 2014).

Dos meses más tarde, nuestro equipo aterrizó en este *hotspot* del carbono, para identificar las oportunidades para la conservación. Nuestro enfoque era un paisaje de aproximadamente 305,000 hectáreas entre los ríos Tapiche y Blanco (Fig. 2), una zona de selva baja que constituye un corredor natural entre dos áreas protegidas: la Reserva Nacional Matsés al este y la Zona Reservada Sierra del Divisor al sur.

Gracias a los inventarios rápidos previos en esas áreas sabíamos que el interfluvio de Tapiche-Blanco alberga la mayor extensión de arenas blancas en el Perú —18,000 ha de varillales y chamizales a lo largo de la margen izquierda del Blanco— adyacente a un vasto humedal y a una aún más grande extensión de bosques megadiversos de tierra firme. A pesar de esta promesa, nuestras reuniones con las comunidades previas al inventario también indicaron que la región ha sido por mucho tiempo una base para industrias extractivas insostenibles: tala ilegal, concesiones de hidrocarburos y caza no regulada.

Nuestro trabajo de campo mostró una oportunidad para consolidar un importante corredor de conservación en este *hotspot* de carbono de Loreto. Durante el inventario de tres semanas, nuestro equipo descubrió una variedad sorprendente de tipos de vegetación enana sobre arenas blancas y turbas, incluyendo sabanas abiertas que son extremadamente raras en el Perú. Se registró 15 especies de primates, incluyendo el uakari o huapo rojo, amenazado a nivel mundial; se documentó una diversidad de plantas y vertebrados a nivel de récord mundial en un paisaje de suelos pobres, drenados por algunos de los arroyos de aguas negras más pobres jamás registrados en la Amazonía; y se registró más de 15 grandes extensiones de rango para aves amazónicas que se especializan en suelos pobres.

Cerca de 3,000 personas —campesinos, Capanahuas, Kichwas y Wampis— viven en 22 asentamientos a lo largo de los ríos Tapiche y Blanco. Sus medios de vida incluyen desde actividades de subsistencia (caza, recolección, pesca y agricultura a pequeña escala) hasta el comercio en los mercados regionales (madera, peces ornamentales). Aunque muchos de estos asentamientos datan de la época del *boom* del caucho a inicios del siglo XX, sólo cuatro están reconocidos oficialmente como tierras tituladas.

Consolidar el interfluvio de Tapiche-Blanco como un área de conservación implicará asegurar la tenencia de la tierra para la población local, promover un mejor manejo de los recursos naturales y poner fin a la tala ilegal. Rodeado por un anillo amortiguador de comunidades, un paisaje de conservación de 308,463 ha formará el núcleo del área, con protección estricta para los bosques de arena blanca y con áreas de uso sostenible para los residentes locales en los bosques inundados y de tierra firme.

FIG. 1 Con la mayor extensión de vegetación sobre arenas blancas en el Perú, el paisaje Tapiche-Blanco ha sido durante mucho tiempo una de las más altas prioridades para la conservación en el país/ With Peru's largest expanse of white-sand vegetation, the Tapiche-Blanco region has long been one of the country's highest priorities for conservation

Perú: Tapiche-Blanco

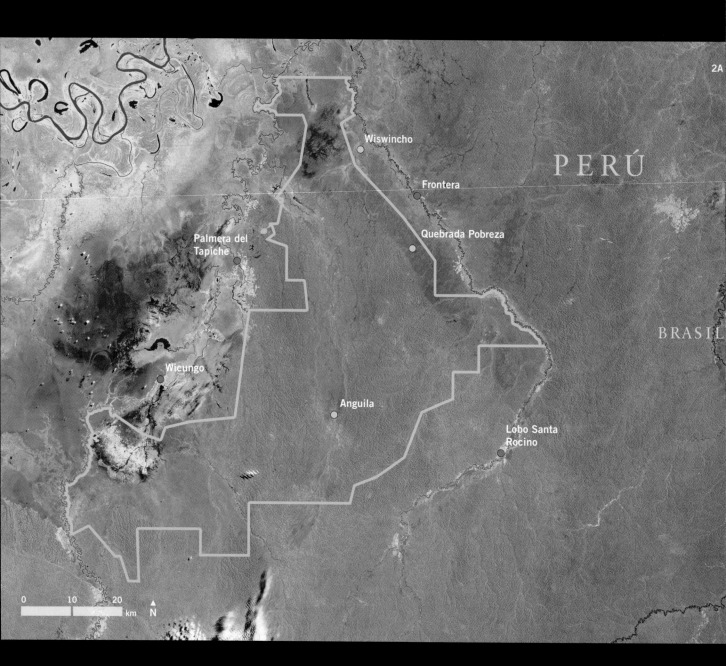

2A

Wiswincho

PERÚ

Frontera

Quebrada Pobreza

Palmera del
Tapiche

BRASIL

Wicungo

Anguila

Lobo Santa
Rocino

0   10   20
                km   ▲N

Iquitos

Pucallpa

Lima

Perú

FIG. 2A Una imagen de satélite de 2013 de las cuencas del Tapiche y Blanco, mostrando los sitios del inventario biológico y social, y la propuesta área para la conservación y el uso sostenible de 308,463 hectáreas/A 2013 satellite image of the Tapiche and Blanco watersheds, showing the social and biological inventory sites and the 308,463-ha proposed conservation and sustainable use area

● Inventario biológico/
Biological inventory

● Inventario social/
Social inventory

━ Propuesta área para la
conservación y el uso sostenible
Varillales de Tapiche-Blanco/
The proposed Varillales de
Tapiche-Blanco conservation
and sustainable use area

═ Frontera Perú-Brasil/
Peru-Brazil border

Ucayali

Wiswincho

Frontera

PERÚ

Río Blanco

Palmera del
Tapiche

Quebrada
Pobreza

Río Tapiche

BRASIL ▶

Wicungo

Anguila

Lobo Santa
Rocino

10   20
            ▲
        km N

FIG. 2B Un mapa topográfico de
las cuencas de los ríos Tapiche
y Blanco, que drenan las colinas
de tierra firme en el sur y que
desembocan en la depresión de
Ucamara en el norte/A topographic

Elevación/Elevation

180–230 m

150–180 m

90–150 m

● Inventario biológico/
Biological inventory

● Inventario social/
Social inventory

— Propuesta área para la

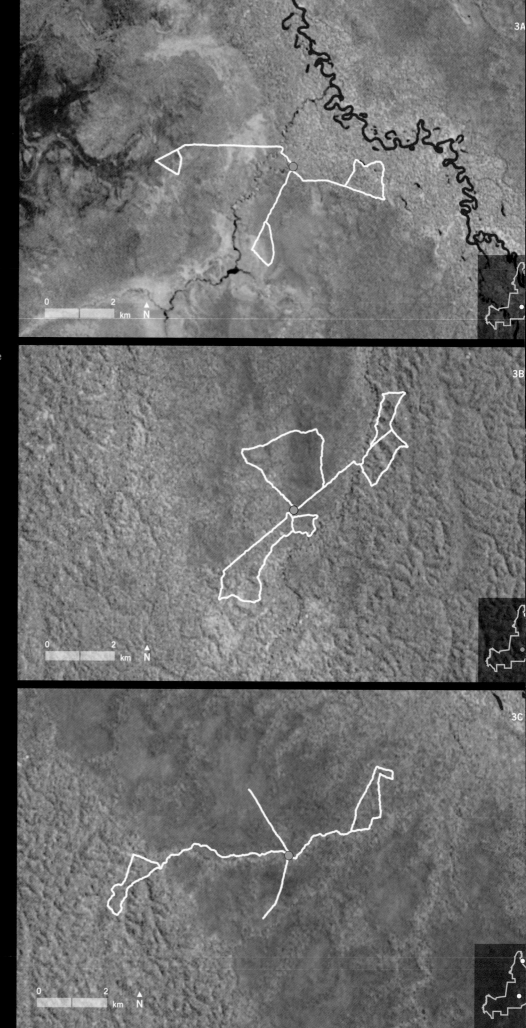

FIG. 3 El equipo biológico visitó tres campamentos durante el inventario rápido/The biological team visited three campsites during the rapid inventory

3A En nuestro campamento Wiswincho muestreamos 22 km de trochas que atravesaban bosques inundados y un inmenso complejo de humedales/At our Wiswincho camp, we sampled 22 km of trails through flooded forests and an immense wetland complex

3B Nuestro sistema de trochas de 25 km en el campamento Anguila se basó en una línea sísmica recientemente cortada, que nos permitió muestrear las colinas de tierra firme y parches dispersos de bosques de arena blanca/ Our Anguila trail system was based on a recently cut seismic survey line that allowed us to sample 25 km of upland hills and scattered patches of white-sand forest

3C En el campamento Quebrada Pobreza nuestro sistema de trochas de 25 km abarcó el parche más grande de bosque sobre arenas blancas en el Perú/At Quebrada Pobreza our 25-km trail system explored the largest patch of white-sand forest in Peru

3D Ubicado en el bosque inundado a lo largo de una quebrada de aguas negras, Wiswincho nos proporcionó la mayor sorpresa del inventario: una sabana de turbera parcialmente inundada (Figs. 5B–C)/Nestled in flooded forest along a blackwater creek, Wiswincho yielded the biggest surprise of the inventory: a partially flooded peatland savanna (Figs. 5B–C)

3E Aun en este sitio remoto en el corazón del área de conservación propuesta, las evidencias de tala selectiva y caza eran frecuentes/ Even at this remote site in the heart of the proposed conservation area, evidence of selective logging and hunting was apparent

3F Acampamos a las orillas de la quebrada Pobreza, cuyo nombre hace referencia a sus aguas negras muy pobres en nutrientes/ We made camp on the banks of Pobreza Creek, whose name ('poverty' in Spanish) refers to its nutrient-poor blackwater

4A

4C

4A Los suelos son pobres en toda la región, y por lo general están cubiertos por una espesa capa de raíces superficiales que ayuda a limitar la erosión / Soils are poor throughout the region, and typically covered by a thick mat of surface roots that protect against erosion

4B–C Decenas de muestras de suelos, turba y agua revelaron un paisaje carente de nutrientes / Dozens of samples of soils, peat, and water revealed a nutrient-starved landscape

4D Las inundaciones estacionales son comunes, y las crecidas excepcionales pueden unir temporalmente las cuencas del Ucayali, Tapiche, Blanco y Yavarí / Seasonal flooding is common and exceptional flood events can temporarily merge the Ucayali, Tapiche, Blanco, and Yavarí watershed

4E En los arroyos a lo largo de la quebrada Pobreza registramos las aguas negras más extremas y ácidas que hemos visto en cualquier otra parte de la Amazonía / In the creeks along the Quebrada Pobreza we recorded the most extreme and acidic blackwater we have seen anywhere in the Amazon

4F Las aguas muy ácidas y de baja conductividad del río Blanco reflejan su origen en las cabeceras de tierra firme pobres en nutrientes / The Blanco River's very acidic, low-conductivity water reflects the nutrient-poor uplands where it originates

4G Comunes a lo largo de los ríos Tapiche y Blanco, las cochas son una fuente clave de peces ornamentales y para alimento / Common along the Tapiche and Blanco floodplains, oxbow lakes are a key source of ornamental and food fish

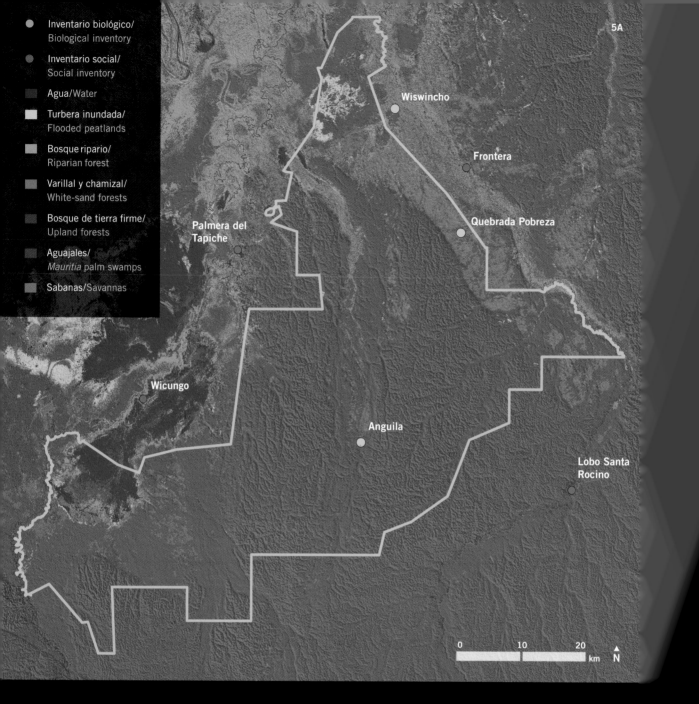

5A

Inventario biológico/ Biological inventory

Inventario social/ Social inventory

Agua/Water

Turbera inundada/ Flooded peatlands

Bosque ripario/ Riparian forest

Varillal y chamizal/ White-sand forests

Bosque de tierra firme/ Upland forests

Aguajales/ *Mauritia* palm swamps

Sabanas/Savannas

Wiswincho

Frontera

Palmera del Tapiche

Quebrada Pobreza

Wicungo

Anguila

Lobo Santa Rocino

0   10   20
km   N

5A Los botánicos identificaron una gran cantidad de diferentes tipos de vegetación en el paisaje Tapiche-Blanco (ver la Tabla 2)/Our botany team identified a wealth of different vegetation types in the Tapiche-Blanco region (see Table 2)

5B Pequeñas extensiones de sabana con parches dispersos de árboles pequeños representan uno de los tipos de vegetación más raros de la Amazonía del Perú/Small patches of savanna with scattered groves of small trees represent one of the rarest vegetation types in Amazonian Peru

5C Solo se conocen otros dos sitios en Loreto — Pacaya-Samiria y Jeberos — que albergan estas sabanas, con plantas y animales únicos/Only two other sites in Loreto—Pacaya-Samiria and Jeberos—are known to harbor these savannas and their unique plants and animals

5D La vegetación de las áreas inundadas varía espectacularmente dependiendo del sustrato, el régimen de las inundaciones y la química del agua —de pantanos dominados por una sola especie de palmera a bosques inundados muy diversos como éste/Flooded vegetation varies spectacularly

regime, and water chemistry— from single-species palm swamps to highly diverse floodplain forests like this

5E Coronados con árboles emergentes imponentes, los bosques de tierra firme en el sur le dan a este paisaje las reservas más grandes de carbono en todo el Perú/Crowned with towering emergents, the upland forests in the south give this landscape some of the highest carbon stocks in Peru

5F Los varillales son bosques bajos y densos de arbolitos delgados que albergan numerosas plantas y aves especializadas/A low, dense forest of slender treelets, white-sand

forests or *varillales* of specialist plants

5G Las 18,000 hec varillales y chamiza aquí) en el paisaje forman la extensión bosque sobre arena Perú/The 18,000 h and *chamizales* (pic in the Tapiche-Blan the largest patch of forest in Peru

Sabana de turberas/
Peatland savanna
5B

Sabana de turberas/
Peatland savanna
5C

Bosque ripario/
Riparian forest
5D

Bosque de tierra firme/
Upland forest
5E

Varillal/
Stunted white-sand forest
5F

Chamizal/
Dwarf white-sand forest
5G

6A

6B

6C

6D

6E

6F

FIG 6 Registramos cerca de 1,000 especies de plantas vasculares durante el inventario rápido y estimamos una flora regional de aproximadamente 3,000 especies/ We recorded nearly 1,000 vascular plant species during the rapid inventory and estimate a regional flora of up to 3,000 species

6A *Monotagma densiflorum*, nueva para el Perú/new to Peru

6B *Platycarpum* sp. nov., nueva para la ciencia/new to science

6C *Palmorchis sobralioides*, nueva para el Perú/new to Peru

6D *Heliconia densiflora*, nueva para Loreto/new to Loreto

6E *Retiniphyllum chloranthum*, nueva para el Perú/new to Peru

6F *Galeandra styllomisantha*, nueva para el Perú/new to Peru

6G *Euterpe catinga*, especialista en arenas blancas/specialist on white sands

6H El botánico loretano Marcos Ríos trata de colectar un espécimen del alto dosel/Loreto botanist Marcos Ríos aims for a plant specimen high in the canopy

6J *Macrolobium microcalyx*, especialista en arenas blancas/ specialist on white sands

6K-L *Adiscanthus fusciflorus*, endémica de Loreto/endemic to Loreto

6M-N *Mauritia carana*, especialista en arenas blancas/specialist on white sands

6G

6H

6J

6K

6L

6M

6N

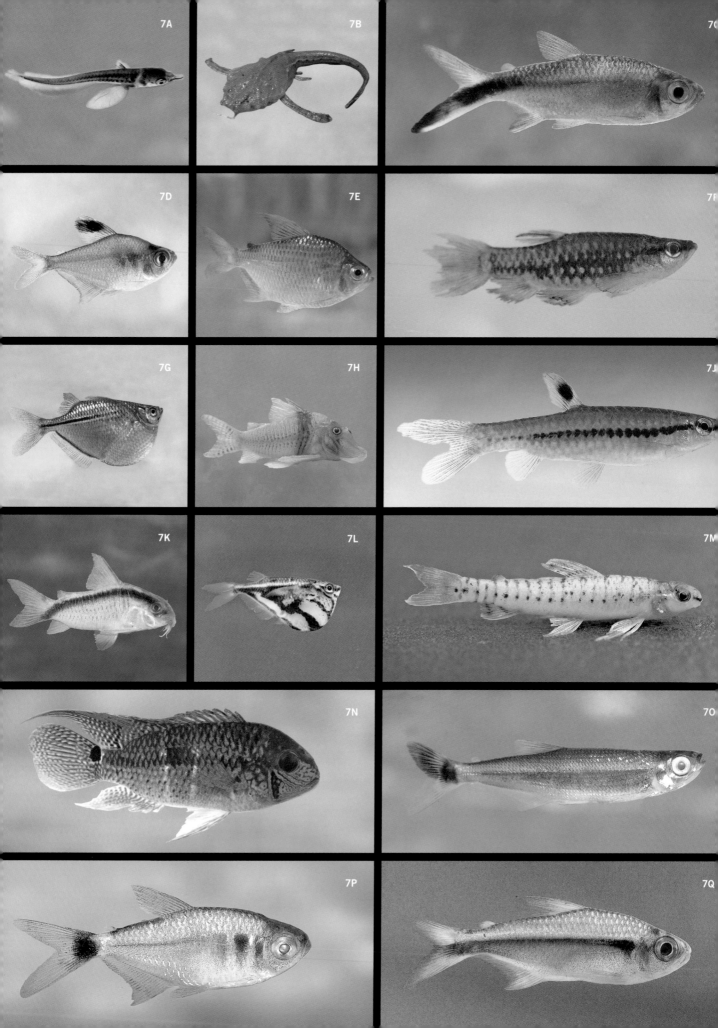

FIG. 7 Las comunidades diversas de peces son una de las bases fundamentales de la economía local en el paisaje Tapiche-Blanco. De las 500 especies estimadas, casi la mitad son utilizadas por las comunidades locales/Diverse fish communities are one of the key foundations of the local economy in the Tapiche-Blanco region. Of the 500 species estimated to occur here, nearly half are used by local communities

7A *Osteoglossum bicirrhosum*, ornamental

7B *Bunocephalus* sp., ornamental

7C *Thayeria obliqua*, ornamental

7D *Hyphessobrycon erythrostigma*, ornamental

7E *Moenkhausia comma*, ornamental

7F *Copeina guttata*, ornamental

7G *Gasteropelecus sternicla*, ornamental

7H *Corydoras pastazensis*, ornamental

7J *Pyrrhulina* aff. *laeta*, ornamental

7K *Corydoras arcuatus*, ornamental

7L *Carnegiella strigata*, ornamental

7M *Characidium pellucidum*, ornamental

7N *Aequidens diadema*, ornamental

7O *Iguanodectes purusii*, ornamental

7P *Hemigrammus* aff. *ocellifer*, ornamental

7Q *Hyphessobrycon agulha*, ornamental

7R *Characidium* sp. nov.

7S *Bunocephalus* sp. nov.

7T *Hemigrammus* sp. nov.

7U *Tyttocharax* sp. nov.

7V Los pescadores locales recolectan peces ornamentales de las quebradas y lagos de aguas negras, y los venden para acuarios en Iquitos/Local fishermen collect ornamental fishes in blackwater streams and lakes, and sell them to aquaria in Iquitos

7W Registramos 180 especies de peces, incluyendo esta anguila eléctrica (*Electrophorus electricus*) que dio nombre al campamento Anguila/We recorded 180 fish species, including this electric eel (*Electrophorus electricus*) that gave its name to the Anguila ('Eel') campsite

7R

7S

7T

7U

7V

7W

8A

8B

8C

8D

8E

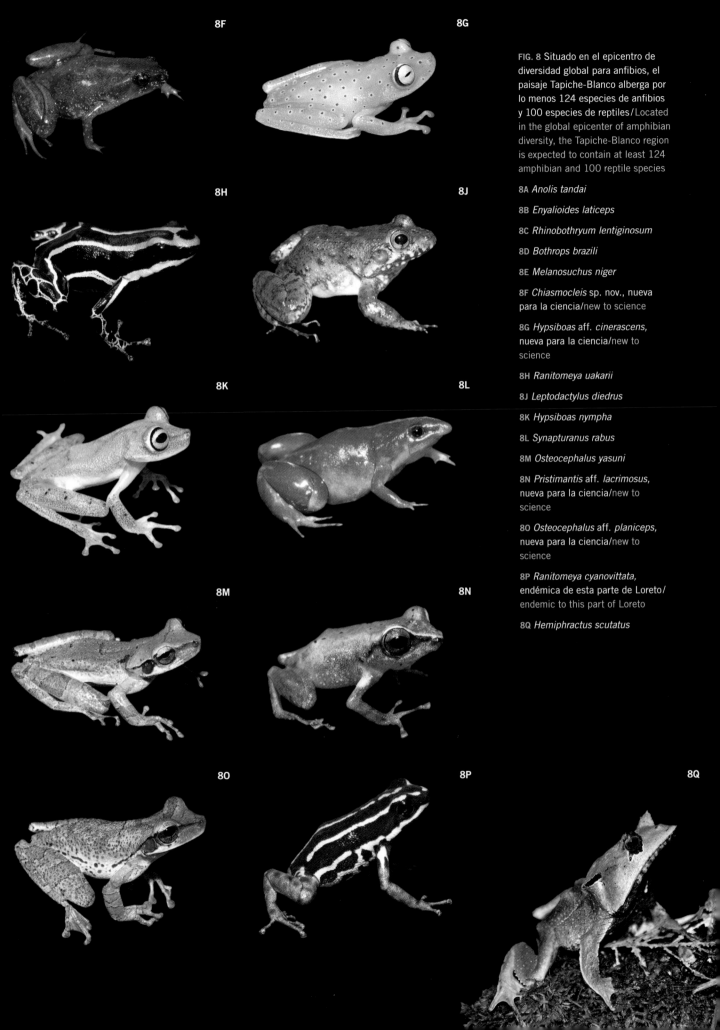

8F

8G

FIG. 8 Situado en el epicentro de diversidad global para anfibios, el paisaje Tapiche-Blanco alberga por lo menos 124 especies de anfibios y 100 especies de reptiles/Located in the global epicenter of amphibian diversity, the Tapiche-Blanco region is expected to contain at least 124 amphibian and 100 reptile species

8A *Anolis tandai*

8B *Enyalioides laticeps*

8C *Rhinobothryum lentiginosum*

8D *Bothrops brazili*

8E *Melanosuchus niger*

8F *Chiasmocleis* sp. nov., nueva para la ciencia/new to science

8G *Hypsiboas* aff. *cinerascens*, nueva para la ciencia/new to science

8H *Ranitomeya uakarii*

8J *Leptodactylus diedrus*

8K *Hypsiboas nympha*

8L *Synapturanus rabus*

8M *Osteocephalus yasuni*

8N *Pristimantis* aff. *lacrimosus*, nueva para la ciencia/new to science

8O *Osteocephalus* aff. *planiceps*, nueva para la ciencia/new to science

8P *Ranitomeya cyanovittata*, endémica de esta parte de Loreto/endemic to this part of Loreto

8Q *Hemiphractus scutatus*

8H

8J

8K

8L

8M

8N

8O

8P

8Q

9A

9B

9C

9D

9E

9F

FIG.9 De las 550 especies de aves que se esperan en esta región de Loreto, 23 son especialistas de los bosques de suelos pobres y tienen distribuciones irregulares en el Perú (Figs. 9B–F)/Of the 550 bird species expected to occur in the region, 23 are specialized on poor-soil forests and patchily distributed in Peru (Figs. 9B–F)

9A *Nyctibius leucopterus,* antes solo conocida en el Perú de dos sitios al norte del río Amazonas/previously only known in Peru from two sites north of the Amazon

9B *Xenopipo atronitens* (macho), común en Wiswincho/(male), common at Wiswincho

9C *Cnemotriccus fuscatus*

9D *Myrmoborus melanurus*

9E *Heterocercus aurantiivertex* (macho)/(male)

9F *Myrmotherula cherriei* (hembra)/(female)

9G El ornitólogo Percy Saboya fotografía *Nyctibius leucopterus* en la quebrada Pobreza/Ornithologist Percy Saboya photographs *Nyctibius leucopterus* at Quebrada Pobreza

9H *Penelope jacquacu,* un ave de caza común/*Penelope jacquacu,* a common gamebird

9J Aunque inconspicua, esta collpa de loros en el alto río Blanco es uno de los pocos sitios de este tipo en Loreto y tiene potencial para el ecoturismo/This unassuming parrot salt lick on the upper Blanco— one of few such sites in Loreto— is an important asset for ecotourism

9K *Mitu tuberosum,* el ave de caza más grande en la región; la población de esta especie ha sido reducida por la caza/*Mitu tuberosum*, largest gamebird in the region, reduced by hunting

FIG.10 Se estima que el paisaje Tapiche-Blanco albergue más de 200 especies de mamíferos, incluyendo la mayoría de los primates conocidos de Loreto / The Tapiche-Blanco region is estimated to harbor more than 200 mammal species, including more than half of all the primate species known from Loreto

10A *Saguinus fuscicollis*, endémico de esta pequeña área de la Amazonía / *Saguinus fuscicollis*, endemic to this small area of the Amazon

10B *Callicebus cupreus*

10C *Saguinus mystax*

10D *Pithecia monachus*

10E *Sapajus macrocephalus*

10F *Saimiri macrodon*

10G *Saimiri boliviensis*, esperada/expected

10H *Lagothrix poeppigii*

10J *Ateles chamek*

10K *Aotus nancymaae*

10L *Callimico goeldii*

10M *Callithrix pygmaea*

10N *Callicebus* aff. *cupreus*, potencialmente nuevo para la ciencia / potentially new to science

10O *Alouatta seniculus*

10P *Cacajao calvus ucayalii*

10Q *Leopardus pardalis*

10R *Mazama nemorivaga*

10S *Atelocynus microtis*

10Q

10P

10R

10S

FIG.11 Aproximadamente 3,000 habitantes Capanahua, Kichwa, Wampis y mestizos viven a lo largo de los ríos Tapiche y Blanco. Durante el inventario rápido visitamos ocho de estas comunidades, pasando la mayor parte del tiempo en Wicungo, Palmera del Tapiche, Frontera y Lobo Santa Rocino/Some 3,000 Capanahua, Kichwa, Wampis, and *mestizo* residents live along the Tapiche and Blanco rivers. During the rapid inventory we visited eight communities, spending the most time in Wicungo, Palmera del Tapiche, Frontera, and Lobo Santa Rocino

11A La comunidad nativa de Wicungo en el alto río Tapiche Capanahua, población: 120)/ The indigenous Capanahua community of Wicungo on the upper Tapiche (pop. 120)

11B La comunidad nativa de Palmera del Tapiche en el río Tapiche (Capanahua, población: 115)/The indigenous Capanahua community of Palmera del Tapiche on the Tapiche River (pop. 115)

11C El paisaje Tapiche-Blanco ha sido habitado ancestralmente por las etnias Capanahua, Matsés y Remo/The Tapiche-Blanco region was historically inhabited by the Capanahua, Matsés, and Remo peoples

11D La comunidad nativa de Frontera en el río Blanco (Capanahua, población: 55)/The indigenous Capanahua community of Frontera on the Blanco River (pop. 55)

11E La comunidad nativa de Lobo Santa Rocino en el alto río Blanco Kichwa y Wampis, población: 174)/ The indigenous Kichwa and Wampis community of Lobo Santa Rocino on the upper Blanco (pop. 174)

11F Las comunidades poseen un amplio conocimiento ecológico tradicional que es transmitido de generación en generación/ Tapiche-Blanco communities possess a deep knowledge of local ecology, passed down from generation to generation

11D

11E

11F

12A El personal de las áreas protegidas en la zona está iniciando proyectos en colaboración con las comunidades, como el repoblamiento de quelonios en Lobo Santa Rocino/Protected areas staff are beginning to join forces with communities, as in this river turtle recovery program in Lobo Santa Rocino

12B En ambas cuencas aún hay abundantes productos no-maderables que suplen las necesidades de vivienda y alimentación de las comunidades/ In both watersheds an abundance of non-timber forest products provides much of residents' food and building materials

12C Proteger y manejar los recursos naturales es una prioridad y una lucha constante para los líderes y visionarios de las cuencas del Tapiche y del Blanco/Protecting and managing natural resources are emerging priorities for leaders in the Tapiche and Blanco watersheds

12D Las mujeres juegan un papel muy importante en la vida comunal/ Women play a very important role in communal activities

12E La producción de fariña y tapioca es una actividad económica importante para algunas comunidades/Producing manioc-based fariña and tapioca is a leading economic activity in some communities

12F Las cuatro comunidades visitadas revelaron sus detallados conocimientos del paisaje en el mapeo del uso de los recursos naturales/Exercises to map natural resource use in the four communities we visited revealed a detailed knowledge of their landscape

12G Programas para manejar y regular la caza ayudarán a asegurar poblaciones sostenibles de fauna para las próximas generaciones/ Programs to manage and regulate hunting will help ensure sustainable game populations for future generations

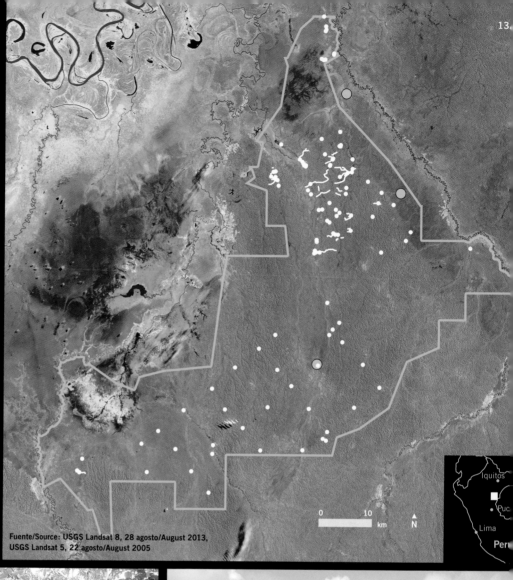

13A Una comparación de imágenes satelitales de 2005 y 2013 revela perturbaciones en el bosque: viales madereros en el norte y estudios sísmicos en el sur/Comparing satellite images taken in 2005 and 2013 reveals forest disturbance linked to logging roads in the north and seismic surveys in the south

13B Como es el caso en gran parte de la Amazonía, la tala en el paisaje Tapiche-Blanco no es financieramente sostenible y se basa en la explotación de los trabajadores locales/As is the case in much of the Amazon, logging in the Tapiche-Blanco region is not financially sustainable and is subsidized by the exploitation of local workers

13C Muchos años de tala no regulada han devastado las reservas de madera de la región, pero no su bosque continuo y su espectacular valor de conservación/A long history of unregulated logging has devastated the region's timber stocks, but not its continuous forest and spectacular conservation value

- ● Sitio de inventario biológico/ Biological inventory site

- ● Perturbación/Disturbance 2005–2013

Fuente/Source: USGS Landsat 8, 28 agosto/August 2013, USGS Landsat 5, 22 agosto/August 2005

0   10
km   N

Iquitos
Puc.
Lima
Perú

Conservación en el interfluvio de Tapiche-Blanco

01 **La mayor extensión en el Perú de bosques sobre arena blanca (varillales y chamizales),** un tipo de vegetación icónico de Loreto caracterizado por un alto grado de endemismo

- 18,000 ha de un tipo de vegetación tan raro que ocupa menos del 1% de Loreto (Álvarez Alonso et al. 2013). Por comparación, los varillales y chamizales de la Reserva Nacional Allpahuayo-Mishana ocupan <12,000 ha (Fig. 5A)

- Especies de plantas y animales especialistas o endémicas de estos bosques, como los árboles *Mauritia carana* (Figs. 6M–N), *Platycarpum* sp. nov. (Fig. 6B), *Euterpe catinga* (Fig. 6G) y *Pachira brevipes*, y más de 10 aves incluyendo *Nyctibius leucopterus* (Fig. 9A), *Myrmotherula cherriei* (Fig. 9F) y *Xenopipo atronitens* (Fig. 9B)

- Potencialmente la mayor población en Loreto de la palmera especialista y amenazada *Mauritia carana* (Figs. 6M–N)

02 **Un tipo de vegetación aún más raro que los varillales, conocido de tan solo dos otras regiones en Loreto:** pantanos herbáceo-arbustivos tipo 'sabana,' de condiciones extremas de humedad y sequía, y una flora especializada. Visitamos un pequeño parche de esta sabana cerca de nuestro primer campamento, pero la mayor extensión se encuentra en el medio Tapiche, cerca de la Comunidad Nativa Wicungo (Fig. 5A)

03 **Un paisaje de selva baja extraordinariamente diverso que reúne una gran variedad de suelos, hábitats acuáticos y hábitats terrestres que son frágiles** y que serían severamente alterados por la deforestación, la construcción de caminos o la explotación petrolera

- Un impresionante complejo de ríos, quebradas, lagos y áreas inundadas, entre los más importantes del Perú, que llega a formar una conexión entre las cuencas del Ucayali y del Yavarí durante inundaciones estacionales

- Aguas extraordinariamente puras con concentraciones extraordinariamente bajas de nutrientes y sales, con corrientes de aguas claras en los bosques de tierra firme y corrientes de aguas negras especialmente ácidas en las tierras bajas

Objetos de conservación (continuación)

- Grandes depósitos de turba (turberas) ricos en carbono y vulnerables a los incendios antropogénicos

- Un archipiélago de bosques sobre arenas blancas (ver arriba), en los cuales las plantas crecen tan despacio que la recuperación de áreas deforestadas puede demorar décadas

- Grandes extensiones de suelos de fertilidad baja, los cuales son protegidos por una alfombra de raíces superficiales que limita la erosión y retiene los nutrientes y sales necesarias para las plantas y animales (Fig. 4A)

04 **Servicios de ecosistema a gran escala**, incluyendo:

- **Uno de los mayores reservorios de carbono natural en todo el Perú**, según el mapa de carbono de Asner et al. (2014). En el interfluvio de Tapiche-Blanco este carbono se encuentra almacenado en tres lugares: 1) en la biomasa leñosa de la vegetación sobre la superficie, especialmente en los bosques de tierra firme, 2) en los enormes volúmenes de materia orgánica enterrada en las turberas de la región (Draper et al. 2014) y 3) en la alfombra gruesa de raíces superficiales que cubre muchos de los suelos de la región.

- **Una cobertura vegetal aún intacta y continua** en las cuencas del Tapiche y Blanco, en la forma de bosque de dosel cerrado, la cual protege los ecosistemas río abajo de las inundaciones extremas, la sedimentación y otros impactos de la deforestación

05 **Comunidades de plantas y vertebrados megadiversas y en buen estado de conservación,** a pesar de una larga historia de tala, pesca y caza informal

- Una muestra representativa de una zona geográfica que posee los records mundiales de diversidad en árboles (ter Steege et al. 2003), anfibios, aves y mamíferos (Jenkins et al. 2013), y peces y otros organismos de agua dulce (Collen et al. 2014)

- Comunidades de peces megadiversas en un paisaje de aguas negras, claras y blancas que sirve de interconexión entre cuencas (Yaquerana, Gálvez, Blanco, Tapiche y Ucayali)

- Comunidades de anfibios y reptiles de bosques de tierra firme y de los varillales en buen estado de conservación

- Una comunidad de primates muy diversa, con hasta 17 especies —más de la mitad de las especies de primates conocidas de Loreto

06 Amplios y variados **ecosistemas acuáticos y terrestres ricos en plantas y animales que forman la base de la economía local**

- Bosques y chacras con una gran diversidad de plantas utilizadas por los pobladores locales para comida, medicina y material de construcción (ver el Apéndice 10)

- Quebradas de aguas negras que albergan decenas de especies de peces de uso ornamental, como las de los géneros *Paracheirodon*, *Carnegiella*, *Hyphessobrycon*, *Thayeria*, *Corydoras*, *Monocirrhus* y *Apistogramma* (Figs. 7A–Q)

- Cochas que albergan especies de peces de consumo y de uso ornamental, como arahuana (*Arapaima* sp.; Fig. 7A) y paiche (*Osteoglossum bicirrhosum*)

- Ríos de agua blanca (Tapiche y Blanco) que albergan peces de alta importancia pesquera a nivel regional y nacional, los cuales constituyen una fuente importante de proteína para los pobladores locales, como *Arapaima*, *Brycon*, *Leporinus*, *Schizodon, Prochilodus* y *Colossoma*

- Garzales (colonias de anidamiento de aves) asociados con cochas y bosques inundados, la collpa de guacamayos en el río Blanco y otras collpas de mamíferos, los cuales son un atractivo importante para el ecoturismo

- Bosques que aún mantienen poblaciones saludables de animales de caza, incluyendo aves grandes (crácidos y trompeteros) y primates grandes que están sometidos a fuerte presión de cacería en muchos sitios de su distribución geográfica

07 **Por lo menos 27 especies de plantas y animales consideradas como mundialmente amenazadas**

- Siete plantas clasificadas como mundialmente amenazadas por la UICN (IUCN 2014): *Caryocar amygdaliforme* (EN), *Couratari guianensis* (VU), *Guarea cristata* (VU), *Guarea trunciflora* (VU), *Naucleopsis oblongifolia* (VU), *Pouteria vernicosa* (VU) y *Thyrsodium herrerense* (VU)

Objetos de conservación (continuación)

- Cuatro plantas clasificadas como mundialmente amenazadas por León et al. (2006): *Cybianthus nestorii* (CR), *Tetrameranthus pachycarpus* (EN), *Ternstroemia klugiana* (VU) y *Ternstroemia penduliflora* (VU)

- Dos tortugas categorizadas como Vulnerable por la UICN (IUCN 2014): *Podocnemis unifilis* y *Chelonoidis denticulata*

- Tres aves categorizadas como Vulnerable por la UICN (IUCN 2014): *Myrmoborus melanurus*, *Primolius couloni* y *Touit huetii*. Sesentaiún especies de aves incluidas en las listas CITES (Apéndice 7)

- Once mamíferos considerados mundialmente amenazados por la UICN (IUCN 2014): *Ateles chamek* (EN), *Pteronura brasiliensis* (EN), *Cacajao calvus* (VU), *Callimico goeldii* (VU), *Dinomys branickii* (VU), *Lagothrix poeppigii* (VU), *Leopardus tigrinus* (VU), *Myrmecophaga tridactyla* (VU), *Priodontes maximus* (VU), *Tapirus terrestris* (VU) y *Trichechus inunguis* (VU)

08 **Por lo menos 20 especies de plantas y animales consideradas como amenazadas en el Perú**

- Cinco plantas (MINAG 2006): *Euterpe catinga* (VU; Fig. 6G), *Haploclathra paniculata* (VU), *Mauritia carana* (VU; Figs. 6M–N), *Pachira brevipes* (VU) y *Parahancornia peruviana* (VU)

- Un reptil (MINAGRI 2014): la tortuga *Podocnemis unifilis* (VU)

- Los caimanes *Melanosuchus niger* (Fig. 8E) y *Paleosuchus trigonatus*, que se encuentran Casi Amenazados de acuerdo a la legislación peruana, y *Caiman crocodilus* que sufre elevada presión de caza

- Dos aves (MINAGRI 2014): *Nyctibius leucopterus* (VU; Fig. 9A) y *Primolius couloni* (VU)

- Doce mamíferos (MINAGRI 2014): *Ateles chamek* (EN), *Pteronura brasiliensis* (EN), *Allouatta seniculus* (VU), *Atelocynus microtis* (VU), *Cacajao calvus* (VU), *Callimico goeldii* (VU), *Dinomys branickii* (VU), *Lagothrix poeppigii* (VU), *Myrmecophaga tridactyla* (VU), *Priodontes maximus* (VU), *Promops nasutus* (VU) y *Trichechus inunguis* (VU)

09 **Por lo menos 29 especies de plantas y animales con distribuciones disyuntas o restringidas que incluyen el interfluvio de Tapiche-Blanco**

- Cuatro plantas consideradas endémicas de la Región Loreto (León et al. 2006): *Cybianthus nestorii, Ternstroemia klugiana, Ternstroemia penduliflora* y *Tetrameranthus pachycarpus*

- Las ranas *Ranitomeya cyanovittata* (Fig. 8P) y *Ameerega ignipedis*, endémicas de esta zona

- Un grupo de 17 especies de aves restringidas a bosques de suelos pobres (varillales y chamizales), especialmente el Nictibio de Ala Blanca (*Nyctibius leucopterus*; Fig. 9A), Hormiguerito de Cherrie (*Myrmotherula cherriei*; Fig. 9F) y Saltarín Negro (*Xenopipo atronitens*; Fig. 9B), especies de distribuciones pequeñas y disyuntas en Loreto

- Cinco especies de aves restringidas a bosques inundables de la Amazonía occidental

- *Saguinus fuscicollis,* un primate de distribución restringida (Fig. 10A)

10 **Por lo menos nueve especies de plantas y animales potencialmente nuevas para la ciencia**

- Plantas: una especie de árbol nueva del género *Platycarpum* (Fig. 6B)

- Peces: cuatro especies nuevas de los géneros *Tyttocharax, Characidium, Hemigrammus* y *Bunocephalus* (Figs. 7R–U)

- Anfibios: cuatro especies nuevas de los géneros *Chiasmocleis, Hypsiboas, Osteocephalus* y *Pristimantis* (Figs. 8F–G, N–O)

- Mamíferos: un morfotipo inusual del primate *Callicebus cupreus* (*C.* aff. *cupreus* 'rojo'; Fig. 10N) que podría representar una especie nueva

01 Una oportunidad de proteger **la mayor extensión de varillales y chamizales (bosques sobre arenas blancas) en el Perú**

02 Una extensión continua de bosque de dosel cerrado en buen estado de conservación que funciona como **un corredor de conservación que conecta las áreas naturales protegidas adyacentes** (la Reserva Nacional Matsés, la Zona Reservada Sierra del Divisor y la Reserva Nacional Pacaya-Samiria), y que conecta los varillales y turberas de Tapiche Blanco con esos tipos de vegetación en otras áreas de Loreto

03 Una oportunidad de **sanear el uso de los espacios y recursos naturales en la zona,** reemplazando el antiguo modelo de uso informal con un sistema de espacios y derechos definidos, basado en el amplio conocimiento de los moradores locales sobre el paisaje y los recursos naturales

04 **Un consenso entre los gobiernos nacional y regional** sobre el alto valor para la conservación del interfluvio de Tapiche-Blanco

   - Designada como una prioridad de conservación en el Plan Director de Áreas Naturales Protegidas (SERNANP 2009)

   - Designada como una zona de interés para la conservación en la Estrategia para la gestión de las Áreas de Conservación Regional de Loreto del Programa de Conservación, Gestión y Uso Sostenible de la Diversidad Biológica de Loreto (PROCREL 2009)

05 Una oportunidad de **salvaguardar los grandes *stocks* de carbono** terrestres (Asner et al. 2014) y subterráneos (Draper et al. 2014)

06 **Planes de vida avanzados** para todas las comunidades del Blanco y para el 75% de las comunidades del Tapiche, gracias al trabajo de CEDIA

   - Estatutos y asambleas comunales fortalecidos

   - Disposición positiva e interés de los pobladores locales en consolidar los espacios comunales y definir derechos claros

   - Algunas prioridades consensuadas sobre el manejo de los recursos naturales

07 **Otras iniciativas incipientes en las comunidades de controlar y manejar el uso de los recursos naturales** de la zona

- Mapas de uso de recursos naturales (Fig. 24) e iniciativas de zonificación en algunas comunidades (p. ej., Lobo Santa Rocino)

- Planes de manejo informales de cochas para manejar recursos acuáticos (p. ej., el Comité de Vigilancia para controlar el acceso a la Cocha Wicungo)

- Iniciativas de acuerdos entre comunidades para el uso de cochas y quebradas (p. ej., entre Frontera y España)

- Iniciativas para controlar la cacería (p. ej., Lobo Santa Rocino)

- Iniciativas para organizarse frente a la actividad forestal (p. ej., el Comité de la Madera en Nuevo Capanahua) o para respetar el acceso de otras comunidades a los recursos forestales

- Colaboraciones entre la comunidad de Lobo Santa Rocino y guardaparques de la Zona Reservada Sierra del Divisor para recuperar las poblaciones de taricayas (*Podocnemis unifilis*)

- Espacios de discusión sobre el uso de recursos naturales en las asambleas y algunos mecanismos de sanción y control (teniente, policía)

08 **Otras fortalezas sociales en las comunidades** con respecto a la conservación y el uso sostenible de los recursos naturales:

- Liderazgo emergente en las comunidades de ambos ríos, incluyendo jóvenes y mujeres que podrían ser los movilizadores para la unificación y gestión del área

- Redes de apoyo, colaboración para emergencias, mingas y mañaneos

- Respeto por zonas vinculadas a mitos y creencias que sirven como mecanismo de control y regulación del uso de los recursos

- Celebraciones y acciones colectivas que promueven espacios de intercambio cultural, apoyo mutuo y cohesión a nivel intercomunal

Fortalezas y oportunidades (continuación)

09 La presencia en la zona de **actores con experiencia con iniciativas de conservación y el uso y manejo de recursos naturales en el contexto amazónico** (SERNANP, CEDIA y la Reserva Tapiche)

10 **La crisis actual en el sector forestal peruano,** la cual ha desatado el interés del Estado y de varios otros actores en buscar modalidades de producción forestal amazónica que son más sostenibles, más rentables y más justas que el sistema fallido de concesiones

01 **Inseguridad e inestabilidad en la tenencia de la tierra**

- Un porcentaje muy bajo de comunidades que han recibido título, a pesar de una larga historia de ocupación y uso

- Dos comunidades nativas al punto de desaparecer en el río Tapiche (Nueva Esperanza y Yarina Frontera Topal); su desaparición generaría inestabilidad, pues estas comunidades son tituladas

- Una comunidad fantasma (Nuevo Trujillo) creada por madereros ilegales de Requena con falsa información, con el fin de acceder al derecho de aprovechar madera bajo la figura de 'bosque local'

02 **Operaciones forestales que son ilegales o informales y que dejan grandes impactos en comunidades sociales y biológicas**

- La presencia generalizada de la tala ilegal e informal; abundantes irregularidades en concesiones y permisos

- Debilidad del Estado en la supervisión de las actividades forestales en la zona (ver abajo) y el fracaso del sistema de concesiones (Finer et al. 2014)

- Desinformación e incertidumbre sobre el estatus legal y la ubicación de las concesiones y permisos forestales, y sobre los requisitos para obtener dichos derechos de acceso al bosque. El resultado es una total desinformación por parte de las poblaciones del área referente a estos temas, situación que vulnera los derechos de los pobladores.

- Concesiones forestales que incluyen bosques sin vocación forestal (p. ej., varillales) o bosques en los cuales ya no hay poblaciones económicamente viables de especies maderables; esta situación favorece el blanqueo de madera obtenida en otros lugares

- La persistencia en la zona del sistema de habilito, asociado con condiciones abusivas (abusos de derechos humanos, pagos muy bajos, falta de seguros de accidente, endeudamiento, engaños, etc.)

- Sanciones y procesos administrativos impuestos a algunas comunidades por el OSINFOR o la SUNAT, debido a un manejo inadecuado de las autorizaciones otorgadas por el Programa Forestal

- Impactos ambientales de la actividad forestal informal (p. ej., los viales forestales y la caza excesiva de mamíferos y aves alrededor de los campamentos forestales). Estos impactos se extienden más allá de los bosques de tierra firme (p. ej., el sacado de boyas frecuentemente se hace a través de quebradas y cochas)

- Impactos ambientales de la actividad forestal mecanizada (p. ej., la pérdida de la capilla de raíces, la erosión de suelos frágiles, la sedimentación de quebradas, ríos y cochas)

- La escasez de planificación forestal, que imposibilita el manejo sostenible y pone en peligro el futuro del recurso maderero del paisaje

03 **Apertura de caminos de acceso a concesiones forestales.** Existen dos iniciativas diferentes de caminos de acceso a concesiones: el camino maderero Orellana-Tapiche y la red de caminos que planeaba Green Gold Forestry en 2014. Esta última contaba con un camino central (a lo largo de la cuenca de la quebrada Yanayacu del Tapiche) y caminos secundarios que llegarían a la cuenca de ambos ríos, Tapiche y Blanco. Los caminos forestales representan una amenaza grave por:

- La erosión de los suelos frágiles en la zona, que conllevaría a la sedimentación y contaminación de los cuerpos de agua

- La destrucción de los varillales, un tesoro natural de la zona

- La colonización de los nuevos caminos, con un aumento consecuente en la pesca, cacería y cosecha de recursos naturales en el corazón del interfluvio de Tapiche-Blanco

04 **Exploración y explotación petrolera.** La zona de estudio se superpone a tres concesiones petroleras activas (Bloques 137, 135 y 95). Entre las amenazas del trabajo en estas concesiones figuran:

- Cambios socioeconómicos fuertes, como el incremento de la presión sobre diversos recursos naturales silvestres y la migración humana de gran escala

- Problemas ambientales diversos que perjudican la calidad del agua y los componentes bióticos de los ecosistemas acuáticos. Un ejemplo muy presente en otras zonas de Loreto con actividad petrolera son derrames de aguas de formación salina o de petróleo relacionadas con la perforación y extracción, que alteran profundamente la composición de las aguas superficiales, dañan los ecosistemas de la llanura inundable y representan una amenaza grave al bienestar de comunidades locales.

- Potencial contaminación de agua si los pozos secos son activados con la fracturación hidráulica (*fracking*)

05 **Débil o nula supervisión de la extracción de recursos naturales por todos los actores de la zona.** Sea comercial, por subsistencia, o alrededor de los campamentos madereros, la cacería no es regida por ningún tipo de regulación gubernamental o comunal y vimos evidencia de la caza excesiva en ciertas zonas. La extracción de peces ornamentales y la pesca comercial son comunes en la zona, pero estas actividades no cuentan con planes de manejo ni regulación comunal o gubernamental.

06 **Gobernanza débil.** La ausencia de entidades del estado y de instituciones insuficientes para atender a la población de Tapiche-Blanco es un problema de muchas consecuencias. Entre las autoridades de la zona también hay problemas de corrupción y conflictos de interés, pues muchas están involucradas en la actividad maderera. Otros problemas de la gobernanza débil incluyen:

- La corrupción a todos los niveles de autoridades ambientales del gobierno regional, que facilita la extracción ilegal de los recursos naturales, en particular la madera

- La escasa seguridad pública, que permite el tránsito libre de actores ilegales como narcotraficantes y madereros ilegales

- Ausencia de espacios organizacionales para resolver problemas comunes y una limitada representación política a nivel provincial

- Caos de la información gubernamental de esta zona, que está desagregada, es imprecisa, está desactualizada, no es transparente, no es pública y frecuentemente es contradictoria

- Educación de baja calidad: solo escuelas primarias en muchas comunidades, con profesores que no son de la zona y que permanecen por temporadas irregulares

- Una población muy expuesta a abusos externos, debido a la falta de oportunidades de trabajo, la desinformación y las limitaciones de acceso a la educación

- El desconocimiento entre las comunidades de leyes y términos técnicos, que ha resultado en penalizaciones y deudas (p. ej., multas del OSINFOR y SUNAT)

07 **Migración temporal y permanente de trabajadores hacia la zona**, atraídos por actividades petroleras y madereras

08 **Falta de entendimiento del papel de las áreas naturales protegidas** en el manejo y protección de los recursos, con la percepción extendida entre la población de ambas cuencas de que cualquier tipo de área protegida cancela las posibilidades de aprovechamiento de recursos

Nuestro inventario de los bosques en el interfluvio de los ríos Tapiche y Blanco reveló extensiones grandes de bosques de arena blanca y humedales con profundas turberas, ambos en muy buen estado de conservación, y bosques de tierra firme megadiversos pero marcados por años de actividad maderera ilegal. A pesar de la tala ilegal —históricamente restringida a un pequeño número de especies de primera y segunda clase— el área ha logrado mantener comunidades diversas, reservas de carbono grandes y un alto valor para la conservación.

Aun falta mucho trabajo para sanear de forma física y legal el área. Unos 3,000 residentes —campesinos e indígenas Capanahua, Kichwa y Wampis— viven en las riberas de los ríos Tapiche y Blanco alrededor del área de conservación propuesta. Solo tres asentamientos tienen título oficial, a pesar de llevar más de tres generaciones de existencia. Además, existen docenas de figuras forestales (bosques locales, permisos forestales, concesiones forestales, permutas de concesiones forestales) en el paisaje, muchas sin documentación oficial y varias creadas de forma ilegal. No existe un mapa actualizado y socializado de todos los usos de la tierra y derechos de uso en la zona.

Para lograr la conservación y manejo a largo plazo en el Tapiche-Blanco será necesario tomar una serie de pasos en paralelo: sanear las tierras, eliminar la tala ilegal, promover un manejo de recursos naturales más sostenible y crear mejor coordinación entre los actores en la zona. Este juego de actividades creará las condiciones adecuadas para la declaración de un área de conservación entre los ríos Tapiche y Blanco (308,463 ha) con protección estricta para los 18,000 ha de varillales al oeste del río Blanco y para la creación de otra figura de conservación que protegerá el gran humedal al oeste del medio Tapiche (aprox. 90,000 ha), cerca al asentamiento de Wicungo.

PROTECCIÓN Y MANEJO

01 **Fortalecer el saneamiento físico y legal de comunidades de la zona,** basado en el uso actual de los moradores locales

- **Continuar y concluir el proceso de titulación** de más de 20 territorios comunales

- **Resolver conflictos de linderos** entre comunidades

- **Anular el reconocimiento de la Comunidad Nuevo Trujillo** (una comunidad ya abandonada en el río Tapiche)

02 **Sanear la actividad forestal dentro del área propuesta para la conservación y en las comunidades que la rodean**

Dentro del área propuesta para la conservación:

- Planificar y ejecutar acciones conjuntas entre las agencias gubernamentales competentes y las poblaciones locales para **eliminar la extracción ilegal de madera** en el interfluvio de Tapiche-Blanco

- **Redimensionar los Bosques de Producción Permanente (Zona 1A), igual que las concesiones forestales inactivas y caducadas**; por ser una zona remota con suelos arenosos y frágiles, que carece de árboles de alto valor, es imposible la actividad maderera sostenible y de bajo impacto

- **Evaluar la viabilidad de las concesiones forestales activas en la zona,** especialmente la concesión previamente administrada por Green Gold Forestry

Perú SAC (74,028 ha) en el núcleo del área potencial de conservación, donde habita una especie de primate potencialmente nueva para la ciencia (*Callicebus* sp. nov.; Fig. 10N)

- **Hacer un mapeo intensivo del estado actual de las formas de acceso al bosque** y de otros derechos existentes, eliminando figuras creadas de forma ilegal (p. ej., bosque local para comunidades no tituladas)

- Asegurar que a todos niveles (nacional, regional, local, comunal) **se maneje la misma información sobre el uso de los bosques**

Dentro de las comunidades:

- **Reubicar la tala de madera en la zona al espacio comunal**, disminuyendo la escala de la actividad y cambiando el sistema abusivo actual por un modelo comunal equitativo

- Para las comunidades interesadas en **aprovechar madera de forma sostenible en sus espacios comunales**, realizar inventarios forestales en las comunidades tituladas, crear planes de aprovechamiento de madera en los espacios comunales y capacitar a los pobladores locales en el manejo comunitario de fondos

- **Liberar las comunidades de las deudas y multas gigantescas** que se han acumulado por sanciones de OSINFOR, ya que reflejan montos imposibles de pagar. Los comuneros deberían unirse con otras comunidades y juntos buscar el apoyo de la Defensoría del Pueblo.

- **Promover la capacitación y fortalecimiento comunal** en temas relacionados a los aspectos técnicos, legales y prácticos de las actividades forestales a través de las entidades relevantes, como OSINFOR y el Programa Forestal Regional de Manejo Forestal y de Fauna Silvestre

- **Generar con las comunidades un protocolo para vigilar y denunciar la tala ilegal** en sus áreas comunales así como en la propuesta área de conservación

- **Capacitar e informar a las comunidades en temas relacionados con sus derechos** al trabajo libre, justo y bien remunerado, coordinando con las oficinas del Ministerio de Trabajo y la Defensoría del Pueblo de Requena y vinculando con la oficina regional de la Comisión Nacional de la Lucha Contra el Trabajo Forzoso (*http://www.mintra.gob.pe/trabajo_forzoso/cnlctf.html*)

03 **Crear un área de conservación y uso sostenible de recursos naturales de 308,463 ha en el interfluvio entre los ríos Tapiche y Blanco** (Figs. 2A–B). Consideramos que la gran variedad de ecosistemas, la riqueza de vida silvestre y la ubicación geográfica de esta área, relativamente fácil de acceder desde Iquitos, la convertirán en el futuro próximo en un punto focal para el ecoturismo, la investigación científica y el desarrollo sostenible en Loreto. El área propuesta

protegerá la mayor extensión de bosques de arenas blancas en el Perú, formará un corredor biológico con la Reserva Nacional Matsés, la Zona Reservada Sierra del Divisor y la Reserva Nacional Pacaya-Samiria, y pondrá en salvaguarda grandes reservas de carbono. Recomendamos:

- **Involucrar a las comunidades y moradores locales** de una manera integral y respetuosa en el diseño, categorización, zonificación y manejo de la propuesta área de conservación

- **Crear un plan de manejo y zonificación** basada en el uso actual por las comunidades aledañas, para garantir el uso sostenible de recursos dentro del área

- **Establecer puestos estratégicos de vigilancia y control** para prohibir el ingreso de actores ilegales al área

- **Coordinar la gestión de la propuesta área con las otras áreas naturales protegidas** de la zona

- **Buscar financiamiento a largo plazo para la gestión del área** propuesta de conservación, reconociendo que cumple una función grande en almacenaje de carbono dentro de la Amazonía peruana y podría acceder a proyectos de REDD, créditos de carbono y del Programa Nacional de la Conservación de Bosques para la mitigación del cambio climático

04 **Proteger los extraordinarios humedales del medio Tapiche (aprox. 90,000 ha),** cerca de los asentamientos de Wicungo y Santa Elena, buscando la figura legal adecuada que permita el uso por las comunidades bajo planes de manejo. Los humedales son fuente de alevinos y otros recursos acuáticos para toda la Región Loreto y representan un sitio crítico para aves playeras y un refugio para el caimán negro (*Melanosuchus niger*), especie en recuperación después de años de ser perseguida por su piel. Un inventario biológico y social, potencialmente liderado por investigadores del Instituto de Investigaciones de la Amazonía Peruana (IIAP), ayudaría a definir la mejor manera de conservar el sitio y su función ecológica a favor de las comunidades locales.

05 **Trabajar estrechamente con las comunidades para construir una visión de conservación y uso de los recursos naturales a largo plazo**

- **Elaborar un mapa comprehensivo de uso de recursos naturales** de cada una de las comunidades locales para permitir la zonificación efectiva del territorio comunal, ya sea titulado o en proceso de titulación, y de los espacios adyacentes, como parte de la estrategia de involucrar a las comunidades en el manejo y cuidado de la propuesta área de conservación

- **Elaborar planes de vida para cada comunidad** enfocados en el buen vivir comunal y en todas las dimensiones que rodean al ser humano (culturales, naturales, sociales, políticas y económicas)

- **Posicionar los planes de vida como herramienta de gestión del territorio comunal ante las autoridades distritales y regionales** para que las comunidades tengan acceso a fondos públicos (i.e., presupuestos participativos) y logren la implementación de sus actividades prioritarias

- **Fomentar el aprovechamiento de los recursos naturales renovables** mediante contratos de aprovechamiento para fines comerciales o acuerdos de actividad menor (aprovechamiento de recursos naturales a pequeña escala y sin fines comerciales) a realizarse por los pobladores en el ámbito de jurisdicción de la Reserva Nacional Matsés, la Zona Reservada Sierra del Divisor y el área propuesta de conservación y uso sostenible. Estos contratos y acuerdos deberían estar acompañados por planes de manejo, un monitoreo de los impactos de extracción y un sistema de supervisión y vigilancia de estos recursos

- **Generar un protocolo con las comunidades para vigilar y denunciar cosechas ilegales de recursos naturales** en sus áreas comunales así como en la propuesta área de conservación

06 **Coordinar actividades en las dos cuencas** para crear un paisaje integrado de conservación y manejo de los recursos naturales

- **Crear una figura de coordinación a nivel de cada cuenca y/o de las dos cuencas,** a través de un proceso de reflexión de todas las comunidades de los ríos Tapiche y Blanco

- **Aprovechar los espacios de reunión y confraternización ya existentes** (fiestas de aniversarios comunales y distritales, campeonatos deportivos, reuniones de iglesias, etc.) como plataformas de discusión acerca de las preocupaciones e intereses comunes

- **Promover la coordinación entre actores claves en la zona**, incluyendo los tres municipios (Soplín, Alto Tapiche y Tapiche), diversos programas sociales, GOREL, SERNANP, SERFOR, el Programa Forestal (Requena, Iquitos), OSINFOR, CEDIA, la Reserva Tapiche, los Ministerios de Trabajo, Educación y Salud, PRODUCE y la Defensoría del Pueblo

07 **Validar, fortalecer e impulsar la diversificación de actividades e ingresos económicos,** para minimizar los riesgos de los comuneros de enfocarse en una sola actividad. Actualmente la economía local depende de una diversidad de actividades, entre ellas comerciales (pesca ornamental, madera, fariña) y de subsistencia (caza, pesca, recolecta), y existen oportunidades para compartir buenas prácticas entre comunidades.

08 **Parar y reubicar las actividades de exploración y extracción de gas y petróleo en el área propuesta para la conservación**

- **Eliminar el traslape de los tres lotes de petróleo (95, 135 y 137) con el área propuesta,** ya que cuenta con una extensión grande de varillales, bosques muy frágiles de arena blanca con niveles altos de especies endémicas

- **Prohibir el fraccionamiento del área para hidrocarburos (*fracking*),** puesto que el área se mantiene geológicamente muy activa y cualquier derrame de aguas saladas dañará radicalmente las aguas puras de la zona

Informe técnico

RESUMEN DE LOS SITIOS DEL INVENTARIO BIOLÓGICO Y SOCIAL

Autores: Corine Vriesendorp, Nigel Pitman, Diana Alvira Reyes, Robert F. Stallard, Trey Crouch y Brian O'Shea

INFORMACIÓN REGIONAL

El área estudiada en el interfluvio de Tapiche-Blanco es un bloque de aproximadamente 315,000 ha de selva baja en la Amazonía peruana, delimitado por el río Tapiche al oeste, el río Blanco al este y al sur, y la confluencia de los dos ríos en el norte. El área está ubicada a unos 40 km de la frontera entre el Perú y Brasil y es casi equidistante —a unos 200 km— de tres importantes ciudades peruanas: Iquitos, Pucallpa y Tarapoto. Un trío de áreas protegidas rodea el interfluvio de Tapiche-Blanco, con la Reserva Nacional Matsés (420,596 ha) al norte y al este, la Zona Reservada Sierra del Divisor (1,478,311 ha) al este y al sur, y la Reserva Nacional Pacaya-Samiria (2,170,220 ha) al noroeste.

Hay 22 asentamientos dispersos a lo largo de los ríos Tapiche y Blanco, habitados en su mayoría por campesinos y algunos miembros del pueblo indígena Capanahua. Muchos de los asentamientos datan del segundo *boom* del caucho a inicios del siglo XX (1920 y 1930) o se originaron a partir de campamentos madereros temporales que se convirtieron con el tiempo en asentamientos más permanentes. Solamente hay 4 comunidades tituladas, y hay 15 comunidades (7 campesinas y 8 nativas) en proceso de titulación.

A pesar de la abundancia de zonas de arena blanca inadecuadas para la extracción de madera, todo el interfluvio de Tapiche-Blanco está designado como Bosque de Producción Permanente. Se han otorgado concesiones forestales en estas cuencas, pero la mayoría de ellas han sido anuladas o declaradas inactivas. Durante el inventario había una concesión activa grande (74,028 ha) en el corazón de Tapiche-Blanco, que fue otorgada a Green Gold Forestry Perú SAC en 2012, en permuta por otra concesión que la empresa abandonó en la cuenca del Tigre, donde el paisaje era arenoso y poco productivo, y donde las comunidades locales negaron el acceso a la concesión. En la época del inventario Green Gold Forestry planeaba iniciar operaciones en su concesión de Tapiche-Blanco en 2015, pero desde entonces ha movido sus operaciones a otra concesión en Loreto a través de una segunda permuta.

En la zona hay también otros permisos de aprovechamiento forestal de menor escala, incluyendo permisos para bosques locales a nivel municipal y permisos forestales a nivel regional. Sin embargo, hay mucha desinformación acerca de la ubicación y el estado de las áreas de aprovechamiento forestal. No hay un mapa centralizado y actualizado de la actividad forestal, y hay inconsistencias entre las bases de datos de las autoridades municipales, regionales y nacionales. Este vacío de información ha llevado a que impere la ley de la selva en lo concerniente al aprovechamiento de madera en la zona, una situación que se ha mantenido sin cambios durante décadas.

Hasta agosto de 2014, tres concesiones petroleras activas (Bloques 137, 135 y 95) se sobreponían al interfluvio de Tapiche-Blanco casi en su totalidad, con el Bloque 95 otorgado a Gran Tierra y los Bloques 137 y 135 a Pacific Rubiales (ver mapa en el *Informe ejecutivo*, este informe). Gran Tierra reporta haber encontrado petróleo en un pozo existente en el Bloque 95 en 2013, y planea explorar sitios de perforación adicionales (*http://www.perupetro.com.pe*). En el noreste, los Matsés, que se niegan a permitir el acceso a Pacific Rubiales, han paralizado las actividades en el Lote 137. El Bloque 135 se mantiene activo en el sur, con la exploración sísmica 2D completada y la exploración sísmica 3D prevista para 2014/2015. Nuestro campamento Anguila se ubicó a lo largo de una línea sísmica abandonada, y aprovechamos el helipuerto existente (ver sitios de inventario, a continuación).

Hay dos propuestas de Reservas Indígenas para salvaguardar las poblaciones de pueblos indígenas u originarios en situación de aislamiento y contacto inicial: una parcialmente dentro de nuestra área de estudio (2003, Propuesta Reserva Territorial Yavarí-Tapiche, *http://www.cultura.gob.pe/sites/default/files/paginternas/tablaarchivos/2014/03/08-solicituddereservaindigenatapiche.pdf*) y la otra al sur de la misma, en buena parte dentro de la Zona Reservada Sierra del Divisor (2006, Propuesta Reserva Territorial Sierra del Divisor Occidental, *http://www.cultura.gob.pe/sites/default/files/paginternas/tablaarchivos/2014/03/06-solicituddereservaindigenasierradeldivisoroccidental.pdf*). En Tapiche-Blanco, las décadas de tala ilegal, y la reciente

exploración sísmica y construcción de helipuertos, parecen crear condiciones muy desfavorables para la persistencia de las poblaciones indígenas en aislamiento voluntario. Ninguna de las personas consultadas en las comunidades de los ríos Blanco y Tapiche informó haber encontrado indicios de la presencia de indígenas en aislamiento voluntario y/o no contactados en la zona.

Clima, geología y vegetación

La precipitación anual promedio en el interfluvio de Tapiche-Blanco es de aproximadamente 2,300 mm. Los meses más húmedos caen entre noviembre y abril, y el período más seco de mayo a octubre (Hijmans et al. 2005). Las temperaturas promedio están entre 25 y 27°C, variando desde mínimas de 20–22°C a máximas de 31–33°C.

La zona está atravesada por fallas que van desde el sureste hacia el noroeste, y es un área tectónicamente activa. Junto con la vecina Reserva Nacional Pacaya-Samiria, Tapiche-Blanco es parte de la Depresión de Ucamara, una zona activa de subsidencia. Muchos de los lagos a lo largo del río Tapiche se han formado en los últimos 100 años después de terremotos (Dumont 1993) y un propietario de tierras de la zona nos dijo que una parte de su lote se ha hundido 2 m en los últimos cinco años. Durante el Pleistoceno (hace 2.6 a 0.02 millones de años), el fallamiento secundario asociado con la Falla de Bolognesi capturó las antiguas cabeceras del río Gálvez y creó el moderno río Blanco, perpendicular al Gálvez. Este proceso es visualmente evidente en la forma de bumerán del curso actual del río Blanco, puesto que sus aguas inicialmente fluyen de suroeste a noreste y luego voltean bruscamente a lo largo de la línea de la falla para fluir de sureste a noroeste, hasta su encuentro con el río Tapiche. En Brasil, la Falla de Bolognesi se une con un sistema de fallamiento más grande conocido como Bata-Cruzeiro, y es parte del proceso tectónico que creó el levantamiento de Sierra del Divisor hacia el sur.

En nuestros inventarios rápidos utilizamos modelos de elevación digital (DEM) para entender la topografía regional. Sin embargo, el paisaje Tapiche-Blanco resultó casi imposible de modelar ya que la diferencia entre sus elevaciones más altas y más bajas es de aproximadamente 80 m, y la diferencia entre la vegetación más alta y la más baja es de aproximadamente 30 m. Dado que el DEM utiliza la altura del árbol para modelar el paisaje, el resultado es una serie de mapas erróneos que efectivamente 'invierten' el paisaje y sugieren que el agua fluiría cuesta arriba. Este problema también afectó los sobrevuelos, puesto que desde el aire la vista es fácilmente engañada, llevando a creer que los bosques de estatura baja están en las tierras bajas.

En las imágenes de satélite la región muestra una llamativa variación en el color (ver Fig. 2A), mayor que la encontrada en cualquiera de los otros 12 sitios que hemos estudiado en Loreto. El mosaico en color falso refleja una amplia gama de hábitats, desde bosques bajos que crecen en arenas blancas y turberas anóxicas, hasta bosques de tierra firme mega-diversos que crecen en suelos franco-arenosos. Los primeros mapas de vegetación del área asumían que los bosques a lo largo del río Blanco eran aguajales (pantanos con la palmera *Mauritia flexuosa*) en vez de bosques enanos (conocidos localmente como *varillales* y *chamizales*) que crecen en arenas blancas o en turberas. En otra parte del informe técnico se presenta una clasificación preliminar de la vegetación, basada en los datos recogidos durante el sobrevuelo de la zona (Apéndice 1) y en nuestras observaciones durante el trabajo de campo (Tabla 2, Fig. 5A).

De forma general, el interfluvio de Tapiche-Blanco forma una cuña, con el punto más al norte definido por la unión del río Blanco con el Tapiche. Entre los dos ríos, cerca de la boca del Blanco, hay una turbera que representa alrededor del 20% de la vegetación. Los bosques de arena blanca representan otro 20% del paisaje y se distribuyen en una amplia franja a lo largo de la orilla occidental del río Blanco, continuando hacia el centro del paisaje a lo largo del río Yanayacu en la cuenca del Tapiche. Los bosques inundados (en su mayoría *igapó*, inundado por aguas negras, con algo de *várzea*, inundada por aguas blancas) se presentan a lo largo de los ríos Blanco y Tapiche y representan otro 10% de la vegetación. El 50% restante del paisaje son bosques de tierra firme mega-diversos, con colinas cada vez más grandes y pronunciadas en el sur.

Nuestra hipótesis es que los depósitos de arena blanca en el Perú son el resultado de la erosión de los sedimentos de areniscas del Cretácico (formaciones

Cushabatay, Aguas Calientes y Vivian) en los Andes (Fig. 4A en Pitman et al. 2014). Hace 2.5 millones de años el nivel del mar estuvo mucho más alto que el nivel actual, lo cual impidió a los ríos y causó una deposición de sedimento que convirtió gran parte de Loreto en una terraza aluvial. Con el tiempo, la erosión de los Andes depositó arenas de cuarzo en partes de esta gigante planicie amazónica. En las zonas donde estas arenas están expuestas, crecen bosques de arena blanca (*varillales* y *chamizales*), por lo general sobre terrazas planas.

Los bosques de arena blanca son considerados de alta prioridad para la conservación a causa de sus hábitats especializados, y son extremadamente raros (cubriendo <1% de la Amazonía peruana). Hay ocho áreas conocidas de bosques de arena blanca en el Perú (Fig. 12A en Vriesendorp et al. 2006a) y solo tres están actualmente protegidas dentro de áreas de conservación (la Reserva Nacional Allpahuayo-Mishana, la Reserva Nacional Matsés y el Área de Conservación Regional Nanay-Pintayacu-Chambira). La mayor extensión de bosques de arena blanca en el Perú sigue sin protección y se encuentra en el interfluvio de Tapiche-Blanco.

En Loreto las turberas son más abundantes que los bosques de arena blanca. Sin embargo, no se consideran explícitamente en los mapas regionales de vegetación. En la última década, estudios en las cuencas de los ríos Marañón y Ucayali han revelado tanto la prevalencia de las turberas en el paisaje como la variedad de tipos de vegetación que crecen en los depósitos de turba (Lähteenoja y Roucoux 2010). Nuestro inventario se suma a este creciente cuerpo de investigación, destacando las similitudes de la vegetación que crece en las arenas blancas y en los depósitos de turba, ya que ambos representan suelos de fertilidad extremadamente baja.

El primer mapa de la distribución de las turberas de Loreto, incluyendo nuestra área de estudio, se ha publicado recientemente (Draper et al. 2014). Sin embargo, dicho mapa tiene algunas inconsistencias con nuestras observaciones en el interfluvio de Tapiche-Blanco. En el mapa los bosques a lo largo de la ribera occidental del río Blanco son categorizados como aguajales (pantanos de la palmera *Mauritia flexuosa*), pero nosotros sabemos que son varillales que crecen en arenas blancas y turba. Un mapa regional más desarrollado de los depósitos de turba proporcionará un estimado mejor de los depósitos de carbono del suelo y complementará el mapa de carbono superficial producido en 2014 (Asner et al. 2014).

Trabajo científico previo

Varios estudios llevados a cabo cerca o en el interfluvio de Tapiche-Blanco ofrecen un importante contexto comparativo para nuestro trabajo:

- El Instituto de Investigaciones de la Amazonía Peruana (IIAP) tiene una estación biológica en Jenaro Herrera, en el río Ucayali, cuatro horas río arriba por barco desde la confluencia de los ríos Tapiche y Blanco. Jenaro Herrera tiene un herbario, una flora diversa y bien descrita (Spichiger et al. 1989, 1990), una red de parcelas permanentes de árboles (Freitas 1996a, b; Nebel et al. 2001) y experimentos a gran escala de reforestación con especies nativas (Rondon et al. 2009).

- En 2012 investigadores del Instituto de Biología de la Conservación del Smithsonian realizaron inventarios de helechos, peces, anfibios, reptiles, aves y murciélagos en la zona de amortiguamiento de la Reserva Nacional Matsés, para el plan de acción sobre biodiversidad de Ecopetrol referido a la concesión de petróleo y gas de la compañía (Bloque 179). También realizaron un estudio del uso de recursos por las comunidades locales (Linares-Palomino et al. 2013a).

- Una ONG alemana, Chances for Nature, ha estado implementando varios proyectos de conservación e investigación en colaboración con una comunidad en la Quebrada Torno, al norte de la confluencia de los ríos Blanco y Tapiche (*http://www.chancesfornature. org/amazonprojectarea_en.html*; ver también Matauschek et al. 2011).

- En 1997, la Fundación ACEER financió una expedición de Haven Wiley, Joe Bishop y Tom Struhsaker para documentar la diversidad de mamíferos y aves en el medio Tapiche, principalmente en sus bosques inundados y embalses (Struhsaker et al. 1997; ver lista de aves en: *http://www.unc.edu/ ~rhwiley/loreto/tapiche97/Rio_Tapiche_1997.html*).

- En 2008 Paul Fine, Chris Baraloto, Nállarett Dávila e Ítalo Mesones establecieron parcelas de árboles a lo largo de los ríos Blanco y Tapiche. José Álvarez y Juan Díaz realizaron censos de aves en y alrededor de estas parcelas (Fine et al. 2010, Baraloto et al. 2011; J. Álvarez y J. Díaz, datos no publicados).

- Rolando Aquino tiene registros de monos del río Tapiche, incluyendo una posible nueva especie, ampliación de la distribución o variante de pelaje para un *Callicebus* que presenta una amplia franja blanca en la frente (R. Aquino, datos no publicados).

- Como parte del proceso de creación de la Reserva Nacional Matsés, equipos de científicos sociales y profesionales de la conservación de CEDIA y SERNANP visitaron las comunidades a lo largo del río Blanco.

- Encuestas de vertebrados y árboles se han realizado en la Reserva Tapiche, un albergue de ecoturismo y propuesta de área de conservación privada ubicada sobre el río Tapiche, al norte de su confluencia con el río Blanco (Da Costa Reis 2011; *http://www. tapichejungle.com*).

- Por último, el Field Museum y sus colaboradores realizaron inventarios biológicos y sociales rápidos en la Reserva Nacional Matsés y en la Zona Reservada Sierra del Divisor en 2004 y 2005, respectivamente (Vriesendorp et al. 2006a, b).

INVENTARIO RÁPIDO DEL TAPICHE-BLANCO

Durante el inventario biológico y social rápido del interfluvio de Tapiche Blanco, realizado entre el 9 y el 26 de octubre de 2014, el equipo social visitó dos asentamientos a lo largo del río Blanco y dos asentamientos a lo largo del río Tapiche, mientras que el equipo biológico se enfocó en tres campamentos no habitados en el interfluvio entre los dos ríos. A continuación damos una breve descripción de los sitios visitados por los equipos.

Sitios del inventario social

El equipo social visitó dos comunidades nativas en el río Blanco (Lobo Santa Rocino y Frontera) y dos comunidades nativas en el río Tapiche (Wicungo y Palmera del Tapiche). Estas cuatro comunidades fueron seleccionadas debido a su proximidad estratégica al área de conservación propuesta y a los campamentos del inventario biológico, y debido a que reflejan la variedad de realidades sociales y económicas de la región. El inventario social abarcó tres distritos municipales: Tapiche (Palmera del Tapiche), Alto Tapiche (Wicungo) y Soplín (Lobo Santa Rocino y Frontera; Figs. 2A, 11A–B, D–E). Oficialmente, Wicungo, Palmera del Tapiche y Frontera son reconocidas como comunidades nativas Capanahua, mientras Lobo Santa Rocino es reconocida como una comunidad Kichwa. Sin embargo, es importante señalar que en esta región hay muchas comunidades campesinas y/o mestizas que se han auto-denominado como comunidades nativas con la esperanza de recibir títulos de propiedad comunal.

Nuestro informe contiene dos capítulos sobre el inventario social: uno centrado en la historia, los patrones de asentamiento, las fortalezas sociales y culturales, y la organización de las comunidades de la región, y el otro que resume el conocimiento local, la gestión y uso de los recursos naturales, así como las percepciones de los residentes sobre la calidad de vida local.

Campamentos del inventario biológico

Visitamos tres sitios, dos en la cuenca del río Blanco y uno en la del río Tapiche. Los tres se ubicaron a lo largo de ríos principales: la quebrada Yanayacu del río Blanco, la quebrada Yanayacu del río Tapiche y la quebrada Pobreza del río Blanco[1]. Nuestros dos campamentos en la cuenca del río Blanco estaban a menos de 5 km del río principal, mientras que nuestro campamento en la cuenca del río Tapiche estaba cerca de las cabeceras del Yanayacu, a 50 km río arriba de la confluencia Tapiche-Yanayacu.

Los hábitats más llamativos en los tres campamentos ocurrieron en los suelos más pobres en nutrientes, sobre arenas de puro cuarzo o depósitos profundos de turba, en donde crece una vegetación enana especializada que incluye desde bosques de 15 m de altura hasta sabana

abierta cubierta por pastos y con palmeras dispersas. Sin embargo, las comunidades de plantas más diversas crecen en la tierra firme. Nuestros botánicos instalaron parcelas de árboles de una hectárea en cada campamento, dos en los bosques de tierra firme y uno en un bosque inundado de aguas negras, o *igapó*, como parte de un proyecto más amplio para inventariar las comunidades de árboles de toda la Amazonía (ter Steege et al. 2013).

Los tres campamentos mostraron señales evidentes de la tala ilegal, incluso nuestro campamento en las cabeceras del Tapiche, a unos 35 km en línea recta de Wicungo, el asentamiento más cercano, y a 50 km por río del poblado de San Pedro. Los mayores impactos fueron registrados a lo largo de la quebrada Pobreza en la cuenca del río Blanco, donde encontramos un campamento maderero abandonado, tocones, troncos cortados y al menos 10 viales de extracción de madera. En cambio, nuestro campamento Anguila, 35 km al suroeste, en la quebrada Yanayacu (Blanco), mostró un menor impacto humano, aunque eso casi con certeza refleja la falta de hábitat adecuado para árboles maderables. Aún en este caso hubo un campamento maderero activo a unos 10 km de nuestro campamento en las colinas de tierra firme.

Aunque varios hábitats eran comunes a los tres campamentos, cada campamento tenía al menos un hábitat que no vimos en ningún otro lugar: la turbera de sabana y los bosques inundados de aguas negras en Wiswincho, un salitral o *collpa* de pastizal y las *supay chacras*, claros con plantas asociadas a hormigas, en Anguila, y los casi impenetrables bosques enanos de arena blanca en Quebrada Pobreza.

A pesar de haber cubierto cerca de 70 km de senderos durante el inventario, no pudimos muestrear algunos hábitats de la región. El equipo biológico no visitó el corazón del humedal en la confluencia de los ríos Blanco-Tapiche, ni el herbazal conocido como *piripiral* en las afueras de ese humedal, ni los bosques enanos extremos que crecen en las colinas y terrazas de tierra firme en el corazón del área (mucho más bajas que las visitadas en Anguila) y tampoco el gran humedal al oeste de los asentamientos de Wicungo y Santa Elena en el río Tapiche. Afortunadamente, el equipo social visitó

---

1 Yanayacu ('agua negra' en Quechua) es un nombre de río tan común en la Amazonía del Perú que nuestra área de estudio de 315,000 ha contiene al menos tres grandes corrientes con ese nombre. Para mayor claridad, en el informe nos referimos al afluente del Tapiche como el Yanayacu (Tapiche) y al afluente del Blanco como el Yanayacu (Blanco).

tanto el *piripiral* como el humedal de Wicungo/Santa Elena e incluimos sus fotografías y observaciones de estos hábitats en el informe técnico.

A continuación describimos los hábitats terrestres y acuáticos notables de cada uno de nuestros tres campamentos, destacando las diferencias y similitudes entre los mismos, y analizando cada campamento en el contexto más amplio del paisaje de Tapiche-Blanco.

Wiswincho (9 al 14 de octubre 2014; 05°48'36" S 73°51'56" O, 100–130 msnm)

Debido a intensas tormentas que venían desde Brasil, nuestra llegada a este campamento se retrasó y solo pasamos cuatro días en él, en comparación con los cinco días pasados en los otros dos campamentos. Este campamento estaba a solo 2 km del río Blanco (aproximadamente 70 m de ancho) y a unos 500 m de un afluente del Blanco conocido como la quebrada Yanayacu (aproximadamente 10 m de ancho). Nombramos a este campamento Wiswincho porque fue establecido debajo de un *lek* de Piha Gritona (*Lipaugus vociferans*), un pájaro ruidoso y persistentemente vocal conocido localmente como 'wiswincho.'

Nuestro campamento estuvo ubicado fuera del área de conservación propuesta, porque necesitábamos una base seca que nos permitiera examinar las áreas cercanas inundadas. Llegamos durante una fase de aguas altas y el helipuerto, situado en un punto alto local, fue una de las pocas áreas alrededor del campamento que se mantuvo seca durante el trabajo de campo. Los niveles de agua subieron lentamente y de manera constante durante nuestra estadía y la mayor parte de la red de senderos estuvo cubierta de agua hasta la rodilla o la cintura. Nuestro campamento también se inundó. Trasladamos la cocina una vez, movimos nuestras mesas de trabajo dos veces y cambiamos muchas carpas y hamacas de lugar. Incluso en los días sin lluvia, las zonas bajas en el paisaje se iban llenando de agua lentamente, lo que sugiere que el nivel freático está muy cerca de la superficie.

Los 22 km de senderos en este campamento exploraron los lados norte y sur del Yanayacu. El campamento mostró una variación de hábitats sorprendente, con lagos de aguas negras, una gran extensión de bosque alto inundado, un corto tramo de bosque alto creciendo en terrazas bajas (*restinga*), y tres bosques que crecen en suelos extremadamente pobres: *varillal* en turberas, *chamizal* en turberas y una sabana en turberas.

Visitamos dos lagos de aguas negras: una en la planicie de inundación del río Blanco, y otra en la quebrada Yanayacu (Blanco). Observamos guaridas y huellas de nutrias (*Lontra longicauda*) en ambos lagos. Al principio uno de los lagos era accesible a través de la red de senderos, pero los niveles de agua subieron más de 2 m después de la construcción de los senderos. Utilizamos una pequeña flotilla de canoas y una balsa inflable para visitar los lagos de aguas negras y explorar el Yanayacu. Varios equipos (geología, plantas, peces, aves, mamíferos) visitaron el río Blanco, donde observamos delfines rosados y grises, mientras que en el Yanayacu solo observamos los delfines grises. Ni los herpetólogos ni los botánicos llegaron a los lagos de aguas negras.

En el área alrededor de nuestro campamento predominaban los bosques inundados, sobre todo un bosque de aguas negras (*igapó*) y también un pequeño tramo de bosque de aguas claras o aguas blancas, más cercano al río Blanco (*várzea*). Establecimos una parcela de árboles de 0.85 ha en el *igapó*, bajo un rodal de *Erisma uncinatum* emergentes en floración. Las anguilas eléctricas (*Electrophorus electricus*) eran abundantes en estas aguas, y aunque los peces (¡y serpientes!) eran vistos con facilidad en las aguas de color té de los bosques inundados, era bastante difícil atraparlos en nuestras redes.

Las características más sobresalientes en el paisaje fueron los bosques enanos y las sabanas que crecen en la turbera. Diferentes especies caracterizan el dosel y la cobertura del suelo en cada hábitat. El bosque de turberas enano tiene diminutas palmeras de *Mauritia flexuosa* en el dosel y un sotobosque muy denso que incluye un *Philodendron* terrestre y una *Zamia*, mientras que la sabana tiene manchas dispersas de la palmera *Mauritiella armata* de 8 m de altura y un suelo densamente cubierto por juncias de *Scleria*. Varias otras especies de plantas son compartidas entre sitios, pero no todas. Otra gran diferencia visual y física es que el bosque enano está atravesado por canales lineales de agua (conocidos en inglés como *flarks*), mientras que la sabana está cubierta de agua de manera uniforme. La sabana se parece superficialmente a otros hábitats de pastizales en el Perú (por ejemplo, las Pampas del Heath), en parte debido a la abundancia de termiteros, y esta similitud puede ser la base de la ampliación de distribución para algunas aves.

Los *varillales* —bosques de baja estatura con un dosel aproximadamente 15 m de altura—, que exploramos a ambos lados del Yanayacu comparten casi todas sus especies, con dos notables excepciones: las palmeras *Mauritia flexuosa* se observaron en el lado norte del Yanayacu y las palmeras *Mauritiella armata* se observaron en el lado sur. Tanto en estructura como en composición, los varillales que crecen en turba tienen afinidades con los bosques que crecen en arenas blancas. Sin embargo, es importante destacar que la mayoría de los bosques de baja estatura en este campamento no están creciendo en arenas blancas, sino más bien en depósitos profundos de turba (materia orgánica), en algunos casos desarrolladas encima de suelos arcillosos blanquecinos.

El paisaje de todo el campamento es muy irregular, con gruesas alfombras de raíces que crean una superficie elástica. El varillal de turberas al norte del Yanayacu es sorprendentemente fácil de transitar a pesar de la abundancia de palmeras *Mauritia*, y esto ofrece un contraste bienvenido a las condiciones fangosas y traicioneras que se encuentran en pantanos más tradicionales de *Mauritia flexuosa*. Los depósitos de lodo también están presentes aquí, pero están debajo de una alfombra resistente y gruesa de raíces y materia orgánica.

Aunque son húmedos estos bosques albergan muy pocas epífitas, y es probable que la ausencia de ranas *Dendrobates* refleje una falta de sitios adecuados para la reproducción, tales como las bromelias. No hubo insectos que pican dentro de nuestro campamento, y muy pocas abejas del sudor. A solo 100 m de nuestro campamento, sin embargo, cerca de un arroyo de aguas claras que desembocaba en el *igapó*, los mosquitos eran terriblemente abundantes. Durante nuestra estadía cientos de caballitos del diablo gigantes (cf. *Mecistogaster* sp.) estaban encaramados en las puntas de las ramas de los árboles en los bosques

inundados y varillales, algo similar a lo visto en la Reserva Nacional Allpahuayo-Mishana.

Uno de nuestros asistentes locales de Nueva Esperanza informó que mientras estábamos en este campamento un grupo de madereros ilegales estaba aguas arriba en el Yanayacu, y vimos su campamento desde el helicóptero cuando volamos desde Wiswincho a Anguila. Esos madereros presuntamente estaban aprovechando *canela moena* y *anis moena* (*Ocotea javitensis* y *O. aciphylla*). En nuestro campamento encontramos un claro abandonado generado por la tala al lado del embalse, y un sendero de extracción maderera de aproximadamente 50 m de largo (conocido localmente como un vial) que parecía haber sido utilizado en los últimos años.

Nuestros asistentes locales eran de las comunidades de Nueva Esperanza, Frontera, Curinga y Lobo Santa Rocino en el río Blanco. Ninguno de ellos había estado en la zona previamente.

Anguila (14 al 20 de octubre 2014; 06°15'54" S 73°54'36" O, 140–185 msnm)

Este fue nuestro único campamento a lo largo de un afluente del río Tapiche, pues los otros dos campamentos fueron drenados por afluentes del río Blanco. Acampamos al lado de un pequeño arroyo (aproximadamente 4 m de ancho) en las cabeceras de la quebrada Yanayacu (Tapiche). En 2012 la empresa petrolera Pacific Rubiales estableció una red de más de 80 helipuertos y 60 km de líneas sísmicas en esta zona. Una línea sísmica aún abierta formó la base de nuestro sistema de senderos y reutilizamos uno de los helipuertos abandonados. Este campamento se encuentra dentro de la concesión de la empresa maderera Green Gold Forestry y recibimos su autorización para trabajar allí antes del inventario.

Durante cinco días exploramos 25 km de senderos en tres hábitats principales: colinas y terrazas de tierra firme (aproximadamente el 90% del hábitat muestreado), un varillal de arena blanca (aproximadamente el 10%) y una mancha pequeña de chamizal de arena blanca (<1%). En comparación con los otros dos campamentos, este tenía un terreno más accidentado, más bosques de tierra firme y más palmeras *irapay* (*Lepidocaryum tenue*) en el sotobosque. Las colinas y terrazas de tierra firme de este campamento parecen ser representativas de los hábitats de tierra firme que predominan en más de la mitad del área potencial de conservación Tapiche-Blanco.

El bosque de tierra firme está lleno de claros producidos por caídas naturales de árboles. Estos claros ocurren cada aproximadamente 200–500 m a lo largo de los senderos, al parecer como consecuencia de los sistemas de raíces poco profundas e inestables de los árboles que crecen en suelos arenosos. O pueden reflejar la abundancia del árbol 'suicida' *Tachigali* en estos bosques; los doseles sin hojas de *Tachigali* fueron comunes en todos los bosques de tierra firme que sobrevolamos durante el inventario. Estas perturbaciones también son reconocibles como un falso color amarillo en la imagen satelital. Dado que los tonos amarillos dominan los hábitats de tierra firme en las imágenes Landsat de la región, es probable que los suelos sean muy arenosos (o los árboles de *Tachigali* muy abundantes) a lo largo del paisaje. En algunos lugares de la tierra firme el terreno es accidentado a pequeña escala y mal drenado, y la agua de lluvia se acumula en pequeñas depresiones en terrazas y colinas. En una de estas zonas mal drenadas tomamos una muestra de suelos a una profundidad de 80 cm y encontramos que toda la muestra era arena blanca y fina. Por el contrario, muestras de suelo de las zonas de tierra alta con buen drenaje en la misma terraza contenían un suelo arenoso-arcilloso amarillo-marrón. Ambas áreas —mal drenadas y bien drenadas— albergaban bosque alto diverso, y de composición similar.

Vimos algunas *supay chacras*, o jardines del diablo. Por lo general se trata de zonas donde el sotobosque es abierto y dominado por un conjunto de plantas con fuertes asociaciones con hormigas. Aquí las *supay chacras* fueron rodales mono-dominantes de *Duroia hirsuta*, sin que se presentara ninguna de las otras plantas asociadas a hormigas. No vimos *supay chacras* en ninguno de nuestros otros campamentos.

El varillal que crece sobre las arenas blancas es similar en composición y apariencia a los varillales que evaluamos en el campamento Itia Tëbu durante el inventario de la Reserva Nacional Matsés (Vriesendorp et al. 2006a). Hay muchos montículos y canales, y abundantes palmeras *Mauritia carana*. Sin embargo, en contraste con los otros varillales de arena blanca en la región (a lo largo del río Blanco y en la Reserva Nacional Matsés), estos bosques crecen en las cabeceras de una corriente principal en lugar de crecer en la antigua llanura de inundación de un río importante.

Tres escondites de caza, conocidos localmente como *barbacoas*, estaban parcialmente ocultos entre la vegetación en los bordes de la *collpa*. Es probable que sean los madereros ilegales quienes utilicen estos escondites, puesto que la comunidad más cercana está a por lo menos cuatro días de distancia en canoa. Bandadas de loros (*Forpus modestus*, *Pyrrhura roseifrons*, *Ara ararauna*) chillaban y sobrevolaban cada vez que los investigadores llegaban al pastizal, lo que sugiere que posiblemente utilizan la *collpa*.

Nuestra parcela de árboles de una hectárea en una terraza de tierras altas mostró una comunidad de árboles sumamente diversa. Sin embargo, ninguno de estos árboles de dosel son especies maderables de alto valor (como caoba, *Swietenia macrophylla*, o cedro, *Cedrela odorata*). La única especie maderable de segundo grado que observamos fue tornillo, *Cedrelinga cateniformis*; los pocos individuos que encontramos habían sido talados recientemente. Hay poblaciones importantes de especies de árboles de tercer nivel, incluyendo varias de Myristicaceae, Lecythidaceae, Sapotaceae y Lauraceae, aunque muchas de estas especies no son actualmente parte del mercado de la madera en el Perú.

Un campamento maderero ilegal estuvo operando durante los últimos seis meses a unos 20 km río abajo de nuestro campamento. En el sobrevuelo de junio 2014 (Apéndice 1) observamos rastros de tractores y un gran neumático de tractor en el campamento. De acuerdo con nuestros guías locales, el tractor fue llevado río arriba por barco en el Blanco, y luego conducido a través del interfluvio de Tapiche-Blanco hasta llegar a su ubicación actual en el río Yanayacu (Tapiche). Desde el aire se observó una deforestación mucho mayor alrededor de este campamento, con senderos de extracción creados por el tractor más grandes y más abundantes, y probablemente con una mayor compactación del suelo.

En nuestro campamento observamos dos árboles de tornillo tumbados: uno de aproximadamente 1 m de diámetro y otro verdaderamente grande, de aproximadamente 2 m de diámetro. Nuestros asistentes locales informaron que el maderero que los cortó regresaría en las próximas semanas para abrir un camino y hacer rodar los troncos al río.

Originalmente nuestros asistentes locales debían llegar de las comunidades en el río Tapiche, pero el motor de su canoa peque-peque se rompió cuando navegaba río abajo. En poco tiempo logramos comprometer asistentes locales de las comunidades de Monte Sinaí y Requena. Contratamos dos canoas para devolver nuestros asistentes locales a estas comunidades de la parte baja del río Tapiche. Estas canoas pasaron cuatro días de viaje río arriba desde San Pedro en el río Tapiche, un viaje que se facilitó porque el Yanayacu había sido limpiado de escombros y árboles caídos por los madereros ilegales, en preparación para transportar troncos flotando río abajo. Este grupo informó haber encontrado en el viaje 15 nutrias gigantes (*Pteronura brasiliensis*), así como una canoa con cazadores que llevaban dos huanganas (*Tayassu pecari*).

Green Gold Forestry realizó un censo, preparó un plan de manejo forestal y planeaba dejar de lado casi el 25% de su concesión para dedicarla a la conservación (20,000 ha). Sin embargo, su informe destacó que queda poca o ninguna madera de primera o segunda clase en la concesión (GGFP 2014). Basado en estos resultados, durante la preparación de este informe la empresa estaba buscando cambiar esta concesión por otra en Loreto.

En este campamento observamos uno de los hallazgos más extraordinarios del inventario: un mono titi, *Callicebus* sp. (Fig. 10N), que se ve de color naranja pálido y sorprendentemente diferente de *Callicebus cupreus* (Fig. 10B). El ornitólogo Brian O'Shea observó un grupo de tres individuos con este pelaje de color naranja pálido, con uno que llevaba un bebé. Sin evidencia de ADN no podemos estar seguros de si se trata de una nueva especie o una variante de color de *C. cupreus*. Ninguno de los expertos consultados en el Perú, Colombia y Brasil había visto nunca esta coloración en *Callicebus*.

Quebrada Pobreza (20 al 26 de octubre 2014; 05°58'36" S 73°46'25" O, 120–170 msnm)

Nuestro campamento se ubicó en el centro del extenso bosque de arena blanca a lo largo de la margen izquierda del río Blanco, visible como un lila profundo en los falsos colores de la imagen de satélite Landsat (Fig. 2A). Acampamos en un acantilado de la quebrada Pobreza, a unos 6 km del curso principal del río Blanco. Los 20 km de senderos exploraron colinas y terrazas de tierra firme, bosques de galería a lo largo de la quebrada Pobreza, varillales y chamizales en arenas blancas, y varillales y chamizales en turberas.

Los mapas topográficos que llevamos al campo fueron los más engañosos para este campamento, con un curso de agua completo (la quebrada Colombiano) colocado incorrectamente. Estos mismos errores existen en los mapas nacionales (*carta nacional*). Esperamos corregir la topografía utilizando nuestros datos de campo.

Pobreza es un buen nombre para este arroyo, dado que la conductividad del agua fue de aproximadamente 9 µS/cm, siendo algunas de las aguas más pobres y más puras que hemos medido hasta la fecha en las cuencas del Amazonas y del Orinoco. Cavamos una calicata a unos 25 m por encima de la corriente de la quebrada Pobreza, en una zona plana. La calicata mostró una capa de raíces de 15 cm de espesor, seguida de 45 cm de arena blanca. Después de alcanzar una profundidad de 50 cm la calicata comenzó a llenarse de agua, lo que indica que el nivel freático está muy cerca de la superficie y que la capa de raíces está controlando la erosión en estos bosques, manteniendo juntos importantes depósitos de arena de cuarzo que de otro modo serían arrastrados al río Blanco.

En los bosques de baja estatura (*varillales*) que crecen en turberas, la composición de plantas fue similar a la de los bosques de arena blanca en el campamento Itia Tëbu en la Reserva Nacional Matsés (Vriesendorp et al. 2006a). Las zonas de *varillal* con mayor inundación albergaban palmeras de *Mauritia flexuosa*, mientras que los sitios relativamente más secos albergaban palmeras de *Mauritia carana*. En las zonas de transición entre las áreas más húmedas y las más secas, las dos palmeras *Mauritia* estaban separadas por apenas 5 o 10 m. En estos bosques observamos dos monos uakari (*Cacajao calvus*), tal vez el primer registro de la especie en un *varillal* (aunque parecían estar alimentándose de frutos de *M. flexuosa*).

El hábitat más anómalo fue un bosque enano denso (*chamizal*) sobre arenas blancas. Nuestros asistentes locales lamentaron el estado de sus machetes después de cortar los duros, densos y abundantes tallos para abrir los senderos. En muchos lugares fue difícil caminar sin ponerse de costado para pasar entre los árboles, incluso en los senderos cortados. Tres arroyos corren en cursos paralelos a través del denso *chamizal*, todos ellos con bordes cuadrados y aguas negras de corriente rápida. Nuestros geólogos nunca habían visto aguas tan negras, comentando que parecían aún más negras en color que las del río Negro en Brasil. Ningún otro lugar en el paisaje, en éste o cualquiera de los otros campamentos, tenía arroyos similares.

El bosque de tierra firme crece en colinas moderadamente empinadas que son mayormente redondeadas, aunque algunas son de cumbre plana. De todos nuestros campamentos, éste albergaba la mayor diversidad de árboles de dosel, así como un sotobosque diverso, lo cual fue un alivio después de las abundantes palmeras *irapay* en Anguila. Desafortunadamente, la tierra firme está muy afectada por la tala y la caza ilegales. Encontramos un campamento maderero abandonado (que data de 2012) a unos 4 km de nuestro campamento. De acuerdo con nuestros asistentes locales, los madereros cortaron principalmente *Cedrelinga cateniformis*, lo cual fue confirmado por los tocones de tornillos dispersos encontrados. El número de viales o caminos de extracción era alarmante, con al menos 10 pistas evidentes encontradas en un lapso de aproximadamente 5 km.

Este fue el único campamento donde utilizamos cámaras trampa para fotografiar mamíferos. Durante el trabajo de preparación, Patricia Alvarez instaló 10 cámaras y nuestro especialista en mamíferos Mario Escobedo las recuperó un mes más tarde durante el inventario. Dos de las cámaras se inundaron, pero las otras ocho revelaron mucha vida silvestre, incluyendo el escurridizo perro de orejas cortas, *Atelocynus microtis*, pecaríes (*Pecari tajacu*), un tapir (*Tapirus terrestris*), un ocelote (*Leopardus pardalis*) y varios armadillos, agutis y pacas. Cabe destacar que no registramos jaguar, puma, o pecarí de labios blancos. Lo que sí conseguimos fueron varias fotografías de dos cazadores con escopetas, lo que sugiere que esta zona es visitada regularmente. Observamos pocos monos en este campamento, y los

que vimos —con la excepción de los pequeños monos *Saguinus* y *Cebuella*— estaban muy cautelosos y gritaban y escapaban al ver observadores humanos.

Nuestros asistentes locales eran de la comunidad cercana Frontera, a unas tres horas de viaje en canoa. Todos conocían la quebrada Pobreza, pues la comunidad captura peces ornamentales de este arroyo. Pero ninguno de ellos reconoció al raro Nictibio de Ala Blanca (*Nyctibius leucopterus*), previamente encontrado en el Perú solo en la Reserva Nacional Allpahuayo-Mishana, que cantaba todas las noches en la oscuridad desde su nido encima de la cocina del campamento.

GEOLOGÍA, HIDROLOGÍA Y SUELOS

Autores: Robert F. Stallard y Trey Crouch

Objetos de conservación: Un paisaje tropical de selva baja plano y húmedo con vastas inundaciones estacionales; diversos ecosistemas determinados por ciertas combinaciones de régimen hídrico, sustrato y topografía, incluyendo tierra firme colinosa desarrollada en suelos franco-arenosos, terrazas bajas que consisten mayormente de suelos de arena blanca de cuarzo, y zonas de humedales que tienen suelos orgánicos, incluyendo turbas; agua extraordinariamente pura con concentraciones especialmente bajas de nutrientes y sales, con corrientes de aguas claras en la tierra firme y corrientes de aguas negras especialmente ácidas en las tierras bajas; amplia cobertura de raíces superficiales y poco profundos, que limitan la erosión y retienen los nutrientes y sales necesarias para las plantas y animales; cobertura vegetal intacta y continua en toda la cuenca que protege los ecosistemas aguas abajo; áreas dispersas de suelos y manantiales ricos en minerales (*collpas*), buscados por los animales como fuentes de sales, y que son puntos importantes en el paisaje para las poblaciones de animales; posibles altas tasas de almacenamiento de carbono en algunas turberas

INTRODUCCIÓN

Este es el primer inventario rápido en Loreto que se ha realizado en una región de subsidencia tectónica activa (donde la tierra se está hundiendo debido a los procesos tectónicos). La mayoría de los inventarios se han realizado en regiones generalmente estables con sedimentos que yacen sobre escudos del Precámbrico, incluyendo Yavarí (Pitman et al. 2003a); Ampiyacu, Apayacu, Yaguas, Medio Putumayo (Pitman et al. 2004); Matsés (Stallard 2006a); Nanay-Mazán-Arabela

(Stallard 2007); Cuyabeno-Güeppí (Saunders 2008); Maijuna (Gilmore et al. 2010); Yaguas-Cotuhé (Stallard 2011) y Ere-Campuya-Algodón (Stallard 2013). Cuatro de los inventarios se han realizado en zonas en proceso de elevación en las estribaciones de la cordillera de los Andes: Biabo-Cordillera Azul (Alverson et al. 2001), Sierra del Divisor (Stallard 2006b), Cerros de Kampankis (Stallard y Zapata-Pardo 2012) y Cordillera Escalera-Loreto (Stallard y Lindell 2014). El proceso de elevación controla la forma general de la topografía y trae a la superficie rocas que son más antiguas que los Andes modernos. Normalmente, en las zonas tectónicamente activas, las rocas están inclinadas, plegadas y falladas. Estas características suelen ser evidentes y determinan cómo los ríos, los suelos y la vegetación están dispuestos en el paisaje. Los paisajes en hundimiento son más difíciles de describir, porque los sedimentos normalmente se acumulan en las zonas hundidas enterrando las rocas, de manera que sus fallas, pliegues e inclinaciones requieren ser examinadas a través de la interpretación de las características del subsuelo, mediante el cavado de pozos profundos, o con técnicas geofísicas tales como el análisis de los cortes sísmicos transversales, las anomalías gravitacionales y las anomalías magnéticas. Muchas de las características descritas en publicaciones e incluidas en este informe describen este hundimiento y sus efectos sobre el paisaje de Tapiche-Blanco. Examinaremos estas características y luego discutiremos cómo han influido en el desarrollo del paisaje, la hidrología y los suelos. Un informe especialmente importante en este sentido es el Boletín 134 del Instituto Geológico Minero y Metalúrgico del Perú (De la Cruz Bustamante et al. 1999), que describe esta región. Este informe aporta gran cantidad de datos de alta calidad sobre el subsuelo, tales como los datos geofísicos, registros de pozos e interpretaciones de cortes transversales del subsuelo. Los nombres geológicos y de sitio que utilizamos provienen de esa publicación. Los tiempos geológicos provienen de Walker y Geissman (2009). También debe tenerse en cuenta que existen numerosos ríos y arroyos en el interfluvio de Tapiche-Blanco denominados Yanayacu (agua negra en Quechua). Para mayor claridad, en estos casos añadimos el nombre de un punto de referencia en paréntesis, p. ej., Yanayacu (Blanco).

Geología regional

La zona del inventario se ubica entre los ríos Tapiche y Blanco, que drenan hacia el norte. El río Tapiche es más grande y drena tres pequeños levantamientos sub-andinos que se estudiaron durante el inventario rápido de Sierra del Divisor (Stallard 2006b). Estos levantamientos son la Sierra de Contaya, la Sierra del Divisor y la Sierra de Yaquerana. El río Blanco, más pequeño, también drena la Sierra de Yaquerana. Las rocas más antiguas y más ampliamente expuestas en estos levantamientos son las areniscas de cuarzo del Grupo Cretácico Oriente (areniscas de Cushabatay y Agua Caliente) y las areniscas de cuarzo de la formación Cretácico Vivian. En el lado derecho del río Blanco, hacia el noreste de la zona del inventario, se encuentra el Alto de Yaquerana, que se considera una extensión del Arco de Iquitos y que no parece estar fuertemente afectado por el levantamiento andino. Esta altiplanicie, estudiada en el inventario rápido de Matsés, es drenada por el río Gálvez, que fluye hacia el noreste.

En el lado izquierdo del río Tapiche, al noroeste de la zona del inventario, se encuentra el vasto paisaje aluvial de los ríos Ucayali y Marañón: los humedales de Pacaya-Samiria. La región entre el bajo río Blanco y el río Tapiche se funde con los humedales de Pacaya-Samiria a lo largo del curso del Tapiche. De hecho, a lo largo del Tapiche, cerca de la confluencia con el Blanco, e incluyendo el interfluvio entre el Tapiche y el Blanco hasta a unos 20 km de la confluencia, hay huellas de viejos meandros (*meander scrolls*) que debido a su gran tamaño fueron probablemente parte de un viejo curso del río Ucayali (Fig. 2A; Dumont 1991).

En el lado izquierdo de la parte baja del río Blanco, a lo largo de unos 50 km río arriba del área de humedal, se encuentra una terraza elevada de unos 10 km de ancho, cubierta con una mezcla de vegetación típicamente asociada con los suelos de arena blanca: *varillales*, *chamizales* y ciertos aguajales (pantanos de la palmera *Mauritia flexuosa*). Luego hay una transición brusca a un bloque de tierra firme colinosa que corre paralelo al curso del río Blanco. Esta tierra firme es cortada de sur a norte por el valle del río Yanayacu (Tapiche). Hacia el oeste, la meseta se inclina hacia el Tapiche para desaparecer bajo los lagos y sedimentos aluviales de los humedales de Tapiche y Pacaya-Samiria.

Los humedales de Pacaya-Samiria constituyen la mayor parte de una región de hundimiento más grande llamada la Depresión de Ucamara (Dumont 1993, 1996). La tasa de subsidencia promedio a largo plazo puede estimarse a partir del espesor de los sedimentos del Plioceno (hace 5 millones de años) y posteriores en pozos de petróleo en la región (De la Cruz Bustamante et al. 1999). Los pozos tienen de 900 a 1,700 m de sedimentos de ese periodo, lo que se traduce en aproximadamente 0.18 a 0.34 mm/año de subsidencia. Dumont y Fournier (1994) estiman un hundimiento similar (0.25 mm/año para los 2 millones de años del Pleistoceno) y señalan que esto es similar a la tasa promedio de levantamiento de los Andes desde el Oligoceno (33 millones de años). El hundimiento en curso afecta fuertemente el río Tapiche, donde los terremotos alrededor de 1926 crearon nuevos lagos cerca de Punga (Dumont 1993; ver Fig. 2A). Dos grandes lagos cerca de Santa Elena parecen ser también relativamente recientes, ya que contienen numerosos árboles muertos y tocones visibles. Un informante en esta región describió un hundimiento de terreno de 2 m en los últimos años (ver el capítulo *Resumen de los sitios del inventario biológico y social*, en este volumen).

Dumont (1993, 1996), Dumont y García (1991), y Dumont y Fournier (1994) proporcionan el análisis más detallado del proceso de hundimiento en la Depresión de Ucamara. Ellos definen el límite como el borde de la tierras altas del Arco de Iquitos/Yaquerana, que incluye el terreno elevado de Jenaro Herrera a Requena, continuando hacia el este de Nueva Esperanza, en la confluencia del Tapiche y Blanco, luego al este de Santa Elena en el lado derecho del Tapiche, y finalmente al noroeste, para terminar en la Falla de Tapiche (De la Cruz Bustamante et al. 1999, Latrubesse y Rancy 2000). La Falla de Tapiche (Falla Inversa de Moa-Jaquirana en Brasil) es una característica tectónica dominante de la región, en la cual el lado suroeste está siendo empujado sobre el lado noreste, para formar la Sierra de Yaquerana y la Sierra del Divisor. La Falla de Tapiche es muy activa sísmicamente (Rhea et al. 2010, Veloza et al. 2012). De la Cruz Bustamante et al. (1999) mencionan la Falla de Bolognesi como otra falla importante para esta región. Ésta corre paralelo al curso inferior del río Blanco, a unos 10 km al suroeste del canal a lo largo del límite que separa la región plana y baja de la región colinosa en la tierra firme, que se acaba de describir. Stallard (2006a) señala que en la topografía digital el fallamiento a lo largo del río Blanco se puede remontar hasta Brasil, donde parece ser parte de la Falla Inversa de Bata-Cruzeiro (Latrubesse y Rancy 2000), lo que podría demarcar una elevación incipiente paralela a los levantamientos de Yaquerana y Divisor.

Stallard (2006a) observó que el canal del río Blanco parece estar en una zona de fallas activas como lo indican numerosas pequeñas corrientes lineares, paralelas a su curso general. Este fallamiento parece ser particularmente importante para establecer el aspecto actual del paisaje Tapiche-Blanco. El Alto de Yaquerana tiene dos características importantes que cruzan el río Blanco hacia su lado izquierdo. Una de ellas es el complejo de *varillales*, *chamizales* y suelos blancos de arena de cuarzo asociados, que se desarrollan en las colinas en el Alto de Yaquerana y que forman la amplia terraza en el lado opuesto del río Blanco, pero a una altura ligeramente inferior (cerca de 10 m). La otra es el propio río Gálvez, que ocupa un valle de unos 10 km de ancho, el mismo que se inicia a 2 km del río Blanco. El valle del río Blanco está unos 20 m más bajo que el valle del río Gálvez en esta área. El valle del Gálvez parece cruzar el río Blanco y su extensión está ocupada ahora por los cursos bajos de algunos de los mayores ríos que drenan las tierras altas del Tapiche-Blanco, incluyendo las quebradas Huaccha y Yanayacu (Huaccha).

La explicación más parsimoniosa de estas observaciones es que las recientes fallas a lo largo del valle del río Blanco establecieron el canal del río Blanco a un nivel de base más bajo que el canal del río Gálvez. A medida que el Blanco erosionó su canal, éste interceptó el río Gálvez y capturó sus cabeceras. La descarga adicional habría promovido más erosión, reforzando la captura y separación de los paisajes de *varillal-chamizal* en ambos lados del río Blanco. En consecuencia, los paisajes de *varillal-chamizal* en el Tapiche-Blanco están en un bloque de fosas tectónicas (graben) entre dos fallas casi normales (de arriba hacia abajo) o dentro de un falla transcurrente (de izquierda a derecha) plegada (falla de transpresión). Actualmente, el valle del río Blanco no es especialmente activo, sísmicamente (Rhea et al. 2010, Veloza et al. 2012). La última compresión tectónica fuerte que habría afectado la región ocurrió hace 2 millones de años (Sébrier y Soler 1991). Los numerosos pequeños valles cercanos y paralelos al valle del río Blanco indican que el proceso de erosión es reciente (cientos de miles de años) y activo.

El valle medio del río Yanayacu (Tapiche) de norte a sur, que divide la tierra firme, también puede ser controlado por una falla. Varias características respaldan esta teoría, incluyendo una falla mapeada al este, entre el valle medio y la Falla de Bolognesi, numerosas pequeñas corrientes paralelas a la tendencia general del valle, y la ubicación del canal del río Yanayacu (Tapiche) en el lado extremo este de su valle. La ubicación del canal implica una inclinación hacia el este. Todo esto ocurre sobre algunas de las estructuras del subsuelo más pronunciadas que han sido mapeadas por geofísicos en esta región, incluyendo dos fallas (la de Bolognesi y una debajo de este valle) y una fuerte anomalía magnética (De la Cruz Bustamante et al. 1999: Figs. 51 y 52). Las dos fallas son normales y en el sentido opuesto, de tal manera que la región entre el Yanayacu (Tapiche) medio y la Falla de Bolognesi ha sido levantada. Esto implica que las partes medias y quizás las partes bajas del valle del Yanayacu (Tapiche) han descendido con respecto a la tierra firme al este.

Suelos y geología

Todos los afloramientos superficiales del interfluvio de Tapiche-Blanco son del Plioceno (5 millones de años) o más recientes. Como se mencionó anteriormente, estos depósitos son típicamente de aproximadamente 1 km de espesor. Hay dos formaciones y varios depósitos no consolidados en la región del inventario. De la más antigua a la más nueva, son (De la Cruz Bustamante et al. 1999):

- **Formación Ipururo:** Plioceno, de unos 950 m de espesor. La parte inferior consiste en arcillita limosa gris verdosa débilmente caliza, arenisca de grano fino de color marrón a gris, y areniscas calizas intercaladas con arcillita limosa gris lenticular. La parte superior consta de arenisca de color gris a marrón amarillento y de grano grueso a mediano, de nódulos calizos, y rastros incipientes de bioturbación.

- **Formación de Nauta:** Plio-Pleistoceno, de aproximadamente 30 m de espesor. Consiste de arcillita limosa pelítica rojiza y areniscas limosas con clastos de cuarzo y fragmentos líticos.

- **Depósito de Ucamara:** Pleistoceno, alcanzando cientos de metros de espesor en la Depresión de Ucamara. Incluye lodo, limo, restos vegetales y fragmentos líticos.

- **Primeros depósitos aluviales:** Pleistoceno, alcanzando cientos de metros de espesor en la Depresión de Ucamara. Incluyen areniscas y limos grises, y gravas en menor medida. En la región del inventario, los depósitos de arena blanca han sido clasificados como parte de este depósito aluvial, probablemente equivalente a la formación Iquitos de Sánchez F. et al. (1999).

- **Depósitos aluviales posteriores:** Terrazas del Holoceno a lo largo de los ríos y sedimentos activos.

Tres pozos de petróleo secos se han perforado cerca de Santa Elena (ver la página 27; De la Cruz Bustamante et al. 1999). Estos proporcionan una excelente evaluación de lo que se encuentra en el subsuelo. Un pozo tenía unos 200 m de formación Nauta sobre 950 m de formación Ipururo. Los otros dos tenían más de 900 m de formación Ipururo. Un pozo encontró rocas cristalinas (del escudo) a los 3,100 m. La arcillita (un tipo de lulita/pizarra sedimentaria) y las areniscas constituyen la mayor parte de las formaciones Nauta e Ipururo. La meteorización de estas rocas normalmente produce suelos arenosos, bajos en nutrientes (arenas francas y margas arenosas). Ambas formaciones, sin embargo, contienen pequeñas cantidades de piedra caliza, la cual cuando se meteoriza puede producir suelos ricos en nutrientes locales y aguas superficiales de alta conductividad y alto pH.

Los suelos blancos de arena de cuarzo parecen tener un origen aluvial. En muchos casos, estos suelos de arena de cuarzo están asociados con cimas planas, como si fueran los últimos depósitos en una llanura aluvial ahora mayormente erosionada. Los ejemplos incluyen sitios cercanos a Iquitos (Räsänen et al. 1998, Sánchez F. et al. 1999), el campamento Itia Tëbu del inventario rápido Matsés (Stallard 2006a) y el campamento Alto Nanay del inventario rápido Nanay-Mazán-Arabela (Stallard 2007). El aspecto característico de la vegetación desarrollada en estos suelos hace que se destaque en las imágenes de satélite. Su descripción estratigráfica y análisis más detallado han sido realizados por Sánchez F. et al. (1999), quienes a partir de las descripciones de las columnas, estructuras sedimentarias, el aspecto del paisaje y su posición estratigráfica, consideran que estas arenas son depósitos aluviales contemporáneos o más recientes a los de la parte superior de la formación Nauta. Ellos denominan la unidad de arena de cuarzo como la formación Iquitos.

En contraste con estos depósitos de las cimas, las arenas de cuarzo en la región del inventario Tapiche-Blanco son relativamente planas y parecen haber estado protegidas de la erosión por el fallamiento descendente. Con base en la apariencia de la cobertura vegetal en las imágenes Landsat (p. ej., la Fig. 2A), las elevaciones más altas no están cubiertas por suelos de arena de cuarzo. Algunas arenas de cuarzo en los valles podrían derivarse de la erosión y la deposición de las arenas que antes se encontraban en la cima de las colinas.

Suponiendo un origen aluvial, las arenas de cuarzo son contemporáneas o posteriores a la formación Nauta, en cada uno de los sitios de las cimas de colinas. Más al norte en Loreto, la formación Nauta está truncada por una llanura aluvial o terraza que de acuerdo a Stallard (2011, 2013) se habría formado durante los últimos máximos del nivel del mar de hace 2.3 y 2.5 millones de años, justo después del inicio del Pleistoceno hace 2.6 millones de años. La hipótesis es que en esa época el valle del Amazonas y todos sus afluentes andinos estaban llenos de sedimentos aluviales que desde entonces se han erosionado, a excepción de las cimas de terraza remanentes y dispersas, de 150 a 250 m de altitud, y de las secciones que han sido protegidas por fallas de hundimiento, como las observadas en el interfluvio de Tapiche-Blanco.

La arena pura de cuarzo blanco puede ser producida por varios mecanismos, que pueden funcionar por separado o en tándem. Johnsson et al. (1988) postulan tres mecanismos diferentes: 1) la erosión y la deposición de arena de cuarzo puro preexistente; 2) la meteorización y redeposición progresiva de sedimentos en una planicie aluvial y 3) la formación in situ en ambientes de aguas negras en paisajes muy planos continuamente húmedos y desarrollados sobre sustratos que contienen cuarzo, tales como granitos y aluvión rico en arenas de cuarzo.

Todos estos mecanismos son razonables para el paisaje del sur de Loreto, dado la fecha del levantamiento, la naturaleza de las formaciones elevadas y el desarrollo de una llanura aluvial. Estudios geológicos indican que las estribaciones de montaña al este de los Andes fueron elevadas inicialmente en la orogénesis Quechua 3 (hace unos 7 millones de años) en el Mioceno temprano (Sébrier y Soler 1991, Sánchez Y. et al. 1997, Stallard y Zapata-Pardo 2012, Stallard y Lindell 2014), con fallamiento y levantamiento adicionales hace alrededor de 2 millones de años (Sébrier y Soler 1991). Casi la totalidad de los levantamientos en y alrededor de Loreto trajeron a la superficie formaciones cretácicas o más recientes. Las areniscas de cuarzo en estas formaciones, nombradas anteriormente, son los sedimentos más resistentes a la erosión. En condiciones de fuerte meteorización en terreno montañoso, todos los demás sedimentos (lutitas, capas rojas, calizas, areniscas líticas y arcósicas) son más susceptibles a la erosión química y física y se erosionarán primero (Stallard 1985, 1988). Kummel (1948) estima que hasta 10 km de sedimento se erosionaron durante y después del levantamiento en el Plioceno, dejando una superficie (que él denomina como la penillanura del Ucayali) suficientemente plana como para truncar pliegues y fallas. Estos sedimentos erosionados habrían contribuido a los sedimentos depositados durante (formación Nauta) y después de la elevación inicial (formación Ucamara, arenas de cuarzo), dejando atrás las areniscas de cuarzo más resistentes. Éstos también se habrían erosionado y contribuido en mayor proporción al total de sedimentos, a medida que el paisaje continuó erosionándose. En consecuencia, los productos de la erosión en una etapa tardía serían en gran medida arena de cuarzo puro. Si la llanura aluvial se formó hace 2.5 millones de años y se reconstruyó hace 2.3 millones años, los últimos sedimentos depositados en ella serían mayormente cuarzosos. Además del descenso del nivel del mar, el último episodio de levantamiento compresional andino de hace 2 millones de años (Sébrier y Soler 1991) también puede haber elevado suficientemente la llanura aluvial como para promover la incisión regional. Si la llanura se hubiese mantenido estable durante algún período, los sedimentos se habrían redepositado y meteorizado in situ, volviéndose aún más cuarzosos. Por último, si las condiciones fueran suficientemente húmedas y estables como para que los ecosistemas de aguas negras se desarrollen, el tercer mecanismo operaría para promover la disolución completa de minerales y arcillas que contienen hierro, creando o ampliando la presencia de arena de cuarzo puro.

La parte más baja del paisaje está encima de depósitos de ríos, lagos y humedales del Holoceno o más recientes. Las características de estos depósitos dependen de la composición del agua y de la cantidad y composición de los sedimentos transportados a la región de deposición, que en este paisaje incluye los humedales de Pacaya-Samiria, los lagos y humedales a lo largo del río Tapiche y los depósitos aluviales a lo largo de la mayoría de los ríos. Como regla general, la composición mineral de los sedimentos refleja la meteorización de los paisajes de los que se derivan (Stallard et al. 1991). Los ríos Ucayali y Marañón, que controlan la deposición en la región Pacaya-Samiria, son especialmente ricos en sedimentos y nutrientes (Gibbs 1967, Stallard y Edmond 1983). Las imágenes de satélite, sobrevuelos y excursiones (R. Stallard, com. pers.) indican que los aguajales densos, los pastos altos y densos, y los árboles de rápido crecimiento como *Cecropia* son importantes en el paisaje de Pacaya-Samiria. Por el contrario, los ríos Tapiche y Blanco y sus afluentes arrastran sedimentos suficientes para producir diques y llanuras de inundación, pero el panorama no parece ser tan dominado por la deposición de sedimentos y las plantas de crecimiento rápido. En cambio, los lagos y humedales parecen ser pobres en sedimentos. Tales paisajes pueden ser sitios de deposición orgánica que conduce a la formación de turba.

Gran parte del interfluvio de Tapiche-Blanco es pobre en sedimentos y nutrientes, pero desde el bajo Tapiche hasta un tramo aguas arriba del río Blanco, así como la región de confluencia Tapiche-Blanco, fueron una vez parte de la llanura de inundación del río Ucayali, como lo demuestran las enormes huellas de viejos meandros a través de la región (Fig. 2A; Dumont y Fournier 1994). Continuando aguas arriba, los lagos (los lagos Punga) son cruzados por el Tapiche entre bajos y estrechos diques, cuando se presentan aguas bajas; sin embargo, cuando las aguas son especialmente altas, las aguas del río Ucayali llegan al Tapiche (Dumont 1993, Dumont y Fournier 1994, De la Cruz Bustamante et al. 1999).

Sin embargo, no está claro a partir de las descripciones si esta agua del Ucayali ha perdido su sedimento de deposición en los humedales. Sería de esperar que los suelos en las áreas que fueron una vez la llanura de inundación del Ucayali o que todavía están influenciados por el agua del Ucayali portadora de sedimentos, fuesen considerablemente más ricos en nutrientes que la mayoría de los otros suelos en el paisaje (aunque las zonas influenciadas por las raras calizas de las formaciones Ipururo y Nauta podrían ser una excepción). Grandes regiones de la planicie de inundación de Pacaya-Samiria están identificadas como formación Ucamara o como sedimentos palustres más recientes (sedimentos orgánicos de humedales) en los mapas descritos por De la Cruz Bustamante et al. (1999), incluyendo todos los lagos y las zonas oscuras en la imagen Landsat (Fig. 2A). En consecuencia, se esperaría que las zonas antiguas y contemporáneas de la planicie de inundación del río Ucayali (la parte noroeste de la Fig. 2A) tengan suelos ricos, mientras que las zonas bajo la influencia de los sedimentos derivados del río Blanco y el río Tapiche encima de los lagos Punga, y sus afluentes, serían pobres en nutrientes.

Geología del petróleo y el oro

Todavía hay un gran interés por la exploración de petróleo en esta región. La mejor prueba de ello son las líneas sísmicas de 2012 que atraviesan la parte sur de la región (ver la página 27). Estas líneas se superponen con un conjunto de líneas sísmicas al norte que tienen más de dos décadas de antigüedad. Tres pozos, descritos anteriormente, se han perforado en la región del inventario. Aunque dos de ellos contenían evidencia de petróleo, se concluyó que no tenían trampas sedimentarias adecuadas para formar un depósito. Las nuevas líneas sísmicas indican una búsqueda renovada de depósitos. Las tecnologías de extracción de petróleo han cambiado considerablemente en las últimas dos décadas. Dos innovaciones son notables: la perforación lateral, que ya no requiere que los pozos estén encima de los depósitos, y la fracturación hidráulica (*fracking*). La perforación lateral permite desplazar los pozos de sitios ambientalmente sensibles. Con la fracturación hidráulica, la roca se fractura utilizando un líquido presurizado que contiene sólidos (para mantener las fracturas abiertas) y productos químicos patentados. La fracturación puede liberar el petróleo y el gas natural de rocas que de otro modo no serían productivas. Se ha convertido en polémica debido al potencial de contaminación de las aguas subterráneas y de derrames de fluidos a las aguas superficiales. La fracturación hidráulica se ha vuelto tan universal que se debe esperar su uso en la futura extracción en esta región. En los países desarrollados, la presión pública ha exigido que las empresas implementen enfoques ambientalmente sensibles. La historia de la extracción de petróleo en la Amazonía sugiere que las salvaguardias ambientales adecuadas requerirían una fuerte supervisión gubernamental y no gubernamental.

No hay ninguna indicación de rocas fuente adecuadas para el oro en la región, incluyendo las cabeceras (De la Cruz Bustamante et al. 1999).

MÉTODOS

Para estudiar el paisaje del Tapiche-Blanco, visitamos tres sitios (Figs. 2A, 2B; ver el capítulo *Resumen de los sitios del inventario biológico y social*, en este volumen). Estos sitios cuentan con distintas características hidrológicas, topográficas y de vegetación, lo que permite la comparación de varios ambientes diferentes. El campamento Wiswincho está situado en las llanuras de inundación del río Yanayacu (Blanco) dentro de la región de confluencia de los ríos Tapiche y Blanco. Este campamento ofrece acceso a las zonas de humedales y a las riberas del río Blanco. El campamento Anguila se encuentra en el paisaje colinoso entre los ríos Tapiche y Blanco desarrollado sobre la formación Nauta, y el amplio valle del río Yanayacu (Tapiche), que puede haber sido formado en parte por fallamiento. El campamento Quebrada Pobreza, a orillas de la quebrada Pobreza, permitió el acceso a la franja de 10 km de ancho de *varillales* y vegetación relacionada desarrollados en las arenas de cuarzo blanco (mapeados como aluvión Pleistoceno). Un sendero cruzaba la Falla de Bolognesi, facilitando el acceso a la tierra firme adyacente desarrollada sobre la formación Ipururo.

El trabajo de campo se centró en las áreas a lo largo de los sistemas de senderos y a lo largo de los ríos y quebradas en cada campamento. Las coordenadas geográficas (WGS 84) y la elevación se registraron cada 50 m a lo largo de los senderos, para cada punto donde se tomó una muestra de agua superficial y de suelo, y en lugares con características notables. Para estudiar la relación entre el paisaje y los suelos, se tomaron muestras de los 10 cm superiores del suelo mineral en cada punto de ruta, y la textura (Stallard 2006a) y el color (Munsell 1954) fueron descritos.

Para la caracterización de las aguas superficiales, se examinaron muchos de los ríos, corrientes, manantiales y lagos cerca de los campamentos y a lo largo de los senderos. Un total de 27 sitios fueron muestreados. Se registró la fuerza de la corriente, la apariencia del agua, la composición del lecho, la anchura y la profundidad de la corriente, y la altura de la ribera. Se midió el pH, la conductividad eléctrica (CE) y la temperatura *in situ*. El pH del agua se midió usando tiras ColorpHast que cubrían cuatro rangos (0.0–14.0, 2.5–4.5, 4.0–7.0 y 6.5–10.0). La conductividad se midió con un medidor de pH/conductividad ExStick EC500 (ExTech Instruments). El modo de pH no funcionó bien y las muestras almacenadas fueron luego medidas con el mismo equipo en un laboratorio. Una muestra de 30 ml de agua se recogió en cada sitio para determinar los sólidos en suspensión. Una muestra de 250 ml se recogió para un análisis exhaustivo de los principales componentes y nutrientes. Esta muestra se esterilizó usando luz ultravioleta en una botella Nalgene de 1 L y boca amplia, usando un Steripen. Las muestras se almacenaron de manera que se limitase la variación de temperatura y la exposición a la luz. Las concentraciones de sedimentos suspendidos se midieron pesando filtrados secados al aire (filtros de policarbonato de 0.2 micrones; Nucleopore) de volúmenes de muestra conocidos. Los estudios de los ríos tropicales en el este de Puerto Rico (Stallard 2012) indican que las concentraciones bajas de sedimentos en suspensión (<5 mg/L) están dominadas normalmente por la materia orgánica, mientras que las concentraciones más altas se componen sobre todo de materia mineral.

Siete inventarios rápidos han utilizado la conductividad y el pH para clasificar las aguas superficiales en Loreto. Estos son Matsés (Stallard 2006a),

Nanay-Mazán-Arabela (Stallard 2007), Yaguas-Cotuhé (Stallard 2011), Cerros de Kampankis (Stallard y Zapata-Pardo 2012), Ere-Campuya-Algodón (Stallard 2013), Cordillera Escalera-Loreto (Stallard y Lindell 2014) y el actual inventario. El uso de pH (pH = -log (H+)) y la conductividad para clasificar las aguas superficiales de una manera sistemática es poco frecuente, en parte debido a que la conductividad es una medida agregada de una amplia variedad de iones disueltos. Cuando los dos parámetros se representan gráficamente en un diagrama de dispersión, los datos se distribuyen normalmente en una forma de bumerán (Fig. 14). A valores de pH menores a 5.5, la conductividad siete veces mayor de los iones de hidrógeno comparada con otros iones, hace que la conductividad aumente con la disminución del pH. A valores de pH mayores a 5.5, otros iones dominan y la conductividad normalmente aumenta con el aumento de pH. En los inventarios anteriores, la relación entre el pH y la conductividad se comparó con los valores determinados a partir de los sistemas de los ríos Amazonas y Orinoco (Stallard y Edmond 1983, Stallard 1985). Estos dos parámetros permiten distinguir las aguas drenadas de diferentes formaciones que se exponen en este paisaje. Las corrientes que drenan la formación Nauta tienen conductividades de 4 a 20 µS/cm. Las aguas negras de la formación Arenas Blancas tienen un pH inferior a 5 y una conductividad de 8–30 µS/cm o mayor. Las terrazas antiguas y depósitos de llanuras de inundación se pueden distinguir en el campo, pero suelen tener conductividades en el rango de la formación Nauta. La formación Ipururo aún no se ha estudiado de esta manera.

RESULTADOS

Campamento Wiswincho

Tierras bajas planas producto de la subsidencia activa de la Depresión de Ucamara caracterizan la parte norte del área de estudio, entre los ríos Blanco y Tapiche, cerca de su confluencia. El campamento Wiswincho se encuentra a lo largo de la llanura de inundación del río Yanayacu (Blanco), a unos 2 km de su confluencia con el río Blanco. Las amplias llanuras de inundación y humedales, dominados por pantanos de montículos (*hummock swamps*) y bosque inundado por aguas negras, fueron las características predominantes de la zona alrededor

del campamento. Las aguas negras color té y ácidas (pH = 4.0–4.2) están asociadas con los humedales mal drenados. Además de los bosques ribereños, los pantanos de montículos y turberas también contenían varios otros hábitats: varillales y aguajales, así como dos tipos de chamizales (uno encima de una llanura de inundación que se describe como una sabana y el otro sobre turberas profundas). En el paisaje, los aguajales se distribuyen a lo largo de pequeños canales de corriente, en depresiones ya sean locales o amplias, y en las turberas que parecen estar inundadas casi continuamente. La variación topográfica del área es relativamente baja (2–5 m).

El Yanayacu (Blanco) y los pantanos de montículos de las llanuras de inundación son de aguas negras, con las cuales las aguas blancas del río Blanco se mezclan al menos hasta 1 km aguas arriba. El río Blanco contiene sedimentos y diques y depósitos de orilla menores, lo que lo convierte en un río de aguas blancas por apariencia. Sin embargo, el análisis químico muestra que el agua es relativamente pura (conductividad = 13.9 µS/cm, pH = 4.8). La baja conductividad del río es indicativa de la pobreza en nutrientes de la tierra firme, donde el agua y los sedimentos se originan.

El campamento tuvo que ser reubicado debido a fuertes lluvias de 1–3 horas en cada uno de los tres días previos a la llegada del equipo biológico. Esa lluvia elevó el nivel de agua en el Yanayacu (Blanco) en 1 m. Lluvias moderadas continuaron en dos de los cuatro días que estuvimos en el lugar; con estas lluvias y posiblemente con lluvias en la cuenca superior, el Yanayacu (Blanco) siguió aumentando, mostrando señales mínimas de drenaje. Las marcas de inundación en la vegetación del dique a lo largo del río Blanco sugieren que el agua sube otros 1–2 m durante los meses más lluviosos (septiembre a mayo). Con esta etapa adicional, el área inundada continuaría ampliándose hasta la siguiente estación seca (junio a agosto). Las mediciones de campo del agua muestreada a lo largo del Yanayacu (Blanco) y en sus llanuras de inundación de pantanos montañosos mostraron una conductividad de 35.2–41.8 µS/cm y un pH de 4.0–4.1.

Todo el paisaje estaba cubierto por un colchón de raíces denso y continuo de aproximadamente 10–25 cm de espesor. Los colchones de raíces, que desempeñan un papel importante en la retención de nutrientes, son indicativos de suelos extremadamente pobres en nutrientes (Stark y Spratt 1977, Herrera et al. 1978a, b, Stark y Jordan 1978, Jordan y Herrera 1981, Medina y Cuevas 1989). Este colchón de raíces era elástico cuando estaba seco, con una profundidad de hasta 1 m cerca a varios árboles, y turboso en las pozas inundadas entre los montículos.

Bajo el colchón de raíces en los pantanos de montículos, se encontró fangos orgánicos oscuros (10–30 cm) sobre suelos franco-arenosos de color gris claro. Más cerca del río Blanco y del Yanayacu (Blanco), la presencia de limo depositado recientemente se incrementó; los suelos variaron de margas arenoso-arcillosas a margas limoso-arcillosas posiblemente derivadas de la sedimentación fluvial del Holoceno (0–12 mil años atrás). En el dique del río Blanco y cerca del Yanayacu (Blanco), los suelos fueron arcillas aún más finas, arcillas limosas y arcillas arenosas. Cerca del Yanayacu (Blanco) la capa de raíces era muy delgada y a menudo inexistente, tal vez debido a los suelos más ricos o a las plantas diferentes que se encuentran allí. A partir de las imágenes del Landsat (Fig. 2A), se estima que el bosque ribereño que se encuentra a lo largo de las llanuras aluviales cerca del río Blanco se extiende al menos hasta 2 km a cada lado del canal principal, y hasta 1 km a lo largo de ríos más pequeños, tales como el Yanayacu (Blanco).

Un canal de remanso a lo largo del Yanayacu (Blanco), donde ingresa un pequeño afluente, tenía una conductividad de 29.5 µS/cm y un pH de 5.6. El pH y la conductividad elevados sugieren que el afluente está drenando un área ligeramente más rica en nutrientes que el Yanayacu (Blanco). Esta zona puede contener depósitos fluviales más antiguos y más ricos de la antigua llanura de inundación del río Ucayali o puede incluir partes de la formación Ipururo que contienen algo de caliza.

Se observaron suelos de arena blanca de cuarzo a lo largo de una sección corta de la red de senderos en los pantanos de montículos, donde la vegetación hace una transición hacia el varillal. Estas arenas de cuarzo, que podrían ser primarias o depositadas, están cubiertas por un denso y turboso colchón de raíces de unos 10 cm de espesor. Por debajo de éste se encuentra arena con una

matriz orgánica, y finalmente a los 20 cm se encuentra arena limpia, muy similar a la que se ve en las tierras altas y en las cabeceras del río Gálvez, como se observó en el inventario rápido de Matsés (Stallard 2006a), en el campamento Itia Tëbu, justo al otro lado del río Blanco. Debido a que las tierras altas de Itia Tëbu están dominadas por estas arenas blancas, otros parches dispersos similares podrían encontrarse en las cercanías del campamento Wiswincho.

Las terrazas bajas de planicie con bosque ribereño se componen de suelos franco-arenosos marrones (10–30 cm) sobre suelos franco-arcillo-arenosos color amarillo-marrón (30–80 cm), pero estos estaban subordinados en el paisaje. Estos suelos también están cubiertos con un colchón de raíces de unos 10–15 cm de espesor que es más poroso y menos denso y turboso que los encontrados en los pantanos y turberas inundados de forma permanente.

Al oeste del campamento se encuentran turberas profundas con lo que parecen ser las típicas características *string-and-flark*. Desde los pantanos de montículos y los bosques de galería de la llanura inundable del Yanayacu (Blanco), el paisaje hace una transición hacia los varillales, con aguajales presentes en las depresiones locales, antes de abrirse hacia un chamizal enano con turbas profundas. Un grueso colchón de raíces está presente, lo que permite caminar sobre los fangos de turba. Esto es muy similar a las turbas del inventario de Yaguas (Stallard 2011). Se observó que las turbas que corresponden al parche de color oscuro en la imagen Landsat (Fig. 2A) tenían una profundidad mayor a 2 m y se podría esperar que sean mucho más profundas (sedimentos orgánicos de humedales de la formación Ucamara y Pleistoceno según De la Cruz Bustamante et al. 1999). Se trata en consecuencia de una posible zona de almacenamiento de carbono en el subsuelo. Se tomaron muestras de agua en un *flark* dentro de una turbera; la química resultante (pH = 5.5 y conductividad = 7.8 µS/cm) sugiere que estas aguas están dominados por el agua de lluvia debido al muy lento drenaje de la zona.

Campamento Anguila

Este campamento se encuentra en la cuenca media del río Yanayacu (Tapiche). El río Yanayacu (Tapiche) es bastante puro (conductividad = 7.4, pH = 4.9). El campamento se estableció en una línea sísmica de dos años de antigüedad que corre de suroeste a noreste (Fig. 3B) y el área fue anteriormente un campamento maderero. La topografía varía desde 120 hasta 165 m sobre el nivel del mar. Las cumbres de las colinas y terrazas desarrolladas en la formación Nauta son cóncavas y algunas veces bastante planas, con frecuencia de naturaleza similar a las serranías. Hay un amplio bosque de galería a lo largo del Yanayacu (Tapiche), como se ve en la imagen Landsat (Fig. 2A). Muchas quebradas cortan trasversalmente las terrazas y colinas de tierra firme. Estas quebradas, cuando están bien desarrolladas, tienen cortes transversales relativamente rectangulares (incisos) y tienen arena de cuarzo y grava como material del lecho. Todas las quebradas son muy serpenteantes, presumiblemente debido a que sus valles son muy planas. En gran parte del paisaje las caídas de los árboles son numerosas. Las raíces más grandes de los árboles, que crecen lateralmente, son solo un poco más gruesas (20–50 cm) que el colchón de raíces en las terrazas de tierra firme. Cuando un árbol cae, a menudo se levantan grandes franjas del colchón de raíces, dejando expuestos los suelos y el agua negra clara debajo.

En los suelos de tierra firme, el colchón de raíces (10–20 cm) es más poroso y menos denso y turboso que en los varillales. El colchón de raíces, indicativo de paisajes pobres en nutrientes, aquí también protege este paisaje colinoso, que se compone de suelos fácilmente erosionables de arena blanca de cuarzo (franco-arenosos), suelos amarillo-marrónes franco-arenoso-arcillosos y suelos franco-arenosos. Se observaron barrancos moderadamente incisos con nueva erosión en los contornos de terraza entre las serranías. Estas incisiones empinadas poco frecuentes estaban acompañadas a menudo por un colchón de raíces mucho más delgado (0–5 cm). Tal vez la mayor erosión está relacionada con la capa de raíces más delgada. Algunas corrientes consisten en pequeñas depresiones vinculadas llenas de agua negra clara donde las arenas de cuarzo blanco estaban expuestas en la superficie o enterradas bajo los fangos orgánicos oscuros.

Al norte del campamento, en el lado izquierdo del río Yanayacu (Tapiche), hay un amplio valle con una mezcla de varillal y chamizal de arena blanca y aguas negras ácidas. En la imagen Landsat esto parece continuar hacia el norte (ver la Fig. 3B). Su presencia puede ser el resultado de la subsidencia debida a fallas activas, como se discutió anteriormente. La subsidencia parece estar bajando el nivel freático a lo largo de los bordes de las terrazas de tierra firme, lo cual a su vez ha acelerado la erosión de esas terrazas. Las quebradas de aguas claras se originan en las cabeceras abruptas (headcuts) cada 200–300 m siguiendo los contornos. La subsidencia está indicada mediante la forma rectangular de la sección transversal de las quebradas y de las propias headcuts. Los headcuts pueden estar asociados con la variación estacional de la capa freática y/o con el descenso del nivel freático regional o local. También se encontró aguas negras claras menos ácidas en los charcos pantanosos relativamente rectos producto de la filtración en los contornos de terraza o en los pantanos de inundación que son paralelos al dique del Yanayacu (Tapiche). Este dique está a 1–2 m por encima de los pantanos en la planicie de inundación moderna. En el lado derecho del río Yanayacu (Tapiche), las quebradas en las colinas tienen sus orígenes en manantiales en vez de las filtraciones que se encuentran en el lado izquierdo.

Cerca de las filtraciones y manantiales, se forman túneles a través de los suelos franco-arenosos de color amarillo-marrón, fácilmente erosionables, y sobre arcillas más densas, ya sean franco-arcillo-arenosas rojas o arcillas blancas semi-impermeables similares a la saprolita. Por encima de las capas impermeables, se espera que ocurra flujo de agua lateral. Estas arcillas blancas son consistentes con la parte superior de la formación Nauta, como lo son las medidas de conductividad del agua clara a lo largo de estas corriente (4.9–6.9 µS/cm). Los aplastamientos en estos túneles erosionados pueden ocurrir donde los charcos de agua negra clara comienzan a establecerse. En uno de estos nacientes de corriente, se encontraron secreciones duras como rocas y conglomerados de grava. La presencia de esta capa diagenética puede indicar un horizonte donde el material lixiviado de la tierra firme se ha acumulado. Aguas abajo de las filtraciones, una capa de arena de cuarzo blanca y fina se encuentra sobre estos suelos ricos en arcilla.

Figura 14. Mediciones en campo de pH y de conductividad de varias muestras de agua de localidades andinas y amazónicas, en micro-Siemens por cm. Los símbolos sólidos y en negro representan las muestras de agua de quebradas recolectadas durante este estudio. Los símbolos sólidos grises claros representan las muestras colectadas en seis inventarios rápidos anteriores: Matsés (Stallard 2006), Nanay-Mazán-Arabela (Stallard 2007), Yaguas-Cotuhé (Stallard 2011), Cerros de Kampankis (Stallard y Zapata-Pardo 2012), Ere-Campuya-Algodón (Stallard 2013) y Cordillera Escalera-Loreto (Stallard y Lindell 2014). Los símbolos abiertos de color gris claro corresponden a numerosas muestras colectadas en otros sitios de la cuenca del Amazonas y del Orinoco. Vale notar que las muestras de ciertos sitios tienden a agruparse de acuerdo a su geología y suelos. En la selva baja del Perú destacan cuatro grupos: 1) aguas negras ácidas y de pH bajo asociadas con suelos de cuarzo, 2) aguas de baja conductividad asociadas con la formación Nauta 2, 3) aguas con una conductividad ligeramente más alta asociadas con la formación Nauta 1 y 4) aguas que drenan la formación Pebas, con conductividad y pH bastante más elevadas. La formación Ipururo, observada en este estudio, no puede ser distinguida de las formaciones Nauta 1 y 2. Las aguas del interfluvio de Tapiche-Blanco ocupan un gradiente entre aguas negras ácidas y de baja conductividad y aguas claras extremadamente puras y de baja conductividad. Dos muestras colectadas en *collpas* (lamederos) en el interfluvio de Tapiche-Blanco tienen valores de conductividad de 20 y 310 µS/cm. La del valor menor fue colectada en el campamento Quebrada Pobreza; su valor de conductividad solo supera ligeramente el de las quebradas en ese campamento. La otra muestra es del campamento Anguila y se parece más con las *collpas* típicas de Loreto.

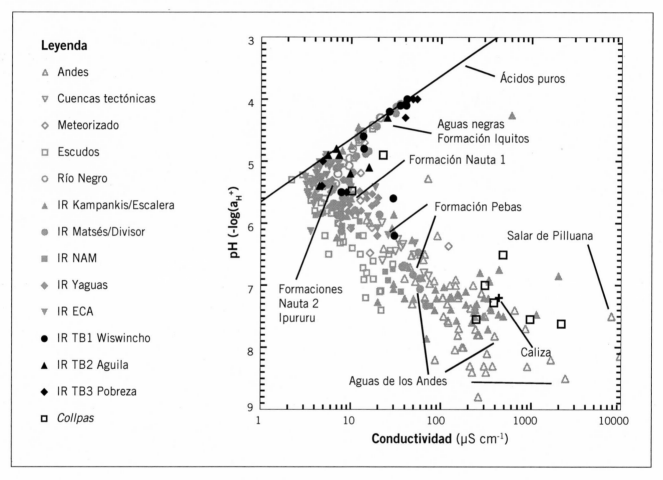

Los charcos entre montículos en las depresiones de los varillales mixtos tenían formas más simétricas que en los varillales mixtos cercanos al campamento Wiswincho. Más bien, estos se parecen a los charcos y montículos en los varillales/chamizales cerca del campamento Itia Tëbu del inventario rápido Matsés (Stallard 2006a). Las arenas blancas están cubiertas por un denso y turboso colchón de raíces de unos 10–30 cm de espesor. En los charcos debajo de las raíces se encuentra una arena arcillosa gris o a veces una arena de color amarillo-marrón con una matriz orgánica, y finalmente una arena de cuarzo limpia a los 25 cm. En los montículos, las raíces se encontraron a los 30 cm, y a los 40 cm la arena estaba saturada con agua similar a la que se encuentra en los charcos.

Bordeando el varillal hay un mosaico de margas franco-arenosas color amarillo-marrón y arenas de cuarzo blanco. A lo largo de esta transición había un número desproporcionado de árboles caídos. La perturbación por caída de árboles también puede explicar la forma de los montículos y los charcos que se extienden hacia los varillales bien desarrollados. Alternativamente, estas depresiones pueden ser el lugar donde los minerales se han lixiviado de los suelos, dejando atrás los suelos pantanosos de arena blanca, en línea con la hipótesis planteada acerca de la formación de montículos en los varillales de arena blanca en el campamento Itia Tëbu del inventario rápido Matsés (Stallard 2006a). En ese campamento, se observó los suelos de arena de cuarzo en expansión porque las aguas negras ácidas favorecen la disolución de los minerales que portan hierro y aluminio (esencialmente todos los minerales a excepción de cuarzo) en suelos adyacentes sin cuarzo.

En el lado derecho del río Yanayacu (Tapiche) se encuentra un gran saladero (*collpa*) similar a una sabana, alimentado por un manantial dentro de un *headcut*. Las aguas tienen un contenido alto de solutos (conductividad = 306 µS/cm), y los análisis preliminares (un alto valor de la relación sodio:calcio) sugieren que es un manantial que trae a la superficie aguas de formación por una falla. La *collpa* parecía ocupar un punto bajo en la topografía y está drenando paralela al pantano de agua negra clara en la planicie de inundación adyacente, a la que está conectada de forma intermitente. En la imagen Landsat (Fig. 3B) la *collpa* se observa en el medio del segmento más septentrional como un punto verde, del mismo color que las parcelas agrícolas.

Campamento Quebrada Pobreza

Este campamento se encuentra a lo largo de un río de aguas claras (conductividad = 8.9 µS/cm, pH = 5.5) con el mismo nombre, y está a unos 10 km aguas arriba de la desembocadura de la quebrada Pobreza en el río Blanco. La pureza de este río, cuyas aguas nacen en la formación Ipururo, es una buena indicación de que el río Blanco, con su conductividad similar, también está drenando la formación Ipururo, o la formación Nauta, igualmente pobre en nutrientes. El campamento se encuentra sobre el dique de la quebrada Pobreza, que está rodeada por la región plana que corre paralela a la ribera izquierda del río Blanco. El sistema de senderos permite el acceso a la

mezcla de aguajales, varillales y chamizales en estas terrazas bajas, a la llanura de inundación de la quebrada Pobreza, a la llanura de inundación del río Blanco y a la tierra firme colinosa al oeste de la Falla de Bolognesi. Un viejo campamento maderero se encuentra al lado de la quebrada Pobreza cerca de las colinas de tierra firme, donde se encontraron impactos considerables de la tala histórica. Las quebradas que drenan la tierra firme tienen agua clara.

Al norte de la quebrada Pobreza hay una terraza baja e irregular dominada por varillales y por chamizales enanos y muy densos. Hay tres quebradas pequeñas de aguas extremadamente negras (conductividad = 48.3–54.3 µS/cm; pH = 3.83–3.85; Fig. 14), con un flujo rápido hacia el este, paralelo a la quebrada Pobreza. La rapidez de estas corrientes sugiere una cierta inclinación hacia el este en el sector norte cercano al campamento.

Al sur de la quebrada Pobreza hay un extenso pantano aluvial, cubierto por vegetación alta de varillal y pequeñas manchas de *Mauritia flexuosa*. Estos aguajales no eran tan densos o tan bajos como los del campamento Wiswincho, y no observamos canales.

Un bosque de galería de 300 m de ancho bordea la quebrada Pobreza, atravesando el paisaje mixto dominado por el varillal (Fig. 2A). A lo largo de las terrazas más bajas y de las llanuras de inundación de la quebrada Pobreza, la topografía varía entre 105 y 120 m. La quebrada Pobreza tiene un dique de aproximadamente 50 m de ancho y 4 m de altura. Más allá se encuentra un pantano de anchura variable, con agua negra clara. Las terrazas de arena de cuarzo están de 2 a 4 m más altas que el dique y el pantano. En la Falla de Bolognesi, la topografía supera los 150 msnm en las colinas de tierra firme al oeste. En las tierras bajas las pendientes hacia los drenajes no superaban los 10°, mientras que las pendientes entre las colinas de tierra firme eran muy empinadas, alcanzando 20–30°.

Otro gran complejo de dique-pantano-terraza se encuentra a lo largo del río Blanco. Aquí hay una variedad de tierra firme baja que parece estar organizada en dos o tres niveles de terrazas separadas por varios metros. Cada uno tiene una mezcla de bosques y antiguos parches de pantanos de montículos. Los bosques cercanos a la quebrada Pobreza incluyen varillales. Lejos de la quebrada Pobreza y más cerca del Blanco, el bosque era más grande en estatura. Aguas negras drenan esta llanura de inundación y paisaje de terrazas bajas.

El paisaje colinoso al oeste de la Falla Bolognesi tiene colinas de cimas planas y serranías con un suelo de color amarillo-marrón de marga arenosa o franco-arenosa. En el caso de las serranías bajas cercanas a la falla, estos suelos se encuentran solo en las laderas más bajas, con suelos de arena blanca en las serranías (muy similar a lo observado cerca del campamento de Itia Tëbu del inventario rápido Matsés [Stallard 2006a]). Las otras serranías no tienen arena de cuarzo blanco. Esto puede indicar un levantamiento diferencial cerca de la falla. De las afluentes de la quebrada Pobreza que drenan la tierra firme, las dos que observamos tenían muy baja conductividad.

Recogimos una muestra de la pequeña *collpa* cercana al campamento. Situada en una pequeña quebrada bajo un árbol caído, la *collpa* tenía un pequeño charco turbio y algunos trozos de suelo excavados. Las cámaras-trampa mostraron que esta *collpa* es utilizada por los animales principalmente para bañarse, no para comer. El suelo era una arcilla arenosa, de color gris. El agua tenía un nivel ligeramente más alto de sales disueltas que las quebradas cercanas.

Experimento en una calicata

Una pequeña calicata fue excavada en un varillal alto, típico de la región, en una terraza baja plana cerca del campamento Quebrada Pobreza. La calicata fue excavada para obtener una representación detallada del perfil del suelo encontrado en paisajes de arena blanca.

En primer lugar, retiramos dos trozos rectangulares del colchón de raíces (Fig. 4A). La calicata midió 80 x 80 cm y fue excavada a una profundidad de 50 cm. Los primeros 10 cm fueron el colchón de raíces, encima de 2–3 cm de bosta orgánica (*duff*). Debajo de ésta había 20 cm de arena teñida con materia orgánica. Había muy pocas raíces que iban hacia abajo y algunos viejos restos radiculares teñían de marrón la matriz en los primeros 20 cm de arena. El límite entre la arena manchada y la arena blanca pura debajo de ella era irregular, pero marcado. Los 20 cm inferiores de la calicata eran arena de cuarzo blanco, húmeda y apretada. A los 10 minutos

de finalizar, el agua comenzó a filtrarse desde los 5 cm de la parte inferior de las paredes del pozo. Era agua negra con un pH de 4.6–4.7. El nivel inicial de la capa freática en este momento era a 48 cm de la superficie. Más tarde ese mismo día, lluvias moderadas (2–3 cm) que duraron aproximadamente dos horas llenaron la calicata a 33 cm de la superficie, un aumento de 15 cm después de 12 horas.

Se aprendió mucho de esta calicata y su agua. La calicata se encuentra en una ubicación topográficamente alta, pero en un lugar bastante plano. Este es un paisaje que debería tener un drenaje tanto superficial como subterráneo razonablemente bueno, dada la permeabilidad de la arena. Un drenaje rápido a través de suelo permeable es consistente con la lenta crecida de las corrientes observada durante el inventario. Por ejemplo, las quebradas en el campamento Wiswincho demoraron un día o más para crecer después de una gran lluvia; se espera que la recesión sea más larga. ¿Qué nos enseñó la calicata?

1. El agua que llena la calicata es negra, y por lo tanto no hay arcillas presentes en la trayectoria de flujo.

2. El nivel del agua en la calicata representa la capa freática, que se observó inicialmente a 48 cm por debajo de la superficie del suelo. Un solo aguacero (2–3 cm) elevó el nivel freático sustancialmente (15 cm) gracias al flujo de las aguas subterráneas.

3. El volumen del poro (*pore volume*) por encima de la capa freática es pequeño, por lo que un evento de lluvia de varios centímetros (~10 cm) habría llenado el foso hasta rebalsar.

4. En la ausencia de un colchón de raíces, tal evento produciría flujo superficial.

5. El suelo no tiene cohesión y se erosionaría fácilmente en la ausencia de un colchón de raíces. Marcas de pequeña escala observadas en el campamento a lo largo de los bancos descubiertos del río apoyan esta conclusión.

6. A pesar de la alta erosionabilidad de estos suelos, no hay evidencia de la formación extensiva de cárcavas o surcos, acumulaciones aluviales, o grandes movimientos laterales de sedimentos a escala del paisaje.

7. La inferencia es que el colchón de raíces ha protegido y sigue protegiendo el paisaje de la erosión.

DISCUSIÓN

El paisaje Tapiche-Blanco es una mezcla compleja de ecosistemas que funcionan con niveles extremadamente bajos de nutrientes disponibles, y con una distribución que está fuertemente afectada por la geología subyacente, la topografía y los patrones de drenaje y suelos asociados. El paisaje se encuentra dentro de una región de subsidencia tectónica, con la Depresión de Ucamara al oeste y una falla a lo largo del río Blanco hacia el este. Las colinas en este paisaje se desarrollan sobre roca sedimentaria del Plioceno. Los suelos desarrollados sobre estos paisajes son arenas francas y margas arenosas excepcionalmente pobres en nutrientes. El fallamiento parece haber creado dos pequeñas fosas tectónicas (*grabens*) que han conservado los suelos de arena de cuarzo derivados de aluviones depositados en una penillanura del Pleistoceno temprano (la penillanura del Ucayali). En otras partes de Loreto, los parches de este aluvión de arena de cuarzo se conservan en las colinas aisladas que no se han erosionado. Los suelos de arena de cuarzo, que son arenas y arenas francas, son excepcionalmente pobres en nutrientes. Los depósitos más ricos en arcilla y en limo formados en las llanuras de inundación activas derivadas de la erosión de los sedimentos del Plioceno, son también pobres en nutrientes. No vimos ninguna deposición relacionada a las quebradas que drenan exclusivamente suelos de arena de cuarzo.

Muchas fallas se manifiestan como valles alargados y quebradas rectas más pequeñas que son paralelas a la falla. Estos son especialmente visibles en la orilla derecha del río Blanco, en la falla que se alinea con el río a lo largo de la región con varillales. Algunas de las colinas bajas a lo largo de la Falla de Bolognesi, que separa los varillales del terreno colinoso, están cubiertas con arena de cuarzo, pero tienen pendientes más bajas de la formación Ipururo, lo que indica el levantamiento a lo largo de múltiples ensanchamientos de la falla (*fault splays*). El fallamiento a lo largo del canal del Blanco parece haber permitido que el Blanco capture las antiguas cabeceras del río Gálvez, que drena hacia el norte a través de las tierras altas de Yaquerana.

La región entre los ríos Tapiche y Blanco, cerca de su confluencia, y la vasta región al oeste del Tapiche se han visto afectadas por el río Ucayali. Muchos de los sedimentos subyacentes a esta región son sedimentos andinos depositados por el Ucayali durante años especialmente húmedos. Presumiblemente los suelos derivados de estos depósitos son ricos en nutrientes. Sin estudios detallados, es difícil definir el límite entre los sedimentos andinos ricos en nutrientes del Ucayali y los sedimentos pobres en nutrientes del Tapiche y Blanco.

En lo concerniente a sales disueltas, las quebradas que drenan este paisaje se encuentran entre las más pobres en nutrientes en las cuencas del Amazonas y del Orinoco (Apéndice 2, Fig. 14). Por otra parte, las quebradas de aguas negras tienen algunos de los valores de pH más bajos y las conductividades más altas encontradas en aguas negras. Los ríos que drenan las formaciones Ipururo y Nauta no pueden distinguirse fácilmente, y hay pocos indicios de que las capas de carbonato tengan mayor influencia en los ríos dentro del área de conservación propuesta. La conductividad del río Tapiche (aproximadamente 40 µS/cm) está cerca de cuatro veces más alto que la del río Blanco y de los ríos de la tierra firme. Esto sugiere que en la cuenca entera del Tapiche, estas calizas, o posibles afloramientos limitados de calizas en las montañas de la cabecera, pueden contribuir con sales disueltas adicionales. Sin embargo, el Tapiche es bastante diluido en comparación con los ríos Ucayali (aproximadamente 230 µS/cm) y Marañón (aproximadamente 130 µS/cm).

La muestra de agua con mayor concentración provino de una *collpa* en el campamento Anguila. La conductividad de 310 µS/cm indica niveles considerables de sales disueltas, 80 veces mayores que los de las quebradas más diluidas de tierra firme. El uso de la conductividad no nos permite identificar tipos de sales y por lo tanto no podemos distinguir entre la caliza disuelta (un alto nivel de calcio) y los manantiales salinos (un alto nivel de sodio). Una caracterización precisa requerirá de futuros análisis químicos. Los animales visitan estas *collpas* ricas en sal para consumir los suelos y beber el agua que los drena. Los datos disponibles sugieren que los animales están buscando el sodio (Dudley et al. 2012). Se muestreó una segunda *collpa* cerca del campamento Quebrada Pobreza. Su conductividad (aproximadamente 20 µS/cm) indica más sales que las quebradas cercanas, pero la diferencia es tan pequeña que es impresionante que los animales puedan distinguir estas aguas de las otras. El desarrollo de estos sitios podría ser perjudicial para los animales en el paisaje más amplio.

La falta de consolidación de la roca madre significa que el paisaje depende de la cobertura del bosque para limitar la erosión. Los nutrientes y sales necesarios para las plantas y los animales son retenidos en el ecosistema mediante el reciclaje interno eficiente que involucra extensas raíces poco profundas y superficiales. Nuestro experimento con la calicata indica que a pesar de la alta permeabilidad de los suelos de arena, el nivel freático es tan alto incluso en lugares elevados que una lluvia fuerte (100 mm) produciría el flujo de lámina saturado (*saturation overland flow*). Los suelos arenosos de esta región tienen muy poca cohesión y el flujo superficial en el suelo mineral produciría una erosión dramática. El colchón de raíces limita la erosión proporcionando una manta aún más permeable para proteger y anclar el suelo. Si se retira la cobertura del bosque, la recuperación posterior sería especialmente lenta debido a la baja fertilidad del suelo. Los sedimentos erosionados también contaminarían los ríos y cubrirían las llanuras aluviales. En consecuencia, la cobertura del bosque en estas cuencas debe ser protegida (mantenida intacta y continua) con el fin de proteger tanto la cabecera como los ecosistemas aguas abajo.

A pesar de tener una geología de la roca madre completamente diferente, la descripción general de los suelos, la topografía y la vegetación encontradas en el campamento Quebrada Pobreza son extraordinariamente similares a las de la zona de estudio de San Carlos (1.93° N 67.05° O) del Proyecto Amazonas (1975–1984) del Instituto de Investigación de Venezuela (Jordan et al. 2013 y referencias en el mismo). El sitio San Carlos se encuentra cerca de la confluencia de los ríos Casiquiare y Negro en el Territorio Amazonas de Venezuela, a unos 4 km al este de la localidad de San Carlos. El sustrato en el interfluvio de Tapiche-Blanco consiste en sedimentos fuertemente erosionados, mientras que el sitio San Carlos tiene suelos profundamente meteorizados desarrollados a partir de granitos subyacentes. Los suelos de San Carlos

son muy bajos en nutrientes como resultado de la lixiviación intensiva en condiciones tropicales húmedas durante millones de años, y debido a la falta de material no meteorizado cerca de la superficie, como fuente de nutrientes (ver secciones transversales en Franco y Dezzeo 1994 y Jordan et al. 2013). El terreno de San Carlos tiene una ondulación suave, con colinas de hasta 40 m por encima de las tierras bajas circundantes. Las colinas y valles son el reflejo de la superficie subyacente del lecho de roca granítica. En la cima de las colinas, suelos ricos en arcilla resultantes de la meteorización del granito están expuestos (oxisoles). Los suelos en las áreas entre las colinas están compuestos de arenas gruesas de puro cuarzo (podsoles). Equivalentes de vegetación son el bosque de tierra firme en las colinas, y, dependiendo de la topografía y la humedad locales, el bosque alto de caatinga (equivalente al varillal) o el bosque bajo de caatinga o 'bana' (equivalente al chamizal, y que se caracteriza por *Mauritia carana*) en las arenas de cuarzo.

Geología, suelos, arenas y Loreto

Este es el inventario rápido más meridional en Loreto que se ha enfocado en las tierras bajas amazónicas por debajo de los 200 m de altitud. Con los resultados de estos estudios de campo, ahora es posible poner todos los inventarios de Loreto en un contexto regional. Antes de resumir, se necesita un recordatorio cauteloso. En un paisaje plano, por lo general los depósitos más jóvenes son los más planos, pero debido a la erosión no son necesariamente los más abundantes. Los ciclos de la actividad tectónica (inclinación, plegamiento y fallamiento), deposición y erosión hacen que los depósitos progresivamente más antiguos se hagan cada vez más fragmentarios y disjuntos.

La formación grande más antigua es la Formación Pebas del Mioceno, que consiste en sedimentos fosilíferos de río, lago y a veces marinos que suelen depositarse en condiciones anóxicas. Estos sedimentos forman suelos que son especialmente ricos en nutrientes para la selva baja amazónica, y las quebradas que drenan la Formación Pebas tienen niveles moderados a altos de nutrientes. Perteneciendo al Mioceno, estos sedimentos son anteriores a la orogenia Quechua-III. En el interfluvio de Tapiche-Blanco, las rocas Pebas están enterradas bajo casi 1 km de sedimentos post-Quechua-III (sobre todo de la Formación Ipururo). Hacia el norte, sin embargo, la Ipururo disminuye rápidamente y eventualmente desaparece al norte de Iquitos. La Formación Pebas tiene afloramientos superficiales en muchas áreas alrededor de Iquitos y al norte y al este de Iquitos, llegando a Colombia y Brasil. Con base en el inventario Tapiche-Blanco, los suelos Ipururo son pobres en nutrientes. Después de la deposición de Ipururo, las formaciones Nauta Inferior y Superior fueron depositadas, siendo la Nauta Inferior algo más rica en nutrientes que la Superior, pero mucho menos rica que la Formación Pebas. La Formación Superior Nauta parece coronar todas las terrazas por encima de 200 m de altitud en los sitios estudiados en inventarios rápidos en el norte de Loreto. La Formación Nauta se interpreta como parte de una serie de llanuras aluviales de agradación, la última de las cuales está representada por estas cimas de terraza. La llanura aluvial se habría extendido hasta los afloramientos del Escudo Guyanés en Colombia (el Arco del Vaupés). El crecimiento de la llanura aluvial terminó ya sea con la última gran subida del nivel del mar hace 2.3 millones de años o con la última compresión orogénica andina de hace 2 millones de años. En los campamentos de inventario de selva baja más al sur (Nanay, Matsés) y en la región de Iquitos, las terrazas están cubiertas por la Formación Iquitos, rica en arena de cuarzo.

En el sur y el oeste, este paisaje aluvial estaba rodeado de cadenas montañosas jóvenes (Cordillera Azul, Divisor, Contaya, Escalera y Kampankis fueron inventariadas) en las que ahora dominan areniscas del Cretácico. Sin embargo, hasta 10 km de sedimentos más jóvenes deben haber sido retirados por la erosión para crear la Formación Ipururo, luego la Formación Inferior Nauta, y finalmente, las formaciones Nauta Superior e Iquitos. Arenas de cuarzo derivadas de areniscas del Cretácico formaron sedimentos fluviales en el interior de la Sierra de Contaya, y una gran extensión de aluvión de arena de cuarzo ha sido depositada por el río Paranapura, donde sale de la Cordillera Escalera (posiblemente arenas de cuarzo derivadas de las areniscas de cuarzo Cretácicas). En consecuencia, la interpretación más razonable de estas observaciones es

que las arenas de cuarzo de la Formación Iquitos son los productos tardíos de la erosión de los levantamientos de pie de monte. Estos serían contemporáneos con la porción superior de la Formación Nauta, agradándose lateralmente y hacia el norte en depósitos de limo y fango. Así, al inicio del Pleistoceno la llanura aluvial alcanzó su máximo desarrollo, con depósitos de arena de cuarzo generalizados y quizás continuos en el sur, bordeando el levantamiento del piedemonte. Entonces, un caída del nivel del mar hace 2.3 millones de años o la última compresión andina hace 2 millones de años provocó una caída de nivel base e inició un ciclo de erosión. Esta erosión eliminó una gran parte, dejando los restos que vemos hoy. La Depresión de Ucamara también continuó hundiéndose, enterrando efectivamente gran parte de la llanura, que todavía se ve en los pozos de petróleo como capas gruesas de arena. Los suelos en la Formación Nauta están extremadamente pobres en nutrientes y sostienen bosques a menudo con colchones densos de raíces; las quebradas son excesivamente diluidas. Los suelos de arenas de cuarzo de la Formación Iquitos son aún más pobres, sosteniendo vegetación de varillal y chamizal y un colchón denso de raíces; las quebradas son negras y muy ácidas.

AMENAZAS

- Erosión excesiva y pérdida de las reservas de carbono causadas por la tala de árboles, la conversión de tierras al uso agrícola y la construcción de carreteras.

- La falta general de sales en los suelos y agua del paisaje hace que las *collpas* dispersas por todo el paisaje sean de especial importancia para los mamíferos y las aves de la región. El desarrollo de estos sitios podría ser perjudicial para los animales en el paisaje más amplio.

- La erosión excesiva en la tierra firme puede enterrar y destruir importantes ambientes inundables, incluyendo las cochas, turberas, pantanos forestales, aguajales y la sabana de chamizal.

- Los suelos en la tierra firme y los suelos de arena blanca son demasiado pobres para sostener agricultura sin el uso intensivo de fertilizantes, lo que destruiría todos los ecosistemas acuáticos aguas abajo.

- Las concesiones de petróleo en el Tapiche-Blanco. Los derrames de aguas de formación salina o de petróleo relacionadas con la perforación y extracción alterarían profundamente la composición de las aguas superficiales y dañarían los ecosistemas de la llanura inundable. La introducción de la fracturación hidráulica aumentaría los problemas de contaminación del agua.

RECOMENDACIONES PARA LA CONSERVACIÓN

- Proteger la tierra firme de la erosión causada por la actividad forestal o la agricultura intensivas.

- Mapear la distribución de *collpas* en este paisaje. Esta información debería utilizarse para planificar el manejo de las *collpas* y prevenir la caza excesiva. Estos datos también pueden ser usados para determinar si las fallas a lo largo del valle del Tapiche pueden ser importantes en el desarrollo de este paisaje.

- Restringir y controlar la extracción de petróleo y gas natural en este paisaje para evitar zonas sensibles. Si la perforación se lleva a cabo, con o sin fracturación hidráulica, debería llevarse a cabo utilizando las mejores prácticas ambientales (p. ej., Finer et al. 2013).

VEGETACIÓN Y FLORA

Autores: Luis Torres Montenegro, Tony Mori Vargas, Nigel Pitman, Marcos Ríos Paredes, Corine Vriesendorp y Mark K. Johnston

Objetos de conservación: Un gran paisaje continuo con bosques inundables y de tierra firme muy diversos con baja perturbación, pieza clave en la conectividad con áreas protegidas adyacentes (Fig. 2A) y con otros varillales y turberas en Loreto; la mayor extensión de varillales y chamizales de arena blanca del Perú; uno de los lugares de mayor concentración de *stock* de carbono en los árboles en todo el Perú; una extensión de turberas poco conocidas con un *stock* importante de carbono en el suelo; pantanos herbáceos-arbustivos tipo 'sabana' de condiciones extremas de humedad y sequía; hábitats frágiles y extremos con especies preferentes de estas condiciones, como *Mauritia carana, Platycarpum* sp. nov., *Euterpe catinga* y *Pachira brevipes*; una gran diversidad de árboles con aptitud forestal y palmeras utilizadas por los pobladores locales sin planes de manejo, y que requieren un programa de recuperación

INTRODUCCIÓN

El interfluvio de los ríos Tapiche y Blanco encierra en su interior una muestra representativa de cada uno de los ecosistemas amazónicos conocidos, desde los bosques inundables de aguas blancas y negras, hasta las terrazas y colinas en tierra firme. Dentro de estos ecosistemas se encuentran hábitats que por su especial carácter edáfico e hidrológico (p. ej., suelos pobres, saturados de agua o secos) encierran una comunidad de plantas especializadas. Por lo tanto, estos lugares poseen un valor especial para la conservación.

Un ejemplo son los bosques de varillales y chamizales sobre arena blanca. En la Región Loreto estos bosques forman pequeños parches al norte y sur del río Nanay, y en los alrededores de Jenaro Herrera, Tamshiyacu, Jeberos, Morona y la Cordillera Escalera (Encarnación 1993, Mejía 1995, García-Villacorta et al. 2003, Fine et al. 2010, Neill et al. 2014). Sin embargo, la mayor extensión de varillales del Perú ocurre a ambos lados del bajo río Blanco. Hoy en día la mitad de estos varillales están protegidos por la Reserva Nacional Matsés (Fine et al. 2006). La otra mitad, ubicada en la ribera izquierda del río Blanco y dentro del área que estudiamos en el inventario rápido Tapiche-Blanco, aún carece de protección.

Otro ejemplo de hábitats en el interfluvio de Tapiche-Blanco con un valor especial para la conservación son los pantanos (o turberas) que ocupan grandes extensiones al norte y oeste del área. Aunque los pantanos son comunes en Loreto, es solo desde hace pocos años que han comenzado a llamar la atención de los conservacionistas. Esto se debe en primer lugar a la cantidad de turba (materia orgánica en lento proceso de descomposición) que almacenan, convirtiéndose en el segundo *stock* de carbono más grande de Loreto (Draper et al. 2014) después de los bosques en pie (Asner et al. 2014). Los pantanos también son importantes porque poseen una vegetación muy variable y bastante particular, empezando por los aguajales puros de *Mauritia flexuosa*, hasta comunidades más dispersas donde el patrón fisonómico e incluso la composición a nivel de especie puede ser muy similar a los varillales sobre arena blanca.

Estas particularidades convierten al interfluvio de Tapiche-Blanco en un mosaico complejo y un corredor biológico importante para la interconexión con otras áreas de gran importancia cercanas a ella (Reserva Nacional Pacaya-Samiria, Reserva Nacional Matsés, Zona Reservada Sierra del Divisor).

Sin embargo, aún se conoce poco sobre la flora y vegetación de la zona. El punto de referencia más importante para la botánica en esta zona de Loreto es una localidad justo afuera de la cuenca del Tapiche: el Centro de Investigaciones Jenaro Herrera, a 80 km al norte de la confluencia de los ríos Tapiche y Blanco, en las riberas del río Ucayali, donde se ha realizado estudios detallados sobre la flora, vegetación, ecología de plantas y manejo forestal desde los años 1980 (Spichiger et al. 1989, 1990; Freitas 1996a, b; Honorio et al. 2008; Nebel et al. 2000a, b; Rondon et al. 2009).

Varios estudios botánicos se han llevado a cabo dentro de las cuencas de los ríos Blanco y Tapiche, pero todos han sido rápidos y preliminares. Struhsaker et al. (1997) publicaron un mapa preliminar de la vegetación cerca de la confluencia de los ríos Tapiche y Blanco. Fine et al. (2006) hicieron un inventario rápido de la flora y vegetación en lo que es hoy en día la Reserva Nacional Matsés (al norte y este de nuestra área, al otro margen del río Blanco) y reportaron por primera vez la gran extensión de varillales sobre arena blanca. Algunos de los mismos botánicos de ese inventario regresaron a la zona en años posteriores para estudiar parcelas permanentes de vegetación (Fine et al. 2010, Baraloto et al. 2011). En 2005 Vriesendorp et al. (2006c) hicieron un inventario rápido de la flora y vegetación en la Zona Reservada Sierra del Divisor (al sur y sureste de nuestra área). Durante ese estudio evaluaron bosques de colinas elevadas hasta los 600 m y bosques enanos en las cumbres de las montañas de la zona.

Entre los estudios más recientes tenemos Linares-Palomino et al. (2013b), quienes evaluaron las comunidades de pteridofitas en la cuenca baja del río Tapiche en tres tipos de vegetación (bosques de pantanos, bosques de arena blanca y bosques de tierra firme) y Draper et al. (2014), quienes usaron observaciones de campo e imágenes de satélite para mapear la vegetación sobre turberas en gran parte de la ante-cuenca Pastaza-Marañón, incluyendo nuestra área de estudio.

En el inventario rápido de 2014 centramos nuestros esfuerzos en inventariar la flora y describir los distintos tipos de vegetación del área. Nuestra finalidad fue comprender y documentar la diversidad botánica del interfluvio de Tapiche-Blanco y dar a conocer la importancia que tienen estos hábitats para la conservación de los bosques y *stocks* de carbono de Loreto y el Perú.

MÉTODOS

Trabajo anterior al inventario

El trabajo del equipo botánico empezó en mayo de 2014, con el sobrevuelo del área de interés para la selección de los sitios de muestreo (Apéndice 1). Nuestro interés se centró en aquellas zonas que, según las imágenes de satélite (Fig. 2A), tenían mosaicos de diferentes tipos de vegetación. Una vez seleccionados los sitios de muestreo, el equipo compiló información sobre la flora y vegetación de sitios cercanos y similares. Esta información incluyó listas de especies y otra información generada por los estudios mencionados en la introducción de este capítulo y la clasificación de varillales de la Reserva Nacional Allpahuayo-Mishana (García-Villacorta et al. 2003).

En esta fase inicial también recibimos de Hans ter Steege una lista de las 1,578 especies de árboles que se espera encontrar en la región, según un modelo predictivo espacial parametrizado con datos de inventarios de árboles realizados en varios tipos de vegetación (bosques de tierra firme, inundados y sobre arenas blancas) a través de la cuenca amazónica (Amazon Tree Diversity Network; ter Steege et al. 2013). El modelo también generó para cada una de las 1,578 especies esperadas un estimado de abundancia para el interfluvio de Tapiche-Blanco. Los inventarios más influyentes en el modelo fueron los más cercanos, especialmente los realizados alrededor de Jenaro Herrera (ver arriba). Por lo tanto, los datos de ATDN nos permitieron averiguar, de manera general, hasta qué punto las comunidades de árboles en la zona Tapiche-Blanco son semejantes a las comunidades de árboles en Jenaro Herrera.

Entre el 14 y 26 de setiembre de 2014 se llevó a cabo el trabajo de avanzada del inventario, el cual consistió en la habilitación de los campamentos y trochas. Durante esta fase, dos miembros del equipo botánico (Torres Montenegro y Mori Vargas) ingresaron a los campamentos Wiswincho y Anguila, respectivamente, para colectar y tomar fotografías de todas las plantas fértiles y/o estériles que no fueran de fácil identificación.

Trabajo durante el inventario

Durante el inventario el equipo botánico trabajó en tres sitios de muestreo por cinco días en cada uno (Fig. 2A; ver el capítulo *Resumen de los sitios del inventario biológico y social*, en este volumen). Hicimos colectas y observaciones en trochas pre-establecidas y en la ribera de los ríos, describiendo la vegetación, registrando y colectando todas las plantas fértiles (flores y/o frutos), y usando binoculares para la identificación de árboles emergentes y lianas de dosel. Para la descripción de la vegetación anotamos las características florísticas, el tipo de sustrato y la altura y densidad de la vegetación.

En cada campamento hicimos un inventario de todos los árboles de dosel y emergentes (≥10 cm de diámetro a la altura del pecho [DAP]) en 1 ha de bosque. Los árboles en estos inventarios no fueron marcados de manera permanente. En el campamento Wiswincho, el inventario de árboles se llevó a cabo en un bosque de planicie inundable de aguas negras (inundado por la quebrada Yanayacu). Esta parcela tenía una forma irregular y midió un poco menos de una hectárea (0.86 ha). En los campamentos Anguila y Quebrada Pobreza el inventario de árboles se llevó a cabo en bosque de tierra firme, en una faja continua de 5 x 2,000 m (1 ha) a lo largo de una trocha.

También realizamos otros inventarios cuantitativos. En el varillal en el campamento Anguila, elaboramos una lista de las especies de arbustos y árboles más abundantes en una muestra de 200 individuos con 1–9.9 cm DAP. En un varillal en el campamento Quebrada Pobreza hicimos una parcela de 0.1 ha tipo 'Gentry', donde registramos un total de 443 individuos con ≥2.5 cm DAP.

Cada colección fértil, así como colecciones estériles de especies raras y poco conocidas, fueron fotografiadas antes de ser prensadas. Asimismo, cada tipo de vegetación y paisaje fue fotografiado durante el registro y colecta en los transectos. Todas las fotos fueron organizadas, codificadas y relacionadas con la respectiva muestra colectada (cuando ésta existía).

La mayoría de las plantas colectadas durante el inventario están registradas bajo el número de colección de Marcos Ríos Paredes. Las colecciones realizadas en los inventarios de árboles están registradas con números de Nigel Pitman, mientras las hechas durante el trabajo de avanzada están codificadas bajo los números de Luis A. Torres Montenegro y Tony J. Mori Vargas.

Se colectaron generalmente tres (pero a veces hasta ocho) duplicados para cada muestra fértil. Los unicados fueron depositados en el Herbario Amazonense (AMAZ) de la Universidad Nacional de la Amazonía Peruana (UNAP) en Iquitos. Los duplicados fueron depositados en el herbario del Museo de Historia Natural en la Universidad Nacional Mayor de San Marcos (USM) en Lima y en The Field Museum de Chicago (F) en los Estados Unidos.

Para complementar el inventario florístico, el equipo botánico colectó de tres a cinco muestras de suelo en cada campamento. La mayoría de éstas fueron colectadas en las mismas áreas en donde se efectuaron los inventarios de árboles, pero en el campamento Wiswincho también fueron colectadas en la sabana de turberas y en el varillal de turberas. Muestreamos los suelos con un barreno hasta una profundidad de 80 cm. Una porción de cada segmento de 10 cm de cada muestra fue almacenada en una bolsa estéril Whirlpak.

Trabajo posterior al inventario

Una vez finalizado el trabajo de campo, el equipo empezó la identificación de las plantas. Para este fin tres miembros del equipo botánico (Mori Vargas, Ríos Paredes y Torres Montenegro) trabajaron un mes en el herbario AMAZ, comparando las colecciones con muestras previamente montadas. También se utilizó recursos botánicos en línea para facilitar la identificación, siendo los más usados los herbarios virtuales del Field Museum de Chicago (*http://fm1.fieldmuseum.org/vrrc/*) y del Jardín Botánico de Nueva York (*http://sciweb.nybg.org/science2/vii2.asp*). Las fotos de varias especies fueron enviadas por correo electrónico a taxónomos especialistas para confirmar la identidad de la especie.

Para estandarizar la nomenclatura de los nombres taxonómicos, utilizamos la base de datos TROPICOS del Jardín Botánico de Missouri (*http://www.tropicos. org*), la última clasificación de angiospermas (APG III 2009) y la aplicación en línea *TNRSapp* (Taxonomic Name Resolution Service; *http://tnrs.iplantcollaborative. org/TNRSapp.html*).

La vegetación fue mapeada de una forma muy general usando una imagen de satélite Landsat-8 capturado el 28 de agosto de 2013. Dentro del programa ArcGIS versión 11.2, la imagen fue clasificada en 20 clases usando las bandas 1, 2, 3, 4, 5 y 7. Identificamos los tipos de vegetación en las 20 clases mediante las observaciones de campo del equipo de botánica, las fotos georeferenciadas del sobrevuelo, datos de elevación del Shuttle Radar Topography Mission y otras imágenes Landsat. Las clases que representaban el mismo tipo de vegetación fueron combinadas, resultando en un total de seis clases (ver Fig. 5A).

Para reducir la pixelación en el mapa, particularmente en los bosques de tierra firme, nuestros resultados fueron transferidos al programa Trimble eCognition Developer versión 8, con el cual creamos objetos de imagen para cada clase de vegetación. Después desarrollamos reglas sencillas basadas en la elevación, el tamaño de los objetos y su proximidad a las otras clases para reclasificar pequeños pixels aislados en clases más grandes que las rodeaban. Estos resultados volvieron a ser cargados en ArcGIS, con el cual calculamos las áreas por clase de vegetación usando la herramienta Tabulate Area.

Las muestras de suelo fueron enviadas a Crystal McMichael en la Universidad de Amsterdam. Los suelos están siendo analizados en un laboratorio especializado para detectar restos de carbón, polen y fitolitas, los cuales podrían abrir una ventana sobre la historia de la vegetación en el interfluvio de Tapiche-Blanco y los patrones de ocupación humana en el pasado pre-histórico.

RESULTADOS Y DISCUSIÓN

Riqueza y composición florística del Tapiche-Blanco

Durante 15 días de intenso muestreo, el equipo botánico logró visitar la mayoría de los hábitats y tipos de vegetación del área. Registramos un total de 962 especies de plantas vasculares para los tres campamentos (Apéndice 2) y estimamos 2,500–3,000 para toda el área

de estudio (ver la Fig. 2A). Estos números se mueven dentro del rango de especies que se registraron en muchos otros inventarios rápidos en la selva baja de Loreto (Tabla 1).

Registramos aproximadamente 118 familias y 386 géneros. Las 10 familias mejor representadas (en orden descendente) fueron: Fabaceae, Rubiaceae, Sapotaceae, Lauraceae, Moraceae, Arecaceae, Annonaceae, Melastomataceae, Burseraceae y Euphorbiaceae. Ocho de ellas están consideradas dentro de las 10 familias que contribuyen con la mayor riqueza de especies en la Amazonía baja (Gentry 1988). Los géneros más diversos fueron *Protium* (25 spp.), *Pouteria* (23 spp.), *Inga* (17 spp.) y *Licania* (15 spp.). La familia Arecaceae fue representada por 19 géneros y 37 especies; los géneros más diversos fueron *Bactris* (6 spp.) y *Geonoma* (5 spp.).

El estrato herbáceo estuvo representado por 18 familias y 74 especies de monocotiledóneas. Las familias Araceae y Marantaceae fueron las más diversas, representadas principalmente por los géneros *Philodendron* y *Anthurium* (por las aráceas) y *Monotagma* (por las marantáceas). Estos géneros son conocidos por su gran diversidad y tienden a figurar entre los más abundantes y diversos en el estrato herbáceo de los bosques tropicales. Los helechos también agruparon un buen número de familias (12), géneros (15) y especies (20), formando un estrato bastante heterogéneo en ciertas partes de los transectos estudiados.

Similaridad con áreas cercanas

La flora y vegetación de las cuencas Tapiche y Blanco aparentan ser muy similares a las de los bosques en cuencas aledañas. En un eventual mapa de patrones florísticos en esta región de la Amazonía, sospechamos que Tapiche-Blanco formará parte de un bloque florístico que incluye Jenaro Herrera, la Reserva Nacional Matsés y (en menor medida) la Zona Reservada Sierra del Divisor.

Similaridad con la Reserva Nacional Matsés y la Zona Reservada Sierra del Divisor

La Reserva Nacional Matsés es el área más cercana y con más afinidades ecológicas y florísticas encontradas. En un inventario rápido de la vegetación de la Reserva

Nacional Matsés, Fine et al. (2006) encontraron que 9 de las 10 familias arriba mencionadas fueron las más diversas. Nuevamente el género *Protium* alcanzó una riqueza considerable (29 spp.) junto a *Psychotria* (31 spp.), *Philodendron* y *Miconia*, ambos con 20 especies. Las afinidades florísticas entre el interfluvio de Tapiche-Blanco y la Reserva Nacional Matsés no sólo está en aquellas familias y géneros abundantes y diversos, sino también en aquellas que son poco representados o con pocas especies conocidas para la Amazonía, tales como *Ilex* cf. *nayana* (Aquifoliaceae), *Roupala montana*, *Panopsis rubescens*, *Panopsis sessilifolia* y *Euplassa inaequalis* (Proteaceae) y *Styrax guyanensis* (Styracaceae). Las dos áreas también comparten varias especies conocidas sólo de varillales en Loreto, como *Macrolobium microcalyx* (Fabaceae), *Pachira brevipes* (Malvaceae), *Mauritia carana* y *Euterpe catinga* (Arecaceae), varias especies de *Protium* (Burseraceae), dos especies de *Caraipa* (Calophyllaceae), *Tovomita calophyllophylla* (Clusiaceae) y *Adiscanthus fusciflorus* (Rutaceae).

La Zona Reservada Sierra del Divisor presenta menos afinidades florísticas con nuestra área, probablemente porque no tiene grandes extensiones de pantanos o bosques sobre arena blanca. Sólo cinco familias (Rubiaceae, Fabaceae, Burseraceae, Sapotaceae y Euphorbiaceae) y tres géneros (*Ficus*, *Protium* e *Inga*) de los más abundantes y diversos de nuestro inventario

son reportados como comunes en la Zona Reservada Sierra del Divisor (Vriesendorp et al. 2006c). Sin embargo, las diferencias que observamos no son extremas. Por ejemplo, varias de las especies indicadas como abundantes en el inventario rápido de la Zona Reservada Sierra del Divisor también lo son en Tapiche-Blanco (p. ej., *Lepidocaryum tenue*, *Oenocarpus bataua*, *Iriartella setigera*, *Micrandra spruceana*, *Metaxya rostrata*, *Minquartia guianensis*).

El modelo predictivo de ter Steege et al. (2013)
Cuando comparamos la lista de especies que nosotros registramos (Apéndice 3) con la lista de las 1,578 especies arbóreas cuya presencia en la zona del Tapiche-Blanco fue predicha por ter Steege et al. (2013, datos no publicados), encontramos muchas especies en común. De las 100 especies que según el modelo deberían ser las más abundantes en el interfluvio de Tapiche-Blanco, nosotros registramos por lo menos 58 durante el inventario rápido. Muchas de estas especies sí fueron abundantes en los lugares que visitamos, aunque en muchos casos fueron restringidas a un determinado tipo de vegetación. Ejemplos entre las 20 especies más esperadas en la región incluyen *Pachira brevipes*, *Euterpe catinga*, *Mauritia flexuosa*, *Virola pavonis*, *Eschweilera coriacea*, *Chrysophyllum sanguinolentum* y *Euterpe precatoria*.

Tabla 1. Número de especies de plantas vasculares reportadas y estimadas durante inventarios rápidos de la flora y vegetación de 10 localidades en la Región Loreto, Perú.

Inventario rápido	No. de especies de plantas vasculares reportadas	No. de especies de plantas vasculares estimadas	Referencia
Yavarí	1,675	2,500–3,500	Pitman et al. (2003b)
Ampiyacu, Apayacu, Yaguas y Putumayo	1,500	2,500–3,500	Vriesendorp et al. (2004)
Güeppí	1,400	3,000–4,000	Vriesendorp et al. (2008)
Matsés	1,253	2,500–3,500	Fine et al. (2006)
Nanay-Mazán-Arabela	1,100	3,000–3,500	Vriesendorp et al. (2007)
Ere-Campuya-Algodón	1,009	2,000–2,500	Dávila et al. (2013)
Sierra del Divisor	997	3,000–3,500	Vriesendorp et al. (2006c)
Tapiche-Blanco	**962**	**2,500–3,000**	**Este informe**
Yaguas-Cotuhé	948	3,000–3,500	García-Villacorta et al. (2011)
Maijuna	800	2,500	García-Villacorta et al. (2010)

Las 42 especies que deberían ser abundantes en la región según el modelo pero que no encontramos durante el inventario rápido incluyen especies difíciles que probablemente sí colectamos pero que no hemos identificado hasta la fecha (p. ej., cinco especies de *Eschweilera*), especies que probablemente ocurren en ambientes que no exploramos bien (p. ej., *Spondias mombin* y *Hura crepitans* en el bosque de várzea del río Blanco) y especies que son caracterizadas como abundantes por un inventario forestal reciente en la región (p. ej., *Pouteria reticulata* y *Couepia bernardii*; GGFP 2014). Sin embargo, la lista también incluye algunas especies distintivas que realmente consideramos ausentes en los lugares que visitamos (p. ej., *Dicymbe uaiparuensis*).

En conclusión, ya que el modelo predictivo se basa en gran medida en datos de Jenaro Herrera, el buen desempeño sugiere que las comunidades arbóreas del interfluvio de Tapiche-Blanco son muy parecidas con las de los alrededores de Jenaro Herrera. Si bien este modelo es bastante crudo, el ejercicio sugiere que en general los modelos predictivos florísticos en desarrollo (p. ej., Map of Life, *http://www.mol.org*) serán herramientas valiosas para el interfluvio de Tapiche-Blanco (y para Loreto) en el futuro próximo.

Registros notables

Nuevos registros para el Perú o para Loreto

Galeandra styllomisantha (Fig. 6F). Esta orquídea epífita fue reportada para el Perú en el *Catálogo de Angiospermas y Gimnospermas del Perú* (Brako y Zarucchi 1993) a través de una comunicación personal con el especialista en orquídeas Calaway H. Dodson, quien identificó un voucher de esta especie sin datos de localidad en el Oakes Ames Orchid Herbarium (AMES) de la Universidad de Harvard. Ahora, después de 21 años, nuestra colección de esta orquídea representa una confirmación de ese registro y provee los primeros datos de su distribución en el Perú.

Retiniphyllum chloranthum (Fig. 6E). Arbolito de amplia distribución en la zona amazónica de Brasil, Colombia, Guyana y Venezuela, ahora reportado para el Perú, en los varillales del Tapiche-Blanco.

Simaba cf. *cavalcantei*. Especie arbórea reconocida en el International Plant Names Index (IPNI) pero no registrada en TROPICOS, descrita y publicada por W. W. Thomas en 1984. Conocida de la colección tipo, colectada cerca del río Uatumã en Pará, Brasil, y también reportada en la Amazonía colombiana.

Monotagma densiflorum (Fig. 6A). Especie herbácea asociada a suelos arenosos y pobres en nutrientes, de las mesetas y campinaranas de la Amazonía central y occidental en los estados de Amazonas y Pará hasta Mato Grosso en Brasil (Ribeiro et al. 1999, Costa et al. 2008). Encontrada en las zonas de transición entre varillales y terrazas en los campamentos Anguila y Quebrada Pobreza.

Palmorchis sobralioides (Fig. 6C). Orquídea terrestre de menos de 50 cm de altura, asociada a terrazas y campinaranas en Brasil (Ribeiro et al. 1999). Reportada sólo para la Provincia del Napo en Ecuador y la Amazonía oeste de Brasil. Este es el primer reporte para el Perú y el más al sur de su distribución en Latinoamérica.

Ecclinusa bullata. Árbol de aproximadamente 15 m de altura, asociado a bosques sobre suelos arenosos y pobres en nutrientes. De acuerdo a la UICN y el Global Biodiversity Information Facility (*http://www.gbif.org*), esta especie solo ha sido registrada en Colombia, Venezuela y Brasil. Nuestros registros en los campamentos Anguila y Quebrada Pobreza representan el primer reporte para el Perú, y por lo tanto su ocurrencia más occidental.

Heliconia densiflora (Fig. 6D). Hierba de amplia distribución desde Venezuela y las Guyanas pasando por el Perú, Brasil y Bolivia, en bosques inundables de suelos arcillosos. En el Perú sólo había sido registrada en Madre de Dios. Nuestro registro en el campamento Anguila representa el primer reporte para Loreto.

Especies nuevas

Platycarpum sp. nov (Fig. 6B). Árbol de dosel de aproximadamente 12–16 m de altura. Es muy abundante en las turberas de Tapiche-Blanco y en menor grado en los bosques sobre arena blanca (varillales). Esta especie es la misma que se registró en el inventario rápido en la Reserva Nacional Matsés (Vriesendorp et al. 2006c). Actualmente está siendo descrito (N. Dávila et al., en preparación).

Especies endémicas y amenazadas

Registramos por lo menos 16 especies de plantas clasificadas como de interés especial para la conservación. Éstas incluyen:

Cuatro especies consideradas endémicas de la Región Loreto (León et al. 2006): *Cybianthus nestorii*, *Ternstroemia klugiana*, *Ternstroemia penduliflora* y *Tetrameranthus pachycarpus*;

- Cinco especies consideradas como amenazadas dentro del Perú (MINAG 2006): *Euterpe catinga* (VU), *Haploclathra paniculata* (VU), *Mauritia carana* (VU), *Pachira brevipes* (VU) y *Parahancornia peruviana* (VU);

- Siete especies clasificadas como mundialmente amenazadas por la UICN (IUCN 2014): *Caryocar amygdaliforme* (EN), *Couratari guianensis* (VU), *Guarea cristata* (VU), *Guarea trunciflora* (VU), *Naucleopsis oblongifolia* (VU), *Pouteria vernicosa* (VU) y *Thyrsodium herrerense* (VU); y

- Cuatro especies clasificadas como mundialmente amenazadas por León et al. (2006): *Cybianthus nestorii* (CR), *Tetrameranthus pachycarpus* (EN), *Ternstroemia klugiana* (VU) y *Ternstroemia penduliflora* (VU).

Tipos de vegetación

Existen varios mapas de vegetación a gran escala que incluyen el interfluvio de Tapiche-Blanco (p. ej., Josse et al. 2007, Draper et al. 2014), así como mapas a menor escala (Struhsaker et al. 1997, Vriesendorp et al. 2006a). Sin embargo, todos estos mapas son diferentes y no existe un consenso sobre cómo llamar, clasificar y mapear los tipos de vegetación amazónica a la escala de nuestra área de estudio (~315,000 ha).

Durante los 15 días de inventario registramos cinco principales tipos de vegetación (Tabla 2) en las confluencias de los ríos Tapiche-Blanco, en base a la composición, estructura y fisionomía de la vegetación, la topografía y los tipos de suelo. Dentro de algunos tipos de vegetación hay otras sub-clasificaciones que muestran diferencias en cuanto a la fisionomía, altura de dosel y dominancia de algunas especies (Tabla 2).

La descripción a continuación refleja nuestro intento de clasificar la vegetación de este paisaje de una manera sencilla que sea útil para la conservación y el manejo de la región. La mayoría de los tipos de vegetación indicados en la Tabla 2 también figuran en el mapa preliminar de vegetación en la Fig. 5A, pero algunos han sido combinados o separados en el mapa. (Por ejemplo, los bosques de restinga y planicie inundable son fáciles de distinguir en el campo pero difícil de distinguir en las imágenes Landsat, así que indicamos los dos como 'Bosque ripario' en la Fig. 5A.). Tanto en la Tabla 2 como en la Fig. 5A, los tipos de vegetación que reconocemos para el interfluvio de Tapiche-Blanco son comúnmente utilizados por los botánicos en otras áreas de Loreto y son muy parecidos a los identificados en Jenaro Herrera por López-Parodi y Freitas (1990).

Turberas

Este término describe un ambiente cuyo substrato es dominado por la turba: materia orgánica (ramas, hojarasca y raíces) que va acumulando y descomponiéndose de forma muy lenta, por el mal drenaje (García-Villacorta et al. 2011). Las capas de turba en el interfluvio de Tapiche-Blanco pueden superar los 5 m de espesor y representan *stocks* importantes de carbono subterráneo, según un estudio reciente que ha mapeado la distribución de varios tipos de vegetación sobre turberas en una región de 100,000 km^2 que incluye parte de nuestra área de estudio (Draper et al. 2014).

En el interfluvio de Tapiche-Blanco encontramos que la vegetación de turbera varía de sabanas casi abiertas a bosques cerrados con un dosel de 15 m de alto. Distinguimos cuatro subtipos de turberas, cuyas características fisionómicas están descritas en la Tabla 2. En el campo, la transición entre estos subtipos puede ser abrupta (p. ej., de varillal a sabana) o gradual (p. ej., de varillal al aguajal mixto al aguajal puro).

Varillal de turberas. Estos bosques de dosel bajo están compuestos de especies que son muy abundantes en los bosques sobre arena blanca (varillales o chamizales), como *Pachira brevipes*, *Sloanea* sp. (MR4279) y *Macrolobium limbatum* (ver abajo). Este tipo de vegetación y el chamizal de turberas son denominados como *pole forests* en el estudio de Draper et al. (2014), quienes estimaron que los mismos ocupan un 11% de la ante-cuenca Pastaza-Marañón. En nuestra área de estudio estimamos un número menor al 5%.

Chamizal de turberas. Estos bosques son florísticamente parecidos con el varillal de turbera pero tienen un dosel más bajo, tallos más finos y aparentemente una capa de turba más delgada.

Sabana de turberas. Este tipo de turbera llamó mucho nuestra atención, ya que ninguno de los botánicos en nuestro equipo había visto nada parecido en Loreto. Se trata de un pastizal natural con algunas agrupaciones dispersas de arbolitos (3–5 m; Figs. 5B–C). El sotobosque estaba cubierto de una especie del género *Scleria* (Cyperaceae) y un helecho del género *Trichomanes*. Los árboles más comunes fueron *Macrolobium microcalyx*, *Pagamea guianensis*, *Sloanea* sp. (MR4279) y *Cybianthus nestorii*. Varios individuos dispersos de *Mauritiella armata* también formaban parte del paisaje. De acuerdo a los reportes del equipo social, existen grandes extensiones de este tipo de vegetación en las cercanías de la Comunidad Wicungo en el río Tapiche.

Este tipo de vegetación es muy raro en Loreto (más aún que los bosques de arena blanca; ver abajo) y merece protección estricta. Algunas pequeñas sabanas de turbera son protegidas actualmente dentro de la Reserva Nacional Pacaya-Samiria (p. ej., 'Riñón'; Draper et al. 2014; T. Baker, com. pers.)

Aguajales. Este tipo de vegetación, común en Loreto (Draper et al. 2014), tiene una gran extensión hacia el norte y oeste pero ocupa menos del 10% del paisaje de nuestra área de estudio (Fig. 5A). El suelo está cubierto de agua casi todo el año, y desde el aire se puede observar que está completamente dominado por la palmera *Mauritia flexuosa*. En ciertos sectores pueden observarse algunos individuos de *Euterpe precatoria*. El sotobosque puede estar dominado por especies de Cyperaceae, helechos y en menor número *Urospatha*

sagittifolia (Araceae). De acuerdo a Malleux (1982), los aguajales pueden ser densos, mixtos o dispersos, de acuerdo al número de individuos de *Mauritia flexuosa* por hectárea.

Este tipo de vegetación es tratado como *palm swamp* en el estudio de Draper et al. (2014). Sin embargo, es importante notar que gran parte del interfluvio de Tapiche-Blanco clasificado como *palm swamp* por esos autores, basado en la interpretación de imágenes de satélite, son en realidad bosques de arena blanca. Esto probablemente se debe a la presencia de *Mauritia carana* y la similitud espectral de esa especie con *M. flexuosa* (ver abajo).

Bosque de terrazas bajas o restinga

Este tipo de vegetación solo fue observado en el campamento Wiswincho. Presentaba una topografía ondulada a pequeña escala, dando la apariencia de 'montículos.' Las zonas con agua presentaban una comunidad arbórea poco desarrollada compuesta de árboles como *Erisma calcaratum*, *Macrolobium multijugum*, *Eschweilera gigantea*, así como abundantes arbustos de *Rudgea guyanensis* y pequeñas colonias de *Bactris riparia*. Las partes más secas presentaban una capa densa de materia orgánica, sobresaliendo los árboles de *Tachigali chrysophylla*, *Licania intrapetiolaris* y *Duroia* sp. (NP10081). Entre las más abundantes en el sotobosque de las partes más secas estaban la palmera acaule *Attalea racemosa*, la palmera cespitosa *Iriartella setigera* y la hierba de casi 2 m, *Diplasia karatifolia*.

Bosque de planicie inundable

Igapó: Bosque inundado por aguas negras. Estos bosques forman fajas a lo largo de los ríos y cochas de agua negra dentro del interfluvio de Tapiche-Blanco. La vegetación cercana a las orillas de los ríos está compuesta de árboles como *Eschweilera* spp., *Symmeria paniculata*, *Endlicheria* sp. (MR4370), lianas como *Macrosamanea spruceana*, y palmeras como *Astrocaryum jauari*, mientras que en las zonas alejadas a la orilla se desarrolla un bosque denso con árboles de gran porte y pocas palmeras.

Fue en este tipo de bosque que establecimos una parcela de ~1 ha en el campamento Wiswincho. En esa

Tabla 2. Tipos y subtipos de vegetación del área de estudio en el interfluvio de los ríos Tapiche y Blanco, en la selva baja de la Amazonía peruana.

Tipos y subtipos de vegetación	Descripción (en el interfluvio de Tapiche-Blanco)
Turberas/*Peatlands*	Vegetación sobre suelos aluviales inundables, pobres en nutrientes, cubiertos de una capa de materia orgánica en descomposición (turba), la cual alcanza una profundidad de ~5 m.
Varillal de turberas/ *Stunted peatland forest*	Un bosque bajo, compuesto de árboles de tallos finos (<30 cm DAP), con un dosel de 12–15 m, el suelo cubierto de abundante materia orgánica (1–4 m de espesor). Observada en el campamento Wiswincho. Representado por el color naranja en el mapa de vegetación (Fig. 5A).
Chamizal de turberas/ *Dwarf peatland forest*	Vegetación densa con árboles de pequeño porte (<20 cm DAP), con un dosel de 5–7 m, el suelo cubierto de una capa de materia orgánica de <1 m de espesor. Observada en el campamento Wiswincho. Representado por el color naranja en el mapa de vegetación (Fig. 5A).
Sabana de turberas/ *Peatland savanna*	Vegetación tipo 'pastizal,' dominada por herbáceas (ciperáceas, helechos y líquenes), con pequeñas 'islas' de árboles y arbustos que alcanzan los 3–5 m de altura. El terreno es plano con mal drenaje (presenta muchas charcas). El suelo es arcilloso, cubierto de una capa fina de materia orgánica (30–40 cm de espesor). Observada en el campamento Wiswincho. Representado por el color marrón en el mapa de vegetación (Fig. 5A).
Aguajal/Mauritia *palm swamp*	Bosque pantanoso en substrato de turba permanentemente saturado, con poblaciones densas (100–400 individuos/ha) de la palmera aguaje (*Mauritia flexuosa*). También puede presentar comunidades arbóreas mixtas de aguaje con otras especies de árboles. Ocupa bloques grandes en el norte y oeste del área de estudio (Fig. 5A), así como parches pequeños en ambientes mal drenados en el resto del área. Representado por el color morado en el mapa de vegetación (Fig. 5A).
Bosque de terrazas bajas o restinga/*Levee forests*	Bosque alto con árboles de gran porte, con un dosel de 25–30 m, sobre suelos aluviales ocasionalmente inundables, limosos, cubierto de una capa de materia orgánica de 20–30 cm de espesor. Observada en el campamento Wiswincho, en la margen derecha de la quebrada Yanayacu. Representado por el color verde claro en el mapa de vegetación (Fig. 5A).
Bosque de planicie inundable/ *Floodplain forests*	Vegetación relativamente densa, con árboles de gran porte y un dosel entre los 25 y 30 m. Forma parte del sistema aluvial y permanece inundado por 3–6 meses al año. Observada en el campamento Wiswincho, en donde se encontraba a lo largo del río Blanco (*várzea*) y la quebrada Yanayacu (*igapó*). Representado por el color verde claro en el mapa de vegetación (Fig. 5A).
Igapó: bosque inundado por aguas negras/*Flooded by blackwater*	Vegetación ubicada a lo largo de ríos y cochas de aguas negras. Presenta un dosel cerrado de 15–18 m de altura en las orillas y 25–30 m de altura lejos de las orillas. Suelos aluviales relativamente pobres.
Várzea: bosque inundado por aguas blancas/*Flooded by whitewater*	Vegetación variable en los márgenes del río Blanco, desde vegetación sucesional en las orillas (playas de arena blanca) hasta bosque alto (25–30 m de altura) distante de las orillas. Suelos aluviales más ricos que los de igapó.
Bosque sobre arena blanca/ *White-sand forests*	Vegetación muy densa, creciendo sobre suelos de arena blanca muy fina y muy pobre, con mal drenaje y una capa de materia orgánica muy fina (5–20 cm de espesor). Observados en los campamentos Anguila y Quebrada Pobreza, presentando mayor extensión a lo largo de la margen izquierda del río Blanco (la extensión de bosque sobre arena blanca más grande del Perú). Representado por el color naranja en el mapa de vegetación (Fig. 5A).
Varillal sobre arena blanca/ *Stunted white-sand forest*	Bosques densos, con un dosel de 10–12 m de altura, sobre suelos de arena blanca, con una capa de materia orgánica fina y abundantes raíces.
Chamizal sobre arena blanca/ *Dwarf white-sand forest*	Bosques muy densos, con un dosel de 4–5 m de altura, sobre suelos de arena blanca.
Bosque de terrazas y colinas/ *Upland or tierra firme forests*	Bosques densos con un dosel de 25–35 m de altura, con emergentes hasta 45 m, sobre suelos francos (areno-arcillosos, arcillo-arenosos) cubiertos de una capa fina de hojarasca y materia orgánica (5–25 cm de espesor). Observados en los campamentos Anguila y Quebrada Pobreza, extendiéndose en gran parte del área de estudio. Representado por el color verde oscuro en el mapa de vegetación (Fig. 5A).

parcela 80% de los individuos pertenecieron a 10 familias: Fabaceae, Chrysobalanaceae, Lecythidaceae, Apocynaceae, Euphorbiaceae, Sapotaceae, Myristicaceae, Clusiaceae, Lauraceae y Malvaceae. La mitad de los árboles pertenecieron a las 10 especies más comunes: *Licania longistyla*, *Aspidosperma excelsum*, *Zygia unifoliolata*, *Campsiandra angustifolia*, *Couratari oligantha*, *Calophyllum longifolium*, *Virola sebifera*, *Micrandra siphonioides*, *Cynometra bauhiniifolia* y una especie no identificada de Lauraceae (NP10078).

El número de especies en esta parcela (~115) coincide con el rango de diversidad en las parcelas de 1 ha de restinga y tahuampa establecidas en Jenaro Herrera (80–141; Nebel et al. 2001). Sin embargo, la composición de familias y especies en la parcela de Tapiche-Blanco, así como la lista de especies dominantes, son bastante diferentes a las registradas en las parcelas de Jenaro Herrera. Esto probablemente refleja una fertilidad mayor de suelos en los bosques inundados de Jenaro Herrera, los cuales reciben aguas blancas del río Ucayali en contraste con la mezcla de aguas blancas y negras que nuestra parcela recibe de los ríos Blanco y Yanayacu, respectivamente.

El estrato inferior de este tipo de vegetación estuvo dominado de *Zygia unifoliolata*, y en algunos sectores se puede observar colonias de *Geonoma* spp., *Cyclanthus bipartitus* y *Bactris hirta*. Las cochas por su parte estaban compuestas de árboles de dosel como *Macrolobium multijugum*, y otros de mediano porte como *Cybianthus penduliflorus*, *Burdachia prismatocarpa*, además de lianas como *Marcgravia* sp. Fue llamativo en estos ambientes la ausencia del árbol *Macrolobium acaciifolium*, una especie generalmente muy común en estos hábitats.

Várzea: Bosque inundable por aguas blancas.
Los bosques de planicie sobre aguas blancas estuvieron restringidos a las orillas y áreas de influencia del río Blanco. La vegetación va desde las orillas con playas de arena blanca, con presencia de *Cecropia* sp. En aquellos sectores que no cuentan con playas, la flora dominante incluye *Andira macrothyrsa*, *Swartzia simplex* y *Tapirira guianensis* en el dosel. En los estratos inferiores los dominantes incluían varios arbolitos de los géneros

Psychotria, *Neea* y *Casearia*, y varias lianas de los géneros *Davilla*, *Clitoria* y *Matelea*. La vegetación lejana a las orillas no fue evaluada debido a su difícil acceso, pero de acuerdo a lo observado desde el aire durante el cambio de campamento, el bosque se muestra denso y con un dosel muy alto. Sospechamos que la composición de esta franja de bosque sea intermedia entre nuestra parcela en el campamento Wiswincho (ver arriba), los bosques inundados de Jenaro Herrera (Nebel et al. 2001) y los bosques de várzea muestreados en la Zona Reservada Sierra del Divisor por Vriesendorp et al. (2006c).

Bosques sobre arena blanca
No es exagerado decir que los bosques sobre arena blanca en el interfluvio de Tapiche-Blanco son los más extensos del Perú. Localizados mayormente en la margen izquierda del río Blanco (Fig. 5A), estos bosques ocupan aproximadamente 18,000 km^2 de la propuesta área de conservación.

Varillales sobre arena blanca. Estudiamos este tipo de vegetación en los campamentos Anguila y Quebrada Pobreza. En esta sección comparamos la riqueza y composición florística de estos varillales entre estos campamentos, con los varillales de la Reserva Nacional Matsés y con otros varillales en Loreto.

Los varillales en los diferentes campamentos mostraron bastante similitud composicional a nivel de familia, pero diferencias importantes a nivel de especie. Las familias más diversas en los varillales de Anguila y Quebrada Pobreza fueron las mismas: Fabaceae, Sapotaceae y Annonaceae. Similar composición fue registrada en los varillales de la Reserva Nacional Matsés (Fine et al. 2006) y del Alto Nanay (Vriesendorp et al. 2007).

En el campamento Anguila era notorio la abundancia de *Macrolobium microcalyx* (especie dominante en nuestro primer transecto), *Casearia resinifera* y *Meliosma* sp. (MR4526), secundando a *Pachira brevipes* (especie dominante en nuestro segundo transecto), *Euterpe catinga* y *Mauritia carana*. En el campamento Quebrada Pobreza, *M. microcalyx* era completamente ausente y encontramos una enorme población de *Mauritia carana*, quizás la más grande hasta ahora reportada. Era notoria la dominancia de *Pachira brevipes*, *Euterpe catinga*, *Tachigali* sp. (MR4641), *Chrysophyllum sanguinolentum* y *Hevea nitida*. Esta lista de especies dominantes es similar a la reportada por Paul Fine y colegas (datos sin publicar) en los varillales del margen derecho del río Blanco.

Bastante variación en la composición de especies fue observada incluso dentro de un campamento. Por ejemplo, los dos transectos de 100 individuos en el campamento Anguila registraron 36 y 27 especies, y en cada transecto se registraron especies que no estaban en el otro.

Si comparamos los varillales de Tapiche-Blanco con otros varillales sobre arena blanca estudiados en Loreto (García-Villacorta et al. 2003, Honorio et al. 2008, Fine et al. 2010), encontramos que son similares a nivel de familia pero diferentes a nivel de género y especie. Por ejemplo, los géneros más comunes y frecuentes en los varillales sobre arena blanca en Jenaro Herrera son *Pachira* y *Macrolobium* (Honorio et al. 2008), pero los varillales de la Reserva Nacional Allpahuayo-Mishana son dominados por géneros y especies distintos, como *Dicymbe uaiparuensis*, *Adiscanthus fusciflorus* y *Chrysophyllum manaosense* (García-Villacorta et al. 2003).

Cuando bajamos al nivel de especies, la similitud entre los varillales de diferentes localidades de Loreto es muy baja, teniendo entre una y tres especies compartidas entre aquellas zonas que geográficamente se encuentren más cercanas (Fine et al. 2010). Así, podemos aseverar que los varillales en Jenaro Herrera y la Reserva Nacional Matsés son los más similares a los que estudiamos en el interfluvio de Tapiche-Blanco. Esta similitud se extiende hasta las ausencias, pues tal como sucedió en Matsés (Fine et al. 2006) no encontramos la especie *Dicymbe uaiparuensis*, tan común en los varillales de Iquitos, durante el inventario rápido.

Chamizales sobre arena blanca. Los *chamizales* fueron observados mayormente en el campamento Quebrada Pobreza. Eran muy densos, hasta llegar al punto de ser casi impenetrables. Presentaban un dosel de 3–5 m y fueron dominados por *Pachira brevipes*, *Euterpe catinga* y *Byrsonima laevigata*, y algunos emergentes como *Mauritia carana* y *Platycarpum* sp.

nov. En algunos sectores el sotobosque estaba dominado por helechos del genero *Cyathea* y por la bromelia *Aechmea* cf. *nidularioides*.

Bosque de terrazas y colinas

Estos bosques densos, con un dosel alto y cerrado, son los más diversos y los de mayor extensión en el interfluvio de Tapiche-Blanco. El ambiente es similar al que describieron Fine et al. (2006) en los bosques de terraza de la Reserva Nacional Matsés. Presentan suelos franco-areno-arcillosos, de colores grises a amarillentos (ver el capítulo *Geología, hidrología y suelos*, en este volumen). La topografía está dominada por colinas bajas en algunos lugares y terrazas altas en otros. Algunos mapas de vegetación distinguen entre bosques de terrazas y bosques de colinas (p. ej., GGFP 2014), pero durante nuestro tiempo limitado en el campo observamos más similitudes que diferencias.

De los 1277 árboles inventariados en nuestras dos parcelas de 1 ha en este tipo de bosque, la mitad pertenecieron a seis familias: Fabaceae, Sapotaceae, Myristicaceae, Lauraceae, Lecythidaceae y Arecaceae. Cuando uno considera las próximas cuatro familias más abundantes (Euphorbiaceae, Chrysobalanaceae, Burseraceae y Moraceae), se tiene el 70% de todos los árboles en las parcelas. Seis de estas familias también dominaron nuestra parcela en bosque inundable. La mayoría de las familias que dominaron la tierra firme pero no el bosque inundable (Annonaceae, Arecaceae y Moraceae) prefieren suelos más ricos, lo cual sugiere que las alturas tienen un suelo de fertilidad intermedia.

Aún no hemos estandarizado la taxonomía a nivel de especie lo suficiente como para determinar el número de especie por hectárea y trazar una lista definitiva de las especies más comunes. En breve los datos de estas parcelas estarán depositados en la base de datos del Amazon Tree Diversity Network y disponibles a través de su página web (*http://web.science.uu.nl/amazon/atdn/*). Por ahora lo que podemos decir es que:

1. La diversidad es muy alta, probablemente alrededor de 250 especies por hectárea, como es típico para este tipo de vegetación en Loreto (Pitman et al. 2008). Como resultado, hasta las especies más comunes crecen a una densidad muy baja. Por

ejemplo, la especie más común en el inventario es la palmera *Oenocarpus bataua*, la cual representa menos del 5% de todos los individuos.

2. Los géneros más abundantes tienden también a ser los más diversos, y son típicos de la composición florística observada en otros bosques de tierra firme en Loreto (*Pouteria*, *Eschweilera*, *Virola*, *Licania*, *Tachigali*, *Iryanthera*, *Inga*, *Protium*, *Micropholis*, *Parkia* y *Sloanea*).

3. Las especies arbóreas más abundantes en estos bosques (dentro y fuera de las parcelas) fueron *Oenocarpus bataua*, *Micrandra spruceana*, *Hevea guianensis*, *Virola pavonis*, *Parkia multijuga*, *Chrysophyllum prieurii*, *Parahancornia peruviana*, *Pseudolmedia laevis*, *Parkia velutina*, *Attalea maripa* y *Anisophyllea guianensis*. Muchas de estas especies son comunes en bosques de tierra firme en muchas otras zonas de Loreto.

4. Las especies de alto valor maderable son extremadamente raras. De los 1277 árboles inventariados, ninguno era *Cedrelinga cateniformis*, *Cedrela* spp., *Dipteryx* spp., o *Huberodendron swietenioides*. Esto refleja en parte los impactos de la actividad maderera reciente e histórica, pues los únicos individuos de *C. cateniformis* que sí observamos habían sido talados recientemente.

5. Los datos de nuestras parcelas en tierra firme concuerdan muy bien con los datos levantados durante el inventario forestal de los mismos bosques por la empresa Green Gold Forestry Perú (GGFP 2014). Esto sugiere que el inventario realizado por Green Gold tiene bastante valor científico, ya que se trata de un inventario cuantitativo mucho más intensivo que nuestras parcelas y transectos.

En los estratos inferiores de los bosques de tierra firme sobresalen *Oenocarpus bataua*, *Aspidosperma* spp., *Duroia saccifera*, *Conceveiba terminalis* y *Virola pavonis*. En el sotobosque se superponen las palmeras *Lepidocaryum tenue*, *Attalea racemosa*, y en algunos sectores individuos juveniles de *Oenocarpus bataua*, además de arbolitos como *Rinorea racemosa*, *Leonia glycycarpa* y *Pausandra martinii*.

Entre las hierbas más abundantes se encontraba *Monotagma densiflorum*, nuevo registro para el Perú, y algunos individuos de *Ischnosiphon hirsutum* y *Heliconia hirsuta*. En el campamento Anguila se observaron pequeñas *supay chacras*, con áreas de hasta 10 m^2, dominadas por *Duroia hirsuta*.

Si bien la mayoría de los suelos observados en tierra firme fueron franco-areno-arcillosos bien drenados, notamos una excepción sorprendente que vale la pena resaltar. Cerca al centro de una gran terraza en el campamento Anguila, encontramos un área en donde el piso plano del bosque estaba interrumpido por pequeñas depresiones (1 m^2 y 20 cm de profundidad) llenas de agua. La muestra de suelos que tomamos en el lugar consistió casi enteramente de arena blanca. A pesar de estar creciendo sobre arena blanca, el bosque en este lugar se mostraba casi idéntico en altura, estructura y composición al bosque en la mayor parte de la misma terraza, sobre suelos franco-areno-arcillosos bien drenados. No tenía características fisionómicas ni florísticas de varillal.

Perturbaciones

Las áreas perturbadas se registraron en todos los campamentos. Las causas fueron caídas naturales de árboles (por fuertes vientos o rayos), apertura de líneas sísmicas por empresas petroleras, y grandes viales para la extracción de madera. Las perturbaciones naturales fueron muy frecuentes en el campamento Anguila y las áreas perturbadas dominadas por *Siparuna guianensis*, *Pourouma* spp. y *Cecropia sciadophylla*. A lo largo de la línea sísmica en algunos sectores se encontraron pequeñas colonias de *Aparisthmium cordatum*, *Humiria balsamifera*, *Alchornea triplinervia* y *Cecropia distachya*. Este campamento tenía al menos dos antiguos viales donde se encontraron tres individuos de *Cedrelinga cateniformis* tumbados y cortados en trozas. La vegetación que crecía alrededor era también de especies preferentes de luz y lugares abiertos, como *Miconia* spp., *Psychotria* spp. y varias plántulas de *Inga*.

El campamento Quebrada Pobreza fue el que presentó mayor perturbación, principalmente a causa de los viales que fueron abiertos para sacar la madera del bosque de colinas. Observamos al menos 10 viales de varias dimensiones (hasta 5 m de ancho). La vegetación que crece en estos lugares está dominada por arbustos como *Tococa guianensis* y *Palicourea lasiantha*; hierbas como *Cyclodium meniscioides*, *Monotagma* sp., *Ischnosiphon* sp. y *Pariana* sp.; y varios plantones de *Vochysia lomatophylla* y *Cecropia ficifolia*. Cerca de estos viales se encuentra un campamento maderero abandonado, donde los trabajadores habían cultivado plantas para consumo como *Inga edulis* (guaba), *Solanum sessiliflorum* (cocona), *Citrus* sp. (toronja) y *Ananas comosus* (piña). Estas especies no son incluidas en el Apéndice 3 pero sí en el Apéndice 9 ('Principales plantas utilizadas').

AMENAZAS

La amenaza más latente para el interfluvio de Tapiche-Blanco es la apertura de carreteras dentro de las concesiones forestales activas. Estas concesiones abarcan grandes extensiones de bosque sobre arena blanca (varillales y chamizales). Si bien es cierto que estos lugares no serían impactados por la tala en sí, ya que no albergan especies forestales de alto valor comercial, las carreteras entre las áreas con recursos forestales y los ríos tendrán que cruzar por grandes áreas de varillales, llegando a impactar significativamente estos ecosistemas. La apertura de una carretera forestal trae un impacto no solo por el área de desbroce sino también porque abre puertas a la colonización humana en todo el eje carretero, incrementando exponencialmente el impacto. Los suelos de arena blanca son altamente frágiles y vulnerables a cualquier actividad humana, que podría incrementar significativamente la degradación y erosión de suelos en un tipo de vegetación que podría tardar décadas en recuperarse (Fine et al. 2006).

Otra actividad que viene amenazando los ecosistemas de la región es el fuego antropogénico a causa de la quema descontrolada de los pastizales de la zona, sobre todo en la época de menos lluvias. De no controlarse a tiempo, estos incendios podrían extenderse hacia áreas colindantes como chamizales y turberas, ocasionando un desastre de mayor magnitud.

RECOMENDACIONES PARA LA CONSERVACIÓN

Este informe presenta recomendaciones generales para la zona del Tapiche-Blanco en la página 65. La presente sección expresa recomendaciones más específicas para el componente vegetación y flora. Estas se enmarcan principalmente en el cuidado y manejo del recurso forestal y paisajístico, además de la investigación y conocimiento del recurso por las comunidades locales. Recomendamos:

- Impulsar investigaciones en las comunidades florísticas más particulares del interfluvio de Tapiche-Blanco —los varillales— a fin de entender mejor los patrones que rigen estos ecosistemas tan particulares.

- Realizar estudios de campo complementarios a los de Asner et al. (2014) y Draper et al. (2014) para cuantificar el stock de carbono de la zona.

- Asegurar que el área propuesta para conservación contenga muestras representativas de todos los tipos de vegetación descritos en este estudio.

- Planear cualquier actividad de extracción forestal utilizando datos de tasa de crecimiento y regeneración provenientes de áreas cercanas. El Plan General de Manejo Forestal de Green Gold Forestry Perú (GGFP 2014) calcula los volúmenes aprovechables sostenibles basados en datos de crecimiento y regeneración medidos en bosques de Ucayali y Bolivia. Esto genera muchas dudas en cuanto a la sostenibilidad de la tala propuesta, ya que los tiempos de recuperación del bosque se proyectan utilizando datos de condiciones ambientales (fertilidad de suelo, precipitación, etc.) totalmente diferentes a las de la zona. Actualmente la mejor base de información para la actividad forestal en el interfluvio de Tapiche-Blanco es Jenaro Herrera, cuyos bosques se encuentran a apenas 80 km de distancia y tienen comunidades florísticamente muy similares (ver arriba). Otra fuente de información sobre la dinámica de los bosques loretanos con suelos y clima similares a los bosques de la zona son los obtenidos por el proyecto RAINFOR (*http://www. rainfor.org/es*). El uso de datos loretanos es un paso primordial para obtener proyecciones verosímiles de la tasa de aprovechamiento sostenible del recurso forestal en la zona.

- Incluir dentro de los acuerdos comunales planes de manejo para especies forestales no maderables que vienen siendo utilizadas por las comunidades locales, tales como aguaje, irapay, ungurahui, catirina y palmiche.

- Instalar viveros forestales comunales con especies y semillas nativas de la zona, especialmente árboles forestales que han venido siendo extraídos ancestralmente por las poblaciones locales.

- Fomentar la distribución de foto-guías de especies maderables y no maderables en colegios y demás instituciones locales a fin de mejorar el conocimiento de los recursos naturales para las futuras generaciones.

PECES

Autores: Isabel Corahua, María I. Aldea-Guevara y Max H. Hidalgo

Objetos de conservación: Comunidades de peces diversas que habitan los ecosistemas de aguas negras pobres en nutrientes del interfluvio de los ríos Tapiche y Blanco; ecosistemas de agua blanca de los ríos Tapiche y Blanco que sirven de interconexión entre cuencas (Yaquerana-Gálvez-Blanco-Tapiche-Ucayali) y albergan una gran diversidad de peces; especies potencialmente nuevas para la ciencia de los géneros *Tyttocharax, Characidium, Hemigrammus* y *Bunocephalus; Osteoglossum bicirrhosum*, especie amenazada relicta de alta importancia socioeconómica por su uso ornamental; peces ornamentales de los géneros *Paracheirodon, Carnegiella, Hyphessobrycon, Thayeria, Corydoras, Monocirrhus* y *Apistogramma* que habitan las aguas negras de la zona; peces de alta importancia pesquera a nivel regional y nacional como *Arapaima, Brycon, Leporinus, Schizodon, Prochilodus* y *Colossoma*

INTRODUCCIÓN

Las cuencas del río Tapiche y de su mayor tributario, el río Blanco, están ubicadas en el interfluvio del Ucayali (por el oeste) y del Yaquerana-Yavarí (por el este), dos cuencas altamente diversas en peces (Ortega et al. [2012] y Ortega et al. [2003], respectivamente). Estudios previos en la zona del interfluvio de Tapiche-Blanco incluyen los de la Reserva Nacional Matsés al este (Hidalgo y Velásquez 2006), la Zona Reservada de Sierra del Divisor al sureste (Hidalgo y Pezzi Da Silva 2006) y más recientemente la parte baja de los ríos

Tapiche, Blanco y Jatuncaño al norte (Linares-Palomino et al. 2013a; ver el mapa en la Fig. 15).

La meta de este estudio es generar información ictiológica que permita a las comunidades asentadas conservar y manejar los ecosistemas acuáticos de las cuencas Tapiche y Blanco. Asimismo, este reporte tiene como objetivos específicos 1) determinar la composición y riqueza de las comunidades de peces en las cuencas Tapiche y Blanco, 2) evaluar el estado de conservación de los cuerpos de agua estudiados y 3) sugerir medidas para su conservación a largo plazo.

MÉTODOS

Trabajo de campo

Estaciones de muestreo

El inventario ictiológico se llevó a cabo durante 14 días efectivos de trabajo de campo en octubre 2014 (del 9 al 13 de octubre en el campamento Wiswincho; del 15 al 19 de octubre en el campamento Anguila; y del 21 al 25 de octubre en el campamento Quebrada Pobreza). El rango altitudinal de evaluación de todo el inventario de peces fue de los 104 a los 226 msnm (104–127 msnm en Wiswincho, 132–226 msnm en Anguila, y 115–160 msnm en Quebrada Pobreza). Para detalles sobre los tres campamentos ver la Fig. 2A y el capítulo *Resumen de los sitios del inventario biológico y social*, en este volumen.

Evaluamos 22 estaciones de muestreo (14 lóticos y 8 lénticos) distribuidas en 2 ríos, 2 cochas, 6 tahuampas (bosques inundados) y 12 quebradas. Nos desplazamos a pie por las trochas para acceder a las quebradas y las zonas del bosque inundado y en bote para los ambientes acuáticos correspondientes al río Blanco y las cochas. Evaluamos la mayor cantidad de ambientes acuáticos accesibles en cada campamento (quebradas y bosque inundado). Por el contrario, ríos y cochas grandes fueron muy difíciles de muestrear, debido al mayor nivel del agua y a la escasez de orillas para realizar la pesca de arrastre. Para todas las faenas de pesca tuvimos el apoyo de un guía local.

En cada una de las estaciones hicimos una caracterización detallada del ambiente (dimensiones, características morfológicas de la orilla, sustrato, velocidad del flujo de agua, tipo de vegetación dominante, etc.) y anotamos las coordenadas geográficas. Parámetros fisicoquímicos del agua fueron evaluados en algunas estaciones por el equipo de geología (ver el capítulo *Geología, hidrología y suelos* y el Apéndice 2). Casi todas las estaciones evaluadas presentaron aguas negras, a excepción del río Blanco (agua blanca). El substrato más común de los hábitats evaluados fue blando (arenoso, limoso o con grava fina), con una variación de flujo de agua que variaba de nula a moderada. Las dimensiones de las quebradas variaron de 0.6 a 8.0 m de ancho, con profundidades de 0.4 a 1 m. Los ríos variaron de 2.5 a 70 m de ancho, con profundidades de 2 a 3 m (Apéndice 4).

Colecta y análisis del material biológico

Usamos diferentes artes de pesca (redes de arrastre, redes de espera y atarraya) de acuerdo al tipo de hábitat. Colectamos los peces principalmente con una red de arrastre de 5 x 2 m y abertura de malla de 5 mm. Esta fue empleada para realizar repetidos arrastres en la orilla, en el canal principal de la quebrada o en las tahuampas. También la red de arrastre se utilizó como una red de espera luego de remover zonas de fondo palizada y hojas donde pudieran estar refugiadas las especies. Para las cochas y los ríos principalmente empleamos diferentes redes de espera. En el campamento Wiswincho se utilizó una red de monofilamento de 20 x 3 m con una abertura de malla de 1.5 pulgadas. En los campamentos Anguila y Quebrada Pobreza se adicionaron dos redes más de 50 m de largo y con una abertura de malla de dos pulgadas, para intensificar la colecta de pesca. Complementariamente se utilizó una atarraya de 8 kg y abertura de malla de 1.5 pulgadas. Por último, se incluyó datos de encuestas y conversaciones con los pobladores de las comunidades cercanas a los ríos Tapiche y Blanco. Facilitamos estas encuestas con guías de campo fotográficas (p. ej., *http://fieldguides.fieldmuseum.org*).

Las faenas de pesca fueron diurnas, de 08:10 a 15:00 y nocturnas, de 19:00 a 20:30. Los tramos de pesca variaron de 100 a 600 m de longitud y los esfuerzos de pesca variaron según el tipo de aparejo; así para la red de arrastre realizamos de 5 a 32 lances, con la red atarraya realizamos de 10 a 15 lances, y la red de espera se colocó de 2 a 24 horas.

En cada estación de muestreo separamos los ejemplares de peces que serían fotografiadas vivos en el campamento de los ejemplares que serían preservados directamente. La mayor parte de la captura se fijó en solución de formalina al 10% por 24 horas. A los peces de mayor tamaño (superiores a 15 cm de longitud total) se les inyectó la solución formalina en la cavidad estomacal. Posteriormente al periodo de fijación los peces fueron lavados con agua y envueltos en gasas con alcohol al 70% para su trasporte a la ciudad de Iquitos y posteriormente al departamento de Ictiología del Museo de Historia Natural.

La identificación preliminar de los peces se realizó en los campamentos empleando guías de peces (p.ej., Galvis et al. 2006, Ortega et al. 2012) y conocimientos adquiridos en estudios ictiológicos, otros inventarios e investigaciones diversas. En Iquitos se revisó la literatura disponible y se hicieron consultas a especialistas. La gran mayoría de individuos fueron identificados a nivel de especie. Sin embargo, algunos quedaron como morfoespecies (p.ej., *Hemigrammus*, *Tyttocharax*, *Characidium* y *Bunocephalus*), principalmente en aquellos grupos de taxonomía no resuelta. Esta metodología ha sido aplicada en todos los inventarios rápidos hechos en el Perú. Todas las muestras ictiológicas han sido depositadas en la colección de peces del Museo de Historia Natural de la Universidad Nacional Mayor San Marcos (MHN-UNMSM).

RESULTADOS

Riqueza y composición

Registramos un total de 180 especies de peces (~3,700 individuos), correspondiendo a 9 órdenes, 34 familias y 111 géneros (Apéndice 5). De estas 180 especies, 124 corresponden a colecciones, 33 a observaciones y 23 a las encuestas.

En su mayoría, los peces capturados correspondieron al orden Characiformes, con más del 53% de la riqueza total (96 de 180 spp.), seguido por el orden Siluriformes con el 27% (48 spp.), el orden Perciformes con el 10% (18 spp.) y el orden Gymnotiformes con el 4% (7 spp.). Los demás grupos fueron menos frecuentes, colectándose solo entre una y cinco especies por orden. El predominio de Characiformes y Siluriformes es lo usualmente

Figura 15. Mapa de lugares de muestreo ictiológico en la cuenca de los ríos Tapiche y Blanco, Amazonía peruana.

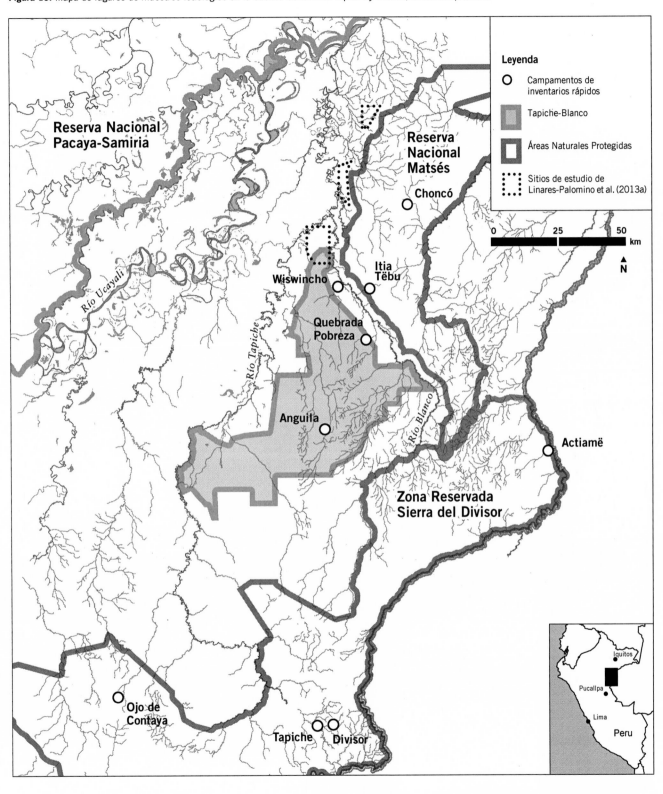

observado en el neotrópico (Lowe-McConnell 1987, Reis et al. 2003), en otras regiones de la Amazonía peruana (Carvalho et al. 2009, Ortega et al. 2010, Ortega et al. 2012) y en otros inventarios rápidos en Loreto (Hidalgo y Velásquez 2006, Hidalgo y Pezzi Da Silva 2006).

Dentro del orden Characiformes la familia Characidae albergó la mayor riqueza de peces con 50 especies (28% del total), comprendiendo muchas especies de pequeño porte de los géneros *Hyphessobrycon* y *Hemigrammus*. Estas fueron muy abundantes en las quebradas y tahuampas dentro del bosque. La segunda familia más diversa fue Cichlidae (Perciformes) con 16 especies (9%), destacando las especies de *Apistogramma* (varios morfotipos) y una variada composición de otros géneros como *Laetacara*, *Aequidens* y *Cichla*. La familia Callichthyidae (Siluriformes) estuvo representada con 13 especies (7%), destacando las especies de *Corydoras*, todas de uso ornamental. También se destacan las familias Anostomidae con 11 especies (6%), Curimatidae con 10 (6%) y Loricariidae con 9 (5%). Fue notoria la baja diversidad de los loricáriidos, que usualmente suelen ser más diversos en zonas de selva baja. También entre los Siluriformes se destaca la familia Pimelodidae, con 8 especies (4%), representada principalmente por bagres que realizan grandes migraciones como *Pseudoplatystoma* y *Brachyplatystoma*, reportados en los ríos Tapiche y Blanco. Colectamos seis especies de Lebiasinidae (3%), representado por pequeños peces de los géneros *Nannostomus*, *Pyrrhulina* y *Copella*, de uso ornamental y muy bien adaptados a vivir en las zonas del bosque inundado, con abundante materia orgánica y bajas concentraciones de oxígeno. Las demás familias restantes registraron menor riqueza de especies, constituyendo del 1% (1 spp.) al 3% (5 spp.) de la riqueza total registrada en los tres campamentos.

Dentro de estas comunidades ictiológicas, registramos varias especies importantes por su valor científico y socioeconómico. Cuatro especies podrían ser nuevos registros para el Perú o eventualmente nuevas para la ciencia, correspondientes a los géneros *Hemigrammus*, *Tyttocharax*, *Characidium* y *Bunocephalus*. Más de 100 de las especies que registramos son reportadas como de uso ornamental y alrededor de 40 se encuentran dentro de los recursos

hidrobiológicos ornamentales que se comercializaron en el Perú en 2013 (DIREPRO 2013; ver también IIAP y PROMPEX 2006). Entre las más importantes para los pescadores de la zona son arahuana (*Osteoglossum bicirrhosum*) y paiche (*Arapaima* sp.), las cuales son muy usadas por los pobladores locales como peces de consumo y ornamentales cuando son alevines. Estas dos especies además se encuentran en situación vulnerable por ser intensamente explotadas en los alrededores de Pucallpa, Iquitos, Yurimaguas y Puerto Maldonado. Actualmente paiche se encuentra en el Apéndice II de CITES para prevenir la explotación excesiva debido al comercio internacional. Además, existen regulaciones en cuanto a la protección de su hábitat, a su captura durante la época de reproducción (R.M. No. 215-2001-PE) y al tamaño mínimo de captura permitido (R.M. No. 226-85-PE; Ortega et al. 2012).

En general la diversidad registrada en el inventario ictiológico fue alta, considerando que la mayoría de hábitats evaluados correspondieron a aguas negras y que la escasez de playas, por el inicio de la temporada lluviosa, limitó el muestreo en los principales cuerpos de agua como los ríos Blanco y Yanayacu (Blanco). Basado en estos resultados, para los campamentos visitados estimamos una ictiofauna total de entre 220 y 270 especies de peces (ver discusión).

Campamento Wiswincho

Cuatro de las siete estaciones evaluadas en este campamento correspondieron a quebradas pequeñas y a tahuampas dentro del bosque, típicas de aguas negras y con abundante materia orgánica. Las tres restantes fueron dos cochas de agua negra y el río Blanco (de agua blanca). Estos sitios corresponden a la cuenca del río Yanayacu, afluente por margen izquierda al río Blanco, tributario del río Ucayali.

En los hábitats de este campamento pudimos colectar un total de 42 especies (701 individuos). Los Characiformes fueron los más diversos con 28 especies (67% del total) y también los más abundantes con 688 ejemplares (90%). La familia Characidae fue la más diversa con 13 especies (31%), incluyendo pequeñas especies como *Hyphessobrycon* aff. *agulha*, *Hemigrammus analis* e *Hyphessobrycon copelandi*, especies típicas de aguas negras colectadas en las tahuampas y quebradas dentro del bosque. La familia Characidae representó más del 80% de la abundancia total registrada para este campamento.

El segundo grupo más diverso fueron los Siluriformes con 8 especies (12 individuos). Fueron representados principalmente por especies del género *Corydoras* (Callichthyidae), que presentan una sorprendente capacidad de sobrevivir por largos periodos fuera del agua o en pequeños charcos. El orden Perciformes presentó solo dos familias: Cichlidae (bujurquis) y Polycentridae (peces hoja). En este campamento no pudimos muestrear extensamente las cochas y ríos, debido a la crecida de las aguas y la falta de orillas para realizar los arrastres. Por lo tanto, es probable que estos resultados subestimen la diversidad en este campamento.

Campamento Anguila

La red hidrográfica de este campamento corresponde a la parte media-alta del río Yanayacu, afluente por la margen derecha del río Tapiche. Todos los ambientes evaluados fueron de agua negra con valores de pH muy ácidos (promedio de 4.9). Además, los hábitats fueron muy similares entre sí, siendo quebradas de primer orden dentro del bosque.

La diversidad encontrada en este campamento fue moderada, pero mayor que la del campamento Wiswincho. En las siete estaciones de muestreo evaluadas pudimos registrar 70 especies (1,298 individuos) que corresponden a 6 órdenes y 17 familias. Al igual que en el campamento Wiswincho, el orden Characiformes fue el más diverso con 41 especies (59% del total) y el más abundante con 1,212 individuos (93%). El segundo orden más representativo fue Siluriformes con 18 especies (26%), seguido por los órdenes Perciformes y Gymnotiformes con 7 especies (10%) y 2 especies (3%) respectivamente. Los órdenes Cyprinodontiformes y Beloniformes presentaron sola una especie cada una.

Veintisiete especies fueron registradas exclusivamente en los hábitats de este campamento, incluyendo especies de carácidos como *Moenkhausia collettii*, *Chrysobrycon yoliae* y *Pygocentrus nattereri*, especies de heptapteridos como *Myoglanis koepckei* e *Imparfinis* sp., loricáriidos como *Otocinclus macrospilus* y *Farlowella* sp., así como

el belónido *Potamorrhaphis guianensis* y el gymnotido *Electrophorus electricus*. Las especies más abundantes correspondieron a pequeños carácidos como *Hyphessobrycon agulha* y *Hemigrammus* sp. 2, que en conjunto sumaron el 51% de la abundancia total registrado en este campamento. Se registraron además dos especies de los géneros *Hemigrammus* y *Bunocephalus* que podrían ser nuevas especies para el Perú. La potencial especie nueva de *Bunocephalus* solo fue registrada en este campamento.

Este mayor número y abundancia de especies en comparación con el campamento Wiswincho se debe principalmente al mayor acceso a las quebradas de tierra firme. Además, el río Yanayacu presentó sectores con playas, permitiendo un mejor muestreo de los hábitats acuáticos, mientras no pudimos muestrear las diversas comunidades de peces en el río Blanco en Wiswincho.

Campamento Quebrada Pobreza

En este campamento evaluamos ocho estaciones, todas de aguas negras, que correspondían a quebradas de primer orden que desembocan en la quebrada Pobreza, y en zonas de bosque inundado. Todas las estaciones correspondieron a un solo sistema de drenaje que desemboca en la cuenca media del río Blanco.

Aquí registramos un total de 129 especies (a través de colectas, observaciones y encuestas a los pobladores de la comunidad de Frontera), que corresponden a 8 órdenes y 39 familias. Nuevamente, el orden Characiformes fue el más diverso con 70 especies (54%), seguido por Siluriformes con 32 especies (25%), Perciformes con 14 especies (11%), Myliobatiformes con 5 especies (4%), Gymnotiformes con 4 especies, Osteoglossiformes con 2 especies y Beloniformes y Cyprinodontiformes con una especie cada una.

Las especies que presentaron mayores poblaciones fueron *Hyphessobrycon agulha* y *Copella nigrofasciata*. Colectamos además dos posibles nuevos registros para el Perú, de los géneros *Hemigrammus* y *Tyttocharax*. Como estos son de pequeño tamaño, es difícil ver algunos caracteres, lo cual hace necesario una mayor revisión más detallada. El 49% de las especies solo se registraron en este campamento. La mayoría de estas especies exclusivas correspondían a datos de encuestas a los pescadores de la comunidad de Frontera (río Blanco) y registros fotográficos del equipo social, de las comunidades de Nueva Esperanza y Frontera. El río Blanco alberga un mayor número de especies debido a factores históricos, fisicoquímicos y una mayor complejidad del sistema.

DISCUSIÓN

En cuanto a la riqueza de especies de peces para la cuenca amazónica, existe un amplio intervalo de estimaciones, desde las 1,200 (Géry 1990) hasta las 7,000 especies (Val y Almeida-Val 1995). Cada año se van incorporando nuevas especies, por lo que la ictiofauna de la cuenca amazónica no termina de ser descrita. El territorio peruano comprende parte importante de la cuenca amazónica occidental, lo que contribuye a que exista una gran diversidad de hábitats y especies endémicas. Para la Amazonía peruana se reportan más de 800 especies de las 1064 especies que se registran para todo el territorio peruano. Sin embargo, aún existen muchas áreas prístinas, de difícil acceso que faltan explorar y estudiar y que seguramente incrementaría en número de especies en la cuenca amazónica.

Se conoce que las especies no se distribuyen de manera homogénea, sino que lo hacen de acuerdo a los tipos de agua. Así puede hablarse de una ictiofauna típica de aguas negras (Goulding et al. 1988), otra de aguas claras y otra más típica de aguas blancas (Lowe-McConnell 1987). La cuenca del Tapiche-Blanco posee una increíble heterogeneidad de hábitats, responsable de una alta diversidad y en consecuencia comunidades singulares de peces asociados a cada uno de ellos.

Tenemos que tomar en consideración además la geología de estos suelos, de arena blanca y pobres en nutrientes. Principalmente, las quebradas son de aguas negras y drenan a los ríos principales. Dentro de estos, registramos pH menores a 5, evidenciando agua muy ácida, siendo tal vez las aguas negras más extremas de la Amazonía peruana, y conductividades menores a 10 µS/cm (ver Capitulo: Geología). La ictiofauna registrada es típica de estos ecosistemas y adaptada a estas condiciones. Hay que destacar que la mayoría de cuerpos de aguas

evaluados durante este inventario fueron de agua negra y agua blanca, y ninguno de agua clara.

La diversidad de peces en los tres campamentos fue variada, con la menor diversidad registrada en el campamento Wiswincho y la mayor en el campamento Quebrada Pobreza (42 y 129 spp., respectivamente). Considerando solo los resultados obtenidos del área evaluada durante este inventario rápido, se estima un aproximado de 220 a 270 especies de peces, obtenido sobre los cálculos hechos por el programa EstimateS (Colwell 2005) en base de los datos de abundancia por campamento. Por lo tanto, las 180 especies registradas en este inventario reflejan aproximadamente el 60% de lo que podríamos registrar en los campamentos visitados. Es probable que este subestimación de la diversidad del área es consecuencia de que muchos sitios fueron inaccesibles por los altos niveles de agua. En particular, no pudimos muestrear los cuerpos de agua más grandes como el río Blanco y las cochas, hábitats que típicamente contienen más especies que las quebradas y bosques inundados evaluadas durante este inventario.

Consideramos que la riqueza de especies registrada en el inventario rápido Tapiche-Blanco es alta (180 spp). Comparada con otros inventarios rápidos en Loreto, se encuentra entre los cinco primeros con mayor número de especies, por debajo de Yaguas-Cotuhé (295 spp.), Yavarí (301), Ampiyacu (207) y Güeppí (184).

Estimamos para toda la cuenca de los ríos Tapiche y Blanco una riqueza aproximada de 400 a 500 especies de peces (Fig. 16). Dicha estimación es el resultado de integrar los resultados obtenidos en los inventarios rápidos de Sierra de Divisor (campamentos Tapiche, Ojo de Contaya y Divisor) y Matsés (solo se consideró Itia Tëbu por su cercanía e influencia); los resultados presentados por el Smithsonian y nuestros datos de colecta en los tres campamentos durante de este inventario (Wiswincho, Anguila y Quebrada Pobreza; Fig. 15). Siendo conservadores en nuestros resultados, estos valores representarían el 50% de la ictiofauna estimada para la cuenca amazónica peruana y el 40% de la ictiofauna de aguas continentales del país.

Comparando nuestros resultados generales con tres otras áreas evaluadas colindantes a nuestra área de estudio, encontramos que muchas especies que registramos fueron también reportadas en otros inventarios (Fig. 17). En el inventario rápido de la Zona Reservada Sierra del Divisor, que constituye la cabecera de los ríos Tapiche y Blanco, fueron colectadas 109 especies (Hidalgo y Velásquez 2006), de las cuales 42 son compartidas con nuestro inventario. Cabe mencionar que estas especies corresponden principalmente a Characiformes, típicas de aguas negras. Las demás especies no compartidas, que solo se registraron en Sierra del Divisor, son especies típicas de aguas claras y aguas blancas (carácidos como *Knodus, Moenkhausia, Serrapinnus*, etc.), debido a que los hábitats más frecuentes en dicho inventario fueron quebradas de aguas claras.

Para el inventario rápido en la Reserva Nacional Matsés se reportó un total de 177 especies (Hidalgo y Velásquez 2006). Cuando solo consideramos las dos estaciones de muestreo del inventario Matsés correspondientes a la cuenca del río Blanco, observamos un total de 28 especies, de la cuales 14 también fueron registradas en nuestro inventario, correspondiente principalmente a especies típicas de aguas negras. Un inventario en la parte baja de la cuenca del río Tapiche reportó 123 especies (Linares-Palomino et al. 2013a), de las cuales 39 fueron compartidas con nuestro inventario. Las especies no compartidas correspondieron principalmente a especies típicas de aguas blancas y sustrato arenoso, como carácidos de los géneros *Knodus* y *Charax*, y algunas especies de loricariidos como *Loricarichthys, Limatulichthys* y *Loricaria*.

Cabe anotar además que más de 50 especies solo fueron registradas en este inventario y no compartidas con las otras áreas. La mayoría de éstas constituyeron especies de aguas negras de uso ornamental. Sin embargo, nuestros resultados también podrían revelar un submuestreo, faltando aún muchas áreas por inventariar dentro del interfluvio de Tapiche-Blanco.

Similaridad de composición con áreas cercanas

Aplicamos el índice de similaridad de Bray-Curtis para determinar hasta qué punto las áreas más cercanas a nuestra zona de estudio comparten las mismas especies de peces (Fig. 17). El análisis reveló cuatro asociaciones marcadas e independientes entre sí. Cada área

estudiada mantiene una comunidad singular de peces y son pocas las especies que se comparten entre sí (pero véase la sección anterior). La razón principal de esto es la ubicación de las áreas de estudio dentro de la red hidrográfica de las cuencas Tapiche y Blanco. El inventario en Sierra del Divisor, correspondiendo a la cabecera de cuenca de los ríos Tapiche y Blanco, registró especies de peces adaptadas a vivir en aguas con mayor velocidad de corriente y sustrato pedregoso y tipo de agua clara. El inventario en colaboración con Smithsonian fue realizado en la parte baja de la cuenca, en ambientes de agua blanca, con mayor nutrientes y de mayor orden, que albergan especies de carácidos y bagres migratorios de mayor tamaño. Nuestra área de estudio correspondió a la parte media de la cuenca, abarcando principalmente quebradas y zonas inundadas de agua negra, que albergó principalmente especies de carácidos pequeños de tipo ornamental, pero también hubo registros de peces migratorios.

Los tres sitios evaluados en este inventario son más afines entre sí en comparación con las otras áreas evaluadas anteriormente. Parece haber mayor afinidad entre los campamentos Anguila y Quebrada Pobreza. Aunque estos pertenecen a cuencas diferentes (el río Tapiche y el río Blanco respectivamente), presentaron hábitats con características más similares, lo que puede influenciar en la composición de especies colectadas. Podríamos inferir que cada parte de la cuenca alberga una comunidad típica de peces, debido a la gran heterogeneidad de hábitats presentes en el interfluvio Tapiche-Blanco, atribuido principalmente al gradiente altitudinal desde la cabecera (Sierra del Divisor) hasta los bosques inundados (parte baja de la cuenca). Por ello es de gran importancia la conservación de estos ambientes en su conjunto.

AMENAZAS

A lo largo del interfluvio de Tapiche-Blanco, cualquier extracción significativa de madera aumentará la erosión y sedimentación en los cuerpos acuáticos, derivando en una serie de impactos como los cambios en la calidad fisicoquímica del agua y el incremento de los sólidos en suspensión. La mayoría de hábitats acuáticos observados durante nuestra evaluación corresponden a pequeñas

Figura 16. Curvas de acumulación de especies de peces en la cuenca de los ríos Tapiche y Blanco, Amazonía peruana, mostrando tres estimadores de riqueza total.

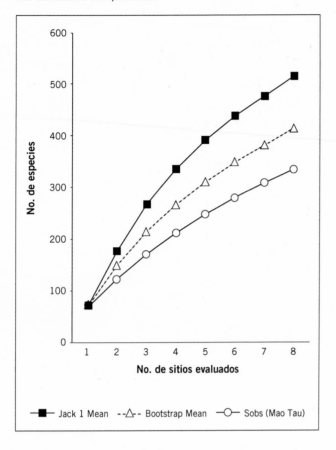

Figura 17. Cluster de similaridad de los peces en ocho sitios evaluados en las cuencas de los ríos Tapiche y Blanco, Amazonía peruana.

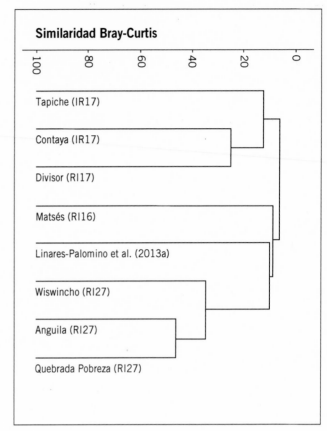

quebradas dentro del bosque, aunque pobres en nutrientes, con una comunidad de peces especializada para estos sistemas. Además, la baja producción primaria acuática hace que en los ecosistemas frágiles como los varillales (bosques de arena blanca) la relación entre el bosque y la comunidad de peces sea íntima. En este tipo de ecosistemas, gran cantidad de recursos alimenticios para las especies de peces son aportados por los bosques en diversas formas (p. ej., invertebrados terrestres, frutos, semillas, troncos y polen). Algunas especies que habitan allí, como los bagres del género *Ancistrus* y los peces caracoides del género *Characidium*, usan estos recursos y se han adaptado a estas condiciones. Por lo tanto, la protección de los bosques de ladera es importante para evitar la erosión, sedimentación y pérdida de recursos terrestres que perjudicaría a la comunidad de peces.

La escasez de especies maderables en las áreas ribereñas hace que los madereros ingresen cada vez más en el bosque, alterando los ecosistemas acuáticos, debido al uso de las quebradas menores como rutas para el transporte de la madera durante la época más lluviosa. También hay alteración del cauce principal de los ríos y quebradas mayores al represarlos para poder bajar la madera más fácilmente. Esto crea una barrera para el desplazamiento de las especies, y además atrapa a los peces y los hace vulnerables a pescas masivas. Un efecto directo es la interrupción de la migración, afectando la reproducción y el reclutamiento.

La parte baja de la cuenca Tapiche-Blanco presenta una sistema muy rico en cochas y quebradas, que son usadas por las comunidades adyacentes, para la práctica de pesca ornamental, en especial de alevinos de arahuana (*Osteoglossum bicirrhosum*), especie de alto valor económico. El progenitor de arahuana realiza cuidado parental de los alevinos y es sacrificado al momento de la captura de los mismos. Realizar estas actividades de manera artesanal sin un programa de manejo, sin estudios básicos de biología de las especies y sin estudios sobre el tamaño de la población de peces presentes en estos sistemas podría a mediano y largo plazo constituir en una amenaza para la vida acuática (Moreau y Coomes 2006). Aún los pescadores o pishiñeros de la zona no están muy organizados, no están formalizados, no cuentan con un programa de manejo pesquero aprobado por la Dirección de Extracción y Procesamiento Pesquero (DIREPRO), donde indique las cuotas de captura, zonas de aprovechamiento, etc (pero véase el capítulo *Uso de recursos naturales, economía y conocimiento ecológico tradicional*, en este volumen). Un documento así pudiera ayudar a evitar y/o reducir los efectos de sobrepesca en la zona y así garantizar el recurso de peces para generaciones futuras.

Proyectos de inversión correspondiente a la explotación de hidrocarburos en lotes concesionados constituyen más del 90% de la cuenca Tapiche-Blanco. De llevarse a cabo estos proyectos pueden generar problemas ambientales diversos que perjudican la calidad del agua y los componentes bióticos de los ecosistemas acuáticos. Asimismo, estos proyectos llevarían a cambios socioeconómicos fuertes como el incremento de la presión sobre diversos recursos naturales silvestres (entre ellos peces) y potencial migración humana.

RECOMENDACIONES PARA LA CONSERVACIÓN

El área de estudio corresponde a un corredor de conectividad entre la Zona Reservada Sierra del Divisor (que constituye la cabecera del río Tapiche), la Reserva Nacional Matsés y la confluencia de los ríos Tapiche y Rio Blanco (parte baja). Es importante implementar medidas de conservación de este interfluvio que favorezcan a las especies de peces migratorios, y a las especies de peces de importancia socioeconómica, como las especies de uso ornamental y de consumo.

Las cochas ricas en especies ornamentales y de consumo son muy usadas por las comunidades locales. En este sentido es necesario fortalecer conocimientos y acuerdos para la implementación de planes de manejo

que permitan el uso sostenible de los recursos ícticos para garantizar las generaciones futuras. Particularmente, es importante realizar estudios sobre la biología, ecología y estatus poblacional de arahuana y paiche, y otros especies de uso ornamental en las comunidades del área, como Frontera y Nueva Esperanza. Esta información facilitaría el establecimiento de los volúmenes aprovechables sostenibles y la distribución espacial y temporal del recurso en las áreas de uso.

Finalmente, es importante realizar inventarios en los ecosistemas que fueron submuestreadas en este y en previos inventarios, como lagunas de inundación y redes subterráneas. Es probable que estos ecosistemas alberguen peces adaptados a estos hábitats que son poco conocidos. Adicionalmente es importante realizar inventarios nocturnos que permitiría registrar una comunidad de peces diferente a lo registrado durante el día, debido a sus hábitos alimenticios, lo cual serviría para incrementar el conocimiento de la historia natural de las especies, insumo de ayuda en la implementación de programas de conservación.

ANFIBIOS Y REPTILES

Autores: Giussepe Gagliardi-Urrutia, Marco Odicio Iglesias y Pablo J. Venegas

Objetos de conservación: Comunidades herpetológicas que figuran entre las más diversas del mundo; una muestra representativa de comunidades de anfibios y reptiles de bosques de tierra firme y de los varillales en buen estado de conservación; ranas de la familia Dendrobatidae, como *Ranitomeya cyanovittata* (Fig. 8P) y *Ameerega ignipedis*, endémicas de esta zona; los caimanes *Melanosuchus niger* y *Paleosuchus trigonatus*, que se encuentran casi amenazados de acuerdo a la legislación peruana, y *Caiman crocodilus* que sufre elevada presión de caza; especies de consumo local como las tortugas *Podocnemis unifilis* y *Chelonoidis denticulata*, categorizadas como Vulnerables según la UICN (2014)

INTRODUCCIÓN

Estudios recientes sobre la diversidad en los trópicos consideran a la Amazonía noroeste (Perú y Ecuador) como una de las áreas más diversas del planeta (Bass et al. 2010, Jenkins et al. 2013). Esta área incluye el enfoque de nuestro inventario rápido: las cuencas de los ríos Tapiche y Blanco, ambos tributarios del río Ucayali, en el extremo sur de la Región Loreto.

La herpetofauna de estas cuencas ha sido poco estudiada. Existe un trabajo previo en el margen derecho del bajo río Tapiche, en un sistema de hábitats dominado por tierra firme (sobre arcilla y arena) y pantanos, donde registraron 67 anfibios y 44 reptiles (Linares-Palomino et al. 2013b). También tenemos las especies registradas por Gordo et al. (2006) durante el inventario rápido de la Reserva Nacional Matsés. Una de las localidades de muestreo en ese inventario fue una zona de varillales al margen derecho del río Blanco, a apenas 20 km de nuestro campamento Wiswincho (el campamento Itia Tëbu), donde fueron registrados 36 anfibios y 13 reptiles. Adicionalmente, el inventario rápido de Sierra del Divisor incluyó en su muestreo la cabecera del río Tapiche, en donde fueron registrados hasta 40 especies de anfibios y 26 reptiles (Fig. 15; Barbosa da Souza y Rivera 2006). Todos estos números representan muestreos muy preliminares, ya que los mapas de distribución estimada de anfibios de la UICN (2014) sugieren que por lo menos 116 especies de anfibios habitan el interfluvio de Tapiche-Blanco.

Una particularidad sobresaliente de las cuencas de los ríos Tapiche y Blanco en comparación con otros bosques tropicales es la gran extensión de bosques sobre arena blanca. Este hábitat es asociado a una comunidad de anfibios y reptiles diversa, con especies endémicas y potencialmente nuevas para la ciencia. Estudios de la herpetofauna en bosques sobre suelos de arena blanca, que se distribuyen desde el norte y sur del Amazonas, son escasos. Sin embargo, patrones de diversidad sugieren grados de endemismo a nivel local y regional (Rivera y Soini 2002, Rivera et al. 2003, Catenazzi y Bustamante 2007, Linares-Palomino et al. 2013b).

El inventario en los ríos Tapiche y Blanco nos permite llenar vacíos de información sobre la herpetofauna ubicada entre la porción suroeste de la Reserva Nacional Matsés, la cuenca baja del río Tapiche y la porción norte de la Zona Reservada Sierra del Divisor. Con la finalidad de evaluar el estado de la biodiversidad y el valor para la conservación de los ríos Tapiche y Blanco, documentamos la riqueza y composición de la herpetofauna encontrada allí durante

17 días de muestreo intensivo. Además, resaltamos las particularidades de la herpetofauna de los bosques sobre arenas blancas, comparando nuestros resultados con los de otros inventarios rápidos realizados en este tipo de vegetación en la Región Loreto.

MÉTODOS

Del 9 al 26 de octubre de 2014, evaluamos anfibios y reptiles en tres campamentos que cubrían ecosistemas de bosque inundable y bosque de tierra firme, entre las cuencas de los ríos Tapiche y Blanco (ver el mapa en la Fig. 2A y el capítulo *Resumen de los sitios del inventario biológico y social*, en este volumen).

La técnica de muestreo utilizada fue el inventario completo de especies (Scott 1994). Realizamos caminatas durante la mañana, entre las 09:00 y 12:00 horas, y en las noches, entre las 19:00 y 24:00 horas. Buscamos anfibios y reptiles en áreas potenciales de ocurrencia como la hojarasca, aletas de árboles, colchón de raicillas del suelo, charcas estacionales y la vegetación de ribera de ríos y quebradas. Nuestro esfuerzo de muestreo sumó un total de 179 horas-hombre repartidas en 17 días de muestreo, que variaron entre campamentos: 42 horas/hombre (5 días) en el campamento Wiswincho, 65 horas/hombre (7 días) en el campamento Anguila y 72 horas/hombre (5 días) en el campamento Quebrada Pobreza. Asimismo, reportamos ejemplares registrados de manera oportunista en la comunidad de Wicungo por miembros del equipo social, así como por uno de los miembros del equipo herpetológico.

Para cada individuo observado y/o capturado, anotamos la especie y el tipo de vegetación y microhábitat en el que se encontraba. Además, reconocimos algunas especies por el canto y por fotografías de otros investigadores, miembros del equipo logístico, biológico y social. Grabamos los cantos de algunas especies de anfibios que contribuirán al conocimiento sobre la historia natural de estas especies. Fotografiamos por lo menos un individuo de la mayoría de las especies observadas durante el inventario. Estos cantos y fotografías son parte de las colecciones científicas depositadas en el Centro de Ornitología y Biodiversidad en Lima (CORBIDI) y en la Colección Referencial de Biodiversidad (CRB) del Programa de Investigación en

Biodiversidad Amazónica (PIBA) del Instituto de Investigaciones de la Amazonía Peruana (IIAP) en Iquitos.

Realizamos una colección de referencia de 473 especímenes, entre anfibios y reptiles. La colección incluye especies de identificación dudosa, especies potencialmente nuevas para la ciencia, ampliaciones de distribución y especies poco representadas en museos. Estos especímenes fueron depositados en las colecciones herpetológicas del CORBIDI (153 especímenes) y en la CRB del IIAP (320 especímenes). Para todas las especies registradas usamos la nomenclatura taxonómica para anfibios de Frost (2015) y para reptiles de Uetz y Hošek (2014).

En el Apéndice 6, además de nuestros resultados, incluimos las especies de anfibios y reptiles registradas por los estudios previos en estas cuencas, mencionados en la introducción de este capítulo. Como nuestros resultados muestran una gran comunidad de anfibios y reptiles relacionados a los bosques sobre suelos de arena blanca y vegetación de varillal, realizamos comparaciones con uno de los campamentos en el inventario rápido Matsés (Itia Tëbu; Gordo et al. 2006) con características de suelos y vegetación similares.

RESULTADOS

Riqueza y composición

Registramos un total de 971 individuos (801 anfibios y 170 reptiles) que corresponden a 113 especies, de las cuales 65 son anfibios y 48 son reptiles. Registramos 11 familias y 26 géneros de anfibios, de las que destacan las familias Hylidae y Craugastoridae por presentar la mayor riqueza de especies (27 y 12 respectivamente). Para reptiles registramos 15 familias y 38 géneros, destacando las familias Colubridae y Gymnophthalmidae con 17 y 5 especies respectivamente.

Basándonos en los registros de inventarios en cercanías, y la lista de especies cuyo rango geográfico estimado incluye el interfluvio de Tapiche-Blanco (UICN 2014), estimamos que la región evaluada puede albergar 124 anfibios y 100 reptiles. Por lo tanto, nuestro esfuerzo de muestreo registró el 50% de la herpetofauna estimada para la zona. El sub-muestreo fue más severo para los reptiles, patrón observado en otros inventarios, ya que este grupo presenta un elevado nivel de cripticismo y no vocaliza a diferencia de los anfibios.

Allobates sp. 2, *Osteocephalus* aff. *planiceps*, *Noblella myrmecoides*, *Rhinella margaritifera* y *Pristimantis ockendeni* fueron los anfibios más abundantes en el inventario. Asimismo, los saurios *Anolis fuscoauratus*, *Gonatodes humeralis* y *Cercosaura* sp. fueron los reptiles más abundantes. Estas especies generalmente son generalistas y tienen una amplia distribución. Sin embargo, las especies *Osteocephalus* aff. *planiceps* y *Noblella myrmecoides* parecen estar relacionadas a los bosques de tierra firme, en donde abunda la hojarasca que es su microhábitat predilecto.

En cuanto al número de individuos por especie, 15 de las 65 (23%) especies de anfibios y 26 de las 48 (54%) especies de reptiles presentaron un solo registro. Este patrón se observa en otros estudios regionales.

Asociaciones con los tipos de vegetación

Los anfibios y reptiles registrados corresponden a bosques inundables de aguas negras y bosques de tierra firme, principalmente bosques sobre arena blanca, y son una muestra representativa y en buen estado de conservación de la herpetofauna existente en estos ecosistemas. Probablemente especies asociadas a bosques inundables y charcas estacionales, como las ranas arborícolas *Dendropsophus sarayacuensis*, *D. rossalleni* y *D. minutus*, estén presentes en el área estudiada, en especial en el campamento Wiswincho. (Sí fueron registradas en el campamento Tapiche del inventario rápido de la Zona Reservada Sierra del Divisor.) Las cecilias también fueron ausentes, probablemente debido a los hábitos fosoriales que dificultan su registro. Generalmente estas especies solo son registradas con un elevado esfuerzo de muestreo y técnicas dirigidas a su prospección.

Las ranas *Ameerega trivittata*, *A. hahneli*, *Allobates femoralis*, *Pristimantis buccinator*, *P. diadematus* y *P. altamazonicus*, la culebra *Rhinobothryum lentiginosum*, el viperido *Bothrops brazili* y el hoplocercido *Enyalioides laticeps* solo fueron registrados en los bosques de terrazas y colinas altas. La mayoría de especies del género *Pristimantis* están relacionadas a estos bosques de tierra firme.

Las especies *Allobates* sp. 2, *Hemiphractus scutatus* y *Ranitomeya cyanovittata* fueron más abundantes en los bosques sobre arena blanca que en los bosques de tierra firme sobre suelo franco-arcilloso. La especie *R. cyanovittata* fue más abundante en los chamizales con abundantes bromelias (*Aechmea* sp.). Este patrón ha sido observado con la especie *R. reticulata* en los bosques sobre arena blanca del Nanay, en donde esta especie es más abundante en los varillales y chamizales con presencia de las bromelias *Aechmea* y *Guzmania* (obs. pers. de los autores).

En el campamento Anguila se registró la especie recién descrita *Amazophrynella matses*, asociada a los bosques de mal drenaje en terrazas sobre arena blanca. Esta asociación ha sido observada en otras zonas de Loreto, principalmente en las cuencas de los ríos Nanay y Curaray (Catenazzi y Bustamante 2007; obs. pers. de los autores).

Todas las especies de Microhylidae que reportamos fueron registradas en el campamento Anguila, en bosques de terraza de suelos franco-arenosos y en bosques de arena blanca. Destacan los registros de siete de las ocho especies de *Anolis* presentes en la región, solo faltando *A. bombiceps*, especie asociada a los bosques de arena del norte del Amazonas, y que aparentemente es reemplazada hacia el sur por *A. tandai*.

Comparación entre los sitios visitados

Campamento Wiswincho

Registramos 34 especies (19 anfibios y 15 reptiles), de las cuales 6 anfibios y 7 reptiles fueron exclusivos a este campamento (Figs. 18, 19). La composición de especies corresponde a bosques inundables de aguas negras. Aunque la diversidad de esta zona fue baja, el número de individuos de algunas especies registradas fue elevado. Por ejemplo, *Dendropsophus parviceps*, *Hypsiboas* aff. *cinerascens* y *Osteocephalus yasuni* se encontraban en actividad reproductiva, mientras que individuos hembras de otras especies se encontraban grávidas a la espera de lluvias para iniciar actividad reproductiva. Los reptiles más abundantes en este campamento fueron los saurios *Gonatodes humeralis* y *Anolis trachyderma*, especies que tienen cierta predilección por los bosques de áreas inundables.

La especie *Trachycephalus cunauaru* solo fue registrada en este campamento, mediante vocalización. Esta especie vocaliza desde agujeros de árboles cerca al dosel, por lo que los registros visuales son escasos y las muestras en colecciones científicas también. Las serpientes *Helicops angulatus*, *H. leopardinus* e *Hydrops martii* habitan áreas inundables y solo fueron registradas en este campamento, al igual que el caimán blanco *Caiman crocodilus*, que solo fue registrado en este campamento y en la comunidad de Wicungo.

En el campamento Wiswincho se observó un gran número de hembras fértiles, aparentemente a la espera de lluvias continuas para iniciar actividad reproductiva. Estas observaciones fueron particulares. Es curiosa, ya que durante el tiempo de muestreo en este campamento fue continuo el proceso de inundación de la zona, además de presentar lluvias esporádicas, condiciones que inicialmente consideramos podrían ser favorables para el inicio de la actividad reproductiva. Sin embargo, ésta no se dio. Basándonos en los estudios de Trueb (1974) en Santa Cecilia, Ecuador, con el inicio de lluvias continuas la actividad reproductiva en el Campamento Wishwincho sería elevada. Esto favorecería el registro de un mayor número de especies que no son fácilmente registradas durante épocas no reproductivas.

Campamento Anguila

Registramos 77 especies: 50 de anfibios y 27 de reptiles. Veinte anfibios y 10 reptiles fueron exclusivos para este campamento, mientras 19 anfibios y 11 reptiles fueron compartidos con el campamento Quebrada Pobreza (Figs. 18, 19). Con el campamento Wiswincho este campamento comparte solo dos anfibios y tres reptiles. En el campamento Anguila registramos un gran número de especies de tierra firme, ya que gran parte del terreno muestreado corresponde a bosques sobre arena blanca (varillales principalmente).

Allobates sp. 2, *Pristimantis ockendeni* y *Noblella myrmecoides* fueron los anfibios más abundantes en este campamento. Estas especies tienen predilección por los bosques de tierra firme. *Cercosaura* sp., *Anolis fuscoauratus* y *Gonatodes humeralis* fueron los reptiles más abundantes. Estas son especies generalistas de amplia distribución.

En este campamento destaca el registro de todas las especies de microhílidos registradas en el inventario, incluyendo *Synapturanus rabus*, especie fosorial cuya historia natural es poco conocida, y una especie de *Chiasmocleis* probablemente nueva para la ciencia. Todas estas especies fueron registradas en bosques de terraza de suelos franco-arenosos y en bosques de arena blanca. La alta diversidad de microhílidos en el campamento Anguila puede deberse a la gran cantidad de hojarasca presente en las terrazas y bosques sobre arena evaluados, que es uno de los microhábitats predilectos por estas especies (Duellman 2005, von May et al. 2009). El mismo patrón sigue la especie *Noblella myrmecoides*, que es abundante en donde abunda la hojarasca, debido a que este microhábitat que le brinda las mejores condiciones para el desarrollo de sus actividades.

Otra familia de la que registramos todas las especies del inventario en este campamento fueron las ranas venenosas (Dendrobatidae). Estas incluyen la rana *Ranitomeya cyanovittata*, cuya abundancia fue menor con respecto a los bosques del campamento Quebrada Pobreza. Asimismo, en los bosques de arena blanca de este campamento registramos tres individuos de la rana terrestre *Hemiphractus scutatus*, especie que generalmente es difícil de encontrar.

Campamento Quebrada Pobreza

Registramos 57 especies: 34 anfibios y 23 reptiles. Este campamento presentó seis anfibios y siete reptiles exclusivos. Comparte 19 especies de anfibios y 11 de reptiles con el campamento Anguila (Figs. 18, 19), lo que nos muestra un gran similaridad de los ecosistemas muestreados en esos dos campamentos.

La composición de especies en este campamento estuvo caracterizada por la abundancia de especies de tierra firme. Gran parte del terreno muestreado corresponde a bosques sobre arena blanca (varillales y chamizales principalmente) con especies aparentemente más abundantes en este tipo de ecosistema (*Ranitomeya cyanovittata* y *Osteocephalus* aff. *planiceps*).

Las especies más abundantes de anfibios fueron *Osteocephalus* aff. *planiceps*, *Ranitomeya cyanovittata* y *Rhinella margaritifera*. Los reptiles más abundantes fueron *Anolis fuscoauratus*, *Bothrops atrox*, *Alopoglossus angulatus* y *Anolis tandai*, esta última asociada a los bosques de arena blanca.

Este campamento mostró una buena población de serpientes venenosas. Registramos cuatro individuos de *Bothrops brazili* y siete de *B. atrox*, ambas especies en los bosques de tierra firme. Solo registramos un dendrobatido, la rana *Ranitomeya cyanovittata*. Fue muy abundante en los bosques sobre arena blanca, tanto en varillales como chamizales, siendo este un indicativo de probable especialización de esta especie a estos bosques.

DISCUSIÓN

Diversidad herpetológica en el interfluvio de Tapiche-Blanco y en otras localidades de Loreto

La diversidad de herpetofauna registrada en el interfluvio de Tapiche-Blanco es muy similar a la registrada en otros inventarios de la Región Loreto, como los de la Reserva Nacional Matsés (Gordo et al. 2006) y la Zona Reservada Sierra del Divisor (Barbosa da Souza y Rivera 2006). En cuanto a la diversidad de anfibios, la zona es similar a la mayoría de inventarios realizados en Loreto (ver la Tabla 3). Solo difiere notoriamente con lo reportado en los inventarios de bosques sobre suelos ricos como Yavarí y Yaguas, que reportaron 78 y 75 especies, y en Matsés (74 especies), que abarcó una gradiente de suelos ricos a suelos muy pobres (Rodríguez y Knell 2003, 2004; Gordo et al. 2006, Vriesendorp et al. 2006a). Además del suelo como un factor determinante, aspectos como precipitación durante los muestreos, mayor cantidad de gradientes ambientales y mayor disponibilidad de hábitats y microhábitats son determinantes y afectan los registros durante el inventario.

En cuanto a reptiles, lo reportado está dentro del promedio de especies registradas en todos los inventarios (ver la Tabla 3). El menor número de especies de reptiles que se logra registrar en los inventarios es explicado por aspectos de su biología que dificultan los registros, como el mayor nivel de cripticismo, ausencia de vocalización, mayor sigilo en el desplazamiento. Por lo tanto, requiere un mayor esfuerzo de captura para poder alcanzar una lista cercana a la composición absoluta de una localidad.

Composición herpetológica en el interfluvio de Tapiche-Blanco y en otras localidades de Loreto

La Figura 20 muestra la similaridad de Morisita entre la composición de herpetofauna de localidades con bosques

Figura 18. Número de especies de anfibios registradas en los tres campamentos visitados durante el inventario rápido del interfluvio de Tapiche-Blanco, Amazonía peruana.

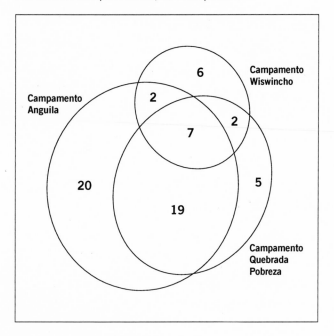

Figura 19. Número de especies de reptiles registradas en los tres campamentos visitados durante el inventario rápido del interfluvio de Tapiche-Blanco, Amazonía peruana.

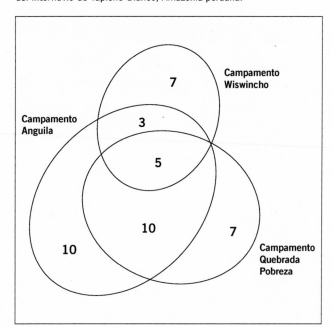

sobre arena blanca ubicadas al sur del río Amazonas. Existe una elevada similaridad entre los campamentos Anguila y Quebrada Pobreza, el campamento bosque de arena blanca BAB del Lote 179 (Linares-Palomino et al. 2013b) y el campamento Itia Tëbu del inventario Matsés. La mayor disimilaridad se ve entre el campamento Anguila (que tenía bosques de arena blanca) y el campamento Wiswincho (que no los tenía). Esto confirma la similitud entre los bosques sobre arena blanca al sur del Amazonas y brinda indicios de la existencia de una comunidad asociada a los bosques sobre área blanca, un resultado similar al obtenido por Linares-Palomino et al. (2013b) en el bajo Tapiche.

Gordo et al. (2006) reportaron que en el bosque de arena blanca del inventario rápido Matsés (Itia Tëbu) las especies más comunes fueron *Dendrobates* (*Ranitomeya*) 'patas doradas' y *Osteocephalus planiceps*. Además, tuvieron tres observaciones de la rana terrestre *Hemiphractus scutatus*. En cuanto a reptiles, una de las especies más observadas fue *Anolis tandai*. Estos resultados coinciden con los obtenidos en el presente estudio. Aunque nuestro nivel de conocimiento actual no nos permite afirmar que estas especies son especialistas a los ecosistemas de arena

blanca, su presencia nos da indicios de cierta predilección de estas especies a estos bosques.

Recientes revisiones filogenéticas de los anfibios neotropicales muestran un elevado número de especies crípticas, lo cual sugiere que los estudios herpetológicos hasta la fecha han subestimado la diversidad amazónica (Gehara et al. 2014). La actual resolución taxonómica no permite esclarecer las divisiones entre una y otra especie con facilidad, por lo que probablemente en los bosques sobre arena blanca existan especies especialistas que no podemos identificar como tales ahora. Por ejemplo, en nuestro estudio hay indicios de una especialización a estos bosques de la rana venenosa *Ranitomeya cyanovittata*, que es hallada con frecuencia en las bromelias que son muy abundantes en estos bosques. Un fenómeno similar es observado en los bosques de arena blanca de la Reserva Nacional Allpahuayo-Mishana, en donde la especie *Ranitomeya reticulata* es asociada a las bromelias *Guzmania* y *Aechmea* en los varillales y chamizales (Acosta 2009; G. Gagliardi-Urrutia, obs. pers.).

Especies como *Anolis bombiceps*, *Stenocercus fimbriatus*, *Scinax iquitorum*, *Pristimantis academicus* y *Chiasmocleis magnova* son parte de una comunidad aparentemente especializada en vivir en bosques sobre arena blanca (G. Gagliardi-Urrutia, obs. pers.) y son comunes de observar en los bosques de la Reserva Nacional Allpahuayo-Mishana. Nuestros resultados muestran algunas especies aparentemente especializadas a los bosques sobre arena blanca, aunque nuestro muestreo solo nos permite tener indicios. Consideramos que con un esfuerzo de muestreo mayor es probable que podamos demostrar que sí existe una comunidad asociada a los bosques de arena blanca.

Con respecto a la herpetofauna asociada a los bosques de turberas y la sabana inundable, no se ha podido tener claridad en su composición en el presente trabajo, ya que gran parte de las zonas que presentaba turberas se encontraban inundadas y nuestro esfuerzo de muestreo en estos ecosistemas fue limitado. Se requiere dirigir esfuerzos a mejorar nuestra comprensión de la herpetofauna de estos ecosistemas.

Registros notables

Posibles especies nuevas

Chiasmocleis sp. Esta posible especie nueva, registrada por tan solo un individuo hembra, es similar a *Chiasmocleis antenori*, *C. carvalhoi*, *C. magnova* y *C. tridactyla*. Esta pequeña rana se diferencia de otras especies del género en la región como *C. carvalhoi* por tener el vientre sin las notorias manchas blancas que caracterizan a este último.

Hypsiboas aff. *cinerascens*. Esta especie de rana arborícola, probablemente relacionada a *H. cinerascens* e *H. punctata* debido a sus similitudes en coloración, posee la escalera azul al igual que *H. cinerascens*, mientras que *H. punctata* tiene la escalera blanca. La diferencia más notoria entre *H. cinerascens* y *H.* aff. *cinerascens* es la presencia de puntos amarillos en el dorso de *H. cinerascens*, mientras que *H.* aff. *cinerascens* posee puntos rojos. *Hypsiboas punctata,* aunque en algunos casos posee también puntos rojos y amarillos en el dorso, se puede diferenciar de *H.* aff. *cinerascens* por poseer el iris rojizo a diferencia de la nueva especie que lo tiene color crema. Mediante la revisión de fotos y especímenes de museo logramos constatar que la especie identificada como *H. cinerascens* en Linares-Palomino

et al. (2013b) se trata también de nuestra *H.* aff. *cinerascens*. Probablemente *H. cinerascens* represente un complejo de especies crípticas y *H.* aff. *cinerascens* sea parte de este complejo. La confirmación definitiva sobre la identidad de esta especie necesitará de evidencia molecular y bioacústica.

Osteocephalus aff. *planiceps*. Esta especie externamente es idéntica a *O. planiceps*. Sin embargo, los especímenes de *O.* aff. *planiceps* encontrados durante nuestro inventario poseen los huesos de la pierna blancos, mientras *O. planiceps* posee los huesos de la pierna verdes, al igual que la mayoría de especies de *Osteocephalus*. Solo *O. yasuni*, también encontrado durante nuestro inventario, es conocido por poseer los huesos de la pierna blancos. No obstante, nuestra posible especie nueva *O.* aff. *planiceps* es fácilmente diferenciable de *O. yasuni* por los siguientes caracteres: presencia de una mancha subocular bien definida (ausente o poco clara en *O. yasuni*), flancos claros con manchas oscuras (sin manchas en *O. yasuni*), machos con vientre crema (vientre amarillo en *O. yasuni*), irises con un patrón de líneas negras rectas que irradian de la pupila (reticulaciones irregulares negras en *O. yasuni*). Barbosa da Souza y Rivera (2006) reportan para Sierra del Divisor una especie de *Osteocephalus* como 'Osteocephalus sp. (huesos blancos).' Aunque nosotros no tuvimos acceso a la revisión de esos especímenes sospechamos que se pueda tratar de la misma especie registrada por nosotros.

Pristimantis aff. *lacrimosus*. Esta especie fue también encontrada en el inventario rápido de la Cordillera Escalera-Loreto como 'Pristimantis sp. nov. (acuminado)' (Venegas et al. 2014). Lo más probable es que se trate de una especie del grupo *P. lacrimosus*, que en la Amazonía baja del Perú contiene especies como *P. aureolineatus*, *P. lacrimosus*, *P. mendax* y *P. olivaceus*. Esta posible nueva especie de *Pristimantis* se diferencia de las especies anteriormente mencionadas por la forma del hocico en vista dorsal, claramente acuminada en nuestro *Pristimantis* aff. *lacrimosus*, mientras que es redondeada en *P. lacrimosus* y *P. mendax*, y subacuminada en *P. aureolineatus* y *P. olivaceus* (Duellman y Lehr 2009).

Tabla 3. Número de especies de anfibios y reptiles reportadas en todos los inventarios rápidos realizados en la selva baja de Loreto, Amazonía peruana.

Localidad	No. de anfibios	No. de reptiles	Total	Publicación
Yavarí	77	43	120	Rodríguez y Knell (2003)
Ampiyacu, Apayacu, Yaguas, Medio Putumayo	64	40	104	Rodríguez y Knell (2004)
Matsés	74	35	109	Gordo et al. (2006)
Sierra del Divisor	68	41	109	Barbosa da Souza y Rivera (2006)
Nanay-Mazán-Arabela	53	36	99	Catenazzi y Bustamante (2007)
Cuyabeno-Güeppí	59	48	107	Yánez-Muñoz y Venegas (2008)
Maijuna	66	42	108	von May y Venegas (2010)
Yaguas-Cotuhé	75	53	128	von May y Mueses-Cisneros (2011)
Ere-Campuya-Algodón	68	60	128	Venegas y Gagliardi-Urrutia (2013)
Tapiche-Blanco	64	48	112	este estudio
Promedio	**66.8**	**44.6**	**112.4**	

Extensiones de rango

Hypsiboas nympha. Esta especie de rana arborícola era previamente conocida en varias localidades dispersas al norte del río Amazonas entre el Perú, Ecuador y el extremo sureste de Colombia (Faivovich et al. 2006). Su rango de distribución de sur a norte extiende desde Leticia, como su extremo de distribución más septentrional, hasta la localidad de Sinangüe en la Provincia de Sucumbíos al noreste de Ecuador (Faivovich et al. 2006). Nuestro registro en la cuenca del río Tapiche viene a ser el primero de esta especie al sur del río Amazonas y una extensión de rango aproximada de más de 400 km hacia el suroeste de la localidad más cercana reportada previamente.

Leptodactylus diedrus. Esta especie de rana era previamente conocida para algunas localidades al norte del río Amazonas entre el Perú, Colombia, Venezuela y el extremo oeste de Brasil. El extremo más austral de su distribución era Mishana en el Perú y su localidad más al norte el Cerro Neblina, en el extremo sur de Venezuela (Heyer 1994). Nuestro registro en el campamento Anguila viene a ser una extensión de aproximadamente 250 km al suroeste de la localidad más austral conocida para esta especie en el Perú.

Osteocephalus yasuni. Esta especie se encuentra distribuida en la Amazonía baja del Ecuador, en algunas localidades cerca de Iquitos, en la cuenca del Putumayo en el noreste del Perú (Yañez-Muñoz y Venegas 2008, Von May y Venegas 2010, Von May y Mueses-Cisneros 2011), así como en la Amazonía adyacente de Colombia (Frost 2015). El registro colombiano fue proporcionado por Lynch (2002). Esta especie fue registrada también por Linares-Palomino et al. (2013b) en el bajo Tapiche; junto a nuestros registros en los campamentos Wiswincho y Anguila vienen a formar el extremo sur de la distribución de esta especie. Probablemente el rango de distribución de esta especie llegue hasta la Zona Reservada Sierra del Divisor en la cabecera del río Tapiche.

Ranitomeya cyanovittata. Especie de rana venenosa recientemente descrita para la ciencia (Pérez-Peña et al. 2010), abundante en bosques sobre arena blanca. Nuestro registro entre los 130 y 140 m de elevación representa el tercer registro para la especie, conocida previamente de dos localidades cerca a la comunidad Nuevo Capanahua, en la cuenca del río Blanco, cerca de la Zona Reservada Sierra del Divisor, entre los 200 y 300 m de elevación. Pensamos que los ríos Tapiche y Blanco actúan como barreras geográficas, limitando las poblaciones de *R. cyanovittata* a los parches de bosque sobre suelo de arena blanca.

AMENAZAS

La extracción forestal legal e ilegal representa una seria amenaza a la herpetofauna por el deterioro ambiental que causa, como la perturbación, fragmentación, erosión

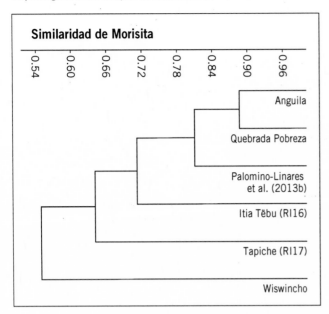

Figura 20. Similitud de la herpetofauna observada en el inventario rápido del interfluvio de Tapiche-Blanco a otros inventarios herpetológicos sobre bosques de arena blanca en la misma cuenca.

Similaridad de Morisita

0.54 0.60 0.66 0.72 0.78 0.84 0.90 0.96

Anguila

Quebrada Pobreza

Palomino-Linares et al. (2013b)

Itia Tëbu (RI16)

Tapiche (RI17)

Wiswincho

y compactación de los suelos ocasionadas por la construcción de viales y carreteras de extracción (Catenazzi y von May 2014). Los claros causados por la extracción selectiva y la construcción de carreteras para transporte de trozas de madera causan cambios en la composición química y física del suelo y los cuerpos de agua, afectando lugares de reproducción de anfibios y reptiles. Asimismo, gran parte de estos ecosistemas sobre suelos pobres (turberas, varillales y chamizales) se sostienen en base a la cobertura vegetal y la capa de raicillas que se forma sobre el suelo, condiciones que son afectadas drásticamente con el cambio de cobertura vegetal, afectando la composición y estructura de las comunidades de anfibios y reptiles de la zona.

La exploración y explotación de hidrocarburos puede representar una amenaza a largo plazo para las comunidades de anfibios y reptiles si no se aplican buenas prácticas, sobre todo por la fragmentación de hábitats que se ocasiona durante la construcción de carreteras y plataformas. Asimismo, si no se deposita adecuadamente las sales de explotación estos pueden afectar seriamente a las poblaciones de anfibios que dependen de la calidad de los cuerpos de agua, como también los posibles derrames de crudo en la etapa de transporte, ya sea por vía de oleoductos o vía fluvial,

afectan a las comunidades de anfibios y reptiles (Finer y Orta-Martínez 2010). Como gran parte de la zona propuesta se encuentra sobre suelos pobres de elevada fragilidad, las amenazas son mucho mayores, puesto que la recuperación de los bosques que soportan la herpetofauna es mucho más lenta y con altos costos ecológicos, poniendo en peligro a especies que actualmente se encuentran amenazadas de extinción, como *Podocnemis unifilis*, o endémicas del lugar, como *Ranitomeya cyanovittata*.

La alta diversidad en los bosques del Tapiche-Blanco incluye especies de caimanes (*Melanosuchus niger*, *Paleosuchus trigonatus* y *Caiman crocodilus*) y tortugas (*Podocnemis unifilis* y *Chelonoidis denticulata*), cuyas poblaciones parecen que aún se mantienen saludables. Sin embargo, estas especies son consumidas localmente, lo cual ejerce un presión de caza que sin acciones de manejo futuras pueden afectar sus poblaciones.

RECOMENDACIONES

Consideramos que la presión de caza sobre las poblaciones de tortugas y caimanes amerita impulsar estudios sobre la densidad poblacional de esas especies en las comunidades que rodean la propuesta área de conservación. La finalidad de estos estudios sería de estructurar lineamientos de manejo a través de acuerdos comunales de uso y manejo de dichas especies.

En caso de actividades de exploración y explotación de hidrocarburos en la zona, recomendamos se utilice buenas prácticas, como impacto reducido, ducto y vías verdes (Finer et al. 2013), así como reinyección de sales de perforación y planes de contingencia que garanticen la calidad de agua de la zona, de la cual depende estrechamente la herpetofauna.

Las grandes extensiones de bosques sobre arena blanca presentes en la zona representan una gran oportunidad de mejorar nuestro conocimiento sobre la herpetofauna asociada a estos ecosistemas ubicados al sur del Amazonas. Por lo tanto, recomendamos impulsar su investigación con énfasis en comparaciones de bosques sobre suelos ricos y suelos pobres (arena blanca). Asimismo, la presencia de bosques sobre turberas amazónicas en el campamento Wiswincho es una oportunidad de conocer la herpetofauna asociada a la misma.

AVES

Autores: Brian J. O'Shea, Douglas F. Stotz, Percy Saboya del Castillo y Ernesto Ruelas Inzunza

Objetos de conservación: Un grupo de 17 especies restringidas a bosques de suelos pobres (varillales y chamizales), especialmente el Nictibio de Ala Blanca (*Nyctibius leucopterus*), Hormiguerito de Cherrie (*Myrmotherula cherriei*) y Saltarín Negro (*Xenopipo atronitens*), especies de distribuciones pequeñas y disyuntas en Loreto; 5 especies restringidas a bosques inundables de la Amazonía occidental; 15 especies clasificadas en categorías de conservación especial por la UICN (IUCN 2014) o el MINAGRI (2014), y 55 especies adicionales enlistadas en el Apéndice II del CITES, particularmente grandes loros como Guacamayo de Vientre Rojo (*Orthopsitacca manilata*), Guacamayo de Cabeza Azul (*Primolius couloni*), Guacamayo Azul y Amarillo (*Ara ararauna*), Guacamayo Escarlata (*Ara macao*) y Loro de Ala Naranja (*Amazona amazonica*); poblaciones de aves de caza, especialmente crácidos y trompeteros

INTRODUCCIÓN

Los bosques de tierra firme de la Amazonía occidental tienen parches dispersos de bosques enanos que crecen sobre varios sustratos altamente erosionados, especialmente arenas de cuarcita y arcillas intemperizadas. Estos bosques, conocidos en la región de Iquitos como *varillales* y referidos frecuentemente en la literatura como de bosques de arenas blancas, pobres en nutrientes o de suelos pobres, albergan una flora distintiva con muchas especies endémicas (Fine et al. 2010). El trabajo ornitológico reciente en varillales cerca de Iquitos ha resultado en el descubrimiento de cinco especies de aves nuevas para la ciencia, así como muchos registros nuevos de distribución para el Perú (sintetizados en Álvarez Alonso et al. 2013).

Durante nuestro inventario en Matsés en 2004, visitamos tres sitios en la cuenca alta del Yavarí al este del río Blanco y notamos la presencia de varillales extensos en la ribera oeste del río (Vriesendorp et al. 2006a). Al interior del área de estudio del inventario de Matsés, el paisaje de dos de los campamentos visitados estaba dominado por suelos pobres: Chonló, que tenía en su mayoría arcillas erosionadas, e Itia Tëbu, que se caracterizaba principalmente por suelos arenosos. En aquél informe sugerimos que esas áreas únicas deberían ser protegidas y que los hábitats similares en esa región

deberían ser identificados y visitados (Vriesendorp et al. 2006a).

Este inventario es el primer estudio serio de la avifauna de los bosques enanos del interfluvio entre los ríos Tapiche y Blanco. Desde la perspectiva ornitológica, las visitas más relevantes en la región son el inventario de Matsés (Stotz y Pequeño 2006) y un campamento visitado en el alto Tapiche durante el inventario rápido en Sierra del Divisor (Schulenberg et al. 2006). (Los otros dos campamentos en el inventario de Sierra del Divisor visitaron localidades con terreno más montañoso y tenían una avifauna amazónica relativamente depauperada.) Durante el inventario en Matsés, el equipo ornitológico visitó la ribera este del río Blanco (por cerca de 10 horas de trabajo de campo en total) en una caminata hacia el río desde el campamento Itia Tëbu, que tenía principalmente suelos arenosos. Itia Tëbu está a solo 12 km de nuestro primer campamento en el inventario rápido en Tapiche-Blanco (Wiswincho). El campamento Tapiche del inventario rápido en Sierra del Divisor está aproximadamente 15 km al sur de nuestro campamento Anguila en el inventario rápido Tapiche-Blanco.

A lo largo del río Tapiche se han hecho algunos estudios ornitológicos. En febrero y marzo de 1997, R. H. Wiley trabajó a lo largo de este río entre su confluencia con el río Blanco y el poblado de San Pedro como parte de un estudio biológico del área (Struhsaker et al. 1997). Juan Díaz Alván también observó aves a lo largo del río Tapiche durante 2002, 2003 y 2012 (J. Díaz Alván, datos no publicados).

Una cantidad moderada de trabajo adicional se ha llevado a cabo al sur de nuestra área de estudio, en una región de cerros y pequeñas cordilleras cerca de Contamana (ver Schulenberg et al. [2006] para detalles). En el lado brasileño de la Sierra del Divisor, los equipos del Museu Paraense Emilio Goeldi han llevado a cabo estudios de la cuenca del Juruá (Whitney et al. 1996, 1997).

Al norte de nuestra área de estudio, se han hecho trabajos en áreas de bosques enanos (varillales y chamizales) en suelos pobres en nutrientes de gran parte del norte de Loreto (Álvarez Alonso et al. 2013). Nuestro inventario rápido en Nanay-Mazán-Arabela (Stotz y

Díaz Alván 2007) exploró hábitats de arenas blancas en la cuenca del Nanay. Estos tenían un grupo relativamente grande de especies de hábitats de arena blanca y su avifauna se parecía a la de la Reserva Nacional Allpahuayo-Mishana, el sitio más diverso y mejor conocido para especialistas de arenas blancas del Perú. En otros sitios, hemos encontrado solo un puñado de especies asociadas con estos suelos pobres y no hemos encontrado ninguna de las especies que han sido descritas recientemente en los bosques de Allpahuayo-Mishana. Nuestros inventarios han explorado otros bosques enanos de suelos pobres en Loreto además de los clásicos varillales y chamizales de arena blanca de Allpahuayo-Mishana. Estos incluyen un varillal en arcilla en el en el inventario rápido en Ere-Campuya-Algodón (Pitman et al. 2013) y un chamizal en turba en el inventario rápido en Yaguas-Cotuhé (Pitman et al. 2011), así como mesetas aplanadas en el inventario rápido de Maijuna (Gilmore et al. 2010) y varios bosques de suelos arenosos al pie de la Cordillera Escalera (Pitman et al. 2014). Cada una de estas áreas tenía solo unas cuantas de las especies consideradas como especialistas de arenas blancas por Álvarez Alonso et al. (2013). Al sur del Amazonas, en el inventario de Matsés en Itia Tëbu, que tiene un verdadero varillal de arenas blancas, no encontramos casi a ninguna de las especies clásicas de este hábitat, sino solo a algunas de las especies menos especializadas (Stotz y Pequeño 2006).

MÉTODOS

O'Shea, Stotz, Saboya y Ruelas estudiaron las aves en tres campamentos en las cuencas del Blanco y el Tapiche (ver el mapa en la Fig. 2A y el capítulo *Resumen de los sitios del inventario biológico y social*, en este volumen). Pasamos cuatro días completos y parte de dos días en Wiswincho (10–13 octubre 2014), cinco días y parte de dos días en Anguila (15–19 octubre), y cinco días y parte de dos días en la Quebrada Pobreza (21–25 octubre). Wiswincho y Quebrada Pobreza se establecieron cerca de tributarios en el lado izquierdo del río Blanco y a menos de 7 km de éste. En Wiswincho, el río Blanco propiamente dicho fue visitado por un día, en canoa, por O'Shea. Anguila se sitúa en un tributario de la ribera derecha del río Tapiche, a 29 km del río. La diversidad

de pisos altitudinales es mínima y va de 100 msnm en Wiswincho a 185 msnm en Anguila. El equipo ornitológico pasó aproximadamente 154 horas observando aves en Wiswincho y 188 horas en Anguila. O'Shea, Ruelas y Saboya pasaron 135 horas en el campo en la Quebrada Pobreza; Stotz no estuvo presente en este campamento.

Nuestro protocolo consiste en recorrer las trochas observando y escuchando aves. Llevamos a cabo nuestro trabajo por separado, para incrementar el esfuerzo de observadores independientes. Cada día, al menos un observador recorrió cada trocha del sistema de trochas de cada campamento, excepto en Wiswincho, donde el nivel del lagua nos llegaba desde la rodilla hasta la cintura e interfería con el recorrido de algunas trochas. Típicamente partíamos del campamento antes del amanecer y nos quedábamos en el campo hasta media tarde. Algunos días regresamos del campo por una o dos horas hasta el anochecer o incluso una hora después de la puesta del sol. En todos los campamentos excepto Wiswincho, el sistema completo de trochas fue recorrido al menos una vez por un miembro del equipo ornitológico; la mayoría de las trochas fueron visitadas varias veces. Las distancias totales recorridas por cada observador cada día varió entre 6 a 13 km, dependiendo de la longitud de la trocha, el hábitat, la densidad de aves y la condición del observador.

Ruelas llevaba consigo una grabadora digital Marantz PMD-661 y un micrófono unidireccional Sennheiser ME-66 para documentar especies y para confirmar identificaciones. Saboya y Ruelas llevaban iPods con colecciones de vocalizaciones de referencia para ayudar las identificaciones en el campo. O'Shea hizo varias grabaciones ambientales utilizando un par de micrófonos Sennheiser MKH-20/MKH-30 y una grabadora digital Marantz PMD-661 con un preamplificador Sound Devices MP-2 para suministrar energía a los micrófonos. Debido a las condiciones del tiempo, la mayoría de las grabaciones ambientales fueron hechas en los campamentos Anguila y Quebrada Pobreza. Las grabaciones fueron hechas en localidades predeterminadas a lo largo de las trochas, al menos a 1 km de los campamentos. El par de micrófonos estéreo se colocó en un tripié y conectada por medio de un cable de 30 m al preamplificador y la grabadora, que fueron operados por O'Shea desde un escondite portátil para minimizar la perturbación que pudiese afectar el comportamiento de las aves y otros animales. La mayoría de las grabaciones iniciaron antes del amanecer (04:30–04:45) y continuaron hasta por dos horas. En Anguila se hizo también una grabación al anochecer. Las grabaciones de O'Shea y Ruelas serán depositadas en la biblioteca Macaulay del Cornell Lab of Ornithology en Ithaca, N.Y., EE. UU.

Los observadores mantuvieron registros diarios del número de individuos de cada especie observados diariamente y recopilaron esas notas diariamente en una reunión que tuvo lugar por la noche. Las observaciones hechas por otros miembros del equipo del inventario complementaron nuestras observaciones. La lista completa de especies en el Apéndice 7 sigue la taxonomía, secuencia y nomenclatura (para nombres científicos y nombres en inglés) del South American Checklist Committee de la American Ornithologists' Union, versión 28 de mayo de 2015 (Remsen et al. 2015).

En el Apéndice 7 estimamos las abundancias relativas utilizando nuestros registros diarios. Dado que nuestras visitas fueron cortas, nuestras estimaciones tienen un margen de error y podrían no reflejar la abundancia de las aves o su presencia en otras estaciones. Para los tres sitios del inventario, utilizamos cuatro categorías de abundancia. 'Común' (C) indica que el ave registrada (vista o escuchada) diariamente en el hábitat apropiado en cantidades sustanciales (en promedio 10 o más aves por día). 'Algo común' (F) indica que una especie fue encontrada diariamente en el hábitat apropiado, pero es representada por menos de 10 individuos por día. 'Poco común' (U) son las aves que fueron registradas más de dos veces por campamento, aunque no diariamente; las aves 'Raras' (R) fueron registradas solo una o dos veces por campamento como un individuo solitario o una pareja. Debido a que la duración de la visita de Wiswincho fue muy corta, las estimaciones de abundancia son menos confiables para las especies en ese hábitat.

En el Apéndice 7, suplementamos nuestras observaciones durante el inventario con información de tres visitas previas a la región. Estas son la visita de Wiley en el Tapiche en 1997 (Wiley et al. 1997), las observaciones de Díaz a lo largo del Tapiche durante 2002, 2003 y 2012 (J. Díaz Alván, datos no publicados). Finalmente, Ernesto Ruelas Inzunza, del equipo del inventario, visitó varios poblados del río Blanco hasta el poblado de Curinga del 21 al 24 de mayo de 2014, y varios sitios a lo largo del río Tapiche del 24 al 27 de mayo de 2014, desde la unión con el río Blanco al sur hasta Santa Elena, y observó las aves durante el trayecto (E. Ruelas Inzunza, observ. pers.). Las tres visitas estuvieron más enfocadas en los ríos y los hábitats inmediatamente adyacentes que nuestro inventario. Incluimos sus listas de aves en el Apéndice 7, aunque no intentamos estimar abundancia relativa o determinar uso de hábitat de las aves encontradas en estas visitas.

RESULTADOS

Durante el inventario en el interfluvio de Tapiche-Blanco encontramos 394 especies de aves. Combinando la lista de nuestro inventario con las observaciones sin publicar a lo largo de los ríos Tapiche y Blanco (ver el párrafo anterior), el número total de especies encontradas es de 501 (Apéndice 7). Estimamos que el interfluvio alberga unas 550 especies de aves.

Riqueza de especies en los campamentos visitados

Los tres campamentos visitados durante este inventario variaron dramáticamente en hábitats y las avifaunas que encontramos. En el primer campamento, Wiswincho, encontramos 323 especies, que aventaja en comparaciones a cualquier otro sitio visitado en Loreto (Tabla 4). Esto aún considerando que carece de bosque de tierra firme. Sin embargo, había una diversidad de hábitats sustancial en Wiswincho, y era el único campamento en el inventario en Tapiche-Blanco donde pudimos visitar un río moderadamente grande (el Blanco). Comparado con los restantes dos, en este sitio es notoria la gran cantidad de especies de loros.

En Anguila encontramos 270 especies, número que es más o menos típico para un sitio mayoritariamente de tierra firme. Aquí visitamos en su mayoría sitios de este hábitat y varillales, y no tuvimos acceso a un río grande. Este sitio tenía, por mucho, la avifauna de hormigueros de sotobosque más rica y también la mayor riqueza de bandadas mixtas.

En nuestro último campamento, Quebrada Pobreza, encontramos solamente 203 especies. Este número es más o menos típico de campamentos con suelos notablemente pobres. El hecho de que teníamos un equipo más pequeño (Stotz se fue antes de llegar este campamento) afectó el número de especies observadas en este campamento, aunque los suelos generalmente pobres y el grado de perturbación mayor posiblemente contribuyeron a esta baja diversidad.

Especialistas de bosques de arena blanca

Durante la visita Tapiche-Blanco, encontramos 23 especies (Tabla 5) enlistadas por tener algún grado de especialización en bosques de arena blanca por Álvarez Alonso et al. (2013). Esto es más de la mitad de todos los especialistas de arenas blancas conocidas en el Perú. En el interfluvio de Tapiche-Blanco no todas las especies están restringidas o siquiera fuertemente asociadas a los varillales y chamizales que visitamos. La mayoría de las especies fueron encontradas en los tres campamentos. Wiswincho tuvo 18 especies, Anguila 17 y Quebrada Pobreza 17.

Especialistas de bosques inundables

Durante una breve visita a los bosques inundables del río Blanco en Wiswincho, encontramos cuatro especies previamente conocidas en el Perú solo en bosques inundables de los grandes ríos del norte del Perú, como el Amazonas y el bajo Ucayali. Estos fueron Barbudo de Corona Escarlata (*Capito aurovirens*), Hormiguero de Cola Negra (*Myrmoborus melanurus*), Trepador de Zimmer (*Dendroplex kienerii*) y Fío-fío de Corona Amarilla (*Myiopagis flavivertex*). Además de esas cuatro especies, los bosques inundables de Wiswincho contenían un número de especies menos especializadas de amplia distribución asociadas con hábitats riparios que no encontramos en otros sitios del inventario. Los bosques inundables cerca de la Quebrada Pobreza presumiblemente tenían un grupo similar de especies, pero por motivos logísticos no pudimos visitarlos.

Especies amenazadas

En este inventario rápido encontramos 70 especies considerados en alguna categoría de amenaza (Apéndice 7). Sin embargo, la mayoría de estas solo está enlistada en el Apéndice I del CITES y una más en el Apéndice III. Ocho especies están consideradas en riesgo en el Perú por el MINAGRI (2014), con seis de éstas consideradas Casi Amenazadas y dos como Vulnerables. Hay poca consistencia entre las diferentes listas y solo *Primolius couloni* se encuentra en las tres. Ninguna de las especies consideradas en riesgo parece requerir acciones especiales de conservación en el interfluvio de Tapiche-Blanco más allá del requerimiento de mantener sus hábitats y otros elementos de la avifauna de la región.

Bandadas mixtas

Las bandadas mixtas, una característica dominante de la avifauna amazónica, fueron generalmente depauperadas en términos de riqueza de especies y el número de individuos en éstas. En los tres campamentos, las bandadas del sotobosque fueron relativamente escasos y usualmente liderados por un hormiguero del género *Thamnomanes* (usualmente Batará Saturnino [*Thamnomanes saturninus*], el más común de los hormigueros de este género en todos los campamentos). Hormiguerito de Garganta Punteada (*Epinecrophylla haematonota*) tenía una presencia relativamente constante en estas bandadas, además de otras 1–3 especies, entre la cuales las más frecuente son Hormiguerito de Flancos Blancos (*Myrmotherula axillaris*), Hormiguerito Gris (*M. menetriesii*), Trepador Elegante (*Xiphorhynchus elegans*) y Trepador Pico de Cuña (*Glyphorhynchus spirurus*). En múltiples ocasiones observamos pares o grupos familiares de ambas especies de *Thamnomanes* y a *E. haematonota* forrajeando sin compañía aparente.

La frecuencia de encuentros con bandadas del dosel fue también más baja de lo esperado, particularmente en Wiswincho. Las bandadas de dosel típicamente contenían menos especies de las que hemos encontrado en otros sitios de la Amazonía y casi siempre vistas en compañía de bandadas del sotobosque. Usualmente fuimos alertados de la presencia de bandadas por las vocalizaciones de gran alcance de Hormiguerito de

Sclater (*Myrmotherula sclateri*), Pico-Ancho de Ala Amarilla (*Tolmomyias assimilis*), Verdillo de Gorro Oscuro (*Hylophilus hypoxanthus*) y Tangara de Ala Blanca (*Lanio versicolor*). La mayoría de estas especies se encontraban presentes en la mayoría (aunque no en todas) de las bandadas de dosel que encontramos.

Stotz registró el tamaño y composición de las bandadas en Wiswincho y Anguila. Para las 23 bandadas para las que obtuvo datos, éstas variaban de 2 a 11 especies y promediaban 4.1 especies por bandada. No había diferencias claras en las bandadas de sotobosque en los dos campamentos. Las bandadas independientes del dosel esencialmente no existían en Wiswincho. Stotz no encontró bandadas mixtas de dosel independientes de las bandadas de sotobosque, aunque algunas veces encontró bandadas mixtas de tangaras en árboles fructificantes. Las especies del dosel típicamente fueron encontradas de manera independiente en el bosque o estuvieron asociadas a bandadas de sotobosque. Las bandadas de sotobosque frecuentemente tenían de una a tres especies de aves del dosel.

En Anguila, el elemento del dosel en las parvadas mixtas fue mayor y más diverso, conteniendo más especies insectívoras en particular, pero aún aquí típicamente acompañaban a bandadas de sotobosque. Con ese elemento mayor del dosel, algunas de las bandadas en Anguila eran moderadamente grandes. La bandada más diversa que Stotz encontró en Anguila tenía 21 especies y fue encontrada en bosque de tierra firme de gran estatura. En general, las bandadas fueron más grandes y más diversas los hábitats que no eran varillales o chamizales bajos.

Las tangaras fueron un elemento prominente de la avifauna del dosel, especialmente Tangara del Paraíso ([*Tangara chilensis*], de la cual observamos muchos grupos diariamente) y Mielero Púrpura (*Cyanerpes caeruleus*). Estas especies fueron vistas frecuentemente separadas de bandadas, aunque observadas en asociación con otras especies de tangaras frugívoras y nectarívoras, incluidas otras especies del género *Tangara*, Mielero Verde (*Chlorophanes spiza*), Mielero de Pico Corto (*Cyanerpes nitidus*) y Dacnis Azul (*Dacnis cayana*). En el dosel de los varillales, donde la actividad

de las aves era generalmente baja y las bandadas particularmente escasas, los llamados de estas pequeñas tangaras fueron vocalizaciones comúnmente escuchadas.

Migración

Nuestra visita en octubre coincidió con las fechas de arribo de muchas especies de aves migratorias boreales, aunque solamente observamos ocho especies durante nuestro inventario: Chotacabras Migratorio (*Chordeiles minor*), Pibí Oriental (*Contopus virens*), Mosquero de Vientre Azufrado (*Myiodynastes luteiventris*), Tirano Norteño (*Tyrannus tyrannus*), Zorzal de Swainson (*Catharus ustulatus*), Piranga Escarlata (*Piranga olivacea*), Vireo de Ojo Rojo (*Vireo olivaceus*) y Vireo Verde-Amarillo (*Vireo flavoviridis*). Las migratorias australes parecían haber partido de la región en su mayoría, dado que solo observamos una especie, Mosquero-Pizarroso Coronado (*Empidonomus auriantioatrocristatus*). Ninguna de las especies migratorias fue particularmente numerosa y varias solo fueron observadas una vez durante el inventario.

Las visitas de Wiley y Díaz (Apéndice 7) registran 10 especies adicionales de aves de Norteamérica, incluyendo cinco playeros, Playero Pata Amarilla Mayor (*Tringa melanoleuca*), Playero Solitario (*T. solitaria*), Playero Batitú (*Bartramia longicauda*), Playero Coleador (*Actitis macularius*) y Playero Pectoral (*Calidris melanotos*); así como dos insectívoros aéreos, Vencejo de Chimenea (*Cheatura pelagica*) y Golondrina Ribereña (*Riparia riparia*), además de Pato de Ala Azul (*Anas discors*), Cuclillo de Pico Amarillo (*Coccyzus americanus*) y Tordo Arrocero (*Dolichonyx oryzivorus*). Estos datos adicionales sugieren que, aunque las especies migratorias no son una característica prominente de la avifauna de la región, Tapiche-Blanco probablemente alberga una diversidad típica de migratorias de Norteamérica para las tierras bajas de Loreto, con unas 25 especies.

Reproducción

Observamos relativamente poca evidencia de actividad reproductiva durante el inventario. Encontramos varios nidos ocupados que no pudimos identificar, incluyendo dos nidos en cavidades que parecen pertenecer a la misma especie, presumiblemente *Glyphorhynchus*

Tabla 4. Número total de especies de aves por campamento para tres inventarios rápidos en las cuencas de los ríos Tapiche y Blanco, ordenados de mayor a menor diversidad. Fuentes: Schulenberg et al. (2006), Stotz y Pequeño (2006), este estudio.

Inventario/Campamento	Número de especies	Hábitat(s) dominante(s)
Tapiche-Blanco/Wiswincho	323	Igapó/chamizal/várzea
Matsés/Actiamë	323	Tierra firme a lo largo del río
Sierra del Divisor/Tapiche	283	Terrazas de planicies inundables
Tapiche-Blanco/Anguila	270	Tierra firme en cerros
Matsés/Choncó	260	Tierra firme en cerros
Tapiche-Blanco/Quebrada Pobreza	203	Varillal/tierra firme/igapó
Matsés/Itia Tëbu	187	Varillal
Sierra del Divisor/Divisor	180	Bosques de suelos pobres
Sierra del Divisor/Ojo de Contaya	149	Bosques de suelos pobres

Tabla 5. Especies clasificadas como especialistas en bosques de arenas blancas y los hábitats en los cuales los encontramos en el interfluvio de Tapiche-Blanco. En donde se enlistan dos hábitats, la especie fue más común en el primero. La lista de clases de especialización sigue los criterios de Álvarez Alonso et al. (2013). Igapó=bosques inundables en ríos de aguas negras; várzea=bosques inundables en ríos de aguas blancas.

Especie	Clase de especialización	Hábitats
Crypturellus strigulosus	Local	Tierra firme, varillal
Notharchus ordii	Estricto	Varillal, tierra firme
Nyctibius leucopterus	Facultativo	Varillal
Topaza pyra	Facultativo	Igapó, arroyos en varillal
Polytmus theresiae	Facultativo	Chamizal
Trogon rufus	Facultativo	Varillal, tierra firme
Galbula dea	Facultativo	Todos los tipos de bosque
Epinecrophylla leucophthalma	Local	Tierra firme
Myrmotherula cherriei	Facultativo	Chamizal
Hypocnemis hypoxantha	Facultativo	Tierra firme
Sclerurus rufigularis	Facultativo	Tierra firme, varillal
Deconychura longicauda	Facultativo	Tierra firme
Lepidocolaptes albolineatus	Local	Varillal
Hemitriccus minimus	Estricto	Varillal
Neopipo cinnamomea	Local	Varillal, tierra firme
Cnemotriccus fuscatus duidae	Estricto	Chamizal
Conopias parvus	Local	Todos los tipos de bosque
Ramphotrigon ruficauda	Facultativo	Todos los tipos de bosque
Attila citriniventris	Local	Todos los tipos de bosque
Xipholena punicea	Estricto	Igapó
Xenopipo atronitens	Local	Chamizal
Heterocercus aurantiivertex	Local	Varillal, igapó
Dixiphia pipra	Facultativo	Todos los tipos de bosque

spirurus. En ambos, Wiswincho y Quebrada Pobreza, encontramos huevos de una especie de tinamú — probablemente Perdiz de Garganta Blanca (*T. guttatus*)— que fue la especie más común en ambos campamentos. En Anguila, observamos un par de Tirano-Pigmeo de Cola Corta (*Myiornis ecaudatus*) construyendo un nido en un árbol aislado en la *collpa*. También en Anguila. O'Shea observó un par de Pico-Plano de Cola Rufa (*Ramphotrigon ruficauda*) transportando comida pero no encontró el nido. Una sorpresa en este campamento fue un nido de Trogón de Cola Blanca (*Trogon viridis*) encontrado en un termitero en un tocón del helipuerto. Este helipuerto fue originalmente abierto por una empresa petrolera (Pacific Rubiales) en noviembre de 2012 y posteriormente abandonado. Fue el único helipuerto utilizado durante el inventario que había sido abierto antes de nuestro trabajo en el área y tenía una cantidad sustancial de vegetación secundaria tan solo unas semanas antes de nuestra llegada, lo cual podría explicar parcialmente porqué fue elegido como sitio de anidación. En la Quebrada pobreza, O'Shea observó un juvenil emancipado pero aún dependiente de *Thamnomanus saturninus*. Finalmente, nuestro único registro de Jejenero de Faja Castaña (*Conopophaga aurita*) es una fotografía de Anguila de un juvenil tomada de noche por el equipo herpetológico. Esta ave estaba perchando bajo en la vegetación en compañía de un adulto.

Aves de caza

Las aves grandes de caza (pavas, paujiles, trompeteros y perdices) estuvieron presentes en todos los campamentos, aunque a densidades más bajas de lo que las hemos observado en bosques que evidencian menor impacto humano. Muchas de estas aves no eran particularmente tímidas, especialmente el Trompetero de Ala Blanca (*Psophia leucoptera*), pues observamos un grupo caminando en el Campamento Anguila cuando varios miembros de nuestro equipo estaban presentes. Tuvimos únicamente dos observaciones de Paují Común (*Mitu tuberosum*), uno en Wiswincho y uno en Quebrada Pobreza. Esta especie debió ser más común y sospechamos que la cacería ha reducido sus números en la región. Los tinamúes grandes (*Tinamus* spp.) y Pava de Spix

(*Penelope jacquacu*) se encontraron en cierta cantidad diariamente; sus poblaciones parecen normales para cualquier sitio amazónico (aunque *Penelope jacquacu* fue menos común en el bosque inundado en Wiswincho).

Poblaciones de loros y proximidad a aguajales

Los loros fueron mucho más comunes en Wiswincho que en los otros dos sitios. De las 18 especies registradas durante el inventario, 17 fueron observadas en Wiswincho y cinco fueron encontradas solo en este sitio: Perico de Ala Amarilla (*Brotogeris versicolurus*), Cotorra de Cabeza Oscura (*Aratinga weddellii*), *Primolius couloni*, *Ara macao* y Guacamayo de Frente Castaña (*Ara severus*). El número de *Amazona* spp. y *Ortopsitacca manilata* fue mucho mayor aquí que en otros lugares. Atribuimos la abundancia de loros a la abundancia local temporal de recursos alimenticios en ambos sitios, cerca del campamento y en el várzea a lo largo del río Blanco. Muchos loros, especialmente *Amazona amazonica*, fueron observados diariamente viajando desde y hacia sus dormideros en los aguajales cercanos. Durante un viaje de 3 horas en el río Blanco al medio día del 12 de octubre, O'Shea observó 11 especies de loros y rara vez estuvo lejos de escuchar grupos de *Brotogeris veriscolurus* forrajeando. En contraste, en los otros campamentos los loros fueron observados en grupos dispersos en vuelo a horas tempranas y tardes durante el día, sin notar concentraciones significativas, aunque pequeñas cantidades de algunas especies (p. ej., Perico de Corona Roja [*Pyrrhura roseifrons*], Loro de Vientre Blanco [*Pionites leucogaster*] y Loro Harinoso [*Amazona farinosa*]) fueron encontrados ocasionalmente forrajeando en el dosel del bosque de tierra firme durante la parte media del día. Encontramos 12 especies de loros en Anguila, incluido el único Periquito de Pico Oscuro (*Forpus modestus*) encontrado durante el inventario, y solo 9 especies en Quebrada Pobreza.

DISCUSIÓN

Hábitats y avifauna en los sitios de estudio

Campamento Wiswincho

Con 323 especies, este campamento tuvo la mayor riqueza de especies de cualquier campamento.

Atribuimos esto a la variedad de hábitats a corta distancia del campamento y al gran traslape en la composición de especies entre la tierra firme rica en especies en la región circundante y los bosques inundables (igapó, várzea) encontrados aquí. El gran total de especies es especialmente impresionante considerando que una de las tres trochas estaba completamente inundada y prácticamente inaccesible a lo largo del inventario, y porciones sustanciales de otras dos trochas se encontraban también bajo el agua. Como resultado, este fue el único sitio donde no fue posible que todos los observadores recorrieran la longitud total del sistema de trochas al menos una vez. Aunque fue visitada en su totalidad por solo uno de nosotros (O'Shea) una mañana, el bosque várzea a lo largo del río Blanco aumentó significativamente a nuestro total de especies, incluyendo cuatro restringidas a ese hábitat a lo largo de su rango de distribución. Veintitrés especies observadas en várzea no fueron encontradas en los bosques cerca de nuestros campamentos ni fueron registradas en alguno de los otros sitios.

En Wiswincho observamos 104 especies que no fueron vistas en Anguila o en Quebrada Pobreza. Esto no es sorprendente, dado el número de especies registradas aquí en comparación con los otros dos sitios; aunque es posible que este fuese más bajo si hubiésemos tenido acceso al bosque várzea cercano a Quebrada Pobreza. Aún así, la heterogeneidad estructural de la vegetación en Wiswincho es excepcional y sin duda contribuyó a los registros únicos de especies obtenidos aquí. Wiswincho fue el único sitio con áreas significativas de aguajal y chamizales abiertos con vegetación herbácea, en el cual encontramos algunos de los más interesantes registros del inventario como Garganta-de-Oro de Cola Verde (*Polytmus theresiae*) y *Myrmotherula cherriei*. Ambos, el várzea y los aguajales, atraen grandes números de loros, que fueron mucho más abundantes y diversos aquí que en los otros campamentos.

Nuestros registros de dos especialistas de várzea —*Capito aurovirens* y *Myrmoborus melanurus*— representan pequeñas extensiones de rango para el bajo Tapiche. Suponemos que estas aves están distribuidas continuamente en el várzea de otros sitios a lo largo del río Blanco. Otro especialista en várzea, *Dendroplex*

kienerii, era conocido anteriormente en el Perú solo a lo largo del Amazonas y el bajo Marañón (Schulenberg et al. 2010) pero ha sido ignorado por su historia taxonómica discontinua (Aleixo y Whitney 2002) y extrema similaridad a otro trepatroncos de hábitats riparios, Trepador de Pico Recto (*Dendroplex picus*). O'Shea obtuvo nuestros únicos registros de todos estos especialistas en várzea el 12 de octubre, cuando pudo llegar a este hábitat en bote. Sin embargo, pensamos que es posible que todas estas especies sean razonablemente comunes en el várzea de toda la región.

Campamento Anguila

La riqueza de especies en Anguila (270 especies) es comparable a otros sitios en la región dominados por bosques de tierra firme (Tabla 4). Anguila está más distante de un río más que cualquiera de los otros dos campamentos y los bosques inundables aquí están restringidos a la vecindad de la Quebrada Yanayacu. El resto del bosque, en cerros y terrazas con parches del varillal sobre arena blanca, es bien diferente de los bosques en Wiswincho. Aún así, la avifauna se traslapa ampliamente con los restantes dos campamentos, y Anguila tenía solo 36 especies únicas. Muchas de las especies únicas de Anguila fueron especies de bajas densidades de tierra firme (p. ej., Rasconzuelo Estriado [*Chamaeza nobilis*]); especies asociadas con hábitats a la orilla de quebradas (p. ej., Garza de Pecho Castaño [*Agamia agami*], Tigana [*Eurypyga helias*]); y especies de bajas densidades que, aunque ampliamente distribuidas, se encuentran típicamente sólo una o dos veces durante un inventario (p. ej., Gavilán de Ceja Blanca [*Leucopternis kuhli*]). Como ha sido notado en hábitats similares en otros sitios, las aves son menos abundantes y diversas en bosques de varillal en Anguila, aunque el sitio generó nuestros únicos registros de Tirano Tody de Zimmer (*Hemitriccus minimus*), un especialista estricto de bosques de suelos pobres (Álvarez Alonso et al. 2013).

Campamento Quebrada Pobreza

Pese a tener diversos hábitats que incluyen igapó, bosque de tierra firme en cerros, varillal y chamizal, Quebrada Pobreza generó la lista de especies más corta de todos los campamentos. Nuestro total de 203 especies es indudablemente una mala representación de la diversidad real de este sitio, por dos razones. Primero, Stotz se retiró del equipo del inventario el día de nuestra llegada, lo que resultó en un número menor de horas-observador en relación con los otros dos campamentos. Segundo, la várzea cercana fue inaccesible debido al bajo nivel de las aguas en la quebrada, lo que dificultó mucho el viaje en bote aguas abajo. Sospechamos que el acceso a la várzea nos habría agregado al menos 50 especies a la lista de este sitio.

Aunque tenemos la certeza de que estas visitas adicionales hubieran revelado más especies en Quebrada Pobreza, la distribución de los hábitats aquí no permitía obtener una lista de especies mayor dentro de las limitaciones de tiempo de nuestro inventario, y muchas especies fueron notoriamente menos comunes aquí que en otros sitios o ausentes. El bosque igapó, aunque presente en este sitio, se restringe a un corredor angosto a lo largo de la quebrada y parece albergar un número mucho menor que los bosques similares en Wiswincho y Anguila. Lejos de la quebrada, este igapó relativamente depauperado tiene una rápida transición a varillal, que en general fue el hábitat más pobre en especies encontrado en el inventario. El único parche de chamizal es sustancialmente diferente del chamizal de Wiswincho, tiene la forma de un bosque denso de 3–4 m de altura, sin pastos o espacios abiertos. La visita a este hábitat fue difícil debido a la breve distancia visual y como es de esperarse solo nos agregó cuatro especies a nuestra lista para este sitio: Lechuza Tropical (*Megascops choliba*), Mosquerito Fusco (*Cnemotriccus fuscatus duidae*), *Xenopipo atronitens* y Mielero de Patas Rojas (*Cyanerpes cyaneus*). Aunque *M. choliba* fue registrada solo en Quebrada Pobreza, las tres especies restantes fueron menos comunes en el chamizal y varillal de Wiswincho.

Tuvimos acceso al bosque de tierra firme por medio de una trocha de 5 km que comenzó en un antiguo campamento maderero aguas arriba de nuestro campamento base. La tierra firme tenía cerritos y una gran perturbación por la tala. Aunque encontramos árboles grandes en este bosque, observamos muchos viales que fueron abiertos para facilitar el arrastre de madera de la madera derribada. Muchas especies registradas en Quebrada Pobreza solamente fueron registradas a lo largo de esta trocha, incluida la mayoría de las nueve especies únicas para este sitio. El terreno elevado y los claros creados por los viales permiten buenas oportunidades para observar el dosel del bosque desde aquí, junto con las aves inconspicuas del dosel que podrían haber sido ignoradas en otros campamentos, como el Buco Pinto (*Notharchus tectus*) y Iodopleura de Ceja Blanca (*Iodopleura isabellae*). Las bandadas del dosel fueron ligeramente más abundantes y ricas en especies aquí que en otro sitios, y fue posible observarlas al nivel de la vista en la orilla de los viales. Las aves del sotobosque, particularmente los insectívoros terrestres y aquellas asociadas con hormigas legionarias, parecían especialmente poco comunes aquí; por ejemplo, no detectamos Trepador Pardo (*Dendrocincla fuliginosa*) ni tampoco alguna de las especies de *Dendrocolaptes*, ambos, Coritopis Anillado (*Corythopis torquatus*) y Tapaculo de Faja Rojiza (*Liosceles thoracicus*) fueron observados solo una o dos veces. No sabemos si la alteración del bosque es responsable de esta anomalía.

Registros notables

La mayoría de los hallazgos no esperados entre las aves fue encontrado en los varillales, chamizales, o en Wiswincho, en los bosques inundables del río Blanco. Varias especies destacan entre las especies restringidas a los bosques de suelos pobres (Tabla 5).

Nyctibius leucopterus fue el hallazgo más significativo del inventario rápido en Tapiche-Blanco. Lo registramos en dos campamentos. En Anguila, un solo individuo vocalizó al ocaso por al menos tres días consecutivos en los bosques altos con sotobosque de irapay (*Lepidocaryum* sp.) sobre suelos arenosos. En Quebrada Pobreza, un individuo perchó sobre nuestro campamento, y fue observado y fotografiado diariamente (Fig. 9A). Esta especie es una especialista de arenas blancas que se distribuye de manera disyunta desde sitios al norte del Amazonas en las Guayanas hasta Allpahuayo-Mishana al occidente de Iquitos (Álvarez Alonso y Whitney 2003, Cohn-Haft 2014) en bosques de suelos pobres. En Perú, un único registro de un individuo llamando en el inventario de Maijuna

(Stotz y Díaz Alván 2010) era el único registro fuera de Allpahuayo-Mishana. Al sur del Amazonas, la especie se conocía solamente del Parque Nacional da Serra do Divisor en el occidente de Brasil (Whitney et al. 1996, 1997). Es interesante notar que mientras estábamos en el campo esta especie fue registrada cerca del río Tahuayo en la Estación Biológica Quebrada Blanco por J. Socolar (Socolar et al., manuscrito en preparación). Estos registros sugieren que la especie podría tener una distribución moderadamente amplia en el hábitat apropiado en la Amazonía occidental.

La presencia de *Myrmotherula cherriei* en el chamizal denso de Wiswincho fue una gran sorpresa. Esta especie es algo común en el chamizal y fue ocasionalmente encontrada en los bosques más altos en la orilla de los chamizales. Típicamente esta especie se encuentra en pares que forrajean en la vegetación arbustiva entre 1–4 m del suelo. Anteriormente se le conocía en el Perú a lo largo de los ríos Tigre y Nanay al occidente de Iquitos (Schulenberg et al. 2010). Es una especie del noroeste de la Amazonía que se distribuye desde el noreste de Colombia hasta la cercanía de Manaus (Ridgely y Tudor 1989). Las poblaciones peruanas parecen ser disyuntas de la población central. No hay registros anteriores al sur del Amazonas. En todos los campamentos, a la orilla de las quebradas y lagos, encontramos Hormiguerito-Rayado Amazónico (*Myrmotherula multistriata*) que está cercanamente emparentado y es muy similar, siempre a menos de un kilómetro del chamizal ocupado de *M. cherriei*.

Polytmus theresiae y *Xenopipo atronitens* tienen rangos de distribución repartidos en pequeñas 'islas' disyuntas de hábitat apropiado en el Perú (en adelante se refiere a estas simplemente como 'insulares'). Ambas son conocidas en los pastizales con arbustos en Jeberos, al occidente de Iquitos, y de las Pampas del Heath en el extremo sureste del Perú. Hay especímenes de *P. theresiae* del río Pastaza, mientras que *Xenopipo* fue recientemente encontrado en los bosques enanos al este del alto Ucayali (Harvey et al. 2014) y hay algunos registros de esta misma especie aparentemente fuera de rango en otras localidades en el sureste del Perú (Schulenberg et al. 2010). Ambas especies están amplia e insularmente distribuidas en hábitats similares en la

Amazonía. *Polytmus* es raro en el chamizal de Wiswincho, donde tuvimos dos observaciones. En contraste, *Xenopipo* es algo común en un hábitat similar en Quebrada Pobreza. Esperamos que nuevas investigaciones en estos hábitats en la región revelarán que estas especies se encuentran al menos moderadamente distribuidas en estos hábitats naturalmente abiertos.

Durante el inventario, encontramos Buco Pardo Bandeado (*Notharcus ordii*), *Hemitriccus minimus*, Neopipo Acanelado (*Neopipo cinnamomea*) y *Cnemotriccus fuscatus duidae*. Todos se encuentran distribuidos de manera insular en el Perú, donde se encuentran asociados a bosques enanos que crecen sobre suelos pobres, especialmente arenas blancas. Todos han sido encontrados en la región al este del río Ucayali, por lo que no representan extensiones de rango. *Hemitriccus minimus* y *Cnemotriccus fuscatus duidae* fueron registrados en los inventarios rápidos en Matsés (Stotz y Pequeño 2006) y en Sierra del Divisor (Schulenberg et al. 2006). De la misma manera, todos se encuentran distribuidos de manera insular y vale la pena destacar estos registros. *Hemitriccus minimus* es la más rara de este grupo con un registro único en Anguila. *Cnemotriccus fuscatus duidae* fue encontrado regularmente en el varillal y en la partes más densas del chamizal en Wiswincho y Quebrada Pobreza, usualmente en parejas. Esta forma taxonómica se encuentra típicamente en bosques enanos, mientras que otras subespecies en el Perú se encuentran en hábitats riparios. Es posible que represente una especie nueva de los restantes *Cnemotriccus* amazónicos (ver Harvey et al. 2014). *Notharchus ordii* fue escuchada y ocasionalmente observada en ambas, el dosel del bosque alto de tierra firme y el varillal, en los campamentos Anguila y Quebrada Pobreza. Este hecho es intrigante. *Neopipo cinnamomea* es el taxón ampliamente distribuido de estas especies y se encuentra presente el los tres campamentos, encontrándose tanto en el bosque de tierra firme como en los varillales.

O'Shea observó un único macho de Cotinga Pomposa (*Xipholena punicea*) sobrevolando a gran altura la várzea en Wiswincho. Esta especie se conocía en el Perú solamente en las áreas con arena blanca al occidente de Iquitos y es considerado un especialista de arenas blancas en el Perú, aunque en otras partes de su rango geográfico se encuentra en bosques de tierra firme. Es posible que el individuo observado no estuviera utilizando la várzea, sino trasladándose entre áreas de arena blanca ubicadas desde el oriente hasta el occidente del río Blanco. Aunque esta es una extensión de rango significativa, es posible esperarla para esta región, dada su distribución amplia en el sur del Amazonas brasileño hasta el occidente de Acre (van Perlo 2009, Snow y Bonan 2014).

En Wiswincho, una de las aves más abundantes en el chamizal era un mosquero del género *Myiarchus* que es territorial y parece encontrarse en parejas. Pensamos que se trata de Copetón de Swainson (*Myiarchus swainsoni*), conocida como una especie migratoria austral ampliamente distribuida. Si bien una población reproductiva no tendría precedente en el centro y el norte de la Amazonía peruana, esta especie tiene poblaciones reproductivas dispersas en la Amazonía de Brasil y las Guayanas. Estas poblaciones se encuentran típicamente en parches aislados de sabana, por lo que la población de Wiswincho es consistente en cuanto al hábitat ocupado con aquellas otras poblaciones dispersas. Es interesante decir que Harvey et al. (2014) encontraron una población reproductiva de Copetón de Cresta Parda (*Myiarchus tyrannulus*) en un hábitat similar el la ribera este del alto Ucayali. Esta especie, como *M. swainsoni*, se conocía anteriormente en la Amazonía húmeda como migratoria austral (Schulenberg et al. 2010).

Los bosques inundables y otros hábitats a lo largo del río Blanco no fueron visitados con el mismo nivel de detalle que los restantes sitios por la dificultad para acceder a ellos, en el caso de Wiswincho por inundación y en Quebrada Pobreza por el bajo nivel de las aguas en Quebrada Pobreza. Desafortunadamente, el sistema de trochas en Quebrada Pobreza no incluía bosques inundables. Aún así, un solo día en estos bosques por O'Shea en Wiswincho, y algunas observaciones cerca de la orilla de estos hábitats a lo largo de trochas inundadas, sugieren una avifauna relativamente rica con un número de especialistas en bosques inundables. El hallazgo más notorio en el bosque inundable fue *Dendroplex kienerii*, encontrado por O'Shea en

Wiswincho. La biología de esta especie, conocida por mucho tiempo como *D. necopinus*, apenas está conociéndose. Aleixo y Whitney (2002) señalan que el nombre *kienerii*, previamente utilizado por una subespecie de *D. picus*, se aplica a esta especie. Se le encuentra principalmente a lo largo del Amazonas y las partes bajas de sus grandes tributarios al occidente de Manaus. En el Perú, la especie es conocida solamente en un puñado de localidades a lo largo del Amazonas, el bajo Napo, el bajo Yavarí y en Pacaya-Samiria (Schulenberg et al. 2010). Debido a su gran similitud con *Dendroplex picus*, que es más común y más ampliamente distribuida, esta especie sin duda ha sido ignorada, como claramente ha sido el caso por mucho tiempo desde que fue identificada por primera vez por Zimmer (1934). Parece razonable pensar que esta especie se encuentra a lo largo de buena parte del noreste del Perú, en el hábitat de várzea adecuado.

Otras varias especies de bosques inundables que encontramos no habían sido encontradas previamente en localidades tan sureñas o se les conocía solamente tan hacia el sur a lo largo del río Ucayali (Schulenberg et al. 2010). Estos incluyen el *Capito aurovirens*, *Myrmoborus melanurus*, *Myiopagis flavivertex*, Pico-Ancho Azufrado (*Tolmomyias sulphurescens*) y Saltarín de Corona Naranja (*Heterocercus aurantiivertex*). La última de éstas también fue encontrada en varilla y chamizal, como es frecuente cerca de Iquitos. Carpinterito de Pecho Llano (*Picumnus castelnau*), típica de bosques riparios alrededor de Iquitos, solo fue encontrada en chamizal en Wiswincho.

Esperábamos que varias de las especies de várzea que se distribuyen cerca de Iquitos y que no encontramos en nuestra breve visita en este hábitat probablemente se encuentran en esta región. Varias fueron registradas por Wiley, Díaz o Ruelas en su trabajo de campo mucho más orientado a los ríos. Estos incluyen Cola-Espina Rojo y Blanco (*Cethiaxis mustelinus*), Corona-de-Felpa de Frente Naranja (*Metopothrix aurantiaca*), Batará de Cresta Negra (*Sakesphorus canadensis*), Pájaro-Paraguas Amazónico (*Cephalopterus ornatus*), Clarinero de Frente Aterciopelada (*Lampropsar tanagrinus*) y Oropéndola de Cola Bandeada (*Cacicus latirostris*). Entre las especies características de bosques inundables que no encontramos pero que muy posiblemente se encuentran en el interfluvio de Tapiche-Blanco se encuentran Cola-Suave Simple (*Thriptophaga fusciceps*), Viudita-Negra Amazónica (*Knipolegus poecilocercus*), Mosquero Rayado (*Myiodinastes maculatus*) y Cabezón Cinéreo (*Pachyramphus rufus*).

Los mayores ríos cerca de Iquitos tienen también su avifauna distintiva, con unas 20 especies fuertemente asociadas con hábitats sucesionales en islas ribereñas (Rosenberg 1990, Armacost y Capparella 2012). No visitamos ninguna isla ribereña y no tenemos conocimiento de que haya alguna con esos hábitats sucesionales en la región. No es sorprendente reportar que no encontramos ninguna de las especialistas en islas ribereñas del noreste del Perú.

Distribución y especialización de la avifauna de arenas blancas

Se piensa que el sustrato de arenas blancas en el interfluvio de Tapiche-Blanco se formó a través de la intemperización y redistribución de sedimentos aluviales desde inicios del Pleistoceno (ver el capítulo *Geología, hidrología y suelos*, en este volumen). La distribución insular de bosques de arena blanca y su fauna asociada en la Amazonía occidental es aparentemente una serie de relictos de una zona extensa de suelos arenosos que antiguamente era más continua y que ha sufrido procesos de erosión que dejaron parches de arena blanca en la cima de antiguos cerros en valles protegidos. La compleja historia de procesos tectónicos y fluviales de la región ha creado una heterogeneidad edáfica sustancial por la cual la Amazonía occidental en general, y la región de Iquitos en particular, es famosa (Hoorn et al. 2010, Pomara et al. 2012).

Investigaciones previas han notado que los bosques que crecen sobre suelos arenosos y arcillas erosionadas en la Amazonía occidental comparten muchas especies con los bosques pobres en nutrientes en los escudos Guayanés y Brasileño, con los que guardan similaridad, y con el Escudo Guayanés en particular (Álvarez Alonso y Whitney 2001, Álvarez Alonso et al. 2013). El componente guayanés de la diversidad avifaunística en los bosques de arenas blancas del occidente de la Amazonía es suplementado por un grupo de especies

endémicas, muchas de ellas descubiertas en los pasados 20 años (p. ej., Álvarez Alonso y Whitney 2001, Whitney y Álvarez Alonso 1998, 2013). Estas especies se encuentran solo en los bosques que crecen en suelos pobres en nutrientes, y sus rangos de distribución global y tamaños poblacionales son tremendamente pequeños. Los parientes más cercanos de muchas especies se encuentran en, o son endémicas a, el Escudo Guayanés, un hecho que sustenta la hipótesis de que los taxa endémicos de arenas blancas de la Amazonía occidental se originaron mediante la separación de poblaciones ancestrales en esa región (p. ej., Whitney y Álvarez Alonso 2005). Esta separación podría haber ocurrido a través de vicarianza mientras los ríos cambiaban su curso y crearon parches aislados de bosques pobres en nutrientes, o por dispersión a estos parches de bosque desde poblaciones originarias (Smith et al. 2014). La persistencia de poblaciones de aves en hábitats insulares en la Amazonía occidental es influenciado aún más por las diferencias en las capacidades de dispersión de las aves, particularmente a través de barreras biogeográficas mayores como grandes ríos (Bush 1994, Burney y Brumfield 2009, Smith et al. 2014).

En Loreto, muchos endémicos de arenas blancas están restringidos a parches de este hábitat al norte del Amazonas (p. ej., la Reserva Nacional Allpahuayo-Mishana, Álvarez Alonso et al. 2012). Una de las metas de este inventario fue determinar si algunas de estas especies endémicas también se encontraban en los hábitats adecuados en el interfluvio de Tapiche-Blanco, lejos, al sur, de sus rangos conocidos. Álvarez Alonso et al. (2013) compilaron una lista de especies que se encuentran principal o solamente en bosques de suelos pobres en la Amazonía occidental (especialistas 'estrictos') y otras 18 especies que tienden a ser más comunes en bosques de suelos pobres de lo que son el hábitats adyacentes (especialistas 'facultativos'). En este inventario, encontramos 12 especies caracterizadas por Álvarez Alonso et al. (2013) como especialistas estrictos y 11 especies más clasificadas como especialistas facultativos. Encontramos muchas de estas especies en más de un tipo de hábitat (Tabla 5).

No observamos a nueve de los especialistas enlistados por Álvarez Alonso et al. (2013), incluyendo cuatro de ocho especialistas estrictos. De las nueve especies que no observamos, solo dos —Pico-Chato de Cresta Canela (*Platyrhynchus saturatus*) y Tangara de Hombros Rojos (*Tachyphonus phoeniceus*)— son conocidos al sur del Amazonas en Brasil. Sospechamos que estas dos especies podrían encontrarse en la vecindad del río Blanco, dado que tienen amplios rangos geográficos y no son especialistas estrictos de arenas blancas. *T. phoeniceus* en particular ha sido registrado en pequeñísimos parches de matorral xerófilo en inselbergs del bosque húmedo de tierras bajas del sur de Surinam (O'Shea y Ramcharan 2013), lo que sugiere una gran capacidad de dispersión. Ambas especies se encuentran al sur del Amazonas y al occidente al menos hasta el río Madeira (Stotz et al. 1997).

El grupo restante de especialistas enlistados por Álvarez Alonso et al. (2013) podría no encontrarse al sur del amazonas, pues no se han registrado en hábitats similares en otros sitios de suelos pobres en las cuencas del Tapiche-Blanco, incluyendo Itia Tëbu en la Reserva Nacional Matsés, cerca del sitio de este inventario (Stotz y Pequeño 2006). Sin embargo, dada la presencia de estas especies en los bosques de suelos pobres en otros sitios de la región, y el hecho de que fueron descubiertos solamente después de años de trabajo en las localidades donde habitan, estas podrían encontrarse en esta área. También es posible que los bosques de suelos pobres al sur del Amazonas tengan su propio grupo de especies endémicas, como sugieren Stotz y Pequeño (2006). Nuestros hallazgos dan soporte al listado actual de la UICN (2014) que otorga al menos la categoría de amenazados a las especies de aves endémicas de arenas blancas del Perú y solicitan la protección continua de los bosques de suelos pobres en ambas riberas del Amazonas.

Varios de los especialistas facultativos enlistados por Álvarez Alonso et al. (2013) fueron por lo menos algo comunes en el varillal en uno o más sitios durante este inventario, incluyendo Trogón de Garganta Negra ([*Trogon rufus*], especialmente común en Quebrada Pobreza), Jacamar del Paraíso (*Galbula dea*), Hormiguero de Ceja Amarilla (*Hypocnemis hypoxantha*), *Ramphotrigon ruficauda* y Saltarín de Corona Blanca (*Dixiphia pipra*). Más allá de las especies compartidas, la avifauna del varillal tuvo muchas similitudes cualitativas

a los suelos pobres al oriente del Escudo Guayanés, región en la que uno de nosotros (O'Shea) tiene extensa experiencia de campo. En particular, las siguientes características de la avifauna del varillal se semejan fuertemente a los bosques no-ribereños, de terrazas y sustratos arenosos de las Guayanas:

- Escasas bandadas de especies mixtas, pobres en especies; dominancia de pequeñas tangaras nectarívoras en el dosel (p. ej., *Cyanerpes* spp.)

- Rareza de algunas especies conspicuas de tierra firme

- Baja riqueza y abundancia de furnáridos no-dendrocoláptinos (p. ej., *Automolus*, *Philydor*)

- Bandadas del sotobosque especialmente depauperadas (ocasionalmente tres especies o menos), con *Thamnomanus* representadas por una sola especie, o completamente ausentes

El patrón de riqueza y abundancia reducidas que está bien documentado para los bosques de arenas blancas y otros hábitats de tierra firme de la Amazonía occidental tiene sus paralelos en la avifauna guayanés, donde los bosques de superficies altamente erosionadas como la planicie Potaro (O'Shea y Wrights, en preparación), la planicie costera arenosa y las planicies con cubiertas de bauxita (O'Shea y Ottema 2007) albergan comunidades de aves mucho más pobres que aquellas que habitan en suelos más profundos (p. ej., en planicies aluviales de tierras bajas). En las Guayanas, algunas de las aves más comunes de estos bosques incluyen Ermitaño de Pico Recto (*Phaethornis bourcieri*), Carpintero Ondoso (*Celeus undulatus*), Tiluchí de Todd (*Herpsilochmus stictocephalus*), *Tolmomyias assimilis*, Mosquero de Garganta Amarilla (*Conopias parvus*) y *Dixiphia pipra*. La mayoría de estas especies, o sus reemplazos geográficos, fueron también observados con frecuencia en el varillal durante este inventario.

Sin embargo, no observamos ninguna especie de *Herpsilochmus*, y algunos de los especialistas facultativos de suelos pobres parecían ser más comunes aquí en las Guayanas, notablemente *Ramphotrigon ruficauda* y *Trogon rufus*. La ausencia de *Herpsilochmus* es particularmente notable, porque este género es característico de hábitats de suelos pobres en toda la

Amazonía. El recientemente descubierto *Herpsilochmus gentryi* se encuentra en las áreas de arenas blancas al oeste de Iquitos (Whitney y Álvarez Alonso 1998), una especie no-descrita que se encuentra en Loreto al norte del Amazonas y al este del Napo, y dos especies recientemente descritas, *H. stotzi* y *H. praedictus*, ocupan bosques enanos a lo ancho de gran parte de la Amazonía brasileña al sur del río Amazonas (Whitney et al. 2013, Cohn-Haft y Bravo 2013).

La ecología de las aves en bosques pobres en nutrientes es complicada por el hecho de que las especies difieren en el grado de especialización a este tipo de hábitat. Para muchas especies que también se encuentran en el Escudo Guayanés, este grado de especialización parece variar geográficamente. En general, las especies que se encuentran en ambas regiones tienden a tener mayores asociaciones hábitats en el Escudo Guayanés; a la vez, hay fuertes similaridades entre los ensambles de especies en bosques de arenas blancas y bosques en suelos particularmente pobres en las Guayanas. A la luz de esas similaridades, sugerimos que la noción de especialización en suelos pobres debe ser considerada en una escala geográfica más amplia que la limitada a la Amazonía occidental. Esto ayudaría a clarificar cuales especies dependen de bosques de arenas blancas u otros bosques enanos sobre suelos pobres, ayudando a proveer recomendaciones claras y específicas para su conservación a todo lo ancho de sus rangos geográficos.

El hecho de que las avifaunas de que los varillales y chamizales estudiados en los tres campamentos alberguen a diferentes especies sugiere que aún debemos aprender mucho de las avifaunas en diferentes parches de estos hábitats. Adicionalmente, la presencia de especies muy diferentes en el chamizal en Wiswincho sugiere que entender cómo interactúan los suelos con la vegetación, y las aves que los usan, podría tener consecuencias importantes en la conservación de aves con distribuciones pequeñas e insulares.

Reemplazo de aloespecies en Tapiche-Blanco

El interfluvio de Tapiche-Blanco está al este del río Ucayali y bien al sur del Amazonas. Por ello, su avifauna está dominada por especies del sur de la Amazonía y carece de especies que estén ampliamente distribuidas en los bosques de gran parte de Loreto. El Amazonas funciona como un límite para los rangos de especies en el Perú, separando a muchas de ellas entre el norte de la Amazonía y aquellas especies de reemplazo encontradas en el sur de la Amazonía. Un grupo más pequeño de especies se encuentran solo al norte del Amazonas y al oeste hasta Iquitos, pero se extienden al sur del Amazonas hasta la parte central del Perú y al oeste hasta el Ucayali. Por ejemplo, el Loro de Cabeza Negra (*Pionites melanocephalus*) es reemplazado al sur del Amazonas y al este del Ucayali por *Pionites leucogaster*.

Además de esos dos patrones de reemplazo de especies a lo largo de grandes ríos, hay un grupo cuyas distribuciones no están demarcadas por un gran río. Siete especies encontradas en Tapiche-Blanco se apegan a este patrón. En seis de estos casos, la especie presente es el miembro norteño de la pareja de especies: Colibrí de Garganta Brillante (*Amazilia fimbriata*) y no Colibrí de Pecho Zafiro (*A. lactea*); Monjita de Pecho Rojizo (*Nonnula rubecula*), no Monjita de Barbilla Fulva (*N. sclateri*); Jacamar de Orejas Blancas (*Galbalcyrhynchus leucotis*), no Jacamar Castaño (*G. purusianus*); Saltarín Rayado (*Machaeropterus regulus*), no Saltarín de Cola Bandeada (*M. fasciicauda*). En un caso, encontramos la especie sureña, Ermitaño de Pico Aguja (*Phaethornis philippii*) en vez de *P. bourcieri*. Extrañamente, en el Campamento Tapiche del inventario rápido en Sierra del Divisor, la especie norteña *P. bourcieri* fue registrada (Schulenberg et al. 2006), pese a encontrarse 105 km al sur de nuestro sitio de estudio en la cuenca del Tapiche. En su mayoría, en ambos inventarios rápidos, Matsés y Sierra del Divisor, se encontraron las mismas especies de estos pares que las encontradas en la visita a Tapiche-Blanco. Además del caso de *Phaethornis* mencionado anteriormente, para *Galbalcyrhynchus*, en los campamentos Tapiche en Sierra del Divisor y Actiame en Matsés, encontramos la especie sureña, *G. purusianus* en vez de su congénere norteño *G. leucotis* encontrado en Wiswincho en el inventario rápido de Tapiche-Blanco.

Dos pares de especies tienen rangos con traslapes en el este del Perú: *Epinecrophylla haematonota* y *E. leucophthalma*, y *Conopophaga aurita* y Jejenero de Garganta Ceniza (*C. peruviana*). Para *Epinecrophylla*, la especie *E. haematonota* es la forma ampliamente distribuida en el norte de la Amazonía peruana, mientras que *E. leucophthalma* está ampliamente distribuida en el suroeste de la Amazonía. Sin embargo, *E. haematonota* está distribuida insularmente dentro del rango de *leucophthalma* y se sabe que las dos especies se encuentran en varios sitios en el Perú, Bolivia y Brasil. En aquellos sitios donde las dos especies coexisten hay alguna segregación por hábitat o microhábitat (Parker y Remsen 1987, D. Stotz, observ. pers.). En el centro del Perú hay un amplio traslape entre especies del Ucayali central que se extienden al norte hasta el extremo sur de Loreto. *Epinecrophylla haematonota* fue encontrada ampliamente distribuida y algo común en los campamentos del Tapiche-Blanco, aunque encontramos a *E. leucophthalma* solamente una vez, en Anguila. En contraste, en el inventario rápido de Sierra del Divisor, *E. leucophthalma* fue encontrada en dos de tres campamentos y era casi tan común como *E. haematonota* (Schulenberg et al. 2006).

Conopophaga aurita se encuentra en el Perú solo hasta el este del río Napo y al este del Ucayali al sur hasta el centro de este mismo río. En el resto de la Amazonía peruana se encuentra *Conopophaga peruviana*. Esta especie se encuentra en los mapas como ausente al norte del Amazonas y al este del Napo donde se encuentra *C. aurita*, aunque simpátrica con ésta al este del Ucayali (Schulenberg et al. 2010). El hecho de que tres inventarios al este del Ucayali —Sierra del Divisor, Matsés y el presente— no encontraron a *C. peruviana* sugiere que quizá su estatus en esta región debe ser reevaluado. *C. peruviana* fue encontrada en el inventario más norteño en esta región, Yavarí (Lane et al. 2003) y es ampliamente simpátrico con *C. aurita* en el occidente de Brasil, por lo que su ausencia en estos inventarios podría no indicar un rango discontinuo.

Bandadas de especies mixtas

Las bandadas de especies mixtas usualmente se forman alrededor de un pequeño número de especies nucleares y lo hacen de manera independiente en el sotobosque y el dosel. En este inventario, las bandadas fueron pequeñas y aquellos del dosel casi inexistentes. El mismo patrón ha sido reportado en algunos otros inventarios en sitios de suelos pobres en el norte del Perú. En Ere-Campuya-Algodón, las bandadas en los campamentos Cabeceras

Ere-Algodón y Bajo Ere fueron descritas como pequeñas y las bandadas independientes del dosel como no-existentes (Stotz y Ruelas Inzunza 2013). En Sierra del Divisor (Schulenberg et al. 2006), las "bandadas de especies mixtas, especialmente las de especies del dosel, fueron poco frecuentes y usualmente muy simples en estructura". En Chonçó, en el inventario en Matsés, las bandadas fueron descritas como "pequeñas y poco numerosas para los estándares de la Amazonía" (Stotz y Pequeño 2006).

Parece ser claro que la estructura básica de las bandadas de especies mixtas se mantiene en estos bosques de suelos pobres en Loreto, con bandadas de sotobosque lideradas por *Thamnomanes*. Aún así, éstas son menos comunes y más pequeñas que las de la Amazonía brasileña y el sureste del Perú, donde el tamaño promedio de la bandada va de 10 a 19 especies (Stotz 1993).

Migración

Aunque el inventario tuvo lugar en una época en que las migratorias debieran estar llegando del norte en números sustanciales, encontramos pocas migratorias. Esto refleja en parte la falta de hábitats secundarios cerca de nuestros campamentos, nuestra escasa capacidad de acercarnos a los ríos grandes y la distancia de los Andes, donde su diversidad es mayor en el Perú. En los listados obtenidos por Wiley y Díaz es aparente que hay un grupo mayor de especies migratorias de Norteamérica de las que detectamos y que éstas están asociadas a los grandes ríos de la región. En particular, ellos registraron varios playeros migratorios.

El inventario rápido de Matsés (Stotz y Pequeño 2006), que tuvo lugar más tarde en el año (de fines de octubre a principios de noviembre), encontró 19 especies de migratorias de Norteamérica. Sospechamos que esto refleja un mayor muestreo en hábitats que son utilizados con mayor frecuencia por migratorias (p. ej., grandes ríos en Remoyacu y Actiame, con vegetación secundaria extensiva y pasturas en Remoyacu) más que la pequeña diferencia en la temporada del trabajo de campo. En el inventario rápido de Sierra del Divisor, solo se registraron dos especies de aves migratorias, ambas aves playeras. Es posible que esto refleje las fechas del inventario (agosto).

Como es típico en el caso de las tierras bajas de la Amazonía, las migratorias no son un componente importante de la avifauna. Todas las especies que encontramos aquí fueron poco comunes o raras. En términos de riqueza y aún incluyendo las especies encontradas por Wiley y Díaz, las migratorias constituyen menos del 5% de las especies de la región.

Aves de caza

Junto con las poblaciones de mamíferos medianos y grandes, las poblaciones de aves de caza se usan con frecuencia para indicar la intensidad de la presión de caza. Durante nuestro estudio, encontramos números bajos de aves de caza como *Mitu tuberosum*, *Penelope jacquacu* y *Psophia leucoptera*. También encontramos cartuchos de escopeta usados a lo largo de algunas de las trochas. Parece que algunas de las poblaciones de aves de caza tienen problemas por exceso de cacería, especialmente cuando las cuadrillas de trabajadores forestales pasan semanas o meses en sitios remotos con cazadores de tiempo completo que proveen carne de monte diariamente. O'Shea encontró restos de *Penelope jacquacu* en el campamento maderero abandonado en nuestro Campamento Anguila.

Las aves de caza no son las únicas especies encontradas en bajas densidades durante este inventario. Muchas paserinas de bosque también fueron tienen poblaciones escasas y los hábitats de suelos pobres son generalmente silenciosos. Parece posible que la falta de nutrientes en sus suelos contribuya a una escasa disponibilidad de alimentos y poblaciones generalmente a bajas densidades. Es imposible determinar la contribución relativa de la presión de caza en estas poblaciones de aves de caza que se encuentran naturalmente a bajas densidades.

Poblaciones de guacamayos y aguajales

La riqueza y abundancia de loros fue mucho más alta en Wiswincho que en los otros dos campamentos. En Wiswincho registramos seis especies de guacamayos, en Anguila tres y en Quebrada Pobreza solamente dos. Algunos loros fueron particularmente abundantes en Wiswincho: *Amazona amazonica* y *Orthopsitacca manilata* en todas las localidades visitadas y *Brotogeris versicolurus* en

bosques inundables. Los recursos que permiten la presencia de estas cantidades de loros no nos son completamente claros, pero los aguajales cercanos podrían ser un recurso importante, consistente con las grandes cantidades de *Ortopsittaca manilata* y *Ara araurana*.

RECOMENDACIONES DE CONSERVACIÓN

Protección y manejo

Como es típico en el caso de las tierras bajas de la Amazonía, la estrategia más importante para mantener la diversidad aviar es asegurar que la cobertura boscosa se mantenga en pie. Esta estrategia requeriría acciones decididas en Tapiche-Blanco, dado que la región se encuentra bajo fuerte presión de madereros. La conversión a agricultura es, a la fecha, una presión mucho menos significativa. Para las aves, los más significativos tipos de vegetación son los varillales y los chamizales, que son de un valor muy limitado para la producción maderera y para usos agrícolas. Los bosques inundables de esta región están en mucho mayor riesgo porque son fácilmente accesibles y en ellos se encuentran los árboles más grandes. Estos bosques están bajo una presión sustancial en toda la Amazonía por actividades agrícolas y forestales; asegurarse que permanecerán intactos es una de las prioridades de conservación más grandes en esta región.

La reducción de la presión de caza para algunas especies de caza, como paujiles y trompeteros, requerirá de resolver el problema de la tala en la región. Parece claro que en las localidades que visitamos que la caza por madereros ha contribuido a reducir las poblaciones de estas aves. Eliminar la tala ilegal será un gran logro para reducir la presión de caza en esta región. Entender los patrones de cacería de las comunidades locales deberá también ser una prioridad.

Prioridades para nuevos inventarios e investigaciones

Hemos definido cinco prioridades para inventarios e investigación para proveer información relevante para la conservación en la región:

- Llevar a cabo más inventarios de aves, de carácter extensivo e intensivo, en varillales y chamizales. El trabajo en el área de Iquitos en Allpahuayo-Mishana demuestra que el descubrimiento de mucha de la diversidad endémica requiere de muchos años de estudio. Podrían haber especies sin describir esperando ser encontradas en estos hábitats en Tapiche-Blanco; aun si este no fuera el caso, la distribución insular de las aves asociadas a estos hábitats merece estudios adicionales

- Hacer inventarios adicionales de aves en el interfluvio de Tapiche-Blanco para obtener un mayor entendimiento de la avifauna regional. En particular, se debe hacer más trabajo a lo largo de los ríos, especialmente en bosques inundables. Estos hábitats han sido tremendamente degradados por la agricultura en buena parte del norte del Perú

- Documentar el valor de los humedales en la porción suroeste, particularmente para poblaciones de aves acuáticas

- Estimar el impacto de la caza en especies de caza como paujiles, pavas y trompeteros. Para propósitos de manejo, necesitamos entender la magnitud y los diferentes impactos de la caza por parte de los pobladores de las comunidades locales, así como los impactos de madereros legales e ilegales

- Examinar el impacto de la tala en la avifauna de la región. Además del efecto de la caza, los temas particulares para evaluar son los efectos del cambio de la estructura del bosque por la remoción de árboles, los efectos de trochas y viales para la extracción de madera aserrada, los efectos de los campamentos madereros y el grado de presión de tala en los diferentes tipos de bosque.

MAMÍFEROS

Autor: Mario Escobedo Torres

Objetos de conservación: Un área caracterizada por la mayor diversidad de mamíferos a nivel mundial; una comunidad de primates excepcionalmente rica, con hasta 17 especies; *Saguinus fuscicollis,* un primate de distribución restringida; una rara variación del primate *Callicebus cupreus*; primates grandes que están sometidos a fuerte presión de cacería en muchos sitios de su distribución geográfica, especialmente *Ateles chamek, Lagothrix poeppigii* y *Pithecia monachus*; ocho especies de mamíferos consideradas amenazadas por la UICN: *Cacajao calvus, Priodontes maximus, Callimico goeldii, Lagothrix poeppigii, Leopardus tigrinus, Myrmecophaga tridactyla, Trichechus inunguis* y *Tapirus terrestris*; especies raras como *Atelocynus microtis*; murciélagos que cumplen servicios ecológicos importantes como control de poblaciones de insectos, polinización y dispersión de semillas

INTRODUCCIÓN

El área de estudio, entre los ríos Tapiche y Blanco, se ubica dentro de la zona de mayor diversidad de mamíferos del planeta (Jenkins et al. 2013). A diferencia de otras zonas de la Amazonía peruana, el interfluvio de Tapiche-Blanco cuenta con varios estudios anteriores sobre la comunidad de mamíferos. Estos incluyen los inventarios rápidos realizados por el Field Museum en el valle del río Yavarí (Escobedo 2003, Salovaara et al. 2003), en la Reserva Nacional Matsés (Amanzo 2006) y en la Zona Reservada Sierra del Divisor (Jorge y Velazco 2006), así como los trabajos de Fleck y colegas en el río Gálvez (Fleck y Harder 2000, Fleck et al. 2002).

A pesar de esto, la información sobre la composición y riqueza de mamíferos en las áreas alrededor del interfluvio de Tapiche-Blanco todavía no es completa. Mucha de la información generada sobre mamíferos de Loreto se concentra en grupos específicos como los primates (Aquino and Encarnación 1994). La escasez de estudios especializados en esta zona hace que los límites de distribución de algunas especies al sur del río Amazonas estén aún por definirse o aclararse. Un ejemplo extraordinario de eso se dio en 2013 con el reporte de dos poblaciones nuevas de un primate icónico de la selva baja loretana —el huapo colorado, *Cacajao calvus ucayalii*— en las montañas de San Martín (Vermeer et al. 2013). Este hallazgo, a 365 km de distancia de la población conocida más cercana y a 700 m por encima del supuesto máximo altitudinal para la especie, es una indicación de lo mucho que queda por descubrir sobre los mamíferos de Loreto. Otros ejemplos de mamíferos loretanos bastante estudiados pero aún poco conocidos incluyen *Callimico goeldii*, *Saguinus fusicollis* y el género *Callicebus*.

En este inventario aporto información sobre la fauna de mamíferos de las cuencas de los ríos Tapiche y Blanco. Comparo la composición de especies en los sitios visitados con la de otros sitios estudiados en la zona, y resalto los hallazgos más importantes en términos de conservación.

MÉTODOS

Realicé evaluaciones de la comunidad de mamíferos entre el 9 y 26 de octubre de 2014 en tres campamentos en el interfluvio de Tapiche-Blanco (Figs. 2A, B; ver el capítulo *Resumen de los sitios del inventario biológico y social*, en este volumen). El primer campamento (Wiswincho) se ubica en la parte baja del río Blanco, el segundo (Anguila) en la parte media del río Tapiche y el tercero (Quebrada Pobreza) en la parte media del río Blanco. En cada campamento se tuvo cinco días efectivos de evaluaciones. Para documentar la diversidad de mamíferos utilicé tres metodologías descritas a continuación y cuantificadas en la Tabla 6.

Mamíferos no voladores

Para el registro de fauna silvestre realicé observaciones directas y examiné huellas y otros rastros de actividad como restos de alimentación, madrigueras de descanso y/o alimentación, marcas en árboles y olores a lo largo de trochas que se establecieron previamente en cada campamento.

Los recorridos tuvieron lugar en el día y en algunas ocasiones por la noche como parte de la evaluación de quirópteros. Los censos se realizaron con un asistente de una comunidad local entre las 5:30 y 6:00 am, hasta las 16:00 o 17:00 pm. Caminamos por las trochas lentamente (1 km/hora), observando el dosel para detectar la presencia de mamíferos arborícolas y atentos a huellas en el suelo. Un censo fue realizado una sola vez en cada trocha. En ocasiones seguimos las manadas de primates hasta lograr su identificación con certeza y determinar el tamaño de grupo. Para cada avistamiento

registré la especie, hora de observación, número de individuos, distancia perpendicular a la trocha y altura en donde se encontraban.

Otros miembros del inventario me suministraron información de los animales avistados por ellos durante la realización de su trabajo, en especial D. Stotz, B. O'Shea, Á. del Campo, M. Ríos y P. Saboya. Integrantes de las comunidades locales que participaron en el inventario me proporcionaron información sobre la cacería que realizan en las comunidades. Realicé encuestas no estructuradas con estos informantes para tener un panorama más amplio de las especies que ocurren en este interfluvio.

Para comparar las abundancias de los mamíferos en los tres sitios evaluados, estimé la abundancia relativa de huellas por kilómetro recorrido para las especies terrestres y la tasa de encuentro por kilómetro recorrido. Para esta estimación combiné la información de todos los recorridos acumulados en cada sitio. No realicé estimaciones de abundancia de aquellas especies con muy pocos rastros o avistamientos (Tabla 8).

Cámaras-trampa

Durante los trabajos de avanzada antes del inventario (19–24 setiembre de 2014), Patricia Álvarez-Loayza instaló 10 cámaras-trampa en el campamento Quebrada Pobreza. Éstas fueron cámaras digitales Reconyx Hyper Fire 800 con sensores pasivos infrarrojos. En cada cámara se colocó una tarjeta de memoria de 2 GB, 12 baterías AA y paquetes de sílica dentro del armazón para reducir el efecto dañino de la humedad. Las cámaras estuvieron operativas las 24 horas al día y fueron programadas para tomar tres fotos seguidas con menos de un segundo de intervalo (*Rapid Fire Program*). El sensor infrarrojo fue programado para la más alta sensibilidad.

Las cámaras fueron colocadas en las trochas a lo largo de la quebrada Pobreza, en áreas donde se observaban señales de transito animal o en áreas abiertas, tales como antiguas trochas de cacería y viales para extracción maderera (preferidas por felinos y canidos). Las cámaras fueron aseguradas en un árbol con una cuerda a 30–50 cm del suelo. Todas las cámaras tenían el lente paralelo al suelo; cuando el terreno era irregular se acomodaba la cámara para lograr que el lente estuviera paralelo al suelo y así evitar la disminución del área de acción. Para minimizar la exposición al sol se colocaron las cámaras apuntando al norte o al sur. Al ubicar las cámaras en esta dirección se minimiza la toma de fotos en blanco, ya que las superficies calientes (objetos que están siguiendo la trayectoria del sol (este-oeste) activan el sensor de la cámara (TEAM Network 2011).

Ocho trampas estuvieron activas por 30 días, mientras que dos permanecieron activas solo por 15 y 19 días debido al incremento del caudal de la quebrada Pobreza, que alcanzó las trampas. Finalmente, seis trampas fueron reubicadas y permanecieron activas por cuatro días. Los esfuerzos de muestreo se ilustran en la Tabla 6.

Las fotos fueron analizadas con el programa Camera Base, una base de datos en el programa Access, específicamente diseñada para analizar fotos de cámaras trampa (Tobler 2013). Para cada foto se registró la ubicación de la estación, el tiempo y la especie registrada. Para el análisis de datos se consideraron todas las fotos excepto aquellas que registraron personas. Se calculó la frecuencia de captura de cada especie usando el número de apariciones en 1,000 días-cámara. El conteo de captura es el número de cámaras en las cuales aparece el animal. El número de apariciones cuenta los eventos independientes. Fue calculado tomando solo la aparición de la especie en la misma estación en un periodo de una hora, excluyendo las imágenes seguidas de la misma especie en el lapso de una hora. Esto asegura que los eventos sean independientes, ya que muchas especies se paran frente a la cámara por prolongados periodos (como huangana [*Tayassu pecari*]).

Por ejemplo, *Atelocynus microtis* tuvo 35 fotos en total, en tres estaciones. En cada estación estas fotos fueron tomadas durante solo un lapso (i.e., 18 fotos en menos de una hora). Por eso el conteo de captura es 3 y la frecuencia de captura es 3.3, ya que el animal fue capturado en las cámaras en 3 eventos independientes en 900 días-cámara.

Murciélagos

Para la captura de murciélagos utilicé seis redes de niebla de 12 x 2.5 m. Busqué muestrear bosques de terraza, varillales y microhábitats como borde de quebradas, claros en el bosque y árboles en fructificación. En una ocasión se muestreó el helipuerto del campamento Quebrada Pobreza, un claro antropogénico de aproximadamente 0.5 ha. Previa a la instalación de las redes, registré el tipo de ambiente, vegetación predominante y condiciones del clima. Las redes fueron instaladas en horas de la mañana (06:00) y quedaron cerradas hasta el inicio de las capturas, que generalmente ocurrió entre las 17:30 y las 21:00. Registré la hora de inicio y la hora de cada captura. Las redes eran revisadas constantemente y los murciélagos capturados eran identificados y fotografiados in situ para luego ser liberados en el mismo sitio. Las especies fueron identificadas con la ayuda de las claves de Pacheco y Solari (1997) y Tirira (1999).

Calculé el esfuerzo de captura para cada campamento con base en el número de noches multiplicado por el número de redes usadas (redes-noche; Tabla 6).

De forma adicional, anoté los avistamientos de los investigadores de otras áreas temáticas. Fue de mucha utilidad contar con información de avistamientos del equipo de avanzada durante la fase de apertura y construcción de trochas y campamentos.

RESULTADOS

Encontré 42 especies de mamíferos no voladores y 12 especies de murciélagos, para un total de 54 especies registradas. Basándonos en la distribución general de los mamíferos que ocurren en esta parte del Perú, estimo que por lo menos 204 especies se encuentran en el área de estudio. De éstas, 101 son mamíferos medianos a grandes (terrestres, arbóreos y acuáticos) y 103 son murciélagos (ver la lista completa en el Apéndice 8).

Los órdenes mejor representados fueron Primates (13), Chiroptera (12), Carnivora (8) y Rodentia (7; Tabla 7).

Mamíferos no voladores

Especies encontradas

Los mamíferos no voladores encontrados representan 8 órdenes, 21 familias, 40 géneros y 42 especies (Tabla 7). Además de las especies incluidas en el Apéndice 8, vale mencionar aquí otras dos no confirmadas: *Trichechus inunguis* y *Pteronura brasiliensis*. Miembros de las comunidades de Lobo Santa Rocino y Palmeras en el río

Tabla 6. Esfuerzo de muestreo de mamíferos en tres puntos de muestreo del inventario rápido en las cuencas de los ríos Blanco y Tapiche, en la Amazonía peruana.

Metodologías	Campamentos			Total
	Wiswincho	Anguila	Quebrada Pobreza	
Censos (km recorridos)	16	31	37	84
Cámaras-trampa (camara-día)	0	0	298	298
Redes de neblina (redes-noche)	12	12	12	36

Tabla 7. El número de especies de mamíferos por orden taxonómico registradas en tres puntos de muestreo del inventario rápido en las cuencas de los ríos Blanco y Tapiche, en la Amazonía peruana.

Orden	Campamentos			Total
	Wiswincho	Anguila	Quebrada Pobreza	
Didelphimorphia	1		1	2
Cingulata	1	3	3	3
Pilosa		1	1	2
Chiroptera	8	5	4	12
Primates	11	13	11	13
Rodentia	3	5	5	7
Carnivora	2	5	6	8
Perissodactyla	1	1	1	1
Cetartiodactyla	5	3	2	6
Total	**24**	**31**	**29**	**42**

Blanco confirman la presencia de ambas especies en las cochas cercanas a las comunidades y en la quebrada Colombiana. Estas especies son consideradas Vulnerables a nivel internacional, mientras en el Perú se encuentran en la categoría Casi Amenazado.

Actualmente el Perú registra 541 especies de mamíferos (V. Pacheco, com. pers.), de las cuales 204 (el 37.7%) pueden encontrarse en la zona evaluada. De las especies esperadas, muchas corresponden a mamíferos no voladores roedores y marsupiales. Por lo tanto, las 42 especies encontradas en este inventario representan el 41.6%. Casi todos los grupos estuvieron bien representados. Entre los primates encontré 13 de las 17 especies esperadas; entre los armadillos 3 de las 4 esperadas; y entre los Cetartiodactylos, las 4 esperadas. Una excepción la encontré entre los carnívoros, de los cuales registré solo 8 de las 15 especies esperadas.

Mamíferos voladores (murciélagos)

Capturamos 30 especímenes de murciélagos pertenecientes a 12 especies (Apéndice 8). Estas representan una pequeña muestra de la fauna regional de quirópteros, ya que según la UICN se espera para la zona 103 especies. Entre las especies esperadas figura *Micronycteris matses*, una especie endémica para la Región Loreto y para el Perú (Simmons et al. 2002).

Esta baja tasa de capturas estuvo influenciada por las condiciones climáticas, ya que en varias noches los muestreos se iniciaron con lluvia o fueron interrumpidos por lluvia. Otro factor que influyó en este bajo número de registros fueron los bosques sobre arena blanca, donde no se observaron frutos de interés alimenticio para los quirópteros.

Todas las especies capturadas pertenecen a la familia Phyllostomidae, especialmente de la subfamilia Phyllostominae, donde destacan especies que prefieren hábitats relativamente en buen estado de conservación como *Trachops cirrhosus*, *Phyllostomus elongatus* y *Mimon crenulatum*. Estas especies fueron capturadas en los bosques de planicie inundable del campamento Wiswinsho y en los varillales del campamento Anguila.

Algunas especies solamente fueron registradas por vocalización, como *Phyllostomus hastatus*, registrada en el helipuerto del campamento Quebrada Pobreza. Otros registros solo ocurrieron por observación directa. Fue el caso de *Rhynchonycteris naso*, especie de la cual registré tres grupos: uno en una laguna en el campamento Wiswinsho, un segundo en el margen izquierdo del río Blanco en el mismo campamento y un tercero al margen derecho de la quebrada Yanayacu en el campamento Anguila.

Campamento Wiswinsho

Entre el 10 y 14 de octubre de 2014 realicé censos de fauna silvestre en este campamento en la cuenca media del río Blanco. Logré registrar 24 especies de mamíferos, de las cuales 8 fueron murciélagos (Tabla 7). En este campamento los primates demostraron ser el orden con mayor número de especies, ya que logré registrar 11 de las 13 especies totales registradas en el inventario. En este campamento destacan las observaciones de manadas relativamente grandes de *Cacajao calvus ucayalii*. Logré registrar una manada de al menos 80 individuos en la margen izquierda del río Blanco. Esta especie presenta el valor más alto en relación a la frecuencia de observaciones, 0.438/100 km recorridos (Tabla 8).

Campamento Anguila

Las evaluaciones en este campamento se llevaron a cabo entre los días 15 y 19 de octubre de 2014. Fue en este campamento que se reportó el mayor número de especies (Tabla 7). Destacan nuevamente los primates, con 13 especies. Se registró cinco especies de murciélagos, entre ellos *Trachops cirrhosus*, murciélago que se especializa en alimentarse de ranas.

En este campamento B. O'Shea hizo una observación interesante de un tocón colorado (*Callicebus* cf. *cupreus*) que presentaba un patrón de coloración diferente a lo que normalmente se conoce para esta especie (Fig. 10N; ver discusión abajo). También en este campamento encontré una *collpa* en el cual se logró contabilizar al menos 25 caminos de sachavaca (*Tapirus terrestris*), la mayoría de ellos muy trajinados por la gran actividad de estos mamíferos.

Otro dato importante recogido en este campamento fue la observación de una manada de al menos 15 individuos de *Pteronura brasiliensis* en la quebrada Yanayacu. Esta observación lo realizaron integrantes de las comunidades Nueva Esperanza y Monte Sinaí que formaron parte del equipo de avanzada.

Campamento Quebrada Pobreza

Este campamento, visitado entre y 21 y 25 de octubre de 2014, se ubica en el mayor bloque de bosques de arena blanca en el Perú. Las trochas se caracterizaban por presentar abundante hojarasca y una doble capa de raicillas, que imposibilitaban la observación de huellas y rastros dejados por los mamíferos. Sin embargo, logré registrar 30 especies de mamíferos terrestres y arbóreos y cuatro especies de murciélagos (Tabla 7).

Los censos en este campamento nos permitieron encontrar especies que no están ligadas estrictamente a los bosques de arena blanca pero que hacen uso intensivo de ellos, como los integrantes de los órdenes Pilosa y Rodentia. El orden Pilosa fue representado por *Dasypus novemcinctus*, que presentó el mayor numero de registros (21 observaciones de madrigueras de alimentación y de descanso, muchos de ellos con claros indicios de reciente actividad). *D. novemcinctus* también fue la segunda especie con mayor frecuencia de apariciones en las cámaras-trampa (Tabla 9). El orden Rodentia estuvo representado por *Cuniculus paca*, la segunda especie con mayor numero de registros. *C. paca* fue la especie con mayor frecuencia de apariciones en las cámaras-trampa (Tablas 8 y 9).

En términos de abundancia y diversidad, este campamento fue el segundo con mayor diversidad. Sin embargo, las abundancias fueron inferiores a los dos primeros campamentos. En este sector ocurrieron registros únicos como una pequeña manada de *Cacajao calvus ucayalii* en un varillal alto húmedo, el cual constituye el primer registro confirmado de esta especie para este tipo de formación vegetal.

Cámaras-trampa

Las cámaras-trampa instaladas en este campamento incrementaron la riqueza de especies por lograr fotografiar animales considerados crípticos, como

Atelocynus microtis. También registraron algunos cetartiodáctilos cuyas huellas y rastros eran escasos, como *Pecari tajacu* y *Mazama nemorivaga*.

En total se logró registrar 958 fotos de fauna silvestre, pertenecientes a 10 especies de mamíferos y 4 especies de aves. La lista completa de animales registrados por las cámaras se ve en la Tabla 9.

Las especies de mamíferos más comunes en las fotografías fueron majaz (*Cuniculus paca*) y armadillo o carachupa (*Dasypus novemcinctus*). Estas especies fueron registradas en cinco cámaras y varias veces, especialmente durante la noche y la madrugada. Uno de los animales más difíciles de registrar en la Amazonía, el sacha perro (*Atelocynus microtis*), fue registrado por tres cámaras.

Las especies que fueron registradas solo una vez en una sola estación incluyeron tigrillo (*Leopardus pardalis*), que se encuentra comprendido en el Apéndice I del CITES y venado gris (*Mazama nemorivaga*). Se registraron especies de aves no esperadas tales como el yacupatito o Ave de Sol Americano (*Heliornis fulica*) y el picaflor *Glaucis hirsutus*.

DISCUSIÓN

Diversidad y estado de conservación de la fauna silvestre

Las comunidades de mamíferos de Loreto son consideradas las más diversas del mundo (Jenkins et al. 2013). Por lo tanto, no sorprende que la lista de especies esperadas para el interfluvio de Tapiche-Blanco representa el 37.7% del total de especies de mamíferos registradas para el Perú (V. Pacheco, com. pers.). En cuanto a la composición, la fauna silvestre registrada en el interfluvio de Tapiche-Blanco presenta bastante afinidad con aquellas reportadas en estudios realizados en el corredor Ucayali-Yavarí (Escobedo 2003, Salovaara et al. 2003, Amanzo 2006, Jorge y Velazco 2006).

Si bien la gran diversidad de mamíferos sugiere un buen estado de conservación, la baja densidad y el comportamiento huidizo de la fauna cinegética sugiere que la comunidad de mamíferos ha sufrido la caza excesiva en ciertas zonas. Entre los primates grandes, encontré bajas densidades de *Ateles chamek* y *Alouatta seniculus*, primates de amplia distribución que generalmente son abundantes en zonas sin fuerte presión

de caza. Obtuve solo registros ocasionales de *Alouatta seniculus*, principalmente por vocalizaciones, mientras que *Ateles chamek* solo fue observado por única vez en el campamento Anguila por P. Saboya.

Esto se podría explicar por la actividad maderera irregular realizada en los campamentos visitados durante el inventario, ya que está probado que las operaciones de extracción forestal inducen al aumento de la caza ilegal (Bodmer et al. 1988, Puertas y Bodmer 1993). Las compañías madereras dependen de la caza para la subsistencia de sus trabajadores y como una fuente secundaria de ingresos, pues se le sugiere a los empleados dedicarse a la caza como medio de subsistencia y generación de ingresos.

En algunos campamentos los primates mostraron tolerantes a la presencia del observador y en otros campamentos no. Por ejemplo, en el campamento Anguila las manadas de *Pithecia monachus* se mostraban intolerantes a la presencia del observador. Lo mismo ocurrió con las mandas de *Lagothrix poeppigii* en el campamento Quebrada Pobreza. Lo contrario a estas observaciones ocurrió en los campamentos Wiswinsho y Anguila, donde las manadas se mostraron tolerantes a la presencia del observador. Este comportamiento sugiere que las poblaciones están en franca recuperación, después de sufrir presión de caza local debido a la extracción ilegal de madera.

Una comunidad de primates hiperdiversa

Diversidad observada y esperada

El área de estudio presenta una diversidad especialmente impresionante de primates. Las 13 especies registradas durante el inventario rápido representan casi el 50% de las especies de primates conocidas en la Región Loreto. El mismo número de primates fue registrado en un inventario rápido anterior realizado en la Zona Reservada Sierra del Divisor (Jorge y Velazco 2006) y 12 especies fueron registradas en la Reserva Nacional Matsés (Amanzo 2006). Estos datos confirman que esta parte de la Amazonía peruana en general alberga una gran diversidad de primates, las cuales ocupan diferentes hábitats en el paisaje.

De hecho, se espera hasta 17 especies de primates para el interfluvio de Tapiche-Blanco. Las cuatro especies de primates esperadas pero no registradas durante el inventario rápido son *Pithecia isabela, Saimiri boliviensis, Callicebus discolor* y *Callimico goeldii.*

¿Un primate nuevo?

Un primate fotografiado por el ornitólogo Brian O'Shea en el campamento Anguila presenta una coloración diferente al *Callicebus cupreus* 'clásico' (también registrado en el mismo campamento) y existe la posibilidad de que se trata de un taxón desconocido (Fig. 10N). Durante el encuentro O'Shea registró al menos cuatro individuos, uno de ellos con una cría en la espalda. La coloración dorsal era ligeramente oscura y el pelaje de la cabeza, cuello y brazos era completamente rojizo. El primer tercio de la cola era oscuro y hacia la parte distal se tornaba de cenizo a blancuzco. Otra característica resaltante es que no se observaron las bandas de los lados de la cara que presenta el *Callicebus cupreus* 'clásico.' Posiblemente exista simpatría entre el *Callicebus* cf. *cupreus* 'rojo' y el *Callicebus cupreus* 'clásico,' ya que ambos fueron observados en el campamento Anguila. El *Callicebus cupreus* 'clásico' fue avistado a orillas de la quebrada Yanayacu en una vegetación densa con abundantes lianas, a diferencia del *Callicebus* cf. *cupreus* 'rojo' que fue registrado en un bosque de colinas muy cerca de los varillales.

En noviembre de 2014 las fotos del *Callicebus* cf. *cupreus* 'rojo' fueron enviadas a varios investigadores que tienen experiencia con el grupo. Si bien varios expertos indicaron que nunca habían visto ese patrón de coloración y que podría tratarse de un taxón no descrito, todos enfatizaron la gran variabilidad de coloración en *C. cupreus* y la imposibilidad de una identificación confiable sin muestras de DNA y un análisis genético (R. Aquino, P. Auricchio, P. Velazco, J. Vermeer, R. Voss, com. pers.). Es urgente llevar a cabo estudios adicionales sobre este morfotipo.

Saguinus fuscicollis y S. mystax

Saguinus fuscicollis es un pequeño primate que presenta una distribución restringida en el Perú, donde se encuentra únicamente en el interfluvio de Tapiche-Blanco (Aquino y Encarnación 1994). Su distribución afuera del Perú tampoco es muy amplia, incluyendo solamente áreas aledañas en Brasil (Eisenberg y Redford 1999). Durante el inventario logré registrar al menos 11 manadas, las cuales en muchos casos incluyeron *Saguinus mystax* (ver también Aquino et al. 2005). De hecho, *S. fuscicollis* y *S. mystax* fueron las especies más observadas durante el inventario.

En el campamento Anguila registré al menos nueve manadas de *S. fuscicollis*, cuatro de ellas monoespecíficas y cinco formando asociaciones con *S. mystax*. Estos datos sobre las densidades de este pequeño primate son importantes, ya que a pesar de ser especies con un rango de distribución restringido a este interfluvio tenemos la certeza de que sus poblaciones se encuentran en buen estado de conservación.

Cacajao calvus ucayalii

Cacajao calvus ucayalii fue observado en los tres campamentos evaluados. Se encontró la mayor ocurrencia en el campamento Wiswincho, donde se observó una manada de al menos 80 individuos desplazándose y alimentándose en un bosque de planicie inundable. Al momento de la observación se podía distinguir muchos juveniles y algunas madres con crías en la espalda.

Esta es la única subespecie de *C. calvus* en el Perú (Hershkovitz 1987). El rango de distribución de *Cacajao calvus ucayalii* limita al norte con el río Amazonas, al este con el río Yavarí y al oeste con el río Ucayali, aparte de las nuevas poblaciones disyuntas encontradas en las montañas de San Martín (Vermeer et al. 2013). Históricamente su rango de distribución se extendía hacia el sur del río Urubamba (Hershkovitz 1987), pero en los 1980 este rango se redujo grandemente (Aquino 1988), posiblemente por la cacería y otros disturbios a su hábitat.

La especie tiene particular importancia ya que aún se conoce poco sobre su población, ecología y distribución (Bowler 2007, Bowler et al. 2013). Actualmente está considerada como Vulnerable según la legislación nacional e internacional (MINAGRI 2014, IUCN 2014). Esta especie también fue registrada en Sierra del Divisor, donde se observó una manada de 15 individuos en la cima de una cumbre (Jorge y Velazco 2006). Este dato de preferencias de hábitats sugiere

Tabla 8. Frecuencia de observaciones directas y huellas registradas de las especies de mamíferos más frecuentes en tres puntos de muestreo visitados durante el inventario rápido de las cuencas de los ríos Tapiche y Blanco, en la Amazonía peruana. Huellas y otros rastros (no. rastros/100 km recorridos)

Especie	Nombre común	Observaciones directas (no. de grupos/100 km recorridos)		
		Wiswincho	Anguila	Quebrada Pobreza
Saguinus mystax	Pichico de barba blanca	0.063	0.258	0.081
Saguinus fuscicollis	Pichico común	0.063	0.290	0.027
Sapajus macrocephalus	Machín negro	0.188	0.161	0.027
Lagothrix poeppigii	Mono choro	0.063	0.097	0.108
Ateles chamek	Maquisapa	–	0.032	–
Pithecia monachus	Huapo negro	0.063	0.226	0.027
Saimiri macrodon	Fraile	0.188	0.065	0.027
Callithrix pygmaea	Leoncito	–	0.032	0.027
Callicebus cupreus	Tocón	0.188	0.065	0.027
Cacajao calvus ucayalii	Huapo rojo	0.438	0.032	0.027
Cebus unicolor	Machín blanco	0.063	0.032	–
Aotus nancymae	Musmuqui	0.063	0.032	0.027
Alouatta seniculus	Mono coto	0.125	0.032	0.027
		Huellas y otros rastros (no. rastros/100 km recorridos)		
		Wiswincho	Anguila	Quebrada Pobreza
Priodontes maximus	Yungunturo	–	0.194	0.108
Dasypus novemcinctus	Carachupa	0.313	0.129	0.568
Mazama nemorivaga	Venado gris	–	–	0.054
Mazama americana	Venado colorado	–	0.097	–
Eira barbara	Manco	–	–	0.108
Pecari tajacu	Sajino	0.250	0.452	0.054
Tapirus terrestris	Sachavaca	–	0.226	0.054
Dasyprocta fuliginosa	Añuje	–	–	0.081
Cuniculus paca	Majaz	0.250	0.097	0.162
Cabassous unicinctus	Armadillo de cola desnuda	–	0.097	0.054
Lontra longicaudis	Nutria	–	0.161	–

que la especie utiliza diferentes ambientes para su alimentación y desplazamiento, ya que ha sido registrada en una variedad de tipos de formación vegetal: bosque de terraza, bosque de colina baja, bosque de colina alta, bosque premontano y aguajal (Heymann y Aquino 1994, Barnett y Brandon-Jones 1997). En el campamento Anguila se observó en dos oportunidades una manada de dos individuos alimentándose en un varillal húmedo a una altura aproximada de 10 m. Este avistamiento corresponde al primer registro confirmado de la especie en este tipo de formación vegetal.

Callimico goeldii

Entre las especies que no registramos pero esperábamos encontrar en el inventario está *Callimico goeldii*, especie comprendida en el Apéndice I del CITES y clasificada como Vulnerable en la Lista Roja de la UICN debido a la disminución de sus poblaciones (Heymann 2004, Cornejo 2008). En 1994 *C. goeldii* fue observado en la cuenca media del río Tapiche en un bosque de terraza baja cerca al río en el territorio de la comunidad Pacasmayo (R. Aquino, com. pers.), lo que sugiere que la distribución de este pequeño primate incluye el interfluvio de Tapiche-Blanco.

Tabla 9. Especies de fauna silvestre registradas en las cámaras-trampa operadas en el campamento Quebrada Pobreza antes y durante el inventario rápido en el interfluvio de Tapiche-Blanco, Amazonía peruana.

Grupo	Especie	Nombre común	Número de apariciones	Frecuencia de apariciones	Promedio de apariciones
Mamíferos	*Cuniculus paca*	Majaz	28	31.1	5
	Dasypus novemcinctus	Armadillo	19	21.1	5
	Atelocynus microtis	Perro de orejas cortas	3	3.3	3
	Dasyprocta fuliginosa	Aguti	3	3.3	2
	Pecari tajacu	Sajino	3	3.3	2
	Eira barbara	Manco	2	2.2	2
	Mazama nemorivaga	Venado gris	2	2.2	2
	Myoprocta pratti	Punchana	2	2.2	1
	Nasua nasua	Achuni	2	2.2	2
	Leopardus pardalis	Tigrillo	1	1.1	1
Aves	*Geotrygon montana*	Paloma-Perdiz Rojiza	3	3.3	1
	Glaucis hirsutus	Ermitaño de Pecho Canela	2	2.2	1
	Heliornis fulica	Ave de Sol Americano	1	1.1	1
	Tinamus guttatus	Perdiz de Garganta Blanca	1	1.1	1

Estudios realizados en Sierra del Divisor lograron registrar la especie en varias oportunidades, muchas veces formando manadas mixtas con *Saguinus mystax* y *S. fuscicollis* (Jorge y Velazco 2006). En la Amazonía esta área de conservación tiene las más altas densidades estimadas de *Callimico goeldii*, juntamente con la Concesión de Conservación Rodal Tahuamanu (Watsa et al. 2012). Es probable también que esta especie ocurra en la Reserva Nacional Matsés a pesar de no ser observada durante ese inventario rápido, ya que los pobladores de la zona lo reconocen (Amanzo 2006).

Otras especies raras

El raro canido *Atelocynus microtis*, categorizado como Casi Amenazado por la UICN (IUCN 2014), puede ser considerado como uno de los carnívoros más raros de toda la Amazonía (Leite-Pitman y Williams 2011). Fue fotografiado en tres oportunidades en el campamento Quebrada Pobreza. Las primeras dos fotos fueron tomadas a un especimen macho en una estación muy cerca a un campamento maderero en abandono, a 30 m del margen de la quebrada Pobreza en una zona inundable. Al momento de las fotos el animal llevaba un fruto de naranja podrida (*Parahancornia peruviana*) en el hocico.

La tercera foto fue registrada a 150 m del campamento Quebrada Pobreza en un bosque primario denso, donde el suelo estaba cubierto por abundante hojarasca y una gruesa capa de raicillas. El animal fotografiado en esa oportunidad se trataba de una hembra juvenil y se dirigía desde la zona inundable hacia el bosque de terrazas altas. En la Región Loreto la especie también fue observada más al norte en el valle del Yavarí (Salovaara et al. 2003) y en el interfluvio de Napo-Putumayo (Montenegro y Escobedo 2004).

AMENAZAS

La principal amenaza a los mamíferos de las zonas evaluadas es la caza temporal intensiva realizada por los madereros informales. Aparentemente la cacería se realiza en puntos focales concentrados principalmente en los campamentos madereros.

Otra amenaza latente a la fauna silvestre en el área evaluada es la posible apertura de carreteras como vías para la extracción de madera. Esto causaría el desplazamiento y la extinción local de la fauna asociada a este tipo de formación vegetal.

La ubicación de lotes petroleros en el área evaluada también constituye una amenaza para la fauna silvestre, ya que el ruido generado por las maquinarias en la construcción de campamentos, helipuertos, zonas de descarga y la remoción de material en el área causarían el desplazamiento de la fauna a zonas más distantes. Estos desplazamientos muchas veces podrían derivarse en conflictos intraespecíficos, generándose batallas en defensa del territorio. Por otro lado, la fuga de animales sensibles a las alteraciones de su hábitat hará que las especies con fácil adaptación a estos cambios incrementen sus poblaciones, produciéndose variaciones en la composición específica de la fauna.

Otra amenaza observada en la región es el conflicto entre la fauna silvestre y las comunidades locales. Escuchamos de un acontecimiento ocurrido hace dos años en la comunidad Palmera del río Tapiche, donde un otorongo (*Panthera onca*) mató una ternera muy cerca de la comunidad. Actualmente en la comunidad Lobo Santa Rocino en el río Blanco mencionan que sajino (*Pecari tajacu*) y majaz (*Cuniculus paca*) entran a las chacras para alimentarse de productos de pan llevar como yuca, maíz y camote. Estos animales son cazados utilizando tramperas.

Una amenaza latente para *Atelocynus microtis* es la utilización de perros domésticos en la cacería de fauna silvestre (mitayo), ya que estos son los principales vectores de enfermedades que pudieran diezmar las poblaciones del perro de orejas cortas en la región (Leite-Pitman y Williams 2011). Esto es especialmente el caso en la quebrada Pobreza, donde la fauna silvestre se encuentra en franca recuperación.

RECOMENDACIONES

Protección del área

Esta zona es una pieza fundamental en el corredor ecológico Yavarí-Ucayali que juntamente con el Valle del Yavarí, la Reserva Nacional Matsés, la Zona Reservada Sierra del Divisor y la Reserva Nacional Pacaya-Samiria, conformarían el mayor sistema de áreas protegidas en la región. Este corredor garantizará la supervivencia de especies globalmente amenazadas como *Cacajao calvus ucayalii* y *Callimico goeldii*, además de garantizar el hábitat de especies que presentan rango de distribución restringida como *Saguinus fuscicollis*.

Manejo y monitoreo

Existe una oportunidad inmejorable de establecer un área protegida donde las actividades extractivistas estén reguladas por planes de manejo. Ya existen algunas comunidades que están empezando a regular el periodo y sitios de caza, lo cual permitirá la recuperación de las poblaciones de fauna silvestre. El hecho de que sean las mismas comunidades las interesadas en el mantenimiento de la zona para su uso y conservación, ofrece una gran oportunidad para incentivar el uso de la fauna de interés alimenticio bajo un manejo adecuado. Se puede alcanzar una vida silvestre saludable y sostenible bajo un programa de manejo y monitoreo constante, donde se encuentren comprometidos todos los actores del área (comunidades locales, extractores de madera e incluso la industria petrolera).

Investigación

Recomendamos realizar estudios más especializados en el área, ya que la zona presenta importantes barreras naturales como los ríos Tapiche y Blanco, las cuales podrían estar asociadas con la especiación o posible nuevas especies como el *Callicebus* cf. *cupreus* reportado en este inventario. Estudios más detallados, de campo y de laboratorio, ayudarán a resolver esta gran incógnita.

Otro tema materia de investigación son las poblaciones intactas de quirópteros que existen en el área del Tapiche y Blanco, donde ocurren al menos 103 especies. Un trabajo especialmente valioso sería documentar la relación existente entre la quiropterofauna y los varillales, para determinar qué importancia representan los murciélagos para la existencia de este tipo de vegetación tan frágil y característico de Loreto.

COMUNIDADES HUMANAS VISITADAS: FORTALEZAS SOCIALES Y CULTURALES Y PERCEPCIÓN DE CALIDAD DE VIDA

Autores/participantes: Diana Alvira Reyes, Luciano Cardoso, Jorge Joel Inga Pinedo, Ángel López, Cecilia Núñez Pérez, Joel Yuri Paitan Cano, Mario Pariona Fonseca, David Rivera González, José Alejandro Urrestty Aspajo y Rony Villanueva Fajardo (en orden alfabético)

Objetos de conservación: Conocimientos locales sobre los recursos naturales (forestales, plantas medicinales y fauna) que son transmitidos de generación en generación y que proveen gran capacidad de adaptación a los cambios físicos y climáticos del paisaje; diversificación de cultivos en chacras y huertas familiares, que asegura la fuente genética de los productos agrícolas como maíz, yuca, plátano y piña; respeto por zonas vinculadas a mitos y creencias que sirven como mecanismo de control y regulación de uso; espacios de discusión y decisión a nivel comunal, mecanismos de control que propician las buenas relaciones y prácticas organizacionales reglamentadas para el manejo de recursos; relaciones de parentesco y de reciprocidad; y celebraciones y acciones colectivas que promueven espacios de intercambio cultural, apoyo mutuo y cohesión a nivel intercomunal

INTRODUCCIÓN

Este inventario social y biológico en el interfluvio de los ríos Blanco y Tapiche en Loreto se adiciona a trabajos previos en la región, tales como Matsés (Vriesendorp et al. 2006a) y Sierra del Divisor (Vriesendorp et al. 2006b), los cuales contribuyeron con el sustento técnico para el establecimiento de dos áreas protegidas: la Reserva Nacional Matsés y la Zona Reservada Sierra del Divisor (Figs. 2A, 2B, 15). Estos inventarios buscan consolidar la iniciativa de establecer un corredor de conservación y uso sostenible de los recursos naturales en el sureste de la Región Loreto.

En el área de estudio a lo largo de los ríos Tapiche y Blanco habitan alrededor de 2,400 personas distribuidas en caseríos, comunidades campesinas y comunidades nativas (etnia Capanahua y Kichwa; Fig. 21). Asimismo, entre los ríos Blanco y Tapiche se presenta la extensión más grande y diversa de varillales (bosques de arena blanca; ver el capítulo *Vegetación y flora*, en este volumen) de la Amazonía peruana. Existen abundantes cuerpos de agua (cochas, lagunas y quebradas) de importancia económica para la población local, y bosques que han sido explotados con fines comerciales

maderables desde mediados del siglo XIX. La actividad maderera se ha llevado a cabo bajo diferentes modalidades de aprovechamiento: en concesiones forestales, con permisos forestales en comunidades nativas y campesinas, en bosques locales y en otros lugares no autorizados. Cabe mencionar que esta actividad junto a otras de orden extractivo han dinamizado históricamente este espacio a nivel económico y poblacional, manteniendo aún su vigencia y generando cambios en los patrones de asentamiento y el uso de los recursos.

Los objetivos de esta caracterización social en los ríos Tapiche y Blanco fueron: 1) visitar a las comunidades directamente relacionadas con el área de estudio para explicar a los miembros de las comunidades acerca del proceso del inventario rápido biológico y social; 2) identificar las fortalezas sociales y culturales (i.e., patrones sociales de organización, contexto social y capacidad de la comunidad para la acción) que ayuden a entender la visión para el futuro que tienen las comunidades aledañas a la zona de estudio; y 3) analizar qué instituciones locales, líderes e individuos comprometidos vienen llevando a cabo prácticas compatibles con la conservación de los recursos naturales y prácticas culturales que mantienen y transmiten los conocimientos ecológicos tradicionales. Basados en las fortalezas locales, se busca identificar y recomendar cuál es la mejor manera de involucrar a las comunidades e instituciones en la gestión de la conservación y en el manejo de los recursos naturales por parte de las comunidades en el área de estudio.

En este capítulo presentamos un recuento histórico de la zona, patrones de asentamiento, el estado actual de las comunidades humanas, su percepción de calidad de vida, relaciones e interacciones con las áreas naturales protegidas existentes en la zona y las fortalezas sociales y culturales. En el siguiente capítulo, *Uso de recursos naturales, economía y conocimiento ecológico tradicional,* presentaremos el uso de los recursos naturales y su contribución a la economía familiar, así como el conocimiento ecológico tradicional. Concluimos con un análisis de las amenazas y retos que enfrentan estas comunidades y recomendaciones para enfrentar estos retos y propender por la conservación y la calidad de vida de las poblaciones de la región.

MÉTODOS

Del 9 al 27 de octubre de 2014 visitamos cuatro comunidades nativas a lo largo de los ríos Blanco (Lobo Santa Rocino y Frontera) y Tapiche (Wicungo y Palmera del Tapiche). Permanecimos en cada comunidad por un lapso de tres a cuatro días. Estas comunidades fueron escogidas por su representatividad de la realidad social y económica de la región, así como por su proximidad estratégica al área de interés para la conservación y uso sostenible de los recursos naturales. Asimismo dos miembros del equipo social realizaron una visita rápida (dos días) a cuatro comunidades en el alto río Tapiche (San Antonio de Fortaleza, Nuestra Señora de Fátima, Pacasmayo y Monte Alegre) para conocer y entender mejor acerca de las diferentes actividades forestales que estas comunidades han desarrollado y están llevando a cabo. También se realizó una visita corta a la comunidad de España en el río Blanco.

Nuestro equipo de trabajo fue interdisciplinario. Incluyó una socióloga, una ecóloga social, dos ingenieros forestales, un antropólogo, un biólogo, un especialista en áreas naturales protegidas de la Zona Reservada Sierra del Divisor, un guardaparque de la Reserva Nacional Matsés y dos autoridades comunales provenientes de las dos cuencas visitadas.

Durante nuestras visitas a las comunidades utilizamos varios métodos cuantitativos y cualitativos para colectar la información, siguiendo la metodología utilizada en los inventarios previos realizados por el equipo social del Field Museum (p. ej., Alvira et al. 2014). Entre estos métodos están: 1) talleres de intercambio de información, 2) ejercicio grupal *El hombre/la mujer del buen vivir*, que cuantifica la percepción de las personas sobre los diferentes aspectos de la vida comunal (recursos naturales, relaciones sociales, aspectos culturales, políticos y económicos) y permite reflexionar sobre la relación entre estos diferentes componentes y su calidad de vida; 3) entrevistas semi-estructuradas y estructuradas a los colaboradores claves, líderes de las comunidades, mujeres, educadores, y ancianos para documentar historias de vida, el uso de los recursos naturales, la economía familiar y las percepciones de los cambios sociales; 4) grupos focales de discusión con mujeres y

con autoridades comunales; 5) grupos focales de mujeres, hombres adultos y jóvenes para desarrollar el mapeo de uso de recursos naturales y entender cómo los residentes perciben y se relacionan con su entorno; y 6) el uso de guías de la flora y fauna de la región producidas por The Field Museum, para entender el conocimiento ecológico local y para elucidar los nombres de las especies en Capanahua.

Además de las actividades en el campo consultamos varios documentos, bases de datos, informes y material bibliográfico (Vriesendorp et al. 2006a, b; Krokoszynski et al. 2007; CEDIA 2011, 2012).

Al final del trabajo de campo los equipos biológico y social nos reunimos en la comunidad de Nueva Esperanza (en la confluencia de los ríos Blanco y Tapiche) para presentar en asamblea comunal los resultados preliminares de esta investigación. A esta reunión asistieron las autoridades representantes de las diferentes comunidades de los ríos Blanco y Tapiche y se generó una discusión acerca de las aspiraciones a futuro de estas comunidades para el cuidado y manejo de sus recursos naturales. A esta asamblea acudieron representantes de 14 comunidades (de un total de 19 comunidades invitadas), incluyendo dos regidores y el alcalde del distrito de Soplín, y dos futuros regidores de los distritos de Soplín y Alto Tapiche.

RESULTADOS Y DISCUSIÓN

Etnohistoria

El área en estudio ancestralmente ha sido habitada por la etnia Capanahua y por los Remo, pertenecientes al subgrupo Mayoruna, o Panos septentrionales (Erikson 1994), de la familia lingüística Pano. Este espacio también ha sido explorado y utilizado por la etnia Matsés según testimonios y registros que indican la ocurrencia de enfrentamientos entre estos grupos debido a los procesos de movilizaciones, robo de mujeres (práctica tradicional) y la presión de actividades extractivas que han ido empujando a estas poblaciones a nuevos espacios. Ante la constante llegada de poblaciones mestizas que incursionaron en la zona para la explotación de los recursos a lo largo del tiempo (caucho, animales, petróleo, madera, etc.), estas

Figura 21. Mapa de las comunidades y asentamientos en el área de influencia del inventario rápido en el interfluvio del Tapiche-Blanco, Loreto, Perú.

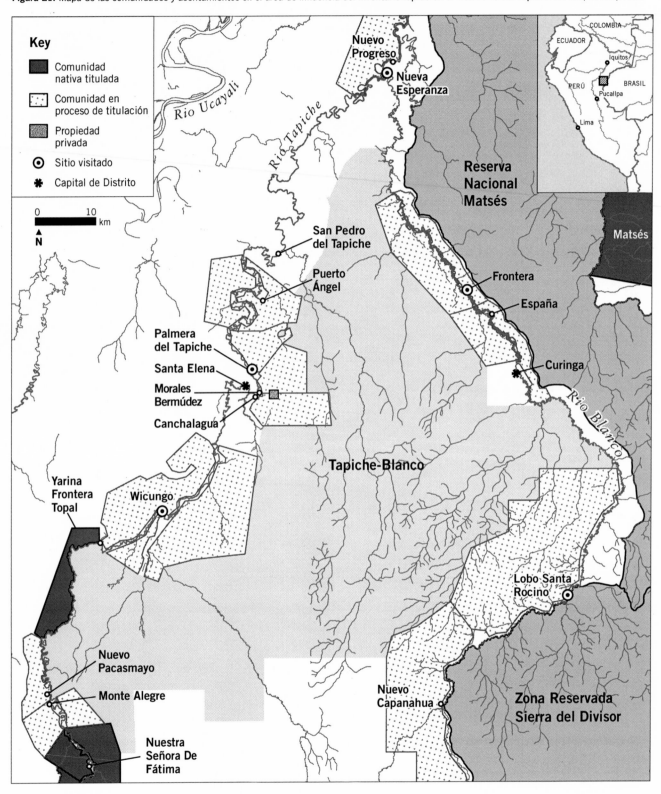

poblaciones migraron, los Capanahua a las cabeceras de cuencas del Tapiche y Blanco y los Matsés hacia lo que hoy en día es la comunidad nativa titulada Matsés.

La población Capanahua fue integrándose a los fundos y asentamientos colonos como mano de obra o con la finalidad de recibir algunos servicios básicos como salud y educación como también herramientas y equipos. Solo fue hasta la llegada del Insituto Lingüístico de Verano (ILV) que una parte importante del pueblo Capanahua fue reunido en comunidad, ya que facilitaba el estudio del idioma contar con una población homogénea étnica y lingüísticamente. Actualmente, la población Capanahua se encuentra dispersa a lo largo de la cuenca del río Tapiche y en el alto río Blanco en la comunidad Nuevo Capanahua. Peligra cada vez más su cultura y lengua debido al establecimiento de la sociedad dominante en las distintas instancias, que reproducen la estructura estatal sin una real pauta inclusiva e intercultural que posibilite a este pueblo la valoración de su identidad y cultura.

La forma de ocupación de la población ribereña en ambas cuencas se fundamenta, desde la segunda mitad del siglo XX, principalmente en la extracción de recursos naturales de distinto orden. Los primeros asentamientos ribereños fueron campamentos estacionales que posteriormente fueron convertidos en caseríos por parte de la población empleada como mano de obra, quienes decidieron establecerse. En algunos casos, estos asentamientos tuvieron un sustento cultural o religioso como elemento articulador y unificador (p. ej., Lobo Santa Rocino o Frontera en el río Blanco o Limón Cocha y Palmera del Tapiche en el río Tapiche).

El proceso extractivo y sus distintas modalidades de ejecución generaron interés político y económico en la zona. Se formalizó la existencia de una autoridad política para la jurisdicción y la creación de distritos como unidades político-administrativas, acentuando la movilización de población a la cercanía de la capital de distrito y creándose barrios periféricos donde aún a la fecha se puede encontrar población Capanahua.

Existe entonces una población ligada a estos espacios cuyo sustento económico se basa en los productos del bosque; y otro tipo de población fluctuante con intereses netamente extractivos quienes emplean una dinámica de ocupación estacional basada en los periodos de extracción de los recursos. Por lo tanto, ha sido un reto para los pobladores locales permanentes construir y fortalecer el sentido de pertenencia y arraigo hacia el territorio. Sumado a esto, la incapacidad del Estado para implementar medidas normativas de saneamiento físico-legal del territorio debido a carencias técnicas y logísticas, y el desconocimiento de estas poblaciones respecto a los mecanismos de titulación existentes, podrían explicar los grandes retos para lograr el reconocimiento y titulación en el pasado.

En la década de los noventa la misionera Annelise Permandinger, conocida como hermana Ana del Vicariato de Requena y asentada en Santa Elena del río Tapiche, estuvo gestionando y apoyando a varias comunidades en la adquisición de la titularidad sobre las tierras para poner fin a la explotación de los madereros. Inició el proceso en varias comunidades, tal como la comunidad campesina de San Pedro del Tapiche. Recientemente ha retomado el proceso de saneamiento físico-legal la ONG Centro para el Desarrollo del Indígena Amazónico (CEDIA). CEDIA ha observado que los asentamientos ribereños han debido de optar entre las dos únicas alternativas de acceso a la tierra que se tiene a nivel colectivo, siendo estas las de comunidades nativas y comunidades campesinas de ribereños. Cada una tiene un marco jurídico y requisitos previstos por Ley que determinan las características sobre las cuales han basado su elección. Es decir, las poblaciones han hecho una elección racional acompañada de medidas prácticas y fundamentada en la reivindicación de identidades fluctuantes en su pasado reciente, con la finalidad de ser beneficiaria del reconocimiento y titulación por parte de Estado, ya sea como comunidades nativas o campesinas de ribereños (Tabla 10).

Las comunidades actualmente vienen gestionando la titulación de sus tierras, apoyadas por CEDIA en el marco de su proyecto institucional denominado 'Incorporación de 2.4 millones de hectáreas de bosques tropicales del sur oriente de Loreto-Perú a la conservación participativa.' En la cuenca del alto Tapiche se encuentra el centro poblado de Santa Elena, que es capital del distrito del Alto Tapiche, y 16 comunidades, de las cuales 11 están en proceso de titulación (Nueva

Esperanza, Nuevo Progreso, San Pedro del Tapiche, Puerto Ángel, Palmera del Tapiche, Morales Bermúdez, Canchalagua, Wicungo, Nuevo Pacasmayo, Monte Alegre, San Antonio de Fortaleza), 2 tituladas y en proceso de ampliación de territorio (Nuestra Señora de Fátima y Limón Cocha), 2 tituladas y con muy poca población (Nueva Esperanza del Alto Tapiche y Yarina Frontera Topal) y una en proceso de reconocimiento y titulación (Bellavista). En la cuenca del Blanco está el centro pobaldo de Curinga, que es capital del distrito de Soplín, y cuatro comunidades en proceso de titulación (Frontera, España, Lobo Santa Rocino y Nuevo Capanahua).

Estado actual de las comunidades

Tendencias demográficas actuales

Actualmente en el área de influencia de nuestra área de estudio viven alrededor de 2,400 personas en 18 asentamientos (10 comunidades nativas, 6 comunidades campesinas y 2 caseríos) distribuidos políticamente en tres distritos: Tapiche, Alto Tapiche y Soplín (Tabla 10). El mayor número de población se concentra en las capitales de distritos: Santa Elena (460 hab.) y Curinga (250).

Generalmente está compuesta por población mestiza proveniente de ciudades cercanas como Requena e Iquitos, de ríos colindantes como el Ucayali, Tigre y Marañón, y de otras regiones como San Martín. Las comunidades de Wicungo, Nuestra Señora de Fátima, Monte Alegre, Palmera del Tapiche, Frontera y España han sido reconocidas como nativas de la etnia Capanahua y Lobo Santa Rocino como nativa de la etnia Wampis, aun cuando algunos residentes hablan Kichwa. Asimismo las comunidades de Nueva Esperanza, San Pedro del Tapiche, Puerto Ángel, Canchalagua, Morales Bermudez y Nuevo Pacasmayo han sido reconocidas como comunidades campesinas (Tabla 10). La mayoría de la población Capanahua está ubicada en pocas comunidades en el Alto Tapiche tales como Limón Cocha, Yarina Frontera Topal y Nuestra Señora de Fátima, en el río Blanco en Nuevo Capanahua y asimismo en la zona del río Buncuya y en la comunidad de Aipena.

La población mayoritaria en este sector está conformada por adultos jóvenes (19 a 30 años), en menor medida la población infantil y de manera considerablemente reducida de ancianos.

Servicios públicos e infraestructura

En las comunidades encontramos que el ordenamiento y uso del espacio comunal son similares, es decir, viviendas concentradas alrededor de espacios centrales de uso común (p. ej., canchas de futbol). La excepción es Wicungo, cuyas viviendas están ordenadas de manera lineal a lo largo del río, debido principalmente a las características hidrográficas de la zona, ya que el río inunda casi por completo el centro poblado. Todas las comunidades cuentan con veredas peatonales construidas por el gobierno central a través del Fondo de Cooperación para el Desarrollo Social (FONCODES) a principio de la década de 2000. Estas veredas conectan las viviendas entre sí y con lugares de acceso común.

Las casas de fuerza (sistema de electrificación colectiva) generalmente abastecen de energía a las viviendas por tres horas durante la noche. Funcionan con petróleo y lo utilizan generalmente para ver televisión y conectar otros aparatos electrónicos. De las cuatro comunidades visitadas solo dos tenían su casa de fuerza en funcionamiento. Individualmente son pocas las familias que poseen grupo electrógeno que funciona con gasolina. Desde julio de 2014 todas las comunidades de ambas cuencas tienen instalado un sistema de energía fotovoltaica (paneles solares) en cada vivienda, los cuales fueron financiados por el Ministerio de Energía y Minas (MINEM). El sistema solo genera alumbrado domiciliario. Durante nuestra visita los paneles estaban a prueba; a partir de 2015 entrarán en operación permanente y cada vivienda deberá efectuar un pago mensual de 11.20 nuevos soles. Existe una gran expectativa por parte de los moradores de cómo va a funcionar este sistema de pago y mantenimiento del servicio, ya que las personas de las comunidades rurales no están acostumbradas a pagar por servicios de infraestructura comunal.

Los ríos Tapiche y Blanco permiten la comunicación entre las comunidades y son las principales vías de comercialización e interacción social vital para su existencia. Las embarcaciones más usadas son los botes individuales impulsados por motores peque peque. No hay embarcaciones comerciales, ya que la única embarcación de transporte público que hacía la ruta Santa Elena (cuenca del Tapiche)-Requena naufragó en 2010, sin reanudarse hasta la fecha. Los pobladores (sobre todo los más jóvenes) han trazado trochas dentro del bosque que facilitan el tránsito entre comunidades (p. ej., Palmera del Tapiche-Santa Elena, y Frontera-España).

Todas las comunidades tienen teléfonos Gilat, los que desde hace años vienen reemplazando el sistema de radiofonía. Pocas familias tienen acceso a la información a través de la televisión por cable.

El material de construcción de viviendas generalmente proviene del bosque (p. ej., maderas listones, pona, hojas de palmiche, shebón e irapay). En los últimos dos años el reemplazo de hojas de palmeras por láminas de calamina ha ido en aumento, producto de las donaciones en el marco del programa Techo Digno del Gobierno Regional de Loreto.

Todas las comunidades cuentan con escuelas de nivel primario, la mayoría de ellas unidocente. Los docentes provienen de Requena y en algunos casos con el paso del tiempo han sido aceptados como comuneros. El principal problema de las escuelas es la interrupción de las clases debido a la ausencia de los docentes a causa de enfermedad, trámites en la Unidad de Gestión Educativa Local (UGEL), cobro de sueldo, feriados y otros motivos. Estas desatenciones por parte del personal docente, la ausencia de supervisión para los mismos y una práctica educativa carente de principios de inclusión e interculturalidad, son también factores a considerar en los procesos migratorios, por familias que buscan una educación idónea para sus hijos e hijas.

Los niveles iniciales y secundarios solo existen en las capitales de cada distrito (Santa Elena, Iberia y Curinga) y en las comunidades de Limón Cocha (secundaria) y San Antonio de Fortaleza (inicial a nivel de infraestructura pero no cuenta con personal asignado; ver la Tabla 10). Esto explica que la mayor parte de la población que ha crecido en la zona llega a culminar sus estudios primarios. Muchos niños de 3 a 5 años no están ejerciendo su derecho a la escolaridad por la ausencia de centros iniciales. Para continuar estudios secundarios muchos acuden a las capitales de distrito. Los niños y adolescentes que viven en comunidades lejanas tienen poca probabilidad de estudiar la secundaria por la inversión que esto implica. Entre la población juvenil hay un significativo número que prefiere abandonar la

escuela para dedicarse a actividades extractivas que generan ingresos. En el caso de los jóvenes varones, se dedican principalmente a la extracción de madera o de alevinos (crías de peces ornamentales). En el caso de las mujeres, salen de las comunidades para trabajar como empleadas del hogar o en tiendas en Requena e Iquitos principalmente.

En cuanto a servicios de salud, encontramos que las capitales de distrito tienen puestos de salud, junto a las comunidades de Limón Cocha y Nuestra Señora de Fátima. Otras tienen botiquín comunal (Lobo Santa Rocino, Wicungo), en donde se encuentran las medicinas que son administradas por los promotores de salud. En otros casos la medicina se encuentra en la vivienda del promotor de salud (Frontera, Palmera del Tapiche). Entre 2013 y 2014 los botiquines fueron implementados con medicina por la empresa Pacific Rubiales SAC cuando se encontraba en la zona desarrollando trabajos de exploración sísmica. Según reporte de los promotores de salud, los principales problemas de salud están vinculados a las infecciones respiratorias agudas y las enfermedades diarreicas agudas. El interfluvio de Tapiche-Blanco es una zona endémica de malaria y se hacen campañas de prevención y capacitación a promotores de salud para el tratamiento de la enfermedad.

En las comunidades visitadas encontramos vestigios de proyectos de agua potable (Lobo Santa Rocino) y de saneamiento (Wicungo) que en la actualidad no funcionan. Las comunidades se abastecen de las aguas del río o de pozos artesanales (Palmera). Pocas familias tienen unidades básicas de saneamiento y las que existen se encuentran en malas condiciones. Existe un buen número que todavía realizan sus necesidades a campo abierto. En Wicungo hubo un proyecto de saneamiento (1997) que solo duró dos años; de las 18 viviendas que fueron beneficiadas solo 3 continúan su uso. La ausencia de estos servicios constituye la fuente de las principales enfermedades en las comunidades, como las enfermedades diarreicas agudas que generalmente afectan a los niños.

En las comunidades visitadas encontramos locales comunales en proceso de construcción (Lobo Santa Rocino, Frontera), local comunal grande y con buena infraestructura (Wicungo) y pequeño local tipo maloca (Palmera del Tapiche). También existen locales de

Tabla 10. Datos demográficos de las comunidades nativas, comunidades campesinas y centros poblados en el área de influencia del inventario rápido Tapiche-Blanco, en Loreto, Amazonía peruana. Fuentes de información: Municipalidades distritales de Tapiche, Soplín y Alto Tapiche; autoridades comunales; y CEDIA.

Denominación	Categoría	Titulada	En proceso de titulación	Familia lingüística	
Nuevo Progreso	Comunidad Nativa		x	Pano	
Nueva Esperanza	Comunidad Campesina		x		
Frontera	Comunidad Nativa		x	Pano	
España	Comunidad Nativa		x	Pano	
Curinga	Caserío*				
Lobo Santa Rocino	Comunidad Nativa		x	Jíbaro	
Nuevo Capanahua	Comunidad Nativa		x	Pano	
San Pedro del Tapiche	Comunidad Campesina		x		
Palmera del Tapiche	Comunidad Nativa		x	Pano	
Puerto Ángel	Comunidad Campesina		x		
Canchalagua	Comunidad Campesina		x		
Morales Bermudez	Comunidad Campesina		x		
Santa Elena	Caserío*				
Wicungo	Comunidad Nativa		x	Pano	
Yarina Frontera Topal	Comunidad Nativa	x		Pano	
Nuevo Pacasmayo	Comunidad Campesina		x		
Nuestra Señora de Fátima	Comunidad Nativa	x		Pano	
Monte Alegre	Comunidad Nativa		x	Pano	

* = Caseríos (saneamiento de predios individuales)

** = Primer Plan de Calidad de Vida elaborado con The Field Museum, el Instituto del Bien Común y SERNANP (Reserva Nacional Matsés) en 2012. Para todas las otras comunidades que tienen Plan de Vida (incluyendo Frontera) ha sido un proceso liderado por CEDIA desde 2014.

gobernación donde se realizan pequeñas audiencias de resolución de conflicto comunal con pequeños cuartos (calabozos) donde el comunero en falta cumple sentencia de acuerdo a la gravedad de la misma.

Gobernanza (organización social y liderazgo)

La estructura organizacional de las comunidades tiene un mismo patrón. Las diferencias se pueden encontrar en la dinámica de cada comunidad y esto depende de qué tan fortalecido se encuentre el tejido social y del tipo de liderazgo de sus representantes. En las comunidades visitadas los dos representantes del estado (agentes municipales y tenientes gobernadores) y los presidentes comunales o jefes constituyen los tres pilares de la organización comunal.

Resaltamos que todas las comunidades están en una etapa de reestructuración organizativa y están atravesando un proceso de fortalecimiento de la organización comunal basado en diferenciar los espacios y las funciones de cada una de estas autoridades considerando la normativa actual impulsado por CEDIA. Esta reestructuración es importante, ya que la mayoría de las poblaciones visitadas mantenían un modelo organizativo de caserío, donde hasta hace muy poco el teniente gobernador y el agente municipal figuraban como las principales autoridades comunales, y el nivel de preponderancia entre ambos se basaba principalmente en la ascendencia que se tenga sobre los miembros de la comunidad. El proceso de saneamiento físico-legal acompañado por el fortalecimiento de la organizacional comunal ha incorporado en las comunidades mecanismos democráticos de elección de autoridades a través de la implementación y re-direccionamiento de espacios existentes como la Asamblea y el Libro de Actas. Estas modificaciones se basan en el cumplimiento de requisitos previstos por

Grupo étnico con el que fue reconocido	Cuenca	Distrito	Población	Infraestructura escolar			Plan de Vida
				Inicial	Primaria	Secundaria	
Capanahua	Tapiche	Soplín	64		x		x
	Tapiche	Soplín	140		x		
Capanahua	Blanco	Soplín	55		x		x**
Capanahua	Blanco	Soplín	72		x		x
	Blanco	Soplín	250	x	x	x	x**
Wampis	Blanco	Soplín	174		x		x
Capanahua	Blanco	Soplín	78		x		x
	Tapiche	Tapiche	250		x		
Capanahua	Tapiche	Tapiche	115		x		x
	Tapiche	Tapiche	130		x		x
	Tapiche	Alto Tapiche	199	x	x		x
	Tapiche	Alto Tapiche	145		x		x
	Tapiche	Alto Tapiche	460	x	x	x	
Capanahua	Tapiche	Alto Tapiche	120		x		x
Capanahua	Tapiche	Alto Tapiche	10				
	Tapiche	Alto Tapiche	40		x		x
Capanahua	Tapiche	Alto Tapiche	120	x	x		
Capanahua	Tapiche	Alto Tapiche	51		x		x
TOTAL			**2,473**				

Ley, una vez que se accede al reconocimiento y titulación de los territorios. De esta manera también se han implementado las juntas directivas en caso de comunidades nativas y las directivas comunales en caso de comunidades campesinas ribereñas.

La asamblea general es el espacio de toma de decisiones para temas comunales en todos sus niveles (p. ej., limpieza comunal, cuotas de colaboración para gestiones o ayuda a algún comunero, acuerdos de buena vecindad, acuerdos de manejo de recursos naturales). Es entendido que la comunicación entre autoridades y la interrelación con las organizaciones internas (vaso de leche, promotor de salud, pastor evangélico o animador cristiano, Asociación de Padres de Familia, entre otras) y externas constituyen la fuente para una buena gestión. Observamos que las interrelaciones internas son positivas en la medida que coordinan y funcionan muy bien, pero en cuanto a las relaciones externas sobre todo con las municipalidades de su jurisprudencia no ha habido resultados positivos. La participación comunal en la gestión de proyectos municipales se remite a la intervención en las reuniones de los presupuestos participativos. Nos informaron que si se logra conseguir algún proyecto siempre ha sido un reto dar seguimiento al manejo de los recursos y al cumplimiento del proyecto. Las pocas gestiones que se han logrado han incluido abastecimiento de combustible, apoyo del alcalde en aniversario y donación de motor de luz.

Actualmente las comunidades están poniendo toda su atención en la gestión de la titulación de sus territorios, con la expectativa de obtener beneficios en cuanto al control de sus recursos. Otra expectativa existente es la de tener mejores relaciones con empresas petroleras, como Pacific Rubiales SAC, que en 2013 realizó un estudio de sísmica en la zona. Durante seis meses se promovió empleo temporal, aumentando los ingresos económicos de las familias. A consecuencia de ello se notó un aumento poblacional en la mayoría de las comunidades, como también un gran flujo de dinero en las mismas. Asimismo la empresa realizó pagos a las autoridades comunales por el uso de espacios comunales para establecer campamentos, trochas y líneas de sísmica. Esto ha contribuido a que hoy en día haya ansiedad y deseo de que regrese la empresa petrolera. También ha fomentado el interés de las poblaciones por el proceso de titulación, ya que si tuvieran el título comunal los beneficios económicos recibidos por parte de la empresa por el uso de espacios comunales sería mucho mayor según lo estipulado en la ley de los Ministerios de Agricultura y Energía y Minas.

Durante 2014 las municipalidades tuvieron mayor presencia por la coyuntura electoral, creando empleo temporal (barrenderas comunales en ciertas comunidades del Alto Tapiche) o apoyando en los aniversarios de las comunidades. Los alcaldes generalmente son o fueron empresarios madereros que pasaron de ser grandes habilitadores dentro del sistema de extracción de madera a gobernantes de los distritos. Existe un gran interés político y económico en el área visitada debido a la diversidad de recursos que se encuentran en la zona, pero principalmente debido al recurso forestal. Hasta la fecha ese recurso ha sido explotado usándose medios poco transparentes que han repercutido de manera negativa en las poblaciones y las ha perjudicado (ver el capítulo *Uso de recursos naturales, economía y conocimiento ecológico tradicional*, en este volumen). Esto explica el panorama político de la zona, así como también los intereses de las autoridades salientes y entrantes.

Se percibe descontento y decepción hacia los gobiernos locales salientes y mucha expectativa hacia los gobiernos que inician su gestión en 2015, tomando en cuenta que en dos de las cuatro comunidades visitadas hay regidores electos para este próximo periodo (Lobo Santa Rocino y Frontera).

El papel de los programas e instituciones del estado
En los últimos años el Estado, mediante el Ministerio de Desarrollo e Inclusión Social (MIDIS), ha venido desarrollando iniciativas direccionadas a reducir el nivel de pobreza a través de programas dirigidos a los grupos de población más vulnerables (mujeres, ancianos y niños y niñas) de las zonas más alejadas del país.

Como ha sido el caso en las comunidades visitadas en los inventarios pasados, en las comunidades visitadas están presentes algunos de estos programas. Uno es el Programa Nacional de Apoyo Directo a los más Pobres (JUNTOS), que transfiere dinero a las madres en situación de pobreza con la finalidad de que sus hijos menores de 19 años puedan acceder a mejores servicios de salud, nutrición y educación. En cada comunidad pocas madres (4–6) son seleccionadas para recibir los 100 soles al mes. Como el dinero solo se puede cobrar en la ciudad de Requena, las familias se organizan para ir cobrar el dinero cuando hayan acumulado seis meses de pago, para que justifique hacer un viaje tan largo y costoso.

El Programa Nacional de Alimentación Escolar, conocido como Qali Warma, comenzó a intervenir en las comunidades en 2013. Su finalidad es brindar alimentos variados y nutritivos a niños y niñas de inicial (a partir de los tres años de edad) y primaria de las escuelas públicas de todo el país, con el fin de mejorar la atención en clases, la asistencia y la permanencia. En 2014 los alimentos han llegado una sola vez y durarán tres meses. Los alimentos son administrados por los directores de cada escuela y la administración es fiscalizada por un comité conformado por padres de familia de la escuela. En algunas comunidades se han organizado para que la escuela tenga su comedor y cocina (Palmera del Tapiche), mientras en otras han adaptado un local para que funcione como comedor (Lobo Santa Rocino). En otros casos, cuando no ha sido posible coordinar con las autoridades, el docente ha tomado el criterio de repartir el alimento entre los padres de familia.

El programa Pensión 65 también está presente. Este programa tiene como finalidad atender a los adultos mayores de 65 años que no tienen pensión laboral. En algunas comunidades ya hicieron la focalización y en otras (Wicungo) los adultos mayores ya están cobrando su pensión.

Asimismo como en la mayoría de las comunidades visitadas en los inventarios pasados, también se está desarrollando el programa Techo Digno, promovido por el Gobierno Regional de Loreto. La mayoría de las comunidades han recibido calamina para techar sus casas.

Percepción de calidad de vida

Desde la percepción occidentalizada del modo de vida del hombre y mujer amazónica se atribuye una vida de pobreza y necesidades (Gasché 1999). Sin embargo, aún con las dificultades de infraestructura, dificultades políticas y una precaria y/o deficiente intervención del estado, encontramos en estas comunidades percepciones positivas sobre sus condiciones de vida y su entorno natural. En los resultados del ejercicio del 'hombre/mujer del buen vivir' se ha podido corroborar y conocer la percepción que los comuneros y comuneras tienen al respecto de la calidad de vida de cada comunidad visitada. En el ejercicio se analizaron las cinco dimensiones de la calidad de vida a nivel comunal: social, cultural, política, económica y recursos naturales y sus relaciones entre sí.

En un rango de 1 (la puntuación más baja o situación menos deseable) a 5 (la puntuación más alta o situación más deseable) en promedio las comunidades calificaron la vida social con un puntaje de 4.3. Afirman vivir en armonía, situación que es propicia para el trabajo conjunto, el cumplimiento en las obras comunales y el apoyo entre familias (ver la Tabla 11). En algunas comunidades como Frontera el 80% de las familias pertenecen a la iglesia evangélica, hecho que influye de manera positiva en la participación comunal, sobre todo en las faenas comunales. En todas las comunidades visitadas, las buenas relaciones se extienden al nivel intercomunal; se convidan a los miembros de las comunidades vecinas a eventos comunales tales como aniversarios. Vale mencionar que en este ámbito las relaciones de parentesco y los mecanismos de trabajo comunal (mañaneo, minga) propician un ambiente de participación e involucramiento comunal constante que se reproduce también a nivel intercomunal. Sin embargo, en algunos casos se han dado conflictos entre comunidades (p. ej., el caso entre Wicungo y Santa Elena relacionado al aprovechamiento de usos del sistema de cochas existente en la zona).

Las dimensiones de recursos naturales y vida económica han sido calificadas con puntajes promedios similares (3.5. y 3.6 respectivamente). La similitud no es casualidad sino responde a la estrecha relación entre la economía familiar y los recursos naturales. Según la percepción de los comuneros y lo observado en ambas cuencas hay recursos suficientes para la alimentación, la construcción de las viviendas y la venta en el mercado de productos agrícolas y peces de consumo y ornamentales. Sin embargo, afirman que los animales de caza se consiguen con más dificultad a diferencia de cinco años atrás.

El mercado laboral se fundamenta en la venta de mano de obra, principalmente para la extracción forestal. Es importante considerar que ésta es una actividad estacional y que las características del acuerdo van en contra del trabajador por darse a través de un sistema de habilitación. Aquí es importante resaltar que la extracción de recursos cuyo fin último es algún tipo de mercado, suele ser un tanto desordenada. En respuesta, los mismos pobladores han generado propuestas de manejo a nivel comunal, con la toma de acuerdos de Asamblea respecto a cuotas o periodos extractivos. Estas propuestas tienen un enfoque en la madera y alevinos, y están siendo acompañadas en un proceso técnico y legal por CEDIA.

Las dimensiones de la vida cultural y política obtuvieron un puntaje promedio de 3.3. Los pobladores calificaron la política así porque a pesar de estar funcionando bien internamente el nivel de su relacionamiento con las autoridades municipales no es positivo, como se mencionó anteriormente. Las gestiones se han estancado y los procesos de presupuesto participativo no están funcionando porque las obras priorizadas y con presupuesto no se están desarrollando. En cuanto a la vida cultural, nos informaron que sienten la necesidad de tener iniciativas para poder recuperar los conocimientos del idioma Capanahua y Kichwa en la comunidad de Lobo Santa Rocino. Asimismo están orgullosos de realizar mingas, de saber pescar, cazar, construir viviendas con materiales de la zona y preparar bebidas y comidas típicas.

Fortalezas sociales y culturales

Las fortalezas identificadas en las comunidades visitadas se extienden a las comunidades de ambas cuencas. Incluyen patrones sociales y culturales estrechamente vinculados al aprovechamiento de los recursos naturales y por ende al mercado. Aunque este vínculo ha sido el principal eje de los motivos de asentamiento en ambas cuencas, las comunidades en su mayoría mestizas han sabido adaptarse a la zona e incorporar prácticas de uso compatibles con el territorio. Identificamos las siguientes fortalezas sociales y culturales que son claves para la gestión de la conservación y el manejo de los recursos naturales: 1) complementariedad de género, 2) relaciones de parentesco, reciprocidad y trabajo comunitario, 3) procesos de titulación de comunidades y la presencia de CEDIA, 4) liderazgos emergentes, 5) un amplio conocimiento del área y del manejo y uso de los recursos naturales (bosque y agua; tratado en el próximo capítulo, *Uso de recursos naturales, economía y conocimiento ecológico tradicional*) y 6) la presencia de dos áreas protegidas de nivel nacional y una propuesta de conservación privada.

Complementariedad de género

Al igual como hemos visto en otros inventarios en la Amazonía peruana, en las comunidades visitadas hombres y mujeres desarrollan actividades que sustentan la economía familiar, relacionadas al conocimiento y uso de recursos que proveen el bosque y los ríos. Consideramos que el contexto social y económico muy vinculado al mercado procura la complementariedad del trabajo por género, ya que los distintos miembros de la familia trabajan asumiendo diversos roles, pero con objetivos comunes, de manera que resulta como estrategia para afrontar y hacer posible su autosostenimiento asegurando la provisión de productos extraídos del bosque y de chacras destinadas al autoconsumo y al mercado. La mujer no está excluida de estos procesos; al contrario, juega un papel trascendental. En las comunidades visitadas hemos visto varios ejemplos de ello: las mujeres siembran la yuca, ayudan en la elaboración de la fariña y acompañan a los esposos en la madereada (extracción de madera). Asimismo administran y toman decisiones en el ámbito del hogar.

En el ámbito público, las comunidades tienen establecido un sistema de participación bastante equitativo, en el sentido que tanto hombres y mujeres tienen derecho a voz y voto en las asambleas. Es decir, la participación femenina no está restringida al ámbito doméstico sino también se considera su participación en

espacios políticos comunales. Por ejemplo, en algunas comunidades las mujeres asumen un rol protagónico al ser elegidas autoridades máximas (Lobo Santa Rocino, Fátima). La participación de género también es un punto importante a considerar a nivel de generación, donde las mujeres mayores usan plantas medicinales, ayudan a traer al mundo a los niños y ayudan en el restablecimiento y cuidado de la madre. Hemos observado que en los espacios intercomunales las mujeres participan activamente, para organizar eventos o atender las necesidades nutricionales de sus hijos a través de los programas Vaso de Leche y JUNTOS.

Relaciones de parentesco, reciprocidad y trabajo comunitario

En las comunidades visitadas la base del buen funcionamiento organizacional y el cumplimiento de acuerdos comunales dependen mucho del tipo de relaciones establecidas entre comuneros. El sistema de cooperación y reciprocidad en las comunidades visitadas, asi como en la mayoría de las comunidades amazónicas, está basado en las relaciones de parentesco, matrimonio y amistad, permitiendo los procesos de participación conjunta como obras comunales de limpieza, mingas para trabajar las chacras, hacer canoas o casas, o redes de apoyo cuando se trata de alguna emergencia familiar o de salud.

Las relaciones de parentesco y la cercanía con otras comunidades en cada cuenca generan espacios de encuentro y reunión para la recreación, como aniversarios comunales o aniversarios distritales. Esta experiencia de juntarse para participar en celebraciones se debería utilizar para plantearse en conjunto nuevas formas de aprovechamiento y cuidado de los recursos de las cuencas.

Procesos de titulación de comunidades y la presencia de CEDIA

En los procesos de titulación la labor de CEDIA es muy importante, entendiendo que su propuesta de intervención en la zona es integral y a largo plazo. La labor de CEDIA se basa en los siguientes aspectos: 1) saneamiento físico-legal; 2) planes de vida como herramientas de gestión comunal; 3) fortalecimiento de la organización comunal; 4) uso sostenible de los recursos naturales; y 5) apoyo a la gestión de las áreas naturales protegidas.

El saneamiento físico-legal es el inicio del relacionamiento con las comunidades del área de intervención. Tiene como finalidad, en primera instancia, el reconocimiento de las poblaciones ribereñas, ya sea nativas o campesinas, por parte del Estado, dotándolas de existencia legal y personería jurídica. Una segunda finalidad es asegurar la propiedad de la tierra a estas poblaciones mediante la titulación, de acuerdo a la normativa vigente para ambos tipos de comunidades. En este proceso se deben tomar una serie de medidas de verificación en un trabajo técnico de acompañamiento y en convenio con el Ministerio de Agricultura a través de su dirección regional. En julio de 2015, 15 comunidades de las que están en proceso de titulación recibieron la Resolución Directoral de cada uno de sus títulos comunales por parte de la Dirección Regional Agraria de Loreto (DRAL), lo cual indica que el proceso de titulación estaba avanzado en más de un 80%. Se espera la entrega de dichos títulos en los próximos meses.

El plan de vida, un instrumento que se ha venido trabajando con las comunidades de las cuencas de Blanco y Tapiche, tiene como finalidad orientar la gestión comunal hacia actividades puntuales y medibles que signifiquen una mejora en la calidad de vida de la población. Una vez elaborado este instrumento de manera participativa, conteniendo las necesidades y expectativas de la población, se busca hilvanarlo a los mecanismos ciudadanos de participación a nivel local y regional, involucrando distintos actores locales (municipios) en la consecución de estos objetivos. Estos planes se han venido elaborando desde 2014 en 15 comunidades tanto del Tapiche como del Blanco. A comienzos de julio de 2015 se realizó un evento de tres días organizado por CEDIA para presentar oficialmente los planes de vida de las comunidades a las autoridades locales, regionales y sectoriales de la provincia de Requena, Región Loreto, e incidir en la implementación de las prioridades comunales. Parte del equipo social del inventario rápido tuvo la oportunidad de participar de este evento. Fue muy emotivo escuchar directamente de los representantes de cada una de las comunidades y de los líderes de las cuencas sus experiencias en el desarrollo de los planes de vida y las prioridades organizadas dentro de sus planes de acción. Las prioridades están directamente relacionadas con el fortalecimiento organizacional para poder coordinar y actuar frente a sus necesidades de mejorar la educación, la salud y el desarrollo de actividades productivas.

En lo referente al fortalecimiento de la organización comunal, CEDIA ha establecida una metodología de intervención que se centra en el empoderamiento de la población respecto a temas inherentes a su condición de comunidad —sea nativa o campesina— con la intención de contribuir a la gestión comunal y de los recursos de manera formal, ordenada y en concordancia con la normativa vigente. Este proceso de empoderamiento apunta a que la población, cuando emplea de manera eficiente su estructura organizativa y de representación, pueda relacionarse con instancias estatales como privadas de manera horizontal e igualitaria, siendo la promotora de su propio desarrollo.

Tabla 11. Resultados de la dinámica de calidad de vida en las comunidades visitadas durante un inventario rápido del interfluvio de Tapiche-Blanco, Amazonía peruana.

Comunidad	Cuenca	Recursos naturales	Relaciones sociales	Política	Economía	Cultura	Promedio
Lobo Santa Rocino	Blanco	4	5	3	4	3	3.8
Frontera	Blanco	3	4	3	3	3	3.2
Wicungo	Tapiche	4	4	4	4	3	3.8
Palmera del Tapiche	Tapiche	3	4	3	3.5	4	3.5
Promedio		**3.5**	**4.3**	**3.3**	**3.6**	**3.3**	**3.6**

Liderazgos emergentes

Existen en cada cuenca líderes comunales que juegan el papel de interlocutores activos en pro de la defensa de sus recursos naturales y sus territorios. Es el caso del jefe de la comunidad de Lobo Santa Rocino de la cuenca del Blanco, junto a otros hombres y mujeres de la cuenca del Tapiche, quienes se vislumbran como líderes emergentes y que podrían ser los movilizadores de la unificación y la gestión del área propuesta de conservación. A ellos se unen los jóvenes y mujeres que vienen asumiendo cargos municipales. Es preciso acotar que estas personalidades carismáticas e influyentes deben reforzar acciones a nivel interno e intercomunal para poder determinar una meta basada en los intereses de sus comunidades pero pensando en un espacio integrado y con intereses afines.

En la elección de autoridades municipales en octubre de 2014 dos de las comunidades visitadas se eligieron dos regidores jóvenes de la comunidad de Lobo y uno en la comunidad de Frontera quien ocupa el cargo de primer regidor. Durante el inventario tuvimos la oportunidad de conversar tanto con unos regidores salientes como con los nuevos. Los regidores electos recientemente son personas bien activas y dinámicas con un fuerte interés en fortalecer a sus comunidades y en la conservación y manejo de sus recursos naturales. Asimismo han participado activamente en las iniciativas con CEDIA, específicamente el desarrollo de los planes de vida comunales, y han facilitado que las comunidades presenten las prioridades de sus planes de vida ante las autoridades municipales durante las sesiones de los presupuestos participativos. Estas autoridades son la pieza clave y necesaria para hacer que estos planes de vida sean institucionalizados mediante su reconocimeinto por ordenaza a nivel municipal.

Amplio conocimiento del área y del manejo y uso de los recursos naturales (bosque y agua)

Esta fortaleza importante es analizada y descrita a detalle en el siguiente capítulo, *Uso de recursos naturales, economía y conocimiento ecológico tradicional.*

Presencia de dos áreas protegidas de nivel nacional y una propuesta de conservación privada

También consideramos como una fortaleza importante la vecindad y colindancia con dos áreas protegidas existentes y la propuesta de reserva privada Tapiche.

Hacia el oeste del área de estudio se encuentra la Reserva Nacional Matsés y hacia el suroeste la Zona Reservada Sierra del Divisor. Estas dos áreas protegidas buscan contribuir a la conservación de la biodiversidad, a fin de permitir a la población indígena y mestiza continuar con el aprovechamiento tradicional, permanente y sostenible de los mismos. Asimismo la presencia de estas áreas protegidas (y otras en territorio brasileño) posibilita un corredor biológico binacional ininterrumpido de más de 3 millones de ha. La Reserva Nacional Matsés y la Zona Reservada Sierra del Divisor son administradas por el Servicio Nacional de Áreas Naturales Protegidas por el Estado Peruano (SERNANP) y forman parte del Sistema Nacional de Áreas Naturales Protegidas (SINANPE). Desde 2011 en la Reserva Nacional Matsés y desde 2013 en la Zona Reservada Sierra del Divisor, SERNANP realiza actividades de control y vigilancia, fortalecimiento de capacidades a las comunidades, con presencia periódica de guardaparques en algunas comunidades del bajo Tapiche y Blanco. En algunas de las comunidades visitadas, como Nueva Esperanza y Frontera, los pobladores ven al SERNANP y a la Reserva Nacional Matsés como instituciones que restringen el uso de los recursos naturales. Esto ha sido resultado del proceso de creación y establecimiento de la Reserva Nacional Matsés, en el que el estado no reconoció las comunidades mestizas ribereñas en la cuenca del Blanco y el territorio que ellas ocupaban (aun tampoco tenían título comunal) y no dejó un área lo suficientemente grande para estas comunidades.

En contraste, otras comunidades en el alto río Blanco, como Lobo Santa Rocino y Nuevo Capanahua, ven al SERNANP y a la Zona Reservada Sierra del Divisor como una oportunidad para la conservación y el manejo sostenible de los recursos naturales. En la comunidad de Lobo Santa Rocino, los dos guardaparques de la Zona Reservada Sierra del Divisor han venido desarrollando desde 2014 un fuerte acercamiento a la comunidad mediante el involucramiento de dos guardaprques voluntarios de la comunidad y el establecimiento de playas artificiales para anidación de taricayas, trabajando con el docente y el colegio. Este proceso ha sido un éxito hasta la fecha y ha generado mayor interés en las comunidades por el cuidado y repoblamiento de tortugas y por comenzar a manejar sus cuerpos de agua para proteger los peces también. Asimismo se ha difundido bastante información acerca de dicha área protegida y mapas indicando los limites de ésta y se ha generado bastante discusión alrededor de la extracción maderera dentro del área de la Zona Reservada Sierra del Divisor, hasta llegar a acuerdos comunales recientes de no extraer madera de la misma (P. Rimachi, com. pers.).

El personal de la Reserva Nacional Matsés ha trabajado intensamente en la zona del bajo Tapiche, en la quebrada Aleman, que está en el área de amortiguamiento de la Reserva Nacional Matsés y al norte de nuestra área de estudio. Allí se han desarrollado acuerdos de actividad menor (aprovechamiento de recursos naturales a pequeña escala y sin fines comerciales) con las comunidades. En la zona del río Blanco existe un puerto de control y vigilancia adentro hacia la Reserva Nacional Matsés y en frente al poblado de Curinga, con mayoría guardaparques de la etnia Matsés. Esta situación no ha sido muy beneficiosa para el relacionamiento con las comunidades del Blanco, de mayoría mestiza, y que aún tiene un poco de resentimiento por el establecimiento de la Reserva Nacional Matsés que les ha limitado sus espacios comunales. Debido a esto se están realizando varios ajustes para mejorar estas relaciones, como incorporar más personal mestizo y de la zona y establecer una oficina de la Reserva Nacional Matsés en Curinga (C. Carpio, com. pers.) A pesar de estas iniciativas positivas aún hay limitaciones para la gestión de estas áreas (p. ej., personal limitado, presupuesto limitado y la categorización inconclusa de la Zona Reservada Sierra del Divisor) que imposibilitan una mejor integración con las comunidades colindantes o cercanas a estas.

La propuesta de reserva privada de la Reserva Tapiche, en el bajo Tapiche, comprende un área de alrededor de 6,000 ha (Da Costa Reis 2011; *http://www.tapichejungle.com*). Su objetivo es el ecoturismo a través de un eco-albergue y la conservación de los recursos naturales, en particular aquellos en la Garza Cocha. Nos han informado tanto comuneros de la zona como los representates de la Reserva Tapiche que las relaciones sociales entre ellos no son buenas debido a una falta de acercamiento entre ambas partes.

Consideramos que todas estas fortalezas representan una oportunidad de concretar e implementar una visión común entre los pobladores de las cuencas del Tapiche y Blanco para el cuidado y manejo de los recursos naturales y una buena calidad de vida.

USO DE RECURSOS NATURALES, ECONOMÍA Y CONOCIMIENTO ECOLÓGICO TRADICIONAL

Autores/Participantes: Diana Alvira Reyes, Luciano Cardoso, Jorge Joel Inga Pinedo, Ángel López, Cecilia Núñez Pérez, Joel Yuri Paitan Cano, Mario Pariona Fonseca, David Rivera González, José Alejandro Urrestty Aspajo y Roni Villanueva Fajardo (en orden alfabético)

Objetos de conservación: Conocimientos locales sobre los recursos naturales (recursos forestales, plantas medicinales y fauna) que son transmitidos de generación en generación y que proveen gran capacidad de adaptación a los cambios físicos y climáticos del paisaje; diversificación de cultivos en chacras y huertas familiares, que asegura la fuente genética de los productos agrícolas como maíz, yuca, plátano y piña; respeto por zonas vinculadas a mitos y creencias que sirven como mecanismo de control y regulación de uso; espacios de discusión y decisión a nivel comunal, mecanismos de control que propician las buenas relaciones y prácticas organizacionales reglamentadas para el manejo de recursos; relaciones de parentesco y de reciprocidad; y celebraciones y acciones colectivas que promueven espacios de intercambio cultural, apoyo mutuo y cohesión a nivel intercomunal

INTRODUCCIÓN

Presentamos en este capítulo un análisis somero del uso y aprovechamiento de los recursos naturales y de la economía familiar de las comunidades ribereñas de las cuencas de los ríos Tapiche y Blanco. Los recursos naturales son aprovechados en base a los conocimientos y prácticas tradicionales que les han permitido a los pobladores adecuarse a los diferentes ecosistemas que habitan y adaptarse a los periodos estacionales que cambian drásticamente durante el año. La economía familiar se caracteriza por ser diversificada y dinámica por estar muy conectada al mercado. Las actividades económicas están basadas principalmente en la extracción maderera, pesca ornamental y de consumo, caza de animales, agricultura de autoconsumo y comercialización de plátanos (*Musa paradisiaca*), yuca (*Manihot esculenta*) y los derivados de yuca como la fariña (de mayor demanda por los madereros) y tapioca en los centros poblados de Curinga, Santa Elena y Requena.

En las visitas a las comunidades percibimos una gran preocupación por el futuro de sus bosques debido a la constante y excesiva extracción de las especies maderables. Caoba (*Swietenia macrophylla*) y cedro (*Cedrela* spp.) ya son muy difíciles de encontrar. Asimismo se corre el riesgo de perder más especies forestales y especies de fauna acuática como paiche (*Arapaima gigas*), arahuana (*Osteoglossum bicirrhosum*) y taricaya (*Podocnemis unifilis*). En respuesta a estas preocupaciones, los pobladores están desarrollando en sus ámbitos comunales planes de manejo. Algunas comunidades como Wicungo ya tienen iniciativas en proceso para el manejo de cuerpos de agua (cochas) con fines de extracción de alevinos de arahuana y están siendo apoyados por la ONG CEDIA (Centro para el Desarrollo del Indígena Amazónico). En la comunidad de Lobo Santa Rocino existe una iniciativa de recuperar algunas especies de tortugas acuáticas, apoyada por personal del Servicio Nacional de Áreas Protegidas por el Estado (SERNANP) de la Zona Reservada Sierra del Divisor.

A continuación daremos a conocer una breve descripción objetiva de los conocimientos y sabidurías del bosque, del manejo y empleo de las técnicas ancestrales y de los factores sociales que conciernen al aprovechamiento de los recursos naturales en las comunidades, como los vínculos con el mercado.

MÉTODOS

Para lograr un entendimiento integral de los conocimientos tradicionales de uso de los recursos naturales y su ambiente, realizamos grupos focales de mujeres, hombres adultos y jóvenes. En estos grupos focales desarrollamos el mapeo de uso de recursos naturales con el objetivo de entender como los residentes

perciben y se relacionan con su entorno. Con los mapas identificamos los diferentes usos de la tierra: las áreas de extracción de los recursos, las trochas y caminos, los cuerpos de agua (cochas y quebradas) y las áreas prohibidas o peligrosas. Después del ejercicio de mapeo, visitamos las chacras, cochas y quebradas en el territorio comunal para documentar la diversidad de cultivos, otras plantas y peces. Realizamos entrevistas semi-estructuradas y no estructuradas con los informantes claves, enfocándonos en el uso y manejo de los recursos naturales, conocimientos de los bosques primarios y secundarios, uso y conocimiento de plantas medicinales, mitologías y percepciones de los periodos climáticos. Durante estas visitas también realizamos encuestas para documentar la economía familiar.

RESULTADOS Y DISCUSIÓN

Breve referencia histórica de la extracción de los recursos naturales en la zona del Tapiche y Blanco

Las actividades económicas desarrolladas por los pobladores reflejan un amplio conocimiento del territorio y de los recursos que poseen, siendo esto el eje principal de los patrones de asentamiento que han dado vida a la mayoría de las comunidades de la zona. El Padre Isidro Salvador durante su permanencia en Requena recopiló las memorias del Padre Agustín López Pardo (fundador de Requena) y publicó en 1972 *El Misionero del Remo* (Salvador 1972). En dicho documento menciona la importancia de la actividad cauchera en la cuenca del Tapiche por las personas Juan Hidalgo y Vidal Ruiz, quienes implantaron el régimen del intercambio de productos como machetes, escopetas, espejos, entre otros a cambio de bolas de jebe y maderas finas con los grupos indígenas Capanahua y Remo. Estos señores fueron estableciendo para extraer caucho, shiringa (*Hevea brasiliensis*) y leche caspi (*Couma macrocarpa*). Los más importantes estuvieron en el alto Tapiche, cerca de los puestos policiales Venus y Canchalagua, y en la boca de la quebrada Umayta y Moteloyacu, donde hoy se encuentra la comunidad nativa Monte Alegre.

El boom del caucho reinó en la Amazonía peruana entre los años 1880 y 1914, aunque su extracción y exportación ya se venía realizando desde varios años antes (San Román 1994). Cuando terminó el boom del caucho, transcendió en la selva peruana una catástrofe económica. Fue forzoso reconstruir la economía, y es así que empieza la intervención de los grupos de intereses con poder en la Amazonía. Estos actores orientaron sus finanzas en la búsqueda de nuevos productos de exportación e iniciaron la explotación de maderas finas como caoba y cedro.

En el año 1918 una firma extranjera empezó la exportación hacia los Estados Unidos. En un primer momento fue enviar madera en trozas, pero en 1930 fue prohibida la exportación de madera en rollo. Esta regulación generó la instalación de aserraderos en Iquitos y sus alrededores (Santos Granero y Barclay 2002). También en aquellos años hace su aparición la demanda de cueros y pieles finas, cuya producción creció rápidamente. El negocio de las pieles hizo muchos daños a la selva peruana, pero gracias a la veda otorgada por el gobierno se interrumpió este negocio. En 1954 los peces ornamentales ingresaron al mercado como otros productos de exportación, logrando un lugar de privilegio en la lista de ingresos monetarios. Esta actividad mantiene hoy su importancia económica, y actualmente brinda buenos ingresos a las poblaciones de las cuencas del Tapiche y Blanco que están localizadas cercas de cochas y quebradas de aguas negras como las comunidades de Wicungo y Frontera visitadas durante el inventario.

Sin embargo, la madera continúa siendo el principal rubro de exportación en Loreto. Su explotación ha generado un crecimiento vertiginoso, desordenado y además ilegal y cada vez viene diversificándose, generando mercado para nuevas especies maderables (Urrunaga et al. 2012). Actualmente la demanda y la exportación de maderas duras va en crecimiento, siendo las especies más importantes shihuahuaco (*Dipteryx micrantha*), ana caspi (*Apuleia leiocarpa*), huayruro (*Ormosia coccinea*), palisangre (*Brosimum rubescens*), mari mari (*Hymenolobium pulcherrimum*) y azúcar huayo (*Hymenaea courbaril*). Este crecimiento en la actividad maderera pudimos constatar en la zona de los ríos Tapiche y Blanco y describimos más adelante en este capítulo.

Calendario agroecológico

Elaboramos un calendario agroecológico y del uso de los recursos naturales (Fig. 22) con las informaciones obtenidas durante las entrevistas y durante el mapeo de los recursos naturales. En estos diálogos los pobladores mencionaron varias preocupaciones. Ellos perciben que los patrones de vaciante y creciente, que eran estables por muchos años, actualmente son muy variados. También mencionaron que ya no se puede predecir como en los años anteriores cuando vendrán las lluvias o la época de verano. Esto hace que varíe el caudal de los ríos en periodos no previstos, lo que perjudica las actividades agrícolas, la extracción de recursos forestales, la extracción de los recursos hidrobiológicos, la caza de fauna silvestre y la movilidad a lo largo de los ríos y quebradas, en particular el río Blanco.

En el calendario podemos observar que las poblaciones locales concentran sus actividades de extracción de recursos naturales en el mes de marzo, que es el comienzo del periodo escolar, cuando necesitan comprar útiles escolares. También es así para las fechas festivas o patronales, y los aniversarios de creación o fundación de sus comunidades.

La actividad agrícola es realizada en restingas, alturas y bajiales (barrizales), en función al periodo de lluvias para cultivos estacionales y en colinas y terrazas durante todo el año. Los productos principales son los plátanos y la yuca; con este último producen la fariña y tapioca durante todo el año. Realizan la pesca de consumo durante todo el año y la extracción de peces ornaméntales a inicios y finales de temporada de la época seca e a inicios de los periodos de lluvias.

Medios de vida y economía familiar

En las comunidades visitadas identificamos diferentes estrategias y medios de vida. Llamamos medios de vida a las actividades que realizan las personas, familias o grupos para generar bienes (incluyendo dinero) o servicios para satisfacer sus necesidades. Cada uno de estos medios de vida requiere del acceso y uso de diferentes recursos. Una misma persona, familia o grupo tiene varios medios de vida al mismo tiempo, y a ese conjunto específico se lo llama 'estrategia de vida.' De esta manera observamos y analizamos que la economía familiar de la zona de estudio está determinada por la ubicación de las comunidades (zona de altura o zona de bajial), la diversificación de actividades multicíclicas (realizadas a lo largo del año; ver la Fig. 22) y el acceso al mercado.

Los principales medios en las comunidades visitadas son la extracción maderera, la pesca ornamental y de consumo, la caza de animales para consumo y venta, la agricultura de autoconsumo y la comercialización de plátanos, yuca y sus derivados. Asimismo observamos que en cada comunidad hay una o dos bodegas o tiendas que representan el principal medio de vida para la familia dueña.

A continuación resaltaremos algunas particularidades en cuanto a las actividades productivas en las comunidades visitadas.

La comunidad nativa de Wicungo en el alto río Tapiche está ubicada en una zona inundable y rodeada de dos extensas cochas, ricas en recursos hidrobiológicos y en particular en alevinos de arahuana. Es así que una de las principales actividades económicas de las familias es la extracción de alevinos de arahuana desde septiembre hasta marzo, y la pesca de autoconsumo y para la venta. En esta comunidad existe poco terreno de altura para la agricultura. Por lo tanto, esta actividad solo se desarrolla en la época seca y a la orilla del río. Wicungo suple la mayoría de sus necesidades de yuca, fariña y plátanos comprando e intercambiando productos con las comunidades de altura del alto Tapiche. Algunos miembros de la comunidad se dedican a la extracción maderera, ya sea a nivel familiar o trabajando para algún patrón, como será descrito más adelante en el capítulo. Wicungo está localizada en un punto estratégico desde el punto de vista de recursos hidrobiológicos por estar rodeada de abundantes y ricos cuerpos de agua, y desde el punto de vista maderero también, por estar localizada en la boca de la quebrada Punga, zona donde se ha desarrollado bastante la actividad maderera legal e ilegal (Fig. 2A).

En contraste, la comunidad nativa Palmera del Tapiche, localizada aguas abajo de Wicungo en el río Tapiche y muy cerca de la capital del distrito Santa Elena, está en terreno de altura propicio para la siembra de plátano y yuca. Por lo tanto, una de sus principales

actividades económicas es la producción de fariña y tapioca (comercializada en Santa Elena, Requena y vendida a madereros) y en menor medida la pesca de autoconsumo y para la venta.

En contraste con la cuenca del río Tapiche, el Blanco es un río de menor caudal y de difícil navegación en la época seca. Asimismo es una cuenca de menor población, con solo cinco comunidades. Al igual que la comunidad de Palmera del Tapiche, Lobo Santa Rocino en el alto río Blanco y Frontera en el bajo río Blanco están localizadas en terreno de altura. En Lobo Santa Rocino se desarrolla la agricultura de autoconsumo y se siembra plátano para vender en Requena. Por su cercanía a zonas boscosas con recursos maderables, varias de las familias se dedican a actividades de extracción maderera y caza de autoconsumo y venta.

Aguas abajo en el río Blanco, la comunidad nativa de Frontera está ubicada en su mayoría en bosques de arena blanca (varillales), los cuales no son muy buenos para la agricultura. En esta comunidad se siembra plátano, maíz (*Zea mays*) y yuca, principalmente para consumo. Así como en Wicungo, en Frontera hay abundantes recursos hidrobiológicos, en particular en la quebrada Pobreza, donde los comuneros se dedican a la pesca ornamental de varias especies y durante casi todo el año. La actividad de pesca de autoconsumo y venta también es muy importante para esta comunidad. La actividad maderera es desarrollada en una menor escala a nivel familiar o trabajando para un patrón.

La información sobre la economía familiar fue obtenida a través de entrevistas semi-estructuradas, partiendo del análisis y balance entre el aporte económico de los productos para autoconsumo y venta, y de los gastos realizados para el mantenimiento de las familias. En las entrevistas a los hogares preguntamos por los principales productos que se compran en las bodegas o en las ciudades grandes y el precio de los mismos. El producto que genera mayor gasto a las familias es el combustible (gasolina). Otros productos importantes son las herramientas de trabajo (principalmente motosierra y sus repuestos), cartuchos para cacería, ropa y utensilios para el hogar.

Cabe destacar que el efectivo obtenido por las familias para cubrir sus necesidades proviene del bosque, principalmente de la venta de madera, peces (alevinos de arahuana y ornamentales), carne del monte, productos de la chacra y frutos del bosque (como aguaje [*Mauritia flexuosa*] y ungurahui [*Oenocarpus bataua*]). Es con la venta de estos productos que se relacionan con el mercado en las capitales de distritos (Santa Elena y Curinga), Requena y ocasionalmente en Iquitos. Observamos que los beneficios obtenidos del bosque, la chacra y los cuerpos de agua suplen el 60% de la economía familiar (Fig. 23). El 40% restante es cubierto por los ingresos obtenidos de la venta de productos agrícolas, peces ornamentales y madera.

Una actividad económica importante es la pesca de consumo, que se realiza principalmente con fines comerciales y de subsistencia. Por ejemplo, en la comunidad de Frontera una familia de seis integrantes puede llegar a consumir hasta 25 kg de pescado a la semana, vender hasta 1,200 kg al año y obtener por esto alrededor de 3,840 nuevos soles al año.

Como se mencionó anteriormente, podemos relacionar a las comunidades de acuerdo al tipo de recursos aprovechados. Lobo Santa Rocino y Palmera del Tapiche obtienen sus ingresos mayormente de la venta de productos provenientes de las chacras, como el plátano (hasta 7 variedades) y la yuca (hasta 6 variedades), mientras que Wicungo y Frontera obtienen sus ingresos de la venta de alevinos de arahuana y peces ornamentales respectivamente (Inga Sánchez y López Parodi 2001). Cuando analizamos las actividades económicas que generan más ingresos, observamos que con la pesca se obtienen más ingresos y con menor esfuerzo a comparación de la actividad maderera. Con esta última se demora hasta seis meses para poder comercializar la madera, los sueldos son muy bajos (10–15 nuevos soles por día) y las condiciones de trabajo son paupérrimas.

Es importante indicar que no existen planes de manejo de animales silvestres ni acuerdos comunales sobre cuotas de caza. Por todo lo antes indicado, podemos asegurar que en la zona de estudio el bosque provee y asegura la alimentación y los materiales para vivienda de los comuneros.

Aportes de los cultivos agrícolas a la economía familiar

Con la finalidad de ahondar el análisis de la importancia de la producción agrícola, elaboramos mapas participativos y logramos identificar los sitios apropiados para los cultivos agrícolas. Los pobladores realizan estas actividades en función a las estacionalidades climáticas, la fertilidad del suelo y la orografía del terreno (Rodríguez Achung 1990). Al corroborar estas informaciones con los informantes focales y las visitas al campo, resultó que las áreas de mayor uso son los bajiales, las restingas y las alturas (denominaciones locales) y los cultivos que predominan son la yuca, plátano, maíz y arroz (*Oryza sativa*).

Los bajiales (barriales y playas) son elegidos para los cultivos temporales. Pequeñas áreas a lo largo del río Tapiche y del río Blanco (pero de manera menos frecuente en este último) son aprovechadas durante las vacantes de junio a noviembre para cultivar maíz, frijol (*Phaseolus vulgaris*), sandía (*Citrullus lanatus*), yuca tresmesina, ají dulce (*Capsicum annuum*) y otros productos temporales (ver el Apéndice 9 y la Fig. 22). Los pobladores de esta zona cultivan extensiones relativamente pequeñas (0.5–1 ha). Las parcelas cultivadas están dispersas debido a las características geográficas, por cortes de quebradas, aguajales y cochas. También depende de las capacidades del poblador y de las características de las tierras de cultivos donde vive. En los bajiales no es necesaria la rotación de cultivos, porque el uso de estas tierras es de periodos cortos durante el año. Este uso anual es posible gracias a las inundaciones que ocurren estacionalmente, fenómeno natural que contribuye con la fertilización natural del suelo. Si bien estas tierras son productivas, en la actualidad los pobladores están preocupadas debido a los cambios de los periodos de creciente. Por ejemplo, en 2014 la creciente se adelantó, comenzando en septiembre (Fig. 22), y afectó a muchos cultivos.

Las tierras de altura son áreas destinadas para los cultivos anuales y permanentes (frutales). Esta denominación fisiográfica local incluye las terrazas y colinas, las cuales muestran suelos de textura franco-arcillo-arenoso a franco arcilloso, de color rojo amarillento, con una delgada capa superficial de materia orgánica. Estos suelos solo son relativamente

Figure 22. Un calendario ecológico preparado por comunidades visitadas durante el inventario rápido en las cuencas de los ríos Tapiche y Blanco, Loreto, Perú, mostrando las épocas del año en que varios recursos naturales de la región son cosechados y denotando las diferentes actividades que ocurren a lo largo del año.

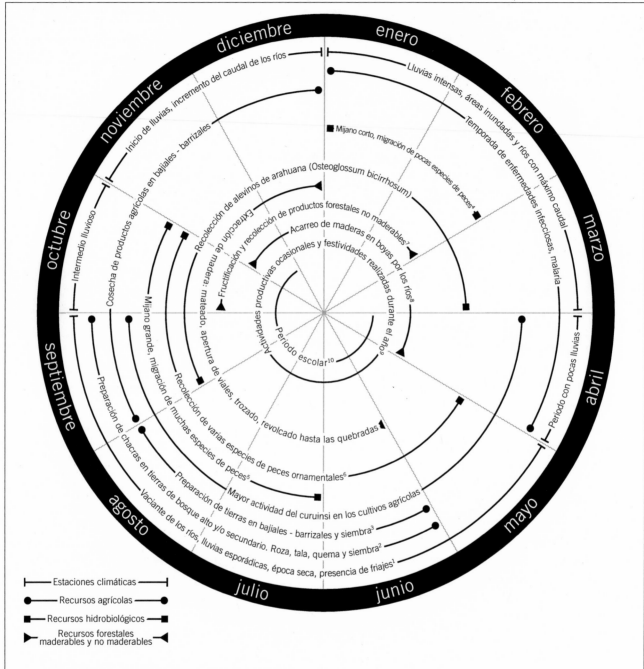

1. El friaje es semana previa y precedente a San Juan (24 de junio) y Santa Rosa de Lima (30 de agosto); estos dos últimos años se reportaron friajes inusuales.
2. Plantaciones de plátanos (*Musa paradisiaca*), maíz (*Zea mays*), arroz (*Oryza sativa*), yuca (*Manihot esculenta*), plantas medicinales, verduras y árboles frutales.
3. Cultivo diversificado: maíz, frijol (*Phaseolus vulgaris*), arroz, sandía y muchas verduras.
4. Migración de lisa (*Leporinus fasciatus*), curuhuara (*Metynnis luna*), sábalo (*Brycon cephalus*), palometa (*Mylossoma duriventre*) y acarahuazú (*Astronotus ocellatus*).
5. Abundancia de fasaco (*Hoplias malabaricus*), bocón (*Ageneiosus marmoratus*), novia (*Liosomadoras* spp.), yaraquí (*Semaprochilodus amazonensis*), zúngaro (*Zungaro* sp.) y lisa (*Schizodon fasciatus*)
6. Épocas de mayor demanda y de mejores precios de los peces ornamentales, son a inicios y final de este periodo de tiempo.
7. Especies aprovechadas: aguaje (*Mauritia flexuosa*), ungurahui (*Oenocarpus bataua*), umari (*Poraqueiba sericea*), zapote (*Matisia cordata*), pomarosa (*Eugenia malaccensis*), ubilla de monte (*Pourouma minor*) y pijuayo (*Bactris gasipaes*).
8. Especies aprovechadas: cumala (*Virola* spp.), cedro (*Cedrela* spp.), marupá (*Simarouba amara*), canela moena (*Ocotea* spp.), capinurí (*Maquira coriacea*), lupuna (*Ceiba pentandra*), tornillo (*Cedrelinga cateniformis*).
9. Actividades permanentes, siembra de yuca, plátanos, cuidado de las chacras, pesca para consumo y venta, extracción de hojas y maderaje para casa y caza para consumo y venta.
10. Incrementa la cacería al inicio del año escolar (marzo-abril) y durante las celebraciones del aniversario del caserío o comunidad.

productivos durante los dos primeros años de uso, debido a la baja fertilidad que presentan.

El sistema de cultivo en los ríos Tapiche y Blanco es similar al de todas las sociedades bosquesinas de la Amazonía (Oré Balbin y Llapapasca Samaniego 1996). Los agricultores inician con la rosa, tumba y quema del bosque primario. Luego de cultivar y cosechar sus productos, dejan en barbecho (purma) por unos seis años para que los suelos recuperen su fertilidad natural. En otras ocasiones los periodos son cortos, cada cuatro años, debido a la cercanía de sus viviendas o escasez de tierras; pero la producción en estas purmas jóvenes es baja. Cuanto más tiempo las tierras están en descanso, mejor la producción que brinden. Los entrevistados indican que los barbechos con mayores de 10 años (bosque secundario) son excelentes. La mayoría de las familias en las comunidades visitadas disponen de purmas jóvenes y viejos. Estas áreas tienen el estatus de pertenencia y son heredadas dentro del núcleo familiar.

No todas las tierras de alturas son adecuadas para todos los cultivos. Para producir yuca los agricultores buscan tierras de altura con suelos franco arcillosos y evitan la arena blanca. Para plátanos, maíz, arroz y variedades de verduras buscan suelos con materia orgánica, ligeramente arcillosos. Los árboles frutales y otros cultivos son exigentes a ciertas características y fertilidades de suelo que los agricultores conocen bien. Por ejemplo, las piñas producen muy bien en suelos de arena blanca.

Las chacras varían en tamaño de 0.5 hasta 4 ha. Contienen una serie de plantas que los pobladores siembran estrictamente para su alimentación, así como los cultivos principales como plátanos, yuca, maíz y arroz. De los cultivos principales destinan una parte para el consumo, otra parte para el mercado local y la mayor parte para los mercados regionales. Las chacras son de propiedad familiar (no son comunales) pero son construidas mediante colaboraciones reciprocas. El desbosque se realiza con grupos de apoyo (mingas y mañaneos), mientras que los sembríos, el control de malezas y la cosecha habitualmente ejecutan a nivel familiar. El estilo de trabajo mediante cooperación mutua constituye un medio de integración familiar, genera mayor cohesión comunal y no requiere dinero circulante para realizar los pagos de la mano de obra.

Los productos agrícolas que aportan a la economía de las comunidades son la yuca, plátanos y maíz. Estos productos representan aproximadamente el 30% de ingreso, dependiendo de la comunidad. La producción de yuca es prioridad en las comunidades Palmera del Tapiche y Lobo Santa Rocino, que son las principales productoras de fariña para la comercialización. Las mayores ventas y a los mejores precios reciben de los madereros de la zona. Logran vender en un precio de hasta 2 soles/kg, mientras que en Requena el precio es 1.50 soles/kg. La yuca también es un componente principal en la alimentación de los moradores comunales, sea en forma de bebidas (masato), tapioca o sancochado. En las comunidades logramos identificar más de 15 variedades de yuca. Estudios realizados por el Instituto de Investigaciones de la Amazonía Peruana (Inga Sánchez y López Parodi 2001) en Jenaro Herrera han identificado 38 variedades de yuca cultivadas regularmente por los pobladores bajo diversas condiciones ambientales. Las comunidades que visitamos prefieren la variedad 'Colombiana,' que produce mayores volúmenes y puede permanecer bajo la tierra hasta dos años.

La producción de plátanos es otra fuente de ingresos importante en la economía de las comunidades. Se destacan Lobo Santa Rocino y Palmera, que comercializan en los caseríos Santa Elena y Curinga respectivamente, y en comunidades que no disponen de tierras de altura. Las mayores ventas y a mejores precios las realizan en Requena y algunas veces en Iquitos; hay oportunidades en que pueden vender un racimo hasta en 20 nuevos soles. El mayor obstáculo al comercio de plátanos es el transporte durante las temporadas de sequía, pues en los periodos de estiaje el caudal del río Blanco disminuye hasta ser innavegable. Esta situación afecta a las comunidades Lobo Santa Rocino y Nuevo Capanahua. Los costos de transporte también son altos debido a la lejanía de los centros de comercialización, situación que afecta cuando el mercado está saturado de plátanos.

El maíz y arroz cultivados en las comunidades generalmente son para el consumo local; algunos excedentes son vendidos a los trabajadores madereros y en los mercados de Requena.

Es preocupante la apertura del bosque primario para cultivos sin planificación. Notamos que ciertas familias desboscan extensiones mayores a su capacidad operativa y no pueden cultivar toda la superficie. Solo consiguen trabajar una parte y las áreas restantes quedan abandonadas (casos en Palmera y Frontera). Esta mala práctica destruye el bosque original y ocurre por la falta de planificación de las actividades agrícolas en la comunidad y a nivel familiar. Creemos que tanto los reglamentos comunales como los planes de vida lograrían minimizar estas situaciones. También, los agricultores confirman que la producción agrícola en tierras de bosque alto y purma madura son mejores. Pueden obtener hasta dos cosechas y la mano de obra para realizar las labores culturales es menor debido a la poca invasión de las malezas. Asimismo, el ataque de la hormiga cortadora de hojas o curuinsi (*Atta* spp.) es mínimo, mientras que la intervención de majaz (*Agouti paca*), añuje (*Dasyprocta fuliginosa*) y otros roedores es mayor.

Los agricultores están seriamente preocupados por el ataque de la hormiga curuinsi en sus campos de cultivo, principalmente en las labranzas ubicadas en áreas de barbechos o bosque secundario joven. Esta hormiga consume las hojas de sus plantaciones, especialmente las hojas de cítricos. Esta plaga viene movilizando a los agricultores a realizar sus cultivos cada vez más lejos, en áreas de bosque alto y dejar los barbechos hasta que estas hormigas desaparezcan.

Uso de los cuerpos de agua

Alrededor de las comunidades visitadas existen muchas cochas y quebradas que los comuneros conocen a la perfección, ya que hacen uso de estos sitios para acceder a los recursos hidrobiológicos. La pesca es generalmente de forma individual, pero los pobladores también se organizan a nivel de grupos familiares para ir a las cochas y quebradas. Utilizan redes con aberturas de diferentes tamaños, las cuales son instaladas en las orillas y después progresivamente son cerradas hacia el centro de la cocha. También emplean redes llamadas 'mallones' para la captura de peces ornamentales en las quebradas. Otras técnicas utilizadas son el anzuelo y flechas artesanales. En ambas cuencas no se observó el empleo de barbasco (*Lonchocarpus utilis*).

Las especies de peces más consumidas y vendidas son boquichico (*Prochilodus nigricans*), corvina (*Plagioscion* sp.), tucunaré (*Cichla ocellaris*), lisa (*Leporinus* sp.),

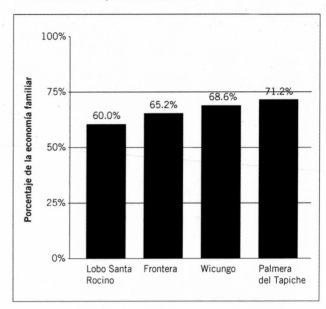

Figura 23. Importancia del bosque y cuerpos de agua en la economía familiar de cuatro comunidades visitadas durante el inventario rápido en el interfluvio de Tapiche-Blanco, Loreto, Perú.

fasaco (*Hoplias malabaricus*), curuhuara (*Metynnis luna*), arahuana (*Osteoglossum bicirrhosum*) y tigre zúngaro (*Pseudoplatystoma tigrinum*). También los pobladores manifiestan que algunas cochas tienen 'madres,' representadas por una enorme boa negra (*Eunectes murinus*), que las cuidan y protegen, evitando a que los pescadores vayan a estos lugares. Gracias a esta conceptualización estas áreas son sitios de repoblamiento permanente de diversas especies de peces.

Extracción de alevinos de arahuana y otros peces ornamentales

La venta de alevinos de arahuana (*Osteoglossum bicirrhosum*) es una actividad comercial importante, principalmente en la comunidad Wicungo del río Tapiche. En Wicungo los alevinos son extraídos y vendidos directamente a acopiadores en la misma comunidad y pocas veces a acuarios de Iquitos a través de intermediarios. Los destinos finales de estos alevinos son acuarios en Japón, China y Corea.

Según las entrevistas, en Wicungo el precio por alevino varía entre 3 y 4 nuevos soles. Cada familia puede extraer alrededor de 7,200 individuos por año, lo cual en el mejor de los casos genera un ingreso económico bruto de hasta 14,400 nuevos soles. Percibimos que existe una gran habilidad y conocimiento por parte de los pobladores para identificar a las arahuanas que llevan alevinos en sus bocas. Los habitantes que pescan a las arahuanas adultos para el consumo, lo hacen mediante redes y flechas. Aún persiste la práctica de matar o lastimar a los adultos para extraerles los alevinos.

Las comunidades de Wicungo y Santa Elena están formulando sus planes de manejo de cochas, los cuales deben ser aprobados por la Dirección Regional de la Producción (DIREPRO). En estos planes los pobladores proponen manejar las arahuanas adultas con el fin de no afectar la población de alevinos para los años venideros. Además, existen iniciativas de conformar un comité de vigilancia de cochas con la finalidad de realizar patrullajes y evitar que personas foráneas ingresen a extraer los codiciados alevinos.

Es preciso indicar que también existen conflictos entre comunidades sobre el uso de los recursos hidrobiológicos. Por ejemplo, Wicungo y Santa Elena han discutido el control de la Atun Cocha, lo que ha generado enfrentamientos entre pobladores de ambas comunidades. Suponemos y esperamos que dichas comunidades superaran estos aprietos cuando sus planes de manejo comiencen a implementarse.

También aprovechan otras especies de peces ornamentales. La actividad es especialmente importante para los pescadores de la comunidad Frontera, quienes extraen ejemplares de la quebrada Pobreza y luego los venden directamente a acopiadores en la misma comunidad y algunas veces a acuarios de Iquitos. Los precios de venta varían desde 50 a 80 nuevos soles el millar, dependiendo de la especie. Ciertas especies raras valen mucho más; nos comentaron que un solo individuo del pez conocido como 'ebelinay' vale hasta 350 nuevos soles. Algunas familias ganan hasta 18,000 nuevos soles al año con el comercio de peces ornamentales. Cabe indicar que existen muchas habilidades y conocimientos de los pobladores para identificar a las especies de peces ornamentales con mayor valor de venta. También la demanda comercial de estos peces está generando la necesidad de organizarse comunalmente. Si bien la actividad es positiva, aún falta regular la distribución equitativa de los beneficios.

Los cuerpos de agua, especialmente las cochas, tienen un gran potencial económico y muestran un alto valor biológico, paisajístico y ecoturístico. La extracción pesquera es más autónoma que la actividad forestal, pero no menos vinculada al mercado. El sistema de habilito y compra es promovido y liderado mayormente por miembros con cierto poder económico de las comunidades. Frente a este panorama nos encontramos con liderazgos emergentes y una creciente representatividad de personas locales en cargos políticos municipales que al ser fortalecidos podrían movilizar y promover espacios para repensar el modo de aprovechamiento actual y reemplazarlo por sistemas sostenible. En este proceso también es una fortaleza el amplio conocimiento de flora, fauna y del entorno que poseen las comunidades.

Cacería

El consumo de carne de monte es de alta importancia para las poblaciones locales, pues constituye una valiosa fuente de proteína, especialmente para el personal que se encuentra en el bosque extrayendo madera (Saldaña R. y Saldaña H. 2010). Las entrevistas nos indican que los animales preferidos son majaz (*Agouti paca*), huangana (*Tayassu pecari*), sajino (*Tayassu tajacu*), sachavaca (*Tapirus terrestris*) y venado colorado (*Mazama americana*). Los menos preferidos son añuje (*Dasyprocta fuliginosa*), carachupa (*Dasypus novemcinctus*) y ronsoco (*Hydrochaeris hydrochaeris*).

La cacería se realiza a lo largo de las márgenes y afluentes de los ríos Tapiche y Blanco. La zona cuenta con pocas *collpas* de alta importancia y los cazadores obtienen poca carne durante los periodos de inundación, ya que los animales se concentran en las alturas. Los cazadores valoran los periodos de fructificación de los árboles y palmeras, que son fuente de alimentación y repoblamiento de los animales silvestres (Fig. 22).

En base a los volúmenes revelados en las comunidades visitadas, determinamos sutilmente que una familia compuesta por cinco miembros consume un aproximado de 20 kg de carne al mes (4 kg por persona por mes). Realizando algunas aproximaciones para toda la comunidad Lobo Santa Rocino, compuesta por 40 familias, determinamos que mensualmente la población consume un aproximado de 800 kg de carne de monte. También deducimos que un 80% de la producción de caza es para autoconsumo y que los 20% restantes son destinados para el comercio local. Muy pocas veces la carne de monte es comercializada en Curinga, Santa Elena y Requena; ocurren estas ventas solo en casos de emergencia o para cubrir los gastos de educación y salud.

Según los cazadores en Wicungo y Frontera, los animales más preferidos van decreciendo desde hace 10 años. Al parecer en las comunidades Palmera y Lobo Santa Rocino se mantienen las poblaciones de majaz y añuje, pero las manadas de huanganas y sajinos han disminuido considerablemente. Afirmaron que los mamíferos más sensibles a la caza son la sachavaca y los primates grandes como la maquisapa (*Ateles chamek*) y huapo colorado (*Cacajao calvus*). También mencionaron que desde hace muchos años la cacería ha sido promovida fuertemente por los madereros, con la finalidad de alimentar al personal que se encuentra en el bosque durante los trabajos de extracción forestal.

Mientras estuvimos en la comunidad Frontera observamos un episodio muy interesante. Un morador después de casi dos días de estadía en el bosque cazó una sachavaca y amablemente dividió y compartió este producto en la comunidad. Compartió casi el 50% de la carne entre sus familiares y vecinos cercanos, quedando la otra parte para el consumo familiar; vendió una pequeña parte a varios comuneros. Según los moradores esto pasa cuando cazan animales grandes. Lo valioso es la bondad de convivir en alianza y compartir con los parentescos, costumbres sociales que dinamizan mayor cohesión familiar y fortalecen los lazos entre los moradores.

Las comunidades visitadas todavía no cuentan con reglas efectivas para regular la caza. Algunas están comenzando a restringir el uso de perros para la caza, pero al parecer muchos se resisten de tomar esta decisión. También los moradores están comenzando a discutir en sus reuniones comunales sobre los volúmenes de caza permitida. Cuentan con acuerdos preliminares (50 kg por familia con fines de comercialización), pero no hay un control efectivo. Un pacto comunal que sí funciona es de no permitir el ingreso a personas extrañas a la comunidad para realizar la caza. Sin duda, efectivizar estas normas internas requiere de más organización comunal, como la definición de linderos comunales y la creación de un sistema de patrullaje permanente. Consideramos que los funcionarios del SERNANP podrían ser claves para incentivar este incipiente manejo de fauna silvestre (SERNANP 2014).

Varios moradores de las comunidades Frontera, España y Nueva Esperanza (río Blanco) manifestaron sus preocupaciones respecto a la creación de la Reserva Nacional Matsés y la Zona Reservada Sierra del Divisor, como se mencionó en el capítulo anterior. Argumentan que cuando se establecieron estas áreas se recortó sus ámbitos de uso ancestral y ahora encuentran limitaciones para realizar la cacería. También informaron que algunos estarían cazando en los varillales y monte alto al interior de la Reserva Nacional Matsés, información que los funcionarios de la Jefatura del área no disponían. Consideramos que datos obtenidos por este estudio les servirán al SERNANP para entender mejor estas situaciones e implementar estrategias de uso y manejo de fauna con las comunidades (Fig. 24).

Aprovechamiento de productos no maderables

Para los pobladores del Tapiche y Blanco el bosque ocupa un lugar especial en su vida cotidiana. Consideran a la floresta como un ser viviente funcional de alto valor y un componente fundamental para su subsistencia. Esta percepción les conduce a muchos entrevistados a auto-designarse tradicionalmente recolectores y a expresar su necesidad de contar con extensiones adecuadas y saludables de áreas boscosas para mantener su calidad de vida.

En las comunidades visitadas logramos estimar 21 especies de frutos que son utilizados en la alimentación humana (Apéndice 9). Entre las especies más importantes están las palmeras aguaje (*Mauritia flexuosa*), ungurahui (*Oenocarpus bataua*) y chambira (*Astrocaryum chambira*). Otras especies forestales como caimito (*Pouteria caimito*), ubos (*Spondias mombin*) y shimbillo (*Inga alba*) también son colectadas para el consumo. Algunos moradores de las comunidades también comercializan frutos (mayormente aguaje y ungurahui) en Requena.

El bosque es una fuente importante de materiales para la construcción de viviendas y otras edificaciones rusticas. Aproximadamente el 98% de los materiales usados en las viviendas provienen del bosque, mientras el 2% restante como clavos, pinturas y calaminas vienen de Requena. Los conocimientos locales sobre la calidad y uso de los materiales para construcciones son amplios. Las maderas duras, codiciadas y denominadas localmente 'shungos,' son utilizados como horcones de las viviendas y también como vigas en los puentes peatonales. Varias palmeras son componentes esenciales para la construcción de pisos y techos de las casas. Para los pisos emplean pona (*Iriartea deltoidea*) y para los techos irapay (*Lepidocaryum tenue*), palmiche (*Polydostachys synanthera*) y shebón (*Attalea butyracea*).

Las canoas y botes son fundamentales como medios de transporte del poblador amazónico. Entre las principales especies maderables que se usan para construirlos figuran: tornillo (*Cedrelinga cateniformis*), anis moena (*Ocotea* sp.) y catahua (*Hura crepitans*).

Crianza de aves de corral

Observamos que la crianza de aves de corral va en crecimiento en la mayoría de las comunidades, siendo un componente significativo en la economía de subsistencia. Algunas familias en las comunidades visitadas crían varias docenas de gallinas y algunos patos, y destinan una parte de su tiempo para cuidarlos.

Esta labor es emprendida principalmente por las mujeres, con la finalidad de obtener dinero en los casos de emergencia (enfermedades, educación). Las aves de corral generalmente se venden durante las fiestas de San Juan, cuando los precios de las gallinas incrementan.

Conocimiento y uso de plantas medicinales

Los conocimientos sobre las plantas medicinales son muy difundidos entre las comunidades del Tapiche-Blanco. La mayoría de los moradores conocen algunas plantas que son de uso general para el tratamiento de males como heridas, cortes, torceduras, dolores de estómago, fiebres, etc. Estos conocimientos son aprendidos y difundidos mediante la transmisión oral. La mayoría de adultos, tanto hombres como mujeres, conocen las utilidades que tienen las diferentes plantas medicinales, ya que hasta la fecha se mantiene de forma tangible el uso de los elementos del bosque en la vida cotidiana. En las entrevistas a la población visitada, compilamos más de 100 variedades de plantas usadas con fines medicinales, muchas a través de combinaciones y diferentes partes de la planta, pero sin mantener ningún registró escrito de dichas aplicaciones.

Existen en las comunidades algunos personajes que se distinguen del común debido a su alto conocimiento respecto al uso y manejo de las plantas medicinales. Suelen ser personas quienes son encargados en tratar a los comuneros de algunos males que tiene su razón de ser en la cosmovisión de los pueblos. Estos males enraizados en la cultura local incluyen el mal aire y las 'cutipadas,' o los males relacionados o accionados por personas o por la acción del algún espíritu malo. Según el Instituto Nacional de Salud (INS), el 'cutipado' refiere a la venganza, reacción o respuesta negativa que los shamanes, cualquier persona, las plantas o animales realizan para devolver un daño o mal a quien intenta producirlo. Por tanto, es una acepción que se encuentra completamente ligada al mundo simbólico de los pueblos amazónicos.

Estas personas mayores conocen muy bien cuáles son los motivos por los que se puede estar cutipado y cómo se debe tratar. Tienen un conocimiento muy amplio respecto a los motivos, las plantas y procesos que deben tomar o llevarse a cabo para deshacerse de estos problemas. Existe también una forma de restringir la vida o prohibir ciertos usos para evitar ser 'cutipados.' Esto explica la importancia social de estos fenómenos, ya que restringen o condicionan el actuar de los comuneros en determinados contextos. Ninguno de estos conocimientos o procesos se encuentra registrado en ningún documento. Respecto a este tipo de conocimiento vinculado a la cosmovisión local, hay un vacío generacional en el cual los más jóvenes desconocen estos temas y se encuentran más ligados a la medicina a base de farmacéuticos. No son conocedores de los motivos o causas de los cutipados o demás males, y generalmente no creen en ellos.

Si bien la medicina tradicional juega un rol importante en el tratamiento y curación de enfermedades cotidianas y es conocida incluso entre los pobladores más jóvenes, existe entre la población juvenil resistencia a las creencias propias de la cultura y la cosmovisión local. La transmisión de este tipo de conocimientos a las nuevas generaciones es espontánea y cotidiana pero el uso, principalmente de aquellas prácticas que se sustentan en el ámbito simbólico cultural, evidencia un creciente desinterés entre los jóvenes. Por otro lado hay plantas cuya efectividad para el tratamiento de algunos males es innegable; son estas las que siguen siendo

Figura 24. Mapa de uso de los recursos naturales en las cuencas de los ríos Tapiche y Blanco, Loreto, Perú, elaborado por los habitantes de las comunidades visitadas en el inventario rápido en octubre de 2014.

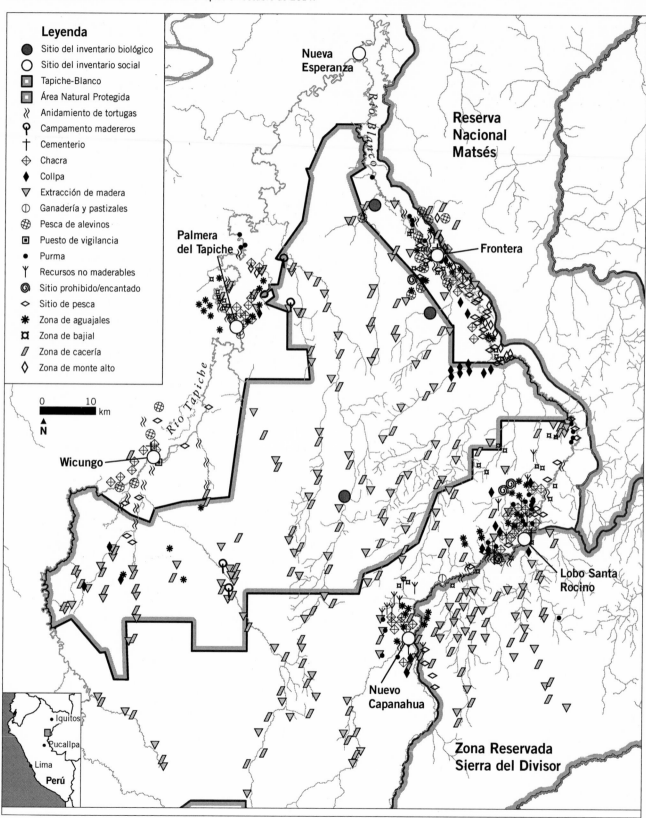

Leyenda

- ● Sitio del inventario biológico
- ○ Sitio del inventario social
- ▣ Tapiche-Blanco
- ▣ Área Natural Protegida
- ⟩⟩ Anidamiento de tortugas
- ⚲ Campamento madereros
- † Cementerio
- ⊕ Chacra
- ◆ Collpa
- ▽ Extracción de madera
- ⊕ Ganadería y pastizales
- ⊕ Pesca de alevinos
- ▣ Puesto de vigilancia
- • Purma
- Ψ Recursos no maderables
- ◉ Sitio prohibido/encantado
- ◇ Sitio de pesca
- ✳ Zona de aguajales
- ✡ Zona de bajial
- ∥ Zona de cacería
- ◇ Zona de monte alto

0   10 km
▲ N

Nueva Esperanza

Reserva Nacional Matsés

Palmera del Tapiche

Frontera

Río Tapiche

Río Blanco

Wicungo

Lobo Santa Rocino

Nuevo Capanahua

Zona Reservada Sierra del Divisor

Iquitos
Pucallpa
Lima
Perú

utilizadas y reconocidas por todos los sectores de la población y que incluso son promovidas por los promotores de salud de las localidades.

Según el Censo de Comunidades Indígenas de la Selva 2007 (INEI 2009), la población Capanahua, que para la fecha solo contaba con cuatro comunidades reconocidas, basa su métodos de curación tanto en medicamentos como en las plantas medicinales. Las plantas medicinales consideradas por los censadores como los principales y más recurrentes en la región amazónica fueron la uña de gato, sangre de grado, malva, piripiri, kión, chuchuhuasha, ajos sacha y leche de ojé. Para los nombres científicos y una lista más completa de las plantas medicinales empleadas en la zona, ver el Apéndice 9.

Extracción de madera

En ambas cuencas la extracción de madera se desarrolla en diversas modalidades: bosques locales, permisos forestales, concesiones y aprovechamiento en áreas no autorizadas (ver el Apéndice 10 para un resumen de las formas legales de acceso al bosque). Estas modalidades permiten movilizar año tras año grandes cantidades de madera en las cuencas del Tapiche y Blanco. Generalmente las especies extraídas son maderas de baja densidad o aquellas que pueden flotar, como cedro (*Cedrela odorata*), lupuna (*Ceiba pentandra*), cumalas (*Virola* spp.), moenas (*Ocotea* spp.), tornillo (*Cedrelinga cateniformis*) y capinuri (*Maquira coriacea*).

La mayoría de estas actividades se llevan a cabo en sitios no facultados (ver la Fig. 24), promoviendo una extracción forestal irregular y desordenada. Por ejemplo, a pesar de que la mayoría de las concesiones están en proceso de caducidad o ya están caducadas, la actividad forestal en estos bosques continúa. Irregularidades similares ocurren con los permisos forestales, ya que se otorgan autorizaciones a comunidades sin título de propiedad, probablemente con la finalidad de legalizar las maderas extraídas en áreas de libre disponibilidad. Los bosques de producción en los ríos Tapiche y Blanco son tierras de nadie. La presencia de la autoridad competente es nula y el desconocimiento de la normativa forestal prima en las comunidades. Sin duda, la mayor parte de la extracción forestal se realiza sin autorización,

en sitios no consentidos, muchas veces bajo algún acuerdo con los líderes o miembros de las comunidades.

Los 'centros de extracción' están situados en las cabeceras de los ríos Blanco y Tapiche, en las quebradas Pobreza, Yanayacu, Negro, Zungaro, Fasacal, Ungurahuillo y Punga, y en áreas de la Reserva Nacional Matsés y la Zona Reservada Sierra del Divisor (ver la Fig. 24). Como ya se ha sacado la madera comercial en los bosques cercanos a los principales ríos y quebradas, actualmente los madereros optan por buscar o rebuscar madera en lugares más alejados, lo cual les genera un mayor costo.

Dentro del área propuesta para la conservación la actividad forestal está concentrada en las cabeceras y afluentes de las quebradas Yanayacu, Huaccha, Yanayaquillo, Pobreza y Colombiano. Para diseñar estrategias de control efectivo del uso de los recursos naturales en estas quebradas, las comunidades con mejor posicionamiento serían Lobo Santa Rocino (Huaccha), Frontera (Yanayaquillo, Colombiano y Pobreza) y San Pedro del Tapiche (Yanayacu). Si bien estas comunidades están ubicadas estratégicamente, aún faltan capacidades organizativas, y se requiere conceptualizar y definir su posición territorial, y reforzar la importancia de manejar los recursos a largo plazo. Desde 2014 CEDIA ha venido trabajando estos aspectos con las comunidades.

Si bien la influencia de los 'empresarios madereros,' también conocidos como 'habilitadores,' es fuerte (ver la próxima sección), la apreciación de la actividad maderera en las comunidades de los ríos Tapiche y Blanco es negativa. Los pobladores saben que no es la principal fuente económica y que no es rentable, pero la actividad sigue presente en todas las comunidades, promovida por madereros de Iquitos y Requena. Generalmente los moradores se involucran por el deseo de trabajar, experimentar una hazaña o probar la suerte. Asimismo algunas familias consideran que la 'madereada' les resulta económicamente y complementa a los ingresos generados por la pesca ornamental, pesca de consumo y producción agrícola, que mencionamos anteriormente.

Formas de financiamiento para el
aprovechamiento forestal

El financiamiento de la extracción forestal es dinamizado por el sistema de 'habilitación-enganche,' bastante difundio en las diferentes actividades económicas en la Amazonía. El sistema se basa en el anticipo de dinero o bienes a los trabajadores para incorporarlos a la actividad. Lamentablemente este es un sistema de servidumbre o peonaje por deuda, que debe ser considerado como una de las peores formas de explotación, pérdida de libertad, y ausencia de un mercado laboral y de crédito moderno. Asimismo viene asociado al no pago, a la remuneración en especie y a las condiciones de trabajo infrahumanas (p. ej., largas jornadas de trabajo, total riesgo para la salud e integridad humana y total ausencia de seguridad social en el desarrollo de la actividad; Bedoya y Bedoya 2005; *http://www.mintra.gob.pe/trabajo_forzoso/tf_ amazonia.html*).

Acceden a este mecanismo personas o comunidades que desean extraer madera. Estos individuos forman brigadas compuestas por 4–20 personas y los patrones-enganchadores que trabajan para un maderero habilitador anticipan un poco de dinero en efectivo, víveres, equipos, herramientas y combustible, con la condición de que las brigadas les paguen con madera. Esta relación comercial en la mayoría de las veces culmina en una transacción muy injusta, pues los habilitadores cobran precios elevados por los insumos que ellos facilitan y subestiman o subvaloran los volúmenes durante la cubicación de las trozas. Después de entregar la madera al habilitador y supuestamente arreglar las cuentas, los trabajadores quedan endeudados con los habilitadores en la mayoría de los casos. En muy raras ocasiones estos grupos logran alguna ganancia. Para mantener la relación, el habilitador otorga nuevamente algo de dinero con el propósito de enganchar al trabajador forestal para la próxima zafra.

Otra forma de financiar los trabajos de extracción es con recursos propios (autofinanciamiento). En estos casos la escala de extracción es pequeña. El trabajador forestal invierte su propio dinero en la compra de combustible, víveres, herramientas y equipos básicos, y los trabajos en el bosque se realizan a nivel familiar. En una campaña de producción pueden obtener un promedio de 50 trozas. Con la finalidad de utilizar un mínimo de mano de obra, aprovechan los periodos de inundación y trabajan en las zonas de bajiales. En este proceso los madereros que disponen de permisos forestales intervienen en la legalización de la madera extraída.

Formas y técnicas empleadas en el
aprovechamiento forestal

La extracción forestal en las cuencas Tapiche y Blanco es mayormente manual. En terrenos de altura se construye redes de viales de 5–6 m de ancho y los trabajadores movilizan las trozas de madera por estos viales hasta dar en algún río o quebrada. La movilización de las trozas es por rodamiento, con apoyo de molinetes, palancas y algunas veces un pequeño winche motorizado. Una vez que la madera ha sido transportada hasta el río, los trabajadores construyen boyas para trasladarla a los centros de aserrío. Para culminar estas actividades los trabajadores permanecen en el bosque de 3 a 6 meses, dependiendo de la cantidad de volumen madera a extraer.

En bosques de bajiales, las brigadas de trabajo son menores o a nivel familiar. Los viales son pocos y cortos, ya que los árboles son talados en áreas inundadas. Se realizan estas operaciones durante los periodos de inundación. El factor climático es básico, porque las inundaciones temporales ayudan a movilizar las trozas hacia las quebradas con mayor de caudal de agua. Luego conducen la madera hasta el río principal para emboyarla y entregarla al habilitador.

En ambos casos el transporte de las trozas desde la desembocadura de las quebradas (donde realizan las transacciones con el habilitador) hasta los aserríos de Santa Elena (río Tapiche), Curinga (río Blanco) o Requena se realiza gracias a la dinámica del agua. En algunos momentos el transporte es apoyado por un pequeño bote y motor (peque peque). Las boyas pueden contener de 20 a 100 trozas, dependiendo mucho del diámetro de las mismas.

Actividades de Green Gold Forestry
en la cuenca del Tapiche

En la época del inventario rápido la empresa Green Gold Forestry (GGF) contaba con una concesión forestal de

74,028 ha ubicada en el interfluvio de Tapiche-Blanco. La empresa obtuvo esta concesión por compensación de concesiones que disponían en la cuenca del río Tigre. A partir de octubre-noviembre de 2014 la empresa había realizado un inventario forestal (GGFP 2014) pero no había comenzado la extracción forestal. Desde entonces ha salido de la concesión pues no encontraba suficiente recurso maderable.

En 2014 las comunidades de San Antonio de Fortaleza y Limón Cocha en el río Tapiche —ambas poseedoras de permisos forestales— entraron en negociación con GGF para aprovechar maderas duras o de alta densidad. Para extraer madera en San Antonio de Fortaleza, GGF construyó extensos viales con más de 6 m de ancho, por los cuales un tractor forestal arrastró las trozas hasta la orilla del río Tapiche. Luego la madera fue transportada en grandes embarcaciones, conocidos como 'chatas,' hasta el aserrío de GGF en Iquitos. Las especies forestales que extrayeron en mayores volúmenes fueron shihuahuaco y ana caspi. El uso de maquinaria pesada generó un impacto negativo en los bosques y al mismo tiempo los comuneros nos manifestaron que el arreglo no fue tan beneficioso económicamente ni para ellos ni para la empresa, debido al elevado costo de movilizar las maquinarias y transportar las trozas de madera rolliza grandes distancias.

En la negociación con la empresa estaba incluido que parte de las ganancias obtenidas por la venta de madera se destinara para amortizar las deudas de las comunidades con el Organismo de Supervisión de los Recursos Forestales y de Fauna Silvestre (OSINFOR). Las comunidades habían adquirido estas deudas por malos manejos de su permiso forestal en el pasado, como se explica en seguida.

Implicancias negativas de la actividad forestal en las comunidades

La actividad forestal ha generado una serie de complicaciones sociales, ambientales y económicas en las comunidades del Tapiche y Blanco. Por ejemplo, las comunidades de Nuestra Señora de Fátima, Monte Alegre, Limón Cocha y San Antonio de Fortaleza a la fecha tienen altas deudas ante OSINFOR y la Superintendencia Nacional de Aduanas y de Administración Tributaria (SUNAT). Surgieron estas faltas porque las comunidades fueron estafadas por algunos 'habilitadores,' quienes utilizaron las autorizaciones de Bosque Local y Permiso Forestal otorgadas a las comunidades por el Programa Forestal, para legalizar los volúmenes de maderas extraídas en zonas no facultadas (blanquear madera) y también para negociar estos documentos oficiales con otros extractores de madera de otras cuencas.

Respecto a los concesionarios forestales, casi la mayoría de sus concesiones están caducadas. Sin embargo, algunos concesionarios astutamente siguen en la cuenca, anunciando que sus concesiones son activas. Cuando algún pequeño grupo maderero ingrese a trabajar la madera cerca a la concesión caducada, el supuesto concesionario ingresa al área y se da el atrevimiento de quitar las trozas de madera al pequeño maderero, argumentando que esa madera es de su concesión.

La presencia constante de los 'habilitadores' y comerciantes es otra de las implicancias negativas en las comunidades. A pesar de los precios exorbitantes de los víveres y combustible ofrecidos por los habilitadores, muchas veces los pobladores locales acceden por encontrarse en dificultades económicas. Estos tratos frecuentemente concluyen en deudas interminables con el habilitador, como se explicó anteriormente.

Mitos y leyendas relacionados con el aprovechamiento de recursos del bosque

Las comunidades visitadas compartieron conocimientos referentes a los seres mitológicos que están presentes en el bosque y impregnados en su cosmovisión, y que tienen un vínculo simbólico y cultural con la existencia de los pueblos. Muchos entrevistados hablaron de tres personajes: yashingo, chullachaqui y tunche (maligno). Estos 'demonios' del monte, como los suelen calificar, son seres que cuidan el bosque y disfrutan aprovechándose o burlándose de la gente.

El yashingo (o shapshico, que significa 'demonio' en quechua) es un ser que se presenta a la gente transformándose en algún conocido y va engañándolos hasta perderlos en el bosque. En el caso de mujeres, hay muchos relatos de experiencias en las que una mujer mantiene relaciones sexuales con el yashingo, quien habría usado la imagen de su marido para aprovecharse. Lo característico del yashingo es que no solamente busca engañar y perder a la gente, sino que muchas veces toma cautivos por largos periodos de tiempo, sean estos hombres o mujeres de distintas edades. A diferencia del chullachaqui (ver abajo), el yashingo no muestra cojera o desigualdad en las extremidades inferiores. Según los pobladores, la mejor manera de identificar a este ser extraño es pedirle que muestre el ombligo, ya que es un demonio y por lo tanto no ha nacido de manera natural.

El chullachaqui (que significa 'pie desigual' en quechua) es muy similar al yashingo, salvo que no suele tomar cautivos ni aprovecharse sexualmente de sus víctimas. Esta diferenciación que hace la población es interesante, ya que muestra características distintas entre estos demonios en la forma de proceder, lo que sería importante definir a través de la población local. Dicen que el chullachaqui es identificable por la desigualdad de sus miembros inferiores; hay quienes dicen que tiene una pata de huangana y la otra normal. Este mismo ser es reconocido por muchos pueblos amazónicos y existen muchos relatos sobre encuentros con él en diversas partes de la Amazonía.

Como mencionamos, los nombres de estos seres míticos tienen origen en la lengua quechua, que también esta denominación puede relacionarse con los pueblos kichwa de la Amazonía, características lingüísticas relativamente presentes de las poblaciones que visitamos, esta situación cultural nos conduce a revelar que estas leyendas tienen el origen ribereño y que dichos nombres y los relatos fueron conservadas por generaciones por las poblaciones migrantes ribereñas y han identificado a estos seres dentro de su cosmovisión y la comprensión de los actos de estos seres lo han hecho suyo, sobre el cual han creado un marco mítico de criaturas sobrenaturales quienes cuidan los bosques y regulan de alguna manera su forma de uso discriminado.

Existe también la figura del tunche o maligno, a quien se le reconoce por un determinado silbido. Las personas temen al tunche porque puede dañar a los menores, y también es portador de malas nuevas o desgracias. En otros casos la gente señala que el tunche es el nombre con el que se distingue a los espíritus o almas errantes de gente que ha fallecido y no encuentra su camino fuera de este mundo. Es común oír el silbido del tunche cerca de las comunidades, en las orillas de los ríos y en el monte.

Otros seres sobrenaturales que cuidan el bosque y los ríos son la sachamama y el yacupuma o yanapuma. La sachamama es una anaconda gigante que protege las especies que habitan en las cochas y quebradas, haciéndolas inaccesibles a los humanos, que las temen y respetan. Sachamama es una palabra quechua que significa 'madre del monte.' Esta 'fiera,' como la describen los locales, puede generar fuertes lluvias y vientos cuando se enfada. Existen relatos de personas que aseguran haber visto una sachamama tan grande como un tronco y se dice que puede enfermar a las personas que se encuentren con ella. La presencia de la sachamama restringe el paso de la gente hacia ciertos cuerpos de agua y son sitios donde no se realiza ninguna actividad de caza o pesca por temor a este animal.

El yacupuma o yanapuma es una fiera similar al puma, pero gigante y de color negro, que cuida el bosque, los animales y las cochas. Yacupuma significa en quechua 'puma de agua' y yanapuma significa 'puma negro.' Existen muchos relatos sobre este animal e incluso aseguran que tienen propiedades mágicas y curativas. Hay quienes dicen que se protegen con el espíritu del animal a través de los chamanes para ser valientes y grandes cazadores. También señalan que el cebo de este animal contiene grandes propiedades curativas.

Hay un caso único que nos relataron en la comunidad de Wicungo, donde dos jóvenes aseguran haber visto una criatura que describen como 'hombre sajino.' Se trata de un animal con el cuerpo cubierto de cerdas que andaba erguido en dos patas. Lo vieron andar detrás de un grupo de animales (huanganas, sajiinos, majaces, etc.) como quien los cuidara, pero nunca pudieron ver su rostro. Los relatores de este hecho se encontraban caminando en el bosque por separado y vieron aisladamente, pero ambos coinciden con la apariencia del ser y el hecho de estar con un grupo de animales. Los dos jóvenes comentaron que después de haber visto este suceso no han vuelto más al lugar ni piensan hacerlo, pues los mayores les han dicho que es un demonio que cuida a los animales y no deben molestarlo.

Como vemos, en todos los casos la presencia de estos seres genera restricciones, regula los usos y las formas de aproximarse al bosque e induce a que los seres humanos cuidemos ciertos lugares, evitemos el uso de malas prácticas y respetemos los espacios que habitan estas criaturas. De esa forma estos seres mitológicos cumplen una función de control social, regulando la vida comunal e impidiendo a que sus moradores realicen extracciones exageradas en los espacios permitidos para recolectar los productos del bosque. Al igual que los cutipados, estas concepciones tienen fuertes valoraciones por la población adulta e incluso juvenil, ya que la mayoría de los jóvenes conocen las historias.

CONCLUSIÓN

En resumen, el amplio conocimiento del territorio es una gran fortaleza que permite a los comuneros a organizarse y decidir cómo cuidar y manejar sus recursos, fortaleza que ayudará a mantener el buen estado del bosque y de los cuerpos de agua descrito en los capítulos biológicos. Durante la presentación de resultados preliminares del inventario en la comunidad de Nueva Esperanza, los pobladores manifestaron su interés en asegurar el territorio y mantener su riqueza biológica. Para tal efecto se discutió la necesidad de contar con alguna figura legal para el manejo y cuidado del paisaje. A ello se suma el pedido de las autoridades durante la misma presentación para asegurar el territorio con título de propiedad.

AMENAZAS Y RETOS

A continuación presentamos un resumen de las diferentes conversaciones que tuvimos con los pobladores acerca de sus preocupaciones, retos y percepciones de amenazas a su calidad de vida.

- *La corrupción a todos los niveles de autoridades ambientales del gobierno regional, que genera falta de gobernanza y facilita la extracción ilegal de los recursos naturales, en particular la madera.* Asimismo, la falta de organización en el manejo de información referente al *status* y localización de las concesiones forestales, permisos forestales en comunidades nativas, bosques locales, permisos de aprovechamiento y los requisitos para obtener dichos derechos de acceso al bosque representa un problema grave. El resultado es una total desinformación por parte de las poblaciones del área referente a estos temas, situación que genera bastante confusión y engaño por parte de los empresarios madereros, vulnerando los derechos de los pobladores.

- *Desconocimiento de los pobladores de los aspectos técnicos, legales y financieros para manejar los emprendimientos económicos que ellos realizan como la extracción maderera, la extracción de peces ornamentales y la comercialización de los productos agrícolas.* Debido a este desconocimiento y falta de planificación los pobladores nos indicaron que sus actividades tienen baja rentabilidad y que siempre se necesita más flujo de dinero. Esto genera condiciones desfavorables desde el punto de vista económico (habilito, enganche y endeude), social (dependencia, sumisión, desigualdad y pésimas condiciones laborales) y ambiental (degradación de los recursos naturales).

- *La existencia de dos comunidades nativas tituladas con muy poca población (Nueva Esperanza y Yarina Frontera Topal en la cuenca alta del Tapiche) y con tendencia a desaparecer.* Esto generaría vacíos (porque al ser comunidades nativas tituladas estos territorios no revierten al estado) que podrían ser aprovechados por gente que no es de la zona, creando conflictos sociales y ambientales. Asimismo, existe una comunidad fantasma (Nuevo Trujillo) creada por madereros ilegales de Requena con falsa información, con el fin de acceder al derecho de aprovechar madera bajo la figura de bosque local.

- *La extracción intensiva y no regulada de peces ornamentales, carne de monte y huevos de quelonios (taricayas y charapas) sin un conocimiento del estado de conservación de estas especies y sin planes de manejo que hagan la actividad sostenible.* Resaltamos en particular el empleo de técnicas insostenibles para capturar alevinos de arahuana (específicamente, la muerte de sus progenitores). También es importante destacar los conflictos intercomunales (p. ej., entre Wicungo y Santa Elena, Curinga y Lobo Santa Rocino) por el control de cochas y quebradas donde se extrae peces ornamentales y peces para consumo y comercialización.

- *Los tres lotes petroleros en la zona, que podrían traer consecuencias negativas para las comunidades humanas, tanto en el ámbito ambiental como en el social.* Como es una zona geológicamente activa, los impactos ambientales podrían incluir la contaminación de fuentes de agua, destrucción de ecosistemas y erosión de los suelos. En el ámbito social los impactos potenciales incluyen el boom temporal de fuentes de trabajo, generación de ingresos económicos temporales, generación de necesidades en adquirir bienes materiales (como generador de luz, televisores y refrigeradoras) y cambios temporales en la población de la comunidad por migraciones temporales de trabajadores, las cuales generan conflictos internos y división comunal.

RECOMENDACIONES

- Validar y utilizar los mapas participativos de uso de los recursos naturales existentes, para entender la relación entre los pobladores, su entorno y sus aspiraciones a futuro, y para zonificar los espacios comunales e involucrar las comunidades en el manejo y cuidado de la eventual área de conservación

- Continuar con el proceso de saneamiento físico-legal de las comunidades colindantes al área y promover la zonificación de los espacios comunales basado en las aptitudes del suelo y en las diferentes actividades que les dan los pobladores a su territorio
  - Hacer cumplir a la zonificación mediante la implementación de estatutos y reglamentos comunales

- Promover la capacitación y fortalecimiento comunal en temas relacionados a los aspectos técnicos, legales y prácticos de las actividades forestales a través de las entidades relevantes, como OSINFOR y el Programa Forestal Regional de Flora y Fauna Silvestre

- Transparentar y facilitar la información relacionada con las diferentes maneras de acceder al bosque y los derechos ya adquiridos y el status de estos
  - Generar un protocolo con las comunidades para vigilar, comunicar y denunciar las actividades

ilegales de extracción de recursos en sus áreas comunales así como en el área de conservación
  - Capacitar e informar a las comunidades en temas relacionados con sus derechos al trabajo libre, justo y bien remunerado, coordinando con las oficinas del Ministerio de Trabajo y la Defensoría del Pueblo de Requena y vinculando con la oficina regional de la Comisión Nacional Para la Lucha Contra el Trabajo Forzoso (*http://www.mintra.gob.pe/ trabajo_forzoso/cnlctf.html*)
  - Promover el desenlace definitivo de los procesos administrativos que se siguen sobre los titulares de derechos adquiridos en el área, de manera que se puedan plantear las estrategias para la protección de esos derechos
  - Promover y facilitar la capacitación en los aspectos técnicos, legales y financieros para manejar los emprendimientos económicos que hay a nivel familiar en cada una de las comunidades

- Capacitar en entendimiento del mercado, precios de los productos, insumos necesarios para realizar la actividad, planificación del manejo del dinero ganado a lo largo del año para suplir las necesidades del hogar y reinversión en la actividad, requisitos de pago de impuestos, obligaciones legales y beneficios laborales, etc.

- Apoyar y acompañar las iniciativas existentes de planes de manejo de cochas y cuerpos de agua visibilizando los roles que todos los miembros de la comunidad pueden jugar en esta actividad e involucrando así a la mayoría de la población en estas actividades. De esta manera se podría minimizar los conflictos intercomunales relacionados con el control de cochas y cuerpos de agua

- Iniciar los trabajos para la implementación de los planes de manejo de los quelonios acuáticos en las playas de ambas cuencas
  - Fortalecer las relaciones entre las comunidades y la diferentes iniciativas de conservación ya existentes (áreas naturales protegidas y la Reserva Tapiche) mediante el constante intercambio de información, y entendimiento para llegar a un objetivo común y una planificación de actividades beneficiarias para ambos grupos

- Utilizar espacios de reunión y confraternización ya existentes (fiestas de aniversarios comunales y distritales, campeonatos deportivos, reuniones de iglesias, etc.) como plataformas de discusión acerca de las preocupaciones e intereses comunes intra-cuencas e inter-cuencas para construir una visión de conservación y uso de los recursos naturales a largo plazo, entendiendo y trabajando con los diferentes medios de vida que hay en la zona y trabajando con las fortalezas sociales y culturales de las distintas comunidades.

¿POR QUÉ LA INDUSTRIA DE LA MADERA NO LOGRA PROMOVER EL DESARROLLO LOCAL Y CONTRIBUIR A LA BUENA GOBERNANZA EN LA AMAZONÍA?

Autora: Ruth Silva[2]

INTRODUCCIÓN

Este capítulo explora las tendencias y condiciones subyacentes a los desafíos que enfrentan muchos usuarios de los bosques en la Amazonía peruana cuando intentan convertir la tala y el procesamiento de la madera en una actividad legal, rentable y sostenible. Me baso sobre todo en la experiencia de WWF en esta región, aunque muchos de los temas tratados pueden ser relevantes para otros países amazónicos.

Comprender estos desafíos es relevante para los usuarios de los bosques y es crucial para los individuos y organizaciones que promueven el manejo sostenible de los bosques para la producción de madera, así como políticas y prácticas de compra responsable como estrategias para promover la conservación de los bosques amazónicos. Estas estrategias parten de la premisa de que la dinámica del mercado (tala de madera, minería, cultivos ilícitos, etc.) ya ha llegado a los bosques, y continuará destruyéndolos a menos que algún valor

económico competitivo se asocie a su integridad[3]. De ser exitosas, la tala y comercio sostenibles de madera podrían competir con el uso insostenible de los bosques y su conversión a otros usos económicos.

Los siguientes temas se discuten a continuación, con el objetivo de contribuir a la discusión sobre la situación actual de la industria de la madera en el Perú:

1. La manera en la cual la producción y comercio global de madera influyen en lo que ocurre en la Amazonía peruana;

2. Las limitaciones de la Ley Lacey, FLEGT y el Reglamento de Comercio de la UE como mecanismos para ayudar a promover la producción de madera legal en la Amazonía peruana;

3. La importancia decreciente de los mecanismos de certificación forestal voluntaria;

4. La creciente demanda regional (América Latina) y nacional de madera;

5. El desafío fundamental para los negocios de madera procedente de bosques tropicales: alta diversidad y baja abundancia por especie;

6. El cambio climático local y su impacto en los costos de producción de la madera;

7. Los efectos de la débil implementación de las políticas forestales, la falta de recursos para la administración forestal y la corrupción en la industria de la madera;

8. Subdesarrollo e ineficacia en el sector forestal y sus cadenas de valor;

9. Pequeños usuarios forestales individuales y colectivos con problemas para consolidar la tenencia de la tierra, los derechos de acceso a los bosques y el acceso al conocimiento y los servicios del mercado; y

10. Ganadores y perdedores: quién puede beneficiarse de la situación actual y por qué.

---

2 Soy antropóloga y he trabajado por más de 20 años en temas relacionados con el manejo y la economía forestal, la certificación forestal, el desarrollo local y la gobernanza forestal en los bosques tropicales de América Latina. Mi trabajo, que ha sido parte del prolongado esfuerzo de WWF por promover la gestión sostenible de los bosques bajo los estándares internacionales del Forest Stewardship Council, así como la dedicación de los usuarios de los bosques apoyados por WWF en la región (comunidades, asociaciones de pequeños usuarios forestales, concesionarios), me ha motivado a explorar por qué en mi opinión no hemos logrado demostrar que el manejo forestal sostenible para la producción de madera es bueno para la conservación, así como un motor de desarrollo económico local y una manera rentable de hacer negocios.

3 Para muchos pobladores de los bosques, su entorno natural todavía es el soporte de valores culturales, sociales y económicos alineados con sus propias visiones de bienestar, las mismas que a menudo son muy diferentes de aquellas de la economía de mercado. Desafortunadamente, no hay garantía de que estas visiones del mundo prevalecerán frente al modelo de desarrollo más convencional basado en el mercado, el mismo que es promovido incluso en los países amazónicos donde se ha reconocido derechos constitucionales a la 'Madre Tierra', como es el caso de Bolivia y Ecuador.

Luego, para ilustrar la complejidad de promover el manejo forestal para la producción de madera entre comunidades locales o indígenas, presento el caso de la comunidad Ashéninka de Puerto Esperanza (Ucayali, Perú) y algunas recomendaciones específicas para este tipo de usuarios de los bosques.

Finalmente, concluyo con algunas breves reflexiones acerca de si y cómo debemos continuar haciendo frente a los retos de la industria de la madera en la Amazonía peruana.

Varios temas relacionados con la industria de la madera y que son relevantes para esta discusión no se abordan aquí por falta de espacio. Estos incluyen pero no se limitan a: la falta de investigación sobre especies maderables comerciales, las deficiencias en la formación profesional de los gestores forestales y los vínculos entre el manejo forestal y las estrategias REDD, REDD + y REDD Indígena.

Este documento fue elaborado a solicitud de The Field Museum para presentar a sus organizaciones socias las diversas dimensiones del manejo forestal, el manejo forestal comunitario y las dinámicas locales relacionadas con los mercados de la madera. Estas dinámicas existen actualmente en los rincones más remotos de la Amazonía peruana, donde los últimos relictos de bosques y ecosistemas de alto valor de conservación hacen frente a la creciente presión de la tala insostenible.

La revisión y comentarios de Margarita Céspedes y Camila Germana (WWF Perú) ayudaron a clarificar y corregir algunos puntos, al igual que los comentarios del Dr. Daniel Robison Cattar.

EL ESTADO ACTUAL DE LA INDUSTRIA DE LA MADERA TROPICAL EN EL PERÚ

La manera en la cual la producción y comercio global de madera influyen en lo que ocurre en la Amazonía peruana

Por muchos años los mercados globales definían qué especies, con qué grado de procesamiento y para quién se talaba en la Amazonía peruana. Inicialmente, el interés estaba en una sola especie (caoba, *Swietenia macrophylla*[4]), comercializada como madera rolliza y

principalmente para los mercados del hemisferio norte[5]. Debido a esto, gran parte del discurso político acerca de lo que está mal en el sector forestal en el Perú continúa enfocándose en estos tres factores: la tala selectiva, la falta de transformación y los vínculos perversos con el mercado del Norte. ¿Hasta qué punto esto es cierto?

Hoy en día, la tala selectiva enfocada en una sola especie ya no se practica en la Amazonía peruana. Esto se debe en gran medida a la extinción comercial de la caoba, que llevó a su inclusión en el Apéndice II de CITES para aumentar el control de su comercio al exterior. Pero también refleja un mercado flexible dispuesto a incorporar un mayor número de especies una vez que la caoba se agotó, la aparición o el crecimiento de nuevos mercados (ver abajo, 'La creciente demanda regional (América Latina) y nacional de madera'), y también la implementación de estrategias de conservación destinadas a aumentar el valor de los bosques en pie, a través de la promoción de un mayor número de especies maderables para su posicionamiento en el mercado, en el supuesto de que un mayor valor comercial del bosque por hectárea llevaría a un mejor manejo[6] (ver abajo, 'El desafío fundamental para los negocios de madera procedente de los bosques tropicales').

Desgraciadamente, la creciente demanda mundial de madera parece estar dando lugar a nuevos procesos de extinción comercial de las especies más populares (cedro [*Cedrela* spp.][7], shihuahuaco [*Dipteryx micrantha*], huayruro [*Ormosia coccinea*], cumala [*Virola* spp.], bolaina [*Guazuma crinita*], tornillo [*Cedrelinga*

---

4 Los mercados locales (para muebles y construcción) también preferían la caoba (*Swietenia macrophylla*) o el cedro (*Cedrela odorata*), y muchos pueblos y ciudades amazónicas usaban caoba desechada por los aserraderos como leña o material para cercos y construcciones precarias.

5 Esta situación histórica ha influido en el discurso nacional y el debate político sobre la industria de la madera y cómo mejorarla (ver artículos en *La República*, *Gestión*, etc.). A veces hay un énfasis excesivo en las exportaciones y en cómo ayudar al puñado de grandes exportadores (concesionarios e industrias) a ser rentables y (en menor grado) sostenibles o equitativos. En otras ocasiones, los exportadores son considerados los únicos culpables de todo lo que está mal en la industria de la madera amazónica. Ninguno de estos discursos aborda de manera integral las razones por las cuales la industria de la madera en la Amazonía peruana sigue siendo una amenaza para el desarrollo local y la conservación, y tampoco cómo/si esta amenaza podría convertirse en una oportunidad.

6 La promoción de especies maderables menos conocidas (LKTS) puede ser una estrategia polémica ya que algunos consideran que aumenta el impacto en los bosques tropicales (anteriormente limitado a la extinción local de las especies objeto de tala selectiva), tanto por el número de especies afectadas como en términos de la compactación del suelo, la erosión, la contaminación y la creación de desmontes más grandes y numerosos, etc. Si bien la promoción de LKTS promete un mayor retorno de la inversión, solo será sostenible si con ella se implementan prácticas de silvicultura adecuadas antes, durante y después de la cosecha. La implementación de este tipo de prácticas ha demostrado ser un gran desafío en los últimos años y no sucederá a menos que sea exigido y monitoreado, lo cual a su vez requerirá mejoras significativas en la gestión pública forestal.

7 Cedro muestra una buena regeneración en algunas zonas donde WWF realizó inventarios de árboles de futura cosecha (M. Céspedes, com. pers.).

cateniformis] y capirona [*Calycophyllum spruceanum*]), al menos en el Perú (Muñoz 2014a). Sin embargo, como veremos más adelante, el mercado interno juega un rol destacado en esta creciente demanda.

En cuanto a la falta de transformación y el correspondiente bajo valor agregado que caracterizó a las exportaciones de madera en el pasado, la situación actual es distinta pues el 80% de la madera y productos derivados peruanos exportados son procesados (madera aserrada, parquet, madera perfilada y molduras, muebles y partes, pulpa o papel), de acuerdo con el Servicio Nacional Forestal y de Fauna Silvestre (SERFOR; Muñoz 2014b).

Sin embargo, la situación está aún lejos de ser perfecta, porque la madera aserrada sigue siendo el producto de exportación dominante (MINAG 2013). Además, el nivel de procesamiento corresponde a lo que se considera transformación primaria, que añade poco valor al producto. Cuando la transformación secundaria tiene lugar, la baja calidad sigue siendo un problema, especialmente si los productos están destinados para el mercado interno donde la calidad aún no es un criterio decisorio de compra dominante. Además, debido a que la transformación se realiza principalmente lejos del bosque, los costos de producción de los productos de madera se elevan por la inclusión del costo de transporte de residuos.

En cuanto a la importancia de los vínculos comerciales Norte-Sur, se evidencian nuevas tendencias. Para empezar, en 2009 las exportaciones solo representaban el 10% de toda la madera registrada como talada legalmente en el Perú (SNV 2009) y los mercados del Norte estaban disminuyendo en importancia como su destino. La crisis económica mundial de 2008 dio lugar a una disminución global de la demanda de madera peruana, tendencia que se acentuó con la aparición de nuevos requisitos legales para el ingreso a los mercados del Norte (véase más adelante). Esta tendencia nos ha llevado a la situación actual en la que, según declaraciones de la Asociación de Exportadores (ADEX) ante la prensa en 2014, las exportaciones peruanas de madera están dominadas por la demanda de China (45% de las transacciones), seguida por México, la República Dominicana y los

Estados Unidos, mientras que las exportaciones a Europa siguen su prolongada tendencia decreciente.

El predominio de la demanda de China es un problema para el manejo forestal sostenible, ya que este país tiene muy bajos requerimientos relativos a la legalidad y la sostenibilidad (Caramel y Thibault 2012). El segundo problema con el mercado chino (y los mercados asiáticos en general) es que están actualmente enfocados en madera con poca transformación, una situación que se espera que continúe[8] (Blandinières et al. 2013) y que no va a ayudar al sector forestal peruano a volverse más rentable (ver abajo, 'El desafío fundamental para los negocios de madera procedente de los bosques tropicales').

Hay varios problemas adicionales con las exportaciones de madera del Perú, particularmente referidos a cómo se obtienen, transforman, reportan y negocian estos volúmenes de madera exportados. Estos problemas son consecuencia de regulaciones imperfectas, pobre aplicación de las mismas y una gobernanza forestal débil, que permiten obtener permisos para árboles inexistentes (Urrunaga et al. 2012), o manipular los datos relativos al rendimiento real por volumen de madera rolliza autorizado, u obtener madera procedente de productores 'legales' de pequeña escala (con requisitos de sostenibilidad bajos y poca supervisión; ver abajo 'Los efectos de la débil implementación de las políticas forestales, la falta de recursos para la administración forestal y la corrupción, en la industria de la madera'). Todos estos escenarios hacen posible exportar 'legalmente' madera que ha sido talada sin permisos (es decir, producida de manera ilegal y no sostenible).

Las limitaciones de la Ley Lacey, FLEGT y el Reglamento de Comercio de la UE como mecanismos para ayudar a promover la producción de madera legal en la Amazonía peruana

Si bien debe ponerse fin al 'blanqueo' de madera, y los mercados de exportación que lo ayudan deben ser regulados, es un error suponer que estos son los principales impulsores de la deforestación, la degradación y el debilitamiento de la gobernanza forestal en la

---

8 El alto costo de la mano de obra en el Perú y la baja calidad de sus productos (en comparación con China u otros países que realizan procesamiento de madera) puede ser uno de los factores que influyen en esta preferencia entre los empresarios chinos.

Amazonía. Después de todo, las exportaciones solo representan el 10% del volumen total de madera talada en el país (SNV 2009), lo cual sugiere que en la actualidad la insostenibilidad en el uso de la madera es impulsada principalmente por la demanda interna.

Y este es el reto para cualquier política o estrategia destinada a reducir la tala ilegal en el Perú: mientras siga creciendo la demanda de los mercados no regulados, como China o el mercado interno, el aumento de los requisitos para demostrar la legalidad en los Estados Unidos y la Unión Europea solo disminuirá las exportaciones a esos mercados, y no la tala ilegal.

La situación se ve agravada por varios hechos:

- Otros países tropicales (Camerún, la República Centroafricana, Ghana, Indonesia, Liberia, la República del Congo) con vínculos comerciales o históricos más estrechos con Europa y con interés actual en los Acuerdos Voluntarios de Asociación FLEGT (AVA) tienen una ventaja competitiva sobre el Perú, ya que están adoptando mecanismos para evaluar el riesgo de ilegalidad a nivel de país, como parte del AVA (para más detalles, visite *http://www.euflegt.efi.int/vpa*).

- Las especies de madera dura también se están aprovechando en regiones del hemisferio norte con una mejor gobernanza de los bosques, menores costos de transporte y mayor oferta (Oliver 2012).

- La madera de plantaciones de Asia, América del Sur[9], Estados Unidos y Europa está creciendo en importancia (Indufor 2012) y tiene menores costos de producción.

La importancia decreciente de los mecanismos de certificación forestal voluntaria

Puesto que la mayoría de los bosques tropicales enfrentaron los retos de la tala selectiva, falta de valor agregado y relaciones de mercado Sur-Norte similares a las descritas previamente para el caso de los bosques en la Amazonía peruana, varias estrategias globales

fueron diseñadas para hacer frente a la insostenibilidad y la desigualdad de estas dinámicas del mercado.

La certificación forestal surgió como una alternativa a estrategias más extremas (p. ej., el boicot), y tenía el propósito de salvar los bosques tropicales de las desigualdades del mercado que convirtieron el comercio de madera en una actividad insostenible. La teoría de cambio de la certificación es que el mercado puede ser parte de la solución, si promueve una demanda responsable que fomente la producción social, económica y financieramente sostenible de madera y productos derivados. Si bien la certificación, y en particular los estándares del FSC, son ahora una presencia importante en el mercado (su marca se encuentra incluso en productos que se venden en América del Sur), varios factores han reducido la contribución actual y potencial de la certificación forestal como estrategia para ayudar a salvar los bosques tropicales y especialmente los bosques amazónicos. Estos incluyen:

- La demanda decreciente de mercados responsables por productos de madera tropical, frente a la demanda emergente de los mercados indiferentes (como China y América Latina), para los cuales se puede producir madera con menores costos;

- La dura competencia que los productos de madera tropical certificada encuentran en los productos de madera certificada procedentes del hemisferio norte, que además tienen mejor calidad, mayor disponibilidad y menor costo;

- La creciente oferta (y competencia) de los productos de madera provenientes de plantaciones certificadas del Norte y del Sur (Brasil y Chile), que ahora representan el 37% de los bosques certificados FSC (2014);

- La aparición del Reglamento de la Madera de la Unión Europea (EUTR por su sigla en inglés), que debe ser cumplido por cualquier productor (certificado o no) que desea vender sus productos en esa región, lo cual confiere al cumplimiento del EUTR una importancia mayor que la de la certificación FSC;

- El impacto de los costos de la certificación en las operaciones forestales en bosques tropicales (ver abajo, 'El desafío fundamental para los negocios de madera

---

9 Según Indufor (2012), Brasil tiene la segunda mayor superficie de plantaciones forestales de rápido crecimiento en el mundo, después de los Estados Unidos y seguido por China. Las plantaciones forestales totalizaron 54.3 millones de ha en 2012; se espera que su área crezca anualmente en un 2.28% hasta 2022, y luego en un 1.3% anual hasta 2050.

procedente de los bosques tropicales'), que ya son caras en comparación con las operaciones en bosques boreales o templados, sin que haya garantía de un precio superior por los productores certificados;

- Una gobernanza local débil que puede obligar a incluso a los productores certificados que cumplen con todas las regulaciones a involucrarse en actos de corrupción, solo con el fin de que se les permita realizar sus operaciones; y

- El costo alto y prolongado proceso requerido para obtener y mantener la certificación forestal, como consecuencia de cuestiones ajenas a la voluntad del titular del bosque, como por ejemplo la tenencia de la tierra imperfecta (normativa, reconocimiento, titulación, demarcación) y la falta de certeza de que los derechos a la tierra u otros que permiten el acceso a los recursos serán respetados, una situación que afecta a los pequeños propietarios de los bosques, pero también a los concesionarios[10]. Esta situación, que es generalizada en los países tropicales, posiblemente explica por qué solo el 1.4% de los bosques certificados por el FSC en el mundo pertenecen a las comunidades locales, las comunidades indígenas y las concesiones (FSC 2014).

Debido a estos y muchos otros factores, los bosques certificados FSC en los países tropicales representan solo el 11% de la superficie de bosques certificados por el FSC en todo el mundo. Por tanto, la certificación como estrategia para salvar los bosques tropicales no ha tenido éxito, como se confirma por datos que indican que del 50 al 90% de la madera producida en los países tropicales es de origen ilegal (Nelleman 2012).

En el Perú, el área certificada total empezó a reducirse entre abril y noviembre de 2014, pasando de poco más de 1 millón de ha a aproximadamente 700,000 ha, es decir una reducción del 30% (de acuerdo con los datos mensuales de FSC Perú).

La creciente demanda regional (América Latina) y nacional de madera

Mientras el acceso a los mercados estadounidenses y europeos se ha vuelto cada vez más difícil, los mercados de América Latina para los productos de madera se están expandiendo como consecuencia del crecimiento económico en la región durante la última década. Aunque el crecimiento económico no ha sido completamente estable, la demanda de madera y productos de madera en los países de América Latina ha crecido de manera significativa, lo que obliga a muchos de ellos a importar madera (especialmente madera barata de plantaciones) de los países vecinos e incluso de fuera de la región.

Por ejemplo, países como Chile y Brasil, con una industria maderera más desarrollada y con marcos legales bien establecidos para plantaciones, ya tienen 2.1 y 6.5 millones de ha de plantaciones forestales de rápido crecimiento, respectivamente (Muñoz 2014b) y el valor de sus exportaciones de madera de plantaciones es muy alto en comparación con las exportaciones de productos de madera de bosques naturales (Blandinières et al. 2013), a pesar que la mayor parte de los bosques amazónicos se encuentra dentro de Brasil.

Esta demanda creciente por madera y productos derivados está estrechamente vinculada al sector de la construcción y a las industrias de pulpa y papel en las economías forestales más avanzadas (Brasil, Chile y Argentina), y se caracteriza por sus bajos requerimientos de documentación que pruebe el origen legal de la madera. Esto puede ser consecuencia de las deficiencias en los mecanismos de trazabilidad y documentación existentes en los países productores de América Latina, especialmente para la madera procedente de bosques naturales.

Como en la mayoría de los mercados, los criterios clave para la compra de madera en América Latina incluyen un bajo precio, entrega oportuna y, en la medida que crece la demanda por productos de segunda transformación, calidad del producto. Estos criterios se aplican también en la mayoría de las compras públicas, donde los requisitos de legalidad se limitan a demostrar el pago de impuestos a las transacciones, ya que existe una falta de definición clara y consistente de lo que es un

---

10 Por ejemplo, en la Región Madre de Dios en el Perú, las concesiones mineras de oro y la minería ilegal se superponen a varias concesiones madereras.

producto de madera producido legalmente, y cómo se verifica documentalmente esta legalidad.

En el Perú, que solo exporta el 10% de la madera producida legalmente (y solo el 20% de las exportaciones va a los Estados Unidos y la Unión Europea), y donde se espera que la demanda interna de madera y productos derivados continúe creciendo alrededor del 7% por año, la balanza comercial es negativa debido al crecimiento (13% por año) de las importaciones de madera, con un saldo negativo proyectado de US$2.5 billones para el año 2021 (Muñoz 2014b). La mayoría de estas importaciones provienen de plantaciones forestales, con menores costos de producción, mejor acceso a los centros de mercado, y con una integración vertical de la cadena de valor.

Mientras tanto, la mayor parte de los productos de madera procedente de bosques tropicales naturales en el Perú tiene costos de producción inherentemente altos (ver sección siguiente), los que se incrementan por las ineficiencias en el transporte y la transformación, y no se compensan por la baja calidad en los productos finales, haciendo difícil que estos productos ocupen una parte importante del mercado interno. Para empeorar las cosas, la mayoría de los productos de madera de bosques naturales no pueden ser rastreados a una fuente legal y sostenible, como se explica a continuación.

El desafío fundamental para los negocios de madera procedente de los bosques tropicales: alta diversidad y baja abundancia por especie

La alta biodiversidad de los bosques amazónicos es un hecho establecido y esta diversidad incluye varias especies de árboles con madera comercializable. Si bien la tala legal e ilegal en la Amazonía sugiere que el aprovechamiento de estas especies tiene sentido desde una perspectiva económica, vale la pena preguntarse dónde, cuándo y en qué condiciones es rentable, y quién recibe esos beneficios.

En una conversación reciente, un exportador peruano de pisos y molduras dijo que la tala y el transporte eran las fases más costosas y menos rentables del negocio de la madera y sus productos. A continuación intentaremos explicar por qué.

De acuerdo con la Organización de los Estados Americanos, en 1983 los bosques amazónicos manejados estaban produciendo un promedio de 2 m^3/ha a través de la tala selectiva. Sin embargo, había la expectativa (incluso en las condiciones del mercado de la época) de que fuese posible cosechar hasta 27.7 m^3/ha (OEA 1987).

Más de 30 años después, una revisión de los datos de dos años de aprovechamiento en el bosque comunitario certificado de Puerto Esperanza, en Ucayali, Perú (ver abajo, 'Puerto Esperanza: Una experiencia de aprendizaje en el manejo forestal comunitario de gran escala'), muestra que el volumen promedio de madera cosechada fue 10.58 m^3/ha, para 14 especies. Esto da un total de 17,211.8 m^3 para una operación de dos años en 1,567.04 ha de bosque. La mayoría de los madereros aprovecha de seis a diez especies, porque no tienen mercado para el resto. Puerto Esperanza logró cosechar 15 especies porque el comprador era una empresa privada[11] que invirtió en la apertura de mercados para especies menos conocidas. Si nos centramos solo en las principales especies comerciales en el bosque de Puerto Esperanza, shihuahuaco (para exportación) tenía una abundancia de 0.57 m^3/ha, mientras que tornillo (sobre todo para el mercado interno) tenía 0.86 m^3/ha.

Una revisión preliminar de los datos recogidos en las concesiones forestales certificadas en Madre de Dios (una de las principales regiones de producción de madera en el Perú) realizada por WWF, encontró que shihuahuaco y tornillo[12] tenían las mayores abundancias, con un promedio de 0.34 individuos ≥50 cm DAP/ha, y con un volumen estimado de 2.74 m^3 por individuo (M. Céspedes, com. pers.). Si bien el uso de más especies aumenta el volumen total cosechado por hectárea de bosque, y por lo tanto en cualquier parcela de corta anual, las especies adicionales también tienen abundancias bajas y son menos competitivas en el mercado, en algunos casos incluso generando mayores costos de procesamiento (ver más adelante).

Por lo tanto, para saber si el aprovechamiento de un cierto volumen de madera de un determinado número

---

11 Consorcio Forestal Amazónico era la empresa con el área más grande de concesión forestal en el Perú. Recibía apoyo por inversionistas daneses y se declaró en quiebra poco después de trabajar con esta comunidad.

12 Otras especies fueron menos abundantes. Por ejemplo, la abundancia de caoba variaba de 1 individuo cada 15 ha a 1 individuo cada 50 ha.

de especies tiene sentido económicamente, es necesario hacerse varias preguntas.

La primera es si el *stock* de madera existente (calculado en volumen[13] por precio de mercado) es suficiente para cubrir el costo del nivel de transformación previsto, o para cubrir el costo de vender la madera en pie[14], considerando los costos de transporte relacionados con la proximidad del área de bosque a ser aprovechada a carreteras o ríos, para el primer caso.

Esta pregunta debe responderse teniendo en cuenta cuál es la capacidad del dueño o titular del bosque, o del comerciante, para llevar a cabo la actividad prevista (sea ésta la venta de árbol en pie, tala, transporte y/o transformación primaria o secundaria). Esta capacidad comprende varios aspectos: habilidad técnica, organizativa y administrativa; capital, tanto en efectivo como en maquinaria; acceso al crédito; influencia política para realizar los trámites exitosamente; oportunidades reales de mercado, contratos existentes, inteligencia de mercado, vínculos y alianzas, entre otros.

Al igual que con cualquier actividad, y asumiendo que se cuente con las capacidades antes mencionadas, teóricamente habrán mayores oportunidades para incrementar los beneficios de la actividad maderera a medida que se avance a lo largo del proceso de transformación (de madera rolliza hasta el producto final), pero también habrá mayores riesgos, y estos deben tenerse en cuenta en los cálculos y decisiones.

De igual forma, las transacciones comerciales en los niveles más bajos del proceso de transformación colocan el dueño del bosque/madera a merced de su comprador, quien propondrá un 'precio de mercado' predefinido por especie (por metro cúbico o pie tablar) y luego aplicará tantos descuentos como sea posible al calcular el volumen[15]. Algo similar ocurrirá si el dueño del bosque

contrata los servicios de aprovechamiento (tala, arrastre, transporte o transformación) y si el acuerdo establece que estos servicios se pagarán con la madera. En este caso, el proveedor de servicios establecerá el precio para sus servicios sin desglosar la estructura de costos que lo fundamenta, y estimará el volumen de madera necesario para pagarle, aplicando el cálculo de volumen por el 'precio de mercado' mencionado. Por lo tanto, los precios y costos a menudo no serán verificables o negociables, y la mayoría de las veces no serán transparentes. Esto es así porque para el comprador o el proveedor de servicios, el objetivo de esta primera transacción es comenzar a descontar el alto costo de la cosecha y el transporte, a expensas del dueño del bosque o la madera (una forma alternativa de 'descuento' es comprar madera talada ilegalmente y por tanto más barata).

Y este es un punto que hay que destacar. La tala comercial en la Amazonía[16] en las condiciones naturales existentes (baja abundancia y distribución de los individuos de especies comerciales, la topografía y régimen de lluvias impredecible) requiere:

- Grandes áreas de intervención por año;

- Disponibilidad de dinero en efectivo para cubrir los costos fijos de operaciones forestales de gran escala, así como para los costos menos predecibles de gasolina, repuestos, etc.;

- Capital para invertir en la construcción de carreteras/vías secundarias, patios de acopio, y/o puertos (en la medida que sean necesarios); y

- Inversiones en equipos y personal suficientes para el mantenimiento de carreteras, arrastre y transporte de madera (o capital para contratar estos servicios de manera oportuna), incluyendo grúas y barcazas cuando se necesita transporte fluvial.

En cuanto al transporte, debido a que los bosques cerca de carreteras y ríos navegables ya han sido aprovechados, la tala de madera se realiza en áreas cada vez más alejadas, incrementando el costo y la

---

13 El rendimiento final de un árbol dado difiere de las estimaciones realizadas durante el censo, con pérdidas de volumen en varias etapas de la cosecha y el transporte, y en particular en la venta, cuando el volumen de la albura/corteza y las imperfecciones naturales se descuentan. Los 'descuentos' acumulados difieren de acuerdo a las especies (y hay variaciones regionales dentro de las especies). Algunas especies tendrán en promedio un rendimiento final del 80% en relación con estimaciones del censo, mientras que otras como tornillo pueden tener un rendimiento del 50%.

14 En muchos casos, la venta del árbol en pie implica cubrir los costos de la elaboración del Plan de Manejo y el Plan Operativo Anual y el costo de obtener su aprobación (p. ej., pagando costos de inspecciones y viajes para gestiones). Es deseable que el dueño o titular del bosque cubra estos costos, con el fin de tener una buena evaluación de su valor antes de firmar acuerdos con un operador o comprador.

15 En esta etapa, el volumen se suele calcular mediante el método de Doyle (ver https://www.extension.purdue.edu/extmedia/fnr/fnr-191.pdf para entender este método de cubicación). Este método puede ser confuso para los dueños de bosque o titulares del

derecho con poca experiencia, puesto que los cálculos del censo y del pago por el valor de la madera al estado natural (tasa por el uso del recurso) se realizan sobre la base de los cálculos de volumen de madera utilizando un método diferente (la fórmula de Smalian).

16 A excepción del aprovechamiento a pequeña escala que permite el uso de animales, o la extracción por los arroyos durante la temporada de aguas altas, o las operaciones con maquinaria pequeña, donde pueden surgir cuestiones de sostenibilidad.

complejidad de esta actividad, una tendencia que se mantendrá en el futuro.

Por lo tanto, es crucial para el dueño o titular del bosque comprender los procesos y costos generados en la cosecha y el transporte, asegurar que habrá algún comprador para su madera y saber dónde es más rentable entregar su producto.

Para las operaciones que incluyen transformación primaria e incluso secundaria, o que buscan rentabilidad a través del aprovechamiento de mayores volúmenes a través de la inclusión de un mayor número de especies, habrá mayores complejidades que analizar (asumiendo que el productor tiene los medios para llevar a cabo estos procesos), las mismas que son inherentes a la diversidad de su cosecha.

Por ejemplo, la duración del secado de la madera varía entre las especies y dependiendo de los productos finales previstos; los aserraderos podrían requerir ajustes de acuerdo a las características de cada especie; y el mantenimiento del equipo se verá afectado por las características de cada especie (trabajabilidad). Y debido a que los volúmenes por hectárea de cada especie son bajos, para que las operaciones sean eficientes requerirán acumular un volumen suficiente de cada especie antes de realizar el aserrío y procesamiento. También hay especies que son más vulnerables a los insectos y los hongos y que requieren un procesamiento más rápido.

El abordaje adecuado de la complejidad de la transformación de la madera de bosques tropicales es lo que finalmente se traduce en un beneficio, pero requiere de un capital importante (en efectivo o maquinaria) y del conocimiento de los mercados y de las necesidades de procesamiento de cada especie, sobre todo si algunos de los servicios de transformación deben ser contratados con un tercero. Por último, es importante tener en cuenta que la mayoría del aprovechamiento forestal se realiza recurriendo a préstamos (dinero o servicios), y por lo tanto hay una urgencia de vender la madera para pagarlos oportunamente.

Para hacer las cosas aún más complejas, la actividad forestal se enfrenta ahora a la competencia por mano de obra de las industrias extractivas en el Perú, tales como la exploración y explotación petrolera y la minería legal e ilegal, que ofrecen mejores niveles de pago.

El cambio climático local y su impacto en los costos de producción de la madera

La actividad de tala de madera en la Amazonía peruana enfrenta dificultades adicionales como consecuencia del clima cada vez más errático en la región, donde los extremos (inundaciones, sequías[17], lluvias tempranas o tardías) son más frecuentes e impredecibles. Esto afecta el período de la zafra (cosecha) que tradicionalmente se iniciaba en mayo, con el supuesto de realizar la corta y el transporte en los siguientes 180 días aproximadamente (hasta noviembre-diciembre). La imprevisibilidad climática actual causa estragos en el negocio de la madera en varios niveles y etapas, como se ha verificado, y se informa en los medios de comunicación[18,19].

Dado que los bosques con presencia de especies comerciales son muy alejados, las operaciones de tala a gran escala requieren el traslado temporal de maquinaria pesada y recursos humanos a los mismos. El inicio inoportuno de las lluvias puede significar que estos recursos no se trasladen al campo a tiempo para la cosecha, el arrastre y el transporte, o que los mismos queden atrapados por mucho tiempo más allá de lo requerido en un área de bosque dada, lo cual afectará las operaciones en otras áreas e incrementará los costos de la operación sin producir ingresos.

Obviamente, el transporte también se ve afectado por los factores climáticos, incrementándose los costos de mantenimiento de carreteras y aumentando el número de días en espera hasta que los caminos pueden ser utilizados de nuevo. El transporte fluvial también se ve afectado ya que la sequía impide la navegación de las chatas (barcazas) de transporte de troncas, y las lluvias intensas aumentan el riesgo de accidentes durante el transporte fluvial.

Estos retrasos pueden ser tan graves como para obligar a dejar la madera talada en el bosque durante varios meses hasta la siguiente estación 'seca.' Dependiendo de la especie, esto puede resultar en pérdidas de madera importantes debido a daños por termitas, hongos y podredumbre. Alternativamente, el mal tiempo

---

17 En 2005 y 2010 se registró sequías extremas, y en 2009 y 2014 hubo inundaciones extremas.

18 http://www.rpp.com.pe/2012-10-18-adex-exportaciones-de-madera-sumaron-us$-110-millones-noticia_532137.html

19 http://www.adexperu.org.pe/BoletinesD/Prensa/BPrensa.asp?bol=1675&cod=5

puede llevar a un empresario a retirar la maquinaria del bosque sin haber terminado la cosecha planificada.

Las empresas privadas concesionarias han reportado que debido a estos cambios en el clima, el número de días disponibles para realizar la zafra se ha reducido significativamente, a veces hasta un mínimo de 100 a 120 días. Esto lleva a que muchas empresas no puedan cumplir con sus compromisos, ni con sus proveedores (p. ej., las comunidades que les venden su bosque en pie o que contratan a las grandes empresas para los servicios de aprovechamiento forestal y transporte) ni con sus compradores.

Si además de la situación climática descrita tomamos en cuenta que algunas operaciones madereras se financian a través de préstamos usureros, o que contratan algunos servicios importantes y costosos por adelantado (incluyendo aserraderos y servicios de secado), tenemos una mejor idea de las complejidades financieras de administrar un negocio maderero en la Amazonía y de hacerlo rentable.

Los efectos de la débil implementación de las políticas forestales, la falta de recursos para la administración forestal y la corrupción, en la industria de la madera

Las circunstancias descritas en las secciones previas ocurren en un contexto de desarrollo institucional incipiente y débil gobernabilidad. No describiré en detalle la administración forestal en el Perú, que se implementa a través de varias entidades del gobierno nacional y sub-nacional (regional). Baste decir que la implementación de las funciones clave de otorgación de derechos, control del ejercicio adecuado de dichos derechos y el liderazgo de los procesos administrativos relacionados con ambas funciones se ve seriamente obstaculizada por:

- Regulaciones y procesos administrativos obsoletos o poco claros para la autorización del uso del bosque legal;

- Coordinación interinstitucional insuficiente e ineficiente para implementar estas funciones (al nivel nacional y entre los niveles nacional y regional);

- Recursos humanos, operativos y financieros limitados;

- Conocimientos técnicos limitados (reglas, procesos y criterios generales) de los funcionarios públicos (debido a mala formación y a la alta rotación del personal por el uso político de los cargos públicos a nivel local) y en general lenta respuesta del Estado a los retos de la gestión forestal y lenta adopción de mejores prácticas basadas en el aprendizaje;

- Falta de acceso a/organización de información crítica para la toma de decisiones;

- Corrupción; y

- Falta de mecanismos eficaces para la participación de los interesados en la solución de los problemas antes mencionados.

Teniendo en cuenta este contexto y las circunstancias descritas anteriormente, la industria de la madera procedente de bosques naturales en el Perú sigue estando fuertemente marcada por la ilegalidad. La tala ilegal ocurre dentro de la Amazonía peruana y también cruza las fronteras hacia los países vecinos, ejerciendo presión sobre los bosques locales y amenazando los medios de vida, la vida y la supervivencia cultural de los pobladores de los bosques[20]. La tala ilegal a menudo alimenta el comercio 'legal' a través de capas de corrupción bien organizadas y en buen funcionamiento[21], tales como la utilización fraudulenta de permisos. La corrupción contribuye a los bajos precios de la madera, un obstáculo clave para los productores de madera que intentan realizar un aprovechamiento y comercio legal.

La retroalimentación mutua entre la ilegalidad y los precios bajos puede ser una de las razones por las cuales el modelo de producción sostenible de madera, basado en la gestión de los Bosques de Producción Permanente a través de concesiones forestales otorgadas por 40 años, parece estar a punto de colapsar en el Perú. Considerando que solo el 35% de todas las concesiones otorgadas permanecen activas (Muñoz 2014b), y que su contribución al volumen total de madera producida cada año en el Perú es escasa (13–20%), la pregunta sobre la sostenibilidad del aprovechamiento de madera recae sobre los otros sistemas de producción, que son responsables por el 87% de toda la madera producida

---

20 Varios informes a lo largo de los últimos años, y más recientemente el informe de Urrunaga et al. (2012), han documentado también que la violencia sexual y la esclavitud son comunes en los campamentos madereros.

21 Se dice que en algunas regiones el sistema de corrupción está tan bien establecido que hay un tarifario para los sobornos, donde el pago se define por especie (sin importar si son aprovechadas legalmente o no) y se pagan de acuerdo al volumen. Ninguna Guía de Transporte Forestal se emite a menos que estas 'tarifas' sean debidamente pagadas, añadiendo un costo adicional para las operaciones de aprovechamiento forestal.

en el país[22]. Algunos de estos sistemas alternativos son completamente ilegales, mientras que otros funcionan a través de permisos de pequeña escala y son legales pero con bajos requerimientos de manejo.

Por lo tanto, la ilegalidad no solo es practicada por/a través de concesionarios con permisos basados en datos falsos de abundancia o presencia de árboles (como documenta Urrunaga et al. 2012[23]). De hecho, la madera talada ilegalmente llega al mercado con documentos legales (Guías de Transporte Forestal) que corresponden a una variedad de derechos forestales legítimos, concedidos para el aprovechamiento de madera en bosques locales (municipales), comunidades nativas, concesiones de 'reforestación,' y pequeños predios agrícolas privados, además de las concesiones madereras. La magnitud y la gravedad de este problema no puede ser subestimada; en los últimos tres años el Organismo de Supervisión de los Recursos Forestales y de Fauna Silvestre (OSINFOR) ha demostrado que, en una muestra del 50% de todos los permisos otorgados para predios agrícolas privados en una región determinada, casi el 97% fueron utilizados para diversos tipos de 'lavado de madera,' permitiendo la movilización de madera procedente de áreas protegidas, comunidades nativas y reservas indígenas, o bosques públicos. La gravedad de este problema explica por qué se considera que la tala ilegal en América Latina es la causa del 70% de la degradación forestal (Brack 2013).

Subdesarrollo e ineficacia en el sector forestal y sus cadenas de valor

El sector maderero en el Perú es muy diverso, abarcando desde usuarios oportunistas completamente informales hasta grandes empresas exportadoras que controlan todo el proceso del bosque al puerto, e incluyendo entre ambos extremos a todo tipo de usuarios, intermediarios y prestadores de servicios.

A pesar de esta diversidad, el sector es poco desarrollado, con una competitividad limitada y un desarrollo industrial incipiente. Además, su cadena de valor adolece de fracturas debido a la debilidad de algunos eslabones, encontrándose vacíos o mala calidad en servicios esenciales para el aprovechamiento y procesamiento eficiente de la madera. El sector también depende en gran medida del crédito informal y carece de suficiente capital para la modernización de la industria. Incluso cuando se cuenta con capital, se evidencia una carencia de capacidades de gestión para que las operaciones a gran escala sean eficientes y rentables. Estos factores, sumados a los retos descritos anteriormente, resultan en que la contribución del sector forestal al PIB del Perú sea solo del 1.1%, y la contribución en la generación de empleos solo del 0.3% (Muñoz 2014b).

Esta situación se ve agravada por la falta de una agenda compartida entre los diversos usuarios y titulares de derechos de acceso al bosque, lo cual es una consecuencia lógica de la desigualdad extrema en la cadena de valor de la madera y de la desconfianza generalizada entre sus participantes. En la actualidad, la voz del 'sector forestal' en la mayoría de los escenarios políticos y en los medios de comunicación está representada por ADEX, que promueve la agenda de un puñado de empresarios como si ésta fuese la agenda del sector, sin estar realmente preocupados por la viabilidad de la industria en su conjunto, o interesados en todas sus complejas oportunidades emergentes (p. ej., el crecimiento de los mercados nacionales y regionales).

Los esfuerzos recientes de las organizaciones indígenas por empoderarse y tener una participación más activa en el control y vigilancia de los bosques, el desarrollo del reglamento de la LFFS y en general en las actividades de uso del bosque dentro de sus bosques comunales, pueden cambiar esta situación. Esto, junto con el largo proceso de discusión participativa del mencionado reglamento, y una evolución positiva en el liderazgo y el fortalecimiento técnico de algunas oficinas públicas encargadas de la administración forestal, puede conducir a una estrategia integral que reconozca la existencia de diversos usuarios y ofrezca el marco

---

22 El total (100%) discutido aquí se refiere únicamente al volumen de madera documentado dentro del sistema legal (que incluye la madera que puede no ser de origen legal, pero tiene papeles). Los volúmenes negociados sin ningún tipo de documentos 'legales' (incluyendo aquellos que son enviados de contrabando a los países vecinos) son desconocidos.

23 Procesos como los documentados por Urrunaga et al. (2012) y la observación directa del comportamiento de otras empresas exportadoras en el campo sugieren que la rentabilidad de los negocios de exportación (y cualquier negocio de la madera para el caso) puede depender de dos pilares: el pago al propietario/titular del bosque de un valor menor al valor real de mercado por la materia prima, o la sobreexplotación del bosque propio (para aumentar los ingresos por inversión realizada) y por otro lado, el abastecimiento de madera producida a bajo costo, en el mercado negro.

normativo e institucional para involucrarlos en la gestión forestal, de forma equitativa y sostenible.

Pequeños usuarios forestales individuales y colectivos con problemas para consolidar la tenencia de la tierra, los derechos de acceso a los bosques y el acceso al conocimiento y los servicios del mercado

De los 67.98 millones de ha de bosques amazónicos en el Perú, 12.3 millones han sido tituladas como comunidades nativas o declaradas Reservas Territoriales[24], y 0.92 millones han sido tituladas como comunidades campesinas (Cordero 2012). Según AIDESEP (2014), 1,124 comunidades nativas adicionales están pendientes de titulación. Además, un número desconocido de comunidades mestizas y ribereñas sin representación organizada que habitan la región siguen sin ser reconocidas. Muchas comunidades tituladas enfrentan problemas derivados de la cartografía deficiente, derechos superpuestos y datos contradictorios, problemas cuya solución no es sencilla, pero es un requisito para asegurar que las actividades económicas en el territorio de cada comunidad (incluyendo la tala) no se vean perturbadas por conflictos no resueltos.

A pesar de sus diferencias culturales, estas comunidades comparten un bioma diverso que ha dado forma a sus economías complejas y multi-cíclicas. Históricamente, los vínculos con economías globales han afectado a muchas de estas comunidades, convirtiendo a sus habitantes en mano de obra barata o gratuita para la extracción de recursos naturales. No solo sus bosques fueron agotados; la mayoría de las comunidades e individuos que participaron en estas economías no tuvieron la oportunidad de aprender cómo funcionan o de evaluar los daños que han causado a sus sociedades. Además, dado que la mayor parte de la actividad económica en las comunidades sirve al propósito de subsistencia, estas comunidades tienen poco o ningún capital para invertir en capacitarse y su espíritu empresarial es incipiente. Finalmente, con algunas excepciones, muchas de estas comunidades tienen poca o ninguna voz política y no son conscientes de sus derechos y obligaciones ante el Estado, incluidos los que

emergen de articularse con las economías de mercado (como por ejemplo la obligatoriedad de cumplir con las regulaciones del sector forestal para aprovechar madera, de registrar sus representantes legales, de emitir facturas, de declarar ingresos, de cumplir con la legislación laboral, etc.).

Otros problemas que afectan el ejercicio de los derechos ciudadanos y colectivos de estos pobladores están relacionados con los complejos y costosos procedimientos para el reconocimiento legal de sus organizaciones. Así mismo, algunas comunidades que han formalizado sus actividades económicas han recibido luego multas significativas de la Superintendencia Nacional de Aduanas y de Administración Tributaria (SUNAT), debido a que no realizaron sus declaraciones de ingresos en periodos en los cuales no tuvieron ingreso alguno (y las normas tributarias exigen declarar aún si no hay ingresos).

En los últimos años, cuando los madereros locales se dieron cuenta de que podían 'legalizar' madera talada ilegalmente a través de compromisos injustos y fraudulentos con las comunidades locales o con sus líderes corruptos[25], esta práctica se generalizó, sobre todo en regiones como Ucayali y Loreto. El resultado fue un creciente número de permisos de aprovechamiento otorgados a las comunidades y el correspondiente aumento de las sanciones de OSINFOR a estas comunidades[26], ya que las regulaciones establecen que la responsabilidad legal es del titular del permiso, no del operador. Esta situación también ha afectado a los propietarios de predios agrícolas privados, como se mencionó anteriormente en la sección 'Los efectos de la débil implementación de las políticas forestales, la falta de recursos para la administración forestal y la corrupción, en la industria de la madera.'

---

24 Estas Reservas Territoriales han sido creadas para proteger a los pueblos indígenas en aislamiento voluntario, y se encuentran bajo la administración del Estado.

25 En estos acuerdos, los madereros realizan los trámites para obtener permisos de extracción a nombre de las comunidades y luego se quedan con dichos permisos (a cambio de dinero o bienes) que son utilizados frecuentemente para transportar madera sacada de otros bosques, o en parte para la cosecha de dos o tres especies comerciales de los bosques comunitarios, utilizando el resto para el blanqueo de madera. Los permisos presentados por los madereros a nombre de las comunidades suelen sobrestimar los volúmenes y comprometen a las comunidades a llevar a cabo las prácticas de manejo forestal que nunca se implementan, dando lugar a nuevas multas.

26 OSINFOR ha colocado en su página web la información sobre todas las sanciones impuestas, a todo tipo de titulares de permisos de aprovechamiento forestal, entre 2011 y 2014: *http://www.osinfor.gob.pe/portal/documentos.php?idcat=129&idaso=129*

Ganadores y perdedores: quién puede beneficiarse de la situación actual y por qué

En estas condiciones, el negocio de la madera de los bosques amazónicos peruanos parece ser un negocio lucrativo solo para aquellos que logran reducir sus costos en las etapas iniciales del aprovechamiento, ya sea a través de:

1. La compra de madera ilegal barata;

2. El pago de precios muy bajos por la madera rolliza legal a los dueños/titulares de los bosques;

3. La absorción de los sobrecostos de la cosecha y la transformación primaria a través de un importante valor agregado en la segunda/tercera transformación; y

4. El desarrollo de buenas estrategias de marketing; o

5. Mediante una combinación de todas estas estrategias.

Para hacer esto a gran escala y de manera sostenida, es necesario disponer de capital, capacidad industrial moderna, capacidad organizativa y buenos vínculos de mercado para operar con eficiencia y reducir los costos.

Los intermediarios y proveedores de servicios (para las diferentes etapas de la tala, transporte y transformación) también se benefician de esta situación, obteniendo su ganancia a costa de los dueños o titulares de los bosques. Lo mismo sucede en el caso de los funcionarios públicos corruptos que participan de la gestión forestal.

PUERTO ESPERANZA: UNA EXPERIENCIA DE APRENDIZAJE EN EL MANEJO FORESTAL COMUNITARIO DE GRAN ESCALA

El proceso de Puerto Esperanza

Puerto Esperanza es una comunidad nativa Ashéninka de 83 familias, ubicada en la Región Ucayali del Perú, a una distancia estimada entre 2 y 6 horas de viaje por río desde la ciudad de Atalaya, dependiendo del medio de transporte utilizado. El territorio de la comunidad abarca cerca de 20,000 ha, y la comunidad está afiliada a la Federación de Comunidades Ashéninka de la Provincia de Atalaya (FECONAPA).

Las actividades económicas de Puerto Esperanza incluyen la agricultura migratoria, ganadería comunitaria de pequeña escala, pesca, caza y recolección de varios productos forestales. Antes del Proyecto Amazonía Viva[27], algunas de cuyas actividades describo aquí, la comunidad había realizado el manejo forestal de pequeña escala para la producción de madera, con resultados mixtos[28]: se tuvo un ingreso total de US$19,000 por un año de aprovechamiento, pero una parte importante del dinero fue extraviada por el líder de la comunidad, dejando muchas deudas internas pendientes. El aprovechamiento realizado también dio lugar a un proceso administrativo por OSINFOR, más tarde resuelto con el apoyo de Amazonía Viva.

Con el apoyo del proyecto (2011–2014), facilitado por la FECONAPA, la comunidad implementó el manejo forestal comunitario certificado FSC a gran escala durante dos años. Para hacerlo, contrataron los servicios operativos de una empresa maderera certificada grande y generaron ingresos de aproximadamente US$300,000. Las transacciones de dinero totalizaron cerca de US$1.6 millones y en ellas participaron dos empresas certificadas (Consorcio Forestal Amazónico y Green Gold Forestry) y tres empresas locales (Aserradero Atalaya, ITM y Fernando Granda). Algunos temas que requirieron ser atendidos y/o negociados con el fin de alcanzar estos resultados incluyen:

- La necesidad de mejorar las capacidades internas para la planificación del manejo forestal, la supervisión y seguimiento del aprovechamiento de madera y el transporte; la medición, documentación y presentación de informes sobre transacciones de madera en forma transparente; la comunicación y facilitación del diálogo para resolver conflictos (internos, con los vecinos y con los madereros); la realización de tareas administrativas y contables relacionadas con el manejo forestal; la implementación de los planes de inversión; la interacción con/seguimiento a los empleados públicos encargados de la gestión forestal; la rendición de cuentas; y la prevención de la corrupción;

---

27 Una iniciativa implementada en el Perú y Colombia, con el apoyo financiero de la Unión Europea y WWF Alemania. Amazonía Viva se implementó en el Perú con la ONG local DAR y las ONGs internacionales SNV, TRAFFIC y WWF. El proyecto tenía como objetivo fortalecer la gobernanza forestal, aunque en sus primeros 2.5 años tenía objetivos específicos relacionados con el logro de la certificación FSC de 100,000 ha en bosques de comunidades nativas en el Perú.

28 Esta experiencia previa, conocida como FORIN (Fortalecimiento de la gestión forestal sostenible en territorios amazónicos pertenecientes a los pueblos indígenas), también fue financiada por la Unión Europea e implementada a través de la cooperación entre AIDESEP, CESVI, IBIS Dinamarca y WWF.

- El contrato de servicios: incluso las empresas certificadas FSC ofrecen la habitual distribución 80/20 para hacerse cargo de las operaciones forestales de un bosque comunitario (un 80% del volumen total cosechado va a la empresa y el 20% restante a la comunidad), pero en este caso la negociación permitió a la comunidad incluir las especies más valiosas en el volumen que le tocaba mientras que la 'norma' local es que la empresa operadora deje las especies de menor valor comercial para las comunidades;

- Conflictos de límites con tres comunidades vecinas;

- El proceso sancionatorio a la comunidad iniciado por OSINFOR, por la experiencia previa de manejo (y que fue resuelto a favor de la comunidad);

- Sucesivos registros de la junta directiva de la comunidad (un proceso costoso y lento, que debe realizarse cada vez que hay un cambio) en la Superintendencia Nacional de los Registros Públicos (SUNARP), de modo que la junta pudiese representar legalmente a la comunidad en todas las gestiones del manejo forestal;

- Necesidad de cambiar los estatutos de la comunidad para incluir las estructuras de gestión (p. ej., un equipo de monitoreo) y los procedimientos necesarios para el manejo forestal (p. ej., la apertura de una cuenta bancaria);

- La necesidad de mejorar la organización interna y garantizar la participación de las mujeres en los procesos y beneficios;

- Las barreras culturales y de idioma entre la comunidad y todos los actores externos que participan en el negocio de la madera (no solo los empresarios, sino también el personal y los consultores que prestan asistencia técnica);

- La certificación FSC, con su costo en tiempo y dinero; y

- Los acuerdos de venta de madera: extremadamente complejos debido a formas de cálculo de los volúmenes diferentes o poco claras, descuentos de calidad, pagos de impuestos y registro de las trozas de madera.

Temas que surgieron durante la intervención, o que se volvieron críticos (y que están siendo abordados) incluyen:

- La menor abundancia de la mayoría de las especies comerciales en las áreas de futura cosecha del bosque de la comunidad (las primeras áreas de cosecha se ubicaron en las zonas más ricas, una práctica común a todas las operaciones madereras, que buscan capitalizarse en las primeras cosechas para luego subsidiar las cosechas más pobres);

- Mayor costo de transporte para las cosechas futuras, incluyendo el costo de construcción de una nueva carretera de acceso desde el río hasta el bosque de la comunidad (puesto que en los dos primeros años la comunidad utilizó una carretera ya existente, el único costo de carreteras fue el mantenimiento);

- Las necesidades y expectativas de la comunidad comparadas con las capacidades existentes;

- Dependencia de un comprador certificado[29] en el modelo de negocio de la comunidad, o de lo contrario pertinencia de seguir invirtiendo en la certificación FSC;

- Dificultades para contratar servicios de aprovechamiento y transporte, e incluso servicios técnicos básicos (ingenieros forestales), debido a la incipiente capacidad interna de la comunidad y a la escasez de estos servicios en la región;

- Incipiente experiencia de la comunidad en negocios/en el mercado (cálculos de costos, evaluaciones de la demanda, ofertas de compra, procesos de negociación, construcción de relaciones con el sector privado, administración básica);

- Dependencia de la ayuda externa (Amazonía Viva) para los procesos antes mencionados y en particular para la negociación; y

- Problemas de comunicación (incluidas las barreras culturales y de idioma mencionadas, pero también la falta de medios eficaces de comunicación) y de monitoreo/supervisión a los contratos/alianzas con empresas privadas e intermediarios.

Algunos de los logros verificados de este proceso (más allá de los ingresos generados) incluyen:

---

29 En noviembre de 2014, la comunidad firmó un contrato de cinco años con una empresa local no certificada.

- Fortalecimiento de la organización interna, con la asamblea comunitaria[30] empoderada para tomar todas las decisiones concernientes al manejo forestal para la producción de madera y al uso de los ingresos que esta actividad genera;

- Adaptabilidad a las condiciones cambiantes, ajustando el plan de inversiones para atender las necesidades de la comunidad y los costos reales de manejo forestal;

- El cumplimiento del mandato de la Asamblea y la implementación del Plan de Inversión acordado en ella han permitido beneficios para cada una de las familias así como inversiones comunales que eran muy necesarias; y

- Disposición para reinvertir en el manejo forestal, incluso aumentando los presupuestos originales para reflejar experiencias y aprendizaje.

Algunas sugerencias para iniciativas de manejo forestal comunitario

Si bien cada experiencia es única debido a las variaciones en el contexto y las características internas de cada proceso, algunos temas deben ser verificados antes de emprender el manejo forestal sostenible de los bosques de una comunidad nativa, y luego monitoreados durante la implementación. Estos incluyen:

- Análisis de costo-beneficio para determinar el valor comercial real del bosque comunitario frente a los costos de su operación (ver arriba, 'El desafío fundamental para los negocios de madera procedente de los bosques tropicales');

- Capacidades existentes (organizativas, políticas, de administración de negocios y técnica) para el manejo forestal comunitario;

- Voluntad de la comunidad para dedicar tiempo al aprendizaje;

- Seguridad de la tenencia de la tierra y límites claros;

- Existencia de problemas pendientes con el OSINFOR o la SUNAT, y de ser el caso, análisis de la severidad de las sanciones (verificar el potencial de exoneración con las autoridades);

- Comunidad sin compromisos o contratos con madereros o intermediarios (a menos que estos actores externos están dispuestos a ajustar los términos de sus acuerdos para garantizar la legalidad y sostenibilidad social, ambiental y económica);

- Oportunidades de la comunidad para contar con el apoyo técnico y político de una organización indígena de segundo nivel (una organización regional o federación, como FECONAPA);

- Estatutos comunales que permiten el manejo forestal equitativo y eficiente (incluyendo la distribución equitativa de los ingresos provenientes del bosque dentro de la unidad familiar);

- El reconocimiento pleno de todas las partes con derecho a los beneficios del bosque comunitario (lista actualizada de los miembros de la comunidad y reglas claras para la inclusión/exclusión);

- Comunidad o miembros de la comunidad con algo de experiencia y capacidad para el manejo forestal u otros tipos de actividades orientadas al mercado (incluyendo la comprensión de los requisitos formales/legales y la capacidad para exigir que los funcionarios estatales cumplan con su deber sin necesidad de dar sobornos);

- Una valoración positiva dentro de la comunidad respecto a los conocimientos técnicos (manejo forestal, contabilidad, administración de empresas) y si es posible una voluntad de hacer inversiones a largo plazo en el desarrollo de estas capacidades a nivel local. Si bien muchas comunidades prefieren contratar a técnicos indígenas, o familiares, deben ser conscientes de que al hacerlo (a menos que estos tengan las habilidades o las desarrollen) pueden estar arriesgando el futuro de sus negocios;

- Interés y medios para acceder a la información del mercado (precios de la madera, de servicios, etc.);

- Oportunidades de acceso a servicios financieros (p. ej., microcréditos) o subsidios gubernamentales, no gubernamentales, multilaterales o créditos blandos;

- Disponibilidad de los socios comerciales (madereros, intermediarios) para poner por escrito sus compromisos (contratos) y construir alianzas equitativas;

---

30 Las asambleas comunitarias reúnen a todos los miembros de una comunidad nativa.

- Voluntad para discutir sinergias y/o conflictos entre el manejo forestal y el modelo económico existente dentro de la comunidad (a nivel familiar y comunal, si es relevante), para evitar los impactos negativos involuntarios;

- La participación de las mujeres, los ancianos y los sectores marginales[31] de la comunidad en todos los procesos de toma de decisiones, sobre todo respecto a dónde realizar el aprovechamiento y cómo invertir los ingresos;

- Un enfoque gradual para la participación de las comunidades en el negocio de la madera. Si bien las posibilidades de ganancia son bajas en los primeros eslabones de la cadena de valor, las ganancias solo serán posibles en las etapas posteriores del proceso si la comunidad tiene realmente los medios (conocimientos, capitales, contactos de mercado) para el control de la operación. Y eso no es fácil;

- Finalmente, cuando se trabaja en manejo forestal comunitario es necesario dejar de pensar en historias de éxito, pues el camino del aprendizaje está lleno de fracasos.

IDEAS FINALES SOBRE EL FUTURO DEL MANEJO DE LOS BOSQUES AMAZÓNICOS DEL PERÚ PARA LA PRODUCCIÓN MADERERA

La tala ilegal e insostenible continuará en la Amazonía siempre que exista la demanda de madera y queden algunos árboles en pie. Las estrategias o marcos legales puramente punitivos no pueden hacer frente a este problema con éxito, incluso si el Estado tuviese los recursos para desplegar equipos de interdicción en toda la Amazonía y los mecanismos para erradicar la corrupción dentro de sus propias filas.

El futuro de la industria de la madera amazónica dependerá de mejorar la gobernanza en la Amazonía mediante el saneamiento de derechos (a la tierra y a los recursos naturales); la clarificación de funciones y responsabilidades; la mejora en la coordinación; el énfasis

en los incentivos más que en las sanciones; y el fortalecimiento de estos enfoques (y más) a través de la participación activa de todos los interesados (el Estado, la sociedad civil, el sector privado) en el diseño de normas y en la toma de responsabilidades para su adopción.

Más específicamente, ya que el principal mercado actual para la madera amazónica es el mercado doméstico, las estrategias deben enfocarse también en el consumidor final y en los diferentes actores de la cadena de valor que llevan la madera desde el bosque hasta el comprador. Es deseable entonces promover la concientización de los compradores y los consumidores finales, y el establecimiento de mecanismos adecuados para identificar la madera talada legalmente en los productos finales (no solo en la puerta del bosque o a lo largo de caminos de extracción). También es necesario fortalecer la capacidad de agregar valor a la madera a través de procesos de transformación con calidad, ya que esto puede ayudar a superar la tendencia a generar la ganancia a expensas del dueño o titular del bosque, o a través de la sobreexplotación del recurso.

Junto con incentivos sistémicos para el manejo legal de los bosques naturales, procesos administrativos en línea desarrollados o mejorados con comentarios de los usuarios, y mecanismos para acceder a la información de mercado en tiempo real (costos de las operaciones de aprovechamiento, precios de la madera, antecedentes de los agentes del mercado, etc.), se necesitan herramientas y asistencia técnica probadas en el campo, que permitan a los dueños y titulares del bosque llevar a cabo los análisis de costo-beneficio de sus operaciones. Este análisis debe ocurrir antes de que se conceda cualquier permiso.

Debe fomentarse la investigación acerca del impacto económico de la creciente distancia entre los bosques y los mercados (debido al agotamiento de los recursos), así como acerca del impacto del cambio climático en la viabilidad de las operaciones madereras, bajo las reglas actualmente existentes.

Es urgente también profundizar los conocimientos sobre el tema de las plantaciones forestales, con el fin de que éstas ayuden a la sostenibilidad de los bosques naturales (y no incrementen las amenazas a los mismos). Mediciones de línea de base, tales como el mapeo de las áreas deforestadas y degradadas con potencial

---

31 La experiencia demuestra que en muchas comunidades indígenas ribereñas que se encuentran en proceso de cambio, las familias más tradicionales (aquellas principalmente dedicadas a actividades de subsistencia y con poco o ningún interés en el mercado) no son proactivamente incluidas en la toma de decisiones. Sin embargo, ya que se estas familias dependen exclusivamente del bosque para atender a sus necesidades, son las más propensas a ser afectadas por las actividades madereras.

para plantaciones forestales, así como la elaboración de reglamentos e incentivos adecuados para su implementación en áreas no forestales, así como la provisión de recursos de aprendizaje para el uso y transformación eficientes de la madera de plantaciones, serán también cruciales si el Perú quiere competir con las crecientes importaciones de madera de plantaciones.

El énfasis excesivo en 'historias de éxito' o 'buenos ejemplos' debe evitarse, sin importar cuán importante sea un comprador dado o cuán grande sea una cierta área forestal. El crecimiento temporal de la certificación FSC en el Perú y otros países de la Amazonía nos enseña una lección muy importante: con suficientes subvenciones de proyectos y un buen *marketing*, se puede aumentar el número de hectáreas 'manejadas de manera sostenible,' sin cambiar en lo más mínimo las condiciones que causan la tala ilegal, las mismas que tarde o temprano llevarán a la desaparición de la industria de la madera procedente de bosques naturales y a los medios de vida asociados (incluyendo las operaciones de manejo forestal certificadas).

La creación o el fortalecimiento de las condiciones que mejoran las oportunidades para que todos los usuarios forestales legales tengan éxito, es de crucial importancia.

Además, todas las partes involucradas deben reconocer que ninguna estrategia por sí sola va a resolver el problema. Sinergias reales, ambiciosas y de largo plazo serán parte de la solución, al igual que un espíritu crítico y una auténtica inclinación a reconocer el fracaso y convertirlo en el aprendizaje.

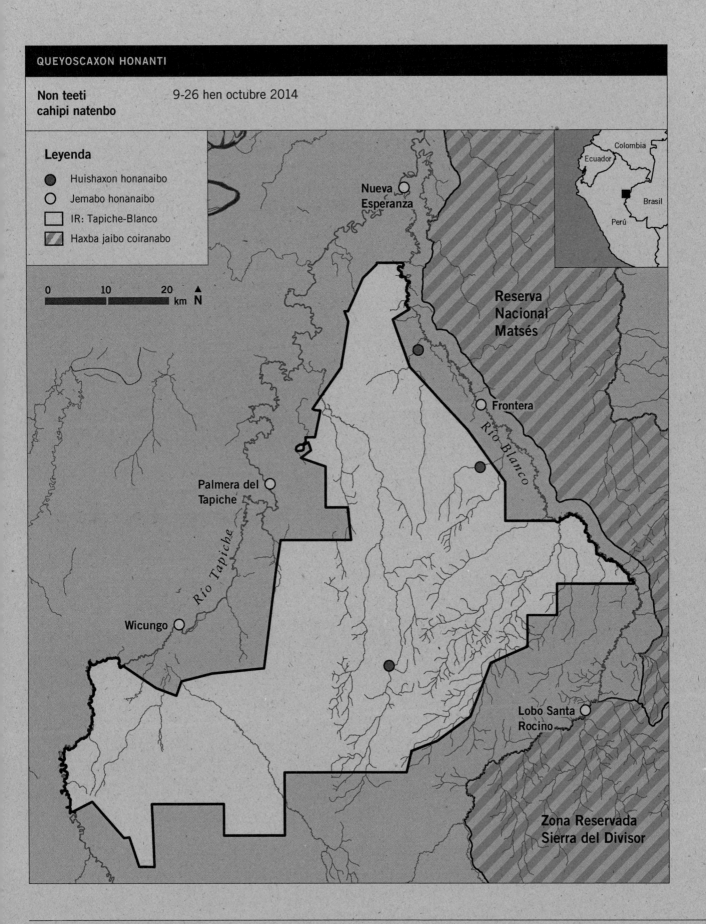

QUEYOSCAXON HONANTI

Non teeti cahipi natenbo 9-26 hen octubre 2014

Leyenda

- ● Huishaxon honanaibo
- ○ Jemabo honanaibo
- ▢ IR: Tapiche-Blanco
- ▨ Haxba jaibo coiranabo

0   10   20
km   N

Nueva Esperanza

Reserva Nacional Matsés

Frontera

Río Blanco

Palmera del Tapiche

Río Tapiche

Wicungo

Lobo Santa Rocino

Zona Reservada Sierra del Divisor

Colombia
Ecuador
Brasil
Perú

Jatihibincon	Nea huehan Tapiche, huetsabo rihibi huehan Ucayali ponte cahi janin, jaiqui hicha bonco huenen hen sur jatihibicon Loreto, Perú. Honancatsihquin non jaibo histonbires cahipiqui siete janin jai 310,000 hen jai Tapiche jatihibi jahuen hani naxbabo hen huaca Blanco. Nea mai janin hocho jihuetaibo tah qui noquen caibabo Capanahua hen Mayuruna, neno ta jahuabi bahi hen bahihuan yamahiquinichibo janin nea rabe naxba coiranaibo ramiho behcoinaibo (jise mapa). Hen neateman teenibo, yomerahi mai xeni benahibo ta jenenihbo jaiqui huenenjaxon bahixon huistinanti teenihbo. Reraxon jihui paquenihbo bahibo jaibo mai xeni benanoxon. Rahma tah non honanai jatihibi naxba coirascaxon mai xeni benacatsihquibo. Rahma caman ta 23 jemabo nahuabo, noquen caibobo rihbi huetsa rihbi Tapiche hen Blanco, neatihi jaibo jemabo 2,900 jihuetaibo nahuabo, Capanahua hen Kichwa.

Tapax jisibo honanoxon jihuetaibo:

Huean nea huaca Blanco	Wiswincho (Texpa Jene huiso/Blanco)	9-14 nea octubre 2014
	Texpa Yamabiresahi	20-26 nea octubre 2014
Huean nea huaca Tapiche	Conihhuan (Texpa Jene huiso/Tapiche)	14-20 nea octubre 2014

Neno ta honanaiban jisipicanaxqui:

Chuean nea huaca Blanco	Jaton joi yohuanaibo Lobo Santa Rocino	9-13 nea octubre2014
	Jaton joi yohuanaibo Frontera	20-25 nea octubre 2014
Huean nea huaca Tapiche	Jaton joi yohuanaibo Wicungo	13-17 nea octubre 2014
	Jaton joi yohuanaibo Palmera nea Tapiche	17-20 nea octubre 2014

Teexon tah non honanai, jatihibi jato tsinquixon jato betan yohuanoxon nea jemabo España, Nuestra Señora de Fátima, Monte Alegre. Morales Bermúdez, Pacasmayo, Puerto Ángel, San Antonio de Fortaleza, San Pedro nea Yarina Frontera Topal.

Huesti neten carescaxon, nea 26 octubre hen 2014, nea joi honanaibo jihuetaibo nocoxon ta jato yohihohoxqui Nueva Esperanza, janin hapobo jato jatihibi nea jemabo jaibo. Nea netenbo 28 hen 29 hoxne octubre, jatihibi ta Iquitos janin tsinquiti picanaxqui jenquetsahpi non quenahi benahi jihuetaibo janin non coiranti jai.

Honanscaibo jaibo jihuetaibo	Hihti siribo non jaibo, jihuetaibo chichobo jemanbo; banabo nihi; yapabo; tohcobo cape; noyahi; noyohibo hanibo hanitahmabo; cashibo

Honanscaibo jatihibi	Coshin honanscaxon jihuetaibo; jihuenihbo; jaibo, yamahibo teecatsihquin honancatsiquibo janin; nihimeran jaibo
Honanscaibo jihuetaibo jatihibi	Nea hueanbo Tapiche-Blanco huishaxon honanaibo ta mesco nihibo jahiqui Loreto. Jaibo cahen hani mehchabo topontimabo, nihibo mashi joxo, boncobo mesca mai janin jai, hicha huean romishin rihbi jai, huisoni, joxoni hen nexnani. Jano jihuetaibo cahen hani mai jaibo tohcobo jihuenon, hoyohibo noyahibo rihbi, jano jahobo jascapabo jai ta hicha qui neno janin Perú, nea jihuetai noque yanapanaibo jaban ta siriaquin coirancanihqui caiban jascayamahibi, yomerahibo yapabo. Jascahaquinbi, hicha jaibo honanxon non jaibo jatihibi noquen tee janin tah non siriaquin noquen hapoban yohiha nincaxon honanai gobierno nacional hen jihuetaibo yohihi nea jihuetai yohihibo coiranahbo.

Teescaxon tah non honanai **jaibo 962 mesco nihibo nea 741 mesco raoyahpabo**. Choncabo hicha ta mesco jahiqui nea mai janin jihuetaibo casi quescahpabo neno noquen mai janin Amazonía Peruana jahuen naxbabo nihibo jano jahuabi yamahibo. Non honanai tah qui 3,878 nea 4,478 mesco nihi jaiboya. Xaoyahpabo nea jihuetai janin Tapiche-Blanco.

	Mesco huishahipi jatihibi non jisipibo	Mesco jaibo neno naxba
Nihi jaibo	962	2,500–3,000
Yapa	180	400–500
Tohco	65	124
Cape	48	100
Noyahibo	394	550
Hoyohihbo hanitahma hanibo	42	101
Cashibo	12	103
Jatihibi mesco nihibo, boncoya xaoyahpabo	**1,703**	**3,878–4,478**

Jatihibi nihibo

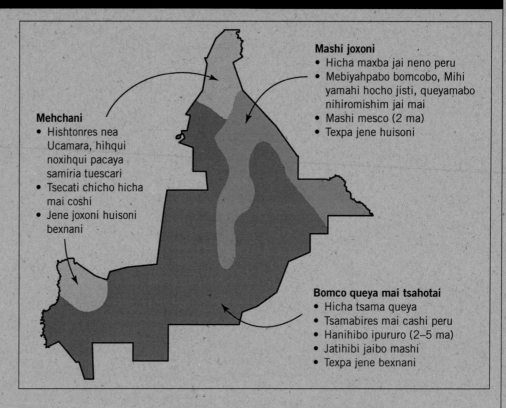

Mehchani
- Hishtonres nea Ucamara, hihqui noxihqui pacaya samiria tuescari
- Tsecati chicho hicha mai coshi
- Jene joxoni huisoni bexnani

Mashi joxoni
- Hicha maxba jai neno peru
- Mebiyahpabo bomcobo, Mihi yamahi hocho jisti, queyamabo nihiromishim jai mai
- Mashi mesco (2 ma)
- Texpa jene huisoni

Bomco queya mai tsahotai
- Hicha tsama queya
- Tsamabires mai cashi peru
- Hanihibo ipururo (2–5 ma)
- Jatihibi jaibo mashi
- Texpa jene bexnani

Nea nihibo ta nea jihuetai hihti siri non jise non honanyahibo quimisha hani jatibi non jise. Neno hochoma ponte, janin huean cahi janin Tapiche nea Blanco, ta jatihibi mai jenen mahpohiqui jacopi ta coiranai ban depresión ucarama coiranihqui hihti hani mehcha copi (naxba 100 m janin jihuetai jene). Romiho cahi cahen, mai toncobo joxonibo jai memiho cahi huaca Blanco jano cahen hicha nihibo hanitahmabo jai (100–125 msnm). Huetsabo jaibo cahen nea jihuetai janin ta yohicaniqui hani nihibo jaibo jatihibi (125–180 msnm).

Jahibo, chichobo jatihibincon

Nea Blanco hen Tapiche ta Huean jene joxoni jaiqui pitibo yamahi. Jascabi jahuen mai copi

Nea huean ta honancaniqui jatihixonbi jahuen quimisha jihuebo nihi huishanihbo neateman. Jano jenen mahpoyamahi ta coirancaniqui Depresión Ucamara ta hihquiscahiqui honanxobi jascarihi ta mai choyo pishcahiya Pacaya-Samiria norte janin. Jano ta hicha mashi jaiqui mescotibo cuarzo nea Plio pleitoceno (nea jai naxba 2 bari) 2 millones mai mehchan jihuetaibo totish chian. Non honanai, tah qui Hipururo (nea 2-5 millones bari jihuetai) jano jaabo jihuetaibo.

Nea mai janin ta quimisha honanti joi jihuetaibo mashi, yamahi siripi haniti jacopi ta hicha jaton tapon hanihiqui nescari 5–15 cm hishtonbires hanihi jahuen mai copi 10–30 cm mashi joxoni janin hashohan caichahi cahen ipururo texpa quexabo jene bexnani janin hanihibi siriyamahi hanitahmabo (<10 µS/cm) hanihi hihti cacha (pH <4.5). Nea jene mai mahpoyamahi janin ta jene joxoni cahinihqui huishoni. Mehue ta hicha yamahiqui nea jihuetai janin. Hihti costan ta jacanihqui main nichiban yohinaban yomerahiban. Mehuen cachon hahcahi ta hichatahma jaiqui neno Loreto quempen nea huaca Blanco janin mehuebo.

Nea jihuetaijanin jaibo jatihibi ta mai chorishma qui Loreto, cahibi nocoyamahi non quenai janin. Non hashohan honanaibo cahen Falla Bolognesi, jano huenihibo mai boncochian mashi joxoni ponte cahi janin huaca Blanco janata hahan honanti jahiqui satélite. Jascaribihi Huaca Blanco siripi jahuen quiricabo jaibi siriyamahi Blanco jatihibi rahma benahibobi jahuen rebon jai huaca Gálvez.

Nea mai janin ta mashiqui yamahibi nea jihuetai jahibo mehetimabo teecatsihquin nea bahi janin. Hicha tapox jaxon coiranai bahibo cahi janin, teecatsihquin bahihibo tiromahibo. Yamascahibo jaton tapon mai chicho ta queyotihiqui hashohan mehchatai copi siri hanihibo hicha mebiyabo hen totishchian jaibo queyabo haniyahibo. Quimisha noa maixeni tsecati petroleros ta poquincahoxqui yamahi, poquinxon jeninihbo ta tiroma chicho mai janihex noque tiromati non shinanai. Poquinxon nea jihuetai janin Tapiche-Blanco ta chichohax jene tiroma picotihqui xehatima non jaibo non picotai, jacopi tah non shinanai hichatama non jaibo non jisibo.

Banabo	Tatihibi ta jascapaqui, noquen nihibo ta jaiqui quimisha mesco banabo: choyobo, banco mashi jai janin queya mai janin jai (jise bochiqui). Neno tah non hononcatsihquin benahi jatihibi jaibo banabo (8 jai), jabo hicha hanicaniqui yamahibi coiranaibo.

Nea bonco janin jaibo ta jaiqui hanihibo mai joxo janin huetsanco hanihibo rihbi. Hicha mebibo totishchian mai joxoni jascapa qui jahuen joxo nea Reservas Nacionales Matsés nea Allpahuayo-hen Mishana, Huetsa janebo rihbi ta jahiqui. Tah non merarihbihi jihuetaibo hihconaibo quescapabo boncochianbo, jascapabo rahsimabi jahibo (*Pachira brevipes*, *Macrolobium microcalyx*, *Pagamea*, *Platycarpum* sp. nov.), neata huehquiya yahiqui jato coiranahi. Nescapabo jihuibo nihi tah non jato janehi bonco totish mebiya, jascapa rahsi copi mesco mashi joxo honanaibo Loreto janin, jascapa jepebo *Mauritia flexuosa* hen *Mauritiella armata* jaibo hicha jaiqui.

Jascaribihi nea rabe, tah non merahi quimisha jihuetaibo mebiyahpabo jihuibe hicha queyamabo jai, jaton jane huasi, rahcoti, quescapa. Nea rahcoti mebiya non honanai hichama Loreto janin, hanitahmabo jaibo nahibo janin jano yohinabo jihuetahibo jaa copi ta hashohan honancatsihcaniqui.

Hashohan queya hanihibo nea mai janin boncobo merahi ta nescapa mai jaribihiqui Reserva Nacional Matsés, nea huean janin Yavarí Jenaro Herrera nea jihuetai janin rihbi Ere-Campuya-Algodón. Nea bonco rihbi ta teecanishqui, hicha huistinanti tsecanihbo, bahibo taranihbo jascabires teenihbo mai xeni benahibo bahibo petrolera.

Nihibo

Nea tee honanaiban ta meracaniqui 1,069 mesco nihibo jihuetaibo honancatsihquibo cahen 200 mescobo jaibo jatihibi jai cahen 962 mescobo maa huishasca non nonanai.

Nea nihibo jai ta jihuetai Tapiche-Blanco jaiqui 2,500–3,000 mesco nihibo jihuetaibo.

Jascahaqui honanxon tah non merahi mesco behnabo non nonancatsihqui (nea tsamabo *Platycarpum*) jascaquin nea chosco behna huishabo nocomati nea Perú janin (nea huasi *Monotagma densiflorum* neabo orquídeas *Palmorchis sobralioideshen Galeandra styllomisantha*, hen nea jihurihbi *Retiniphyllum chloranthum*).

Non huishahi honanoxon ta nihibo boncochian main jaibo ta jahiqui mescobo rahma non huishaxon honanaibo. Seis jascapabo rahsibo—Fabaceae, Areacaceae, Sapotaceae, Chrysobalanaceae, Lauraceae nea Myristicaceae—nescapabo ta hicha jahiqui jascapa rahsibo jihuetahibo, jabo ta hichaqui. Nea bahibo cahi janin 70 km hocho non nichipi jano tah non jisipiqui bahibo jahuabi merayaquin huistinanhti maroti coxan (*Cedrela odorata*) nea huishtinanti (*Swietenia macrophylla*). Tah non merahoqui quimisha coxan hinini (*Cedrelinga cateniformis*) hoa huishtinahti.

Yapabo

Jano yapabo jai janin tah non huishahipiqui jihuetahibo jenenecayan jatihibi Tapiche-Blanco mesco jahibo. Non basihi netenbo 14 neten non huishahipi honanoxon, 180 mesco nea 22 jascapa rahsibo jisibo.Hashohan hicha jai ta texpa janin jahiqui jene huisoni non huishahi honanai jihuetaipo hicha hichatahmabo jai. Honan tah non jai ictiofauna jatihibi janin jai Tapiche-Blanco nea 400–500 yapabo, jaabo ta jahiqui neatiahpabo nea 40% yapabo jene janin bata non honanai Perú janin.

Non huishahi honanaibo, chosco ta jahiqui behna non huishahi Perú nea nincanahue behna shinan, non honanyahibe tsama *Hemigrammus, Tyttocharax, Characidium* nea *Bunocephalus*.

Non mesco honanaibo huishaxon nea 23% mescotaibo nea mai janin Zona Reservada Sierra del Divisor, nea 22% non huishahi honanai behna pari nea huean janin Tapiche, nea 7% non huishahi honanoxon histonbires Reserva Nacional Matsés. Nea Cahen 50% mesco jai huishahi non honanai nea quimisha janin non huishahipi.

Jatihibi tah non huishaya maparihi noquen jemaban tsecahi nea jihuetai janin. Hicha ta mesco tsecahiban marohiban jahiqui nacional nea internacional (*Osteoglossum bicirrhosum, Hyphessobrycon* spp., *Hemigrammus* spp., *Corydoras* spp., *Apistogramma* spp., y *Gymnotus* spp.) non honanai DIREPRO (2013), jano jihuetaibo Tapiche-Blanco jano hicha yapabo jahi. Huetsabo mescobo ta picanihqui jano jihuetaiban. Jano jihuetaibo mescobo tah qui tsatsahhuan (*Brycon, Salminus*), sipan (*Triportheus*), baton (*Leporinus, Schizodon*), bohuebo (*Prochilodus, Semaprochilodus*), xahuahuaran nea bahuin (*Pseudoplatystoma, Brachyplatystoma*). Huetsabo ta jaiqui pihibo rihbi huame (*Arapaima* spp.).

Tohcobo nea Capebo	Nea joi herpetológico teetipi jihuetaibo main hen jenen boncochian janobi jihuetai, bonco jeneyamahi jene huisoni boncochian jai mashi joxoni non merahi jemabo tohcobo nea capebo jatihibe ta siritihqui coiranaibo. Non huishahibo 113 mescobo (65 tohco nea 48 cape) Teexon non huishahipi nea jihuetai ta jahiqui neatihi 124 tohcobo nea 100 capebo. Nea ta hicha qui tsama queya rahtetima, jacopi ta noquen jihuetai jahiqui epicentro global mesco jai tohcobo.
	Non huishaxon honanaibo tah qui tohcobo jaton pahe jai *Ranitomeya cyanovittata,* hicha tah non toponahi honanoxon neno chiponquinea Loreto. Chosco mesco tohco ta maa huishasca qui non huishaxon honannai: *Hypsiboas* aff. *cinerascens, Osteocephalus* aff. *planiceps, Chiasmocleis* sp. nov. nea *Pristimantis* aff. *lacrimosus.* Huetsa rabe tah non huishahipiqui honanaibo jatihixombi maincaman shinannaibo UICN: nea manaxahue (*Chelonoidis denticulata*) nea manaxahue huean cabori (*Podocnemis unifilis,* jatihixombi honanaibo rihbi legislación nacional).
Noyahibo	Non merascahi 394 mescobo noyahi nea quimisha tapas janin non nocotipi, hicha pitibo jai janin huishaxon non jisipi neno Reserva Nacional Matsés (416 mescol huetsanco janin tihbi jai Zona Reservada Sierra del Divisor (365 mescobo). Jatihibi tah non tsinquixon huishahipibo teescaxon non honanai nea huean janin Tapiche nea Blanco jatihibi non noyahibo honanai nea jihuetaijanin 501 mesco. Queentah non jai auifauna jihuetaibo Tapiche-Blanco jai 550 mesco.
	Non huishahipibo honanaibo tah qui 23 noyahibo honanaibo boncochian main yamahi, nea *Notharchus ordii, Hemitriccus minimus* nea *Myrmotherula cherriei.* Jascaquinbi, ta honanaiban ornitológico shinanxon benahoxqui quimisha jahua yamahibo Loreto Perú janin (*Percnostola arenarum, Polioptila clementsii* nea *Zimmerius villarejoi*), nea tah non huishayamahipiqui.
	Rahma ta non jai 15 mesco hanibo non honanai. Non rahtonon jatihibi honanyamahi tee yamachi copi nea jihuetai janin, caibo ta mesco jahiquibochohi nea tsecahibo tsinquixon boncochian mai yamahi janin. Chosco tah non jise *Nyctibius leucopterus* (non jato hananipi caibore nea ponte jihuetaibo Ucayali nea Marañón; Fig. 9A) *Myrmotherula cherriei* (honanai neno namam huaca Tigre, Loreto; Fig. 9F) *Xenopipo atronitens* (non huishaxon naponbi Marañón, Loreto nea Pampas del Heath, Madre de Dios; Fig. 9B) nea *Polytmus theresiae* (non honanai Morona, Jeberos nea Pampas del Heath). Huetsabo mescobo hicha non honanai, bonco jenen mahpoyamahi ta hani huean nescapa *Capito aurovirens* nea *Myrmoborus melanurus.*
	Merahibo hicha siribo mesco yomerati, non quenaibo *Penelope jacquacu, Mitu tuberosum* nea *Psophia leucoptera.* Nea ta hanitahma catsihcaniqui yomerahibo copi, yamahi janin cohirancatsihquibo naxba. Nea jihuetai jani ta Tapiche-Blanco cohiranaibo 70 mescobo noyahibo non coiranti jai: quimisha mescobo cohiranaibo jatihibincon nea UICN, rabe mescobo honanaibo jai jatihibinco 61 mescobo neno haxehibo CITES.

Hoyohibo

Honan tah non jahipiqui hoyohibo jihuetaibo Tapiche-Blanco huishaxon cashinhuanbo hoyohibo hani nea hanitahmabo) hichahi copi (cashi). Non tah non jato huishahipiqui 42 mescobo hani hanitahmabo, nea 12 cashi. Jatihibi non jai ta 204 mescobo jaibo nea jihuetaijanin: 101 cashi hani hanitama nea 103 cashibo. Nea huishan ta noque honanmahiqui Tapiche-Blanco non jihuetai nea jihuetai janin hicha casi non jai jatihibincon.

Huishaxon tah non tsama queya pehi jahi. Nea 13 huishaxon non honanscahi, rabe rihbi non huishabi meraxon jisipi, hashohan hicha non jahibi non honanai nea jihuetai Loreto janin. Hen Perú janin ta pehiyahpabo jimi pihibo *Saguinus fuscicollis* nea jahibo cahen jihuetahibo Tapiche-Blanco. Merahibohuaca Blanco jihuetaibo siribires nea *Cacajao calvus*, nea noyahi non honanai jihuetai non honanai UICN. Jatihibi non huishaquin honanai cahen posa mescoba hoyohibo jatihibinco honannaibo.

Nea jemabo janin ta mehchabo, nescapahbo *Tayassu pecari*, jano yamahibo tocan jisipibo. Non shinanai rahta qui benahibo teenoxon huishtinanti. Non shinanai, jahuerahnon siri jihuenoxon rahmacama teenoxon maronoxon. Nea marohibo jatihixonbi tsinquixon jemabam ta cashibo nea jihuetaihishton teeti shinanti noquen jemabo quenaxon jihui teetaibo coiranahbo noquen yohinahbo non pihi.

Jeman Jihuetaibo

Non honanai jihuetaibo nea huean janin Tapiche nea Blanco jihuetaibo cahen 2,900 jonibo nea 22 jihuescahibo—jemabo noquen joi yohuanaibo, jemabo nahua jemabo nea jemabo—ta jatihibi jaton quirica jahiqui. Nea jemabo ta nahuabo rahsi jihuetihqui nea quescahpabo Requena nealquitos Ucayali, Tigre nea Marañón Perú nea rihbi San Martín.

Nea jihuetai ta noquen mai janin jihuetaibo caibo Capanahua, huetsa rihbi remo noquen caibo yohuanai Pano, jaribi tah non jato benahi.

Huetsa jenabo rihbi. Jabo jihuetaibo janin cahen nahua jihue rihbihi neateman jihuenihbo caucho tian hen 1900 jatian piconihbo nea caibobo Capanahua jano jihuetaibo huean Alto Tapiche nea matsés cahen hani jihuetai huean Yaquerana Gálvez.

Noquen teebo ta nea jihuetai janin tsamabires qui jahibo moronoxo. Hashohuan teeti costanaibo jihui tsecati huishtinanti, yapa bichibo pinoxon, yomerahi yohinabo, huayahibo pinoxon moronoxon rihbi manibo banahibo yoha hatsapotohati tapioca jahibo Requena janin, Curinga, Santa Elena. Jascari teetahbo ta patoroban jato honan manishqui jatihibi jemabo. Jascaha rihbiquin, ta teexon quencaniqui hicha honati nea jihuetai janin, jaton banabo copi jahan honanaibo, ta jacanihqui nea huisha hicha noquen jemabo jatihibi jai janin.

Jasca behcohini ta teecaniqui jihui mesco jahibo, jahuen janebo bosques locales, permisos forestales, concesiones jano teetaibo mai tsohanbi jato hinanyamahi janin. Nea teetaibo forestal ta jato jatihibi jascanonhuen hihxon jato yohihiqui. Jascariteexon jato ribimaquin, paranquin yancabires teemaquin noquen jemabo jihuentaibo janin. Jascahaquin teexon tsecaxon yapabo rihbi hichatama jai copi maromayaquin.

Nea jatihibi tah non merahi honannaibo tsama hicha jonibo teetaibo honabo politicos municipales. Jasca rihbi ta jacanihqui shinannaibo tsinquitax yohuanaibo jaton banabo tsinquixon jahibo, teerihbicani jatihibi. Jabo ta huesti shinanax jascari jihuecaniqui jascahaquin coiranaibo jaton mai. Jato yanapanahibo hapobo rahannaibo Servicio Nacional Áreas Protegidas hapon rahanai (SERNANP, hihti honanaibo nea mai coiranti Reserva Nacional Matsés nea Zona Reservada Sierra del Divisor), jascahaquin coiranti haxenihbo coiranai tsohabi hiliquiyamanon Tapiche, nea ONGs nea ta naponbi banetihqui jascari teeti honancoinxon yanapanti nea noquen caibo Centro para el Desarrollo del Indígena Amazónico (CEDIA) jaban ta noquen yananhti hahtipacaniqui jatihibi non jahibi banabo siriaquin yanapanquin.

Jeman shinanai

Nea jihuetai Tapiche-Blanco honanaibo coiranti jaton mai jatihibi jai copi coiranoxon nea Perú (SERNANP 2009). Nea mapa non jise honanoxon honanaibo nea jihuetai Tapiche-Blanco jahuentianbi shinanbehnotima non haxehi nea Zona Reservada Sierra del Divisor nea rihbi Reserva Nacional Matsés. Nea jatihibi Tapiche-Blanco jabo rihbi ta jaton mai queenxon coiranquin hapona copi Gobierno de Loreto (PROCREL 2009), huetsa rihbi mai non honanai tahqui Reserva Territorial Yavarí-Tapiche, jano jihuetaibo noquen caibobo nocho non jisamahibo shinanai, jascaquinbi, non noquen coiranaibo ta nea jihuetai janin rahma caman shinancanaiqui coiranti nea huean janin Blanco nea Tapiche (1,500 ha).

Jatihibi jihuetai janin ta hapon hinanaishqui bonco teeti janobi hicha hani naxba jihuibo jai teetima yamahi—rahma ta jihui teeti yamascahiqui hihti copini maroti nea jihuetaijanin. Jata jahiqui chosco huisha teetibo rahma nea jihuetai janin huetsabo cahen Siriyamascahi.

Nea bari cahi. Jaribita jahiqui jano teetaibo boneo jemabo janin, jihui tsecahibo honanaibo jonexon bohibo jascahiquin ta noquen tiromacaniqui noquen jihuetai janin.

Jata jahiqui quimisha huisha mai coshi benabi nea jihuetai janin. Nea rabe bari nea Empresa Petrolera Pacific Rubiales ta bahican hoxqui hicha bahibo hocho mai xeni benati noquen mai janin haxehibo.

Non quenaibo coiranti jai

01 Hichabires ta banabo mashi joxoni janin jahiqui nea Perú janin (neatihi. 18,000 ha), jascaribihi rahcotibo quescapabo hicha yamahi nea Loreto janin.

02 Bonco hanibo bochohi tsamabires ta jahiqui jahuea xeni jahiqui hani nea Perú janin.

03 Mai choyobo jihuetaibo jenenecanyan huisoni ta siriyamahiqui bahibo.

04 Jihuetaibo tsamabires nihibo mebiyabo, non honanai jai mesco hen ámbito Nacional o internacional, non honanscahibo.

05 Jihuetaibo non honanyamahibo jai 17 mescobo, hicha jai shinobo nea Loreto janin.

06 Mesco yapabo rihbi non jaibo noquen jemabo jihuetaibo janin

Coshixon jahibo coiranti non jai

01 Bonco huean non coiranai tah non hihti coiranti jai bari neateman teenibobi noquen banabo tah non japarihi non coiranahi.

02 Ja non teetai shinanax noquen mai copi jatihibi tsinquitax jahan non jihuetai copi noquen jemabo nea jihuetai janin.

03 Non quenaibo noquen jema janin teenoxon siripi hihcoini noquenohbi non jahibo, jenquetsahxon non yapa bihtihin.

04 Nea tsinquixon ta honanaiban shinanxon coiranoxon hen nea hahxonti janobi nea non jaibo jatihibi (SERNANP, CEDIA, nea Coiranaibo Tapiche).

05 Nea behna joi Forestal del Perú, ta noque haxemahiqui noquen non hashohan rihbi honanscanon Forestal behna.

Jahua non huinotihi

01 Teetaibo ta jonetax jascacanihqui, yometsohti jenihibo cahen tiromahaxon jano jahibo janin jihuetai.

02 Bahixon jatsahaxon janojihui bahi boti.

03 Coirayamahibo teetaibo noquen nihibo jano jihuetaibo janin.

04 Noquen mai ta haniqui queyotima, tiromahibi coiranaibo manuyamanon.

05 Tsecacatsihquibo mai coshi nea jihuetai janin honanquin jahicopi mai xeni Petróleo jahuen coshi mai chicho tiroma tah non huinotihi tsecahiboya.

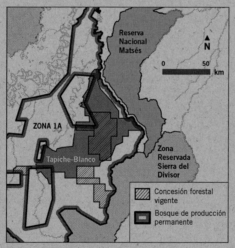

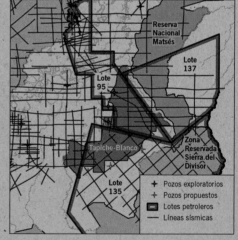

Honannahue mato yohinon

01 Queyonahue man shinanai honanquin-sirihaxon man haxehi noquen jemabo mai janin

02 Jano noquen mai coiranti tah jai noquen banabo jai 308,463 ha jenenecanya huean janin Tapiche nea Blanco, yanapanahi noquen jemabo (Figs. 2A–B).

03 Queyobahinquin yamanon banco teeti jatihibitian (bonco jai jatihibitian) nea jihuetai, janin non yamahicopi tah non noque rihbi jahuabi non yamahi.

04 Teetahbo noquen jemabo vetan hapobo shinan benahax siripi teenoxon jascari teeti tah non quenahi, noquen nihibo non jaibo jatihibi.

05 Shinanax noquen hapobo vetan noquen jemabo rihbi tsinquixon coiranoxon teeyamahabo yancabires jihui noquen huean janin Tapiche nea Blanco.

(for Color Plates, see pages 29–52)

Apéndices/Appendices

TEAM

María I. Aldea-Guevara (*fishes*)
Universidad Nacional de la Amazonía Peruana (UNAP)
Iquitos, Peru
maryaldea@hotmail.com

Patricia Álvarez-Loayza (*camera traps*)
Duke University
Durham, NC, USA
alvar.patricia@gmail.com

Diana (Tita) Alvira Reyes (*social inventory*)
Science and Education
The Field Museum
Chicago, IL, USA
dalvira@fieldmuseum.org

Luciano Cardoso (*social inventory*)
Comunidad Nativa Lobo Santa Rocino
Blanco River, Peru

Álvaro del Campo (*coordination, field logistics, photography*)
Science and Education
The Field Museum
Chicago, IL, USA
adelcampo@fieldmuseum.org

María Isabel Corahua (*fishes*)
Museo de Historia Natural
Universidad Nacional Mayor de San Marcos
Lima, Peru
mycorahua@gmail.com

Trey Crouch (*geology*)
University of Florida
Gainesville, FL, USA
treycrouch@gmail.com

Mario Escobedo (*mammals*)
Servicios de Biodiversidad EIRL
Lima, Peru
marioescobedo@gmail.com

Giussepe Gagliardi-Urrutia (*amphibians and reptiles*)
Instituto de Investigaciones de la Amazonía Peruana (IIAP)
Iquitos, Peru
giussepegagliardi@yahoo.com

Emily Graslie (*The Brain Scoop*)
Science and Education
The Field Museum
Chicago, IL, USA
egraslie@fieldmuseum.org

Max H. Hidalgo (*fishes*)
Museo de Historia Natural
Universidad Nacional Mayor de San Marcos
Lima, Peru
mhidalgod@unmsm.edu.pe

Dario Hurtado Cardenas (*air transportation logistics*)
Lima, Peru
dhcapache1912@yahoo.es

Jorge Joel Inga Pinedo (*social inventory*)
Universidad Nacional de la Amazonía Peruana (UNAP)
Iquitos, Peru
jorgeinga85@gmail.com

Mark K. Johnston (*cartography*)
Science and Education
The Field Museum
Chicago, IL, USA
mjohnston@fieldmuseum.org

Guillermo Knell (*field logistics*)
Ecologística Perú
Lima, Peru
atta@ecologisticaperu.com

Ángel López Panduro (*social inventory*)
Comunidad Nativa Palmera del Tapiche
Tapiche River, Peru

Jonathan A. Markel (*cartography*)
Science and Education
The Field Museum
Chicago, IL, USA
jmarkel@fieldmuseum.org

Tom McNamara (*The Brain Scoop*)
Science and Education
The Field Museum
Chicago, IL, USA
tmcnamara@fieldmuseum.org

Italo Mesones Acuy (*field logistics*)
Universidad Nacional de la Amazonía Peruana (UNAP)
Iquitos, Peru
italomesonesacuy@yahoo.es

Tony Jonatan Mori Vargas (*plants*)
Servicios de Biodiversidad EIRL
Iquitos, Peru
tjmorivargas@gmail.com

Cecilia Núñez Pérez (*social inventory*)
Asociación Mayantú
Iquitos, Peru
cecilia.nunez.perez@gmail.com

Marco Odicio Iglesias (*amphibians and reptiles*)
Peruvian Center for Biodiversity and Conservation (PCBC)
Iquitos, Peru
odicioiglesias@gmail.com

Brian J. O'Shea (*birds*)
North Carolina Museum of Natural Sciences
Raleigh, NC, USA
brian.oshea@naturalsciences.org

Joel Yuri Paitan Cano (*social inventory*)
Servicio Nacional de Áreas Naturales Protegidas por el Estado (SERNANP)
Sierra del Divisor Reserved Zone
Pucallpa, Peru
ypaitan@sernanp.gob.pe

Mario Pariona (*social inventory*)
Science and Education
The Field Museum
Chicago, IL, USA
mpariona@fieldmuseum.org

Nigel Pitman (*plants*)
Science and Education
The Field Museum
Chicago, IL, USA
npitman@fieldmuseum.org

Marcos Ríos Paredes (*plants*)
Servicios de Biodiversidad EIRL
Iquitos, Peru
marcosriosp@gmail.com

Dani Rivera González (*coordination, logistics*)
Centro para el Desarrollo del Indígena Amazónico (CEDIA)
Iquitos, Peru
danirivera@cedia.org.pe

Lelis Rivera Chávez (*coordination, logistics*)
Centro para el Desarrollo del Indígena Amazónico (CEDIA)
Lima, Peru
lerivera@cedia.org.pe

David Rivera González (*social inventory*)
Centro para el Desarrollo del Indígena Amazónico (CEDIA)
Lima, Peru
darigo@cedia.org.pe

Alberto Victor Romero Ramón (*coordination*)
Centro para el Desarrollo del Indígena Amazónico (CEDIA)
Lima, Peru
alromero@cedia.org.pe

Ernesto Ruelas Inzunza (*birds, coordination*)
Science and Education
The Field Museum
Chicago, IL, USA
eruelas@fieldmuseum.org

Percy Saboya del Castillo (*birds*)
Peruvian Center for Biodiversity and Conservation (PCBC)
Iquitos, Peru
percnostola@gmail.com

Blanca E. Sandoval Ibañez (*cartography*)
Centro para el Desarrollo del Indígena Amazónico (CEDIA)
Iquitos, Peru
besmeraldasandoval@gmail.com

Robert F. Stallard (*geology*)
Smithsonian Tropical Research Institute
Balboa, Republic of Panama
stallard@si.edu

Douglas F. Stotz (*birds*)
Science and Education
The Field Museum
Chicago, IL, USA
dstotz@fieldmuseum.org

Luis Alberto Torres Montenegro (*plants*)
Servicios de Biodiversidad EIRL
Iquitos, Peru
luistorresmontenegro@gmail.com

Luis Trevejo (*logistics, coordination*)
Centro para el Desarrollo del Indígena Amazónico (CEDIA)
Iquitos, Peru
ltrevejo@cedia.org.pe

José Alejandro Urrestty Aspajo (*social inventory*)
Servicio Nacional de Áreas Naturales Protegidas por el Estado
(SERNANP)
Matsés National Reserve
Iquitos, Peru
jurrestty@sernanp.gob.pe

Magno Vásquez Pilco (*field logistics*)
Universidad Nacional de la Amazonía Peruana (UNAP)
Iquitos, Peru
carlomagno3818@hotmail.com

Pablo Venegas Ibáñez (*amphibians and reptiles*)
Centro de Ornitología y Biodiversidad (CORBIDI)
Lima, Peru
sancarranca@yahoo.es

Rony Villanueva Fajardo (*social inventory, logistics, coordination*)
Centro para el Desarrollo del Indígena Amazónico (CEDIA)
Iquitos, Peru
rony.villanueva@cedia.org.pe

Corine Vriesendorp (*coordination, plants*)
Science and Education
The Field Museum
Chicago, IL, USA
cvriesendorp@fieldmuseum.org

Tyana Wachter (*general logistics*)
Science and Education
The Field Museum
Chicago, IL, USA
twachter@fieldmuseum.org

COLLABORATORS

Communities (in alphabetical order)

Comunidad Campesina Canchalagua
Tapiche River, Peru

Comunidad Nativa España
Blanco River, Peru

Comunidad Nativa Frontera
Blanco River, Peru

Comunidad Nativa Lobo Santa Rocino
Blanco River, Peru

Comunidad Campesina Morales Bermúdez
Tapiche River, Peru

Comunidad Nativa Nuevo Capanahua
Tapiche River, Peru

Community Campesina Nueva Esperanza
Tapiche River, Peru

Comunidad Nativa Palmera del Tapiche
Tapiche River, Peru

Comunidad Campesina Tres Tigres del Bajo Tapiche, Monte Sinaí Annex
Tapiche River, Peru

Comunidad Nativa Wicungo
Tapiche River, Peru

Local governments

Alto Tapiche Municipal District

Soplín Municipal District

Tapiche Municipal District

Loreto Regional Government

Programa Regional de Manejo de Recursos Forestales y de Fauna Silvestre (PRMRFFS)
Loreto Regional Government
Iquitos, Peru

Other collaborating institutions

Smithsonian Tropical Research Institute (STRI)
Panama City, Panama

The Field Museum

The Field Museum is a research and educational institution with exhibits open to the public and collections that reflect the natural and cultural diversity of the world. Its work in science and education—exploring the past and present to shape a future rich with biological and cultural diversity—is organized in three centers that complement each other. The Gantz Family Collections Center oversees and safeguards more than 24 million objects available to researchers, educators, and citizen scientists; the Integrative Research Center pursues scientific inquiry based on its collections, maintains world-class research on evolution, life, and culture, and works across disciplines to tackle critical questions of our times; finally, the Keller Science Action Center puts its science and collections to work for conservation and cultural understanding. This center focuses on results on the ground, from the conservation of tropical forest expanses and restoration of nature in urban centers, to connections of people with their cultural heritage. Education is a central strategy of all three centers: they collaborate closely to bring museum science, collections, and action to its public.

The Field Museum
1400 S. Lake Shore Drive
Chicago, IL 60605–2496 USA
1.312.922.9410 tel
www.fieldmuseum.org

Centro para el Desarrollo del Indígena Amazónico (CEDIA)

CEDIA is a Peruvian non-governmental organization with more than 32 years of experience working to benefit the indigenous peoples of Amazonian Peru. The tools we use include land titling, the legal defense of indigenous lands, joint management of protected areas, and the design and implementation of management plans for indigenous forests.

CEDIA has facilitated the land titling process for roughly 375 indigenous communities, representing more than 4 million hectares and 11,500 indigenous families. We are pioneers in designing and establishing Territorial Reserves for Indigenous Groups in Voluntary Isolation and Initial Contact, and have played a role in the creation of five protected areas and the categorization of three others.

CEDIA's strategy is to strengthen community organization and promote the conservation and sustainable use of natural resources on indigenous lands and in neighboring protected areas. Our work has benefitted the Machiguenga, Yine Yami, Ashaninka, Kakinte, Nanti, Nahua, Harakmbut, Urarina, Iquito, Matsés, Capanahua, Kokama kokamilla, Secoya, Huitoto, and Kichwa indigenous groups in the upper and lower Urubamba, Apurímac, Alto Madre de Dios, Chambira, Nanay, Gálvez, Yaquerana, Putumayo, Napo, Tigre, Blanco, Tapiche, and Bajo Ucayali watersheds in Amazonian Peru.

Centro para el Desarrollo del Indígena Amazónico
Pasaje Bonifacio 166, Urb. Los Rosales de Santa Rosa
La Perla-Callao, Lima, Peru
51.1.420.4340 tel
51.1.457.5761 tel/fax
www.cedia.org.pe

Instituto de Investigaciones de la Amazonía Peruana (IIAP)

The Instituto de Investigaciones de la Amazonía Peruana (IIAP) is a Peruvian government institution devoted to pure and applied research in Amazonia. It promotes sustainable resource use, biodiversity conservation, and human well-being in the region. IIAP's headquarters are in Iquitos, and it has offices in six other Amazonian regions. In addition to investigating the economic potential of promising species and developing methods to cultivate and manage natural resources, IIAP actively promotes activities aimed at the management and conservation of species and ecosystems, including the creation of protected areas; it also carries out the studies necessary to guide the creation of these areas. IIAP has six research programs: aquatic ecosystems and resources, terrestrial ecosystems and resources, ecological-economic zoning and environmental planning, Amazonian biodiversity, human diversity in the Amazon, and biodiversity databases.

Instituto de Investigaciones de la Amazonía Peruana
Av. José A. Quiñónes km 2.5
Apartado Postal 784
Iquitos, Loreto, Peru
51.65.265515, 51.65.265516 tels, 51.65.265527 fax
www.iiap.org.pe

Servicio Nacional de Áreas Naturales Protegidas por el Estado (SERNANP)

SERNANP is an agency of Peru's Ministry of the Environment established by Legislative Decree 1013 on 14 May 2008. Its charge is to provide the technical and administrative framework for the conservation of Peru's protected areas, and to ensure the long-term protection of the country's biological diversity. SERNANP oversees the country's protected areas network (SINANPE) and also provides the legal framework for protected areas established by regional and local governments, and by the owners of private conservation areas. SERNANP's mission is to manage the SINANPE network in an integral, ecosystem-based, participatory fashion, with the goal of sustaining its biological diversity and maintaining the ecosystem services it provides to society. Peru currently has 76 protected areas at the national level, as well as 17 regional conservation areas and 82 private conservation areas, and together these cover 17.25% of the country.

Servicio Nacional de Áreas Naturales Protegidas por el Estado
Calle Diecisiete 355
Urb. El Palomar, San Isidro, Lima, Peru
51.1.717.7520 tel
www.sernanp.gob.pe

Servicio Nacional Forestal y de
Fauna Silvestre (SERFOR)

SERFOR is an agency of Peru's Ministry of Agriculture and Irrigation charged with establishing forestry-related regulations, policy, guidelines, strategy, and programs, as part of its mission to ensure the sustainable management of the country's timber and wildlife.

SERFOR oversees the National System of Forestry and Wildlife Management (Sinafor) and sets Peruvian forestry policy. The agency works through its 13 Technical Forestry and Wildlife Administrative Offices (ATFFS) in Lima, Apurímac, Áncash, Arequipa, Cajamarca, Cusco, Lambayeque, Tumbes-Piura, Sierra Central, Selva Central, Puno, Moquegua-Tacna, and Ica.

The agency also works in close coordination with the nine regions that the national government has granted the responsibility of managing forestry and wildlife: Tumbes, Loreto, San Martín, Ucayali, Huánuco, Ayacucho, Madre de Dios, Amazonas, and La Libertad.

SERFOR values a participatory approach and aims for sustainable management that improves the wellbeing of Peru's citizens and advances the country's development. Peru has 73 million ha of forests accounting for more than 57% of its territory, and ranks as the second most forested country in Latin America and the ninth worldwide.

Servicio Nacional Forestal y de Fauna Silvestre
Calle Diecisiete 355
Urb. El Palomar, San Isidro, Lima, Peru
51.1.225.9005 tel
www.serfor.gob.pe

Herbario Amazonense de la Universidad
Nacional de la Amazonía Peruana

The Herbario Amazonense (AMAZ) is located in Iquitos, Peru, and forms part of the Universidad Nacional de la Amazonía Peruana (UNAP). It was founded in 1972 as an educational and research collection focused on the flora of the Peruvian Amazon. In addition to housing collections from several countries, the collections showcase representative specimens of Peru's Amazonian flora, considered one of the most diverse floras on the planet. These collections serve as a valuable resource for understanding the classification, distribution, phenology, and habitat preferences of ferns, gymnosperms, and flowering plants. Local and international students, teachers, and researchers use these collections to teach, study, and identify plants, and in this way the Herbario Amazonense helps conserve Amazonia's diverse flora.

Herbarium Amazonense
Esquina Pevas con Nanay s/n
Iquitos, Peru
51.65.222649 tel
herbarium@dnet.com

Museo de Historia Natural de la Universidad Nacional Mayor de San Marcos

Founded in 1918, the Museo de Historia Natural is the principal source of information on the Peruvian flora and fauna. Its permanent exhibits are visited each year by 50,000 students, while its scientific collections—housing a million and a half plant, bird, mammal, fish, amphibian, reptile, fossil, and mineral specimens—are an invaluable resource for hundreds of Peruvian and foreign researchers. The museum's mission is to be a center of conservation, education, and research on Peru's biodiversity, highlighting the fact that Peru is one of the most biologically diverse countries on the planet, and that its economic progress depends on the conservation and sustainable use of its natural riches. The museum is part of the Universidad Nacional Mayor de San Marcos, founded in 1551.

Museo de Historia Natural
Universidad Nacional Mayor de San Marcos
Avenida Arenales 1256
Lince, Lima 11, Peru
51.1.471.0117 tel
www.museohn.unmsm.edu.pe

Centro de Ornitología y Biodiversidad (CORBIDI)

The Center for Ornithology and Biodiversity (CORBIDI) was created in Lima in 2006 to help strengthen the natural sciences in Peru. The institution carries out scientific research, trains scientists, and facilitates other scientists' and institutions' research on Peruvian biodiversity. CORBIDI's mission is to encourage responsible conservation measures that help ensure the long-term preservation of Peru's extraordinary natural diversity. The organization also trains and provides support for Peruvian students in the natural sciences, and advises government and other institutions concerning policies related to the knowledge, conservation, and use of Peru's biodiversity. The institution currently has three divisions: ornithology, mammalogy, and herpetology.

Centro de Ornitología y Biodiversidad
Calle Santa Rita 105, Oficina 202
Urb. Huertos de San Antonio
Surco, Lima 33, Peru
51.1.344.1701 tel
www.corbidi.org

ACKNOWLEDGMENTS

Our closest partner in this inventory was the Centro para el Desarrollo del Indígena Amazónico (CEDIA), whose vast experience and enthusiasm helped ensure that the rapid inventory was dynamic and successful. Lelis Rivera, Dani Rivera, David Rivera, Alberto Romero 'El Doc', Luis Trevejo, Rony Villanueva, Blanca Sandoval, Ronald Rodríguez, Melcy Rivera, Melissa González, Santos Chuncun, Argelio Rimachi Huanaquiri, Ángel Valles Sandoval, and César Aquitari offered their support throughout the long process of the rapid inventory, from the first steps to the last presentation, and have continued their invaluable work in the forests and communities of the Tapiche-Blanco region since then.

We would not have been able to carry out this work without the support and approval of the communities neighboring the study area. Our thanks to the *apus* and leaders of Frontera, España, Lobo Santa Rocino, and Nuevo Capanahua on the Blanco River, as well as Puerto Ángel, Palmera del Tapiche, Morales Bermúdez, Canchalagua, Wicungo, Pacasmayo, Monte Alegre, Nuestra Señora de Fátima and Bellavista on the Tapiche River, for traveling to the host towns of Curinga and Santa Elena to attend meetings about prior informed consent in the planning phase of the inventory. We also thank the authorities of Curinga and Santa Elena for generously hosting these meetings. We are indebted to the staff of the Iquitos offices of the Districts of Soplín, Alto Tapiche, and Tapiche for providing key information during this preparatory phase of the inventory.

All of the host communities made the social team feel at home, for which we are extremely grateful. We send a very special acknowledgment to everyone in those communities for their generosity. Thanks to the entire community of Lobo Santa Rocino, and especially to Gisella Suárez Shapiama, Soraida Fasabi Arirama, Florinda Suárez Shapiama, Alberto Cardoso Goñez, Juan José Gonzales, Miguel Cardoso Chuje, Armando Taricuarima, Karina Revilla Ríos, Medardo Ruiz, Mireya Cardoso Goñez, and Eugenia Cardoso Goñez. Thanks also to the entire community of Wicungo, and especially to Kelly Rengifo Tafur, Joyla Pérez Arimuya, Miroslava Solsol, Jaker Mozombite, Levis Mozombite, Silpa Freita Panarúa, Adriano Arimuya Chumbe, Olga Cainamari Tapullima, Mario Macuyama Arirama, Wilder Ahuanari Rengifo, Juan Luis Arimuya Silvano, José Solsol, Roberto Tafur Shupingahua, Eneida Rojas, Richar Ahuanari Rengifo, Julio Yaicate Inuma, Neiser Bocanegra Ríos, and Alfredo Bocanegra Macuyama. Thanks to the entire community of Palmera del Tapiche, and especially to Kelly Margarita Cuñañay, Demilar Manihuari Torres, María Canayo Shahuano, Sara Shahuano Lavi, Carlos Chumo Huaminchi, Ángel López Panduro, Telésforo Maytahuari Ricopa, Rosa Panduro, Emerson Cuñañay Pizarro, Diego Rengifo, and Junior Huayllahua López. Last but not least, thanks to the entire community of Frontera, and especially to Adita Cachique Ahuanari, Lorgia DaSilva Cachique, Rubi Catashunga Córdova, Lizi Catashunga, Roger Saavedra Galvis, Juan López Mosombite, Jorge Da Silva Villacorta, Johny Marin Lopez, Clever Ricopa, Octavio Cachique, and Amanda Macuyama. Likewise, we want to thank the authorities and all the residents of the community of Nueva Esperanza, at the confluence of the Tapiche and Blanco rivers, for hosting the social team, the biological team, and a number of community leaders for the presentation of preliminary results from the inventory. Special thanks go to municipal agent Raúl Pérez Solsol and lieutenant governor Teófilo Lancha Bachiche of the community of Nueva Esperanza.

María Elena Díaz Ñaupari (head of the Sierra del Divisor Reserved Zone), Carola Carpio Martínez (head of the Matsés National Reserve), Pascual Yuimachi Panduro (Sierra del Divisor park guard), and Lukasz Krokoszynski (anthropologist) also offered tremendous support to our team. We are especially grateful to Blanca Sandoval, CEDIA's GIS specialist, who worked tirelessly with the social team in Iquitos to make base maps of the communities we visited, and to turn our field notes into a map of natural resource use.

The social team thanks the excellent boat drivers who work closely with CEDIA. From the earliest preparatory stages of the inventory Santos Chuncun Bai Bëso, Luis Márquez Gómez, and Ángel Valles Sandoval demonstrated their expertise and years of experience with the often tricky Blanco and Tapiche rivers. Our profound thanks also to Luciano Cardoso Chuje and Ángel López Panduro, the communal leaders who participated as members of our social team during our visits to communities.

Reconnaissance overflights have become an indispensable tool for these rapid inventories. Having an eye in the sky gives us a broad understanding of the vegetation types in the study area, as well as a chance to 'visit' potential campsites before we have to choose. Our enormous thanks go to the personnel of the Peruvian Air Force, and especially to Orlando Soplín and the excellent

Twin Otter pilots, Donovan Ortega Diez and Julio Rivas Ego-Aguirre. Thanks to the skill and flexibility of the pilots, we had a very clear idea of the terrain before setting foot in the field.

Once again, the energetic collaboration of more than 40 residents of local communities was critical for establishing the three inventory campsites. In addition to clearing the helipads, preparing camping sites, and building canteens, work tables, storehouses, latrines, and bathing spots for the scientists, the *tigres* helped establish a network of ~70 km of trails that the biologists used during the inventory. The three cooks made sure that hungry workers were well-fed and happy after long days in the bush. Many of the *tigres* remained in camp or came back to provide support for the biological team, and others arrived to transport their colleagues back home. Here is the long list of community members who collaborated with us: Julio Cabudibo, Werlin Cabudibo, César Cachique, Erder Cananahuari, Antonio Chumo, Ernesto Chumo, Rolin Corales, Iris Culpano, Deivi Curichimba, Jorge Luis Da Silva, Jerson Del Águila, Luis Del Castillo, Henry Delgado, Luis Gómez, Esteban Gordon, Raúl Huaymacari, Cleider Icomena, Teófilo Lancha, Justino López, Gomer Macaya, Tomasa Macuyama, Ramón Manihuari, Manuel 'Chino' Márquez, Dainer Murayari, Jonathan Ochoa, Edwin Pacaya, Alexander Peña, Carlos Pezo, Kedvin Ramírez, Jesús Ricopa, Klever Ricopa, Milton Ricopa, Bernardo Saboya, Andy Sánchez, Melvin Suárez, Rosa Taricuarima, Helider Tenazoa G., Helider Tenazoa T., Celidoño Torres, Chairlon Tuanama, Séfora Ugarte, Damián Yaicate, and David Yumbato. Four residents of Wicungo and Monte Alegre could not take part in the advance work because their boat motor broke down on the way to Requena, but we are sure that they too would have done an excellent job.

The vast amount of work done by community members in these remote areas was carefully planned, coordinated, and implemented together with Field Museum and CEDIA staff, especially by the advance team leaders Álvaro del Campo, Guillermo Knell, and Italo Mesones, who had the unconditional support of Tony Mori, Luis Torres, and Magno Vásquez. To all of them, we express our profound thanks. Tony Mori deserves a special mention for his constant help with logistics in Iquitos and for keeping in close radio communication with the campsites. Likewise, our friend Helider Tenazoa Guerra was very effective in organizing the brigade from the community of Monte Sinaí on the Tapiche River and helped maintain punctual radio communications with our second campsite.

For their help during the application process for the research permits we needed from Peru's National Wildlife and Forest Service (SERFOR) of the Ministry of Agriculture, we would like to thank Fabiola Muñoz Dodero, Karina Ramírez Cuadros, and Katherine Sarmiento Canales, who were key to ensuring we received those permits on time. We also thank the staff of the Regional Forestry Program offices in Iquitos and Requena for providing us a wealth of information about forestry during the lead-up to our inventory.

We thank Emilio Álvarez Romero and Iliana Pérez Meléndez, heads of OSINFOR in Lima and Iquitos respectively, for providing us data and maps regarding forestry concessions. We also extend our thanks to Celso Peso Mejía, president of the Association of Forestry Producers of Requena, who coordinated with us and helped spread the word about our inventory, and to Manuel Abadie and Vladimiro Ambrosio of Perú Bosques' Iquitos office, who made their meeting room available for a preliminary meeting about the rapid inventory with concessionaires on the Tapiche and Blanco rivers.

We are deeply grateful to Nancy Portugal and Margarita Vara of the Ministry of Culture for sharing valuable information on the proposed Tapiche, Blanco, Yaquerana, Chobayacu, and tributaries (Yavarí Tapiche) Indigenous Reserve. We also thank Isrrail Aquise Lizarbe of AIDESEP for sharing his experiences with indigenous groups living in voluntary isolation in the headwaters of the Tapiche and Blanco rivers.

Our sincere acknowledgments to Gareth Hughes and Nereida Flores of Green Gold Forestry Perú for sharing information about the forest concession that contained our second campsite, and for their willingness to talk openly with us. We also thank Murilo da Costa Reis and Deborah Chen of the Reserva Tapiche for generously sharing maps, photos, film clips, and other valuable information about their experiences launching an ecotourism and conservation initiative in the study area.

Before beginning the inventory, we organized a series of presentations at IIAP in Iquitos to give us an overview of forest management in Peru and to make sure the entire team was well informed about forestry activities in the study area. We are grateful for the excellent presentations delivered by Hugo Che Piu,

Acknowledgments (continued)

Robin Sears of CIFOR, and Gustavo Torres Vásquez of OSINFOR. We also acknowledge Ing. Keneth Reátegui del Águila, IIAP's president at that time, and Dr. Luis Campos Baca, IIAP's current president, and Guissepe Gagliardi-Urrutia for their help organizing the event, as well as Señor Juanito for preparing the auditorium.

Our beloved expedition cook deserves her own paragraph. Wilma Freitas once again managed to keep team spirits high during the three weeks of fieldwork. Wilma surprised even the most discerning palates with delicious dishes like *ají de gallina*, *arroz chaufa con cecina*, and *lomo saltado oriental*, with little more than a wood-fired stove in the middle of the forest. She even managed to work in the semi-flooded kitchen of our first campsite without losing her infectious good humor.

Trey Crouch of the geology team would like to thank María Rocío Waked for her help preparing him for the inventory and Andrés Erazo for loaning him a tent and other equipment. Special thanks to Teófilo Lancha, Andy Sánchez, and Alain Cárdenas for their help with field work at the Wiswincho camp; to Manuel (Chino) Márquez for his help sampling soils and water at the Anguila camp; and to César Cachique for the insights he provided on the hydrology of the Pobreza Creek and the Blanco River at the Quebrada Pobreza camp. Bob Stallard would like to thank Micki Kaplan for the gift of vacation time and pre-inventory support, and Sheila Murphy for help in pre-inventory preparation.

As seems fitting for the *scientia amabilis*, the botany team has many friends to thank. We are especially indebted to Tyana Wachter and Carlos Amasifuen, who made sure that our plant specimens began the long and laborious process of drying while we were still in the field; to Jorge Luis Da Silva, who made dozens of collections in our third tree plot; to the Amazon Tree Diversity Network and Hans ter Steege, who generated predictions about which tree species we would find during the inventory (from a laptop in Holland); to Paul Fine and Chris Baraloto, who shared data from their tree plots on the Blanco and Tapiche rivers; to Robin Foster, Juliana Philipp, and Tyana Wachter, whose dozens of photo guides to plants in Loreto helped us identify plants in the field; to Jon Markel and Mark Johnston, who analyzed satellite images of the Tapiche-Blanco region and made sense of the GPS points we brought back from the field; to Lelis Rivera and the social team for their work seeking out savanna vegetation in the region; to Crystal McMichael, who loaned us a soil auger and a

great hypothesis to test; to Álvaro del Campo, who moved our plant-pressing table to higher ground when it was flooded out; and to Giuseppe Gagliardi-Urrutia, who remarked one night in our first camp that there was a "collectable" terrestrial orchid growing behind the latrine. It turned out to be the first confirmed collection of *Galeandra styllomisantha* in Peru.

We also thank Mark Johnston, Tyana Wachter and Ernesto Ruelas for finding us enough cameras to photograph our plant specimens; Giovana Vargas Sandoval for providing space to store materials and equipment prior to the field work; Álvaro del Campo and Guillermo Knell for inviting two members of the botany team to make collections during the advance phase; to our friends in the communities of Nueva Esperanza, Lobo, Frontera, Monte Sinaí, and Requena for their support before and during the biological inventory; and finally to Mario Escobedo and Esteban Gordon for their help collecting specimens from the *peque peque* boat on the Blanco River.

Exporting hundreds of plant specimens is hard work. The plants we collected in Tapiche-Blanco were exported to Chicago in record time, largely thanks to the leadership of Marcos Ríos and to the invaluable help of Hamilton Beltrán, Patricia Velazco, María Isabel La Torre, and Severo Baldeón of the MHN-UNMSM, as well as that of herbarium director Dr. Haydeé Montoya Terreros. Renzo Teruya, Gaby Nuñez, and Isela Arce of SERFOR also played a crucial role in helping us obtain export permits. Thanks to Robin Foster, Nancy Hensold, Colleen Dennis, Tyana Wachter, Christine Niezgoda, Anna Balla, Mariana Ribeiro de Mendonça, and the Museum Collections Spending Fund for their help processing the rapid inventory plant specimens in the Field Museum herbarium.

The ichthyologists acknowledge the invaluable support of Max Hidalgo for his help with taxonomic identification. Thanks to Hernán Ortega and Sebastian Heilpern for their valuable comments on the fishes chapter. Thanks to the *tigres* of Nueva Esperanza, Frank Saboya, Teófilo Lancha, and Jerson del Águila, for piloting us safely through the turbid waters of the Blanco River. Many thanks to Edwin Pacaya, of Requena, for his enthusiasm and courage in the 'electric' fishing in the blackwaters of the Yanayacu; to David Medina and César Cachique of the community of Fortaleza for their energy on long hikes and their help dodging the many snags on Pobreza Creek in search of new fish.

The herpetology team is infinitely grateful to everyone on the biological and social teams for contributing observations and specimens that lengthened the species list for the study area. We also thank *tigres* Frank Saboya at the Wiswincho campsite and Manuel Vásquez (El Chino) at the Anguila campsite for their help in seeking out amphibians and reptiles during all hours of the night. Thanks to Pablo Passos for identifying a ground snake in the genus *Atractus* and to Evan Twomey for his help in identifying dendrobatids.

The ornithology team would like to thank the North Carolina Museum of Natural Sciences for allowing Brian O'Shea to take part in the inventory, and the Macaulay Library of the Cornell Laboratory of Ornithology for lending Brian O'Shea recording equipment; special thanks go to Greg Budney, Jay McGowan, and Matt Medler. Teófilo Lancha piloted part of the team through flooded trails using a small motorboat. We also thank R. H. Wiley, Juan Díaz Alván, and Jacob Socolar for sharing information on prior ornithological work in the region. El Programa de Investigación en Biodiversidad Amazónica of IIAP kindly allowed Percy Saboya to use a 100–400 mm lens to photograph birds. We thank the social team, especially Joel Inga, for sharing bird records from the communities they visited. Our colleagues in the advance and biological teams also shared photographs and observations with us.

The mammal team gives special thanks to Dr. Patricia Álvarez-Loayza for her great work installing camera traps, which allowed us to record some rarely-spotted mammal species, and to Blgo. Rolando Aquino Yarihuamán for his help in identifying primate species. Thanks to Esteban Gordon Cauper, Damian Yaicate Saquiray, and Justino López González for their great help during the field work.

We are also grateful to all of the experts on South American primates who reviewed our photographs of an unknown *Callicebus* in the headwaters of Yanayacu Creek: Rolando Aquino, Victor Pacheco, and Jan Vermeer in Peru; Thomas Defler in Colombia; Paulo Auricchio in Brazil; Robert Voss and Paul Velazco at the American Museum of Natural History; and Bruce Patterson at The Field Museum.

The Brain Scoop team would like to thank the Media department at The Field Museum for loaning equipment, and for their help in preparing for the expedition. Emily Graslie and Tom McNamara would like to especially thank Corine Vriesendorp, Álvaro del Campo, Ernesto Ruelas, Tyana Wachter, and the rest of the rapid inventory team for their patience and accommodation throughout the inventory.

We thank A&S Aviation Pacific for supporting the inventory with their MI-17 helicopter, which allowed our team to access the remote campsites. Peruvian National Police General Dario 'Apache' Hurtado Cárdenas once again played a fundamental logistical role in contracting helicopters and maintaining close communication with A&S, and he tracked the progress of each of our flights minute by minute. Also, we extend our thanks to Guilmer Coaguila and the pilots of A&S—Martín Iparraguirre, Jesús Iparraguirre, Oscar David 'Gato Gordo' Aranda, and Luis Rivas—as well as to the mechanics Carlos Chang and José Namuche.

When A&S was not available, Apache moved earth and sky so that we could contract an MI-17 helicopter from the Peruvian Air Force, under the invaluable leadership of Colonel César Alex Guerrero. The pilots' impeccable work gave our advance, biological, and social teams easy access to the study sites. Many thanks to Commander Colonel EP Roberto Espinoza EP, Co-Pilot Lt. EP Edwin Escobar Ishodes, Flight Engineer TCO3 EP Edwin Soncco Marroquín, and ALO Flight Engineer SO1 EP Ignacio Area Flores.

In Requena, both the biological and social teams give thanks to Comercial Janeth and Comercial Palomino, and especially to Delfín Palomino and their unparalleled assistants Juan Carlos and Eliseo, for supplying us with provisions during the preparatory phases and throughout the inventory itself. They organized, packed, and sent the food and equipment we requested to the field with the conscientious efficiency these operations require. We thank Rosember and the staff of the Grifo El Volcán of Requena for providing the boat fuel we needed to visit communities during different stages of the inventory. Our acknowledgments to Hotel Adicita for hosting us, and to the riverboat operator BPR Transtur for transporting our teams between Iquitos, Nauta, and Requena on numerous occasions.

In Iquitos a great number of people helped us, including the staff of the Hotel Marañón and the Hotel Gran Marañón, who made us feel like a part of the family, especially during the writing phase of the report. We thank Moisés Campos Collazos and Priscilla Abecasis Fernández of Telesistemas EIRL for renting us a radio and for all their help in maintaining contact between Iquitos and the campsites. As they have many times before, Ana Rosita

Sáenz and Fredy Ferreira of the Insituto del Bien Común loaned us one of their HF radios to use in the field; we are eternally grateful for all of their camaraderie and support. We are also grateful to Diego Lechuga Celis and the Apostolic Parish of Iquitos, who loaned us some tables during the writing phase. Beto Silva and Wilder Valera of Transportes Silva and Armando Morey helped get us around Iquitos on endless errands. Serigrafía and Confecciones Chu made the inventory t-shirts, classy as always. Doña Teresa Haydee of Águila Chu once again provided refreshments for the presentation in Iquitos.

We thank Ing. Keneth Reátegui del Águila, Dr. Luis Campos Baca, and Giussepe Gagliardi-Urrutia for their generous invitation to use the IIAP auditorium for the presentation of our preliminary results in Iquitos. Likewise, we are indebted to Amelia Díaz Pabló and Luis Alfaro Lozano of Peru's National Weather and Hydrology Service (SENAMHI) for hosting our presentation of preliminary results in their auditorium in Lima. Melissa González helped organize and provide refreshments for the Lima presentation.

The following other people and institutions helped in many ways during our work: the staff of the Hotel Señorial in Lima; Susana Orihuela of Virreynal Tours; and Milagritos Reátegui, Cynthia Reátegui, Gloria Tamayo, Sylvia del Campo, and Chelita Díaz.

We thank Humberto Huaninche Sachivo and Lukasz Krokoszynski for their excellent translation of the report at a glance to Capanahua.

As he has on so many previous occasions, Jim Costello was flawless throughout the hard process of transforming our written report, photographs, and maps into a printed book. Our deepest gratitude to Jim, Jennifer Ackerman, and all of their design team for the constant support during the process of editing endless versions of the report. As always, Mark Johnston and Jonathan Markel played a fundamental role in all stages of the inventory, with their rapid and efficient preparation of maps and geographic data. Additionally, Mark and Jon's contributions during the drafting of the report and the presentation of results were extraordinary. We are also extremely grateful to Bernice Jacobs, who helped us convert a chaotic set of files into the sleek bibliography at the end of this report.

We cannot imagine a rapid inventory that did not have the unconditional support of our beloved Tyana Wachter, whose magical positive stamina keeps everyone on the inventory safe and sound. It is supremely comforting to know that Tyana is always there, solving each and every problem, whether from Chicago, Lima, Iquitos, or Requena.

Meganne Lube and Kandy Christensen worked overtime to ensure that we had the funds we needed throughout the work, even when our requests arrived at the last minute for reasons beyond our control. Dawn Martin and Sarah Santarelli kept close track of our activities in the field and gave us their full support from Chicago. Finally, we salute Debby Moskovits and Richard Lariviere of the Field Museum for their inspiring leadership and unflagging support of the rapid inventory team.

This inventory was only possible thanks to the financial support of The Gordon and Betty Moore Foundation and The Field Museum.

The goal of rapid inventories—biological and social—is to catalyze effective action for conservation in threatened regions of high biological and cultural diversity and uniqueness

Approach

Rapid inventories are expert surveys of the geology and biodiversity of remote forests, paired with social assessments that identify natural resource use, social organization, cultural strengths, and aspirations of local residents. After a short fieldwork period, the biological and social teams summarize their findings and develop integrated recommendations to protect the landscape and enhance the quality of life of local people.

During rapid biological inventories scientific teams focus on groups of organisms that indicate habitat type and condition and that can be surveyed quickly and accurately. These inventories do not attempt to produce an exhaustive list of species or higher taxa. Rather, the rapid surveys 1) identify the important biological communities in the site or region of interest, and 2) determine whether these communities are of outstanding quality and significance in a regional or global context.

During social inventories scientists and local communities collaborate to identify patterns of social organization, natural resource use, and opportunities for capacity building. The teams use participant observation and semi-structured interviews to quickly evaluate the assets of these communities that can serve as points of engagement for long-term participation in conservation.

In-country scientists are central to the field teams. The experience of local experts is crucial for understanding areas with little or no history of scientific exploration. After the inventories, protection of natural communities and engagement of social networks rely on initiatives from host-country scientists and conservationists.

Once these rapid inventories have been completed (typically within a month), the teams relay the survey information to regional and national decision-makers who set priorities and guide conservation action in the host country.

**Dates of
fieldwork**

9–26 October 2014

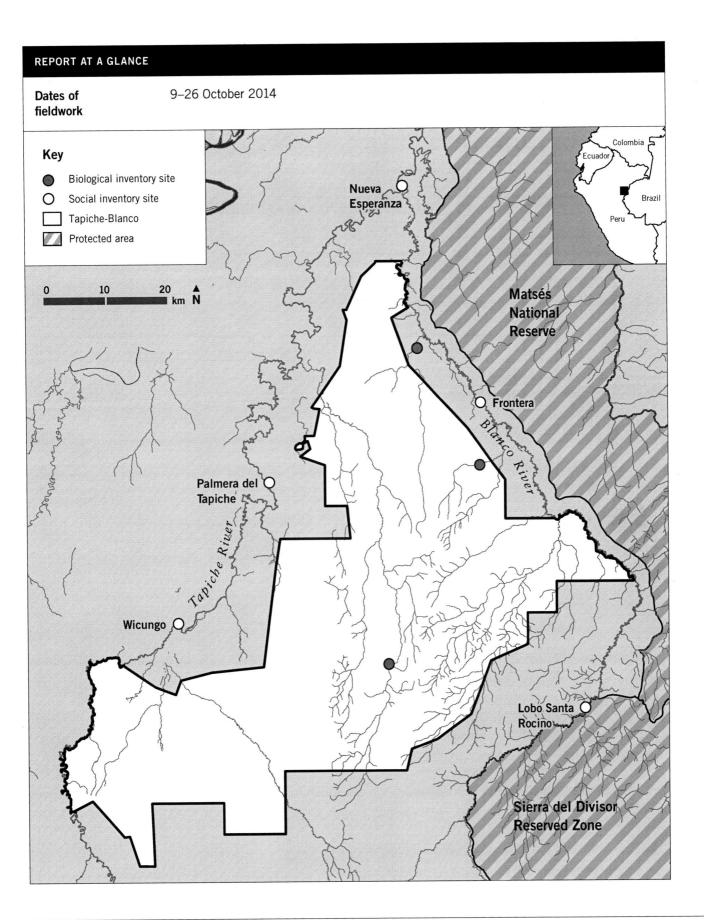

Key

- ⬤ Biological inventory site
- ◯ Social inventory site
- ▢ Tapiche-Blanco
- ▨ Protected area

0   10   20 km   ▲ N

Nueva Esperanza

Matsés National Reserve

Frontera

Blanco River

Palmera del Tapiche

Tapiche River

Wicungo

Lobo Santa Rocino

Sierra del Divisor Reserved Zone

Colombia
Ecuador
Brazil
Peru

Region	The Tapiche River is an east-bank tributary of the Ucayali that drains a large expanse of lowland Amazonian forest in Peru's southern Loreto Region. During the rapid inventory we visited seven sites in a ~310,000-ha area between the Tapiche and its largest tributary, the Blanco. Part of the ancestral territory of the Capanahua and Matsés indigenous peoples, this is roadless wilderness that acts as a forest corridor between two adjacent protected areas (see map). However, years of logging, hunting, and oil exploration have left a conspicuous legacy of logging trails, scattered tree stumps, and seismic lines. Active logging and hydrocarbon concessions occupy much of the study area. There are currently 23 *campesino* communities, indigenous communities, and other settlements along the Tapiche and Blanco rivers, with a total population of ~2,900 *mestizo*, Capanahua, and Kichwa residents.

Sites visited

Campsites visited by the biological team:

Blanco watershed	Wiswincho (Quebrada Yanayacu/Blanco)	9–14 October 2014
	Quebrada Pobreza	20–26 October 2014
Tapiche watershed	Anguila (Quebrada Yanayacu/Tapiche)	14–20 October 2014

Sites visited by the social team:

Blanco watershed	Comunidad Nativa Lobo Santa Rocino	9–13 October 2014
	Comunidad Nativa Frontera	20–25 October 2014
Tapiche watershed	Comunidad Nativa Wicungo	13–17 October 2014
	Comunidad Nativa Palmera del Tapiche	17–20 October 2014

During the inventory the social team also met with residents of several other communities: España, Nuestra Señora de Fátima, Monte Alegre, Morales Bermúdez, Pacasmayo, Puerto Ángel, San Antonio de Fortaleza, San Pedro, and Yarina Frontera Topal.

The day after fieldwork concluded, on 26 October 2014, the social and biological teams met in the community of Nueva Esperanza to share preliminary results of the inventory with authorities and residents of the Blanco and Tapiche watersheds. On 28–29 October, both teams held a workshop in Iquitos to identify the main threats, assets, and opportunities in the region and to draft conservation recommendations.

Biological and geological inventory focus	Geomorphology, stratigraphy, hydrology, and soils; vegetation and flora; fishes; amphibians and reptiles; birds; large and medium-sized mammals; bats

	Social inventory focus	Social and cultural assets; ethnohistory; demography, economics, and natural resource management systems; ethnobotany

Principal biological results

The Tapiche-Blanco region epitomizes Loreto's extraordinary landscape diversity. It harbors large expanses of wetlands and peatland forests, white-sand forests, and hyperdiverse upland forests, and these are drained by a variety of black, white, and clearwater streams. Located within the global epicenter of amphibian, mammal, and bird diversity, and highlighted by recent maps as possessing the largest aboveground carbon stocks in Peru, the region has maintained continuous forest and a high conservation value despite a long history of unregulated logging, hunting, and fishing. The region has long been a conservation priority of the national and regional governments, and the high plant and animal diversity we recorded during the inventory make it clear that it deserves the designation.

We recorded 962 plant species and 741 vertebrate species during the inventory.
Dozens of the species we recorded are distributed patchily in Amazonian Peru because they specialize on 'islands' of poor-soil vegetation. Based on our fieldwork and on maps of diversity in these groups, we estimate that the total number of vascular plant and vertebrate species in the Tapiche-Blanco region is 3,878–4,478.

	Species recorded during the inventory	Species estimated for the region
Vascular plants	962	2,500–3,000
Fishes	180	400–500
Amphibians	65	124
Reptiles	48	100
Birds	394	550
Large and medium-sized mammals	42	101
Bats	12	103
Total	**1,703**	**3,878–4,478**

Landscape elements

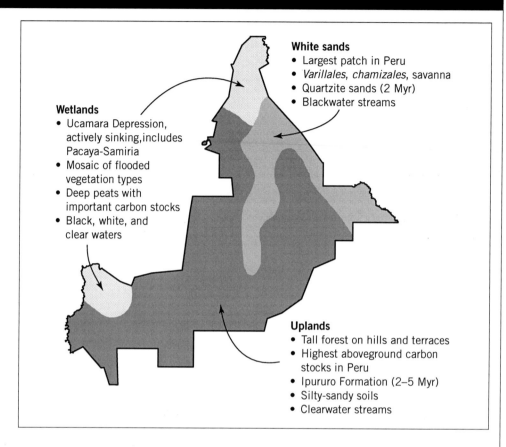

Wetlands
- Ucamara Depression, actively sinking, includes Pacaya-Samiria
- Mosaic of flooded vegetation types
- Deep peats with important carbon stocks
- Black, white, and clear waters

White sands
- Largest patch in Peru
- *Varillales*, *chamizales*, savanna
- Quartzite sands (2 Myr)
- Blackwater streams

Uplands
- Tall forest on hills and terraces
- Highest aboveground carbon stocks in Peru
- Ipururo Formation (2–5 Myr)
- Silty-sandy soils
- Clearwater streams

Although tremendously complex at small scales, the landscape is composed of three main elements. In the north, where the Tapiche and Blanco rivers meet, a mostly flooded expanse in the Ucamara Depression harbors large wetlands (~100 m above sea level). In the east, a strip of white-sand soils and associated stunted forest (*varillales* and *chamizales*) borders the Blanco River (100–125 masl). The remainder of the region is dominated by upland hills and terraces (125–180 masl).

Geology, hydrology, and soils

The Blanco and Tapiche are low-conductivity nutrient-poor whitewater rivers. The geological formations they drain correspond broadly to the three main landscape elements described above. Recent alluvial sediments and peats underlie the flooded areas, which are located within the same slowly subsiding Ucamara Depression as the vast Pacaya-Samiria wetlands farther north. Plio-Pleistocene quartz sand deposits (~2 million years old) underlie the stunted *varillal* and *chamizal*. Finally, the slightly older Ipururo Formation (2–5 million years old) occupies most of the uplands.

Soils derived from all three geological formations tend to be sandy, nutrient-poor, and covered with a dense root mat whose thickness ranges from 5–15 cm on the slightly richer upland soils to 10–30 cm on the poorer white sands and peat. The yellow-brown loamy sand and sandy loam upland soils of the Ipururo Formation are drained by clearwater streams with very low conductivities (<10 µS/cm) and a slightly acidic pH. The white quartz-sand soils in the *varillales* and *chamizales* are drained by blackwater, higher-conductivity (30–50 µS/cm) and acidic (pH <4.5) streams. Water bodies in the flooded areas are a mix of white, black, and clearwater. Salt licks (*collpas*) are relatively rare in the region, but are important attractions for terrestrial mammals and hunters. A parrot *collpa* of a type rarely recorded in Loreto was observed on a cliff along the Blanco River.

This is one of the most geologically active regions of the Loreto lowlands, crisscrossed by deep and shallow faults. The most notable is the Bolognesi Fault, whose role in elevating the uplands above the white-sand forests west of the Blanco River makes it conspicuous on satellite images. The Blanco River itself appears to be developed along a zone of secondary faulting, which likely led to the Blanco's geologically recent 'capture' of headwaters that previously belonged to the Gálvez River.

The region's sandy, low-nutrient soils make it especially vulnerable to large-scale extractive activities. The root mats that currently protect the soil are easily destroyed by road-building, deforestation, and intensive forestry. Loss of these root mats would result in excessive upland erosion and the subsequent burial of important wetland environments and low-lying *varillales* and *chamizales*. While the three oil wells drilled to date in the region were dry, exploration is ongoing and constitutes a grave risk. Drilling in the Tapiche-Blanco region could cause spills of salty formation waters or oil that could pollute surface waters and aquatic ecosystems, an especially grave concern given the exceedingly low levels of salts in the landscape.

Vegetation	Three large blocks of vegetation dominate the landscape: wetlands, white-sand forests, and upland forests (see map above). Within these blocks we recorded a complex mosaic of at least five vegetation types (and eight sub-types), many of them growing on nutrient-poor soils and featuring plant species that are poor-soil specialists.

Some poor-soil forests in the region grow on white sands and others grow on peat deposits. The *varillal* and *chamizal* forests on white sand are very similar in structure and composition to those in the Matsés and Allpahuayo-Mishana National Reserves, but are dominated by different species. We also found forests that strongly resemble *varillales* and that harbor a number of species typically associated with that forest type (*Pachira brevipes*, *Macrolobium microcalyx*, *Pagamea*, *Platycarpum* sp. nov.), but that grow on peat. These vegetation types, which we are calling peatland *varillales* and *chamizales*, are similar to Loreto's iconic white-sand forests, but their canopies are overtopped by scattered emergent *Mauritia flexuosa* and *Mauritiella armata* palms.

We also found a third vegetation type on peat that was open, dominated by knee-high sedges, and resembled a savanna. Known from very few other sites in Loreto, peatland savannas like this occupy tiny patches on the Tapiche-Blanco landscape but likely harbor

Vegetation (continued)	plant and animal specialists and deserve more study.
	The highest elevations on the landscape are occupied by majestic, closed-canopy upland forests with hyperdiverse tree communities that are compositionally similar to those in Jenaro Herrera, the Matsés National Reserve, and the Yavarí watershed. These upland forests were the most heavily disturbed vegetation type. We saw a large number of cut stumps and timber extraction trails left by illegal loggers, and the forest was also crisscrossed by recently cut seismic lines.
Flora	The botanists collected 1,069 vascular plant specimens and identified but did not collect another ~200 species in the field, for a total of 962 species recorded during the inventory. We believe the regional flora contains 2,500–3,000 vascular plant species.
	The palm community was especially diverse. We recorded 19 genera and 36 species, including some that are rarely sighted in Loreto, such as *Oenocarpus balickii* and *Syagrus smithii*. We also found an undescribed species of *Platycarpum*, as well as four new records for Peru (the herb *Monotagma densiflorum*, the orchids *Palmorchis sobralioides* and *Galeandra styllomisantha*, and the treelet *Retiniphyllum chloranthum*).
	The results of our tree inventories are similar to those of recent forestry surveys in the region. Six families—Fabaceae, Arecaceae, Sapotaceae, Chrysobalanaceae, Lauraceae, and Myristicaceae—account for more than half of all stems and contribute the largest number of species and all of the most common species. In the 70 km of trails we explored and the ~1,800 trees we inventoried we found none of the highest-value timber species, tropical cedar (*Cedrela odorata*) or mahogany (*Swietenia macrophylla*). We only found three *Cedrelinga cateniformis* trees (a second-tier high-value species), and all of them had been cut down.
Fishes	Fish communities in the aquatic habitats of the Tapiche and Blanco watersheds are very diverse. During the 14-day inventory we recorded 180 species in 22 sampling stations, and the social team recorded another 30 in their visits to communities. Most sampling stations were blackwater streams and most of the species we recorded are adapted to those nutrient-poor habitats. We estimate that the Tapiche and Blanco watersheds harbor a fish fauna of 400–500 species—roughly 40% of all freshwater fish known from Peru.
	Among the species recorded during the inventory are four that appear to be new to Peru or new to science (species in the genera *Hemigrammus*, *Tyttocharax*, *Characidium*, and *Bunocephalus*).
	A quarter of the species we recorded were also recorded during the rapid inventory of the Sierra del Divisor Reserved Zone; comparable numbers for the lower Tapiche River and the Matsés National Reserve are 22% and 7%. Half of the species in our list were not recorded in those three earlier inventories.

Roughly half of the fish species we recorded are used in some way by local residents. Many are ornamental taxa that are sold to collectors in Peru and around the world (*Osteoglossum bicirrhosum*, *Hyphessobrycon* spp., *Hemigrammus* spp., *Corydoras* spp., *Apistogramma* spp., and *Gymnotus* spp.), and Peruvian fishing statistics show the Tapiche and Blanco watersheds to be important areas for ornamental fish (DIREPRO 2013). Other species are fished and eaten by local communities, especially migratory taxa like sábalos (*Brycon*, *Salminus*), sardinas (*Triportheus*), lisas (*Leporinus*, *Schizodon*), boquichicos (*Prochilodus*, *Semaprochilodus*), and large catfishes (*Pseudoplatystoma*, *Brachyplatystoma*). The Amazon's largest food fish, arapaima (*Arapaima* spp.), is also reported to be present.

Amphibians and reptiles	The herpetologists sampled terrestrial and aquatic habitats in upland, flooded, and white-sand forests, and found well-preserved amphibian and reptile communities. We recorded 113 species (65 amphibians and 48 reptiles) during the inventory and estimate that the region has a herpetofauna of at least 124 amphibians and 100 reptiles. These are astronomic but not unexpected numbers, given that the region lies within the global epicenter of amphibian diversity.

Notable records include the poison dart frog *Ranitomeya cyanovittata*, which is restricted to southern Loreto. Four frog species we found in the inventory may be new to science: *Hypsiboas* aff. *cinerascens*, *Osteocephalus* aff. *planiceps*, *Chiasmocleis* sp. nov., and *Pristimantis* aff. *lacrimosus*. We also recorded two globally Vulnerable species: yellow-footed tortoise (*Chelonoidis denticulata*) and yellow-spotted river turtle (*Podocnemis unifilis*, also considered Vulnerable in Peru). |
| **Birds** | We observed 394 bird species in the campsites we visited. This number is intermediate between those recorded in the rapid inventories of the Matsés National Reserve (416) and the Sierra del Divisor Reserved Zone (365). When records from previous expeditions to the Tapiche and Blanco watersheds are included, the total number of bird species recorded to date in these watersheds is 501. We estimate a regional avifauna of 550 species.

The most striking records are the 23 birds that are specialists on poor-soil forests. These include *Notharchus ordii*, *Hemitriccus minimus*, and *Myrmotherula cherriei*. We made a concerted search for the three poor-soil specialists that are endemic to Loreto or to Peru (*Percnostola arenarum*, *Polioptila clementsii*, and *Zimmerius villarejoi*), but none were recorded during the inventory.

More than 15 of the species we recorded represent range extensions. While some of these reflect the lack of previous bird studies in the region, most are birds whose restricted or disjunct distributions are associated with patches of poor-soil forests. Four examples are *Nyctibius leucopterus* (previously known only from a few localities north of the Ucayali-Marañón confluence; Fig. 9A), *Myrmotherula cherriei* (known only from |

Birds (continued)	the lower Tigre River, Loreto; Fig. 9F), *Xenopipo atronitens* (known from the middle Marañón, Loreto, and the Pampas del Heath, Madre de Dios; Fig. 9B), and *Polytmus theresiae* (known from Morona, Jeberos, and the Pampas del Heath). Other range extensions are of species that are associated with floodplains along large rivers, such as *Capito aurovirens* and *Myrmoborus melanurus*.
	Game bird populations were modest and mostly represented by a few sightings of *Penelope jacquacu*, *Mitu tuberosum*, and *Psophia leucoptera*. It is possible that these populations are depressed by hunting, but it is also possible that they reflect the poor soils and low-productivity habitats that dominate the region. The Tapiche-Blanco region harbors at least 70 bird species that deserve special conservation attention: three globally Vulnerable species, two species that are considered Vulnerable in Peru, and a large number of species listed in CITES appendices.
Mammals	We censused mammals during the inventory by walking transects (large and medium-sized mammals) and setting mist nets (bats). Of the 204 mammals estimated to occur in the region (101 large and medium-sized mammals and 103 bats) we recorded 54 (42 and 12). Maps of global mammal diversity show the Tapiche-Blanco to be part of the world's most diverse region.
	Primates were especially diverse. The 13 species we recorded during the inventory and the 4 additional species that are expected for the region or that have been recorded on previous work represent more than half of all primate species in Loreto. In Peru, the saddleback tamarin (*Saguinus fuscicollis*) is only found between the Tapiche and Blanco rivers. At our Blanco River campsites we found healthy populations of the globally Vulnerable red uakari (*Cacajao calvus*). At the Anguila campsite we sighted an unidentified *Callicebus* that may prove to be an undescribed species. Overall we recorded 15 globally or nationally threatened mammal species.
	Ungulate populations were low at the sites we visited, and this was especially true of white-lipped peccary (*Tayassu pecari*). This may reflect the impacts of hunting around logging camps. However, we also heard reports of healthy animal populations near some communities, where residents hunt for food and occasionally to sell bushmeat. This uncertainty regarding the populations of game mammals in the region makes it a high priority to establish agreements between communities and loggers regarding the monitoring and sustainable management of game.
Human communities	The Tapiche and Blanco watersheds are home to roughly 2,900 people in 22 settlements—indigenous communities, *campesino* communities, and other settlements—most of which are currently seeking official recognition and land titles. These are mostly *mestizo* communities settled by immigrants from cities like Requena and Iquitos, neighboring watersheds like the Ucayali, Tigre, and Marañón, and other regions of Peru like San Martín.

The region forms part of the ancestral territory of the Capanahua indigenous group. The Remo (another group in the Pano linguistic family) and the Matsés also used these watersheds historically. The arrival of outside colonists began during the rubber boom (ca. 1900), after which the Capanahua were gradually pushed south, towards the upper Tapiche, and the Matsés pushed east, to the Yaquerana and Gálvez watersheds.

The regional economy is diversified and dynamic and has strong connections to markets. The primary economic activities are logging, ornamental fish collection, fishing, hunting, subsistence agriculture, and the sale of plantains and manioc byproducts (fariña and tapioca) in the nearby towns of Requena, Curinga, and Santa Elena. These economic activities have driven settlement patterns and created most communities in the region. This work requires a deep knowledge of the regional ecology, natural resources, and seasonal patterns, and has forged strong connections between local residents and their natural surroundings.

Logging is carried out under a number of different methods—including community forests (bosques locales), forestry permits (permisos forestales), concessions, and illegal logging in unauthorized areas—and it involves a large array of local and external actors. Debt peonage remains common, and has left many local residents and communities in debt and subject to abusive working conditions. Residents who fish for a living are somewhat freer from these pressures but also dependent to the same degree on the market.

Across this social landscape new leaders have begun to emerge and an increasing number of municipal posts are occupied by local residents. Community assemblies are increasingly used as places to develop agreements between communities regarding how communities work, organize themselves, and harvest natural resources. Relationships between communities are good, and this represents an important foundation for sustainable management of the region. The presence of government agencies like the park service (SERNANP), which has staff in the region managing the Matsés National Reserve and the Sierra del Divisor Reserved Zone; the Tapiche Reserve, an ecotourism lodge and private conservation initiative; and NGOs like the Centro para el Desarrollo del Indígena Amazónico (CEDIA) are important potential players in helping strengthen local initiatives to replace the current model of natural resource use with new systems that are fairer and more sustainable.

Current status

The Tapiche-Blanco region is designated as a conservation priority in the master plan of the Peruvian park system (SERNANP 2009), which shows the region as a key link in a corridor connecting Sierra del Divisor Reserved Zone with Matsés National Reserve. The Tapiche-Blanco interfluve is also considered a conservation priority by the Loreto regional government (PROCREL 2009). Part of the area has also been proposed as the Yavarí-Tapiche Territorial Reserve, intended to protect uncontacted indigenous peoples. However,

Current status (continued)	the only conservation area established in the region to date is a small private initiative near the confluence of the Blanco and Tapiche rivers: the Tapiche Reserve (1,500 ha).

Most of the region has been designated for forestry (as Bosque de Producción Permanente)—including large expanses of stunted white-sand forest that has no potential for forestry—but the highest-value timber species have already been removed. There are several forestry concessions in the region, but many of these have been cancelled in recent years. Forestry operations inside communities are also active, and illegal and informal logging remains common throughout the region.

There are three oil and gas concessions in the region. Over the last two years the Pacific Rubiales company has opened dozens of seismic lines in the southern portion of the study area. |
| **Conservation targets** | 01 The largest patch of white-sand vegetation in Peru (~18,000 ha), as well as savannas that are poorly known and exceedingly rare within Loreto

02 Upland forests estimated to contain the highest carbon stocks in Peru

03 Fragile soils and blackwater aquatic communities that would be destroyed by deforestation and road-building

04 Hyperdiverse plant and animal communities, including globally and nationally threatened species and species with restricted ranges

05 A primate community with up to 17 species—more than half of all primate species in Loreto

06 Fish species that are economically important for local communities |
| **Principal assets for conservation** | 01 Forests and rivers that have maintained their high conservation value despite years of high-grading, and that still constitute important corridors between adjacent protected areas

02 Tools for community management of the landscape, including life plans (*planes de vida*) being developed by most communities in the region

03 Strong interest among local residents in fair and environmentally sensitive work, such as sustainable fishing

04 The presence in the area of several stakeholders with experience in conservation and the sustainable use of natural resources (SERNANP, CEDIA, Tapiche Reserve)

05 Peru's new forestry law, which offers the government an opportunity to address the most problematic aspects of Amazonian timber production |

Main threats	01 Logging operations that are illegal, informal, or leave lasting scars on social and biological communities
	02 Existing and proposed roads for extracting timber
	03 Little to no oversight of natural resource harvests by all actors on the landscape
	04 A social landscape marked by unclear land tenure, corruption, and a negligible presence of public officials
	05 Active hydrocarbon exploration in a tectonically active region where oil and gas production poses steep pollution risks

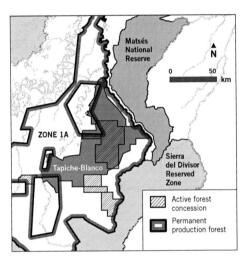
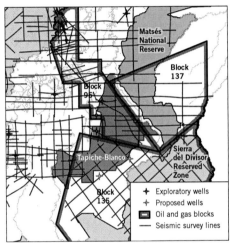

Principal recommendations	01 Complete the land titling process in all communities and settlements in the region
	02 Create a 308,463-ha protected area between the Tapiche and Blanco rivers for conservation and sustainable natural resource use (Figs. 2A–B)
	03 Redraw the boundaries of lands currently designated for forestry (Zone 1A) to eliminate overlap with the proposed conservation area, since the poor, fragile soils make sustainable, low-impact logging operations impossible
	04 Work closely with communities and authorities to ensure effective participative management of community lands, neighboring protected areas, and other conservation initiatives
	05 Take joint action between government authorities and local communities to eliminate illegal logging in the Tapiche and Blanco watersheds

Why Tapiche-Blanco?

In July 2014 researchers mapping aboveground carbon stocks throughout Peru announced two striking discoveries: Amazonian forests in the Loreto region hold most of Peru's carbon, and the highest carbon stocks in Peru occur in forests along the Loreto-Brazil border (Asner et al. 2014).

Two months later our team dropped into this carbon hotspot to assess conservation opportunities there. Our focus was a ~310,000-ha landscape between the Tapiche and Blanco rivers (Fig. 2), an expanse of lowland forest that forms a natural corridor between two protected areas: Matsés National Reserve to the east and Sierra del Divisor Reserved Zone to the south.

From previous inventories in those areas we knew that the Tapiche-Blanco region harbors the largest tract of white-sand soils in Peru—18,000-ha of unique stunted forest (*varillales* and *chamizales*) along the left bank of the Blanco—adjacent to a vast wetland and an even larger expanse of megadiverse upland forests. But our pre-inventory meetings with communities also revealed a region in the grip of unsustainable extractive industries: illegal logging, hydrocarbon concessions, and unregulated hunting.

Our field work revealed an opportunity to consolidate a major conservation corridor in the Loreto carbon hotspot. During the three-week inventory our team discovered a mind-boggling array of stunted vegetation types on white sands and peatlands, including wide-open savannas that are extremely rare in Peru; recorded 15 primate species, including the globally threatened red uakari; documented world-record level diversity in plant and vertebrate communities on a poor-soil landscape drained by some of the poorest blackwater streams ever recorded in the Amazon; and notched more than 15 major range extensions for Amazonian birds that specialize on poor soils.

About 3,000 people—both *campesinos* and Capanahua, Kichwa, and Wampis people— live in 22 settlements along the Tapiche and the Blanco rivers. Their livelihoods range from subsistence activities (hunting, gathering, fishing, and small-scale agriculture) to commerce in regional markets (timber, ornamental fish trade). Although many of these settlements date from the rubber boom in the early 20th century, only four are officially recognized as titled lands.

Consolidating the Tapiche-Blanco as a conservation area will involve securing land tenure for local people, promoting better management of natural resources, and putting a stop to illegal logging. Buffered by a ring of communities, a 308,463-ha conservation landscape will form the core of the area, with strict protection for white-sand forests and areas of sustainable use by local residents in the upland and floodplain forests.

Conservation in the Tapiche-Blanco region

CONSERVATION TARGETS

01 **Peru's largest expanse of white-sand forest (*varillales* and *chamizales*)**, an iconic Loreto vegetation type with high rates of endemism

- ~18,000 ha of a type of vegetation so rare that it occupies less than 1% of Loreto (Álvarez Alonso et al. 2013). By comparison, the famous *varillales* and *chamizales* of Allpahuayo-Mishana National Reserve cover <12,000 ha (Fig. 5A)

- Plant and animal species that specialize on or are endemic to these low-statured forests, like the trees *Mauritia carana* (Figs. 6M–N), *Platycarpum* sp. nov. (Fig. 6B), *Euterpe catinga* (Fig. 6G), and *Pachira brevipes*, and more than 10 bird species like *Nyctibius leucopterus* (Fig. 9A), *Myrmotherula cherriei* (Fig. 9F), and *Xenopipo atronitens* (Fig. 9B)

- Potentially Loreto's largest population of the white-sand specialist and threatened palm species *Mauritia carana* (Figs. 6M–N)

02 **A type of vegetation that is even rarer than white-sand forests, and known from just two other sites in Loreto**: savanna-like wetlands with scattered trees, alternating between extremely wet and extremely dry conditions, and possessing a specialized flora. We visited a small patch of this savanna near our first campsite, but the largest expanses are along the middle Tapiche, near the community of Wicungo (Fig. 5A).

03 **An extraordinarily diverse lowland Amazonian landscape harboring a wide range of aquatic habitats, terrestrial habitats, and soils that are fragile** and vulnerable to damage from deforestation, road-building, and oil and gas development

- An impressive complex of rivers, streams, lakes, and flooded areas, ranking among the most important in all of Peru, which form a connection between the Ucayali and Yavarí watersheds during seasonal floods

- Exceptionally pure water with exceptionally low levels of salts and nutrients, with clearwater streams in upland forests and especially acidic blackwater streams in low-lying areas

- Large peat deposits that are rich in carbon and vulnerable to anthropogenic fire

- An archipelago of white-sand forests (see above), where plants grow so slowly that recovery from disturbance may take decades

- Large expanses of low-nutrient soils protected by a superficial root mat that limits erosion and retains the nutrients and salts needed by plants and animals (Fig. 4A)

04 **Large-scale ecosystem services**, including:

- **Some of the highest carbon stocks in Peru**, according to Asner et al.'s (2014) map. Carbon in the Tapiche-Blanco region is stored in three reservoirs: 1) as woody biomass in living vegetation, especially in upland forests, 2) as buried organic matter that forms the large peat deposits in the region (Draper et al. 2014), and 3) in the thick mat of surface roots that covers most soils in the area.

- **Intact and continuous closed-canopy vegetation** in the Tapiche and Blanco watersheds, which protects ecosystems downstream from extreme floods, sedimentation, and other impacts of deforestation

05 **Megadiverse plant and vertebrate communities that remain in good condition** despite a long history of informal logging, fishing, and hunting

- A well-preserved sample of a region that holds world records in diversity of trees (ter Steege et al. 2003), amphibians, birds, and mammals (Jenkins et al. 2013), fishes, and other freshwater aquatic organisms (Collen et al. 2014)

- Megadiverse fish communities in a region with blackwater, clearwater, and whitewater habitats that span a large number of watersheds (Yaquerana, Gálvez, Blanco, Tapiche, and Ucayali)

- Well-preserved amphibian and reptile communities in upland forests and white-sand forests

- A very diverse primate community with up to 17 species—more than half of all primates known from Loreto

06 Diverse aquatic and terrestrial ecosystems rich in plant and animal life that form the base of the local economy

- Forests and farm plots containing a vast number of plants used by local residents for food, medicine, and building material (see Appendix 10)

- Blackwater creeks harboring dozens of fish species valued for their ornamental properties, in the genera *Paracheirodon, Carnegiella, Hyphessobrycon, Thayeria, Corydoras, Monocirrhus,* and *Apistogramma* (Figs. 7A–Q)

- Oxbow lakes with fish species valued as food and as ornamentals, such as arapaima (*Arapaima* sp.; Fig. 7A) and silver arowana (*Osteoglossum bicirrhosum*)

- White water rivers harboring commercial fish stocks that are prized throughout Loreto and that represent an important source of protein for local communities, such as *Arapaima, Brycon, Leporinus, Schizodon, Prochilodus,* and *Colossoma*

- Rookeries (nesting colonies of herons, egrets, and other birds) associated with oxbow lakes and flooded forests, the macaw salt lick on the Blanco River, and mammal salt licks throughout the region, which are important tourist attractions

- Forests that maintain healthy populations of game animals, including large birds (cracids and trumpeters) and primates that have been overhunted in much of their geographic ranges

07 At least 27 species of plants and animals considered to be globally threatened

- Seven plants classified as globally threatened by the IUCN (2014): *Caryocar amygdaliforme* (EN), *Couratari guianensis* (VU), *Guarea cristata* (VU), *Guarea trunciflora* (VU), *Naucleopsis oblongifolia* (VU), *Pouteria vernicosa* (VU), and *Thyrsodium herrerense* (VU)

- Four plants classified as globally threatened by León et al. (2006): *Cybianthus nestorii* (CR), *Tetrameranthus pachycarpus* (EN), *Ternstroemia klugiana* (VU), and *Ternstroemia penduliflora* (VU)

- Two turtles classified as globally Vulnerable by the IUCN (2014): *Podocnemis unifilis* and *Chelonoidis denticulata*

Conservation Targets (continued)

- Three birds classified as globally Vulnerable by the IUCN (2014): *Myrmoborus melanurus*, *Primolius couloni*, and *Touit huetii*. Sixty-one bird species in the region are included on CITES appendices (see Appendix 7)

- Eleven mammals considered globally threatened by the IUCN (2014): *Ateles chamek* (EN), *Pteronura brasiliensis* (EN), *Cacajao calvus* (VU), *Callimico goeldii* (VU), *Dinomys branickii* (VU), *Lagothrix poeppigii* (VU), *Leopardus tigrinus* (VU), *Myrmecophaga tridactyla* (VU), *Priodontes maximus* (VU), *Tapirus terrestris* (VU), and *Trichechus inunguis* (VU)

08 **At least 20 species of plants and animals considered threatened in Peru**

- Five plants (MINAG 2006): *Euterpe catinga* (VU; Fig. 6G), *Haploclathra paniculata* (VU), *Mauritia carana* (VU; Figs. 6M–N), *Pachira brevipes* (VU), and *Parahancornia peruviana* (VU)

- One reptile (MINAGRI 2014): the turtle *Podocnemis unifilis* (VU)

- The caimans *Melanosuchus niger* (Fig. 8E) and *Paleosuchus trigonatus*, which are Near Threatened according to Peruvian law, and *Caiman crocodilus* which is widely overhunted

- Two birds (MINAGRI 2014): *Nyctibius leucopterus* (VU; Fig. 9A) and *Primolius couloni* (VU)

- Twelve mammals (MINAGRI 2014): *Ateles chamek* (EN), *Pteronura brasiliensis* (EN), *Allouatta seniculus* (VU), *Atelocynus microtis* (VU), *Cacajao calvus* (VU), *Callimico goeldii* (VU), *Dinomys branickii* (VU), *Lagothrix poeppigii* (VU), *Myrmecophaga tridactyla* (VU), *Priodontes maximus* (VU), *Promops nasutus* (VU), and *Trichechus inunguis* (VU)

09 **At least 29 species of plants and animals that have disjunct distributions or are restricted to the Tapiche-Blanco region**

- Four plants considered endemic to Loreto Region (León et al. 2006): *Cybianthus nestorii*, *Ternstroemia klugiana*, *Ternstroemia penduliflora*, and *Tetrameranthus pachycarpus*

- The frogs *Ranitomeya cyanovittata* (Fig. 8P) and *Ameerega ignipedis*, endemic to this area of the Amazon

- Seventeen bird species restricted to poor-soil forests (including *varillales* and *chamizales*), especially White-winged Potoo (*Nyctibius leucopterus*; Fig. 9A), Cherrie's Antwren (*Myrmotherula cherriei*; Fig. 9F), and Black Manakin (*Xenopipo atronitens*; Fig. 9B), with small and disjunct populations in Loreto

- Five bird species restricted to flooded forests in western Amazonia

- *Saguinus fuscicollis,* a primate with a restricted distribution (Fig. 10A)

10 **At least nine plant and animal species that are potentially new to science**

- Plants: a new tree species in the genus *Platycarpum* (Fig. 6B)

- Fishes: four new species in the genera *Tyttocharax*, *Characidium*, *Hemigrammus*, and *Bunocephalus* (Figs. 7R–U)

- Amphibians: four new species in the genera *Chiasmocleis*, *Hypsiboas*, *Osteocephalus*, and *Pristimantis* (Figs. 8F–G, N–O)

- Mammals: an unusual morphotype of the primate *Callicebus cupreus* (*C.* aff. *cupreus* 'rojo'; Fig. 10N) which may be an undescribed species

01 An opportunity to protect **the largest expanse of white-sand forests (*varillales* and *chamizales*) in Peru**

02 A continuous expanse of well-preserved closed-canopy forest that serves as a **conservation corridor connecting nearby protected areas** (Matsés National Reserve, Sierra del Divisor Reserved Zone, and Pacaya-Samiria National Reserve), and linking the white-sand forests and peatlands of Tapiche-Blanco with those elsewhere in Loreto

03 **An opportunity to institute formal land rights and natural resource rights in the region,** replacing the old model of informal use with a new system of well-defined rights, based on local residents' broad knowledge of the landscape and its natural resources

04 **A consensus among the national and regional governments** that the Tapiche-Blanco region has high conservation value

   - Designated as a conservation priority in Peru's Protected Areas Master Plan (SERNANP 2009)

   - Designated as a conservation priority in the master plan of the Program for the Conservation, Management, and Sustainable Use of Loreto's Biological Diversity (PROCREL 2009)

05 An opportunity to **safeguard the region's prodigious carbon stocks,** both above ground (Asner et al. 2014) and below (Draper et al. 2014)

06 **Life plans in preparation** for all of the communities on the Blanco River and for 75% of communities on the Tapiche River, thanks to CEDIA

   - Communal statutes and community assemblies strengthened

   - Enthusiasm and interest among local residents in consolidating their communal lands and clarifying their rights

   - A number of agreed-upon priorities at the community level regarding natural resource management

07 **Other incipient community initiatives to oversee and manage the use of natural resources** in the region

- Maps of natural resource use (see Fig. 24) and zoning initiatives in some communities (e.g., Lobo Santa Rocino)

- Informal management plans to manage resources in oxbow lakes (e.g., the *Comité de Vigilancia* to control access to Cocha Wicungo)

- Agreements between communities regarding their shared use of oxbow lakes and rivers (e.g., between Frontera and España)

- Initiatives to manage hunting (e.g., Lobo Santa Rocino)

- Community-led initiatives to organize community members in the face of logging (e.g., the Timber Committee in Nuevo Capanahua) or to respect other communities' access to timber resources

- Cooperation between the community of Lobo Santa Rocino and park guards of the Sierra del Divisor Reserved Zone to help yellow-spotted river turtle (*Podocnemis unifilis*) populations recover

- Increased discussion of natural resource use in community assemblies, and some community-level mechanisms to oversee and enforce regulations (*teniente, policía, varayos*)

08 **Other social assets in communities** with important links to the conservation and sustainable use of natural resources:

- Emerging leaders in communities on both rivers, including women and younger politicians, who can help energize support for conservation in the region

- Support networks, cooperation in emergencies, and communal work parties (*mingas* and *mañaneos*)

- Respect for certain areas on the landscape based on legends and beliefs, which help protect and moderate the use of natural resources

- Communal celebrations and partnerships that strengthen cultural exchange, mutual support, and inter-community harmony

Assets and Opportunities (continued)

09 The presence in the region of **stakeholders who have experience conserving, managing, and using natural resources on Amazonian landscapes** (SERNANP, CEDIA, and the Tapiche Reserve)

10 **The ongoing crisis in the Peruvian timber industry**, which has sparked the interest of the Peruvian government and other actors in developing logging methods that are more sustainable, profitable, and fair than the failed concession system

01 **Unstable and insecure land tenure**

- A very low percentage of communities that possess title to their land, despite a long history of occupation and use

- Two indigenous communities on the Tapiche River that are on the brink of disappearing (Nueva Esperanza and Yarina Frontera Topal); their disappearance would worsen the unstable land tenure situation, since these are titled communities

- A phantom community (Nuevo Trujillo) created under false pretenses by illegal loggers in Requena to gain logging rights via a *bosque local* permit

02 **Illegal or informal logging operations that have serious negative impacts on social and biological communities**

- The pervasiveness of illegal and informal logging throughout the region; irregularities in concessions and permits are the rule

- Weak government oversight of logging in the region (see below) and the failure of the concessions system (Finer et al. 2014)

- Misinformation and uncertainty regarding the legal status and location of logging concessions and permits, and regarding the steps needed to obtain logging rights. Local residents' lack of basic information on logging makes it hard for them to defend their rights.

- Logging concessions that include forests with no commercial timber species (e.g., white-sand forests) or forests with timber species at commercially inviable densities; this gives permit holders an incentive to harvest timber outside of their designated areas

- The persistence in the region of the debt peonage system, which has long been associated with deplorable work conditions (human rights abuses, insufficient pay, lack of accident insurance, worker debt, misleading contracts, etc.)

- Sanctions imposed on some communities by OSINFOR or SUNAT, due to mismanagement of logging permits granted by the Programa Forestal

- Environmental impacts of informal logging (e.g., logging roads and overhunting of game birds and mammals around logging camps). These impacts are not restricted to upland forests (e.g., rafts of timber are often transported along streams and oxbow lakes)

- Environmental impacts of mechanized logging (e.g., destruction of the root mat, erosion of fragile soils, and sedimentation of streams, rivers, and lakes)

- Little to no forestry planning, which precludes sustainable logging and puts the region's long-term timber stocks at risk

03 **Construction of access roads for logging concessions**. We know of two different road-building initiatives of this type: the Orellana-Tapiche logging road and the network of roads planned by Green Gold Forestry in 2014. The latter consisted of one central road (along the Yanayacu-Tapiche watershed) and a number of secondary roads extending into the Tapiche and Blanco watersheds. Logging roads are a serious threat because they would cause:

- The erosion of fragile soils in the area, which would lead to sedimentation and pollution in lakes and rivers

- The destruction of white-sand forests, a rare natural treasure of the region

- Colonization of new roads, which would lead to a boom in fishing, hunting, and natural resource harvests in the heart of the Tapiche-Blanco interfluve

04 **Oil and gas exploration and production**. The study area overlaps three active oil and gas concessions (Blocks 137, 135, and 95). Work in these concessions poses serious threats to the region, including:

- Drastic socioeconomic changes, such as a boom in immigration and natural resource use

- Environmental threats to water quality and aquatic ecosystems. One example widespread in oil and gas concessions elsewhere in Loreto are spills of drilling water or oil; these spills cause profound changes in the composition of surface waters, serious damage to floodplain ecosystems, and major threats to human well-being.

- Potential water pollution if the abandoned wells are opened to fracking

05 **Little to no oversight of natural resource harvests in the region**. Hunting of bushmeat—whether commercial, subsistence, or around logging camps—is totally

unregulated, and we saw evidence of overhunting in some areas. Fishing for ornamental fish and food fish is common in the region, but it is generally carried out without management plans, community regulations, or government oversight.

06 **Weak governance**. The absence of government authorities and the isolation and lack of institutional support faced by Tapiche-Blanco residents are at the root of many problems in the region. Some authorities are directly involved in corruption and subject to conflicts of interest, due to their ties to logging. Other problems related to weak governance include:

- Corruption at all levels of the regional government's environmental authorities, which facilitates illegal harvests (especially timber)

- Little to no police presence, which provides free access to drug traffickers, illegal loggers, and other criminal groups

- A lack of supra-communal organizations that can resolve shared problems, and limited political representation at the provincial level

- The chaotic state of the information that government agencies maintain on the Tapiche-Blanco region; data are scattered, imprecise, out of date, difficult to obtain, privately held, and often contradictory

- Low-quality educational opportunities; most communities only have elementary schools, with teachers who are outsiders and present only sporadically

- A local population that remains very much vulnerable to abuse by outsiders, due to the lack of work, information, and educational opportunities

- A poor understanding among residents of legal terms and regulations, which has generated a number of penalties and fines (e.g., those levied by OSINFOR and SUNAT)

07 **Temporary and permanent immigration of workers** drawn to the region by logging activity and oil and gas concessions

08 **A poor understanding of how protected areas can contribute to the protection and management of natural resources**. The perception among large segments of the population in these watersheds is that **any kind of protected area will limit access to resources.**

Our inventory of the forests between the Tapiche and Blanco rivers revealed large expanses of white-sand forests and wetlands on deep peat deposits, both of them very well preserved, as well as vast tracts of upland forest that remain megadiverse despite years of illegal logging. Because logging has historically been restricted to a handful of valuable timber species, the area still harbors diverse plant and animal communities, sequesters vast carbon stocks, and maintains a high value for conservation.

Land use in the area remains largely informal, and a great deal of work is needed to formalize land titles and land use rights. Some 3,000 people—*campesinos* and members of the Capanahua, Kichwa, and Wampis indigenous groups—live along the banks of the Tapiche and Blanco rivers around the proposed conservation area. Although some of these settlements have been occupied for more than three generations, just three of them currently have title to their land. Meanwhile, dozens of different forestry permits (*bosques locales, permisos forestales,* forestry concessions, and *permutas*) have been granted across the landscape; many lack the required papers and several were created illegally. As a result, there is no current, widely accepted map of land use and land rights in the region.

Moving the Tapiche-Blanco region towards a future of conservation and long-term sustainable management will require a series of steps: granting land rights, eliminating illegal logging, promoting more sustainable management of natural resources, and sparking more cooperation between stakeholders in the region. These strategies will provide the foundation needed to declare a conservation area between the Tapiche and Blanco rivers (308,463 ha) offering strict protection for the ~18,000 ha of white-sand forests on the western banks of the Blanco River, and to declare a separate conservation area to protect the large wetlands (~90,000 ha) west of the middle Tapiche River, near the community of Wicungo.

PROTECTION AND MANAGEMENT	01 **Obtain land title for and strengthen the legal standing of communities in the region,** based on current use by local residents

01 **Obtain land title for and strengthen the legal standing of communities in the region,** based on current use by local residents

- Conclude the process of titling more than 20 communal territories

- Resolve boundary conflicts between communities

- Revoke recognition of Nuevo Trujillo, an abandoned community on the Tapiche River

02 **Review and reform logging activities inside the proposed conservation area and in the surrounding communities**

Inside the proposed conservation area:

- Plan and carry out joint actions between government agencies and local residents to **eliminate illegal logging** in the Tapiche-Blanco region

- **Redraw and relocate the Permanent Production Forests (Zone 1A), as well as inactive or expired forestry concessions;** the remoteness of this region, the sandy, fragile soils, and the lack of high-value timber make sustainable low-impact logging operations an unrealistic proposition

- **Re-assess the viability of the active forestry concessions in the region**, especially the one most recently administered by Green Gold Forestry Perú SAC (74,028 ha) in the heart of the proposed conservation area, which harbors a potentially undescribed primate species (*Callicebus* sp. nov.; Fig. 10N).

- **Map and review the current status of forest access rights** and other extractive rights, and eliminate those that were created illegally (e.g., *bosque local* permits for untitled communities)

- Ensure that authorities at all levels (national, regional, local, communal) **have access to the same information on forest use**

In the surrounding communities:

- **Refocus logging on community lands**, with the goal of replacing the current model of large-scale, often abusive logging operations with a new system of small-scale forestry at the community level

- For communities interested in carrying out **sustainable logging on communal lands**, carry out timber surveys on community property, draw up timber harvest plans, and train local residents to effectively manage shared income from logging

- **Free communities from penalties and fines** imposed by OSINFOR, which are often impossible to pay. This can be done if communities band together and seek support from the Defensoría del Pueblo.

- **Continue to provide communities with training and educational opportunities** regarding the technical, legal, and practical aspects of forestry operations, in association with OSINFOR and the Loreto Regional Forestry Program

- **Establish procedures under which communities can monitor and report on illegal logging** both on communal lands and in the proposed conservation area

- **Provide communities with information and training regarding their right** to employment that is free, fair, and adequately compensated, in coordination with the Requena offices of the Ministry of Labor and the Defensoría del Pueblo, and with the regional office of Peru's National Commission in the Fight Against Slave Labor (*http://www.mintra.gob.pe/trabajo_forzoso/cnlctf.html*)

03 **Establish a new 308,463-ha protected area for conservation and sustainable natural resource use in the Tapiche-Blanco interfluve** (Figs. 2A–B). We believe that the great variety of ecosystems, the diversity of wildlife, and the geographic location of this region, which is relatively easy to access from Iquitos, will make it a key destination for ecotourism, scientific research, and sustainable development projects in Loreto. The proposed conservation area will protect Peru's largest expanse of white-sand forests, establish a corridor with the Matsés National Reserve, the Sierra del Divisor Reserved Zone, and the Pacaya-Samiria National

Reserve, and safeguard vast reserves of aboveground and belowground carbon. Our recommendations are:

- **Involve local communities and residents** in the design, categorization, zoning, and management of the proposed conservation area, in a respectful and effective manner

- **Draw up a zoning and management plan** based on current uses by surrounding communities, in order to guarantee the sustainable use of natural resources in the area

- **Establish guard posts and patrols** to keep the region free of illegal actors

- **Coordinate the management of the proposed area with the other protected areas** in the region

- **Seek out long-term financing for the administration of the proposed conservation area**, recognizing that the crucial role it plays in carbon sequestration in the Peruvian Amazon makes it a good fit for REDD or carbon credit projects, and Peru's National Program for Forest Conservation to mitigate climate change

04 **Protect the extraordinary wetlands on the middle Tapiche River (~90,000 ha),** near Wicungo and Santa Elena, via a protected area category that allows communities to use them under management plans. These wetlands are an important source of fish and other aquatic wildlife for all of Loreto Region, and a critical refuge for waterbirds and black caiman (*Melanosuchus niger*), which is recovering from years of hunting. A biological and social inventory of these wetlands, potentially led by the Instituto de Investigaciones de la Amazonía Peruana (IIAP), will help determine how best to conserve this ecosystem and its ecological services to the benefit of local communities.

05 **Work closely with communities to build a long-term vision for the conservation and sustainable use of natural resources**

- **Prepare a detailed map of natural resource use in every community**. This will make it possible to effectively zone titled and untitled community lands as well as neighboring lands, as part of the strategy to involve communities in the management and oversight of the proposed conservation area.

- **Prepare life plans for every community**. These should be based on communities' reflection on all of the factors that influence community well-being, including cultural, environmental, social, political, and economic aspects.

- **Promote life plans as a tool for managing community lands in partnership with district and regional authorities**, so that communities can obtain available the public funds (i.e., *presupuestos participativos*) they need to implement their highest-priority aspirations

- **Promote sustainable harvests of natural resources** via formal contracts and agreements between the managers of the Matsés National Reserve, Sierra del Divisor Reserved Zone, and the proposed conservation area on the one hand, and neighboring communities on the other. These agreements should be accompanied by management plans, monitoring of impacts, and a system to guard and protect these resources.

- **Establish procedures by which communities can monitor and report on illegal natural resource harvests** both on their communal lands and in the proposed conservation area

06 **Coordinate activities in the Tapiche and Blanco watersheds** in order to create an integrated landscape of conservation and natural resource management

- **Create an organization that can coordinate activities within each watershed (or in both watersheds)**, based on careful planning with communities on the Tapiche and Blanco

- **Take advantage of existing social events and opportunities** (community and district celebrations, sporting events, church meetings, etc.) as platforms to discuss shared interests and concerns

- **Promote coordination between key stakeholders in the region**, including the three municipalities (Soplín, Alto Tapiche, and Tapiche), the various social aid programs, GOREL, SERNANP, SERFOR, El Programa Forestal (Requena, Iquitos), OSINFOR, CEDIA, the Tapiche Reserve, the Ministries of Labor, Education, and Health, PRODUCE, and the Defensoría del Pueblo

07 **Validate and promote a diverse array of economic activities**, in order to minimize the risks to local residents of focusing on just one. The local economy currently relies on a mix of different activities, both commercial (ornamental fishes, logging, *fariña*) and subsistence (hunting, fishing, and other harvests), and there are good opportunities to share best practices between communities.

08 **End or relocate oil and gas exploration and production in the proposed conservation area**

- **Redraw the three oil and gas concessions (95, 135, and 137) to eliminate overlap with the proposed conservation area** and protect the large expanses of fragile white-sand forests with high levels of endemism

- **Prohibit fracking in the area**, which is geologically active; any spill of salty formation waters will cause severe damage to the region's exceptionally pure waters

Technical Report

OVERVIEW OF BIOLOGICAL AND SOCIAL INVENTORY SITES

Authors: Corine Vriesendorp, Nigel Pitman, Diana Alvira Reyes, Robert F. Stallard, Trey Crouch, and Brian O'Shea

REGIONAL OVERVIEW

The area we studied in the Tapiche-Blanco region is a ~315,000-ha block of lowland forest in the Peruvian Amazon bounded by the Tapiche River to west, the Blanco River to the east and south, and the confluence of the two rivers to the north. The area is about 40 km from the Peru-Brazil border and nearly equidistant—about 200 km—from three important Peruvian cities: Iquitos, Pucallpa, and Tarapoto. A trio of protected areas surrounds the Tapiche-Blanco region, with the Matsés National Reserve (420,596 ha) to the north and east, the Sierra del Divisor Reserved Zone (1,478,311 ha) to the east and south, and the Pacaya-Samiria National Reserve (2,170,220 ha) to the northwest.

There are 22 settlements scattered along the Tapiche and Blanco rivers, inhabited mostly by *campesino* residents and a few Capanahua peoples. Many of the settlements date from the second rubber boom in the early 20th century (1920s and 1930s) or from temporary logging camps that grew over time into more permanent villages. Only 4 communities have land titles, and 15 other communities (7 *campesino* and 8 indigenous) are in the process of titling their land.

Despite an abundance of white-sand forests inappropriate for timber extraction, the entire area is designated as permanent production forest (Bosque de Producción Permanente). Forestry concessions occur in both the Tapiche and Blanco drainages, but most of them have been annulled or declared inactive. There was one large active concession (74,028 ha) in the heart of our Tapiche-Blanco study area during the inventory. The concession was granted to Green Gold Forestry Perú SAC in 2012 as a swap (or *permuta*) for an abandoned concession in the Tigre drainage where the landscape was sandy and unproductive, and where local communities denied the company access to their concession. Green Gold Forestry had planned to begin operations in their Tapiche-Blanco concession in 2015, but has since left the area for another *permuta* elsewhere in Loreto.

There are smaller-scale forestry designations on the landscape as well, including municipal-level local forests and regional-level forestry permits. However, misinformation about the location and status of forestry areas abounds. There is no up-to-date centralized map of forestry activity, and municipal, regional, and national forestry databases do not always agree. This information void has helped extend a free-for-all harvest of timber in the region that has continued unchanged for decades.

As of August 2014, three active oil concessions (Blocks 137, 135, and 95) overlap the Tapiche-Blanco region nearly in its entirety, with Block 95 belonging to Gran Tierra and Blocks 137 and 135 to Pacific Rubiales (See map in *Report at a glance*, this volume). Gran Tierra reported finding oil in Block 95 in 2013, and plans to explore additional drilling sites (*http://www. perupetro.com.pe*). In the northeast, the Matsés people, who refuse to grant access to Pacific Rubiales, have paralyzed activities in Block 137. Block 135 remains active to the south, with 2D seismic exploration completed and 3D seismic exploration planned for 2014/2015. Our Anguila campsite was along an abandoned seismic line, and took advantage of an existing heliport (see inventory sites, below).

There are two proposals in the region for indigenous reserves to safeguard populations of voluntarily isolated indigenous peoples. One is partially within the Tapiche-Blanco region (the Reserva Territorial Yavarí-Tapiche, proposed in 2003; *http://www.cultura.gob.pe/sites/ default/files/paginternas/tablaarchivos/2014/03/08- solicituddereservaindigenatapiche.pdf*), and the other is farther south, mostly within the Sierra del Divisor Reserved Zone (the Reserva Territorial Sierra del Divisor Occidental, proposed in 2006; *http://www.cultura.gob. pe/sites/default/files/paginternas/tablaarchivos/2014/ 03/06-solicituddereservaindigenasierradeldivisor occidental.pdf*). In the Tapiche-Blanco region, decades of illegal logging and the recent seismic exploration would seem to create very unfavorable conditions for the persistence of voluntarily isolated indigenous populations. None of the people we talked to in communities on the Blanco or Tapiche rivers reported voluntarily isolated and/or uncontacted indigenous people in the area.

Climate, geology, and vegetation

Mean annual rainfall in the Tapiche-Blanco area is ~2,300 mm, with the wettest months between November and April, and a drier period from May to October (Hijmans et al. 2005). Average temperatures are 25–27° C, ranging from lows of 20–22° C to highs of 31–33° C.

The Tapiche-Blanco region is crisscrossed by faults running from the southeast to the northwest, and remains tectonically active. Together with the neighboring Pacaya-Samiria National Reserve, this is part of the Ucamara Depression, and is actively subsiding. Many of the lakes along the Tapiche River formed in the last 100 years after earthquakes (Dumont 1993), and one landowner in the region told us that a portion of his property has sunk 2 m over the past five years. During the Pleistocene (2.6 to 0.02 mya), secondary faulting associated with the Bolognesi Fault captured the former headwaters of the Gálvez River and created the modern Blanco River perpendicular to the Gálvez. This process is visually obvious in the 'boomerang' shape of the current course of the Blanco River, as its waters initially run southwest to northeast and then turn sharply along the fault line to run southeast to northwest until their juncture with the Tapiche River. In Brazil, the Bolognesi Fault joins with a larger faulting system known as Bata-Cruzeiro, and is part of the tectonic process that created the Sierra del Divisor uplift to the south.

In our rapid inventories we use digital elevation models (DEM) to understand regional topography. We found the Tapiche-Blanco landscape nearly impossible to model, as the difference between the highest and lowest elevations on the landscape is ~80 m, and the difference between the shortest and tallest vegetation is ~30 m. Given that the DEM uses tree height to model the landscape, the output is a series of erroneous maps that effectively 'flip' the landscape and suggest that water would flow upslope. This problem extends to overflights, as from the air one's eyes are easily tricked into assuming that stunted forests are in low-lying areas.

In satellite imagery the region exhibits striking variation in color (Fig. 2A), more so than any of the 12 other sites we have surveyed in Loreto. The false-color mosaic reflects a diverse array of habitats, ranging from stunted forests growing on white sands and anoxic peatlands to megadiverse *tierra firme* forests growing on sandy loams. Early vegetation maps of the area assumed that the forests along the Blanco River were *Mauritia* palm swamps rather than stunted forests (known locally as *varillales* and *chamizales*) growing on white sands or peat. Elsewhere in the technical report we present a preliminary classification of the vegetation, based on data gathered during our overflight of the region and our on-the-ground observations during fieldwork (Table 2, Fig. 5A; see the chapter *Vegetation and flora*, this volume).

At a coarse level, the Tapiche-Blanco interfluvium forms a wedge, with the northernmost point defined by the Blanco's juncture with the Tapiche River. Between the two rivers near the mouth of the Blanco, there is a large block of peatland that represents ~20% of the vegetation in our study area. White-sand forests account for another ~20% of the landscape. These forests are distributed in a broad swathe along the western edge of the Blanco River and continue into the heart of the landscape along the Yanayacu River in the Tapiche drainage. Inundated forests (mostly *igapó*, or blackwater forest, but some *várzea*, or whitewater forest) occur along the Blanco and Tapiche rivers and represent another ~10% of the vegetation. The remaining ~50% of the landscape is megadiverse upland forest, with hills becoming larger and steeper in the south.

Our working hypothesis is that white-sand deposits in Peru result from the erosion of Cretaceous sandstone sediments (Cushabatay, Aguas Calientes, and Vivian formations) in the Andes (Fig. 4A in Pitman et al. [2014]). Two and a half million years ago, sea levels rose many meters above present-day levels, impeding rivers and causing sediment deposition that transformed much of Loreto into an alluvial plain. Over time, foothill erosion deposited quartz sands onto parts of this giant Amazonian terrace. In the areas where these sands are exposed, white-sand forests (*varillales* and *chamizales*) are growing, usually on flat terraces.

White-sand forests are considered high conservation priorities because of their specialized habitats, and they are exceedingly rare (covering <1% of the Peruvian Amazon). There are eight known patches of white-sand forests in Peru (Fig. 12A in Vriesendorp et al. [2006a]), and only three are currently protected within conservation areas (Allpahuayo-Mishana National Reserve, Matsés National Reserve, Nanay-Pintayacu-Chambira Regional Conservation Area). The largest expanse of white-sand forests in Peru remains unprotected and occurs in the Tapiche-Blanco region.

Peatlands are more abundant in Loreto than white-sand forests, but they are not considered explicitly in regional vegetation maps. In the last decade, studies in the Marañón and Ucayali drainages have revealed both the prevalence of peatlands on the landscape and the variety of vegetation types growing on peat deposits (Lähteenoja and Roucoux 2010). Our inventory adds to this growing body of research, highlighting the similarities of the vegetation growing on white sands and peat deposits, which are both extremely poor substrates.

The first map of peatland distribution for Loreto, including our study area, was recently published (Draper et al. 2014). However, there are some inconsistencies with our observations in the Tapiche-Blanco region. The forests along the western side of the Blanco River are categorized as palm swamp by Draper and colleagues (*Mauritia* swamplands or *aguajales*), but we know them to be pole forests, or *varillales*, growing on white sands and peat. Continuing to improve a regional map of peat deposits will provide a picture of belowground carbon deposits, and complement the aboveground carbon map produced in 2014 (Asner et al. 2014).

Previous scientific work

A number of studies conducted in or near the Tapiche-Blanco region provide an important comparative context for our work:

- Peru's Amazonian research institution, IIAP, runs a biological station in Jenaro Herrera along the Ucayali River, four hours upriver by boat from the confluence of the Tapiche and Blanco rivers. Jenaro Herrera has an on-site herbarium, a well-described and diverse flora (Spichiger et al. 1989, 1990), a network of permanent tree plots (Freitas 1996a, b; Nebel et al. 2001), and large-scale experiments on reforestation with native species (Rondon et al. 2009).

- In 2012, researchers from the Smithsonian Conservation Biology Institute conducted inventories of ferns, fishes, amphibians, reptiles, birds, and bats for Ecopetrol's biodiversity action plan for the company's oil and gas concession (Block 179), in the buffer zone of the Matsés National Reserve, and also studied resource use by local communities (Linares-Palomino et al. 2013a).

- A German NGO, Chances for Nature, has been running a conservation program in cooperation with a community in the Quebrada Torno, just north of the confluence of the Blanco and Tapiche rivers (*http://www.chancesfornature.org*; see also Matauschek et al. 2011).

- In 1997, the ACEER Foundation funded an expedition by Haven Wiley, Joe Bishop, and Tom Struhsaker to document mammal and bird diversity in the middle Tapiche River, mostly in flooded forests and levees along the Tapiche itself (Struhsaker et al. 1997; see bird list at *http://www.unc.edu/~rhwiley/loreto/tapiche97/Rio_Tapiche_1997.html*).

- In 2008, Paul Fine, Chris Baraloto, Nállarett Dávila, and Ítalo Mesones established tree plots along the Blanco and Tapiche rivers, and José Álvarez and Juan Díaz have conducted bird surveys in and around these plots (Fine et al. 2010, Baraloto et al. 2011; J. Álvarez and J. Díaz, unpub. data).

- Rolando Aquino has made observations of primates on the Tapiche River, including a potentially new species, range extension, or pelage variant of *Callicebus* that has a broad white stripe across its brow (R. Aquino, unpub. data).

- As part of the creation of the Matsés National Reserve, teams of social scientists and conservation professionals from CEDIA and SERNANP visited communities along the Blanco River.

- Surveys of vertebrates and trees have been conducted at the Tapiche Reserve, a proposed private conservation area along the Tapiche River, just north of its junction with the Blanco River (Da Costa Reis 2011; *http://www.tapichejungle.com*).

- Finally, The Field Museum and collaborators conducted rapid biological and social inventories in the Matsés National Reserve and the Sierra del Divisor Reserved Zone in 2004 and 2005, respectively (Vriesendorp et al. 2006a, b).

TAPICHE-BLANCO RAPID INVENTORY

During the rapid biological and social inventory of the Tapiche-Blanco region from 9 to 26 October 2014, the social team visited two settlements along the Blanco River and two settlements along the Tapiche River, while the biological team focused on three uninhabited sites in the interfluve between the two rivers. Below we give a brief description of the sites visited by the teams.

Social inventory sites

The social team visited two indigenous communities on the Blanco River (Lobo Santa Rocino and Frontera) and two indigenous communities in the Tapiche River (Wicungo and Palmera del Tapiche). These four communities were selected because of their proximity to the proposed conservation area and biological inventory sites, and because they reflect the range of social and economic conditions in the region. The social inventory covered three different municipal districts: Tapiche (Palmera del Tapiche), Alto Tapiche (Wicungo) and Soplín (Lobo Santa Rocino and Frontera; Fig. 2A). Officially, Wicungo, Palmera del Tapiche and Frontera are recognized as Capanahua indigenous communities and Lobo Santa Rocino as a Kichwa indigenous community. However, it is important to note that in this region many communities (indigenous, *campesino*, and/or *mestizo*) have labeled themselves indigenous communities in hopes of receiving communal land title.

Our report contains two social inventory chapters: one focused on the history, settlement patterns, social and cultural assets, and organization of the communities in the region, and the other summarizing local ecological knowledge, management and use of natural resources, and residents' perceptions of local quality of life.

Biological inventory sites

We visited three sites during our inventory, two in the Blanco drainage and one in the Tapiche drainage. All three were along major rivers: the Quebrada Yanayacu of the Blanco River, the Quebrada Yanayacu of the Tapiche River, and the Quebrada Pobreza of the Blanco River[1]. Our two sites in the Blanco watershed were within 5 km of the main river, while our site in the Tapiche watershed was close to the Yanayacu headwaters, 50 km upriver from the Yanayacu-Tapiche confluence.

The most striking habitats at the three campsites occurred on the most nutrient-poor soils, on pure quartz sands or deep peat deposits, with stunted, specialized vegetation ranging from 15 m tall forest to open, grassy savanna with scattered palms. However, the most diverse plant communities grew in the uplands. Our botanists established 1-ha tree plots in each campsite— two in *tierra firme* (upland) forests and one in a blackwater inundated forest, or *igapó*—as part of a larger project to inventory tree communities across the Amazon (ter Steege et al. 2013).

All three sites showed obvious signs of illegal logging, even our site in the Tapiche headwaters, about 35 km in a straight line from the nearest settlement of Wicungo, and 50 km by river from the settlement of San Pedro. By far the greatest impacts were recorded along the Quebrada Pobreza in the Blanco watershed, where we found an abandoned logging camp, stumps, cut logs, and at least 10 timber extraction trails. In contrast, our Anguila campsite, 35 km to the southwest along the Quebrada Yanayacu in the Blanco watershed, showed less human impact, although that almost certainly reflects the absence of suitable upland habitat for timber. Even here there was an active logging camp about 10 km from our campsite in the *tierra firme* hills.

Although several habitats were shared among campsites, each campsite had at least one habitat we saw nowhere else: the savanna peatland and the blackwater inundated forests at our Wiswincho campsite, a grassland saltlick known as a *collpa* and ant-plant clearings (*supay chacras*) at the Anguila campsite, and the nearly impenetrable dwarf white-sand forests at Quebrada Pobreza.

Despite covering nearly 70 km of trails during the inventory, there were several habitats we were unable to sample. The biological team did not visit the heart of the wetland at the confluence of the Blanco and Tapiche rivers, the grassland known as a *piripiral* on the outskirts of that wetland, the extreme dwarf forests that occur within the *tierra firme* hills and terraces in the heart of the area (much shorter than the ones we visited in Anguila), nor the massive wetland west of Wicungo and Santa Elena on the Tapiche River. Fortunately, the social team did visit both the *piripiral* grassland and the Wicungo/Santa Elena wetland, and we include their photographs and observations of these habitats in the technical report.

Below we describe the notable terrestrial and aquatic habitats at each of our three campsites, highlighting differences and similarities among sites, and placing each site into the broader landscape context of the Tapiche-Blanco region.

Wiswincho (9–14 October 2014; 05°48'36" S 73°51'56" W, 100–130 masl)

Because of storms sweeping west from Brazil, our arrival at this camp was delayed and we only spent four days here compared to the five days at our other two sites. This campsite was only 2 km from the Blanco River (where it is ~70 m wide), and about 500 m from a tributary known as the Quebrada Yanayacu (~10 m wide). We named our site Wiswincho because our camp was established below a lek of Screaming Piha (*Lipaugus vociferans*), a loud and persistently vocal bird known locally by that name.

Our campsite was outside of the proposed conservation area, because we needed a dry basecamp that allowed us to survey the nearby flooded areas. We arrived during a high-water event, and the heliport, situated on a local high point, was one of the few areas around camp that remained dry during our fieldwork. Water levels rose slowly and steadily throughout our stay, and most of the trail network was covered in knee- to waist-deep water. Our campsite flooded, too. We moved the kitchen once and our work tables twice, and relocated many tents and hammocks. Even on days without rain,

---

1 Yanayacu ('black water' in Quechua) is such a common river name in Amazonian Peru that our 315,000-ha study area contains at least three major streams with that name. For clarity, throughout the report we refer to the tributary of the Tapiche as the Yanayacu (Tapiche) and the tributary of the Blanco as the Yanayacu (Blanco).

low-lying areas in the landscape slowly filled with water, suggesting that the water table is quite close to the surface (see the chapter *Geology, hydrology, and soils*, this volume).

The 22 km of trails at this site explored both the northern and southern banks of the Yanayacu. The campsite displayed striking habitat variation, with blackwater lakes, a large expanse of tall inundated forest, a short stretch of tall forest growing on river levees, and three forests growing on extremely poor soils: stunted forest (*varillal*) growing on peatlands, dwarf forest (*chamizal*) growing on peatlands, and a peatland savanna.

We sampled two blackwater lakes: one in the Blanco floodplain, and one on the Quebrada Yanayacu. We observed otter (*Lontra longicauda*) dens and tracks in both of them. One of the lakes was originally accessible via the trail network, but the water levels rose more than 2 m after the trails were built. We used a small flotilla of canoes and an inflatable raft to visit the blackwater lakes and explore the Yanayacu, and several teams (geology, plants, fishes, birds, mammals) visited the Blanco River itself. We observed both pink and gray river dolphins on the Blanco River, and gray ones on the Yanayacu. Neither the herpetologists nor the botanists reached the blackwater lakes.

Inundated forests dominated the area around our campsite, mostly a blackwater forest known as *igapó* but also a small stretch of clearwater or whitewater forest closer to the Blanco River known as *várzea*. We established a 0.85-ha tree plot in the *igapó*, under a stand of flowering *Erisma uncinatum* emergents. Electric eels (*Electrophorus electricus*) were abundant in the waters here, and although fishes (and snakes!) were easily seen in the tea-colored waters of the inundated forests, it was quite difficult to corral them into our nets.

The outstanding features on the landscape were the dwarf forests and savanna growing on peat. Different species characterize the canopy and ground cover of each habitat. The dwarf peatland forest has diminutive *Mauritia flexuosa* palms in the overstory and a rather dense understory that includes terrestrial *Philodendron* and *Zamia* cycads, while the savanna has scattered clumps of 8 m tall *Mauritiella armata* palms and a dense ground cover of *Scleria* sedges. Several other plant species are shared, but not all. Another major visual and physical difference is that linear channels of water (known as flarks) traverse the dwarf forest, while water fills the savanna uniformly. The savanna superficially resembles other grassland habitats in Peru (e.g., the Pampas del Heath), in part due to the abundant termite mounds, and this similarity may underlie some of the range extensions for birds.

We explored *varillales*—stunted forests with a canopy ~15 m tall—on both sides of the Yanayacu. These patches of forest share almost all of their species, with two notable exceptions: *Mauritia flexuosa* palms were observed on the northern side of the Yanayacu and *Mauritiella armata* palms on the southern side. Both in structure and composition, the stunted forests have affinities with forests growing on white sand. However, it is important to highlight that the majority of the stunted forests at this campsite are <u>not</u> growing on white sand, but rather on deep deposits of peat/organic matter, these sometimes developed on top of whitish clay soils.

The landscape throughout the site is terrifically hummocky, with thick root mats that create a springy walking surface. The stunted peatland forests to the north of the Yanayacu are surprisingly easy to navigate despite the abundance of *Mauritia* palms, and this provided a welcome contrast to the treacherous and muddy walking conditions found in more traditional *Mauritia* palm swamps (*aguajales*). Mud deposits are present here, but occur below a sturdy and thick mat of roots and organic matter.

Despite humid, wet conditions, the forests here support very few epiphytes, and it is likely that the absence of dendrobatid frogs reflects a lack of suitable breeding sites such as bromeliads. There were no biting insects in our camp, and very few sweat bees. Just 100 m from our camp, however, near a clearwater stream that emptied into the same *igapó*, mosquitoes were terrifically abundant. During our stay hundreds of giant damselflies (cf. *Mecistogaster* sp.) were perched at the tips of tree branches in the inundated and stunted forests, similar to the ones seen in the Allpahuayo-Mishana National Reserve.

One of our local assistants from Nueva Esperanza reported that while we were at this site a group of illegal loggers was farther up the Yanayacu, and we saw their campsite from the helicopter as we flew from Wiswincho to Anguila (our second camp). Those loggers were allegedly logging *canela moena* and *anis moena* (*Ocotea javitensis* and *O. aciphylla*). In our campsite we found an abandoned logging clearing along the levee, and a ~50 m long logging trail (known locally as a *vial*) that appears to have been used in the last few years.

Our local assistants were from the towns of Nueva Esperanza, Frontera, Curinga, and Lobo Santa Rocino on the Blanco, and none of them had spent time here previously.

Anguila (14–20 October 2014; 06°15'54" S 73°54'36" W, 140–185 masl)

This was the only site we sampled along a tributary of the Tapiche River; the other two sites are tributaries of the Blanco River. We camped along a small stream (~4 m wide) in the headwaters of the Quebrada Yanayacu (Tapiche). In 2012 the oil company Pacific Rubiales established a grid system of more than 80 heliports and 60 km of seismic lines in this portion of our study area. One still-open seismic line formed the base of our trail system, and we reutilized one of their abandoned heliports. This campsite was located within the Green Gold Forestry concession, and we received that company's permission to sample these forests prior to the inventory.

Over five days we explored 25 km of trails in three principal habitats: *tierra firme* hills and terraces (~90% of sampled habitat), a stunted white-sand forest (~10%), and a small patch of dwarf white-sand forest (<1%). Compared to the other two sites, this site had more topography, more *tierra firme* forest, and more *irapay* (*Lepidocaryum tenue*) palms in the understory. The *tierra firme* hills and terraces in our campsite appear to be representative of the upland habitats that dominate more than half of the potential Tapiche-Blanco conservation area.

The upland forest is filled with natural treefall gaps. These clearings occur every ~200–500 m along the trails, apparently a consequence of the shallow and unstable root systems supporting trees growing in sandy soils. Alternatively, they may reflect the abundance of

the 'suicidal' tree *Tachigali* in these forests; leafless *Tachigali* canopies were common all through the upland forests we flew over during the inventory. These disturbances are evident as a yellow false color on the satellite image. Given that yellow tones dominate the *tierra firme* habitats in Landsat images of the region, it is likely that soils are quite sandy across the landscape. In some places the uplands are hummocky and poorly drained, with pools of rainwater accumulating in small depressions found on terraces and hilltops. We sampled soils to a depth of 80 cm in one of these poorly drained upland areas and found the entire core to be fine white sand. By contrast, soil cores of the well-drained upland areas on the same terrace contained yellow-brown loamy sand. Both areas—poorly drained and well-drained— harbored tall, diverse, compositionally similar forest.

We saw a few *supay chacras*, or devil's gardens. Typically these are areas where the understory is open and dominated by a suite of plants with strong ant associations. Here the *supay chacras* were monodominant stands of *Duroia hirsuta*, with none of the other typical ant-plants present. We did not see *supay chacras* in either of our other campsites.

The stunted forest growing on white sands is similar in composition and appearance to the *varillal* forests we surveyed in the Itia Tëbu campsite during the rapid inventory of the Matsés National Reserve (Vriesendorp et al. 2006a). There are many hummocks and canals, and plentiful *Mauritia carana* palms. However, in contrast to the other stunted white-sand forests in the region (along the Blanco River and in the Matsés National Reserve), these forests are growing in the headwaters of a major stream rather than on the ancient floodplain of a major river.

About 100 m from the main course of the Yanayacu River, and about 5 km from our campsite, we found a salt lick or *collpa* unlike any other we have seen in Loreto. Typically salt licks in Loreto occur under forest canopies. This *collpa* occurs on a local low point, and is covered in grasses and crisscrossed with tapir tracks. There are a handful of scattered *Mauritia flexuosa* palms, and a few other small trees, but mostly the area is an open grassland. Three hunting blinds, known locally as *barbacoas*, are half-hidden within the vegetation along the outskirts of the saltlick. Illegal loggers likely use these blinds, as the closest community is at least four days away by canoe. Flocks of parrots (*Forpus modestus*, *Pyrrhura roseifrons*, *Ara ararauna*) screeched and circled overhead whenever researchers arrived at the grassland, suggesting that they may use the *collpa* as well.

Our 1-ha tree plot on an upland terrace documented an exceedingly diverse tree community. However, none of these canopy trees are high-value timber species (e.g., mahogany, *Swietenia macrophylla*, or Spanish cedar, *Cedrela odorata*). The few stems of the one second-tier timber species we did observe had been recently felled (tornillo, *Cedrelinga cateniformis*). There are substantial populations of third-tier tree species, including a variety of Myristicaceae, Lecythidaceae, Sapotaceae, and Lauraceae, though many of these species are not currently part of the timber market in Peru.

An illegal logging camp about 20 km downstream from our campsite had been operating for six months prior to our visit. In the June 2014 overflight (Appendix 1) we observed tractor trails and a large tractor tire at the camp. According to our local guides, the tractor was taken by boat up the Blanco River, and then driven across the Tapiche-Blanco region until reaching its current location along the Yanayacu (Tapiche). From the air we observed much greater deforestation around this campsite, with bigger and more abundant extraction trails created by the tractor, and likely greater soil compaction.

At our campsite we observed two cut *tornillo* trees: one ~1 m in diameter and the other truly massive, ~2 m in diameter. Our local assistants reported that the logger who cut them would return in the next few weeks to open a trail and roll the logs to the river.

Originally our local assistants were supposed to arrive from settlements on the Tapiche River, but the motor on their *peque-peque* canoe broke as they were heading downriver. On short notice we were able to engage local assistants from the towns of Monte Sinaí and Requena. We contracted two canoes to return our local assistants to these communities on the lower Tapiche River. These canoes spent four days traveling upriver from San Pedro on the Tapiche River, a journey made easier because the Yanayacu had already been cleared of debris and fallen trees by illegal loggers in preparation for floating cut logs downstream. En route, this group reported encountering 15 giant river otters (*Pteronura brasiliensis*) as well as a canoe with hunters carrying two white-lipped peccaries (*Tayassu pecari*).

Green Gold Forestry conducted a census, prepared a management plan, and planned on setting aside nearly 25% (20,000 ha) of their concession for conservation. However, their report highlighted that there is little if any first- or second-class timber left in the concession (GGFP 2014). Based on these data, at the time this report was being prepared the company was actively pursuing a swap of this concession for another one within Loreto.

At this campsite we made one of the most extraordinary finds of the inventory: a titi monkey, *Callicebus* sp. (Fig. 10N), that looks pale orange, and strikingly different from *Callicebus cupreus* (Fig. 10B). Ornithologist Brian O'Shea observed a group of three individuals with this pale orange pelage, one carrying a baby. Without DNA evidence we cannot be certain whether this is a new species or a color variant of *C. cupreus*. None of the experts we consulted in Peru, Colombia and Brazil had ever seen this coloration in *Callicebus* in Peru or elsewhere.

Quebrada Pobreza (20–26 October 2014; 05°58'36" S 73°46'25" W, 120–170 masl)
Our campsite was located in the heart of the vast white-sand forest along the left bank of the Blanco River, visible as a deep lilac in the false colors of the Landsat satellite image (Fig. 2A). We camped on a bluff along the Quebrada Pobreza, about 6 km from the main course of the Blanco. The 20 km of trails here explored *tierra firme* hills and terraces, gallery forests along the Quebrada Pobreza, stunted and dwarf forests growing on white sands, and stunted and dwarf forests growing on peatlands.

The topographic maps we took into the field were the most misleading at this site, with an entire stream course (the Quebrada Colombiano) placed incorrectly. These same errors are present in national maps (*carta nacional*).

We hope to correct the topography using our field-gathered data.

Pobreza (poverty) is a good name for this stream given that the water conductivities are ~9 µS/cm, among the poorest and purest waters we have measured to date in the Amazon and Orinoco basins. We dug a soil pit about 25 m above the Pobreza Stream, in a flat area. The soil pit revealed 15 cm of root mat, followed by 45 cm of white sand. After hitting a depth of 50 cm the pit began to fill with water, indicating that the water table is very close to the surface here and that the root mat is controlling erosion in these forests, holding together substantial deposits of quartz sand that would otherwise wash into the Blanco.

In the stunted forests (*varillal*) growing on peat, we found a plant composition similar to the white-sand forests at the Itia Tëbu campsite in the Matsés National Reserve. Areas in the *varillal* with greater flooding supported *Mauritia flexuosa* palms, while relatively drier sites supported *Mauritia carana* palms. In the transition zones between wetter and drier areas, the two *Mauritia* palms were separated by as little as 5–10 m. In these forests we observed two uakari monkeys (*Cacajao calvus*), perhaps the first record of the species in a *varillal* (although they appeared to be feeding on *M. flexuosa* fruits).

The most anomalous habitat was a dense dwarf forest (*chamizal*) found on white sands. Our local assistants bemoaned the state of their machete blades after cutting the hard, dense and abundant stems to open the trails, complaining that they looked like piranha teeth. In many places it was difficult to walk without turning sidewise to pass between trees, even on the cut trails. Three streams run on parallel courses through the dense *chamizal*, all of them with square, entrenched channels and fast-flowing blackwaters. Our geologists had never seen such black waters, and felt they were even blacker in color than the Negro River in Brazil. No other place in the landscape—here or at any of the other campsites—had similar streams.

The *tierra firme* forest grows on moderately steep hills that are mostly rounded, though a few are flat-topped. Of all our campsites, this one harbored the greatest canopy tree diversity, as well as a diverse

understory, a reprieve from the abundant *irapay* palms in Anguila. Unfortunately, the *tierra firme* is heavily impacted by illegal logging and hunting. We found an abandoned logging camp (dating from 2012) about 4 km from our campsite. According to our local assistants and confirmed by the scattered tree stumps, the loggers mainly cut *Cedrelinga cateniformis*. The number of *viales*, or logging trails, is alarming. We encountered at least 10 obvious trails in a span of ~5 km.

This was the only campsite where we used camera traps to photograph mammals. During the advance work, Patricia Álvarez-Loayza established 10 cameras and our mammalogist Mario Escobedo retrieved them a month later during the inventory. Two of the cameras flooded, but the other eight revealed lots of wildlife, including the elusive short-eared dog (*Atelocynus microtis*), collared peccaries (*Pecari tajacu*), a tapir (*Tapirus terrestris*), an ocelot (*Leopardus pardalis*), and various armadillos, agoutis, and pacas. Notably, we did not record jaguar, puma, or white-lipped peccaries. We did get several photographs of two hunters with shotguns, suggesting that this area is visited regularly. We observed few monkeys at this site, and the ones we did see—with the exception of the small *Saguinus* and *Cebuella* monkeys—are very wary and scream and run from human observers.

Our local assistants were from the nearby settlement of Frontera, about three hours away by canoe. All of them knew the Quebrada Pobreza, as the community collects ornamental fishes from this stream. But none of them recognized the rare White-winged Potoo (*Nyctibius leucopterus*), previously known in Peru only from Allpahuayo-Mishana, which sang every night at dusk from its perch above the camp kitchen.

GEOLOGY, HYDROLOGY, AND SOILS

Authors: Robert F. Stallard and Trey Crouch

Conservation targets: A flat, humid, tropical lowland landscape with extensive seasonal flooding; diverse ecosystems controlled by certain combinations of water regime, substrate, and topography including hilly uplands developed on loamy sands, lower terraces consisting mostly of white quartz-sand soils, and areas of wetlands having organic soils, including peats; extraordinarily pure water with especially low concentrations of dissolved nutrients and salts with clear-water streams in the uplands and especially acid blackwater streams in the lowlands; extensive ground-surface and shallow-soil roots that limit erosion and retain nutrients and salts necessary for plants and animals; intact and continuous plant cover throughout the watershed that protects downstream ecosystems; scattered areas of mineral-rich soils and springs (collpas) sought out by animals as a source of salts, which are focal points on the landscape for animal populations; possible high rates of carbon storage in some peatlands

INTRODUCTION

This is the first rapid inventory in Loreto to be done in a region of active tectonic subsidence (where the land itself is sinking because of tectonic processes). Most of the inventories have been in generally stable regions underlain by sediment-covered Precambrian shields, including Yavarí (Pitman et al. 2003a); Ampiyacu, Apayacu, Yaguas, Medio Putumayo (Pitman et al. 2004); Matsés (Stallard 2006a); Nanay-Mazán-Arabela (Stallard 2007); Cuyabeno-Güeppí (Saunders 2008); Maijuna (Gilmore et al. 2010); Yaguas-Cotuhé (Stallard 2011); and Ere-Campuya-Algodón (Stallard 2013). Four of the inventories have been in areas with ongoing uplift in the foothill ranges of the Andes: Biabo-Cordillera Azul (Alverson et al. 2001), Sierra del Divisor (Stallard 2006b), Cerros de Kampankis (Stallard and Zapata-Pardo 2012), and Cordillera Escalera-Loreto (Stallard and Lindell 2014). The uplift controls the general form of topography and brings rocks that are older than the modern Andes to the surface. Typically in the tectonically active areas, rocks are tilted, folded, and faulted. These features are usually obvious and control how rivers, soils, and vegetation are arrayed on the landscape. Subsiding landscapes are more difficult to describe, because sediments typically accumulate in subsiding areas, thereby burying the rocks, and their faults, folds, and

tilts have to be examined through interpretation of ground-surface features, with deep wells, or with geophysical techniques such as seismic cross sections, gravitational anomalies, and magnetic anomalies. Many features described in publications and reported here portray this subsidence and its effects on the Tapiche-Blanco landscape. We examine these features and then discuss how they have influenced the development of landscape, hydrology, and soils. A particularly important report in this regard is Boletín 134 of Peru's Instituto Geológico Minero y Metalúrgico by De la Cruz Bustamante et al. (1999), which describes this region. That report provides extensive high-quality subsurface data, such as geophysical data, well logs, and interpreted subsurface cross sections. The geologic and place names we use come from that publication. Geologic times come from Walker and Geissman (2009). Also note that there are numerous rivers and streams in the Tapiche-Blanco region named Yanayacu (black water in Quechua). For clarity, when mentioning these we add the major river name in parentheses, e.g., Yanayacu (Blanco).

Regional geology

The inventory region is between the Tapiche and Blanco rivers, which drain towards the north. The Tapiche River is larger and drains three small sub-Andean uplifts that were studied in the Sierra del Divisor rapid inventory (Stallard 2006b). These uplifts are the Sierra de Contaya, Sierra del Divisor, and Sierra de Yaquerana. The smaller Blanco River also drains the Sierra de Yaquerana. The oldest and most widely exposed rocks in these uplifts are the quartz sandstones of the Cretaceous Oriente Group (Cushabatay and Agua Caliente sandstones) and the quartz sandstones of the Cretaceous Vivian Formation. On the right side of the Blanco River to the northeast of the inventory region is the Yaquerana upland (Alto de Yaquerana), which is considered an extension of the Iquitos Arch and does not appear to be strongly affected by Andean uplift. This upland, studied in the Matsés rapid inventory, is drained by the Gálvez River, which flows to the northeast.

On the left side of the Tapiche River, northwest of the inventory region, is the vast alluvial landscape of the lower Ucayali and Marañón rivers: the Pacaya-Samiria wetlands. The region between the lower Blanco River and the Tapiche River blends into the Pacaya-Samiria wetlands along the course of the Tapiche. In fact, along the Tapiche near the Blanco confluence, including the region between the Tapiche and Blanco within about 20 km of the confluence, there are old meander scrolls (traces of old meanders) that because of their large size were likely part of an old course of the Ucayali River (Fig. 2A; Dumont 1991).

On the left side of the lower Blanco River, for about 50 km upriver from the wetland area, is a 10 km wide elevated terrace covered with a mix of vegetation typically associated with white-sand soils: *varillales* (stunted forest), *chamizales* (dwarf forest), and some *aguajales* (*Mauritia* palm swamps). There is then a sharp transition to a hilly upland that parallels the course of the Blanco. This upland is bisected by the south-to-north valley of the Yanayacu (Anguila) River. To the west, the upland tilts toward the Tapiche to vanish under the lakes and alluvial sediment of the Tapiche and Pacaya-Samiria wetlands.

The Pacaya-Samiria wetlands constitute most of a larger subsiding region called the Ucamara Depression (Dumont 1993, 1996). The average, long-term rate of subsidence can be estimated from the thickness of Pliocene (5 million years ago) and later sediments in oil wells across the region (De la Cruz Bustamante et al. 1999). The wells have 900 to 1,700 m of sediments in this time, which translates to about 0.18 to 0.34 mm/yr of subsidence. Dumont and Fournier (1994) estimate a similar subsidence (0.25 mm/yr for the 2 million-year Pleistocene) and note that this is similar to the average rate of uplift of the Andes since the Oligocene (33 million years). The ongoing subsidence strongly affects the Tapiche River, where earthquakes around 1926 created new lakes near Punga (Dumont 1993; see Fig. 2A). Two large lakes near Santa Elena also appear to be relatively recent, as they contain numerous dead trees and visible stumps. An informant in this region described a 2-m drop of land over recent years (see the chapter *Overview of biological and social inventory sites*, this volume).

Dumont (1993, 1996), Dumont and Garcia (1991), and Dumont and Fournier (1994) provide the most

detailed analysis of the subsidence process in the Ucamara Depression. They define the boundary as the edge of the Iquitos Arch/Yaquerana uplands which includes the high ground of Jenaro Herrera to Requena, then to the east of Nuevo Esperanza at the confluence of the Tapiche and Blanco, next to the east of Santa Elena on the right side of the Tapiche, and finally northwest to end at the Tapiche Fault (De la Cruz Bustamante et al. 1999, Latrubesse and Rancy 2000). The Tapiche Fault (Moa-Jaquirana Inverse Fault in Brazil) is a dominant tectonic feature of the region, in which the southwest side is being thrust over the northeast side to form the Sierra de Yaquerana and the Sierra del Divisor. The Tapiche Fault is quite active seismically (Rhea et al. 2010, Veloza et al. 2012). De la Cruz Bustamante et al. (1999) add another major fault to this region—the Bolognesi—which parallels the lower course of Blanco River, about 10 km southwest of the channel along the boundary between the low, flat region and the hilly upland, just described. Stallard (2006a) notes that the faulting along the Blanco can be traced in digital topography into Brazil, where it appears to be part of the Bata-Cruzeiro Inverse Fault (Latrubesse and Rancy 2000), which may demarcate an incipient uplift paralleling the Yaquerana-Divisor uplifts.

Stallard (2006a) observed that the Blanco channel appears to be an area of active faulting as indicated by numerous, small linear stream channels that parallel its general course. This faulting appears to be particularly important in establishing the current appearance of the Tapiche-Blanco landscape. The Yaquerana Uplands have two important features that continue across the Blanco to its left side. One of these is the complex of *varillales*, *chamizales*, and associated white, quartz-sand soils, which are developed on hilltops in the Yaquerana Uplands and form the broad terrace on the opposite side of the Blanco, but at a slightly lower elevation (about 10 m). The other is the Gálvez River itself, which occupies a valley about 10 km wide that starts within 2 km of the Blanco. The Blanco valley is about 20 m lower than the Gálvez valley in this area. The Gálvez valley appears to cross the Blanco, and its extension is now occupied by the lower courses of some of the largest rivers that drain the Tapiche-Blanco upland, including the Huaccha and Yanayacu (Huaccha) streams.

The most parsimonious explanation of these observations is that recent faulting along the Blanco valley established the Blanco channel at a lower base level than the Gálvez channel. As the Blanco eroded its channel, it intercepted the Gálvez River and captured the headwaters of the Gálvez. The added discharge would have promoted further down-cutting, reinforcing the capture and separation of the *varillal-chamizal* landscapes on both sides of the Blanco River. Accordingly, the *varillal-chamizal* landscapes in the Tapiche-Blanco are in a down-dropped block (graben) between two near-normal (up-down) faults or within a bent transcurrent (left-right) fault (transpressional fault). Currently, the Blanco valley is not particularly active seismically (Rhea et al. 2010, Veloza et al. 2012). The last strong tectonic compression that would have affected the region was 2 million years ago (Sébrier and Soler 1991). The numerous small valleys near and parallel to the Blanco valley indicate that the down-cutting process is recent (hundreds of thousands of years) and ongoing.

The middle valley of the north-south Yanayacu (Anguila) River that bisects the uplands may also be fault-controlled. Several features support this, including a mapped fault to the east, between the middle valley and the Bolognesi Fault, numerous small streams parallel to the general valley trend, and the placement of the Yanayacu (Anguila) channel on the extreme east side of its valley. The channel placement implies tilting toward the east. All of this is over some of the most pronounced subsurface structures mapped by geophysicists in this region, including two faults (the Bolognesi and one beneath this valley) and a strong magnetic anomaly (De la Cruz Bustamante et al. 1999: Figures 51 and 52). The two faults are normal and in the opposite sense, such that the region between the middle Yanayacu (Anguila) and the Bolognesi Fault has been uplifted. This implies that the middle and perhaps lower portions of the Yanayacu (Anguila) valley have dropped relative to the uplands to the east.

Soils and geology

All surface outcrops in the Tapiche-Blanco region are Pliocene (5 million years) and younger. As mentioned earlier, these deposits are typically about 1 km thick. There are two formations and several unconsolidated deposits in the inventory region. From oldest to youngest, they are (De la Cruz Bustamante et al. 1999):

- **Ipururo Formation:** Pliocene, about 950 m thick. The lower part consists of greenish-gray weakly calcareous silty claystone, brown to gray fine-grained sandstone, and calcareous sandstone interbedded with lenticular gray silty claystone. The upper part consists of medium- to coarse-grained gray to yellowish-brown sandstone, calcareous nodules, and incipient traces of bioturbation.

- **Nauta Formation:** Plio-Pleistocene, about 30 m thick. It consists of reddish pelitic silty claystone and silty sandstone with clasts of quartz and lithic fragments.

- **Ucamara Deposit:** Pleistocene, reaching hundreds of meters thickness in the Ucamara Depression. Includes mud, silt, plant remains, and lithic fragments.

- **First alluvial deposits:** Pleistocene, reaching hundreds of meters thickness in the Ucamara Depression. Include gray sandstones and silts, and gravels to a lesser extent. In the inventory region, the white-sand deposits have been classified as part of this alluvial deposit, likely equivalent to the Iquitos Formation of Sánchez F. et al. (1999).

- **Later alluvial deposits:** Holocene terraces along rivers and active sediments.

Three dry petroleum wells have been drilled near Santa Elena (see page 239; De la Cruz Bustamante et al. 1999). These provide an excellent assessment of what lies beneath the ground surface. One well had about 200 m of Nauta Formation over 950 m of Ipururo Formation. The other two had more than 900 m of Ipururo Formation. One well struck crystalline (shield) rocks at 3,100 m. Claystone (a type of shale) and sandstones form most of both the Nauta and Ipururo formations. These rocks should typically weather to produce sandy, low-nutrient soils (loamy sands and sandy loams). Both formations, however, contain minor amounts of limestone, which when weathered can produce local nutrient-rich soils and high-conductivity, high-pH surface waters.

The white quartz-sand soils appear to have an alluvial origin. For many occurrences, these quartz-sand soils are associated with flat hilltops, as if they were the last deposits in a now dissected alluvial plain. Examples include sites near Iquitos (Räsänen et al. 1998, Sánchez F. et al. 1999), the Itia Tëbu campsite of the Matsés rapid inventory (Stallard 2006a), and the Alto Nanay campsite of the Nanay-Mazán-Arabela rapid inventory (Stallard 2007). The distinctive appearance of the vegetation developed on these soils causes them to stand out in satellite imagery. The most detailed stratigraphic description and analysis is by Sánchez F. et al. (1999), who consider these sands to be alluvial deposits contemporary with or younger than the Upper Nauta Formation, based on column descriptions, sedimentary structures, landscape appearance, and stratigraphic position. They designate the quartz sand unit as the Iquitos Formation.

In contrast to these hilltop deposits, the quartz sands in the Tapiche-Blanco inventory region are relatively flat and appear to have been protected from erosion by downward faulting. Based on land-cover appearance in Landsat images (e.g., Fig. 2A), the highest elevations are not topped by quartz-sand soils. Some quartz sands in valleys could be derived from the erosion and deposition of former hilltop sands.

Assuming an alluvial origin, the quartz sands are contemporaneous with or post-date the Nauta Formation, at each of the hilltop sites. Farther north in Loreto, the Nauta Formation is truncated by an alluvial plain or terrace that has been interpreted by Stallard (2011, 2013) as having been formed during the last high sea-level stands of 2.3 and 2.5 million years ago, just after the beginning of the Pleistocene at 2.6 million years ago. The hypothesis is that at these times, the Amazon valley and all its Andean tributaries were filled with alluvial sediment. This has since eroded, except for scattered remnant terrace tops at 150–250 m elevation, and sections that have been protected by down-faulting, as we see in the Tapiche-Blanco region.

Pure white quartz sand can be produced by several mechanisms, which can operate separately or in tandem. Johnsson et al. (1988) posit three different mechanisms: 1) erosion and deposition of preexisting pure quartz sand; 2) weathering and progressive reworking of sediments in a flat alluvial plain; and 3) formation in place in blackwater environments in very flat continuously wet landscapes developed on quartz-containing substrates, such as granites and alluvium rich in quartz sands.

All of these mechanisms are reasonable for the southern Loreto landscape given the timing of uplift, the nature of the uplifted formations, and the development of an alluvial plain. Geologic studies indicate that the foothill ranges to the east of the Andes were initially uplifted in the Quechua 3 orogeny (about 7 million years ago) in the early Miocene (Sébrier and Soler 1991, Sánchez et al. 1997, Stallard and Zapata-Pardo 2012, Stallard and Lindell 2014), with additional faulting and uplift about 2 million years ago (Sébrier and Soler 1991). Almost all of the uplifts in and around Loreto brought the Cretaceous and younger formations to the surface. The quartz sandstones in these formations, named earlier, are the sediments most resistant to erosion. Under weathering-limited conditions in mountainous terrain all other sediments (shales, red beds, limestones, lithic and arkosic sandstones) are more susceptible to chemical and physical erosion and would be eroded first (Stallard 1985, 1988). Kummel (1948) estimates that up to 10 km of sediment was eroded during and after the uplift in the Pliocene, leaving a surface (which he names the Ucayali Peneplain) sufficiently flat to truncate folds and faults. These eroded sediments would have contributed to the sediments deposited during (Nauta Formation) and after the initial uplift (Ucamara Formation, quartz sands), leaving behind the more resistant quartz sandstones. These would have also eroded and contributed proportionately more of the total sediment as the landscape continued to erode. Accordingly, late-stage erosion products would be largely pure quartz sand. If the alluvial plain formed at 2.5 million years ago and redeveloped at 2.3 million years ago, the last sediments deposited on it would be particularly quartzose. In addition to sea-level drop, the last Andean uplift compression episode of 2 million years ago

(Sébrier and Soler 1991) may also have raised the alluvial plain enough to drive regional incision. If the plain were stable for some period, the sediments would have been reworked and weathered in place, becoming yet more quartzose. Finally, if conditions were sufficiently wet and stable that blackwater ecosystems developed, the third mechanism would operate to promote complete dissolution of iron-bearing minerals and clays, creating pure quartz sand if it did not already exist, or expanding its extent if it did.

The lowest part of the landscape is on Holocene to recent river, lake, and wetland deposits. The characteristics of these deposits depend on the composition of the water and the quantity and composition of the sediments being transported into the depositional region, which in this landscape includes the Pacaya-Samiria wetlands, lakes and wetlands along the Tapiche River, and alluvial deposits along most rivers. As a rule, the mineral composition of sediments reflects the weathering of the landscapes from which they are derived (Stallard et al. 1991). The Ucayali and Marañón rivers, which drive deposition in the Pacaya-Samiria, are especially sediment- and nutrient-rich (Gibbs 1967, Stallard and Edmond 1983). Satellite images, overflights, and excursions (R. Stallard, pers. obs.) indicate that dense *aguajales*, tall, dense grasses, and fast-growing trees like *Cecropia* are important in the Pacaya-Samiria landscape. By contrast, the Tapiche and Blanco and their tributaries carry sufficient sediment to produce levees and floodplains, but the landscape does not appear to be so dominated by sediment deposition and fast-growing plants. Instead, the lakes and wetlands appear to be sediment-poor. Such landscapes can be sites of organic deposition leading to peat formation.

Much of the Tapiche-Blanco region is sediment- and nutrient-poor, but the lower Tapiche to somewhat upstream of the Blanco and the Tapiche-Blanco confluence region was once part of the Ucayali River floodplain, as evidenced by the enormous meander scrolls throughout this region (Fig. 2A; Dumont and Fournier 1994). Farther upstream, the lakes (the Punga lakes) are crossed by the Tapiche between low, narrow levees at low water; however, when water is especially high, waters from the Ucayali flow into the Tapiche

(Dumont 1993, Dumont and Fournier 1994, De la Cruz Bustamante et al. 1999).

It is not clear from the descriptions, however, whether this Ucayali water has lost its sediment from deposition into wetlands. It would be expected that the soils in the areas that were once Ucayali floodplain or which are still influenced by sediment-bearing Ucayali water would be considerably more nutrient-rich than most other soils on the landscape (however, areas influenced by the rare limestones of the Ipururo and Nauta formations might be an exception). Large regions of the Pacaya-Samiria floodplain are designated Ucamara Formation or the younger *sedimentos palustres* (wetland organic sediments) in the maps described by De la Cruz Bustamante et al. (1999), including all the lakes and dark areas on the Landsat image (Fig. 2A). Accordingly, former and contemporary parts of the Ucayali floodplain (the northwestern part of Fig. 2A) would be expected to have rich soils, whereas areas under the influence of sediments derived from the Blanco River and the Tapiche River above the Punga lakes, and their tributaries, would be nutrient-poor.

Petroleum geology and gold

There is still considerable interest in this region for petroleum exploration. The clearest signs of this are the 2012 seismic lines that crisscross the southern part of the region (see page 239). These lines overlap with a northern set of seismic lines that are more than two decades old. Three wells, described earlier, have been drilled in the inventory region. Although two of these contained evidence of petroleum, it was concluded that they lacked adequate sedimentary traps to form a reservoir. The new seismic lines indicate a continued search for reservoirs. Oil extraction technologies have changed considerably in the last two decades. Two innovations are notable: lateral drilling, which no longer requires wells to be on top of reservoirs, and hydraulic fracturing (fracking). Lateral drilling can be used to offset wells from environmentally sensitive sites. With hydraulic fracturing, rock is fractured using a pressurized liquid containing solids (to keep fractures open) and proprietary chemicals. The fracturing can liberate oil and natural gas from rocks that otherwise would not be productive. It has become controversial because of potential groundwater contamination and spills of fluids into surface waters. Hydraulic fracturing has become so universal that its use in future extraction in this region should be expected. In developed countries, public pressure has required that companies implement environmentally sensitive approaches. The history of oil extraction in Amazonia suggests that adequate environmental safeguards would require strong governmental and non-governmental oversight.

There is no indication of suitable source rocks for gold in the region, including the headwaters (De la Cruz Bustamante et al. 1999).

METHODS

To study the landscape of the Tapiche-Blanco, we visited three sites (Figs. 2A-B; see the chapter *Overview of biological and social inventory sites*, this volume). These sites feature distinct hydrology, topography, and vegetation, allowing the comparison of several different environments. The Wiswincho campsite is located on the floodplains of the Yanayacu (Blanco) River within the confluence region of the Tapiche and Blanco rivers. This camp provided access to wetland areas and to the banks of the Blanco River. The Anguila campsite is located in the hilly landscape between the Tapiche and Blanco rivers developed on the Nauta Formation, and the broad valley of the Yanayacu (Anguila) River, which may have been formed in part by faulting. The Quebrada Pobreza campsite, on the banks of the Quebrada Pobreza, provided access to the 10 km wide zone of *varillales* and related vegetation developed on the white quartz sands (mapped as Pleistocene alluvium). One trail crossed the Bolognesi Fault, providing access to the adjacent uplands developed on the Ipururo Formation.

Fieldwork focused on areas along the trail systems and along the stream and riverbanks at each camp. Geographic coordinates (WGS 84) and elevation were recorded for every 50 m trail point, for every soil and surface water sample point, and for notable features. To study the relationship between the landscape and soils, the top 10 cm of mineral soil was sampled at each trail point, and texture (Stallard 2006a) and color (Munsell 1954) were described.

To characterize surface waters, we examined many of the rivers, streams, springs, and lakes encountered near the camps and along the trails. A total of 27 sites were sampled. We recorded the strength of the flow, the appearance of the water, bed composition, the width and depth of flow, and bank height. We measured pH, electrical conductivity (EC), and temperature *in situ*. Water pH was measured using ColorpHast pH strips covering four ranges (0.0–14.0, 2.5–4.5, 4.0–7.0, and 6.5–10.0). Conductivity was measured with an ExStick EC500 pH/conductivity meter (ExTech Instruments). The pH mode did not function well, and stored samples were later measured with the same equipment in a laboratory. A 30-mL sample of water was collected at each site to determine suspended solids. A 250-mL sample was collected for a comprehensive analysis of major constituents and nutrients. This sample was sterilized using ultraviolet light in a 1-L wide-mouth Nalgene bottle using a Steripen. The samples were stored so as to limit temperature variation and exposure to light. Suspended sediment concentrations were measured by weighing air-dried filtrates (0.2-micron polycarbonate filters; Nucleopore) of known-sample volumes. Studies of tropical rivers in eastern Puerto Rico (Stallard 2012) indicate that low suspended-sediment concentrations (<5 mg/L) are typically dominated by organic matter while higher concentrations are mostly composed of mineral matter.

Seven rapid inventories have now used conductivity and pH to classify surface waters in Loreto. These are Matsés (Stallard 2006a), Nanay-Mazán-Arabela (Stallard 2007), Yaguas-Cotuhé (Stallard 2011), Cerros de Kampankis (Stallard and Zapata-Pardo 2012), Ere-Campuya-Algodón (Stallard 2013), Cordillera Escalera-Loreto (Stallard and Lindell 2014), and the present inventory. The use of pH (pH = -log(H$^+$)) and conductivity to classify surface waters in a systematic way is uncommon, in part because conductivity is an aggregate measurement of a wide variety of dissolved ions. When the two parameters are graphed in a scatterplot, the data are typically distributed in a boomerang shape (Fig. 14). At values of pH less than 5.5, the seven-fold greater conductivity of hydrogen ions compared to other ions causes conductivity to increase with decreasing pH.

Figure 14. Field measurements of pH and conductivity of Andean and Amazonian water samples in micro-Siemens per cm, including current and previous inventories. The solid black symbols represent stream-water samples collected during this study. The solid light gray symbols represent samples collected during six previous inventories: Matsés (Stallard 2006), Nanay-Mazán-Arabela (Stallard 2007), Yaguas-Cotuhé (Stallard 2011), Cerros de Kampankis (Stallard and Zapata-Pardo 2012), Ere-Campuya-Algodón (Stallard 2013), and Cordillera Escalera-Loreto (Stallard and Lindell 2014). The open light gray symbols correspond to numerous samples collected elsewhere across the Amazon and Orinoco basins. Note that streams from each site tend to group together and that we can characterize these groupings according to their geology and soils. In the Amazon lowlands of eastern Peru four groups stand out: 1) the low-pH, acid blackwaters associated with quartz-sand soils, 2) the low-conductivity waters associated with the Nauta 2 sedimentary unit, 3) the slightly more conductive waters of the Nauta 1 sedimentary unit, and 4) the substantially more conductive and higher-pH waters that drain the Pebas Formation. The Ipururo Formation observed in this study cannot be distinguished from the Nauta 1 and 2. The waters of the Tapiche-Blanco occupy a continuum between acid, high-conductivity blackwaters and extremely pure low-conductivity clear waters. Two *collpa* (salt-lick) samples from the Tapiche-Blanco region have conductivities of 20 and 310 µS/cm. The one with the lowest conductivity is from the Quebrada Pobreza campsite, and is only slightly more conductive than surrounding streams. The other is from the Anguila campsite and resembles the more typical *collpas* of Loreto.

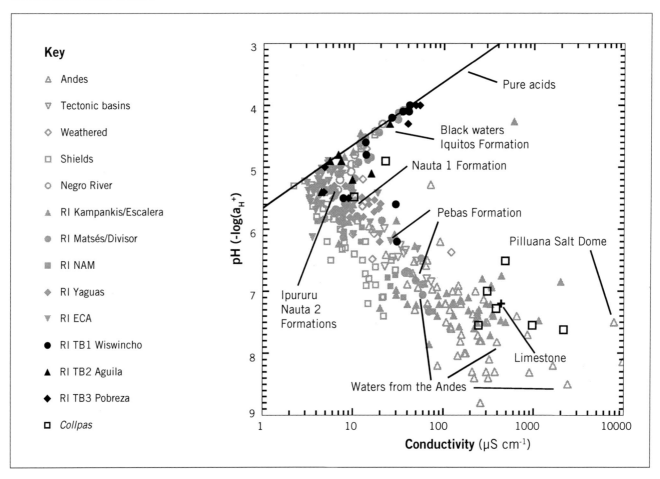

At values of pH greater than 5.5, other ions dominate and conductivities typically increase with increasing pH. In previous inventories, the relationship between pH and conductivity was compared to values determined from across the Amazon and Orinoco river systems (Stallard and Edmond 1983, Stallard 1985). These two parameters allow one to distinguish waters draining from different formations that are exposed in this landscape. Streams draining the Nauta Formation have conductivities from 4 to 20 µS/cm. The blackwaters of the White Sands Formation have a pH less than 5 and conductivities from 8 to 30 µS/cm or greater. Old terraces and floodplain deposits can be distinguished in the field, but tend to have conductivities in the range of the Nauta Formation. The Ipururo Formation has yet not been studied in this manner.

RESULTS

Wiswincho campsite

Flat lowlands that are a result of the actively subsiding Ucamara Depression characterize the northern part of the study area, between the Blanco and Tapiche rivers near their confluence. The Wiswincho campsite was located along the floodplain of the Yanayacu (Blanco) River, approximately 2 km from its confluence with the Blanco River. Broad floodplains and wetlands, dominated by hummock swamps and blackwater inundated forest, were the prevailing features of the area surrounding the camp. Tea-colored, acidic (pH = 4.0–4.2) black water is associated with the poorly-drained wetlands (Fig. 14). In addition to riparian forest, the hummock swamps and peatlands also contained various other habitats: *varillales* and *aguajales*, as well as two types of *chamizales* (one on top of a floodplain that is described as a savanna, and the other on top of deep peatlands). Across the landscape, *aguajales* are distributed along small stream channels, in either local or expansive depressions, and in peatlands that appear to be almost continuously flooded. Topographic variation in the area is relatively low (2–5 m).

The Yanayacu (Blanco) and surrounding floodplain hummock swamps are blackwater into which white water from the Blanco mixes as far as 1 km upstream. The Blanco River contains sediments and minor levee and bank deposits, making it a whitewater river by appearance. However, from the chemistry analysis, the water is relatively pure (conductivity = 13.9 µS/cm, pH = 4.8). The low conductivity of the river is indicative of the nutrient-poor uplands where the water and sediments originate.

The camp had to be relocated due to 1–3 hours of heavy rain on each of the three days prior to the arrival of the biological team. That rain raised the water level in the Yanayacu (Blanco) by 1 m. Moderate rains continued two of the four days that we were at the site; with these rains and presumably rains in the upper watershed, the Yanayacu (Blanco) continued to rise, showing minimal signs of drainage. Flooding indications from levee vegetation along the Blanco suggest that the water rises another 1–2 m during the rainier months (September to May). With this additional stage, the flooded area is expected to continue to expand until the following dry season (June to August). Field measurements of the water sampled along the Yanayacu (Blanco) and its hummock swamp floodplains showed a conductivity of 35.2–41.8 µS/cm and pH of 4.0–4.1.

The entire landscape was covered by a dense and unbroken root mat about 10–25 cm thick. Root mats, which play a major role in nutrient retention, are indicative of extremely nutrient-poor soils (Stark and Spratt 1977, Herrera et al. 1978a, b, Stark and Jordan 1978, Jordan and Herrera 1981, Medina and Cuevas 1989). This root mat was bouncy when dry, as deep as 1 m close to various trees, and peaty in flooded pools between hummocks.

Under the root mat in the hummock swamps, dark organic muds (10–30 cm) were found over light-gray sandy loam soils. Closer to the Blanco River and the Yanayacu (Blanco), the presence of recently deposited silts increased; the soils ranged from sandy-clay loams to silty-clay loams, presumably derived from Holocene (0–12 kya) fluvial sedimentation. On the Blanco river levee and close to the Yanayacu (Blanco), the soils were even finer clays, silty clays, and sandy clays. Close to the Yanayacu (Blanco) the root mat was very thin and often non-existent, perhaps due to the richer soils or different plants that occur there. From the Landsat images (Fig. 2A), the riparian forest found along floodplains close to the Blanco River is estimated to extend as far as 2 km on either side of the main channel, and as much as 1 km along smaller rivers, such as the Yanayacu (Blanco).

A backwater channel along the Yanayacu (Blanco), where a small tributary enters, had a conductivity of 29.5 µS/cm and a pH of 5.6. The elevated pH and conductivity suggest that the tributary is draining an area slightly more nutrient-rich than the Yanayacu (Blanco) proper. This area may contain older, richer fluvial deposits from the old Ucayali floodplain or may include parts of the Ipururo Formation that contain minor limestone.

White quartz-sand soils were observed along a short section of the trail system in the hummock swamps, where the vegetation transitions to spindlier *varillal*. These quartz sands, which could be primary or deposited, are covered by a dense, peaty root mat about 10 cm thick. Below this is sand with an organic matrix, and finally clean sand at 20 cm, much like what is seen in the uplands and the headwaters of the Gálvez River, as observed on the Matsés rapid inventory (Stallard 2006a) at the Itia Tëbu campsite, just on the other side of the Blanco River. Because the Itia Tëbu uplands are dominated by these white sands, similar sparse patches may be expected elsewhere in the vicinity of the Wiswincho campsite.

The floodplain terraces with riparian forest are composed of brown sandy-loam soils (10–30 cm) over yellow-brown sandy-clay-loam soils (30–80 cm), but these were subordinate in the landscape. These soils are also covered with a root mat about 10–15 cm thick that is more porous and less dense and peaty than in the continuously flooded swamps and peatlands.

To the west of the campsite are deep peatlands with what appear to be typical peatland string-and-flark features. From the hummock swamps and gallery forest of the Yanayacu (Blanco) floodplain the landscape transitions to *varillales* with *aguajales* present at local depressions, before it opens up into a dwarfed *chamizal* with deep peats. A thick root mat is present, which makes it possible to walk over the peat muds. This is quite similar to the peats of the Yaguas inventory (Stallard 2011). Peats out in the darker-color patch of the Landsat image (Fig. 2A) were observed to be deeper than 2 m and might be expected to extend much deeper (Ucamara Formation and Pleistocene wetland organic sediments of De la Cruz Bustamante et al. 1999). This is therefore a possible region of belowground carbon storage. Water from a peatland flark was sampled; the resulting chemistry (pH = 5.5 and conductivity = 7.8 µS/ cm) suggests that these waters are dominated by rainwater due to the very slow drainage of the area.

Anguila campsite

This campsite was located in the mid-basin of the Yanayacu (Anguila) River. The Yanayacu (Anguila) River is quite pure (conductivity = 7.4, pH = 4.9). The camp was established on a two year-old seismic line running SW-NE (Fig. 3B), and the area was previously a logging camp. The topography varies from 120 to 165 m

above sea level. The tops of ridges and terraces developed on the Nauta Formation are concave and sometimes quite flat, often ridge-like in nature. There is extensive gallery forest along the Yanayacu (Anguila), as seen on the Landsat image (Fig. 2A). Many streams cross-cut the *tierra firme* terraces and ridges. The stream channels, when well-developed, have relatively rectangular cross-sections (incised) and have quartz sand and gravels as bed material. All streams are highly meandering, presumably due to the flatness of the stream valleys. Across much of the landscape tree falls are numerous. Larger tree roots, growing laterally, are only a bit thicker (20–50 cm) than the root mat on the *tierra firme* terraces. When a tree falls, large swaths of root mat are often lifted, exposing the soils and clear-black water underneath.

On upland *tierra firme* soils, the root mat (10–20 cm) is more porous and less dense and peaty than in *varillales*. Again indicative of nutrient-poor landscapes, the root mat here also protects this hilly landscape, which is composed of easily eroded soils of white quartz loamy sand to yellow-brown sandy-clay loam, to loamy sand. Moderately incised gullies with new erosion were observed on terrace contours between ridges. These infrequent steep incisions were often accompanied by a much thinner root mat (0–5 cm). Perhaps the greater erosion is related to the thinner root mat. Some streams consist of small, linked depressions filled with clear-black water where white quartz sands were exposed on the surface or buried under dark organic muds.

To the north of camp, on the left side of the Yanayacu (Anguila) River, is a broad valley with mixed white-sand *varillal* and *chamizal* forest and acid blackwaters. From the Landsat image this appears to continue northward (see the Landsat image in Fig. 3B). Its presence may be the result of subsidence due to active faulting, as discussed earlier. Subsidence seems to be lowering the water table along the fringes of the upland terraces, which in turn has accelerated the erosion of those terraces. Clear-water streams originate from head cuts every 200–300 m along contours. Subsidence is indicated by the rectangular cross-sectional shape of the streams and the headcuts themselves. Headcuts can be associated with seasonal variation of the water table and/or with the lowering of the regional or local water table. Less acid clear-black waters were also present in relatively straight swampy pools at stream seeps on terrace contours or in floodplain swamps that parallel the levee of the Yanayacu (Anguila). This levee is 1–2 m above the modern floodplain swamps. On the right side of the Yanayacu (Anguila) River, the rolling ridges are dominated by spring origins rather than the seepages on the left side.

Close to seepages and springs, tunnels are formed through the easily eroded yellow-brown sandy loam soils and above denser clays, either red sandy-clay loams or semi-impermeable saprolite-like white clays. Above impermeable layers, lateral water flow is expected. These white clays are consistent with the upper Nauta Formation, as are conductivity measurements of clear water along these streams (4.9–6.9 µS/cm). Collapses at these eroded tunnels may be where the clear-black-water pools begin to establish. At one of these stream origins, hard rock-like secretions and gravel conglomerates were found. The presence of this indurated layer may indicate a horizon where material leached from the uplands has accumulated. Downstream from seepages, a layer of fine white quartz sands occurs over these clay-rich soils.

The pools between hummocks in the mixed *varillal* depressions had more symmetrical shapes than in the mixed *varillales* close to the Wiswincho camp. Instead, these resemble pools and hummocks in *varillales/chamizales* near the Itia Tëbu camp of the Matsés rapid inventory (Stallard 2006a). The white sands are covered by a dense, peaty root mat about 10–30 cm thick. Below the roots in the pools is a gray loamy sand or sometimes yellow-brown sand with an organic matrix, and finally a clean quartz sand at 25 cm. On hummocks, roots were found to 30 cm, and at 40 cm the sand was saturated with water like that found in the pools.

Bordering the *varillal* is a mosaic of yellow-brown sandy clay loams and white quartz sands. Along this transition were a disproportionate number of downed trees. Tree-fall disturbance may also explain the shape of the hummocks and pools extending into the well-developed *varillales*. Alternatively, these depressions may be where minerals have been leached from the soils, leaving behind the swampy white-sand soils, much as has been hypothesized for the formation of hummocks

in the white-sand *varillales* at the Itia Tëbu campsite of the Matsés rapid inventory (Stallard 2006a). At that site the quartz-sand soils were seen as expanding because acidic blackwaters promote the dissolution of iron- and aluminum-bearing minerals (essentially all minerals except for quartz) in adjacent non-quartz soils.

On the right side of the Yanayacu (Anguila) River is a large, savanna-like *collpa* (salt lick) fed by a spring within a headcut. The waters are high in solutes (conductivity = 306 µS/cm), and preliminary chemical analyses (a high sodium-to-calcium ratio) suggest it is a spring bringing formation waters up along a fault. The *collpa* seemed to occupy a low point in the topography and is draining parallel to the clear-black water swamp on the adjacent floodplain, to which it is intermittently connected. On the Landsat image (Fig. 3B) the *collpa* is observed in the middle of the northernmost segment as a green dot, the same color as farm plots.

Quebrada Pobreza campsite

This campsite was located along a clear water river (conductivity = 8.9 µS/cm, pH = 5.5) with the same name. The camp is about 10 km upstream from where the Pobreza flows into the Blanco River. The pureness of this river, whose headwaters are in the Ipururo Formation, is a good indication that the Blanco River, with its similar conductivity, is draining that or the similarly nutrient-poor Nauta Formation. The camp sits on the levee of the Pobreza River, which is surrounded by the flat region that parallels the left side of the Blanco River. The trail system provided access to the mixed *aguajales*, *varillales,* and *chamizales* of these bottomland terraces, the Pobreza floodplain, the outer Blanco floodplain, and the hilly upland west of the Bolognesi Fault boundary. An old logging camp was located along the Pobreza near the hilly uplands, where signs of considerable logging were encountered. The streams draining the hilly uplands have clear water.

To the north of the Pobreza is a low, irregular terrace dominated by *varillales* and dwarf, very dense *chamizales.* There are three small, extremely blackwater streams (conductivity = 48.3–54.3 µS/cm; pH = 3.83–3.85; see Fig. 14) with rapid flow to the east, parallel to the

Pobreza. The swiftness of the streams suggests some eastward tilting in the northern sector close to camp.

South of the Pobreza is an expansive alluvial swamp, covered by tall *varillal* vegetation and small patches of *Mauritia flexuosa*. These *aguajales* were not dense or as low as those at the Wiswincho campsite, and no channels were observed.

A 300 m-wide gallery forest hugs the Pobreza, passing through the surrounding mixed *varillal*-dominated landscape (Fig. 2A). Along the lower terraces and Pobreza floodplains, the topography varies between 105 and 120 masl. The Pobreza has a roughly 50 m-wide, 4 m-high levee. Beyond this is a floodplain swamp, of variable width, with clear-black water. The quartz-sand terraces are 2–4 m higher than the levee and swamp. At the Bolognesi Fault, the topography rises to more than 150 masl in the hilly uplands to the west. In the lowlands slopes down into drainages did not exceed 10°, while slopes between ridges in the *tierra firme* uplands were very steep, at least 20–30°.

Another large levee-swamp-terrace complex is located along the Blanco River. Here is a variety of low *tierra firme* that appears to be arrayed into two or three terrace levels separated by several meters. Each has a mix of forests and former swampy-hummocky patches. The forests near the Pobreza included *varillales*. Away from the Pobreza and closer to the Blanco the forest was larger in stature. Blackwaters drain this floodplain and low terraced landscape.

The hilly landscape west of the Bolognesi Fault has flat-topped hills and ridges with a yellow-brown soil of loamy sand or sandy loam. In the case of the low ridges near the fault, these soils are found only on the lower slopes, with white-sand soils on the ridges (much like those observed near the Itia Tëbu camp of the Matsés rapid inventory [Stallard 2006a]). No other ridges have white quartz sand. This may indicate differential uplift close to the fault. The two streams observed draining from the uplands into the Pobreza had very low conductivity.

We collected a sample from the small *collpa* close to camp. Located in a small stream cut under a tree throw, the *collpa* had a small murky pool and some excavated chunks of soil. Camera traps showed that this *collpa* is mainly used by animals for bathing, not for eating. The soil was a sandy clay, gray in color, and the water had a slightly higher level of dissolved salts than nearby streams.

Soil pit experiment

A small soil pit was excavated on a low flat terrace near the Quebrada Pobreza camp in tall *varillal*, typical of the region. The pit was dug to get a detailed representation of the soil profile found under white sand landscapes.

First, we removed the root mat as two rectangular chunks (Fig. 4A). The pit was 80 cm square and was excavated to 50 cm. The top 10 cm was root mat on top of 2–3 cm of organic duff. Below this was about 20 cm of sand stained with organic matter. There were very few roots that went down and some old root traces stained the matrix brown (the top 20 cm of sand). The boundary between the stained sand and the pure white sand below it was irregular but sharp. The bottom 20 cm of the pit was white quartz sand, wet and well packed. Within about 10 minutes of completion, water started seeping out of the bottom 5 cm of the walls of the pit. It was blackwater with a pH of 4.6–4.7. The initial water table level at this point was about 48 cm from the surface. Later that same day, moderate rains (2–3 cm) lasting about two hours filled the hole to 33 cm from the surface, a rise of 15 cm after 12 hours.

A great deal was learned from this one pit and its water. The pit is on a topographically high, but fairly flat location. This is a landscape that should drain reasonably well both aboveground and belowground, given the permeability of the sand. Rapid drainage through permeable soil is consistent with the slow rise of streams observed during the inventory. For example, streams at the Wiswincho campsite took a day or more to rise after a big rain; the recession is expected to be longer. What does the soil pit tell us?

1) The water filling the hole is black so no clays are present in the flow path.

2) The water level in the pit represents the water table, which was initially observed to be about 48 cm below the soil surface. A single rainstorm (2–3 cm) raised the water table substantially (15 cm) through groundwater flow.

3) The pore volume above the water table is small, so a rain event of several centimeters (~10 cm) would have filled the pit to overflowing.

4) In the absence of a root mat, this would produce overland flow.

5) The soil has no cohesion and should erode easily in the absence of a root mat. Small-scale rills observed along the bare banks of the river, within the camp, support this conclusion.

6) Despite the high erodability of these soils, there is no landscape-scale evidence of extensive gulley or rill formation, alluvial accumulations, or major lateral movements of sediment.

7) The inference is that the root mat is protecting and has been protecting the landscape from erosion.

DISCUSSION

The Tapiche-Blanco landscape is a complex mix of ecosystems, mostly functioning with extremely low levels of available nutrients, with a distribution that is strongly affected by underlying geology, topography, and associated drainage patterns and soils. The landscape is located within a tectonically subsiding region, with the Ucamara Depression to the west and a fault along the Blanco River to the east. The hills in this landscape are developed on Pliocene sedimentary rock. The soils developed on these landscapes are exceptionally nutrient-poor loamy sands and sandy loams. Faulting appears to have created two small grabens that have preserved quartz-sand soils derived from alluvium deposited on an early Pleistocene peneplain (the Ucayali Peneplain). Elsewhere in Loreto, patches of this quartz-sand alluvium are preserved on isolated hilltops that have not eroded. The quartz sand soils, which are sands and loamy sands, are exceptionally nutrient-poor. The more clay-rich and silt-rich deposits formed on active floodplains derived from the erosion of the Pliocene sediments are also nutrient-poor. We saw no deposition related to streams that exclusively drain quartz-sand soils.

Many faults manifest as elongated valleys and smaller straight streams that parallel the fault. These are especially clear on the right bank of the Blanco River in the fault that aligns with the river along the region with *varillales*. Some of the low hills along the Bolognesi Fault, which separates the *varillales* from the hilly terrain, are topped with quartz sands, but have lower slopes of the Ipururo Formation, indicating uplift along multiple fault splays. The faulting along the Blanco channel appears to have allowed the Blanco to capture the former headwaters of the Gálvez River, which drains north through the Yaquerana uplands.

The region between the Tapiche and Blanco rivers near their confluence and the vast region to the west of the Tapiche have been affected by the Ucayali. Many of the sediments underlying this region are Andean sediment deposited by the Ucayali during especially wet years. Presumably soils derived from these deposits are nutrient-rich. It is difficult without detailed studies to define the boundary between nutrient-rich Andean sediments from the Ucayali and nutrient-poor sediments from the Tapiche and Blanco.

From the perspective of dissolved salts, the streams that drain this landscape are among the most nutrient-poor in the Amazon and Orinoco basins (Appendix 2, Fig. 14). Moreover, the blackwater streams have some of the lowest pH values and highest conductivities of any blackwaters measured. Rivers that drain the Ipururo and Nauta formations cannot be easily distinguished, and there is little indication that carbonate layers have much influence on rivers within the proposed conservation area. The conductivity of the Tapiche River (~40 µS/cm) is about four times the values for the Blanco and rivers from the hilly terrain. This suggests that in the larger Tapiche drainage, these limestones, or possible limited outcrops of limestones in the headwater mountains may contribute additional dissolved salts. The Tapiche is nevertheless quite dilute compared to the Ucayali (~230 µS/cm) and the Marañón (~130 µS/cm) rivers.

The most concentrated water sample was from a *collpa* at the Anguila campsite. The conductivity of 310 µS/cm indicates considerable levels of dissolved salts, more than 80 times those of the most dilute upland streams. Using conductivity we cannot identify types of salts and thereby distinguish between dissolving limestone (high calcium) and saline springs (high sodium). Precise characterization will have to await future chemical analyses. Animals visit these salt-rich *collpas* to consume the soil itself and drink water draining from it. Available data suggests that it is sodium that animals are seeking (Dudley et al. 2012). A second *collpa* was sampled near the Quebrada Pobreza campsite. Its conductivity (~20 µS/cm) indicates more salts than nearby streams, but so little that it is impressive that animals can distinguish these waters from others. Developing these sites could be detrimental to animals over the larger landscape.

The lack of consolidation of the bedrock means that the landscape relies on forest cover to limit erosion. The nutrients and salts needed by plants and animals are retained in the ecosystem by efficient internal recycling involving extensive shallow-soil and ground-surface roots. Our experiment with the soil pit indicates that despite the high permeability of the sand soils, the water table is so high, even on the top of a rise, that strong rains (100 mm) would produce saturation overland flow. The sandy soils of this region have very little cohesion, and overland flow on the mineral soil would produce dramatic erosion. The root mat limits erosion by providing an even more permeable blanket to protect and anchor the soil. If forest cover were removed, subsequent recovery would be especially slow due to the low soil fertility. Eroding sediment would also contaminate streams and blanket floodplains. Accordingly, plant cover throughout these watersheds must be protected (kept intact and continuous) in order to protect both headwater and downstream ecosystems.

Despite having a completely different bedrock geology, the general description of the soils, topography, and vegetation encountered at the Quebrada Pobreza campsite is extraordinarily like that of the San Carlos study area (1.93° N 67.05° W) of the Amazon Project (1975–1984) of the Venezuelan Research Institute (Jordan et al. 2013 and references therein). The San Carlos site is situated near the confluence of the Casiquiare River and the Negro River in the Amazon Territory of Venezuela, about 4 km east of the village of San Carlos. The substrate in the Tapiche-Blanco region consists of strongly weathered sediments, whereas the San Carlos site has deeply weathered soils developed from underlying granites. The latter soils are very

low in nutrients as a result of both intensive leaching under humid tropical conditions for millions of years, and the lack of unweathered near-surface material as a source of nutrients (see cross sections in Franco and Dezzeo 1994 and Jordan et al. 2013). The San Carlos terrain is gently rolling, with hills up to 40 m higher than the surrounding lowland. The hills and valleys are a reflection of the surface of the underlying granitic bedrock. On the top of the hills, clay-rich soils weathered from granite are exposed (oxisols). The soils in the areas between the hills are comprised of coarse pure-quartz sands (spodosols). Vegetation equivalents are *tierra firme* forest on the hills, and, depending on local topography and wetness, tall Amazon caatinga forest (equivalent to *varillal*) or bana/short Amazon caatinga forest (equivalent to *chamizal*, and characterized by *Mauritia carana*) on the quartz sands.

Geology, soils, sands, and Loreto

This is the southernmost rapid inventory in Loreto to focus on the Amazon lowlands below about 200 m in elevation. With the results of these field studies, it is now possible to put all the Loreto inventories into a regional context. Before summarizing, a cautious reminder is needed. In a flat landscape, typically the youngest deposits are the flattest, but because of erosion these are not necessarily the most abundant. Cycles of tectonic activity (tilting, folding, and faulting), deposition, and erosion cause the progressively older deposits to become ever more patchy and disjunct.

The oldest widespread formation is the Miocene Pebas Formation, consisting of fossiliferous river, lake, and sometimes marine sediments often deposited under anoxic conditions. These sediments form soils that are especially nutrient-rich for the Amazon lowlands, and streams draining the Pebas Formation have moderate to high levels of nutrients. Being Miocene, they pre-date the Quechua-III orogeny. In the Tapiche-Blanco region, Pebas rocks are buried under almost a kilometer of post-Quechua-III sediments (mostly the Ipururo Formation), but to the north the Ipururo thins rapidly and eventually vanishes north of Iquitos. The Pebas Formation has surface outcrops in many areas around Iquitos and to the north and east of Iquitos, into

Colombia and Brazil. Based on the Tapiche-Blanco inventory, the Ipururo soils are nutrient-poor. Following the deposition of the Ipururo, the lower and upper Nauta Formations were deposited, the lower Nauta being somewhat more nutrient-rich than the upper, but much less than the Pebas. The upper Nauta seems to cap all of the terraces above 200 m elevation in the rapid inventory sites in northern Loreto. The Nauta Formation is interpreted to be part of a series of aggrading alluvial plain, the last of which is represented by these terrace tops. The alluvial plain would have extended to the Guyana Shield outcrops in Colombia (the Vaupes Arch). The growth of the alluvial plain ended either with the last major high sea-level stand at 2.3 million years ago or with the last Andean orogenic compression of 2 million years ago. In the more southerly lowland inventory sites (Nanay, Matsés) and in the Iquitos region, the terraces are topped by the quartz-sand-rich Iquitos Formation.

In the south and west, this alluvial landscape was surrounded by young foothill mountain ranges (Cordillera Azul, Divisor, Contaya, Escalera, and Kampankis were inventoried) in which Cretaceous sandstones now dominate, but up to 10 km of younger sediments must have been removed by erosion to first make the Ipururo Formation, then the lower Nauta, and finally, the upper Nauta and the Iquitos formations. Quartz sands derived from Cretaceous sandstones formed stream sediments in the interior of the Sierra de Contaya, and a large expanse of quartz sand alluvium has been deposited by the Paranapura River where it leaves the Cordillera Escalera (presumably quartz sands derived from the Cretaceous quartz sandstones). Accordingly, the most reasonable interpretation of these observations is that the quartz sands of the Iquitos Formation are the late-stage erosion products of the erosion of the foothill uplifts. These would be contemporaneous with the uppermost Nauta Formation, grading laterally and to the north into silt and mud deposits. Thus, at the beginning of the Pleistocene the alluvial plain reached its maximum development, with widespread, and perhaps continuous, quartz sand deposits in the south, abutting the foothill uplifts. Then

either sea-level drop at 2.3 million years ago or the last Andean compression at 2 million years ago caused a base-level drop and initiated a cycle of erosion. This erosion removed a vast portion, leaving the remnants that we see today. The Ucamara Depression also continued to subside, effectively burying much of the plain, which is still seen in oil wells as thick sand layers. The soils on the Nauta Formation are extremely nutrient-depleted and support forest often with dense root mats; streams are exceedingly dilute. The quartz sands soils of the Iquitos Formation are even more impoverished, supporting *varillal* and *chamizal* vegetation and a dense root mat; streams are black and very acid.

THREATS

- Excessive erosion and loss of carbon stocks caused by tree felling, conversion of land to agriculture, and road building.

- The general lack of salts in soils and waters in the landscape makes the *collpas* scattered across the landscape especially important to mammals and birds in the region. Development of these sites could be detrimental to animals over the larger landscape.

- Excessive upland erosion can bury and destroy important floodplain environments including oxbow lakes, peatlands, *Mauritia flexuosa* swamps, and the peatland savanna.

- The soils in the uplands and white-sand soils are too poor to sustain agriculture without the intensive use of fertilizers, which would destroy all downstream aquatic ecosystems.

- Petroleum concessions in the Tapiche-Blanco. Spills of salty formation waters or oil related to drilling and extraction would profoundly alter the composition of surface waters and damage floodplain ecosystems. The introduction of hydraulic fracturing would increase problems of water contamination.

RECOMMENDATIONS FOR CONSERVATION

- Protect the uplands from erosion caused by intensive forestry or agriculture.

- Map the distribution of *collpas* in this landscape. This information should be used to plan the management of the *collpas* and prevent overhunting. These data can also be used to determine whether faults along the Tapiche valley may be important in the development of this landscape.

- Restrict and control petroleum and natural gas extraction in this landscape to avoid sensitive areas. If drilling takes place, with or without hydraulic fracturing, it should be undertaken using best environmental practices (e.g., Finer et al. 2013).

VEGETATION AND FLORA

Authors: Luis Torres Montenegro, Tony Mori Vargas, Nigel Pitman, Marcos Ríos Paredes, Corine Vriesendorp, and Mark K. Johnston

Conservation targets: A large continuous landscape of very diverse and relatively undisturbed flooded and upland forests, representing a key corridor with adjacent protected areas (Fig. 2A) and other white-sand forests and peatlands in Loreto; the largest patch of white-sand forest in Peru; a region with one of the highest aboveground carbon stocks in all of Peru; a large block of poorly-studied peatlands harboring important belowground carbon stocks; grass- and shrub-dominated savannas that are sometimes flooded and other times extremely dry; fragile and environmentally extreme habitats containing a number of specialized species, including *Mauritia carana*, *Platycarpum* sp. nov., *Euterpe catinga*, and *Pachira brevipes*; a broad diversity of timber trees and palms that are used by local residents without management plans, and whose populations require restoration

INTRODUCTION

The landscape between the Tapiche and Blanco rivers contains a representative sample of Amazonian forest ecosystems, from forests flooded by white water and blackwater to forests growing on upland hills and terraces. Within these ecosystems, patches of unusual soils or soil moisture form habitats featuring a specialized plant community, and these patches are of particular interest for conservation.

Forests growing on white sand are one example. In Loreto Region white-sand forests occur in small patches along the Nanay River, and in the vicinity of Jenaro Herrera, Tamshiyacu, Jeberos, Morona, and the Cordillera Escalera (Encarnación 1993, Mejía 1995, García-Villacorta et al. 2003, Fine et al. 2010, Neill et al. 2014). Peru's largest expanse of white-sand forest, however, grows along the lower Blanco River. Half of these unique forests on the Blanco are currently protected within the Matsés National Reserve (Fine et al. 2006). The other half, located on the left-hand bank of the Blanco and a key focus of the area we studied in the Tapiche-Blanco rapid inventory, remains unprotected.

Another patchy habitat of special interest for conservation in the Tapiche-Blanco region are the peatlands that cover large portions of its northern and western reaches. Although peatlands are common in Loreto, they have only recently become a key focus for conservation. One reason is the large amount of peat (slowly decaying plant matter) they contain, which makes them the second largest stock of organic carbon in Loreto (Draper et al. 2014) after standing forests (Asner et al. 2014). Swamps are also valuable for conservation because they harbor a broad range of unique vegetation types, ranging from pure stands of the palm *Mauritia flexuosa* to dwarf forests whose physical structure and species-level composition can strongly resemble white-sand forests.

These habitats make the Tapiche-Blanco region a complex mosaic and an important biological corridor linking the Pacaya-Samiria National Reserve, the Matsés National Reserve, and the Sierra del Divisor Reserved Zone.

However, botanists know very little about the flora and vegetation of these watersheds. The best-known site in this area of Loreto lies just outside the Tapiche basin: the Jenaro Herrera Research Center on the Ucayali River, 80 km north of the Tapiche-Blanco confluence, which has hosted long-term research on floristics, vegetation, plant ecology, and forestry management since the 1980s (Spichiger et al. 1989, 1990; Freitas 1996a, b; Honorio et al. 2008; Nebel et al. 2000a, b; Rondon et al. 2009).

A number of botanists have visited the Blanco and Tapiche watersheds, but all of these studies have been quick and preliminary. Struhsaker et al. (1997) published a preliminary map of vegetation near the Tapiche-Blanco confluence. Fine et al. (2006) carried out a rapid botanical inventory in what is now the Matsés National Reserve (to the north and east of our study area, on the other side of the Blanco), and were the first to report the vast expanses of white-sand forests in the region. Some of the same botanists on that inventory have made periodic visits to the Tapiche and Blanco watersheds since then to census permanent vegetation plots (Fine et al. 2010, Baraloto et al. 2011). In 2005 Vriesendorp et al. (2006c) carried out a rapid inventory of the flora and vegetation of the Sierra del Divisor Reserved Zone, to the south and southeast of our area. The botanists on that expedition examined a variety of forest types, including upland forests and stunted ridgecrest forests at up to 600 m elevation.

Two of the most recent studies in the region are by Linares-Palomino et al. (2013b), who studied fern communities in three vegetation types along the lower Tapiche (swamp forest, white-sand forest, and upland forest), and by Draper et al. (2014), who combined field observations and remote sensing data to map peatlands vegetation across the Pastaza-Marañón foreland basin, including our study area.

During the 2014 rapid inventory we focused on documenting the region's flora and describing its vegetation types. Our goal was a better understanding and documentation of plant diversity in the Tapiche-Blanco region, and an assessment of the role this landscape can play in conserving the forests and carbon stocks of Loreto and Peru.

METHODS

Work prior to the inventory

Our work began in May 2014, with an overflight to explore the study area and identify potential campsites (Appendix 1). We focused on sites where satellite images showed a variety of different vegetation types in a relatively small area (Fig. 2A). Once the campsites were selected, the botanical team compiled information on previous work in the region. This included species lists and other data reported by the studies mentioned in the

introduction of this chapter, as well as García-Villacorta et al.'s (2003) classification of white-sand forests in the Allpahuayo-Mishana National Reserve.

During this preparatory stage we also received from Hans ter Steege a list of the 1,578 tree species that are expected to occur in the Tapiche-Blanco watersheds, according to a predictive spatial model parameterized with data from tree inventories in upland, flooded, and white-sand forests across the Amazon basin (Amazon Tree Diversity Network [ATDN]; ter Steege et al. 2013). The model also generated a quantitative prediction of how abundant each of the 1,578 species would be in the Tapiche-Blanco study area. The predictions of this model were heavily influenced by tree inventories that are closest to the Tapiche-Blanco region, especially those at Jenaro Herrera (see above). As a result, the ATDN predictions allowed us to assess the similarity of the tree communities we observed during the rapid inventory to those at Jenaro Herrera.

The pre-inventory field work to build campsites and trails took place on 14–26 September 2014. During that period two members of the botanical team (Torres Montenegro and Mori Vargas) visited the Wiswincho and Anguila campsites, respectively, to collect and photograph fertile and sterile plant specimens.

Work during the inventory

During the inventory the botanical team worked for five days at each of three campsites (Fig. 2A; see the chapter *Overview of biological and social inventory sites*, this volume). We made collections and observations along pre-established trails and riverbanks, describing the vegetation, recording and collecting all fertile plants (i.e., plants with flowers and/or fruit), and using binoculars to identify emergent canopy trees and lianas. To describe vegetation we took note of floristics, substrate, and structure.

At each campsite we surveyed all canopy and emergent trees (≥10 cm diameter at breast height) in 1 ha of forest. These trees were not permanently marked. At Wiswincho, the tree inventory focused on a riparian forest flooded by blackwater (the Yanayacu Creek). This plot had an irregular shape and measured a little less than a hectare (0.86 ha). At the Anguila and Quebrada Pobreza campsites the tree inventories focused on upland forest, in a continuous strip of 5 x 2,000 m (1 ha) along a trail..

We also carried out other quantitative inventories. In the white-sand forest (*varillal*) at the Anguila campsite, we noted the most common tree and shrub species in a sample of 200 individuals 1–9.9 cm dbh. In a *varillal* at the Quebrada Pobreza campsite we surveyed all stems ≥2.5 cm DAP in a 0.1 ha 'Gentry' plot, in which we recorded a total of 443 individuals.

All fertile collections, as well as sterile collections of rare and little known species, were photographed before being pressed. Each vegetation type was also photographed during field work. These photos were later organized and linked to the respective specimen, where possible.

Most of the plants collected during the rapid inventory are recorded under the collection numbers of Marcos Ríos Paredes. Collections in the 1 ha tree inventories are recorded in Nigel Pitman's series, and those made during the advance work have Luis A. Torres Montenegro's and Tony J. Mori Vargas's numbers.

We typically collected three (but sometimes up to eight) duplicates of each fertile specimen. Unicates were deposited in the AMAZ Herbarium of the Universidad Nacional de la Amazonía Peruana (UNAP) in Iquitos. Duplicates were deposited in the USM Herbarium of the Natural History Museum of the Universidad Nacional Mayor de San Marcos en Lima and at the herbarium of the Field Museum (F) in the United States.

To complement the floristic inventory, the botanical team collected three to five soil samples at each campsite. Most samples were collected in the same areas where the 1 ha tree inventories were done, but at Wiswincho we also took samples in the peatland savanna and *varillal*. We sampled the soil with an auger to a depth of 80 cm. A portion of each 10 cm segment of each sample was stored in a sterile Whirlpak bag.

Work after the inventory

After field work was completed, three members of the botanical team (Mori Vargas, Ríos Paredes, and Torres Montenegro) spent one month in the AMAZ herbarium comparing our collections with mounted specimens. We also identified some specimens with online tools, especially the Rapid Reference Collection of the Field Museum (*http://fm1.fieldmuseum.org/vrrc/*) and the virtual herbarium of the New York Botanical Garden (*http://sciweb.nybg.org/science2/vii2.asp*). Photos of several species were sent to taxonomic experts for identification.

Nomenclature was standardized via the Missouri Botanical Garden's TROPICOS database (*http://www.tropicos.org*), the most recent angiosperm classification (APG III 2009), and the Taxonomic Name Resolution Service (*http://tnrs.iplantcollaborative.org/TNRSapp.html*).

Vegetation was coarsely mapped using imagery from Landsat-8 satellite data captured on 28 August 2013. Using ArcGIS version 11.2, the image was first subjected to unsupervised classification with 20 classes, using bands 1, 2, 3, 4, 5, and 7. We then combined field observations from the botanical team, georeferenced overflight photos, Shuttle Radar Topography Mission elevation data, and additional Landsat imagery to identify the vegetation types in all 20 classes. Classes representing similar vegetation types were combined, resulting in six classes (Fig. 5A).

To reduce pixelation, particularly in upland forests, we brought our results into Trimble eCognition Developer version 8 and created image objects for each vegetation class. We then developed simple rules based on elevation, image object size, and proximity to other classes to de-speckle and re-classify small isolated pixels into larger surrounding classes. These results were then loaded back into ArcGIS to calculate vegetation class areas. This was done using the Tabulate Area tool.

Soil samples were sent to Crystal McMichael at the University of Amsterdam. The samples are being analyzed in a specialized lab to detect traces of charcoal, pollen and phytoliths, which should open a window on the history of vegetation and human occupation in the Tapiche-Blanco region.

RESULTS AND DISCUSSION

Floristic diversity and composition of the Tapiche-Blanco region

Over 15 days of intensive sampling, the botanical team was able to visit most of the habitats and vegetation types in the study area. We recorded a total of 962 vascular plant species in and around the three campsites (Appendix 2), and we estimate that 2,500–3,000 species occur in the entire study area (Fig. 2A). These numbers are similar to those reported from other rapid inventories in lowland Loreto (Table 1).

We recorded approximately 118 families and 386 genera. The 10 most diverse families (in descending order) were Fabaceae, Rubiaceae, Sapotaceae, Lauraceae, Moraceae, Arecaceae, Annonaceae, Melastomataceae, Burseraceae, and Euphorbiaceae. Eight of these are considered among the 10 most diverse families throughout lowland Amazonia (Gentry 1988). The most diverse genera were *Protium* (25 spp.), *Pouteria* (23 spp.), *Inga* (17 spp.), and *Licania* (15 spp.). Palms (Arecaceae) were represented by 19 genera and 37 species; the most diverse genera were *Bactris* (6 spp.) and *Geonoma* (5 spp.).

In the herb layer we recorded 18 families and 74 species of monocots. Araceae and Marantaceae were the most diverse families, mainly represented by *Philodendron* and *Anthurium* (Araceae) and *Monotagma* (Marantaceae). These genera are famously diverse and tend to dominate the herbaceous layer of tropical forests. We recorded 12 families, 15 genera, and 20 species of ferns, and observed a rather heterogeneous fern community in certain parts of the transects we studied.

Similarities with nearby areas

The flora and vegetation of the Tapiche and Blanco basins appear to be very similar to those of forests in neighboring basins. In a future map of floristic patterns in western Amazonia, we suspect that Tapiche-Blanco will form part of a floristic entity that includes Jenaro Herrera, the Matsés National Reserve, and (to a somewhat lesser extent) the Sierra del Divisor Reserved Zone.

Similarities with the Matsés National Reserve and the Sierra del Divisor Reserved Zone

The Matsés National Reserve is the closest and the most ecologically and floristically similar area to the Tapiche-Blanco region. In a rapid inventory of the vegetation of the Matsés National Reserve, Fine et al. (2006) found that 9 of the 10 families mentioned above were the most diverse. *Protium* again was extremely diverse (29 spp.), as were *Psychotria* (31 spp.), *Philodendron,* and *Miconia,* both with 20 species. The Tapiche-Blanco region and the Matsés National Reserve share not only dominant families and genera, but also a number of species that are unusual or belong to genera that have very few species in the Amazon. These include *Ilex* cf. *nayana* (Aquifoliaceae), *Roupala montana, Panopsis rubescens, Panopsis sessilifolia,* and *Euplassa inaequalis* (Proteaceae), and *Styrax guyanensis* (Styracaceae). The two areas also share several species that in Loreto

Table 1. Number of vascular plant species recorded and estimated to occur in rapid inventories of the flora and vegetation of 10 sites in Loreto Region, Peru.

Rapid inventory	No. of vascular plant species recorded	No. of vascular plant species estimated	Reference
Yavarí	1,675	2,500–3,500	Pitman et al. (2003b)
Ampiyacu, Apayacu, Yaguas, and Putumayo	1,500	2,500–3,500	Vriesendorp et al. (2004)
Güeppí	1,400	3,000–4,000	Vriesendorp et al. (2008)
Matsés	1,253	2,500–3,500	Fine et al. (2006)
Nanay-Mazán-Arabela	1,100	3,000–3,500	Vriesendorp et al. (2007)
Ere-Campuya-Algodón	1,009	2,000–2,500	Dávila et al. (2013)
Sierra del Divisor	997	3,000–3,500	Vriesendorp et al. (2006c)
Tapiche-Blanco	**962**	**2,500–3,000**	**This report**
Yaguas-Cotuhé	948	3,000–3,500	García-Villacorta et al. (2011)
Maijuna	800	2,500	García-Villacorta et al. (2010)

are known only from white-sand forests, such as *Macrolobium microcalyx* (Fabaceae), *Pachira brevipes* (Malvaceae), *Mauritia carana* and *Euterpe catinga* (Arecaceae), various species of *Protium* (Burseraceae), two species of *Caraipa* (Calophyllaceae), *Tovomita calophyllophylla* (Clusiaceae), and *Adiscanthus fusciflorus* (Rutaceae).

The Sierra del Divisor Reserved Zone has fewer floristic affinities with our area, probably because it lacks large patches of swamp and white-sand forest. Only five of the most common families (Rubiaceae, Fabaceae, Burseraceae, Sapotaceae, and Euphorbiaceae) and three of the most common genera (*Ficus*, *Protium*, and *Inga*) in our inventory were reported as common in the Sierra del Divisor Reserved Zone (Vriesendorp et al. 2006c). However, the differences between the two sites are not extreme. For example, several of the species listed as common in the Sierra del Divisor rapid inventory are also common in the Tapiche-Blanco region (e.g., *Lepidocaryum tenue*, *Oenocarpus bataua*, *Iriartella setigera*, *Micrandra spruceana*, *Metaxya rostrata*, and *Minquartia guianensis*).

The predictive model of ter Steege et al. (2013)

When we compare the list of plant species we recorded (Appendix 3) to the list of 1,578 tree species whose presence in the Tapiche-Blanco region was predicted by ter Steege et al. (2013, unpublished data), we find many species in common. Of the 100 species predicted to be the most abundant in the region, we recorded at least 58 during the rapid inventory. Many of these species were abundant in the places we visited, although in many cases they were restricted to a particular vegetation type. Examples include *Pachira brevipes*, *Euterpe catinga*, *Mauritia flexuosa*, *Virola pavonis*, *Eschweilera coriacea*, *Chrysophyllum sanguinolentum*, and *Euterpe precatoria*.

The 42 species predicted to be abundant in the region but not found during the rapid inventory include difficult species that we probably did collect but have not identified to date (e.g., five species of *Eschweilera*); species that probably occur in environments we did not explore well (e.g., *Spondias mombin* and *Hura crepitans* in the floodplain of the Blanco River); and species that were characterized as common by a recent forest inventory in the region (e.g., *Pouteria reticulata* and *Couepia*

bernardii; GGFP 2014). However, the list also includes some distinctive species that we believe were absent from the places we visited (e.g., *Dicymbe uaiparuensis*).

Since the predictive model is largely based on data from Jenaro Herrera, its good performance suggests that tree communities in the Tapiche-Blanco region are very similar with those around that site. Although this particular model is quite crude, the exercise suggests that developing predictive models of this kind (e.g., Map of Life, *http://www.mol.org*) will become valuable tools for the Tapiche-Blanco region (and other sites in Loreto) in the near future.

Notable records

New records for Peru or Loreto

Galeandra styllomisantha (Fig. 6F). This epiphytic orchid was reported for Peru in the *Catalog of Angiosperms and Gymnosperms of Peru* (Brako and Zarucchi 1993) due to a personal communication from orchid specialist Calaway H. Dodson, who identified a voucher of the species with no locality data in the Oakes Ames Orchid Herbarium (AMES) at Harvard University. Twenty-one years later, our collection of this orchid confirms its presence in Peru and provides the first distributional data in the country.

Retiniphyllum chloranthum (Fig. 6E). A treelet that is widely distributed in Amazonian Brazil, Colombia, Guyana, and Venezuela but was not known to occur in Peru until our collection in the white-sand *varillales* of the Tapiche-Blanco region.

Simaba cf. *cavalcantei*. A tree species described and published by W. W. Thomas in 1984, currently recognized by the International Plant Names Index (IPNI) but not by TROPICOS. Known from the type collection, near the Uatamã River in Pará, Brazil, and also reported from the Colombian Amazon. Our collection is the first from Peru.

Monotagma densiflorum (Fig. 6A). An herbaceous species associated with low-fertility sandy soils in upland and white-sand forests in central and western Amazonia, in the Brazilian states of Amazonas, Pará, and Mato

Grosso (Ribeiro et al. 1999, Costa et al. 2008). We found it growing in the transition zone between white-sand forest and upland terraces at the Anguila and Quebrada Pobreza campsites.

Palmorchis sobralioides (Fig. 6C). A terrestrial orchid no more than 50 cm high, associated with upland and white-sand forests in Brazil (Ribeiro et al. 1999). Reported for Napo Province, Ecuador, and western Brazil. This is the first report for Peru and the southernmost known occurrence.

Ecclinusa bullata. A tree ~15 m tall, associated with forests on poor, sandy soils. According to the IUCN (2014) and the Global Biodiversity Information Facility (*http://www.gbif.org*), this species was previously only known from Colombia, Venezuela, and Brazil. Our records at the Anguila and Quebrada Pobreza campsites are the first for Peru and the species' westernmost known occurrence.

Heliconia densiflora (Fig. 6D). An herb that is widely distributed from Venezuela and the Guianas to Peru, Brazil, and Bolivia, in flooded forests on clayey soils. Previously known in Peru only from Madre de Dios; our record is the first for Loreto.

New species

Platycarpum sp. nov. (Fig. 6B). A canopy tree approximately 12–16 m tall. Very abundant in Tapiche-Blanco peatlands and, to a lesser degree, in white-sand forests (*varillales*). This is the same species as that recorded in the rapid inventory of the Matsés National Reserve (Vriesendorp et al. 2006c). It is currently being described (N. Dávila et al., in preparation).

Endemic and threatened species

We recorded at least 16 plant species that have been classified as a special priority for conservation. These include:

- Four species considered endemic to Loreto Region (León et al. 2006): *Cybianthus nestorii*, *Ternstroemia klugiana*, *Ternstroemia penduliflora*, and *Tetrameranthus pachycarpus*;

- Five species considered threatened within Peru (MINAG 2006): *Euterpe catinga* (VU), *Haploclathra paniculata* (VU), *Mauritia carana* (VU), *Pachira brevipes* (VU), and *Parahancornia peruviana* (VU);

- Seven plants classified as globally threatened by the IUCN (2014): *Caryocar amygdaliforme* (EN), *Couratari guianensis* (VU), *Guarea cristata* (VU), *Guarea trunciflora* (VU), *Naucleopsis oblongifolia* (VU), *Pouteria vernicosa* (VU), and *Thyrsodium herrerense* (VU); and

- Four plants classified as globally threatened by León et al. (2006): *Cybianthus nestorii* (CR), *Tetrameranthus pachycarpus* (EN), *Ternstroemia klugiana* (VU), and *Ternstroemia penduliflora* (VU).

Vegetation types

There are several large-scale vegetation maps that include the Tapiche-Blanco region (e. g., Josse et al. 2007, Draper et al. 2014), as well as a few smaller-scale maps focused on the region (Struhsaker et al. 1997, Vriesendorp et al. 2006a). All of these map vegetation in different ways, however, and there is still no consensus on how to name, classify, or map Amazonian vegetation types at the scale of our study area (~315,000 ha).

During the 15-day inventory we recorded five main vegetation types in the Tapiche-Blanco interfluve (Table 2), based on the composition and physical structure of vegetation, as well as topography and soil type. Within some of our vegetation types we identified subtypes that show consistent differences in vegetation structure and floristic dominance (Table 2).

The description we present here reflects our goal of classifying the vegetation of this landscape in a simple way that is useful for conservation and management. Most of the vegetation types listed in Table 2 also appear in a preliminary map of vegetation in Fig. 5A, but some have been combined or separated in that map. (For example, levee forests are easy to distinguish from floodplain forests in the field, but very difficult to tell apart in Landsat images. We combine them as one class, 'Riparian forest,' in Fig. 5A.). Both in Table 2 and in Fig. 5A, the vegetation types that we recognize for the Tapiche-Blanco region are commonly used by botanists in other areas of

Table 2. Vegetation types and subtypes in the study area between the Tapiche and Blanco rivers in lowland Peruvian Amazonia.

Vegetation types and subtypes	Description (in the Tapiche-Blanco region)
Peatlands/*Turberas*	Vegetation growing on low-fertility flooded alluvial soils covered with a layer of decaying organic matter (peat), which can reach ~5 m thick.
Stunted peatland forest/ *Varillal de turberas*	A low forest of thin-trunked trees (<30 cm dbh), with a canopy of 12–15 m, on soils covered with a thick layer of organic matter (1–4 m thick). Observed at the Wiswincho campsite. Mapped in orange in the vegetation map in Fig. 5A.
Dwarf peatland forest/ *Chamizal de turberas*	Dense vegetation of thin-trunked trees (<20 cm dbh), with a canopy of 5–7 m, on soils covered with a layer of organic matter (<1 m thick). Observed at the Wiswincho campsite. Mapped in orange in the vegetation map in Fig. 5A.
Peatland savanna/ *Sabana de turberas*	A nearly open field dominated by sedges, ferns, and lichens and dotted with small islands of small trees and shrubs 3–5 m tall. The landscape is flat and poorly drained (frequently flooded). The soil is clayey and covered with a fine layer of organic matter (30–40 cm thick). Observed at the Wiswincho campsite. Mapped in brown in the vegetation map in Fig. 5A.
Mauritia palm swamp/ *Aguajal*	Swamp forest growing on permanently saturated peat, with dense stands (100–400 ind./ha) of the palm *Mauritia flexuosa*. May also have diverse tree communities of palms mixed with other tree species. Occupies large areas in the north and west of the study area (Fig. 5A), as well as smaller patches in poorly-drained sites elsewhere. Mapped in purple in the vegetation map in Fig. 5A.
Levee forests/*Bosque de terrazas bajas o restinga*	Tall forest with large trees (25–30 m tall) on occasionally flooded alluvial soils rich in silt and covered with a layer of organic matter 20–30 cm thick. Observed at the Wiswincho campsite, on the southern bank of the Yanayacu Creek. Mapped in light green in the vegetation map in Fig. 5A.
Floodplain forests/*Bosque de planicie inundable*	Relatively dense vegetation with large trees and a closed canopy 25–30 m high. Forms part of the riparian system and may be flooded for 3–6 months each year. Observed in the Wiswincho campsite, where it occurs along the Blanco (*várzea*) and the Yanayacu (*igapó*). Mapped in light green in the vegetation map in Fig. 5A.
Igapó: forests flooded by blackwater/*inundado por aguas negras*	Located along blackwater rivers and lakes. The canopy is closed and reaches 15–18 m high along the banks and 25–30 m high farther inland. Relatively poor alluvial soils.
Várzea: forests flooded by white water/*inundado por aguas blancas*	Located along the Blanco River, where it ranges from successional vegetation on white-sand beaches to tall, closed-canopy forest (25–30 m high) farther inland. Alluvial soils richer than those of *igapó*.
White-sand forests/*Bosque sobre arena blanca*	Very dense vegetation growing on fine, very low-nutrient, and poorly-drained white-sand soils covered with a fine layer of organic matter (5–20 cm thick). Observed in the Anguila and Quebrada Pobreza campsites, and forming a large block along the western bank of the Blanco River (the largest block of white-sand forest in Peru). Mapped in orange in the vegetation map in Fig. 5A.
Stunted white-sand forest/ *Varillal sobre arena blanca*	Dense forests with a canopy 10–12 m high, on white-sand soils under a thin layer of organic matter and root mat.
Dwarf white-sand forest/ *Chamizal sobre arena blanca*	Very dense forests with a canopy 4–5 m high, on white-sand soils.
Upland or tierra firme forests/ *Bosque de terrazas y colinas*	Dense forests with a canopy 25–35 m high, with emergents up to 45 m, on loamy soils (sandy-clayey or clayey-sandy) covered with a fine layer of leaf litter and organic matter (5–25 cm thick). Observed at the Anguila and Quebrada Pobreza campsites, and covering most of the study area. Mapped in dark green in the vegetation map in Fig. 5A.

Loreto, and are quite similar to those identified around Jenaro Herrera by López-Parodi and Freitas (1990).

Peatlands

In these environments the substrate is dominated by peat: a thick layer of organic matter (branches, leaves and roots) that has built up and is decomposing very slowly due to poor drainage (García-Villacorta et al. 2011). The peat in the Tapiche-Blanco region can exceed 5 m in thickness and represents an important stock of belowground carbon, according to a recent study that mapped the various types of vegetation that grow in peatlands in a region of 100,000 km^2 that includes part of our study area (Draper et al. 2014).

In the Tapiche-Blanco region we found peatland vegetation to vary from open savannas to closed-canopy forests 15 m high. We distinguish four subtypes of peatlands, whose structural characteristics are described in Table 2. In the field, the transition between these subtypes may be abrupt (e.g., *varillal* to savanna) or gradual (e.g., *varillal* to mixed swamp to *Mauritia flexuosa* swamp).

Stunted peatland forest *(varillal)*. These low-canopy forests are dominated by species that are also abundant in forests that grow on white sand (which are also known as *varillales* or *chamizales*). These include *Pachira brevipes*, *Sloanea* sp. (MR4279), and *Macrolobium limbatum* (see below). This type of vegetation and dwarf peatland forest (*chamizal*) are referred to as 'pole forests' in the study of Draper et al. (2014), who estimated that they occupy 11% of the Pastaza-Marañón foreland basin. In our study area we estimate coverage at <5%.

Dwarf peatland forest *(chamizal)*. These forests are floristically similar to stunted peatland forests but have a lower canopy, thinner-trunked trees, and an apparently thinner layer of peat.

Peatland savanna. This type of vegetation captured our attention, because no one on the botanical team had seen anything like it in Loreto. It is a natural grassland with scattered clumps of small trees (3-5 m; Figs. 5B–C).

The undergrowth is dominated by a species of *Scleria* (Cyperaceae) and a fern in the genus *Trichomanes*. The most common trees in the savanna were *Macrolobium microcalyx*, *Pagamea guianensis*, *Sloanea* sp. (MR4279), and *Cybianthus nestorii*. Several scattered individuals of *Mauritiella armata* were also present. According to the social team, there are large tracts of these savannas near the community of Wicungo on the Tapiche River.

This vegetation type is very rare in Loreto (even more so than white-sand forests; see below) and deserves strict protection. Some small patches of peatland savanna are currently protected within the Pacaya-Samiria National Reserve (e.g., 'Riñón'; Draper et al. 2014; T. Baker, pers. comm.).

Mauritia flexuosa swamp. This type of vegetation is common in Loreto (Draper et al. 2014) and covers large blocks of our study area to the north and west, but occupies less than 10% of the study area overall (Fig. 5A). The peat is saturated or underwater nearly year-round, and our overflights showed large stretches to be completely dominated by the palm *Mauritia flexuosa* (with occasional individuals of *Euterpe precatoria*). The understory may be dominated by species of Cyperaceae, ferns, and (more rarely) *Urospatha sagittifolia* (Araceae). According to Malleux (1982), these swamp forests may be dense, mixed, or dispersed, according to the density of *Mauritia flexuosa*.

This vegetation type is treated as 'palm swamp' by Draper et al. (2014). However, it is important to note that much of what those authors classified as palm swamp in the Tapiche-Blanco region, based on an interpretation of satellite imagery, is actually white-sand forest. This is probably due to the presence of *Mauritia carana* and its spectral similarity to *M. flexuosa* (see below).

Levee forests

These were only observed at the Wiswincho campsite. These levees have an irregular topography at a small scale, giving the appearance of hummocks. Areas affected by floodwaters had a poorly developed tree community composed of trees like *Erisma calcaratum*, *Macrolobium multijugum*, and *Eschweilera gigantea*, as well as common shrubs like *Rudgea guyanensis* and small colonies of *Bactris riparia*. Drier parts had a thick layer of organic matter and were dominated by the trees *Tachigali chrysophylla*, *Licania intrapetiolaris*, and *Duroia* sp. (NP10081). The most abundant understory species in the driest portions of the levee forests were the stemless palm *Attalea racemosa*, the cespitose palm *Iriartella setigera*, and the 2 m tall herb *Diplasia karatifolia*.

Floodplain forests

Igapó: forests flooded by blackwater. These forests form strips along blackwater rivers and lakes. Directly along the riverbanks the vegetation consists of trees like *Eschweilera* spp., *Symmeria paniculata*, *Endlicheria* sp. (MR4370), as well as the liana *Macrosamanea spruceana* and palms such as *Astrocaryum jauari*. Farther inland the forest is dense, tall, and lacking in palms.

It was in this type of forest that we established a ~1-ha tree plot at the Wiswincho campsite. In that plot 80% of individuals belonged to 10 families: Fabaceae, Chrysobalanaceae, Lecythidaceae, Apocynaceae, Euphorbiaceae, Sapotaceae, Myristicaceae, Clusiaceae, Lauraceae, and Malvaceae. Fully half of the trees belonged to the 10 most common species: *Licania longistyla*, *Aspidosperma excelsum*, *Zygia unifoliolata*, *Campsiandra angustifolia*, *Couratari oligantha*, *Calophyllum longifolium*, *Virola sebifera*, *Micrandra siphonioides*, *Cynometra bauhiniifolia*, and an unidentified species of Lauraceae (NP10078).

The number of species recorded in this plot (~115) falls within the range of diversities observed in 1-ha plots in *restinga* and *tahuampa* forests at Jenaro Herrera (80–141; Nebel et al. 2001). However, family and species composition in the Tapiche-Blanco plot, as well as the list of dominant species, are quite different from those in the Jenaro Herrera plots. This likely reflects more fertile soils in the flooded forests at Jenaro Herrera, which receive white water from the Ucayali, in contrast to the mix of black and white water our plot receives from the Yanayacu and Blanco rivers, respectively.

The lower strata of these forests were dominated by *Zygia unifoliolata*, and in some areas colonies of *Geonoma* spp., *Cyclanthus bipartitus*, and *Bactris hirta*. Vegetation bordering the lakes was composed of canopy trees like *Macrolobium multijugum*, medium-sized trees like

Cybianthus penduliflorus and *Burdachia prismatocarpa*, as well as lianas like *Marcgravia* sp. We were surprised by the absence of *Macrolobium acaciifolium*, which is generally common in these conditions.

Várzea: forests flooded by white water. These were restricted to the floodplain of the Blanco River. The vegetation ranges from sparse stands of *Cecropia* sp. on white-sand beaches to tall, closed-canopy forest including the canopy trees *Andira macrothyrsa*, *Swartzia simplex*, and *Tapirira guianensis*. Dominants of the lower strata included several trees in the genera *Psychotria*, *Neea*, and *Casearia*, and lianas in the genera *Davilla*, *Clitoria*, and *Matelea*. We were not able to explore the vegetation farther inland, but the overflights suggest the forest is dense and very tall. We suspect that the composition of these inland floodplain forests is intermediate between our plot at Wiswincho (see above), floodplain forests at Jenaro Herrera (Nebel et al. 2001), and floodplain forests in the Sierra del Divisor Reserved Zone (Vriesendorp et al. 2006c).

White-sand forests

It is no exaggeration to say that the largest patch of white-sand forests in Peru is located in the Tapiche-Blanco interfluve. Dominating the west bank of the lower Blanco River (Fig. 5A), these forests occupy approximately 18,000 km^2 in and around the proposed conservation area.

Stunted white-sand forest (varillal). We studied this vegetation type at the Anguila and Quebrada Pobreza campsites. In this section we compare the diversity and floristic composition of these *varillales* with *varillales* in the Matsés National Reserve, and with other *varillales* in Loreto.

White-sand *varillales* at our two campsites had a very similar composition at the family level, but important differences at the species level. The most diverse families in the Anguila and Quebrada Pobreza *varillales* were the same: Fabaceae, Sapotaceae, and Annonaceae. A similar composition was observed in the varillales of the Matsés National Reserve (Fine et al. 2006) and the Alto Nanay (Vriesendorp et al. 2007).

At the Anguila campsite the following species were very common: *Macrolobium microcalyx* (which dominated our first transect), *Casearia resinifera*, *Meliosma* sp. (MR4526). Also common were *Pachira brevipes* (dominant in our second transect), *Euterpe catinga*, and *Mauritia carana*. At the Quebrada Pobreza campsite, *M. microcalyx* was completely absent and we found a huge population of *Mauritia carana*, perhaps the largest ever reported. Other dominant species were *Pachira brevipes*, *Euterpe catinga*, *Tachigali* sp. (MR4641), *Chrysophyllum sanguinolentum*, and *Hevea nitida*. This list of dominant species is similar to that reported by Paul Fine and colleagues (unpublished data) from *varillales* on the east bank of the Blanco River.

We noted considerable variation in the species composition of *varillales* even within a campsite. For example, the two 100-individual transects at Anguila recorded 36 and 27 species, and each sample included species that were not present in the other.

If we compare the Tapiche-Blanco *varillales* with other *varillales* on white sand in Loreto (Garcia-Villacorta et al. 2003, Honorio et al. 2008, Fine et al. 2010), we again find similarities at the family level but differences at the genus and species levels. For example, the most common and frequent genera in white-sand *varillales* at Jenaro Herrera are *Pachira* and *Macrolobium* (Honorio et al. 2008), but the *varillales* in the Allpahuayo-Mishana National Reserve are dominated by other genera and species, such as *Dicymbe uaiparuensis*, *Adiscanthus fusciflorus*, and *Chrysophyllum manaosense* (Garcia-Villacorta et al. 2003).

At the species level, the similarity between *varillales* in different parts of Loreto is very low; between one and three species are shared by geographically close areas (Fine et al. 2010). Thus, it makes sense that the *varillales* we studied in Tapiche-Blanco are most similar to those at Jenaro Herrera and the Matsés National Reserve. This similarity extends to some notable absences; neither we nor Fine et al. (2006) found *Dicymbe uaiparuensis*, so common in white-sand forests near Iquitos.

Dwarf white-sand forest *(chamizal)*. Chamizales were mostly explored at the Quebrada Pobreza campsite. They were very dense, almost to the point of being impenetrable. The canopy was 3–5 m high, and the dominant treelets were *Pachira brevipes*, *Euterpe catinga*, and *Byrsonima laevigata*, with some occasional emergent like *Mauritia carana* and *Platycarpum* sp. nov. In some places, the understory was dominated by *Cyathea* ferns and the bromeliad *Aechmea* cf. *nidularioides*.

Upland or tierra firme *forests*

These are the most diverse and the most extensive forests in the Tapiche-Blanco interfluve, and are broadly similar to upland terrace forests described by Fine et al. (2006) in the Matsés National Reserve. Soils are a gray-to-beige mix of silt, sand, and clay (see the chapter *Geology, hydrology, and soils*, this volume). Topography is dominated by hills in some places and by terraces in others. Some vegetation maps distinguish between terrace and hill forests in the uplands (e.g., GGFP 2014), but during our limited time in the field we saw more similarities than differences.

Of the 1,277 trees inventoried in our two 1 ha upland plots, half belonged to six families: Fabaceae, Sapotaceae, Myristicaceae, Lauraceae, Lecythidaceae, and Arecaceae. Adding the next four most abundant families (Euphorbiaceae, Chrysobalanaceae, Burseraceae, and Moraceae) accounts for 70% of all trees. Six of these families also dominated our plot in floodplain forest. Most of the families that dominated the upland plots but not the floodplain plot (Annonaceae, Arecaceae and Moraceae) prefer richer soils, suggesting that the upland soils are of intermediate fertility.

We have not yet standardized species-level taxonomy of the tree plot vouchers enough to determine precise patterns of diversity and dominance. Data from these plots will soon be deposited in the database of the Amazon Tree Diversity Network and available via its website (*http://web.science.uu.nl/amazon/atdn/*). For now we can say the following:

1) Diversity is very high, probably around 250 species per hectare, as is typical for upland tree communities in Loreto (Pitman et al. 2008). As a result, even the most common species grow at very low densities. For example, the most common

species in the upland plots is the palm *Oenocarpus bataua*, which represents <5% of all individuals.

2) The most abundant genera also tend to be the most diverse, and are the same dominants observed in other upland forests in Loreto (*Pouteria, Eschweilera, Virola, Licania, Tachigali, Iryanthera, Inga, Protium, Micropholis, Parkia*, and *Sloanea*).

3) The most abundant tree species in these forests (both inside and outside the plots) were *Oenocarpus bataua, Micrandra spruceana, Hevea guianensis, Virola pavonis, Parkia multijuga, Chrysophyllum prieurii, Parahancornia peruviana, Pseudolmedia laevis, Parkia velutina, Attalea maripa*, and *Anisophyllea guianensis*. Many of these species are common in upland forests throughout Loreto.

4) High-value timber species were extremely rare. Of the 1,277 trees inventoried, not a single stem was *Cedrelinga cateniformis, Cedrela* spp., *Dipteryx* spp., or *Huberodendron swietenioides*. This partly reflects the impact of recent and historical logging, since the only individuals of *C. cateniformis* we did observe had been recently felled.

5) Our data from the upland plots agree well with the data gathered during an inventory of the same forests by the timber company Green Gold Forestry Perú (GGFP 2014). This suggests that Green Gold's inventory has significant scientific value, given that it was much more intensive than our plots and transects.

Common species in the lower strata of upland forests include *Oenocarpus bataua, Aspidosperma* spp., *Duroia saccifera, Conceveiba terminalis*, and *Virola pavonis*. Common in the understory were the palms *Lepidocaryum tenue, Attalea racemosa*, and (in some places) juveniles of *Oenocarpus bataua*, in addition to the treelets *Rinorea racemosa, Leonia glycycarpa*, and *Pausandra martinii*.

One of the most abundant herbs, *Monotagma densiflorum*, is a new record for Peru. *Ischnosiphon hirsutum* and *Heliconia hirsuta* were also common. At the Anguila campsite we observed small ant clearings (*supay chacras*) measuring up to 10 m² and dominated by *Duroia hirsuta*.

While most of the soils we saw in upland forests were a well-drained mixture of sand, clay, and silt, we noticed one exception so striking that it deserves mention. Near the center of a large terrace at the Anguila campsite, we came to a place where the forest floor was dotted by small depressions (1 m² and 20 cm deep) filled with water. The soil sample we took in that place consisted almost entirely of white sand. However, the forest on this peculiar patch of poorly drained white-sand soil was almost identical in height, structure, and composition to the *tierra firme* forest on the rest of the terrace, which was growing on well-drained sand-clay-silt soil. The forest on this patch of white sand shared no structural or floristic features with typical white-sand forest.

Disturbances

Disturbed areas were recorded at all campsites. The causes were natural tree falls (high winds or lightning), seismic lines for oil companies, and logging trails. Natural disturbances were very common at the Anguila camp, where disturbed areas were dominated by *Siparuna guianensis, Pourouma* spp., and *Cecropia sciadophylla*. At some points along the seismic line were small patches of *Aparisthmium cordatum, Humiria balsamifera, Alchornea triplinervia*, and *Cecropia distachya*. At this campsite we came across two old logging trails where three large *Cedrelinga cateniformis* trees had recently been felled and cut into logs. Light-loving taxa were common around these felled trees, including several species of *Miconia, Psychotria*, and *Inga*, as well as several seedlings.

The Quebrada Pobreza campsite showed the most disturbance, mainly because of the logging trails cleared to remove timber from the uplands. We observed at least 10 trails up to 5 m wide. The vegetation growing along these trails was dominated by shrubs like *Tococa guianensis* and *Palicourea lasiantha*; herbs like *Cyclodium meniscioides, Monotagma* sp., *Ischnosiphon* sp., and *Pariana* sp.; and several seedlings of *Vochysia lomatophylla* and *Cecropia ficifolia*. Near these trails is an abandoned logging camp, where workers had cultivated plants like *Inga edulis* (guava), *Solanum sessiliflorum* (cocona), *Citrus* spp., and *Ananas comosus* (pineapple).

These species are not included in Appendix 3 but are listed with the commonly used plants in Appendix 9.

THREATS

The greatest threat to forests in the Tapiche-Blanco region is the prospect of new road-building in timber concessions. These concessions cover large tracts of white-sand forests (*varillales* and *chamizales*). While these white-sand forests would not be impacted by the logging itself, since they host no species of high commercial value, they would be crossed by new roads linking the uplands to the Blanco River. Building new roads also opens the doors to colonization, exponentially increasing their impact. White-sand soils are highly fragile and vulnerable to human activity, which can significantly increase degradation and soil erosion in a slow-growing forest type that may take decades to recover (Fine et al. 2006).

Another threat to the region's forest is anthropogenic fire, mostly from the uncontrolled burning of pastures. If not controlled in time, especially in dry periods, these fires could spread to neighboring white-sand forests and peatlands, and cause serious and long-lasting damage.

RECOMMENDATIONS FOR CONSERVATION

This report presents general recommendations for the Tapiche-Blanco region on page 252. Here we focus on specific recommendations regarding plants and vegetation. These mainly fall under the care and management of forest resources, as well as research and knowledge resource for local communities. Our recommendations are:

- Carry out additional research on the most unique plant communities of the region—the Tapiche-Blanco white-sand forests—to better understand the ecology of these special ecosystems.

- Conduct additional field studies to complement Asner et al.'s (2014) and Draper et al.'s (2014) work and to more precisely quantify carbon stocks in the region.

- Ensure that the proposed conservation area contains representative samples of all vegetation types described in this chapter.

- Design sustainable logging plans using growth and recruitment data from nearby forests. The General Forest Management Plan of Green Gold Forestry Perú (GGFP 2014) estimates future sustainable harvest volumes based on growth and recruitment data collected in Ucayali and Bolivian forests. This casts doubt on the sustainability of the proposed logging, since recovery times are estimated based on forests whose environmental conditions (soil fertility, rainfall, etc.) are totally different from those in the Tapiche-Blanco region. Currently the best source of information for forestry in the Tapiche-Blanco region is the Jenaro Herrera Research Center, whose forests are just 80 km away and have very similar floristic communities (see above). Another source of information on the dynamics of Loreto forests with similar soil and climate is the RAINFOR project (*http://www.rainfor.org/es*). Using data collected in Loreto is a crucial prerequisite for making reliable projections of the long-term forestry potential of the region.

- Ensure that communal agreements include management plans for non-timber forest species that are used by local communities, such as *aguaje*, *irapay*, *ungurahui*, *catirina*, and *palmiche*.

- Install communal nurseries with native species and local seeds, especially of tree species that have been heavily extracted by local people.

- Distribute photographic field guides to timber and non-timber species to schools and other local institutions in order to improve knowledge of natural resources for future generations.

FISHES

Authors: Isabel Corahua, María I. Aldea-Guevara, and Max H. Hidalgo

Conservation targets: Unique and diverse fish communities that inhabit the nutrient-poor blackwater systems and flooded forests of the Tapiche-Blanco watersheds; the more nutrient-rich whitewater river ecosystems of the Tapiche and Blanco rivers, which harbor high fish diversity and link multiple watersheds (Yaquerana-Gálvez-Blanco-Tapiche-Ucayali); potentially undescribed species in the genera *Tyttocharax, Characidium, Hemigrammus,* and *Bunocephalus*; populations of *Osteoglossum bicirrhosum,* a threatened species that has high value as an ornamental; other ornamental fish species belonging to the genera *Paracheirodon, Carnegiella, Hyphessobrycon, Thayeria, Corydoras, Monocirrhus,* and *Apistogramma* and inhabiting the area's blackwater ecosystems; economically important fishery species in the genera *Arapaima, Brycon, Leporinus, Schizodon, Prochilodus,* and *Colossoma*

INTRODUCTION

The Tapiche and Blanco watersheds are located between the Yaquerana-Yavarí and Ucayali watersheds, two highly diverse river systems (Ortega et al. 2003, 2012). Previous studies in the Tapiche and Blanco include assessments in the Matsés National Reserve to the east of our study area (Hidalgo and Velásquez 2006), in the Sierra del Divisor Reserved Zone to the southeast (Hidalgo and Pezzi Da Silva 2006), and, more recently, in the lower stretches of the Tapiche, Blanco, and Jatuncaño rivers to the north (Linares-Palomino et al. 2013a; see map in Fig. 15).

The objective of this study is to generate information about fish communities that can assist in the conservation and management of aquatic habitats in the Tapiche and Blanco watersheds. Our specific objectives were: 1) to determine the composition and diversity of fish communities in the Tapiche and Blanco watersheds; 2) to evaluate the conservation status of the rivers, lakes, and streams we surveyed; and 3) to propose specific recommendations for their long-term conservation.

METHODS

Field work

The ichthyological inventory was conducted over 14 full days of field work at three different campsites in October 2014 (9–13 October at the Wiswincho campsite, 15–19

October at the Anguila campsite, and 21–25 October at the Pobreza campsite). The altitudinal distribution of the inventory ranged from 104 to 226 m above sea level (104–127 m in Wiswincho, 132–226 m in Anguila, and 115–160 m in Pobreza). For details on the three campsites see Fig. 2A and the chapter *Overview of biological and social inventory sites,* this volume.

At the three campsites we evaluated a total of 22 sampling stations (14 lotic and 8 lentic habitats) distributed in 2 rivers, 2 oxbow lakes, 6 flooded forest habitats, and 12 smaller streams. We accessed streams and flooded forests via trails and rivers and oxbow lakes via boat. Although we were able to sample the most accessible habitats at each campsite, such as streams and flooded forests, the large sizes and high water levels of the rivers and oxbow lakes made thorough sampling of these habitats difficult. Throughout the inventory we were assisted by a local guide.

At each sampling station we described the habitat characteristics in detail, including type of riparian vegetation, microhabitats, and sampling effort. Water chemistry of some sites was evaluated by the geology team (Appendix 2). All sampling stations were blackwater ecosystems, with the exception of the two sampling sites along the Blanco River, which were whitewater. The most common substrate type was sand or fine gravel, with flow varying from non-existent to moderate. Stream sizes varied from 0.6 to 8 m wide and 0.4 to 1 m deep, and the rivers varied from 2.5 to 7 m wide and from 2 to 3 m deep (Appendix 4).

Collection and analysis of fish specimens

We used different fishing methods based on the type of habitat being sampled. Fishes were primarily sampled with a 5 x 2 m dragnet with a 5-mm mesh size. This net was used to make repeated drags along the banks, in the middle of a stream channel or in flooded forest habitat. When flow permitted, the dragnet was also placed downstream of a target sampling area where fish were potentially sheltering, and the substrate disturbed (e.g., picking up wood, leaves and other detritus). In the oxbow lakes and rivers, we used gill nets of different sizes. At Wiswincho we used a 20 x 3 m gill net with a mesh size of 1.5 inches, while at Anguila and Pobreza we also used two 50 m long gill nets with a mesh size of

2 inches. We also fished with an 8-kg cast net (mesh size of 1.5 inches). Lastly, we complemented our collecting by surveying residents who live along the Tapiche and Blanco rivers. We facilitated these surveys by using photographic field guides (e.g., *http://fieldguides.fieldmuseum.org*).

Sampling was conducted during the day, from 08:10 to 15:00, and after sundown, from 19:00 to 20:30. Transects ranged in length from 100 to 600 m and sampling effort varied from 5 to 32 dragnet deployments, 10 to 15 cast net deployments, and from 2 to 24 hours of gill net deployments.

Collected fish were transported to the base camp for processing, which involved photographing, collecting tissue samples and fixing the specimen in 10% formaldehyde for 24 hours. Subsequently, samples were transferred to 70% alcohol and stored. Fishes larger than 15 m were also injected with a formaldehyde solution in their stomach cavity.

In the field we identified individuals to the lowest taxonomic rank possible, using fish field guides produced by the Field Museum (e.g., Galvis et al. 2006, Ortega et al. 2012) and expert knowledge. In Iquitos, additional sources and experts were consulted. Although we were able to identify most individuals to the species level, some specimens were only identified as morphospecies, primarily those in groups with unresolved taxonomies (e.g., *Hemigrammus, Tyttocharax, Characidium*, and *Bunocephalus*). This is the same methodology employed in previous rapid inventories conducted in Peru. All ichthyological samples were deposited in the permanent collections of the Natural History Museum at the National University of San Marcos (MHN-UNMSM).

RESULTS

Richness and composition

We recorded a total of 180 fish species distributed across 9 orders, 34 families, and 11 genera (~3,700 individuals). Of these, 124 were collected, 33 were observed, and 23 were registered through surveys with local people (Appendix 5).

Most fish we caught were Characiformes, which represented more than 53% of the total richness (96 of 180 spp.), followed by Siluriformes (27%, 48 spp.), Perciformes (10%, 18 spp.), and Gymnotiformes (4%, 7 spp.). Other orders were less frequently encountered, and represented by 1–5 species each. Dominance by Characiformes and Siluriformes is a common pattern in the Peruvian Amazon and across the Neotropics in general (Lowe-McConnell 1987, Reis et al. 2003, Carvalho et al. 2009, Ortega et al. 2010).

Within Characiformes, Characidae had the highest number of species (28%, 50 of 180 spp.), many of which belonged to the small-bodied genera of *Hyphessobrycon* and *Hemigrammus*. These were abundant in small blackwater streams and flooded forests. The second most diverse family was Cichlidae with 16 species (9%; Perciformes), including the genera *Apistogramma* (several unidentified morphotypes), *Laetacara*, *Aequidens*, and *Cichla*. Callichthyidae had 13 species (7%; Siluriformes), including the genera *Corydoras*, which is used ornamentally. Other families encountered were Anostomidae (6%, 11 of 180), Curimatidae (6%, 10 of 180), and Loricariidae (5%, 9 of 180). The low diversity of loricariids is surprising, given that species of this family tend to be very common in lowland Amazonia. Commercially important migratory pimelodid catfishes were reported in the Tapiche and Blanco rivers (4%, 8 spp.), but we were not able to collect any specimens. We collected six species of Lebiasinidae (3%), including the genera *Nannostomus*, *Pyrrhulina*, and *Copella*, which are used ornamentally and are well-adapted to live in flooded forest habitats with low oxygen levels and abundant detritus. The other families registered were less diverse, ranging from 1 to 5 species.

Within these fish communities we recorded a number of scientifically and socioeconomically valuable species. Four species we collected may represent new records for Peru, as well as for science; these are in the genera *Hemigrammus, Tyttocharax, Characidium*, and *Bunocephalus*. Additionally, more than 100 of the species we collected are used as ornamentals, and approximately 40 of these are formally recognized as ornamental resources within Peru (DIREPRO 2013; see also IIAP and PROMPEX 2006). The two most highly prized fish species in the region are silver arowana (*Osteoglossum bicirrhosum*) and giant arapaima (*Arapaima* sp.). Both are fished for food, and the juveniles collected to sell as ornamentals. These species are considered vulnerable, however, because they are overfished near cities like Pucallpa, Iquitos, Yurimaguas, and Puerto Maldonado. Giant arapaima is also listed on CITES Appendix II, and its fishing is regulated. Specific laws protect its habitat, prohibit fishing during its reproductive season, and set minimum catch sizes (Ortega et al. 2012).

In general, the diversity we documented during the inventory was high, considering that most of the sampled habitats were small blackwater streams, and we were not able to extensively sample larger bodies of water such as the Blanco and Yanayacu (Blanco) rivers. This was largely due to the start of the rainy season, which resulted in high water levels and flooded beaches where we could otherwise have fished with dragnets. Based on these results we estimate that the campsites we visited harbor an ichthyofauna of between 220 and 270 species (see discussion).

Wiswincho campsite

Four of the seven sampling stations we evaluated at this camp were small blackwater streams or flooded forest habitats, with abundant organic detritus. We also sampled two blackwater oxbow lakes and the Blanco River (which is white water). Our campsite was in the watershed of the Quebrada Yanayacu, a left-bank tributary of the Blanco River, which is itself a tributary of the Ucayali River.

We collected a total of 42 species (701 individuals) at this campsite. Characiformes were the most diverse (67%, 28 spp.) and the most abundant (688 individuals), and 31% of the species in that order were Characidae (13 spp.), including *Hyphessobrycon* aff. *agulha*, *Hemigrammus analis*, and *Hyphessobrycon copelandi*. These small-bodied fishes are typical of blackwater streams and flooded forests and represented over 80% of all individual fish collected at this campsite.

Siluriformes were the second most diverse group at this campsite, with eight species (12 individuals). This included Callichthyidae species such as *Corydoras* spp., which are able to survive long periods outside of water or in small puddles. Within Perciformes, we only recorded species in the families Cichlidae and

Polycentridae. Due to high water levels and the lack of beaches where we could sample with dragnets, we were not able to extensively sample oxbow lakes and rivers at this campsite. Consequently, we consider this campsite to be undersampled.

Anguila campsite

This campsite was located in the headwaters of the Quebrada Yanayacu, a right-bank tributary of the Tapiche River. All seven sampling stations at this camp were highly acidic small blackwater streams within the forest, with average pH values of 4.9.

Although diversity at this campsite was moderate, it was higher than at Wiswincho. We registered 70 species (1,298 individuals), belonging to 6 orders and 17 families. Characiformes was again the most diverse order, with 41 species (59%), as well as the most abundant, with 1,212 individuals (93%). Siluriformes was the second most diverse order, with 18 species (26%), followed by Perciformes (7 spp., 10%) and Gymnotiformes (2 spp., 3%). We also collected one species of Cyprinodontiformes and one species of Beloniformes.

Twenty-seven of all the species recorded in the inventory were only collected at this campsite, including several characids (e.g., *Moenkhausia collettii*, *Chrysobrycon yoliae*, *Pygocentrus nattereri*), heptapterids (e.g., *Myoglanis koepckei*, *Imparfinis* sp.), loricariids (e.g., *Otocinclus macrospilus*, *Farlowella* sp.), belonids (e.g., *Potamorrhaphis guianensis*), and gymnotids (e.g., *Electrophorus electricus*). *Hyphessobrycon agulha* and *Hemigrammus* sp. 2, small-bodied characids, were the most abundant species at this campsite, amounting to 51% of all individuals collected. We also collected two potentially new species of *Hemigrammus* and *Bunocephalus*, the latter of which was only recorded at this campsite.

The higher diversity and abundance at this campsite is likely due to the greater access to *tierra firme* streams and due to the beaches along the Quebrada Yanayacu, which facilitated sampling. This stands in contrast to the Wiswincho campsite, where we expected to find higher diversity and abundance of species due to the Blanco River, a large whitewater system, but did not because we were unable to sample it effectively.

Figure 15. Sites where fish communities have been inventoried in the Tapiche-Blanco watershed of Amazonian Peru.

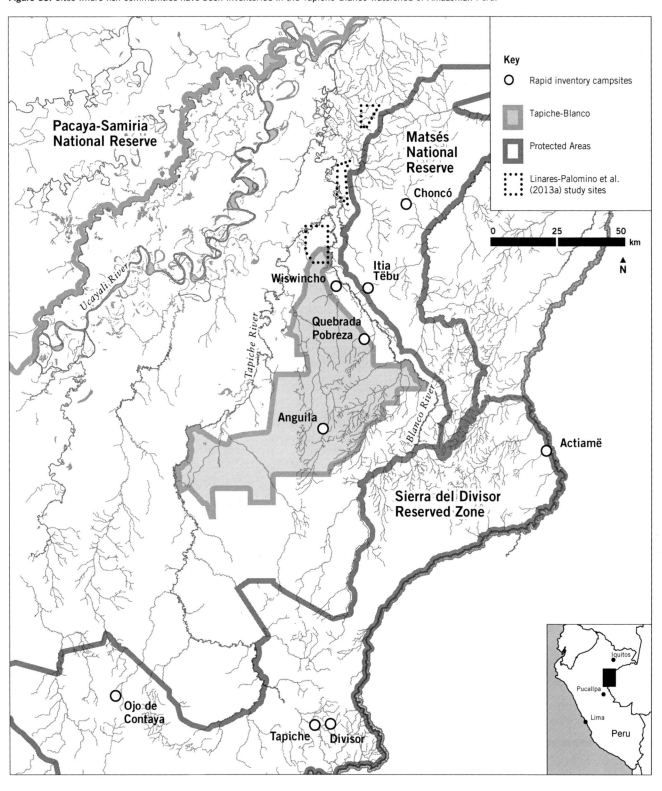

Quebrada Pobreza campsite

We evaluated eight sampling stations at this campsite, all of which were first-order blackwater streams that drain into the Quebrada Pobreza and adjacent flooded forest areas. All sampling stations were within one single drainage that flows into the middle reaches of the Blanco River.

Through collections, observations, and surveys with local people, we registered a total of 129 species at this campsite, corresponding to 8 orders and 39 families. Characiformes was the most diverse order with 70 species (54%), followed by Siluriformes (32 spp., 25%), Perciformes (14 spp., 11%), Myliobatiformes (5 spp., 4%), Gymnotiformes (4 spp.), Osteoglossiformes (2 spp.), and Beloniformes and Cyprinodontiformes (1 sp. each).

The most abundant species were *Hyphessobrycon agulha* and *Copella nigrofasciata*. We also collected two potentially new records for Peru: *Hemigrammus* sp. and *Tyttocharax* sp. Because the small size of these two species poses a challenge to identification, these specimens need to be analyzed in more detail. Forty-nine percent of the species collected at this campsite were only recorded here. Most of these were recorded via surveys of fishermen from the community of Frontera (on the Blanco River) and surveys by the social team of the communities of Nueva Esperanza and Frontera. Given that the Blanco River is a large and complex system, the higher number of species recorded at this campsite was expected.

DISCUSSION

The total number of fish species in the Amazon basin remains a matter of debate, with estimates ranging from 1,200 (Géry 1990) to 7,000 (Val and Almeida-Val 1995). Every year, as new sites are explored and old sites revisited, more species are added to the checklist of Amazonian fishes. The Peruvian Amazon contributes a high number of species to the basin's freshwater ecosystem diversity. Of the 1,064 species of freshwater fish known to occur in Peru, approximately 800 are from the Amazon region. However, there are still many inaccessible sites that have yet to be explored and will likely contain undescribed species.

Species are not distributed homogeneously across the landscape, but rather are associated with different types of habitat. Thus, while some fish assemblages are typical of whitewater systems (Goulding et al. 1988), others are associated with blackwater systems (Lowe-McConnell 1987). The Tapiche-Blanco watershed harbors a high number of habitat types, and this habitat heterogeneity is likely an important cause of the region's high fish diversity, and of the high species turnover within the region.

Regional geology is characterized by white sands and nutrient-poor soils. Most streams that drain into the larger rivers are blackwater and have highly acidic pH, dropping below 5 with conductivity levels of <10 µS/cm. These ecosystems possess some of the most acidic waters ever recorded in the Peruvian Amazon (see the chapter *Geology, hydrology, and soils*, this volume). The fish assemblages surveyed in the inventory are typical of these extreme environments. Nevertheless, most waterbodies sampled in the inventory were black- or whitewater, and we were not able to access any clearwater ecosystems.

Fish diversity varied among the different campsites, with Wiswincho having the lowest diversity (42 spp.) and Pobreza the highest (129). Plugging these data into a species estimation program (EstimateS; Colwell 2005) yielded an estimate of 220–270 fish species for the campsites we visited. Thus, the 180 species registered in this inventory could represent ~60% of the richness at those campsites. This undersampling is likely the result of many sites being inaccessible during the inventory due to high water levels. In particular, we were not able to access the area's larger rivers and oxbow lakes, which typically contain a higher number of species than the smaller blackwater streams and flooded forest habitats that we did sample extensively during the inventory.

Compared to previous rapid inventories in Loreto, the Tapiche-Blanco inventory yielded a relatively high number of species. It ranks as the fifth most diverse inventory site, preceded by Yavarí (301 spp.), Yaguas-Cotuhé (295 spp.), Ampiyacu-Apayacu-Medio Putumayo-Yaguas (207 spp.), and Güeppí (184 spp.).

According to extrapolations carried out with the program EstimateS (Colwell 2005), fish diversity in the

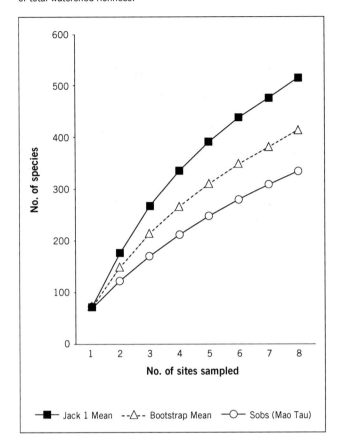

Figure 16. Fish species accumulation curves from the Tapiche and Blanco watersheds, Amazonian Peru, showing three estimates of total watershed richness.

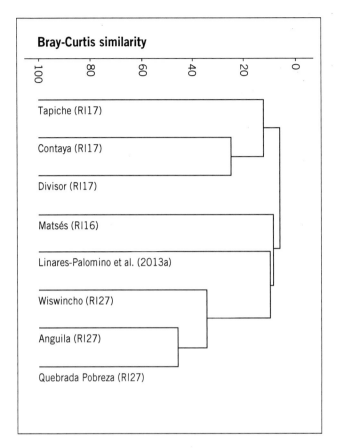

Figure 17. Results of a cluster analysis comparing fish composition at eight sites in the Tapiche and Blanco watersheds, Amazonian Peru.

entire Tapiche and Blanco watersheds could range between 400 and 500 species (Fig. 16). These estimates were obtained by combining our results with previous ichthyological inventories within the watershed, including the rapid inventories for the Sierra de Divisor (Tapiche, Ojo de Contaya, and Divisor campsites), and Matsés (Itia Tëbu campsite), as well the Palomino-Linares et al. (2013a) survey of the lower Tapiche (Fig. 15). Using the most conservative results, diversity in the Tapiche-Blanco watersheds could represent approximately 50% of all the fish species in the Amazon Basin and 40% within Peruvian territory.

Our results indicate some overlap in fish assemblages with three other nearby sites (Fig. 17). The rapid inventory of the Sierra del Divisor Reserved Zone, which includes the headwaters of the Tapiche and Blanco rivers, recorded 109 species (Hidalgo and Velásquez 2006), 42 of which were also recorded in this inventory. Most of these species

were Characiformes typical of blackwater ecosystems. The other species that are not shared by the Sierra del Divisor and Tapiche-Blanco region are restricted to white- or clear-water habitats (e.g., characids such as *Knodus* sp., *Moenkhausia* sp., and *Serrapinnus* sp.).

The Matsés National Reserve rapid inventory recorded a total of 177 species, 28 of which were collected in the Tapiche-Blanco watershed (Hidalgo and Velásquez 2006). Of these 28 species, 14 were collected in the Tapiche-Blanco inventory; again, these species are typical of blackwater ecosystems. A previous inventory on the lower Tapiche River, conducted in collaboration with the Smithsonian Institution, recorded 123 species (Linares-Palomino et al. 2013a), 39 of which we also registered. The species that were not shared are characteristic of whitewater systems, such as the characids *Knodus* sp. and *Charax* sp., and some loricarids (e.g., *Loricarichthys* sp., *Limatulichthys* sp., and *Loricaria* sp.).

Although there is a substantial overlap between the assemblages from the Tapiche-Blanco watershed and those from nearby areas, more than 50 of the 128 species were unique to this inventory. Many of these 50 species were recorded in highly acidic blackwater habitats and have high ornamental value. However, many sites within the Tapiche-Blanco watershed remain unexplored, and these results likely reflect an undersampling of the area's unique fish communities.

Compositional similarity with nearby regions

We used the Bray-Curtis index to quantify the similarity in species composition between this inventory and the three aforementioned inventories conducted in nearby areas (Fig. 17). The analysis reveals four independent clusters, indicating that each studied area contains a relatively unique community of species, with little overlap between them. Most of these differences in species composition can be attributed to the location of each study site within the Tapiche-Blanco watersheds. The Sierra del Divisor rapid inventory surveyed the headwaters, and accordingly recorded a high number of species adapted to water with faster flows and rocky substrates. In contrast, Linares-Palomino et al. (2013a) surveyed the lower Tapiche, a large whitewater system with higher nutrient levels. The species found in these types of habitats tended to be larger, including migratory catfish and characins. In our inventory we surveyed the middle reaches of the watershed, which contained mostly small blackwater streams and flooded forest habitats. Typical species found in these habitats are small characins with high ornamental value, although larger migratory fish were also recorded.

Unsurprisingly, the three campsites sampled during this inventory are more similar to each other than they are to the other nearby areas. Of the three campsites, Anguila and Quebrada Pobreza cluster most closely together. Although these two sites are in different watersheds (the Tapiche and Blanco, respectively), their habitat types are similar and this is reflected by their species composition. Our analysis indicates that each part of the Tapiche-Blanco watershed contains a unique assemblage of fishes, given the high heterogeneity in habitat types between the lower, middle, and upper reaches of the system. Thus, any conservation solution that aims to protect the region's freshwater ecosystems will need to be integrated across the whole system.

THREATS

Deforestation and selective logging threaten aquatic ecosystems throughout the Peruvian Amazon, and the Tapiche-Blanco watershed is no exception. By increasing erosion and sedimentation, these activities impact water chemistry and ecosystem processes. Most sites sampled in this rapid inventory were small, nutrient-poor streams inside forests, which contain unique fish communities adapted to these conditions. Given the low productivity of these ecosystems, most resources that support these food chains come from the forests (e.g., terrestrial invertebrates, fruits, seeds, woody debris), and fish communities are adapted to accessing forest resources. Protecting riparian forests is thus crucial for mitigating the impacts of deforestation and conserving freshwater ecosystems.

Declining populations of timber species along the larger rivers mean that loggers are hunting for timber deeper and deeper in the forest. Loggers tend to use small streams to transport timber, particularly in the rainy season, which can damage these fragile systems. Loggers sometimes build small dams on streams, to help float timber species downriver. This has a direct impact on fish communities by concentrating them around dams (and making them easier to fish there) and by interrupting seasonal migrations, which affects reproductive cycles.

The lower reaches of the Tapiche-Blanco watersheds have many oxbow lakes and streams, which are used by local communities. People in the area have a special interest in harvesting the juveniles of highly valued ornamental species, such as *Osteoglossum bicirrhosum*. Much of these activities are artisanal in scope, but remain unregulated. Given that much of the biology, conservation status, and ecosystem-level role of these species is unknown, these activities may potentially pose medium- to long-term threats (Moreau and Coomes 2006). Beyond fishing for ornamental species, residents also depend on fish for food. However, fishermen in the area are not organized or legally recognized, and their activities are not regulated by Peru's fishery administration (DIREPRO). Few regulations exist that could protect these fisheries from overfishing and the subsequent degradation of the area's fish stocks (but see the chapter *Natural resource use, economy, and traditional ecological knowledge*, in this volume).

Lastly, over 90% of our Tapiche-Blanco study area falls within oil and gas concessions. If these projects move forward, the integrity of the area's aquatic ecosystems could be greatly compromised. In addition to the impacts of deforestation and pollution, the socioeconomic changes brought by increased oil and gas work could bring drastic changes to the Tapiche-Blanco watershed.

RECOMMENDATIONS FOR CONSERVATION

The sites we sampled in this rapid inventory of the Tapiche-Blanco watershed include freshwater ecosystems that connect the headwaters in the Sierra del Divisor Reserved Zone and Matsés National Reserve with the confluence of the Tapiche and Blanco rivers, which ultimately drain into the Ucayali River. Conservation measures should be designed for the whole watershed, protecting the unique fish assemblages that live along this altitudinal gradient. They should also include a special focus on economically important species, such as migratory catfishes and ornamental taxa.

The area's oxbow lakes harbor abundant populations of food fish and ornamental fish species, and are heavily used by local people. Strengthening agreements to regulate fishing in these habitats and ensure their sustainable use is crucial. It is particularly important to learn more about the biology, population status, ecological roles, and local uses of economically important yet vulnerable species such as silver arowana, giant arapaima, and other ornamental fish. These studies would have the largest impact if they were carried out near local communities, such as Frontera and Nueva Esperanza. Good data on the spatial and temporal distribution of fish species in the region will make it easier to manage fish sustainably.

Lastly, although the inventories conducted to date have generated a fair amount of information about the region's aquatic ecosystems, there are several gaps that need to be addressed. Floodplain lakes and subterranean water networks have been undersampled, although they likely harbor unique and undescribed species. Nocturnal surveys can reveal a different type of fish community. In general, more sampling will increase what we know about the Tapiche-Blanco's freshwater ecosystems, give us a better understanding of its uniqueness within a regional context, and help design and implement effective conservation programs.

AMPHIBIANS AND REPTILES

Authors: Giussepe Gagliardi-Urrutia, Marco Odicio Iglesias, and Pablo J. Venegas

Conservation targets: Some of the most diverse herpetological communities in the world; a representative and well-preserved sample of amphibian and reptile communities of *tierra firme* and white-sand forests; dendrobatid frogs such as *Ranitomeya cyanovittata* (Fig. 8P) and *Ameerega ignipedis* that are endemic to this region; the caimans *Melanosuchus niger* and *Paleosuchus trigonatus*, which are Near Threatened according to Peruvian legislation, and *Caiman crocodilus*, which is at risk of overhunting; species used locally for food, such as the turtles *Podocnemis unifilis* and *Chelonoidis denticulata*, considered Vulnerable by the IUCN (2014)

INTRODUCTION

Recent studies of tropical biodiversity have identified the northwestern Amazon (Peru and Ecuador) as one of the most diverse areas on the planet (Bass et al. 2010, Jenkins et al. 2013). This area includes the focus of our rapid inventory: the watersheds of the Tapiche and Blanco rivers, both tributaries of the Ucayali River, in the extreme southern part of Peru's Loreto Region.

The herpetofauna of these watersheds has been very little studied. One previous study focused on the right bank of the lower Tapiche River, in an area dominated by *tierra firme* (on clay and sand) and swamps, and recorded 67 amphibian and 44 reptile species (Linares-Palomino et al. 2013b). Gordo et al. (2006) also inventoried herpetofauna during the rapid inventory of the Matsés National Reserve. One of the sampling locations of that inventory (the Itia Tëbu campsite) was an area of white-sand forest (*varillales*) on the right bank of the Blanco River, a mere 20 km from our Wiswincho camp. At Itia Tëbu Gordo et al. (2006) recorded 36 amphibians and 13 reptiles. In addition, the Sierra del Divisor rapid inventory included one campsite in the headwaters of the Tapiche River (the Tapiche campsite), where up to 40 amphibians and 26 reptiles were recorded (Fig. 15; Barbosa da Souza and Rivera 2006). All of these numbers represent very preliminary surveys, given that IUCN (2014) estimated distribution maps suggest that at least 116 species of amphibians inhabit the Tapiche-Blanco region.

One unique feature in the Tapiche and Blanco watersheds in comparison with other tropical forests is a large patch of forest growing on white sand. This habitat is associated with a diverse community of amphibians and reptiles containing endemic species that are potentially new to science. There are few studies of the herpetofauna of white-sand forests, which occur both north and south of the Amazon River. Nonetheless, patterns of diversity suggest degrees of endemism at the local and regional levels (Rivera and Soini 2002, Rivera et al. 2003, Catenazzi and Bustamante 2006, Linares-Palomino et al. 2013b).

Our inventory of the Tapiche and Blanco rivers helped us fill in some blanks regarding the herpetofauna occurring between the southwestern portion of the Matsés National Reserve, the lower Tapiche River, and the northern portion of the Sierra del Divisor Reserved Zone. With the goal of assessing the conservation status and value of the Tapiche-Blanco region, we documented the diversity and composition of the herpetofauna there over 17 days of intensive sampling. In this chapter we report the results of that sampling and also explore how the herpetofauna we observed in white-sand forests compares with observations from other rapid inventories of this vegetation type in Loreto Region.

METHODS

On 9–26 October 2014 we studied amphibians and reptiles at three campsites with a broad range of upland and floodplain habitats between the Tapiche and Blanco rivers (see map in Fig. 2A and the chapter *Overview of biological and social inventory sites*, this volume).

To sample species we used a complete species inventory (Scott 1994). We took long walks during the morning between 09:00 and 12:00, and at night between 19:00 and 24:00. We searched for amphibians and reptiles in various places where they often occur, such as leaf litter, tree buttresses, root mats, seasonal ponds, and vegetation on the banks of rivers and streams. Our sampling effort totaled 179 person-hours spread over 17 days of sampling: 42 person-hours (five days) at the Wiswincho campsite; 65 person-hours (seven days) at the Anguila campsite; and 72 person-hours (five days) at the Quebrada Pobreza campsite. Likewise, we report some species recorded opportunistically in the community of Wicungo by members of the social team and one member of the herpetological team.

For every individual we observed and/or captured, we noted the species and type of vegetation and microhabitat in which it was found. We recorded some species by their song and via photographs taken by other researchers in the logistics, biology, and social teams. We tape-recorded the songs of some amphibian species to improve knowledge about their natural history. We photographed at least one individual of most species observed during the inventory. These songs and photographs form part of the scientific collections at the Centro de Ornitología y Biodiversidad (CORBIDI) in Lima and at the Biodiversity Reference Collection of the Programa de Investigación en Biodiversidad Amazónica (PIBA) of the Instituto de Investigaciones de la Amazonía Peruana (IIAP) in Iquitos.

We made a reference collection of 473 specimens of amphibians and reptiles. The collection includes species that are hard to identify in the field, species that are potentially new to science, range extensions, and species that are under-represented in museums. These specimens have been deposited in the herpetological collections of CORBIDI (153 specimens) and IIAP (320 specimens). For all of the species recorded we used Frost's (2015) taxonomic nomenclature for amphibians and Uetz and Hošek's (2014) taxonomic nomenclature for reptiles.

Appendix 6 presents both our results and the species of amphibians and reptiles recorded in the earlier studies of these watersheds mentioned in the introduction of this chapter. Because we found important amphibian and reptile communities in white-sand forests, we compared our results with those from a campsite in the Matsés rapid inventory (Itia Tëbu; Gordo et al. 2006) with similar soils and vegetation.

RESULTS

Diversity and composition

We recorded a total of 971 individuals (801 amphibians and 170 reptiles) corresponding to 113 species (65 amphibians and 48 reptiles). We recorded 11 families and 26 genera of amphibians, and 15 families and 38 genera of reptiles. The Hylidae and Craugastoridae families show the highest number of amphibian species (27 and 12, respectively), while Colubridae and Gymnophthalmidae show the highest number of reptile species (17 and 5, respectively).

Based on records from previous inventories and the list of species whose estimated geographic range includes the Tapiche-Blanco region (IUCN 2014), we estimate that the region may harbor 124 amphibians and 100 reptiles. Therefore, our sampling efforts recorded 50% of the herpetofauna expected in the region. The proportion of species recorded was lower for reptiles, as expected and observed in other inventories, given that reptiles are cryptic and do not vocalize like amphibians.

Allobates sp. 2, *Osteocephalus* aff. *planiceps*, *Noblella myrmecoides*, *Rhinella margaritifera*, and *Pristimantis ockendeni* were the most abundant amphibians in the inventory. Likewise, the lizards *Anolis fuscoauratus*, *Gonatodes humeralis*, and *Cercosaura* sp. were the most abundant reptiles. These species are typically broadly distributed generalists. Nonetheless, *Osteocephalus* aff. *planiceps* and *Noblella myrmecoides* appear to be associated with *tierra firme* forests, where abundant leaf litter is their preferred microhabitat.

With regard to abundances, 15 of the 65 (23%) species of amphibians and 26 of the 48 (54%) species of reptiles were recorded only once. This same pattern is commonly seen in other regional studies.

Associations with vegetation types

The amphibians and reptiles we recorded are associated with blackwater floodplain forests and *tierra firme* forests (especially white-sand forests), and the herpetofauna in these ecosystems is a representative and well-preserved sample. Notable for their absence were species associated with seasonal *tierra firme* ponds (e.g., *Dendropsophus sarayacuensis*, *D. rossalleni*, and *D. minutus*) which, given the environmental conditions of the habitats we evaluated, are expected in the area. (They were recorded at the Tapiche campsite during the rapid inventory of the Sierra del Divisor Reserved Zone.) Caecilians were also absent, probably due to the fossorial habit which makes them difficult to record. These species are generally only recorded through high sampling intensity and targeted methods.

The frogs *Ameerega trivittata*, *A. hahneli*, *Allobates femoralis*, *Pristimantis buccinator*, *P. diadematus*, and *P. altamazonicus*, the snakes *Rhinobothryum lentiginosum* and *Bothrops brazili*, and the lizard *Enyalioides laticeps* were only recorded in upland forests. Most *Pristimantis* are associated with such forests.

Allobates sp. 2, *Hemiphractus scutatus*, and *Ranitomeya cyanovittata* were more abundant in white-sand forests than in *tierra firme* forests with sandy-loamy soil. *R. cyanovittata* was most abundant where there were abundant bromeliads (*Aechmea* sp.). We have observed this same pattern with *R. reticulata* in white-sand forests on the Nanay River, where this species is more abundant in *varillales* and *chamizales* where *Aechmea* and *Guzmania* bromeliads occur.

The recently described species *Amazophrynella matses* was recorded at the Anguila campsite, where it was associated with poorly-drained forests on white-sand terraces. We and others have observed this association in other areas of Loreto, primarily in the Nanay and Curaray watersheds (Catenazzi and Bustamante 2007).

All of the Microhylidae species we report were recorded at the Anguila campsite in upland forests of sandy-loamy soil and in white-sand forests. It is also interesting that we recorded seven of the eight *Anolis* species expected for the region. The only species we did not record was *A. bombiceps*, which is associated with

Figure 18. Number of amphibian species recorded at the three campsites visited during the rapid inventory of the Tapiche-Blanco region, Amazonian Peru.

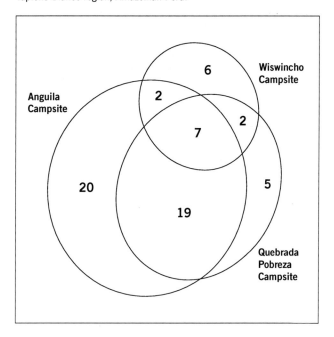

Figure 19. Number of reptile species recorded at the three campsites visited during the rapid inventory of the Tapiche-Blanco region, Amazonian Peru.

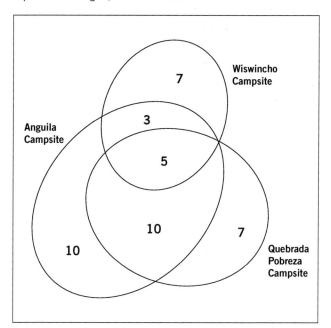

white-sand forests north of the Amazon River and apparently replaced to the south by *A. tandai*.

Comparisons between the campsites

Wiswincho campsite

We recorded 34 species (19 amphibians and 15 reptiles) here, of which 6 amphibian species and 7 reptiles were only found at this campsite (Figs. 18, 19). The species composition of the Wiswincho herpetofauna is typical of blackwater floodplain forest. Although diversity was low, some of the species were very abundant. For example, *Dendropsophus parviceps*, *Hypsiboas* aff. *cinerascens*, and *Osteocephalus yasuni* were reproducing, while females of other species were gravid and awaiting the rains to begin reproducing. The most abundant reptiles in this camp were the lizards *Gonatodes humeralis* and *Anolis trachyderma*, which both prefer floodplain forests.

The species *Trachycephalus cunauaru* was only recorded in this camp, by means of its vocalization. This species sings from treeholes up in the canopy, which means that visual records and specimens in scientific collections are scarce. *Helicops angulatus*, *H. leopardinus*, and

Hydrops martii snakes inhabit flooded areas and were only recorded in this camp. This was also the case for the white caiman (*Caiman crocodilus*), which was only recorded in this camp and in the community of Wicungo.

At Wiswincho we observed a significant number of gravid females apparently awaiting the rains in order to commence reproductive activity. This is somewhat curious. Given that the rivers were flooding and it was raining sporadically during our time at this campsite, we initially thought that conditions were favorable for reproductive activity. That was apparently not the case. Based on the studies conducted by Trueb (1974) in Santa Cecilia, Ecuador, the arrival of steady rains should kick off reproductive activity at Wiswincho. Had we arrived during that time, we would have recorded a number of species that are not easily recorded during non-reproductive seasons.

Anguila campsite

We recorded 77 species here: 50 amphibians and 27 reptiles. Twenty amphibians and 10 reptiles were exclusive to this campsite, while 19 amphibians and 11 reptiles were shared with the Quebrada Pobreza campsite (Figs. 18, 19). This campsite shares only two amphibians and three reptiles with the Wiswincho camp. We recorded a great number of *tierra firme* species at Anguila, as a significant part of the area sampled is covered in white-sand forests (primarily *varillales*).

Allobates sp. 2, *Pristimantis ockendeni*, and *Noblella myrmecoides* were the most abundant amphibians in this camp. These species prefer *tierra firme* forests. *Cercosaura* sp., *Anolis fuscoauratus*, and *Gonatodes humeralis* were the most abundant reptiles. These are broadly distributed generalist species.

It is interesting to note that we recorded at this camp all of the microhylid species recorded in the inventory, including *Synapturanus rabus*, a fossorial species with a little-known natural history, and a species of *Chiasmocleis* that is probably new to science. All of these species were recorded in upland forests with sandy-loamy soils and in white-sand forests. The high degree of microhylid diversity at Anguila could be due to the abundant leaf litter in the upland and white-sand forests, which is one of the favorite microhabitats of these species (Duellman 2005, von May et al. 2009). The same is true for the species *Noblella myrmecoides*, which is abundant in microhabitats with abundant leaf litter.

Another family for which we recorded all of the species of the inventory in this campsite was poison dart frogs (Dendrobatidae). These included *Ranitomeya cyanovittata*, whose abundance was lower than at the Quebrada Pobreza campsite. Likewise, in the white-sand forests at Anguila we recorded three individuals of the terrestrial frog *Hemiphractus scutatus*, a species which is generally difficult to find.

Quebrada Pobreza camp

We recorded 57 species: 34 amphibians and 23 reptiles. There were six amphibians and seven reptiles that were exclusive to this camp. It shares 19 species of amphibians and 11 species of reptiles with Anguila (Figs. 18, 19), which shows us a great degree of similarity in the ecosystems sampled at those camps.

Species composition at this campsite was characterized by the abundance of *tierra firme* species. A large part of the terrain we sampled is covered with white-sand forests (primarily *varillales* and *chamizales*) and harbors species that are apparently more abundant

in this vegetation type (*Ranitomeya cyanovittata* and *Osteocephalus* aff. *planiceps*).

The most abundant amphibians were *Osteocephalus* aff. *planiceps*, *Ranitomeya cyanovittata*, and *Rhinella margaritifera*. The most abundant reptiles were *Anolis fuscoauratus*, *Bothrops atrox*, *Alopoglossus angulatus*, and *Anolis tandai*; *A. tandai* is associated with white-sand forests.

This camp had a healthy population of venomous snakes. We recorded four individuals of *Bothrops brazili* and seven of *B. atrox*, both species in *tierra firme* forests. We only recorded one dendrobatid: the *Ranitomeya cyanovittata* frog. It was very abundant in the white-sand forests, both in *varillales* as well as *chamizales*, which suggests that it specializes on them.

DISCUSSION

Herpetological diversity in the Tapiche-Blanco region and elsewhere in Loreto

The diversity of the Tapiche-Blanco herpetofauna is very similar to that recorded in other inventories of Loreto Region, such as those in the Matsés National Reserve (Gordo et al. 2006) and the Sierra del Divisor Reserved Zone (Barbosa da Souza and Rivera 2006). Amphibian diversity is similar to the majority of the inventories carried out to date in Loreto (Table 3). It differs most notably from inventories of rich-soil forests such as Yavarí and Yaguas (78 and 75 spp.), and in Matsés (74 spp.), which included a gradient of rich to very poor soils (Rodríguez and Knell 2003, 2004; Gordo et al. 2006, Vriesendorp et al. 2006a). Other factors that affect this variation in diversity are precipitation during sampling, range of environmental gradients, and habitat and microhabitat availability.

Reptile diversity falls near the average number of species recorded in other inventories (Table 3). Fewer reptiles are typically recorded in inventories because they are more cryptic, do not vocalize, and are stealthier. Greater sampling effort is required to generate a comprehensive reptile list.

Herpetological composition of the Tapiche-Blanco region and other sites in Loreto

Figure 20 shows the Morisita similarity index in the composition of herpetofauna at various sites with white-sand forests located south of the Amazon River. There is high similarity between the Anguila and Quebrada Pobreza campsites, the BAB white-sand forest campsite in Lot 179 (Linares-Palomino et al. 2013b), and the Itia Tëbu campsite from the Matsés inventory. The greatest dissimilarity is between the Anguila campsite (which had white-sand forests) and the Wiswincho campsite (which did not). This confirms that herpetofaunal communities of white-sand forests south of the Amazon River are similar and distinctive, a result similar to that obtained by Linares-Palomino et al. (2013b) for the lower Tapiche.

Gordo et al. (2006) reported that the most common species at the white-sand forest campsite of the Matsés rapid inventory (Itia Tëbu) were *Dendrobates* (*Ranitomeya*) 'golden feet' and *Osteocephalus planiceps*. They also reported three observations of the terrestrial frog *Hemiphractus scutatus*. One of the most frequent reptile species was *Anolis tandai*. These results are similar to ours in the Tapiche-Blanco inventory. Although our current knowledge is not sufficient to confirm that these species are specialized on white-sand ecosystems, the data indicate a certain preference.

Recent phylogenetic reviews of Neotropical amphibians show a high number of cryptic species, which suggests that herpetological studies to date have underestimated Amazonian diversity (Gehara et al. 2014). Given that the current taxonomic resolution is not sufficient to consistently distinguish species, there are probably white-sand specialists that we are unable to identify as such at this time. For example, our study suggests that the poison dart frog *Ranitomeya cyanovittata*, which was frequently found in the bromeliads that are abundant in white-sand forests, might be specialized on that forest type. We have seen the same pattern in the white-sand forests of the Allpahuayo-Mishana National Reserve, where *R. reticulata* is associated with *Guzmania* and *Aechmea* bromeliads in *varillales* and *chamizales* (Acosta 2009, G. Gagliardi-Urrutia, pers. obs.).

Species such as *Anolis bombiceps*, *Stenocercus fimbriatus*, *Scinax iquitorum*, *Pristimantis academicus*, and *Chiasmocleis magnova* form part of a community that apparently specializes on white-sand forests (G. Gagliardi-Urrutia, pers. obs.), and are commonly observed in the forests of Allpahuayo-Mishana. While our results suggest that some other species may specialize on white-sand forests, our sampling was not sufficient to draw rigorous conclusions. We suspect that greater sampling intensity would reveal a community associated with white-sand forests.

Table 3. Number of amphibian and reptile species reported in rapid inventories of several lowland forest sites in Loreto Region, Amazonian Peru.

Site	Number of amphibian species	Number of reptile species	Total	Publication
Yavarí	77	43	120	Rodríguez and Knell (2003)
Ampiyacu, Apayacu, Yaguas, Medio Putumayo	64	40	104	Rodríguez and Knell (2004)
Matsés	74	35	109	Gordo et al. (2006)
Sierra del Divisor	68	41	109	Barbosa da Souza and Rivera (2006)
Nanay-Mazán-Arabela	53	36	99	Catenazzi and Bustamante (2007)
Cuyabeno-Güeppí	59	48	107	Yánez-Muñoz and Venegas (2008)
Maijuna	66	42	108	von May and Venegas (2010)
Yaguas-Cotuhé	75	53	128	von May and Mueses-Cisneros (2011)
Ere-Campuya-Algodón	68	60	128	Venegas and Gagliardi-Urrutia (2013)
Tapiche-Blanco	64	48	112	this study
Average	**66.8**	**44.6**	**112.4**	

As regards the herpetofauna associated with peat-bog forests and flooded savannas, we were not able to ascertain its composition during the inventory. Much of the peat bog habitat at our campsites was flooded and our sampling efforts in those ecosystems were limited. We consider improving our understanding of the herpetofauna of those ecosystems a high priority.

Notable records

Possibly new species

<u>Chiasmocleis sp.</u> This species, represented by a single female, is similar to *Chiasmocleis antenori*, *C. carvalhoi*, *C. magnova*, and *C. tridactyla*. This small frog differs from other *Chiasmocleis* species in the region in an abdomen that lacks the obvious white spots that characterize *C. carvalhoi*.

<u>Hypsiboas aff. cinerascens.</u> This tree frog, probably related to *H. cinerascens* and *H. punctata* due to the similarities in coloration, possesses a blue ladder pattern similar to *H. cinerascens*, while *H. punctata* has a white ladder pattern. The most obvious difference between *H. cinerascens* and *H.* aff. *cinerascens* is the presence of yellow spots on the back of *H. cinerascens*; *H.* aff. *cinerascens* has red spots. Although *H. punctata* occasionally has red and yellow spots on its back, it can be differentiated from *H.* aff. *cinerascens* in that its irises are reddish; those of the new species are cream-colored. By reviewing photos and museum specimens we were able to confirm that the species identified as *H. cinerascens* in Linares-Palomino et al. (2013b) is also our *H.* aff. *cinerascens*. It is probable that *H. cinerascens* represents a complex of cryptic species and that *H.* aff. *cinerascens* is a part of that complex. A definitive confirmation of the identity of this species will require molecular and bioacoustic evidence.

<u>Osteocephalus aff. planiceps.</u> This species is externally identical to *O. planiceps*. Nonetheless, the specimens of *O.* aff. *planiceps* found during our inventory have white leg bones, whereas *O. planiceps* has green leg bones (as do most *Osteocephalus*). Only *O. yasuni*, also found during our inventory, is known to possess white leg bones. Our possibly new species *O.* aff. *planiceps* is

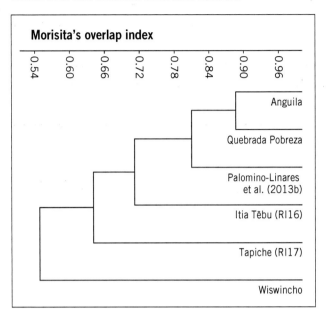

Figure 20. Similarity between the herpetofauna recorded during the Tapiche-Blanco rapid inventory with that recorded at other white-sand forest sites in the same watershed.

easily distinguishable from *O. yasuni* due to the following characters: the presence of a well-defined suborbital spot (absent or not very clear in *O. yasuni*), pale flanks with dark spots (without spots in *O. yasuni*), males with a cream-colored abdomen (yellow abdomen in *O. yasuni*), and irises with a pattern of straight black lines radiating outward from the pupils (irregular black reticulations in *O. yasuni*). Barbosa da Souza and Rivera (2006) reported a species of *Osteocephalus* for Sierra del Divisor as 'Osteocephalus sp. (white bones).' Although we were not able to review those specimens, we suspect that they are the same species we recorded.

<u>Pristimantis aff. lacrimosus.</u> This species was also found during the rapid inventory of the Cordillera Escalera-Loreto, and listed as 'Pristimantis sp. nov. (acuminate)' (Venegas et al. 2014). Most likely this is a species of the *P. lacrimosus* group, which in the lowlands of the Peruvian Amazon includes species such as *P. aureolineatus*, *P. lacrimosus*, *P. mendax*, and *P. olivaceus*. This possibly new species of *Pristimantis* differs from those species by the shape of the snout in dorsal view, which is clearly acuminate in our *Pristimantis* aff. *lacrimosus*, rounded in *P. lacrimosus*

and *P. mendax*, and sub-acuminate in *P. aureolineatus* and *P. olivaceus* (Duellman and Lehr 2009).

Range extensions

Hypsiboas nympha. This frog species was previously known in several scattered locations north of the Amazon River between Peru, Ecuador, and the extreme southeastern part of Colombia (Faivovich et al. 2006). Its geographic range from south to north extends from Leticia, its northern limit, to the town of Sinangüe in the province of Sucumbíos in northeastern Ecuador (Faivovich et al. 2006). Our record in the Tapiche watershed is the first of this species south of the Amazon River and represents a range extension of approximately 400 km to the southeast of the nearest previously reported site.

Leptodactylus diedrus. This frog species was previously known from sites north of the Amazon River between Peru, Colombia, Venezuela, and westernmost Brazil. The southernmost limit of its distribution was Mishana in Peru and its northernmost locality was Cerro Neblina in the extreme south of Venezuela (Heyer 1994). Our record in the Anguila camp is an extension of approximately 250 km to the southeast of the previous southern limit for this species in Peru.

Osteocephalus yasuni. This species is distributed in the lowlands of Amazonian Ecuador, some sites near Iquitos, in the Putumayo basin in northeastern Peru (Yañez-Muñoz y Venegas 2008, Von May y Venegas 2010, Von May y Mueses-Cisneros 2011), and in adjacent Amazonian Colombia (Frost 2015). The Colombian record was provided by Lynch (2002). This species was also recorded by Linares-Palomino et al. (2013b) along the lower Tapiche. Together with our records in Wiswincho and Anguila, these are now the southernmost known occurrences of the species. The geographic range of *O. yasuni* likely reaches the Sierra del Divisor Reserved Zone in the Tapiche headwaters.

Ranitomeya cyanovittata. This recently described poison dart frog (Pérez-Peña et al. 2010) is abundant in white-sand forests. Our record at 130–140 m elevation is the third for this species, known previously from two localities near the community of Nuevo Capanahua in the Blanco watershed, near the Sierra del Divisor Reserved Zone, at 200–300 m elevation. We believe that the Tapiche and Blanco rivers act as geographic barriers, limiting the populations of *R. cyanovittata* to patches of white-sand forest.

THREATS

Legal and illegal logging pose a serious threat to the herpetofauna due to environmental impacts such as the disturbance, fragmentation, erosion, and soil compaction occasioned by the construction of logging trails and roads (Catenazzi and von May 2014). Clearings made during selective logging and roads made to transport timber change the chemical and physical composition of soils and water, affecting places where amphibians and reptiles reproduce. Likewise, many of these ecosystems on poor soils (peat bogs, *varillales*, and *chamizales*) depend on forest cover and thick root mats, both of which are impacted by logging, and these impacts will change the composition and structure of amphibian and reptile communities.

Oil and gas exploration and production represent a long-term threat to the herpetofauna if best practices are not implemented, above all due to habitat fragmentation associated with the construction of roads and platforms. Likewise, spills of salt-rich wastewater or crude oil pose a serious threat to amphibians that depend on high-quality streams and lakes (Finer and Orta-Martínez 2010). And because much of the area has poor, fragile soils, the recovery of the herpetofauna's forest habitat will be much slower, thereby putting at risk species that are currently endangered, such as *Podocnemis unifilis*, or those endemic to the region, such as *Ranitomeya cyanovittata*.

The high herpetological diversity of the Tapiche-Blanco region includes species of caimans (*Melanosuchus niger*, *Paleosuchus trigonatus*, and *Caiman crocodilus*) and turtles (*Podocnemis unifilis* and *Chelonoidis denticulata*) whose populations still appear to be healthy. Nonetheless, these species are locally hunted for food and this hunting pressure could affect their populations if management actions are not taken.

RECOMMENDATIONS

We believe that the hunting pressure on turtle and caiman populations deserves study, especially regarding the population density of these species in the communities around the proposed conservation area. The goal of these studies should be to offer guidelines for using and managing these species that can be implemented through community agreements.

In the event that oil and gas exploration and production activities continue, we recommend the use of best practices such as reduced-impact green pipelines and roads (Finer et al. 2013), the reinjection of drilling salts, and contingency plans that guarantee the high-quality water that the herpetofauna requires.

The large expanses of white-sand forest in the region represent a wonderful opportunity for improving our knowledge of the herpetofauna associated with these ecosystems south of the Amazon River. We especially recommend studies designed to elucidate the differences between the herpetological communities of rich-soil and poor-soil (white-sand) forests. Likewise, the forests on Amazonian peat bogs at the Wiswincho campsite represent an opportunity to learn more about the herpetofauna associated with that important but poorly studied vegetation type.

BIRDS

Authors: Brian J. O'Shea, Douglas F. Stotz, Percy Saboya del Castillo, and Ernesto Ruelas Inzunza

Conservation targets: A group of 17 species restricted to poor-soil forests (*varillales* and *chamizales*), especially White-winged Potoo (*Nyctibius leucopterus*), Cherrie's Antwren (*Myrmotherula cherriei*), and Black Manakin (*Xenopipo atronitens*), species with patchy distributions in Loreto; 5 species restricted to flooded forests in western Amazonia; 15 species classified in special conservation categories by IUCN (2014) or MINAGRI (2014), and 55 additional species listed under Appendix II of CITES, particularly large parrots such as Red-bellied Macaw (*Orthopsittaca manilata*), Blue-headed Macaw (*Primolius couloni*), Blue-and-yellow Macaw (*Ara ararauna*), Scarlet Macaw (*Ara macao*), and Orange-winged Parrot (*Amazona amazonica*); populations of game birds, especially cracids and trumpeters

INTRODUCTION

The *tierra firme* forests of western Amazonia feature scattered patches of stunted forest growing on various highly eroded substrates, especially quartzitic sands and weathered clays. These forests, known in the Iquitos region as *varillales* and often referred to as white-sand, nutrient-poor, or poor-soil forests, support a distinct flora with many endemic species (Fine et al. 2010). Recent ornithological work in *varillales* near Iquitos has resulted in the discovery of five bird species new to science, as well as many new distributional records for Peru (summarized in Álvarez Alonso et al. 2013).

During our Matsés rapid inventory in 2004, we surveyed three sites in the upper Yavarí drainage east of the Blanco River, and noted the presence of extensive *varillales* on the west side of the river (Vriesendorp et al. 2006a). Within the study area of the Matsés inventory, poor soils dominated the landscape at two campsites: Choncó, which was mostly weathered clay, and Itia Tëbu, which featured primarily sandy soils. In that inventory report we suggested that these unique areas should be protected, and similar habitats in the region identified and surveyed (Vriesendorp et al. 2006a).

The current inventory provides the first serious avifaunal survey of the stunted forests in the interfluvium between the Tapiche and Blanco rivers. From an ornithological perspective the most relevant previous surveys in the region are the Matsés inventory

(Stotz and Pequeño 2006), and one campsite surveyed in the upper Tapiche basin during the Sierra del Divisor rapid inventory (Schulenberg et al. 2006). (The two other camps in the Sierra del Divisor inventory surveyed much hiller terrain and had a relatively depauperate Amazonian avifauna.) During the Matsés inventory, the ornithological team surveyed the east bank of the Blanco River (ca. 10 hours total) by walking to the river from the Itia Tëbu campsite. Itia Tëbu is only 12 km from our first camp in the Tapiche-Blanco rapid inventory (Wiswincho). The Tapiche campsite of the Sierra del Divisor rapid inventory is approximately 105 km south of our Anguila campsite in the Tapiche-Blanco rapid inventory.

Some ornithological work has been done along the Tapiche River. In February-March 1997, R. H. Wiley worked along this river between its confluence with the Blanco River and the village of San Pedro as part of a biological survey of the area (Struhsaker et al. 1997). Juan Díaz Alván also observed birds along the Río Tapiche during 2002, 2003, and 2012 (J. Díaz Alván, unpublished data).

A moderate amount of additional ornithological work has been done south of our survey area, in a region of hills and small ridges near Contamana (see Schulenberg et al. 2006 for details of these surveys). On the Brazilian side of the Sierra del Divisor, teams from the Museu Paraense Emilio Goeldi have conducted surveys in the Juruá drainage (Whitney et al. 1996, 1997).

North of our study area, surveys have been conducted over much of northern Loreto in areas with stunted forests (varillales and chamizales) on nutrient-poor soils (reviewed by Álvarez Alonso et al. 2013). Our Nanay-Mazán-Arabela rapid inventory (Stotz and Díaz Alván 2007) explored white-sand habitats in the Nanay drainage. These had a relatively large set of white-sand species, and the avifauna resembled that of the Allpahuayo-Mishana National Reserve, the best-known and most diverse site for white-sand specialist birds in Peru. Elsewhere, we have found only a handful of species associated with these poor soils, and have not found any of the endemic species that have been recently described from the Allpahuayo-Mishana forests.

Our inventories have explored other stunted, poor-soil forests in Loreto besides the classic white-sand varillales and chamizales of Allapahuayo-Mishana. These include a varillal on clay in the Ere-Campuya-Algodón rapid inventory (Pitman et al. 2013) and a chamizal on peat in the Yaguas-Cotuhé rapid inventory (Pitman et al. 2011), as well as flat-topped mesas in the Maijuna rapid inventory (Gilmore et al. 2010) and various sandy-soil forests around the base of the Cordillera Escalera (Pitman et al. 2014). Each of these areas had only a few of the bird species considered to be white-sand forest specialists by Álvarez Alonso et al. (2013). South of the Amazon, on the Matsés inventory at Itia Tëbu, a true white-sand varillal, we found almost none of the classic white-sand species, recording only a few of the least specialized species (Stotz and Pequeño 2006).

METHODS

O'Shea, Stotz, Saboya, and Ruelas surveyed the birds at three campsites in the Blanco and Tapiche drainages (see map in Fig. 2A and the chapter *Overview of biological and social inventory sites*, this volume). We spent four full days and parts of two days at Wiswincho (10–13 October 2014), five full days and parts of two days at Anguila (15–19 October), and five full days and parts of two days at Quebrada Pobreza (21–25 October). Wiswincho and Quebrada Pobreza were located near left-bank tributaries of the Río Blanco within 7 km of the river. At Wiswincho, the Río Blanco proper was surveyed by boat by O'Shea on one day. Anguila was situated on a right-bank tributary of the Río Tapiche, 29 km from the river. The elevational diversity was minimal, ranging between 100 masl at Wiswincho and 185 masl at Anguila. The ornithological team spent approximately 154 hours observing birds at Wiswincho, and 188 hours at Anguila. O'Shea, Ruelas, and Saboya spent 135 hours afield at Quebrada Pobreza; Stotz was not present at this camp.

Our protocol consisted of walking trails, looking and listening for birds. We conducted our surveys separately to increase independent-observer effort. Each day at least one observer covered each trail in the trail system in each camp, except at Wiswincho, where knee- to waist-deep flooding interfered with coverage of some trails. O'Shea surveyed the extensive flooded forest at Wiswincho in a small boat on one morning. Typically, we departed camp before first light and remained in the field until mid-afternoon. On some days, we returned to the field for one to two hours until sunset or up to an hour after sunset. At all camps except Wiswincho, the entire trail system was walked at least once by a member of the bird team, and most trails were surveyed multiple times. Total distances walked by each observer each day varied from 6 to 13 km, depending on trail length, habitat, density of birds, and condition of the observer.

Ruelas carried a Marantz PMD-661 digital recorder and a Sennheiser ME-66 shotgun microphone to document species and confirm identifications with playbacks. Saboya and Ruelas also carried iPods with reference vocalization collections to aid field identification. O'Shea made several environmental recordings using a Sennheiser MKH-20/MKH-30 stereo pair and a Marantz PMD-661 digital recorder with a Sound Devices MP-2 preamp to supply power to the microphones. Due to weather conditions, most environmental recordings were made at the Anguila and Quebrada Pobreza campsites. Recordings were made at predetermined locations along trails, at least 1 km from the camps. The stereo pair was positioned atop a tripod and connected via a 30 m cable to the preamp and recorder, which were operated by O'Shea from a portable blind to minimize disturbance that could affect the behavior of birds and other wildlife. Most recordings were initiated pre-dawn (04:30–04:45) and ran continuously for up to two hours. At Anguila, a dusk recording was made as well. The recordings of O'Shea and Ruelas will be deposited at the Macaulay Library at the Cornell Lab of Ornithology in Ithaca, NY, USA.

Observers kept daily records of numbers of each species observed, and compiled these records during a round-table meeting each evening. Observations by other members of the inventory team supplemented our records. Our complete list of species in Appendix 7 follows the taxonomy, sequence, and nomenclature (for scientific and English names) of the South American

Checklist Committee of the American Ornithologists' Union, version 28 May 2015 (Remsen et al. 2015).

In Appendix 7 we estimate relative abundances using our daily records. Because our visits to these sites were short, our estimates are necessarily crude and may not reflect bird abundance or presence during other seasons. For the three inventory sites, we used four abundance classes. 'Common' indicates birds observed (seen or heard) daily in appropriate habitat in substantial numbers (averaging 10 or more birds per day). 'Fairly common' indicates that a species was encountered daily in appropriate habitat, but represented by fewer than 10 individuals per day. 'Uncommon' birds were those encountered more than twice at a camp, but not seen daily, and 'rare' birds were observed only once or twice at a camp as single individuals or pairs. Because the survey period for flooded forests at Wiswincho was very short, abundance estimates are less reliable for species in that habitat.

In Appendix 7, we supplement our observations during the inventory with information from three previous trips to the region. These are Wiley's survey of the Tapiche in 1997 (Wiley et al. 1997) and Díaz's surveys along the Tapiche during 2002, 2003, and 2012 (J. Díaz Alván, unpublished data). Finally, E. Ruelas Inzunza of our inventory team visited various villages along the Blanco River on 21–24 May 2014 south to Curinga, and along the Tapiche River on 24–27 May, from the junction with the Blanco south to the village of Santa Elena, and observed birds in the course of this work (E. Ruelas, pers. obs.). All three of these trips were more focused on the rivers and immediately adjacent habitats than our inventory. We include the bird lists from these surveys in Appendix 7, but do not attempt to estimate relative abundance or delineate habitat use for the birds found during these surveys.

RESULTS

During our inventory in the Tapiche-Blanco interfluvium we found 394 species of birds. Combining our inventory list with those from unpublished observations along the Tapiche and Blanco rivers (see previous paragraph) yields a total number of species encountered in the region of

501 (Appendix 7). We estimate that the region is regularly home to about 550 species of birds.

Species richness at the camps we surveyed

The three camps surveyed during this inventory varied dramatically in habitats and in the avifaunas that we found. At the first camp, Wiswincho, we found 323 species, which compares favorably to any other site surveyed during rapid inventories in Loreto (Table 4). This was despite the lack of real *tierra firme* forest. However, there was substantial habitat diversity at Wiswincho, and it was the only campsite on the Tapiche-Blanco inventory where we were able to survey a moderately large river (the Blanco). Notable at this site compared to the other two was the large number of parrot species.

At Anguila we found 270 species, which is about typical for a largely *tierra firme* site. We primarily surveyed *tierra firme* forests and varillales at this site, and did not have access to a large river. This site had by far the richest avifauna of understory antbirds and the richest mixed-species flocks.

At our last camp, Quebrada Pobreza, we found only 203 species. This number is more or less typical of camps with notably poor soils. A smaller team at this camp (Stotz left before we surveyed this camp) affected the observed number of species at this camp, but the generally poor soils and higher level of disturbance likely contributed to the low diversity.

Specialists of white-sand forests

During the Tapiche-Blanco survey, we found 23 species (Table 5) listed as specialists to some degree on white-sand forests by Álvarez Alonso et al. (2013). This is more than half of all white-sand specialists known from Peru. In the Tapiche-Blanco region not all of these species were restricted or even strongly associated with the stunted *varillales* and *chamizales* that we surveyed. Most of the species were found at all three campsites. Wiswincho had 18 species, Anguila 17, and Quebrada Pobreza 17.

Specialists of floodplain forests

During a brief survey of the flooded forests along the Blanco River at Wiswincho, we found four species previously known in Peru only from flooded forests along major rivers in northern Peru, like the Amazon and lower Ucayali. These were Scarlet-crowned Barbet (*Capito aurovirens*), Black-tailed Antbird (*Myrmoborus melanurus*), Zimmer's Woodcreeper (*Dendroplex kienerii*), and Yellow-crowned Elaenia (*Myiopagis flavivertex*). In addition to these four species, the flooded forests at Wiswincho contained a number of less specialized and widespread species associated with riverine habitats that we did not encounter elsewhere during the inventory. The flooded forests near Quebrada Pobreza presumably had a similar set of species, but for logistical reasons we were unable to survey those forests.

Threatened species

Seventy species that are considered threatened to some degree were encountered during the rapid inventory (Appendix 7). However, most of these are only listed on Appendix II of CITES (58 species). Two species are listed on CITES Appendix I and one on Appendix III. Eight species are considered globally Near Threatened by the IUCN and three are considered globally Vulnerable. Eight species are considered at risk in Peru by MINAGRI (2014), with six listed as Near Threatened and two as Vulnerable. There is little consistency across these different lists, and only Blue-headed Macaw appears on all three. None of the species considered at risk appear to require special conservation actions in the Tapiche-Blanco region, beyond those required to maintain the habitats and the avifauna of the region.

Mixed-species flocks

A dominant feature of the Amazonian avifauna, mixed-species flocks were generally depauperate in terms of both species richness and number of individuals. At all three campsites, understory flocks were relatively scarce and usually led by a *Thamnomanes* antshrike (usually Saturnine Antshrike [*T. saturninus*], which was the most common *Thamnomanes* species at all campsites). Stipple-throated Antwren (*Epinecrophylla haematanota*) was a relatively constant presence in these flocks, along with 1–3 other species, among the most frequent of which were White-flanked Antwren (*Myrmotherula axillaris*), Gray Antwren (*M. menetriesii*), Elegant

Table 4. Bird species totals per campsite for three rapid inventories in the Tapiche and Blanco watersheds, ranked from most to least diverse. Sources: Schulenberg et al. (2006), Stotz and Pequeño (2006), this study.

Inventory/Campsite	Number of species	Dominant habitat(s)
Tapiche-Blanco/Wiswincho	323	*Igapó/chamizal/várzea*
Matsés/Actiamë	323	*Tierra firme* along river
Sierra del Divisor/Tapiche	283	Floodplain terrace
Tapiche-Blanco/Anguila	270	Hilly *tierra firme*
Matsés/Choncó	260	Hilly *tierra firme*
Tapiche-Blanco/Quebrada Pobreza	203	*Varillal/tierra firme/igapó*
Matsés/Itia Tëbu	187	*Varillal*
Sierra del Divisor/Divisor	180	Poor-soil forest
Sierra del Divisor/Ojo de Contaya	149	Poor-soil forest

Table 5. Birds classified as specialists on white-sand forest and the habitats in which we found them in the Tapiche-Blanco interfluvium. Where two habitats are listed, the species was more common in the first. List and specialization classes follow Álvarez Alonso et al. (2013). *Igapó* = floodplain forest along blackwater rivers; *várzea* = floodplain forest along whitewater rivers.

Species	Specialization class	Habitats
Crypturellus strigulosus	Local	*Tierra firme, varillal*
Notharchus ordii	Strict	*Varillal, tierra firme*
Nyctibius leucopterus	Facultative	*Varillal*
Topaza pyra	Facultative	*Igapó*, creeks in *varillal*
Polytmus theresiae	Facultative	*Chamizal*
Trogon rufus	Facultative	*Varillal, tierra firme*
Galbula dea	Facultative	All forest types
Epinecrophylla leucophthalma	Local	*Tierra firme*
Myrmotherula cherriei	Facultative	*Chamizal*
Hypocnemis hypoxantha	Facultative	*Tierra firme*
Sclerurus rufigularis	Facultative	*Tierra firme, varillal*
Deconychura longicauda	Facultative	*Tierra firme*
Lepidocolaptes albolineatus	Local	*Varillal*
Hemitriccus minimus	Strict	*Varillal*
Neopipo cinnamomea	Local	*Varillal, tierra firme*
Cnemotriccus fuscatus duidae	Strict	*Chamizal*
Conopias parvus	Local	All forest types
Ramphotrigon ruficauda	Facultative	All forest types
Attila citriniventris	Local	All forest types
Xipholena punicea	Strict	*Igapó*
Xenopipo atronitens	Local	*Chamizal*
Heterocercus aurantiivertex	Local	*Varillal, igapó*
Dixiphia pipra	Facultative	All forest types

Woodcreeper (*Xiphorhynchus elegans*), and Wedge-billed Woodcreeper (*Glyphorhynchus spirurus*). On multiple occasions, we observed pairs or family groups of both *Thamnomanes* spp. and *E. haematanota* foraging without obvious associates.

The frequency of encounters with canopy flocks was also lower than expected, particularly at Wiswincho. Canopy flocks typically contained fewer species than we have encountered elsewhere in Amazonia, and were almost always seen in conjunction with understory flocks. We were usually alerted to the presence of flocks by the far-carrying vocalizations of Sclater's Antwren (*Myrmotherula sclateri*), Yellow-margined Flycatcher (*Tolmomyias assimilis*), Dusky-capped Greenlet (*Hylophilus hypoxanthus*), and White-winged Shrike-Tanager (*Lanio versicolor*). Most of these species were present in most (but not all) canopy flocks that we encountered.

Stotz recorded the size and composition of flocks at Wiswincho and Anguila. For the 23 understory flocks for which he obtained data, flocks ranged from 2 to 11 species and averaged 4.1 species per flock. There was no clear difference in understory flocks between the two campsites. Independent canopy flocks were essentially non-existent at Wiswincho. Stotz encountered no mixed canopy flocks independent of the understory flocks at Wiswincho, although mixed groups of tanagers were sometimes found in fruiting trees. Canopy flock species typically occurred by themselves in the forest or were associated with understory flocks. An understory flock often contained one to three species of canopy flock birds.

At Anguila the canopy element of the mixed-species flocks was larger and more diverse, containing more insectivorous species in particular, but even here they typically accompanied understory flocks. With the larger canopy element, some of the flocks at Anguila were moderately large. The most diverse flock that Stotz encountered at Anguila had 21 species and was found in tall *tierra firme* forest. In general, flocks were largest and most diverse in habitats other than *varillal* and low *chamizal*.

Tanagers were a prominent component of the canopy avifauna, especially Paradise Tanager ([*Tangara chilensis*], many groups of which were observed daily) and Purple Honeycreeper (*Cyanerpes caeruleus*). These species were frequently seen independent of flocks, but were also observed in association with other frugivorous and nectarivorous tanager species including other *Tangara* spp., Green Honeycreeper (*Chlorophanes spiza*), Short-billed Honeycreeper (*Cyanerpes nitidus*), and Blue Dacnis (*Dacnis cayana*). In the canopy of *varillales*, where bird activity was generally low and flocks particularly scarce, the call notes of these small tanagers were a common sound.

Migration

Our October survey coincided with the arrival dates for many species of boreal migrants, but we observed only eight during the inventory: Common Nighthawk (*Chordeiles minor*), Eastern Wood-Pewee (*Contopus virens*), Sulphur-bellied Flycatcher (*Myiodynastes luteiventris*), Eastern Kingbird (*Tyrannus tyrannus*), Swainson's Thrush (*Catharus ustulatus*), Scarlet Tanager (*Piranga olivacea*), Red-eyed Vireo (*Vireo olivaceus*), and Yellow-green Vireo (*Vireo flaviviridis*). Austral migrants appeared to have mostly departed the region, as we only observed one species: Crowned Slaty Flycatcher (*Empidonomus auriantioatrocristatus*). None of the migrant species were particularly numerous, and several were seen only once during the inventory.

The surveys by Wiley and Díaz (Appendix 7) found an additional 10 species of migrants from North America, including five sandpipers, Greater Yellowlegs (*Tringa melanoleuca*), Solitary (*T. solitaria*), Upland (*Bartramia longicauda*), Spotted (*Actitis macularius*), and Pectoral sandpipers (*Calidris melanotos*), and two aerial insectivores, Chimney Swift (*Chaetura pelagica*) and Bank Swallow (*Riparia riparia*), plus Blue-winged Teal (*Anas discors*), Yellow-billed Cuckoo (*Coccyzus americanus*) and Bobolink (*Dolichonyx oryzivorus*). These additional data suggest that, although migrants are not a prominent feature of the avifauna in the region, Tapiche-Blanco probably has a fairly typical diversity of North American migrants for lowland Loreto, with about 25 species.

Breeding

We saw relatively little evidence of breeding activity during the inventory. Several occupied nests were found that could not be identified, including two cavity nests that appeared to belong to the same species, presumably Wedge-billed Woodcreeper. At both Wiswincho and Quebrada Pobreza, we found eggs of a tinamou species— probably White-throated Tinamou (*T. guttatus*)—that was the most common species at both camps. At Anguila, we observed a pair of Short-tailed Pygmy-Tyrants (*Myiornis ecaudatus*) building a nest in a small isolated tree in the *collpa*. Also at Anguila, O'Shea observed a pair of Rufous-tailed Flatbills (*Ramphotrigon ruficauda*) carrying food but did not locate the nest. A surprise at this site was a Green-backed Trogon (*Trogon viridis*) nest located in a termitarium in a stump on the heliport. This heliport was opened by a petroleum company (Pacific Rubiales) in November 2012 and subsequently abandoned. It was the only heliport used on the inventory that had been opened before our work, and it had substantial second-growth vegetation a few weeks before our arrival, which could partially explain its selection as a nest site. At Quebrada Pobreza, O'Shea observed fledged but dependent young of Saturnine Antshrike. Finally, our only record of Chestnut-belted Gnateater (*Conopophaga aurita*) is a photograph from Anguila of a juvenile bird taken at night by the herpetological team. This bird was roosting in low vegetation in the company of an adult.

Game birds

Large-bodied game birds (guans, curassows, trumpeters, and tinamous) were present at all campsites, but at lower densities than we have observed in forests with fewer obvious human impacts. Many of these birds were not particularly shy, especially Pale-winged Trumpeter (*Psophia leucoptera*), a group of which walked through the camp at Anguila while several members of our team were present. We only had two observations of Razor-billed Curassow (*Mitu tuberosum*), one each from Wiswincho and Quebrada Pobreza. This species should have been more common, and we suspect that hunting has reduced its numbers in this region. Large tinamous (*Tinamus* spp.) and Spix's Guan (*Penelope jacquacu*)

were each encountered in numbers daily; their populations seemed normal for an Amazonian site (although *Penelope jacquacu* was less common in the flooded forest at Wiswincho).

Parrot populations and proximity to *aguajales*

Parrots were far more common at Wiswincho than at the other two sites. Of the 18 species recorded during the inventory, 17 were observed at Wiswincho, and 5 were found only at that site: White-winged Parakeet (*Brotogeris versicolurus*), Dusky-headed Parakeet (*Aratinga weddellii*), Blue-headed Macaw, Scarlet Macaw, and Chestnut-fronted Macaw (*Ara severus*). Numbers of *Amazona* spp. and Red-bellied Macaw were much higher here than elsewhere. We attribute the abundance of parrots to a temporary local abundance of food resources, both near the camp and in *várzea* along the Blanco River. Many parrots, especially Orange-winged Parrot, were observed daily commuting to and from roost sites in the nearby *aguajales*. During a 3-hour float down the Blanco River at midday on 12 October, O'Shea observed 11 species of parrots, and was rarely out of earshot of a feeding flock of *Brotogeris versicolurus*. By contrast, at the other camps, parrots were most often observed as scattered groups of commuters early and late in the day, and no significant concentrations were noted, although small numbers of some species (e.g., Rose-fronted Parakeet [*Pyrrhura roseifrons*], White-bellied Parrot [*Pionites leucogaster*], and Mealy Parrot [*Amazona farinosa*]) were sometimes found feeding in the canopy of *tierra firme* forest during the middle of the day. We found 12 species of parrots at Anguila, including the only Dusky-billed Parrotlet (*Forpus modestus*) found during the inventory, and only 9 species at Quebrada Pobreza.

DISCUSSION

Habitats and avifauna at the study sites

Wiswincho campsite

This locality, with 323 species, had the highest species richness of any campsite. We attribute this to the variety of habitats within a short distance of the camp, and the broad overlap in species composition between species-rich *tierra firme* in the surrounding region and the flooded forests (*igapó*, *várzea*) present here. The high species total is especially impressive considering that one of the three trails was entirely flooded and practically inaccessible throughout the inventory, and substantial portions of the other two trails were also underwater. As a result, this was the only site where all observers did not walk the full length of all trails at least once. Although it was only surveyed by one of us (O'Shea) on one morning, the *várzea* forest along the Blanco River added significantly to our species total, including four species restricted to that habitat throughout their ranges. Twenty-three species observed in *várzea* were not detected in the forests closer to our camp, nor were they recorded from either of the other sites.

At Wiswincho we observed 104 species not seen at Anguila or Quebrada Pobreza. This is not surprising given the number of species recorded here compared to the other two sites, although it likely would have been lower had we been able to access nearby *várzea* forest at Quebrada Pobreza. Even so, the structural heterogeneity of vegetation at Wiswincho was exceptional, and undoubtedly contributed to the many unique species records here. Wiswincho was also the only site with significant areas of *aguajal* and open, grassy *chamizal*, in which we found some of the more interesting records of the inventory, such as Green-tailed Goldenthroat (*Polytmus theresiae*) and Cherrie's Antwren. Both the *várzea* and *aguajales* attracted large numbers of parrots, which were far more abundant and diverse here than at the other campsites.

Our records of two *várzea* specialists—*Capito aurovirens* and *Myrmoborus melanurus*—represent small range extensions from the lower Tapiche. We presume that these birds are distributed continuously in *várzea* at other sites along the Blanco River. Another *várzea* specialist, Zimmer's Woodcreeper, was previously known in Peru only from along the Amazon and lower Marañón rivers (Schulenberg et al. 2010). We suspect that it is much more widely distributed in *várzea* and on river islands in northern Peru, but has been overlooked because of its checkered taxonomic history (Aleixo and Whitney 2002) and extreme similarity to another woodcreeper of riverine habitats, Straight-billed

Woodcreeper (*Dendroplex picus*). O'Shea obtained our only records of all of these *várzea* specialists on 12 October when he was able to access the *várzea* by boat. However, we think it likely that all of these species are reasonably common in *várzea* throughout the region.

Anguila campsite

The species richness at Anguila (270 species) was comparable to other sites in the region dominated by *tierra firme* forest (Table 4). Anguila was farther from a river than either of the other campsites, and floodplain forest here was restricted to the vicinity of the Quebrada Yanayacu. The remainder of the forest, on hills and terraces with patches of lower *varillal* on white sands, was quite different from the forests at Wiswincho. Despite this, the avifauna overlapped broadly with the other two campsites, and Anguila had only 36 unique species. Many of the unique species at Anguila were relatively low-density species of *tierra firme* (e.g., Striated Antthrush [*Chamaeza nobilis*]); species associated with creek-edge habitats (e.g., Agami Heron [*Agamia agami*], Sunbittern [*Eurypyga helias*]); and low-density species that, although widespread, are typically encountered only once or twice during an inventory (e.g., White-browed Hawk [*Leucopternis kuhli*]). As has been noted in similar habitats elsewhere, birds were less abundant and diverse in *varillal* forest at Anguila, although the site produced our only records of Zimmer's Tody-Tyrant (*Hemitriccus minimus*), a strict specialist on nutrient-poor forests (Álvarez Alonso et al. 2013).

Quebrada Pobreza campsite

Despite having diverse habitats including *igapó*, hilly *tierra firme* forest, *varillal*, and *chamizal*, Quebrada Pobreza yielded the shortest species list of any campsite. Our total of 203 species is undoubtedly misrepresentative of true diversity at this site for two reasons. First, Stotz departed the inventory team on the day of our arrival, resulting in fewer observer-hours relative to the other two camps. Second, the nearby *várzea* was inaccessible due to low water levels in the creek, which made boat travel downstream difficult at best. We suspect that *várzea* access would have added at least 50 species to our list for this site.

Although we are certain that additional surveys would reveal more species at Quebrada Pobreza, the distribution of habitats here was not conducive to developing a large species list within the time constraints of our inventory, and many species were noticeably less common here than at the other sites, or absent altogether. *Igapó* forest, though present at this site, was restricted to a narrow corridor along the creek and seemed to support far fewer birds than similar forest at Wiswincho and Anguila. Away from the creek, this relatively depauperate *igapó* transitioned quickly to *varillal*, which was generally the most species-poor habitat encountered during the inventory. The single patch of *chamizal* was substantially different from the *chamizal* at Wiswincho, taking the form of a low, dense forest 3–4 m high, with no grass or open spaces. Surveying this habitat was difficult due to limited sight distance, and indeed the *chamizal* added only four species to our site list: Tropical Screech-Owl (*Megascops choliba*), Fuscous Flycatcher (*Cnemotriccus fuscatus duidae*), Black Manakin, and Red-legged Honeycreeper (*Cyanerpes cyaneus*). Although *M. choliba* was recorded only at Quebrada Pobreza, the remaining three species were more common at Wiswincho in *chamizal* and *varillal*.

We accessed *tierra firme* forest along a 5-km trail that began at an old logging camp located along the creek 4 km upstream from our base camp. The *tierra firme* here was hilly and heavily disturbed by logging. Although large trees were present in the forest, numerous *viales* had been cut to facilitate the transport of felled timber. Many species recorded at Quebrada Pobreza were observed only along this trail, including most of the nine species unique to this site. The elevated terrain and openings created by the *viales* afforded good opportunities to view forest canopy here, along with inconspicuous canopy birds that may have been overlooked at the other campsites, such as Pied Puffbird (*Notharchus tectus*) and White-browed Purpletuft (*Iodopleura isabellae*). Canopy flocks were somewhat less scarce and depauperate here than at other sites, and ranged down to eye level along the edges of *viales*. Birds of the forest understory, particularly terrestrial insectivores and those associated with army ants, seemed especially uncommon here; for example, we did not detect Plain-brown Woodcreeper (*Dendrocincla fuliginosa*) or either species of *Dendrocolaptes*, and both Ringed Antpipit (*Corythopis torquatus*) and Rusty-belted Tapaculo (*Liosceles thoracicus*) were detected only once or twice. We do not know whether alteration of the forest structure by logging was responsible for this anomaly.

Notable records

Most of the unexpected finds among birds were species found in the *varillales* and *chamizales* or at Wiswincho in the flooded forest along the Blanco River. Several species stand out among the species restricted to the forests on poor soils (Table 5).

White-winged Potoo, *Nyctibius leucopterus*, was the most significant find of the Tapiche-Blanco inventory. We recorded it at two campsites. At Anguila, a single bird called at dusk for at least three consecutive days in tall forest with an *irapay* (*Lepidocaryum* sp.) understory on sandy soil. At Quebrada Pobreza, a bird roosted over camp and was seen daily and photographed (Fig. 9A). This species is a white-sand specialist that ranges patchily north of the Amazon from the Guianas to Allpahuayo-Mishana west of Iquitos (Álvarez Alonso and Whitney 2003, Cohn-Haft 2014) in poor-soil forests. In Peru, a single record of a calling bird from the Maijuna inventory (Stotz and Díaz Alván 2010) was previously the only report away from Allpahuayo-Mishana. South of the Amazon, the species was known only from Serra do Divisor National Park in far western Brazil (Whitney et al. 1996, 1997). Interestingly, while we were in the field, the species was found south of the Amazon near the Tahuayo River at the Quebrada Blanco Biological Station by J. Socolar (Socolar et al., unpublished manuscript). These records suggest that the species may be moderately widespread in appropriate habitat in western Amazonia.

The presence of Cherrie's Antwren in the bushy *chamizal* at Wiswincho was a huge surprise. This species was fairly common in the *chamizal* and was occasionally encountered in taller forest around the edges of the *chamizal*. Typically the species occurred as pairs moving through the shrubby vegetation at 1–4 m above the ground. It was previously known in Peru from along the Tigre and Nanay rivers west of Iquitos (Schulenberg et al. 2010). It is a species of northwestern Amazonia ranging from northeastern Colombia to near Manaus (Ridgely and Tudor 1989). The Peruvian populations seem to be disjunct from the main population. There were no previous records from south of the Amazon River. We found the closely related and very similar Amazonian Streaked-Antwren (*Myrmotherula multistriata*) at all of the camps at the edges of streams and lakes and observed it within a kilometer of the *chamizal* occupied by *M. cherriei*.

Green-tailed Goldenthroat and Black Manakin have similar patchy distributions in Peru. Both are known from shrubby grasslands at Jeberos, west of Iquitos, and from the Pampas del Heath in far southeastern Peru. There are old specimens of *P. theresiae* from the Pastaza River, while *Xenopipo* has been recently found in stunted forest east of the upper Ucayali (Harvey et al. 2014) and there are a few records of this same species apparently wandering from elsewhere in southeastern Peru (Schulenberg et al. 2010). Both species are widely but patchily distributed in similar habitats in Amazonia. *Polytmus* was rare in the *chamizal* at Wiswincho, where we had two sightings. In contrast, *Xenopipo* was fairly common and conspicuous (Fig. 9B) in the *chamizal* at Wiswincho, and was uncommon in similar habitat at Quebrada Pobreza. We expect that further surveys of these habitats in the region would find these species are at least moderately widely distributed in naturally open habitats.

During the inventory, we found Brown-banded Puffbird (*Notharchus ordii*), Zimmer's Tody-Tyrant, Cinnamon Manakin-Tyrant (*Neopipo cinnamomea*), and Fuscous Flycatcher. All are patchily distributed species in Peru, where they are associated with stunted forests on poor soils, especially white sand. All have been found in the region east of the Ucayali River, so were not range extensions. *Hemitriccus minimus* and *Cnemotriccus fuscatus duidae* were recorded on the Matsés (Stotz and Pequeño 2006) and Sierra del Divisor (Schulenberg et al. 2006) rapid inventories. At the same time, all are patchily distributed and these records are worthy of note. *Hemitriccus minimus* was the rarest of

this set on this inventory, with only a single record at Anguila. *Cnemotriccus fuscatus duidae* was regularly encountered in *varillal* and the denser parts of the *chamizal* at Wiswincho and Quebrada Pobreza, usually as pairs. This taxon is typically found in stunted forests, while other subspecies in Peru are in riverine habitats. It likely represents a distinct species from other Amazonian *Cnemotriccus* (see Harvey et al. 2014). *Notharchus ordii* was regularly heard and occasionally seen in both the canopy of taller *tierra firme* forest and *varillal* at both Anguila and Quebrada Pobreza. Given that, its absence at Wiswincho is puzzling. *Neopipo cinnamomea* was the most widespread of these species, being present at all three camps, and found in *tierra firme* forest as well as the *varillales*.

O'Shea observed a single male of Pompadour Cotinga (*Xipholena punicea*) flying well above the *várzea* at Wiswincho. This species was previously known in Peru only from white-sand areas west of Iquitos, and is considered a white-sand specialist in Peru, although elsewhere in its range it occurs in *tierra firme* forests. It is possible that the bird seen was not using *várzea*, but was moving between white-sand areas east of the Blanco River and white-sand areas west of the Blanco River. While a significant range extension, it is not unexpected in this region, as it is widely distributed in southern Amazonian Brazil west to Acre (van Perlo 2009, Snow and Bonan 2014).

At Wiswincho one of the most abundant birds in the *chamizal* was a *Myiarchus* flycatcher that appeared to be territorial and in pairs. We think these birds were Swainson's Flycatcher (*Myiarchus swainsoni*), known as a widespread austral migrant in eastern Peru. While a breeding population would be unprecedented for central or northern Amazonian Peru, the species has scattered breeding populations in Amazonian Brazil and the Guianas. Typically these populations are found in isolated savanna patches, so the Wiswincho population is consistent in habitat with these other Amazonian populations. Interestingly, Harvey et al. (2014) found a breeding population of Brown-crested Flycatcher (*Myiarchus tyrannulus*) in similar habitat on the east side of the upper Ucayali River. That species, like *M. swainsoni*, was previously known in humid

Amazonian Peru only as an austral migrant (Schulenberg et al. 2010).

The flooded forests and other habitats along the Blanco River were not well surveyed because of the difficulty in access due to flooding at Wiswincho and low water levels at Quebrada Pobreza. Unfortunately, the trail system at Quebrada Pobreza did not include the flooded forests. Despite that, a single day's survey in these forests by O'Shea at Wiswincho, and some observations near the edge of these habitats along flooded trails suggest a relatively rich avifauna with a number of specialists on flooded forests. The most notable find in the flooded forests was Zimmer's Woodcreeper, found by O'Shea at Wiswincho. The biology of this species, long known as *D. necopinus*, has only recently begun to be understood. Aleixo and Whitney (2002) showed that the name *kieneri*, previously used for a subspecies of *D. picus*, applies to this species. It occurs mainly along the Amazon River and lower parts of major tributaries from Manaus west. In Peru, the species is known only from a handful of localities along the Amazon, lower Napo, lower Yavarí, and at Pacaya-Samiria (Schulenberg et al. 2010). But because of its extreme similarity to the much more common and widespread *Dendroplex picus*, it has undoubtedly been overlooked, as has clearly been the case for much of the time since it was first recognized by Zimmer (1934). It seems reasonable to think that the species occurs throughout much of northeastern Peru in appropriate *várzea* habitat.

Several other flooded forest species that we found were previously either not known this far south, or only known this far south from along the Ucayali River (Schulenberg et al. 2010). These included Scarlet-crowned Barbet, Black-tailed Antbird, Yellow-crowned Elaenia, Yellow-olive Flycatcher (*Tolmomyias sulphurescens*), and Orange-crowned Manakin (*Heterocercus aurantiivertex*). The last of these species was also found in *varillal* and *chamizal* habitat, as is often the case near Iquitos as well. Plain-breasted Piculet (*Picumnus castelnau*), typical of riverine forests around Iquitos, was only found in the *chamizal* at Wiswincho.

We expect that many of the *várzea* species found near Iquitos that we did not encounter in our brief survey of this habitat probably occur in the region. Some of them were recorded by Wiley, Díaz, or Ruelas in their more river-oriented fieldwork. These include Red-and-white Spinetail (*Certhiaxis mustelinus*), Orange-fronted Plushcrown (*Metopothrix aurantiaca*), Black-crested Antshrike (*Sakesphorus canadensis*), Amazonian Umbrellabird (*Cephalopterus ornatus*), Velvet-fronted Grackle (*Lampropsar tanagrinus*), and Band-tailed Cacique (*Cacicus latirostris*). Among the species characteristic of flooded forests that we did not encounter but that are most likely to occur in the Tapiche-Blanco region are Plain Softtail (*Thripophaga fusciceps*), Amazonian Black Tyrant (*Knipolegus poecilocercus*), Streaked Flycatcher (*Myiodynastes maculatus*), and Cinereous Becard (*Pachyramphus rufus*).

The major river systems near Iquitos also have a distinct avifauna, with about 20 species strongly associated with successional habitats on river islands (Rosenberg 1990, Armacost and Capparella 2012). We did not survey any river islands, and as far as we are aware these successional habitats do not exist in the region. Not surprisingly, we did not find any of the river island specialists known from the large rivers of northeastern Peru.

Distribution and specialization of the white-sand avifauna

The white-sand substrate in the Tapiche-Blanco interfluvium is thought to have formed through weathering and reworking of alluvial sediments since the beginning of the Pleistocene (see the chapter *Geology, hydrology, and soils*, this volume). The patchy distribution of white-sand forests and their associated fauna in western Amazonia are apparently relicts from a formerly more continuous and extensive zone of sandy soils that has since eroded, leaving patches of white sand on ancient hilltops and in protected valleys (see the chapter *Geology, hydrology, and soils*, this volume). The region's complex history of tectonic and fluvial processes has created the substantial edaphic heterogeneity for which western Amazonia, and the Iquitos region in particular, is famous (Hoorn et al. 2010, Pomara et al. 2012).

Previous researchers have noted that forests growing on sandy and weathered clay soils in western Amazonia share many bird species with similarly nutrient-poor forests of the Brazilian and Guiana Shields, and the western Guiana Shield in particular (Álvarez Alonso and Whitney 2003, Álvarez Alonso et al. 2013). The Guianan component of bird diversity in western Amazonian white-sand forests is complemented by a suite of endemic species, many discovered and described in the past 20 years (e.g., Álvarez Alonso and Whitney 2001, Whitney and Álvarez Alonso 1998, 2003). These species occur only in forests growing on nutrient-poor soils, and their known global ranges and population sizes are exceedingly small. The closest relatives of many of these species occur on, or are endemic to, the Guiana Shield, a fact that supports the hypothesis that western Amazonian white-sand endemics arose through separation from ancestral populations in that region (e.g., Whitney and Álvarez Alonso 2005). This separation could have taken place either through vicariance as river courses shifted and created isolated patches of nutrient-poor forest, or by dispersal to these patches from source populations (Smith et al. 2014). The persistence of avian populations in patchy habitats of western Amazonia is further influenced by differences in the dispersal ability of birds, particularly across major biogeographic barriers such as large rivers (Bush 1994, Burney and Brumfield 2009, Smith et al. 2014).

Within Loreto, many white-sand endemics are restricted to patches of this habitat north of the Amazon (e.g., the Allpahuayo-Mishana National Reserve; Álvarez Alonso et al. 2012). One of our goals on the present inventory was to determine whether some of these endemic species also occur in suitable habitat in the Tapiche-Blanco interfluvium, far to the south of their known ranges. Álvarez Alonso et al. (2013) compiled a list of 21 bird species that occur primarily or only in nutrient-poor forests in western Amazonia ('strict' specialists), and another 18 species that tend to be more common in nutrient-poor forests than they are in adjacent habitats ('facultative' specialists). On this inventory, we found 12 species characterized by Álvarez Alonso et al. (2013) as strict specialists, and another 11 species classified as facultative specialists. We found many of these species in more than one habitat type (Table 5).

We did not observe nine of the specialist species listed by Álvarez Alonso et al. (2013), including four of eight strict specialists. Of the nine species we did not observe, only two—Cinnamon-crested Spadebill (*Platyrinchus saturatus*) and Red-shouldered Tanager (*Tachyphonus phoeniceus*)—are known to occur south of the Amazon in Brazil. We suspect that these two species may occur in the vicinity of the Blanco River, as they have broad geographic ranges and are not strict white-sand specialists. *T. phoeniceus* in particular has been recorded in tiny patches of xerophytic scrub on inselbergs in wet lowland forest in southern Suriname (O'Shea and Ramcharan 2013), suggesting a strong dispersal ability. Both of these species occur south of the Amazon west at least to the Madeira River (Stotz et al. 1997).

The remaining suite of specialists listed by Álvarez Alonso et al. (2013) may indeed not occur south of the Amazon, as they have not been recorded in similar habitat at other poor-soil sites in the Tapiche and Blanco watersheds, including Itia Tëbu in the Matsés National Reserve, near the site of the present inventory (Stotz and Pequeño 2006). However, given the presence of these species in nutrient-poor forests elsewhere in the region, and the fact that they were only discovered after years of surveys at the localities where they occur, they may yet be found in this area. It is also possible that nutrient-poor forests south of the Amazon harbor their own set of endemic species, as suggested by Stotz and Pequeño (2006). Our findings lend support to the current IUCN (2014) listing of the Peruvian white-sand endemic bird species and argue for continued protection of nutrient-poor forests on both sides of the Amazon.

Several of the facultative white-sand specialists listed by Álvarez Alonso et al. (2013) were at least fairly common in *varillal* at one or more sites during the present inventory, including Black-throated Trogon (*Trogon rufus*, especially common at Quebrada Pobreza), Paradise Jacamar (*Galbula dea*), Yellow-browed Antbird (*Hypocnemis hypoxantha*), Rufous-tailed Flatbill, and White-crowned Manakin (*Dixiphia pipra*). Beyond shared species, the avifauna of *varillal* forest bore many qualitative similarities to nutrient-poor forests of the eastern Guiana Shield, a region in which one of us

(O'Shea) has extensive field experience. In particular, the following characteristics of the *varillal* avifauna were strongly reminiscent of non-riverine, upland, sandy forest of the Guianas:

- Canopy mixed-species flocks scarce and species-poor; predominance of small nectarivorous tanagers in the canopy (e.g., *Cyanerpes* spp.)

- Rarity of some conspicuous, widespread *tierra firme* bird species

- Low richness and abundance of non-dendrocolaptine furnariids (e.g., *Automolus*, *Philydor*)

- Understory flocks especially depauperate (occasionally three species or fewer), with *Thamnomanes* antshrikes represented by only one species, or entirely absent

The pattern of reduced richness and abundance that is well documented for white-sand forest relative to other *tierra firme* habitats in western Amazonia is mirrored in the Guianan avifauna, where forests on highly weathered surfaces such as the Potaro Plateau (O'Shea and Wrights, *in prep.*), the sandy coastal plain, and plateaus with bauxite hardcaps at the surface (O'Shea and Ottema 2007) support much poorer bird communities than those growing on deeper soils (e.g., in lowland floodplains). In the Guianas, some of the commoner birds in these forests include Straight-billed Hermit (*Phaethornis bourcieri*), Waved Woodpecker (*Celeus undatus*), Todd's Antwren (*Herpsilochmus stictocephalus*), Yellow-margined Flycatcher, Yellow-throated Flycatcher (*Conopias parvus*), and White-crowned Manakin. Most of these species, or their geographic replacements, were also observed frequently in *varillal* during the present inventory.

However, we did not observe any species of *Herpsilochmus* antwren, and some facultative poor-soil specialists seemed more common here than in the Guianas, notably Rufous-tailed Flatbill and Black-throated Trogon. The lack of a *Herpsilochmus* antwren is notable in particular, because this genus is characteristic of poor-soil habitats across most of Amazonia. The recently described *H. gentryi* occurs in the white-sand areas west of Iquitos (Whitney and Álvarez Alonso 1998), an undescribed species is found in Loreto north of the Amazon and east of the Napo, and

two recently described species, *H. stotzi* and *H. praedictus*, occupy stunted forests across much of Amazonian Brazil south of the Amazon River (Whitney et al. 2013, Cohn-Haft and Bravo 2013).

The ecology of birds in nutrient-poor forests in western Amazonia is complicated by the fact that species differ in their degree of specialization on this habitat type. For many species that also occur on the Guiana Shield, the degree of specialization seems to vary geographically. In general, species occurring in both regions tend to have broader habitat associations in the Guiana Shield; at the same time, there are strong similarities between bird assemblages in white-sand forests and forests on especially poor soils in the Guianas. In light of these similarities, we suggest that the notion of poor-soil specialization should be considered on a broader geographic scale rather than limited to western Amazonia. This would help to clarify which species actually depend on white-sand forests or other short-stature forests on poor soil, helping to provide clear guidance for conservation across their ranges.

The fact that the avifaunas of the *varillales* and *chamizales* surveyed at the three campsites all contained different species suggests that a great deal remains to be learned about the avifauna of different patches of these habitats. Additionally, the presence of some very different species in the *chamizal* at Wiswincho suggests that understanding how the underlying soils interact with vegetation structure and the birds that use it could have important ramifications for conserving this suite of birds with small and patchy ranges.

Allospecies replacements in Tapiche-Blanco

The Tapiche-Blanco region is east of the Ucayali River and well south of the Amazon River. As such, the avifauna is dominated by species of southern Amazonia, and lacks some species that are widespread in the forests of much of Loreto. The Amazon acts as a range edge in Peru, separating many species of northern Amazonia from replacement species found in southern Amazonia. A smaller set of species are found only north of the Amazon west to Iquitos, but extend south of the Amazon into central Peru west of the Ucayali. For example, the northern Black-headed Parrot (*Pionites melanocephalus*) is replaced south of the Amazon and east of the Ucayali by White-bellied Parrot.

Besides these two patterns of species replacement along major rivers, there is a group in which the boundary between the northern and southern species is not delimited by a large river. There are seven species found in Tapiche-Blanco that fit this pattern. In six of these cases, the species present is the northern member of the species pair: Glittering-throated Emerald (*Amazilia fimbriata*), not Sapphire-spangled Emerald (*A. lactea*), Rusty-breasted Nunlet (*Nonnula rubecula*), not Fulvous-chinned Nunlet (*N. sclateri*), White-eared Jacamar (*Galbalcyrhynchus leucotis*), not Purus Jacamar (*G. purusianus*), White-shouldered Antbird (*Myrmeciza melanoceps*), not Goeldi's Antbird (*M. goeldii*), Striped Manakin (*Machaeropterus regulus*), not Fiery-capped Manakin (*M. pyrocephalus*), and Wire-tailed Manakin (*Pipra filicauda*), not Band-tailed Manakin (*P. fasciicauda*). In one case, we found the southern species, Needle-billed Hermit (*Phaethornis philippii*), rather than northern Straight-billed Hermit. Oddly, at the Tapiche camp of the Sierra del Divisor rapid inventory the northern *P. bourcieri* was recorded (Schulenberg et al. 2006), despite being 105 km south of our survey site (Anguila) in the Tapiche drainage. For the most part, both the Matsés (Stotz and Pequeño 2006) and the Sierra del Divisor rapid inventories found the same species in these pairs that we found on the Tapiche-Blanco survey. Besides the *Phaethornis* case mentioned above, in *Galbalcyrhynchus*, both Tapiche on Sierra del Divisor and the Actiamé camp on the Matsés rapid inventory recorded the southern species, *G. purusianus*, rather than the northern *G. leucotis* that we found at Wiswincho on the Tapiche-Blanco rapid inventory.

Two species pairs have overlapping ranges in eastern Peru: Stipple-throated Antwren and White-eyed Antwren (*E. leucophthalma*), and Chestnut-belted Gnateater and Ash-throated Gnateater (*C. peruviana*). In *Epinecrophylla*, *E. haematonota* is the widespread species in northern Amazonian Peru, while *E. leucophthalma* is widespread in southwestern Amazonia. However, *E. haematonota* is patchily distributed within the range of *leucophthalma*, and the two species are known to occur together at several sites in Peru, Bolivia, and Brazil. Where these species co-occur often there is some segregation by habitat or microhabitat (Parker and Remsen 1987, D. Stotz, pers. obs.). In central Peru there is broad overlap between the species from central Ucayali north to southern Loreto. *Epinecrophylla haematonota* was widespread and fairly common at the Tapiche-Blanco campsites, but we recorded *E. leucophthalma* only one time, at Anguila. In contrast, on the Sierra del Divisor rapid inventory, *E. leucophthalma* was found at two of the three campsites and was nearly as common as *E. haematonota* (Schulenberg et al. 2006).

Conopophaga aurita is found in Peru only east of the Napo River and east of the Ucayali River south to central Ucayali. Throughout the rest of Amazonian Peru, *Conopophaga peruviana* occurs. That species is mapped as being absent north of the Amazon and east of the Napo River where *C. aurita* occurs, but as overlapping with *C. aurita* east of the Ucayali River (Schulenberg et al. 2010). The fact that three inventories east of the Ucayali—Sierra del Divisor, Matsés, and the current one—failed to encounter *C. peruviana* suggests that perhaps its status in this region should be reevaluated. *C. peruviana* was found in the northernmost inventory in this region, Yavarí (Lane et al. 2003), and is widely sympatric with *C. aurita* in western Brazil, so the failure to find it on these inventories may still not be an indication of a range gap.

Mixed-species flocks

Mixed-species flocks typically form around a small number of nuclear species, and do so independently in the understory and in the canopy. On this inventory, flocks were small and independent canopy flocks almost non-existent. This same pattern has been noted in a number of other rapid inventories of poor-soil sites in northern Peru. At Ere-Campuya-Algodón, flocks at the Cabeceras Ere-Algodón and Bajo Ere campsites were described as small, and independent canopy flocks as non-existent (Stotz and Ruelas Inzunza 2013). At Sierra del Divisor (Schulenberg et al. 2006), "mixed-species flocks, especially of canopy species, were infrequent and usually were very simple in structure." At Chonco on the Matsés inventory, flocks were described as "small and few in number by Amazonian standards" (Stotz and Pequeño 2006).

It seems clear that the basic structure of mixed-species flocks is maintained in these forests on poor soils in Loreto, with understory flocks led by *Thamnomanes* antshrikes. However, these flocks are less common and smaller than in Brazilian Amazonia and southeastern Peru, where average flock sizes range from 10 to 19 species (Stotz 1993).

Migration

Although the inventory occurred at a time when migrants should be arriving from the north in substantial numbers, we found few migrants. This reflects in part the lack of secondary habitats near our camps, our inability to access major rivers, and the distance from the Andes, where migrant diversity is highest in Peru. It is apparent from the lists obtained from Wiley and Díaz that there is a larger array of migrants from North America than we detected, associated with the larger rivers in the region. In particular, they recorded several migrant sandpipers.

The Matsés rapid inventory (Stotz and Pequeño 2006), which occurred a little later in the year (late October to early November), found 19 species of migrants from North America. We suspect this reflects more sampling in habitats that are used more heavily by migrants (i.e., large rivers at Remoyacu and Actiamë, extensive secondary habitats and pastures at Remoyacu) rather than the minor difference in timing. On the Sierra del Divisor rapid inventory, only two northern migrant species were noted, both shorebirds. This likely reflects the timing of that survey (August).

As is typically the case in lowland Amazonia, migrants are not a major component of the avifauna. All the species we found were uncommon or rare. In terms of diversity, even including the species found by Wiley and Díaz, migrants constitute <5% of the species in the region.

Game birds

Along with populations of medium-sized and large mammals, game bird populations are often used to indicate levels of hunting pressure. During our survey, we found low numbers of game birds such as Razor-billed Curassow, Spix's Guan, and Pale-winged Trumpeter. We also found used shotgun cartridges along some of the trails. It appears that some game bird populations may be overhunted, especially when logging teams spend weeks or months at remote sites with a full-time hunter who provides daily bushmeat. O'Shea found the remains of a Spix's Guan at the abandoned logging camp at our Anguila campsite.

However, game birds were not the only species encountered in low densities during this inventory. Many forest passerines were also in low numbers, and the poor-soil habitats were generally quiet. It seems likely that the lack of nutrients in the soils contributed to low food supplies and generally low densities of birds. At this point, it is impossible to judge the relative contributions of naturally low densities and of hunting pressure to the observed low abundance of game birds.

Macaw populations and *Mauritia* palm swamps

Parrot abundance and richness were much higher at Wiswincho than at the other two campsites. At Wiswincho we recorded six species of macaws, at Anguila three, and at Quebrada Pobreza only two. Some parrots were particularly abundant at Wiswincho: Orange-winged Parrots and Red-bellied Macaws throughout the site, and White-winged Parakeet in the flooded forests. The resources that supported these numbers of parrots were not entirely clear, but nearby *aguajales* may have been an important resource, consistent with large numbers of Red-bellied and Blue-and-yellow Macaws.

RECOMMENDATIONS FOR CONSERVATION

Protection and management

As is typically the case in lowland Amazonia, the most important strategy to maintain avian diversity is to ensure that forest cover is maintained. This strategy will require action in the Tapiche-Blanco region, since the region is already under logging pressure. Agricultural conversion of the forests is a much less significant threat currently. For birds, the most significant vegetation types in the region are the *varillales* and *chamizales*, which should be of limited value for timber production and agricultural uses. The flooded forests of this region also contain important avifaunal diversity. This vegetation is much more at risk since it is easily accessed, and contains larger trees. As these forests are under substantial pressure elsewhere in Amazonia for both agricultural purposes and timber, ensuring that they remain intact in this region is one of the highest conservation priorities.

Reducing hunting pressure on a few species of game birds, especially curassows and trumpeters, will require dealing with the issue of logging in the region. It seems clear at the locations we surveyed that hunting by loggers had reduced populations of these birds. Eliminating illegal logging will go a long way toward reducing pressure on populations of game birds in this region. Understanding the hunting patterns of local communities should also be a priority.

Priorities for further inventory and research

We have defined five priorities for inventory and research on birds to inform conservation in the region:

- Carry out more extensive and intensive bird inventories of low-stature *varillales* and *chamizales*. Work in the Iquitos area at Allpahuayo-Mishana demonstrates that discovering much of the endemic diversity required multiple years of study. There may be undescribed species of birds waiting to be found in these habitats in Tapiche-Blanco; even if that is not the case, the patchy distribution of birds associated with these habitats merits additional study

- Carry out additional inventories of birds in the Tapiche-Blanco region to obtain a more complete understanding of the region's avifauna. In particular, more work should be done along the rivers, especially in the flooded forests. These habitats have been greatly degraded for agriculture in much of northern Peru.

- Document the value of the wetlands in the southwestern part of the region for populations of aquatic birds

- Estimate the impact of hunting on game birds like guans, curassows and trumpeters. For purposes of management, we need to understand the scale and the different impacts of hunting by people from local communities and the impacts from loggers, both legal and illegal

- Examine the impact of logging on the avifauna of the region. Particular issues to be evaluated besides hunting are the effects of changing the forest structure by removing trees, the effects of trails for the removal of timber, the effects of logging camps, and the degree of logging pressure to which different forest types are subjected.

MAMMALS

Author: Mario Escobedo Torres

Conservation targets: An area of the Amazon with the highest mammal diversity in the world; an exceptionally rich primate community, with up to 17 species; *Saguinus fuscicollis*, a restricted-range primate; a rare variation of the primate *Callicebus cupreus*; large primates facing strong hunting pressure throughout their geographic ranges, especially *Ateles chamek*, *Lagothrix poeppigii*, and *Pithecia monachus*; eight species of mammals considered to be threatened by the IUCN: *Cacajao calvus*, *Priodontes maximus*, *Callimico goeldii*, *Lagothrix poeppigii*, *Leopardus tigrinus*, *Myrmecophaga tridactyla*, *Trichechus inunguis*, and *Tapirus terrestris*; rare species such as *Atelocynus microtis*; bats and the important ecological services they provide, such as pollination, seed dispersal, and controlling insect populations

INTRODUCTION

Bordered by the Tapiche and Blanco rivers, the study area is located within an epicenter of global mammalian diversity (Jenkins et al. 2013). Unlike other areas of the Peruvian Amazon, the mammal community in the Tapiche-Blanco region has been the subject of significant previous research. Previous studies include the rapid inventories carried out by the Field Museum in the Yavarí River valley (Escobedo 2003, Salovaara et al. 2003), the Matsés National Reserve (Amanzo 2006), and the Sierra del Divisor Reserved Zone (Jorge and Velazco 2006), as well as the work of Fleck and colleagues on the Gálvez River (Fleck and Harder 2000, Fleck et al. 2002).

Despite this history, our knowledge of mammal composition and diversity in the forests between the Tapiche and Blanco rivers remains incomplete. Much of the research to date on Loreto's mammals has focused on specific groups like primates (Aquino and Encarnación 1994). The scattered nature of studies in the Tapiche-Blanco area means that the distributional limits of some species south of the Amazon River remain poorly defined. One extraordinary illustration of how much remains to be learned is the 2013 report of two previously unknown populations of a large, iconic primate of Loreto's lowlands—the red uakari, *Cacajao calvus ucayalii*—in the mountains of San Martín (Vermeer et al. 2013). This sighting, an astonishing 365 km from the nearest prior known population and 700 m above the supposed maximum altitude for the species, is a good indication of how little we know. Other Loreto mammals that have been studied at length but remain poorly known include *Callimico goeldii*, *Saguinus fuscicollis*, and the genus *Callicebus*.

This chapter reports on the rapid inventory of mammals in the Tapiche and Blanco watersheds. I compare species composition of the campsites visited during the inventory with that of other sites in the Loreto, and highlight the most important findings for conservation.

METHODS

On 9–26 October 2014 I studied the mammal community at three campsites in the Tapiche-Blanco interfluve (Figs. 2A, B; see the chapter *Overview of biological and social inventory sites*, this volume). The first campsite (Wiswincho) is located in the lower reaches of the Blanco River; the second (Anguila) in the middle watershed of the Tapiche River; and the third (Quebrada Pobreza) in the middle watershed of the Blanco River. Field work lasted five days at each campsite. To document the mammal community I used three methods described below. Sampling effort is quantified in Table 6.

Non-volant mammals

I made direct observations and examined tracks and other sign, such as feeding remains, resting and feeding lairs, marks on trees, and smells along the pre-established trails at each camp.

The visual censuses took place during the day and occasionally at night while I sampled bats. Visual censuses were performed with an assistant from a local community, starting between 05:30 and 6:00 and ending by 16:00 or 17:00. We walked the trails slowly (1 km/hour), searching the canopy for arboreal mammals and examining tracks on the ground. We censused each trail once. Occasionally we followed troops of primates until we were able to identify them with certainty and determine the size of the group. For each sighting I recorded the species, time of observation, number of individuals, perpendicular distance to the path, and height.

Other members of the inventory team provided information on animals they saw during field work, especially D. Stotz, B. O'Shea, Á. del Campo, M. Ríos, and P. Saboya. The members of local communities who participated in the inventory provided information on local hunting practices. I used unstructured surveys with these residents to get a broader perspective on the mammal species found in this interfluve.

In order to compare mammal abundance at the three campsites, I estimated the relative abundance of tracks per kilometer walked for terrestrial species, as well as encounter rate per kilometer. For these estimates I combined data from all of the censuses at each campsite. I did not estimate the abundance of species with very few tracks or sightings (Table 8).

Camera traps

During the advance work prior to the inventory (19–24 September 2014), Patricia Álvarez-Loayza installed 10 camera traps at the Quebrada Pobreza campsite. These were digital Reconyx Hyper Fire 800 cameras with passive infrared sensors. Each camera contained a 2 GB memory card and 12 AA batteries, and packets of silica were placed inside each camera trap in order to minimize the harmful effects of high air humidity. The cameras were operational 24 hours a day and programmed to take three continuous photos with intervals of less than one second (Rapid Fire Program). The infrared sensor was programmed for the highest sensitivity.

The cameras were placed on trails along the Pobreza Creek, in places where animal trails were observed or in open areas such as old hunting and logging trails (preferred by felines and canids). The cameras were tied to trees 30–50 cm above the ground. All of the cameras had their lenses pointed parallel to the ground; where the terrain was irregular the camera was adjusted so as to ensure that the lens was pointed parallel to the ground, thereby preventing a reduction in shooting area. In order to minimize exposure to the sun, cameras were aimed to the north or to the south. This minimizes the number of blank photos taken, as warm surface areas (objects that are following the trajectory of the sun) activate the camera's sensor (TEAM Network 2011).

Eight traps were active for 30 days, while two were active for only 15 and 19 days because they were flooded by the Pobreza Creek. Six traps were relocated and remained active for four days. Sampling effort is illustrated in Table 6.

Camera trap photos were analyzed using Camera Base, an Access database that is specifically designed for the purpose (Tobler 2013). For each photo we recorded the location of the station, time, and species. Data analyses included all photos except those that showed people. We calculated the capture frequency of each species as the number of appearances over 1,000 camera-days. The capture count is the number of cameras in which the species appears. Number of appearances counts independent events within an hour (i.e., additional appearances of the same species at the same station within the same hour are disregarded). This ensures that the events are independent, given that many species stand in front of the camera (such as the white-lipped peccary, *Tayassu pecari*).

For example, 35 photos of *Atelocynus microtis* were taken at three stations. At each station, photos were taken during only one interval (i.e., 18 photos in less than one hour). Therefore, the number of appearances is 3 and the appearance frequency is 3.3, since the animal was captured by cameras in 3 independent events over 900 camera-days.

Bats

To capture bats I used six mist nets measuring 12 x 2.5 m. I sampled upland forests, white-sand forests (*varillales*), and microhabitats around stream banks, forest clearings, and fruiting trees. On one occasion I sampled the heliport of the Quebrada Pobreza camp, an anthropogenic clearing measuring approximately 0.5 ha. Prior to installing the nets, I described the site, predominant vegetation, and climatic conditions. Nets were installed early in the morning (06:00) and remained closed until captures began, typically between 17:30 and 22:00. I recorded the starting time and the time of each capture. The nets were continuously checked and the captured bats identified and photographed *in situ* and then released in the same place. Species were identified with the help of keys by Pacheco and Solari (1997) and Tirira (1999).

I calculated the capture effort for each campsite based on the number of nights multiplied by the number of nets used (net-nights; Table 6).

In addition, I compiled sightings of other researchers. It was especially useful to have observations made by the advance team prior to the inventory.

RESULTS

I recorded 42 species of non-volant mammals and 12 species of bats, for a total of 54 species recorded. Based on the distribution of mammal species in this part of Peru, I estimate that at least 204 species occur in the study area. Of these, 101 are medium to large mammals (terrestrial, arboreal, and aquatic) and 103 are bats. A complete list of recorded and expected species can be found in Appendix 8.

The most important orders in our list of recorded mammals were Primates (13), Chiroptera (12), Carnivora (8), and Rodentia (7; Table 7).

Non-volant mammals

Species recorded

The non-volant mammals I recorded belong to 8 orders, 21 families, 40 genera, and 42 species (Table 7). Two others are unconfirmed: *Trichechus inunguis* and *Pteronura brasiliensis*. Residents of Lobo Santa Rocino and Palmeras on the Blanco River told me that both

Table 6. Sampling effort for mammals at three campsites of a rapid inventory of the Blanco and Tapiche watersheds in the Peruvian Amazon.

Sampling method	Campsites			Total
	Wiswincho	Anguila	Quebrada Pobreza	
Line census (km sampled)	16	31	37	84
Camera traps (camera-days)	0	0	298	298
Mist nets (net-nights)	12	12	12	36

Table 7. The number of mammal species recorded at three campsites of a rapid inventory of the Blanco and Tapiche watersheds in the Peruvian Amazon.

Order	Campsites			Total
	Wiswincho	Anguila	Quebrada Pobreza	
Didelphimorphia	1		1	2
Cingulata	1	3	3	3
Pilosa		1	1	2
Chiroptera	8	5	4	12
Primates	11	13	11	13
Rodentia	3	5	5	7
Carnivora	2	5	6	8
Perissodactyla	1	1	1	1
Cetartiodactyla	5	3	2	6
Total	24	31	29	42

species occur in oxbow lakes near their communities and in the Colombiano Stream. These species are considered to be globally Vulnerable, and Near Threatened in Peru.

Currently Peru is known to harbor 541 species of mammals, 204 (37.7%) of which are expected for the study area. Of the expected species, a large number are rodents and marsupials. As such, the 42 species found in this inventory represent 41.6% of the expected medium-sized and large taxa. Virtually all higher taxa were well represented. I recorded 13 of 17 expected primate species, 3 of 4 armadillos, and all 4 Cetartiodactyla. Carnivores were the exception; I recorded only 8 of the 15 expected species.

Bats

We captured 30 specimens of bats belonging to 12 species (Appendix 8). This is just a small sample of the regional bat fauna, since according to the IUCN (2014) 103 species are expected. Among the expected species is *Micronycteris matses*, which is endemic to Loreto Region and Peru.

The low capture rate was due in part to weather; it rained on several nights of sampling. The low number of records also reflected the large expanses of white-sand forests, where we saw no fruit that bats eat.

All of the species I captured were phyllostomids, and the Phyllostominae subfamily was especially well represented. Certain species of this group are noteworthy in that they prefer relatively intact forest (e.g., *Trachops cirrhosus*, *Phyllostomus elongatus*, and *Mimon crenulatum*). These species were captured in the floodplain forests at Wiswincho and in the *varillales* at Anguila.

Some species were only recorded via their vocalization; *Phyllostomus hastatus* was recorded in this way at the heliport of the Quebrada Pobreza camp. Other records came from direct observation. That was the case of *Rhynchonycteris naso*, of which I recorded three groups: one in the oxbow lake at Wiswincho, a second on the west bank of the Blanco River at the same camp, and a third on the east bank of the Yanayacu Creek at the Anguila campsite.

Wiswincho campsite

On 10–14 October 2014 I surveyed mammals at this campsite in the lower Blanco watershed. I recorded 24 species, 8 of which were bats (Table 7). Primates were the most diverse group here; I recorded 11 of the 13 species recorded in the inventory. Of special note are the relatively large troops of *Cacajao calvus ucayalii*. I recorded a troop of at least 80 on the west bank of the Blanco River. This species scored the highest observation frequency at this campsite: 0.438/100 km (Table 8).

Anguila campsite

I worked here on 15–19 October 2014. It was at this campsite that the greatest number of species were recorded (Table 7). Once again primates were noteworthy, with 13 species. Five species of bats were recorded, including *Trachops cirrhosus*, a bat that specializes in feeding on frogs.

At this campsite B. O'Shea made an interesting observation of a red titi monkey (*Callicebus* cf. *cupreus*) with a coloration pattern that differs from what is normally known for this species (Fig. 10N; see discussion below). Also at this camp I found a salt lick (*collpa*) where I recorded at least 25 trails of lowland tapir (*Tapirus terrestris*), the majority of which were very well-traveled.

Another important observation here was a group of at least 15 individuals of *Pteronura brasiliensis* in the Yanayacu Creek, seen by members of the communities of Nueva Esperanza and Monte Sinaí during the advance work.

Quebrada Pobreza campsite

This camp, visited 21–25 October 2014, is located in the largest patch of white-sand forests in Peru. The trails had a thick mat of leaf litter and roots, which made it very hard to observe tracks. Even so, I was able to record 30 species of terrestrial and arboreal mammals and 4 species of bats (Table 7).

Censuses here revealed species that are not strictly linked to white-sand forests but do make intensive use of them, such as various species in Pilosa and Rodentia. Pilosa was represented by *Dasypus novemcinctus*, which led the number of records (21 observations of feeding and

resting lairs, many of them with clear signs of recent activity). *D. novemcinctus* was also the second most frequent species in the camera traps (Table 9). Rodentia was represented by *Cuniculus paca*, the species with the second highest number of records overall and the most commonly recorded mammal in the camera traps (Tables 8 and 9).

This was the second most diverse campsite. However, mammals were less abundant here than at the first two camps. Among the notable records was a small troop of *Cacajao calvus ucayalii* in a white-sand *varillal*, which constitutes the first confirmed report of this species in this vegetation type.

Camera traps

These boosted the species list at this campsite by photographing cryptic animals such as *Atelocynus microtis*. They also recorded some Cetartiodactyla whose tracks and sign were sparse, such as *Pecari tajacu* and *Mazama nemorivaga*.

A total of 958 photos were taken of wild animals: 10 species of mammals and 4 of birds. The complete list of animals photographed by the cameras is given in Table 9.

The most common mammal species in the photographs were paca (*Cuniculus paca*) and nine-banded armadillo (*Dasypus novemcinctus*). These were recorded several times by five cameras, especially at night and around dawn. One of the most difficult animals to record in the Amazon, short-eared dog (*Atelocynus microtis*), was recorded by three cameras.

The species that were only recorded once and at only one station included ocelot (*Leopardus pardalis*), which is on Appendix I of CITES, and Amazonian brown brocket (*Mazama nemorivaga*). Unexpected species of birds we recorded in the camera traps included Sungrebe (*Heliornis fulica*) and Rufous-breasted Hermit (*Glaucis hirsutus*).

DISCUSSION

Diversity and conservation status of mammals

The mammal communities of Loreto are considered to be the most diverse in the world (Jenkins et al. 2013). As such, it is not surprising that the list of species

Table 8. Frequency of direct observations and tracks of the most common mammal species at three campsites visited during the rapid inventory of the Tapiche-Blanco region of the Peruvian Amazon.

Species	Common name	Direct observations (no. groups/100 km censused)		
		Wiswincho	Anguila	Quebrada Pobreza
Saguinus mystax	Moustached tamarin	0.063	0.258	0.081
Saguinus fuscicollis	Saddleback tamarin	0.063	0.290	0.027
Sapajus macrocephalus	Large-headed capuchin	0.188	0.161	0.027
Lagothrix poeppigii	Woolly monkey	0.063	0.097	0.108
Ateles chamek	Black-faced black spider monkey	–	0.032	–
Pithecia monachus	Geoffroy's monk saki	0.063	0.226	0.027
Saimiri macrodon	Ecuadorian squirrel monkey	0.188	0.065	0.027
Callithrix pygmaea	Western pygmy marmoset	–	0.032	0.027
Callicebus cupreus	Red titi monkey	0.188	0.065	0.027
Cacajao calvus ucayalii	Red uakari	0.438	0.032	0.027
Cebus unicolor	Spix's white-fronted capuchin	0.063	0.032	–
Aotus nancymae	Nancy Ma's night monkey	0.063	0.032	0.027
Alouatta seniculus	Red howler monkey	0.125	0.032	0.027
		Tracks and other sign (no. signs/100 km censused)		
		Wiswincho	Anguila	Quebrada Pobreza
Priodontes maximus	Giant armadillo	–	0.194	0.108
Dasypus novemcinctus	Nine-banded armadillo	0.313	0.129	0.568
Mazama nemorivaga	Amazonian brown brocket	–	–	0.054
Mazama americana	Red brocket	–	0.097	–
Eira barbara	Tayra	–	–	0.108
Pecari tajacu	Collared peccary	0.250	0.452	0.054
Tapirus terrestris	Lowland tapir	–	0.226	0.054
Dasyprocta fuliginosa	Black agouti	–	–	0.081
Cuniculus paca	Paca	0.250	0.097	0.162
Cabassous unicinctus	Southern naked-tailed armadillo	–	0.097	0.054
Lontra longicaudis	Neotropical otter	–	0.161	–

expected for the Tapiche-Blanco region represents 37.7% of all mammalian species recorded in Peru (V. Pacheco, pers. comm.). In terms of composition, the wildlife recorded in the Tapiche-Blanco interfluve shows significant affinity with other studies in the Ucayali-Yavarí corridor (Escobedo 2003, Salovaara et al. 2003, Amanzo 2006, Jorge and Velazco 2006).

While the high diversity of mammals suggests a healthy conservation status, the low density and skittishness of game animals suggest that the mammal community has been overhunted in certain areas. Among the large primates, I found low densities of

Ateles chamek and *Alouatta seniculus*, broadly distributed primates that are generally common in areas without strong hunting pressure. I only made occasional records of *Alouatta seniculus*, primarily through vocalizations, while *Ateles chamek* was observed just once, at the Anguila campsite, by P. Saboya.

This could be explained by illegal logging in and around the camps we visited during the inventory, since logging tends to boost illegal hunting (Bodmer et al. 1988, Puertas and Bodmer 1993). Loggers rely on hunting to feed their workers and as a secondary source of income, and employees are often encouraged to hunt.

At some campsites the primates were tolerant of people, while at others they were not. For example, the troops of *Pithecia monachus* we saw at Anguila were intolerant of observers. The same was true of *Lagothrix poeppigii* at Quebrada Pobreza. At Wiswincho and Anguila, however, troops were tolerant of observers. This suggests that populations are recovering from hunting pressure related to illegal logging.

A hyperdiverse primate community

Observed and expected diversity

The study area harbors especially impressive primate diversity. The 13 species recorded during the rapid inventory represent almost 50% of the primates known to occur in Loreto Region. The same number of primates was recorded in a previous rapid inventory in the Sierra del Divisor Reserved Zone (Jorge and Velazco 2006), while 12 were recorded in the Matsés National Reserve (Amanzo 2006). These data confirm that this region of the Peruvian Amazon harbors an especially high diversity of primates.

Indeed, we expect that up to 17 primate species occur in the Tapiche-Blanco region. The four expected species that were not recorded during the rapid inventory are *Pithecia isabela*, *Saimiri boliviensis*, *Callicebus discolor*, and *Callimico goeldii*.

A new primate?

A primate photographed by ornithologist Brian O'Shea at the Anguila campsite shows a coloration that is different from the 'classic' *Callicebus cupreus* (also recorded in the same camp) and it is possible that it is an undescribed taxon (Fig. 10N). During the encounter O'Shea recorded at least four individuals, one of them with a juvenile on its back. The dorsal coloration was slightly dark and the fur on the head, neck, and arms was completely reddish. The first third of the tail was dark and toward the distal part it became ashen to off-white. Another noteworthy characteristic is that the bands on the side of the face seen in the 'classic' *Callicebus cupreus* were not observed. There may be sympatry between the 'red' *Callicebus* cf. *cupreus* and the 'classic' *Callicebus cupreus*, given that both were observed at the Anguila campsite. The 'classic' *Callicebus cupreus* was sighted on the banks of the Yanayacu Creek, in dense vegetation with abundant lianas, while the 'red' *Callicebus* cf. *cupreus* was recorded in hilly upland forest very close to the white-sand *varillales*.

In November 2014 photos of the 'red' *Callicebus* cf. *cupreus* were sent to several researchers who have experience with the group. While several experts indicated that they had never seen the coloration pattern and that it could represent an undescribed taxon, all of

Table 9. Animal species recorded by camera traps at the Quebrada Pobreza campsite before and during the rapid inventory of the Tapiche-Blanco region, Amazonian Peru.

Group	Species	Common name	No. of appearances	Appearance frequency	Average appearances
Mammals	*Cuniculus paca*	Paca	28	31.1	5
	Dasypus novemcinctus	Nine-banded armadillo	19	21.1	5
	Atelocynus microtis	Short-eared dog	3	3.3	3
	Dasyprocta fuliginosa	Black agouti	3	3.3	2
	Pecari tajacu	Collared peccary	3	3.3	2
	Eira barbara	Tayra	2	2.2	2
	Mazama nemorivaga	Amazonian brown brocket	2	2.2	2
	Myoprocta pratti	Green agouti	2	2.2	1
	Nasua nasua	Coati	2	2.2	2
	Leopardus pardalis	Ocelot	1	1.1	1
Birds	*Geotrygon montana*	Ruddy Quail-Dove	3	3.3	1
	Glaucis hirsutus	Rufous-breasted Hermit	2	2.2	1
	Heliornis fulica	Sungrebe	1	1.1	1
	Tinamus guttatus	White-throated Tinamou	1	1.1	1

them emphasized the great variability in coloration in *C. cupreus*, and the impossibility of reliable identification without DNA samples and genetic analysis (R. Aquino, P. Auricchio, P. Velazco, J. Vermeer, R. Voss, pers. comm.). Additional studies of this morphotype are urgently needed.

Saguinus fuscicollis and S. mystax

Saguinus fuscicollis is a small primate with a restricted distribution in Peru, where it is only found in the Tapiche-Blanco interfluve (Aquino and Encarnación 1994). Its distribution outside Peru is not very extensive, including only neighboring areas in Brazil (Eisenberg and Redford 1999). During the inventory I was able to record at least 11 troops, which in many cases included *Saguinus mystax* (see also Aquino et al. 2005). In fact, *S. fuscicollis* and *S. mystax* were the species seen most often during the inventory.

At the Anguila campsite I recorded at least nine troops of *S. fuscicollis*, four of which were monospecific and five of which were associations with *S. mystax*. The high observed densities of this small primate are important, because they show that despite its small and restricted distribution its populations are in good shape.

Cacajao calvus ucayalii

Cacajao calvus ucayalii was observed at all three of the campsites we visited. I found the highest frequency at Wiswincho, where we observed a troop of at least 80 individuals feeding and on the move in a floodplain forest, some with offspring on their backs.

This is the only subspecies of *C. calvus* in Peru (Hershkovitz 1987). Its distribution range is bounded on the north by the Amazon River, to the east by the Yavarí River, and to the west by the Ucayali River, other than the new disjunct populations found in the San Martín Mountains (Vermeer et al. 2013). Historically, its distribution range extended to the Urubamba River in the south (Hershkovitz 1987); however, during the 1980s its range was significantly reduced (Aquino 1988), possibly due to hunting and other habitat disturbance.

This species is of particular importance, given that we still know little about its population, ecology, and distribution (Bowler 2007, Bowler et al. 2013). It is

currently classified as Vulnerable both globally and within Peru (MINAGRI 2014, IUCN 2014). The species was also recorded in Sierra del Divisor by Jorge and Velazco (2006), who observed a troop of 15 individuals on a hilltop. This suggests that the species feeds in and occupies a variety of vegetation types: upland forests, levee forests, premontane forests, floodplains, and swamps (Heymann and Aquino 1994, Barnett and Brandon-Jones 1997). On two occasions at Anguila I observed a troop of two individuals feeding in a wet white-sand *varillal* at approximately 10 m. This is the first confirmed record of the species in white-sand forest.

Callimico goeldii

Among the species that we expected to find in the inventory but did not record is *Callimico goeldii*, included in Appendix I of CITES and classified as globally Vulnerable due to population loss (Heymann 2004, Cornejo 2008). In 1994 *C. goeldii* was observed along the middle Tapiche River, in low terrace forest near the river on land belonging to the Pacasmayo community (R. Aquino, pers. comm.). This suggests that the distribution of this small primate includes the Tapiche-Blanco interfluve.

Studies carried out in Sierra del Divisor recorded the species on several occasions, often forming mixed troops with *Saguinus mystax* and *S. fuscicollis* (Jorge and Velazco 2006). In the Amazon, that protected area has the highest estimated densities of *Callimico goeldii*, together with the Rodal Tahuamanu Conservation Concession (Watsa et al. 2012). It is also likely that this species occurs in the Matsés National Reserve; it was not seen during that rapid inventory, but residents of the area recognize it (Amanzo 2006).

Other rare species

The rare canid *Atelocynus microtis*, classified as globally Near Threatened by the IUCN (2014), is one of the rarest carnivores in the Amazon (Leite-Pitman and Williams 2011). It was photographed on three occasions at the Quebrada Pobreza campsite. The first two photos were taken of a male at a camera trap very close to an abandoned logging camp, 30 m from the banks of the Pobreza Creek. At the moment the photos were taken, the animal was carrying a large fruit (*Parahancornia peruviana*) in its mouth.

The third photo was taken 150 m from our camp in a dense primary forest where the ground was covered with a thick layer of leaf litter and rootmat. The animal, a young female, was walking from the floodplain toward the uplands. In Loreto the species has also been observed farther to the north in the Yavarí Valley (Salovaara et al. 2003) and the Napo-Putumayo interfluve (Montenegro and Escobedo 2004).

THREATS

The primary threat to mammals in area we studied is seasonal hunting by illegal loggers. Hunting appears to be concentrated around logging camps.

Another threat to wildlife in the area is the possible construction of roads to harvest timber. This could displace wildlife and cause local extinctions of habitat specialists.

The oil and gas concessions in the area also constitute a threat to wildlife, since the noise caused by camps, heliports, etc. in the area causes wildlife to migrate. These migrations often lead to intraspecific conflicts, as individuals fight over territory. The migration of species sensitive to habitat disturbance will increase populations of adaptable species, thereby altering the species-level composition of the fauna.

Another threat in the region is the conflict between wildlife and local communities. We heard that two years ago, in the community of Palmera on the Tapiche River, a jaguar (*Panthera onca*) killed a calf very close to the community. The community of Lobo Santa Rocino on the Blanco River told us that collared peccary (*Pecari tajacu*) and spotted paca (*Cuniculus paca*) enter farm plots to feed on staple crops such as manioc, corn, and sweet potato. These animals are hunted and trapped.

A latent threat to *Atelocynus microtis* is the use of domesticated hunting dogs, since these are vectors of diseases that can decimate short-eared dog populations (Leite-Pitman and Williams 2011). This is especially true along the Pobreza Creek, where wildlife is recovering.

RECOMMENDATIONS FOR CONSERVATION

Protecting the area

This region is a key piece of the Yavarí-Ucayali ecological corridor, which—linking the Yavarí Valley, Matsés National Reserve, Sierra del Divisor Reserved Zone, and Pacaya-Samiria National Reserve—comprises the largest system of protected areas in the region. Protecting this corridor will guarantee the survival of globally threatened species like *Cacajao calvus ucayalii* and *Callimico goeldii*, and guarantee habitat for narrowly restricted species like *Saguinus fuscicollis*.

Management and monitoring

There is an excellent opportunity to establish a protected area which allows hunting that is regulated by management plans. Some communities have already begun to regulate hunting periods and locations, which will permit the recovery of wild populations. The fact that these same communities are also interested in protecting the region for sustainable use and conservation offers a great opportunity for setting up sustainable hunting regulations for game species. Healthy and sustainable animal populations will require a long-term program of management and monitoring, to which all of the actors of the area should commit (local communities, loggers, and the oil and gas industry).

Research

We recommend carrying out more detailed studies of the area, given that the important natural barriers in the region (the Tapiche and Blanco rivers) could potentially be associated with new species, such as the 'red' *Callicebus* cf. *cupreus* reported in this inventory.

Another high-priority research opportunity are the intact bat communities of the Tapiche-Blanco region, which contain at least 103 species. It would be especially valuable to document the relationship between bats and *varillales*, in order to better understand how bats use the rare and fragile white-sand forests that are so characteristic of Loreto.

COMMUNITIES VISITED: SOCIAL AND CULTURAL ASSETS AND PERCEPTIONS OF QUALITY OF LIFE

Authors/participants: Diana Alvira Reyes, Luciano Cardoso, Jorge Joel Inga Pinedo, Ángel López, Cecilia Núñez Pérez, Joel Yuri Paitan Cano, Mario Pariona Fonseca, David Rivera González, José Alejandro Urrestty Aspajo, and Rony Villanueva Fajardo (in alphabetical order)

Conservation targets: Local knowledge of natural resources (forest resources, medicinal plants, and wildlife) that is passed down from generation to generation and gives residents the capacity to adapt to changes in the landscape and climate; crop diversification in family-tended farm plots (*chacras*) and vegetable gardens, which preserves the genetic sources of corn, manioc, plantain, pineapple, and other crops; respect for certain areas of the landscape, based on myths and beliefs that serve as a mechanism for regulating the use of those areas; community spaces for discussion and decision-making, land management mechanisms that strengthen community relations, and resource management practices; kinship and reciprocity networks; festivals and other communal events that promote cultural exchange, mutual support, and cohesion at the inter-community level

INTRODUCTION

This social and biological inventory of the region between the Blanco and Tapiche rivers of Loreto, Peru, builds on previous work in the region, such as the Matsés (Vriesendorp et al. 2006a) and Sierra del Divisor inventories (Vriesendorp et al. 2006b), which provided the technical foundation for establishing two protected areas: the Matsés National Reserve and Sierra del Divisor Reserved Zone (Figs. 2A, 2B, and 15). Together, these inventories provide support for establishing a corridor of conservation and sustainable natural resource use in southeastern Loreto.

Approximately 2,400 people live in the study area along the Tapiche and Blanco rivers, distributed among small villages (*caseríos*), *campesino* communities, and indigenous communities (Capanahua and Kichwa ethnic groups; Fig. 21). The area also harbors the largest and most diverse stretch of *varillales* (white-sand forests; see the chapter *Vegetation and flora*, this volume) in the Peruvian Amazon. Oxbow lakes, lagoons, and streams are common in the region and economically important to the local population, and forests here have been logged for timber since the mid-19th century. Logging

has taken many different forms: in forest concessions, via logging permits in indigenous and *campesino* communities, in so-called local forests (*bosques locales*), and in forests where logging is illegal. It is important to note that logging and other extractive industries have long been and continue to be important drivers of the region's economy, population, settlement, and natural resource use.

The objectives of this social inventory of the Tapiche and Blanco rivers were: 1) to visit communities that have close ties to the study area and explain the process of biological and social inventories to residents; 2) to identify social and cultural assets (i.e., patterns of organization, social context, and community capacity for action) that can help us understand the aspirations of communities neighboring the study area; and 3) to identify local institutions, leaders, and individuals who are carrying out practices compatible with natural resource conservation and cultural practices that maintain and transmit traditional ecological knowledge. Based on these local assets, we seek to identify the most effective ways to involve communities and institutions in the work of conserving and managing natural resources in the study area.

In this chapter we present a historical account of the region and its settlement, review the current state of human communities, their perception of their quality of life, and their relationships and interactions with protected areas in the region, and describe social and cultural assets. The following chapter, *Natural resource use, economy, and traditional ecological knowledge*, describes the local use of natural resources and their contribution to the family economy, and reports on traditional ecological knowledge. We conclude with an analysis of the threats to and challenges faced by these communities, and provide recommendations for meeting these challenges and promoting conservation and a high quality of life for people in the region.

METHODS

On 9–27 October 2014 we visited four indigenous communities along the Blanco (Lobo Santa Rocino and Frontera) and Tapiche (Wicungo and Palmera del

Tapiche) rivers. We stayed in each community for four days. These communities were selected because they are representative of social and economic conditions in the region, and due to their strategic proximity to the rapid inventory study area. Two members of the social team made a two-day visit to four communities on the upper Tapiche River (San Antonio de Fortaleza, Nuestra Señora de Fátima, Pacasmayo, and Monte Alegre) to get a better understanding of the forestry operations in these communities. We also made a short visit to the community of España on the Blanco River.

Our team was interdisciplinary. It included one sociologist, one social ecologist, two forestry engineers, one anthropologist, one biologist, one specialist in protected areas from the Sierra del Divisor Reserved Zone, one park ranger from the Matsés National Reserve, and two community leaders (one from each of the two watersheds we visited).

During our community visits we used several quantitative and qualitative methods to gather information, following the methodology used in prior social inventories by The Field Museum (e.g., Alvira et al. 2014). The methods included: 1) workshops for sharing information; 2) a group exercise called *El hombre/la mujer del buen vivir* (Perceptions of Quality of Life), which quantifies how individuals perceive different aspects of communal life (natural resources, social relationships, and cultural, political, and economic conditions) and allows residents to reflect on how these different components influence quality of life; 3) semi-structured and structured interviews of key collaborators, community leaders, women, educators, and the elderly to document life histories, natural resource use, the family economy, and perceptions of social changes; 4) focus groups with women and community leaders; 5) focus groups with women, men, and youth to map natural resource use and understand how residents perceive and relate to their environment; and 6) the use of field guides to the flora and fauna of the region produced by The Field Museum (available online at *http://fieldguides.fieldmuseum.org*), in order to understand local ecological knowledge and elucidate species names in the Capanahua indigenous language.

In addition to field work we consulted a number of documents, databases, reports, and bibliographic material (Vriesendorp et al. 2006a, b; Krokoszynski et al. 2007; CEDIA 2011, 2012).

At the end of fieldwork the biological and social teams met in the community of Nueva Esperanza (at the confluence of the Blanco and Tapiche rivers) to present the preliminary results of our research in a communal assembly. In attendance were authorities of several communities along the Blanco and Tapiche rivers, and the assembly sparked a discussion about communities' aspirations for protecting and managing their natural resources. Also in attendance were representatives of 14 communities (from a total of 19 communities invited), including two town councilors (*regidores*) and one mayor from the district of Soplín, and two future *regidores* from the districts of Soplín and Alto Tapiche.

RESULTS AND DISCUSSION

Ethnohistory

The study area has historically been inhabited by the Capanahua ethnic group and the Remo, who belong to the Mayoruna subgroup, or northern Panos (Erikson 1994), of the Pano linguistic family. The region has also been explored and utilized by the Matsés, according to historical accounts of conflict between these groups due to migration, the theft of women (a traditional practice), and the extractive activities that have over the years pushed these populations into new areas. Faced with growing *mestizo* populations that entered the region to harvest rubber, animals, oil, timber, and other natural resources, indigenous residents migrated: the Capanahua to the headwaters of the Tapiche and Blanco watersheds, and the Matsés to what is today the titled Matsés community.

The Capanahua became integrated into the farms and settlements of colonist farmers as labor or in search of tools and basic services such as health and education. It was only with the arrival of the Summer Language Institute (SLI) that a significant number of Capanahua people were reunited as a community, since an ethnically and linguistically homogeneous population facilitated the SLI's study of their language. Currently, Capanahua

Figure 21. A map of communities and other settlements in and around the study area of the Tapiche-Blanco rapid inventory in Loreto, Amazonian Peru.

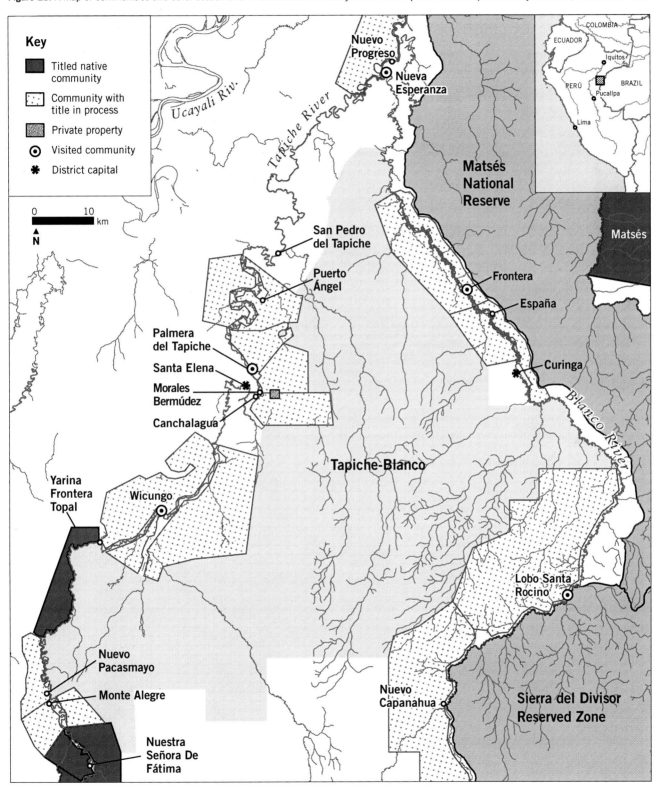

Key

- ▨ Titled native community
- ⬚ Community with title in process
- ▨ Private property
- ◉ Visited community
- ✳ District capital

0   10 km

▲ N

Ucayali Riv.

Tapiche River

Nuevo Progreso

Nueva Esperanza

San Pedro del Tapiche

Puerto Ángel

Palmera del Tapiche

Santa Elena

Morales Bermúdez

Canchalagua

Yarina Frontera Topal

Wicungo

Nuevo Pacasmayo

Monte Alegre

Nuestra Señora De Fátima

Matsés National Reserve

Matsés

Frontera

España

Curinga

Blanco River

Tapiche-Blanco

Lobo Santa Rocino

Nuevo Capanahua

Sierra del Divisor Reserved Zone

COLOMBIA

ECUADOR

Iquitos

PERÚ

BRAZIL

Pucallpa

Lima

residents are dispersed throughout the Tapiche River watershed and on the upper Blanco River in the community of Nuevo Capanahua. Capanahua culture and language is endangered by the ubiquity of the dominant culture, and by the lack of truly inclusive cross-cultural mechanisms in the Peruvian government that can support the Capanahua people's interest in maintaining their identity and culture.

Since the 1950s, *ribereño* colonists have settled these watersheds because they were drawn to the area to extract natural resources. The first *ribereño* settlements were seasonal camps that were later converted into villages by workers who decided to put down roots. In some cases, these settlements had a cultural or religious foundation (e.g., Lobo Santa Rocino or Frontera on the Blanco River and Limón Cocha and Palmera del Tapiche on the Tapiche River).

These extractive industries generated political and economic interest in the region. Politicians divided it into political-administrative units known as *distritos*, which concentrated the population around district capitals and created far-flung settlements where Capanahua residents can be found to this day.

Thus, part of the region's population is resident year-round and relies on a subsistence economy based on forest products, while another part visits seasonally to harvest resources and has purely extractive interests. As a result, it has been challenging for permanent residents to build a sense of belonging and rootedness. In addition, the State's poor capacity to implement land title regulations, other technical and logistical barriers to titling, and residents' limited knowledge of titling mechanisms help explain why so little of the region has been titled to date.

In the 1990s the missionary Annelise Permandinger, known as Sister Ana del Vicariato de Requena, spent several years living in Santa Elena on the Tapiche River. She helped several communities to begin the process of requesting title to their lands, with the goal of putting an end to exploitation by loggers. The process advanced in several communities, including the *campesino* community of San Pedro del Tapiche. Recently, the process of titling land has been taken up anew by the NGO Centro para el Desarrollo del Indígena Amazónico

(Center for the Development of Amazonian Indigenous Peoples; CEDIA). CEDIA notes that *ribereño* settlements have had to choose one of the two alternatives of gaining title to communal land: as an indigenous community or as a *campesino* community. The underlying laws and requirements differ between these two alternatives, and communities have based their selection on rational considerations, practical issues, and the reclamation of social identities that have been unstable in the recent past. Whether as an indigenous community or a *campesino* community, the goal is the same: obtaining the benefits of government recognition and titling (Table 10).

The communities are currently in the process of trying to get their lands titled, supported by CEDIA as part of the project 'Adding 2.4 million Hectares of Tropical Forests in Southeastern Loreto, Peru, to Participatory Conservation.' The upper Tapiche watershed harbors the town of Santa Elena, capital of the Alto Tapiche District, and 16 communities. Eleven of these are in the midst of the titling process (Nueva Esperanza, Nuevo Progreso, San Pedro del Tapiche, Puerto Ángel, Palmera del Tapiche, Morales Bermúdez, Canchalagua, Wicungo, Nuevo Pacasmayo, Monte Alegre, and San Antonio de Fortaleza), two are titled and in the process of expanding their territory (Nuestra Señora de Fátima and Limón Cocha), two are titled and have very small populations (Nueva Esperanza del Alto Tapiche and Yarina Frontera Topal), and one is in the process of receiving recognition and being titled (Bellavista). The Blanco watershed is home to Curinga, the capital of Soplín District, as well as four communities that are all in the midst of the titling process (Frontera, España, Lobo Santa Rocino, and Nuevo Capanahua).

Current status of the communities

Demographic trends

Approximately 2,400 people currently live in 18 settlements surrounding our study area (10 indigenous communities, 6 *campesino* communities, and 2 small villages [*caseríos*]). These settlements are distributed among three political districts: Tapiche, Alto Tapiche, and Soplín (Table 10). Residents are concentrated in the district capitals: Santa Elena (population 460) and Curinga (250).

Most residents are *mestizo* and have come to the region from nearby cities like Requena and Iquitos, adjacent rivers like the Ucayali, Tigre, and Marañón, and other regions of Peru like San Martín. Wicungo, Nuestra Señora de Fátima, Monte Alegre, Palmera del Tapiche, Frontera, and España have been recognized as indigenous communities of the Capanahua people, and Lobo Santa Rocino as an indigenous community of the Wampis people, even though some of the residents speak Kichwa. In contrast, the communities of Nueva Esperanza, San Pedro del Tapiche, Puerto Ángel, Canchalagua, Morales Bermúdez, and Nuevo Pacasmayo have been recognized as *campesino* communities (Table 10). Most Capanahua residents live in a few communities on the upper Tapiche River, such as Limón Cocha, Yarina Frontera Topal, and Nuestra Señora de Fátima, on the Blanco River at Nuevo Capanahua as well as along the Buncuya River and in the community of Aipena.

Most people in the region are young adults (ages 19 to 30), and there are more children than older people.

Public services and infrastructure

In the communities we found a consistent pattern of organizing and using communal space: homes clustered around a central public space (often a soccer field). The exception is Wicungo, where homes line the river. This is mostly due to the fact that the river floods the town almost completely. All of the communities have sidewalks built by the central government through the Fondo de Cooperación para el Desarrollo Social (Social Development Cooperation Fund; FONCODES) in the early 2000s. These connect the homes with each other and with public spaces. A gasoline-powered town generator generally supplies electricity to homes for three hours at night. The electricity is mostly utilized for watching television and operating household appliances. Of the four communities we visited, only two had operational generators. A few families have their own generators. Since July 2014 all of the communities in both watersheds have had a solar energy system installed in every home, thanks to financing by the Ministry of Energy and Mines (MINEM). The system only generates lighting for the homes. During our visit the panels were being tested; starting in 2015 they will become operational and each home will have to pay 11.20 *nuevos soles* per month for the service. Residents are interested to see how the payment and maintenance system will work, given that the people in rural communities are not accustomed to paying for communal infrastructure services.

The Tapiche and Blanco rivers are the primary link between communities and the lifeblood of the social and economic activity that is vital to their existence. The most common boats are canoes with small *peque peque* motors. There are no commercial boats. A public riverboat used to ply the Santa Elena-Requena route, but it was shipwrecked in 2010 and has not resumed service. Residents (especially younger ones) maintain forest trails between communities (e.g., Palmera del Tapiche-Santa Elena and Frontera-España).

All of the communities have Gilat telephones, which for years have been replacing radios. A few families have access to cable television.

Homes in these communities are generally constructed of forest materials (e.g., wooden posts, *Iriartea deltoidea* flooring, and *palmiche*, *shebón*, and *irapay* palm leaves for thatch). Over the last two years, palm leaf thatch has been increasingly replaced with sheets of corrugated tin, thanks to donations by the *Techo Digno* program of the Loreto Regional Government.

All of the communities have elementary schools, most with a single teacher. The teachers come from Requena and in some cases, over time, have been accepted as community members. The main problem in the schools is the interruption of classes due to teacher absence. These absences may be due to illness, red tape at the Local Education Management Unit (UGEL), the need for teachers to collect their paychecks, holidays, and other reasons. This problem, as well as poor teacher supervision and an educational environment lacking in inclusion and cross-cultural components, are commonly cited to explain why families commonly leave their community to seek decent education for their children elsewhere.

Table 10. Demographic data for indigenous communities, *campesino* communities, and other settlements in the vicinity of the rapid inventory study area in the Tapiche and Blanco watersheds of Loreto, Amazonian Peru. Sources: Municipal districts of Tapiche, Soplín, and Alto Tapiche; community authorities; and CEDIA.

Name	Type of community	Titled	Seeking title	Linguistic family
Nuevo Progreso	Indigenous Community		x	Pano
Nueva Esperanza	Campesino Community		x	
Frontera	Indigenous Community		x	Pano
España	Indigenous Community		x	Pano
Curinga	*Caserío**			
Lobo Santa Rocino	Indigenous Community		x	Jíbaro
Nuevo Capanahua	Indigenous Community		x	Pano
San Pedro del Tapiche	Campesino Community		x	
Palmera del Tapiche	Indigenous Community		x	Pano
Puerto Ángel	Campesino Community		x	
Canchalagua	Campesino Community		x	
Morales Bermudez	Campesino Community		x	
Santa Elena	*Caserío**			
Wicungo	Indigenous Community		x	Pano
Yarina Frontera Topal	Indigenous Community	x		Pano
Nuevo Pacasmayo	Campesino Community		x	
Nuestra Señora de Fátima	Indigenous Community	x		Pano
Monte Alegre	Indigenous Community		x	Pano

* = District capital

** = The first Quality of Life Plans in these communities were created in partnership with The Field Museum, the Instituto del Bien Común and the Peruvian park service (Matsés National Reserve) in 2012. Since 2014 CEDIA has led the process to create Life Plans in the other communities (including Frontera).

Middle and high schools only exist in the district capitals (Santa Elena, Iberia, and Curinga) and in the communities of Limón Cocha (high school) and San Antonio de Fortaleza (middle school infrastructure, but no assigned staff; see Table 10). This explains why many people who grew up in the region only attended elementary school. Many children aged three to five cannot exercise their right to education due to the lack of schools. Many adolescents move to the district capitals to attend high school, but the cost this entails puts it out of reach for those who live in distant communities. Many youth prefer to drop out of school and begin working. Young men primarily work on timber crews or collect ornamental fish. Young women often leave their communities to work as servants or shop clerks, primarily in Requena and Iquitos.

Health clinics are present in the district capitals and in the communities of Limón Cocha and Nuestra Señora de Fátima. Other communities have communal first-aid kits (Lobo Santa Rocino, Wicungo) containing medicines administered by a health worker. In other cases (Frontera, Palmera del Tapiche) the medicine is kept in the home of the health worker. In 2013 and 2014 stocked first-aid kits were donated by the company Pacific Rubiales SAC during its seismic surveys. According to the health workers, the most common health problems are acute respiratory infections and acute diarrhea. Malaria is endemic in the Tapiche-Blanco region, and capacity-building campaigns train health workers to prevent and treat the disease.

In the communities we visited we found the remains of drinking water (Lobo Santa Rocino) and sanitation projects (Wicungo) that are not currently operational.

Ethnic group as recognized by the state	Watershed	District	Population	School infrastructure			Life plans
				Elementary school	Middle school	High school	
Capanahua	Tapiche	Soplín	64		x		x
	Tapiche	Soplín	140		x		
Capanahua	Blanco	Soplín	55		x		x**
Capanahua	Blanco	Soplín	72		x		x
	Blanco	Soplín	250	x	x	x	x**
Wampis	Blanco	Soplín	174		x		x
Capanahua	Blanco	Soplín	78		x		x
	Tapiche	Tapiche	250		x		
Capanahua	Tapiche	Tapiche	115		x		x
	Tapiche	Tapiche	130		x		x
	Tapiche	Alto Tapiche	199	x	x		x
	Tapiche	Alto Tapiche	145		x		x
	Tapiche	Alto Tapiche	460	x	x	x	
Capanahua	Tapiche	Alto Tapiche	120		x		x
Capanahua	Tapiche	Alto Tapiche	10				
	Tapiche	Alto Tapiche	40		x		x
Capanahua	Tapiche	Alto Tapiche	120	x	x		
Capanahua	Tapiche	Alto Tapiche	51		x		x
TOTAL			**2,473**				

The communities get their water from the river or artesian wells (Palmera del Tapiche). Few families have basic bathrooms and those that exist are in bad condition. A good number of people still go to the bathroom outdoors. In 1997 there was a sanitation project in Wicungo that lasted two years; in the 18 homes that benefitted, only three bathrooms are still in use. This lack of infrastructure is the main source of disease in the communities, especially the acute diarrheal diseases affecting children.

In the communities we visited we found two communal houses under construction (Lobo Santa Rocino, Frontera), one large and well-constructed communal house (Wicungo), and a small communal hut (Palmera del Tapiche). There are also government houses where hearings to resolve community conflicts are held. There are also small prison cells (*calabozos*) where offenders serve their sentences.

Governance (social organization and leadership)

All communities share the same organizational structure. Differences can be detected in each community's dynamics, and those depend on the strength of the social fabric and the type of leadership shown by their community authorities. In the communities we visited, the two government representatives (municipal agents and lieutenant governors) and communal presidents (or chiefs) constituted the three pillars of communal organization.

It is important to note that communities are undergoing a process of organizational restructuring and strengthening with CEDIA, with the goal of clarifying the functions of each of these authorities to reflect current law. This restructuring is important, since most of the communities we visited were run until recently on an organizational model in which the lieutenant governor and municipal agent were the primary community authorities, and their relative strength was primarily based on the degree of influence they had over community members. The process of land titling, together with the strengthening of communal organization, has led to democratic elections for community authorities and more effective assemblies and bookkeeping. These changes bring communities into compliance with legal requirements following the recognition and titling of land. In similar fashion, *campesino* communities have implemented boards of governors and communal directorates.

The General Assembly is the place where decisions are made on topics of broad communal interest (e.g., communal cleanup, community collections to help a community member, good-neighbor agreements, natural resource management agreements). It is understood that good management largely relies on good communication between authorities, internal stakeholders (e.g., the *vaso de leche* nutritional program, health workers, church officials, and parent-teacher associations), and external stakeholders. We observed that internal relationships function very well, but external relationships do not (especially with the municipal districts). Community participation in municipal project management mostly involves attendance at participatory budget meetings. We were informed that even when a community is successful in getting a particular project funded, financial management and implementation has always been a challenge. The few successes they mentioned include the donation of gasoline and a generator, and support from the mayor for community anniversary festivities.

Currently the communities are focusing their attention on the process to title their territories, with the expectation that legal control of their resources will yield benefits. Another interest is establishing better relations with oil companies such as Pacific Rubiales SAC, which carried out a seismic study in the region in 2013. The study created jobs over a period of six months, which temporarily increased family income.

As a result, most communities grew larger and more affluent. The company paid community authorities for the use of communal lands where they established camps, trails, and seismic lines. This has fueled a desire for the oil company to return. It has also strengthened interest in the process of land titling, since companies are required to pay much more to use the lands of titled communities, as established by Peruvian law, the Ministry of Agriculture, and the Ministry of Energy and Mines.

In 2014 the municipal districts have played a more visible role in communities due to the electoral cycle, creating temporary employment (i.e., community street cleaners in some communities on the upper Tapiche) or helping fund communities' anniversary celebrations. The mayors generally are or were timber merchants who went from being important *patrones* in the logging business to being district governors. There is significant political and economic interest in the area we visited due to the diversity of resources, above all timber resources, it possesses. To date, timber has been harvested under an informal system that has had negative repercussions for local residents (see the chapter *Natural resource use, economy, and traditional ecological knowledge*, this volume). This helps explain the political landscape of the region, as well as the interests of the outgoing and incoming authorities.

We sensed discontent among residents and a feeling that they had been deceived by the outgoing local authorities. We also noted great hope regarding the authorities that begin their terms in 2015, especially since two of the four communities we visited (Lobo Santa Rocino and Frontera) had town councilors (*regidores*) elected for the next term.

The role of State programs and institutions

In recent years, the Peruvian Ministry of Development and Social Inclusion (MIDIS) has been developing poverty-reduction initiatives through programs aimed at the most vulnerable citizens (women, children, and the elderly) in remote areas of the country.

As has been the case in communities visited in past inventories, some of these programs are present in the communities we visited in Tapiche-Blanco. One is the

National Program of Direct Support to the Poorest (JUNTOS), which transfers money to mothers living in poverty to ensure that their children under the age of 19 have better access to food, health care, and education. A few mothers (4-6) are selected in each community to receive 100 *nuevos soles* per month. As the money can only be claimed in Requena, families typically wait six months to collect the money, in order to justify a long and costly trip.

The National School Meals Program, known as Qali Warma, arrived in communities in 2013. The program's aim is to provide varied and nutritional food to children in all of the country's public preschools (starting at age three) and elementary schools, in order to improve the students' attention and attendance and decrease the dropout rate. In 2014, Qali Warma food had only arrived once and lasted three months. Qali Warma food is administered by school principals, whose management is audited by a committee of parents of school-age children. Some communities have organized themselves to provide their schools with their own cafeteria and kitchen (Palmera del Tapiche), while others have adapted an existing establishment to function as a cafeteria (Lobo Santa Rocino). In other cases, when it is has not been possible to coordinate with authorities, teachers have taken it upon themselves to divvy up the food among parents.

The Pensión 65 program, which provides financial support to adults past the age of 65, is also active. Some communities have already identified recipients and in others, like Wicungo, the elderly have begun receiving their pensions.

As in most communities visited in previous inventories, most of those in Tapiche-Blanco have received corrugated tin roofing from the Techo Digno program of the regional government of Loreto.

Perceptions regarding quality of life

From a Western perception, the lifestyle of Amazonian peoples is often viewed as one of poverty and need (Gasché 1999). However, even with the rudimentary infrastructure and political landscape, and the scarce and inefficient government services, we found these communities to have a positive perception of their living conditions and surroundings. The results of our 'quality of life' exercise gave us a sense of the perceptions regarding quality of life in each of the communities we visited. The exercise analyzed five dimensions of the quality of life at the community level: social, cultural, political, economic, and natural resources, as well as the relationship among these different aspects.

On a range of 1 (the lowest score, or least desirable situation) to 5 (the highest score, or most desirable situation), communities ranked their social life as an average of 4.3. They told us they live in peace, and that this favors cooperation, communal projects, and support between families (Table 11). In communities such as Frontera, 80% of families belong to the evangelical church, which facilitates community participation, especially with regard to communal tasks. All of the communities we visited get along well with their counterparts; neighboring communities invite each other to community events such as anniversary parties. It is important to note that kinship and communal work mechanisms (*mañaneo, minga*) foster an environment of community participation and involvement which is also apparent at the inter-community level. Nonetheless, conflicts have arisen in some cases between communities (e.g., the argument between Wicungo and Santa Elena regarding fishing in nearby oxbow lakes).

Community perceptions of natural resources and economic life were ranked similarly (average scores of 3.5 and 3.6, respectively; see Table 11). The similarity is not accidental, but rather reflects the close relationship between household economics and natural resources. According to community members and our observations in both watersheds, resources for subsistence (food, building material) and trading (agricultural products, edible fish, and ornamental fish) remain abundant. However, residents told us that game animals are harder to come by than five years ago.

Patrones hire residents as labor, primarily for logging. It is important to note that this is a seasonal activity that is typically bad for workers, since it relies on the debt peonage system. Indeed, most activities in the region that extract resources to sell on the open market tend to be somewhat disorganized. In response, residents have generated community-level proposals to

Table 11. Results of the quality of life exercise in the communities visited during a rapid inventory of the Tapiche-Blanco region, Amazonian Peru.

Community	Watershed	Natural resources	Social relationships	Politics	Economy	Culture	Average
Lobo Santa Rocino	Blanco	4	5	3	4	3	3.8
Frontera	Blanco	3	4	3	3	3	3.2
Wicungo	Tapiche	4	4	4	4	3	3.8
Palmera del Tapiche	Tapiche	3	4	3	3.5	4	3.5
Average		**3.5**	**4.3**	**3.3**	**3.6**	**3.3**	**3.6**

manage resources via agreements adopted by community assemblies that set extraction fees or periods. These proposals focus on timber and ornamental fish, and are receiving technical and legal support from CEDIA.

Communities ranked cultural and political life an average 3.3. Residents told us that while politics are healthy at the community level, their political relationships with the municipal authorities are not, as mentioned above. Communications have stalled and the participatory budget processes are not working because the projects that were prioritized and funded are not being implemented. As regards cultural life, residents of the community of Lobo Santa Rocino expressed a desire for initiatives to recuperate their indigenous languages, Capanahua and Kichwa. Cultural aspects that residents are proud of include *mingas*, and local knowledge about how to fish, hunt, build housing with forest products, and prepare typical food and drinks.

Social and cultural assets

The assets we identified in the communities we visited apply to both watersheds. They include social and cultural features that are closely linked to natural resource use and thus to the market. Although market-driven natural resource harvests have been the principal motor of settlement in both watersheds, the mostly *mestizo* communities have adapted to the region. We identified the following social and cultural assets, which are a crucial foundation for the conservation and effective management of natural resources: 1) gender complementarity; 2) kinship relationships, reciprocity, and communal work; 3) the process of titling communities and the presence of CEDIA; 4) emerging leaders; 5) broad knowledge of the area and the use and management of natural resources (forests and water;

addressed in the chapter *Natural resource use, economy, and traditional ecological knowledge*, this volume); and 6) the presence of two national protected areas and a proposal for a private conservation reserve.

Gender complementarity

As we have seen in other inventories in Amazonian Peru, in the communities we visited both men and women sustain the household economy via activities based on their knowledge and use of natural resources from forests and rivers. We believe that the social and economic context of a region closely linked to markets favors gender-balanced labor, since while family members play different roles they share a common objective: to support their families by harvesting products from the forest and farm plots for subsistence or sale. Women are not excluded from these processes; on the contrary, they play a significant role. In the communities we visited we witnessed several examples of this: women plant manioc, help prepare manioc flour (*fariña*), and accompany their husbands in logging campaigns (*madereada*). Likewise, they manage the home and make decisions about domestic life.

In the public realm, the communities have established a system of participation that is quite equitable, in the sense that both men and women have the right to speak, debate, and vote in assemblies. In other words, women's participation is not restricted to the domestic sphere, but extends into community politics. In some communities women have taken on a leadership role by being elected to the highest positions of authority (Lobo Santa Rocino, Fátima). Older women also play important roles in the community, by using medicinal plants, helping bring children into the world (as midwives), and caring for and helping mothers recuperate after childbirth. Women are also active participants in inter-community life, organizing events and supplementing their children's nutrition through the *Vaso de Leche* and JUNTOS programs.

Kinship relationships, reciprocity, and communal work

In the communities we visited, community life and compliance with community agreements depend greatly on the relationships among community members. As is the case in most Amazonian societies, the system of cooperation and reciprocity in these communities is based on relations of kinship, matrimony, and friendship. These relationships underlie communal cleanup efforts, *mingas* for work done on the *chacras*, constructing canoes or homes, and support networks for dealing with family or health emergencies.

Kinship relations and the proximity to other communities in these watersheds offer opportunities for residents to meet for recreation, or community or district anniversary festivities. These opportunities should be taken advantage of as communities strategize new ways to use and manage watershed resources.

Community land titling processes and the presence of CEDIA

CEDIA is making a very important contribution to the land titling processes, given that their involvement in the region is comprehensive and long-term. CEDIA's work focuses on: 1) land titling; 2) life plans as tools for community planning and management; 3) strengthened community organization; 4) sustainable use of the natural resource base; and 5) support for the management of protected natural areas.

Land titling is the foundation of CEDIA's work with communities in the region. The main goal is to ensure the legal recognition of communities, whether indigenous or *campesino*. A second goal is to ensure these populations' ownership of the land via titling, in accordance with Peruvian laws regulating both types of communities. The land titling process includes a series of technical steps that must be taken in cooperation with the Peruvian Ministry of Agriculture, through their regional office. In July 2015, 15 communities that are seeking land title received a document from the Regional Agrarian

Directorate of Loreto (DRAL) indicating that their titling processes had moved forward more than 80%. Full titles are expected to be granted in the next few months.

The goal of the life plan, a tool that CEDIA has used with communities of the Blanco and Tapiche watersheds, is to help communities plan timely, measureable activities that improve quality of life. Once a life plan has been developed in a participatory manner, reflecting the needs and expectations of the population, the goal is to link it to participatory mechanisms at the local and regional levels, by involving various local actors (municipalities) to help achieve community objectives. Fifteen communities in the Tapiche-Blanco region have been working on these plans since 2014. In early July 2015 CEDIA organized a three-day event in which communities presented their life plans to local, regional, and civil authorities of Requena Province, and began planning how to implement their community priorities. Some members of the rapid inventory social team were on hand for the event. It was inspiring to hear the representatives of each community and leaders of both watersheds describe their experiences developing their life plans and identifying community priorities. Many of the priorities involve organizational strengthening, so that communities can coordinate more effectively and take action to make the improvements they want in education, healthcare, and economic activities.

To help strengthen community organization, CEDIA uses a methodology focused on empowering all residents, whether indigenous or *campesino*, so that they can contribute to community and natural resource management in a formal, orderly manner and in accordance with current laws. The goal of this empowerment is for communities to make efficient use of their community government to interact with state and private entities in a fair and egalitarian manner that allows them to choose their own development path.

Emerging leaders

In each watershed there are community leaders who take an active role in defending their natural resources and territories. This is the case of the chief of Lobo Santa Rocino in the Blanco watershed; some other men and women of the Tapiche watershed appear to be emerging leaders and could help mobilize initiatives for cooperation and sustainable management of the proposed conservation area. Other key players are the young men and women who have been taking on municipal-level posts. It is important that these charismatic and influential individuals operate at both the community and inter-community levels, in order to promote the interests of their communities in the context of shared interests across the broader watershed.

In the election of municipal authorities in October 2014, two young residents of Lobo Santa Rocino were elected *regidores* and one resident of Frontera was elected *primer regidor*. During the inventory we had the opportunity to speak with both the new and departing *regidores*. The newly elected *regidores* are very active and dynamic, and have a strong interest in strengthening their communities and in the conservation and management of their natural resources. They have been active participants in CEDIA's initiatives, especially the creation of community life plans, and have helped guarantee that the highest priorities of those plans are presented to municipal authorities during participatory budgetary sessions. These authorities have a key role to play in ensuring that community life plans are formally recognized by municipal-level ordinances.

Broad knowledge of the area and of natural resource management and use (forests, lakes, and rivers)
This important asset is analyzed and described in detail in the following chapter, *Natural resource use, economy, and traditional ecological knowledge.*

Presence of two national protected areas and a proposed private conservation reserve
We also view as an important asset the communities' vicinity to two existing protected areas and the proposed private conservation area of the Tapiche Reserve.

To the east of the study area is the Matsés National Reserve and to the south is the Sierra del Divisor Reserved Zone. The goal of these two protected areas is biodiversity conservation that enables indigenous and *mestizo* populations to continue to engage in their traditional and sustainable use of natural resources. Likewise, these protected areas (and others in Brazilian

territory) constitute an uninterrupted binational biological corridor measuring more than 3 million ha.

The Matsés National Reserve and the Sierra del Divisor Reserved Zone are managed by the Peruvian park service (SERNANP) and are a part of Peru's protected area system (SINANPE). Since 2011 in the Matsés National Reserve and 2013 in the Sierra del Divisor Reserved Zone, SERNANP has carried out control and surveillance, strengthened community capacity, and occasionally stationed park rangers in some communities of the lower Tapiche and Blanco watersheds. However, in some of the communities we visited, such as Nueva Esperanza and Frontera, residents view SERNANP and the Matsés National Reserve as an institution that restricts their use of natural resources. This reflects the process of creating and establishing the Matsés National Reserve, in which the Peruvian government did not recognize the *mestizo* communities in the Blanco watershed or the (untitled) territory they inhabited, and did not leave a sufficiently large area for these communities.

By contrast, other communities on the upper Blanco River, such as Lobo Santa Rocino and Capanahua, view SERNANP and the Sierra del Divisor Reserved Zone as an opportunity to sustainably conserve and manage their natural resource base. En Lobo Santa Rocino, two park guards from the Sierra del Divisor Reserved Zone have been building a relationship with the community by involving two volunteer park guards, establishing artificial beaches for river turtle nesting, and working with the schoolteacher and students. This initiative has been successful to date, and has sparked interest in various communities who are now interested in restoring turtle populations and protecting fish communities in their oxbow lakes. The park guards have also made an effort to share information about the Reserved Zone and have distributed maps showing its limits. This has generated a good deal of discussion about logging inside the Reserved Zone, and more recently community agreements to no longer cut timber there (P. Rimachi, pers. comm.).

Staff of the Matsés National Reserve have worked energetically in the lower Tapiche and along Alemán Creek in the reserve's buffer zone, north of our study area. In that area some communities have reached formal agreements with the protected area (*acuerdos de actividad menor*) regarding the small-scale, non-commercial harvests of natural resources. There is a park guard station on the eastern bank of the Blanco River, across from Curinga, staffed mostly by Matsés park guards. This has caused some friction with nearby communities, which are mostly *mestizo* and still feel some lingering resentment about the establishment of the National Reserve, which put some limits on the lands they can use. To resolve these problems and improve community relations, the reserve has begun hiring more *mestizo* staff and local residents, and plans to establish an office of the Matsés National Reserve in Curinga (C. Carpio, pers. comm.). Despite these positive steps, there are still challenges to managing these areas (e.g., limited personnel, limited budget, and the fact that the Sierra del Divisor Reserved Zone does not yet have a definitive categorization) which make it hard to involve communities more in day-to-day operations.

The private conservation area proposed by the Tapiche Reserve is located on the lower Tapiche River and comprises an area of approximately 6,000 ha (De Costa Reis 2011; *http://www.tapichejungle.com*). The Reserve currently operates an ecotourism lodge and promotes a long-term vision of ecotourism and conservation, with a special focus on the Garza Cocha oxbow lake. Local residents and the reserve owners told us that there has been friction between them, apparently due to a lack of communication and mutual understanding.

We believe that all of these assets represent an opportunity for solidifying and implementing a common vision among the residents of the Tapiche and Blanco watersheds for managing natural resources and maintaining a high quality of life.

NATURAL RESOURCE USE, ECONOMY, AND TRADITIONAL ECOLOGICAL KNOWLEDGE

Authors/Participants: Diana Alvira Reyes, Luciano Cardozo, Jorge Joel Inga Pinedo, Ángel López, Cecilia Núñez Pérez, Joel Yuri Paitan Cano, Mario Pariona Fonseca, David Rivera González, José Alejandro Urrestty Aspajo, and Rony Villanueva Fajardo (in alphabetical order)

Conservation targets: Local knowledge of natural resources (forest resources, medicinal plants, and wildlife) that is passed down from generation to generation and gives residents the capacity to adapt to changes in the landscape and climate; crop diversification in family-tended farm plots (*chacras*) and vegetable gardens, which preserves the genetic sources of corn, manioc, plantain, pineapple, and other crops; respect for certain areas of the landscape, based on myths and beliefs that serve as a mechanism for regulating the use of those areas; community spaces for discussion and decision-making, land management mechanisms that strengthen community relations, and resource management practices; kinship and reciprocity networks; festivals and other communal events that promote cultural exchange, mutual support, and cohesion at the inter-community level

INTRODUCTION

In this chapter we describe the natural resource use and family economies of the *ribereño* communities of the Tapiche and Blanco watersheds. Natural resources in this region are used based on traditional knowledge and practices that allow residents to adapt to the various ecosystems in which they live and to the drastic seasonal fluctuations over the course of the year. The family economy is diversified and dynamic due to its connection to the market. Economic activities are dominated by logging; the sale of ornamental fish; subsistence fishing, hunting, and agriculture; and the sale of plantains (*Musa paradisiaca*), manioc (*Manihot esculenta*), and manioc products such as *fariña* (manioc flour, commonly used by loggers) and tapioca in the towns of Curinga, Santa Elena, and Requena.

In our visits to the communities, we perceived a deep concern about the future of their forests due to excessive logging. Mahogany (*Swietenia macrophylla*) and cedar (*Cedrela* spp.) are already very difficult to find. Several other species are at risk, such as giant arapaima (*Arapaima gigas*), silver arowana (*Osteoglossum bicirrhosum*), and yellow-spotted river turtle

(*Podocnemis unifilis*). To address these concerns, residents are developing management plans within their communities. Some communities, such as Wicungo, have initiatives underway to manage oxbow lakes for silver arowana fry, and are being supported in this effort by a Peruvian NGO, the Center for the Development of Amazonian Indigenous Peoples (CEDIA). In the community of Lobo Santa Rocino, Peruvian park service personnel from the Sierra del Divisor Reserved Zone are leading an initiative to restore populations of aquatic turtle species.

In this chapter we provide a brief overview of what residents know about the forest and how they use and manage natural resources with ancestral techniques. We also describe some social factors that affect the use of natural resources in these communities, such as links to the market.

METHODS

To investigate traditional knowledge about the use of natural resources, we held focus groups of women, men, and youth. In these focus groups we mapped natural resource use in order to understand how residents perceive and relate to the surrounding landscape. The maps helped us document a variety of land uses, including areas for resource harvests, paths and roads, water bodies (oxbow lakes and streams), and prohibited or dangerous areas. Following the mapping exercises we visited farm plots, lakes, and streams on communal land to document the diversity of crops, other useful plants, and fish. We held semi-structured and structured interviews with key informants that focused on natural resource use and management, knowledge about primary and secondary forests, medicinal plant use and knowledge, myths, and perceptions about climate change. During these visits we also carried out surveys to document family economies.

RESULTS AND DISCUSSION

A brief history of natural resource extraction in the Tapiche-Blanco region

The economic activities carried out by residents of the Tapiche-Blanco region rely on their broad knowledge of their territory and natural resources, and gave rise to most communities in the area. During his stay in Requena, Father Isidro Salvador compiled the reminiscences of Father Agustín López Pardo (founder of Requena), and in 1972 he published them with the title *A missionary of the oars* (Salvador 1972). That book describes the historical rubber-tapping carried out in the Tapiche watershed by Juan Hidalgo and Vidal Ruiz, who pioneered the practice of trading with the Capanahua and Remo indigenous groups, exchanging machetes, shotguns, and mirrors for balls of rubber and high-value timber. Hidalgo and Ruiz established campsites where rubber (*Hevea brasiliensis*) and *leche caspi* latex (*Couma macrocarpa*) were harvested. The most important campsites were on the upper Tapiche River, near the police posts of Venus and Canchalagua, and at the mouth of the Umayta and Moteloyacu streams, the current location of the indigenous community of Monte Alegre.

The rubber boom reigned in the Peruvian Amazon between 1880 and 1914, even though the harvest and exportation of rubber had begun several years prior (San Román 1994). When the rubber boom ended, the region experienced an economic catastrophe. Economic interests sought to rebuild the economy by searching for new products to export, and began to exploit fine woods such as mahogany and tropical cedar.

In 1918, a foreign company began exporting this timber to the United States. Initially, timber was sent in the form of logs, but in 1930 the exportation of roundwood was prohibited. This regulation led to the installation of sawmills in Iquitos and the surrounding areas (Santos Granero and Barclay 2002). This period also saw a rise in demand for leather and fine animal skins, and their production grew rapidly. The leather business wreaked such havoc on the Peruvian jungle that the government eventually imposed a ban on hunting. In 1954 companies began to export ornamental fish, which soon became an important new source of income. The ornamental fish trade remains economically important to this day, and currently provides good incomes for the Tapiche-Blanco communities that are located near oxbow lakes and blackwater streams. Wicungo and Frontera, which we visited during the inventory, are examples.

Nonetheless, timber continues to be Loreto's primary export. Logging has undergone explosive and disorganized growth, and is becoming more and more diversified, generating markets for new timber species. Currently the demand for hardwoods is on the rise, with the most important species being *shihuahuaco* (*Dipteryx micrantha*), *ana caspi* (*Apuleia leiocarpa*), *huayruro* (*Ormosia coccinea*), *palisangre* or bloodwood (*Brosimum rubescens*), *mari mari* (*Hymenolobium pulcherrimum*), and *azúcar huayo* (*Hymenaea courbaril*). Later in this chapter we describe the ongoing importance of logging in the Tapiche-Blanco region.

Agro-ecological calendar

Using the information obtained during interviews and natural resource mapping, we created a calendar that illustrates important cycles in agriculture, ecology, and natural resource use (Fig. 22). Interviews with residents revealed several concerns about these natural cycles. They mentioned that high and low river levels, which had been stable for many years, fluctuate strongly now. They also mentioned that it is no longer possible, as it was in previous years, to predict when the rains will come or when summer will arrive. This means that river level fluctuates unexpectedly, which complicates farming, hunting, forest and fish harvests, and travel, particularly on the Blanco River.

In the calendar we can see that residents concentrate their natural resource harvests during March, which is the beginning of the school year when they need to purchase school supplies. Harvests also coincide with holidays, festivals, and the anniversaries of the founding of their communities.

Crops are farmed seasonally in various areas of the floodplain, and year-round in upland farm plots. The staples are plantain and manioc; the latter is used to make *fariña* (manioc flour) and tapioca throughout the year. Residents fish for food year-round and harvest ornamental fish at the start and end of the dry season.

Livelihoods and the family economy

We observed different livelihood strategies in the communities we visited. We use the term 'livelihood' to describe the activities performed by persons, families, or groups for the purpose of generating goods (including money) or services to satisfy their needs. Each of these livelihoods requires access to and use of a variety of resources. A given person, family, or group has several livelihoods at the same time, and all of these together are known as a 'life strategy.' Our analysis indicates that family economies in the Tapiche-Blanco region are largely determined by community location (uplands or lowlands) and access to markets, and involve a diverse array of multi-cyclical activities performed throughout the year (Fig. 22).

The principal work done in the communities we visited is logging, ornamental fish harvests, subsistence fishing and hunting, commercial hunting, subsistence farming, and the sale of plantains, manioc, and their byproducts. There are also one or two tiny general stores that provide most income for the families who own them.

We now highlight some examples of economic activities in the communities we visited.

The indigenous community of Wicungo is located on the floodplain of the upper Tapiche River and surrounded by two large oxbow lakes with abundant fish, especially silver arowana fry. As a result, the families' principal economic activities are extracting silver arowana fry from September through March, and subsistence and commercial fishing. There is not much upland forest that can be farmed in this community, and most farming is done during the dry season and on the banks of the river. Wicungo gets most of its manioc, *fariña*, and plantains by purchasing or exchanging products with upland communities on the upper Tapiche River. Some members of the community are involved in logging, either on their own or as workers, as will be described later in the chapter. Wicungo is strategically located with respect to timber stocks, given its location at the mouth of the Punga stream, an area where legal and illegal logging are common (Fig. 2A).

By contrast, the indigenous community of Palmera del Tapiche, located downstream from Wicungo on the Tapiche River and very close to the district capital of Santa Elena, is perched in uplands that are suitable for cultivating plantains and manioc. The leading economic activities in this community are the production of *fariña* and tapioca (which are sold in Santa Elena and Requena,

Figure 22. An ecological calendar prepared by communities visited in the Tapiche and Blanco watersheds, Loreto, Peru, during the rapid inventory. The calendar shows the seasons in which several natural resources are harvested in the region.

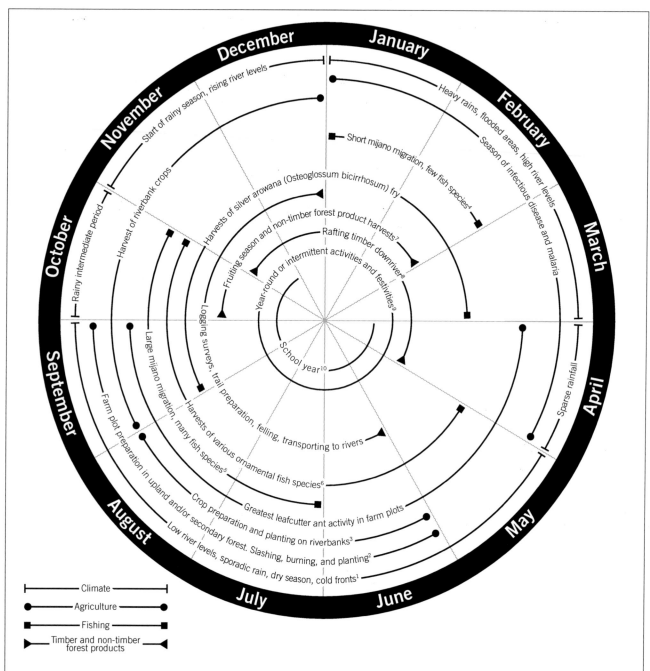

1. Cold fronts (*friajes*) typically occur the week before San Juan (24 June) and Santa Rosa de Lima (30 August); *friajes* during the last two years were reported to be unusual.
2. Planting of plantains (*Musa paradisiaca*), corn (*Zea mays*), rice (*Oryza sativa*), manioc (*Manihot esculenta*), medicinal plants, vegetables, and fruit trees.
3. Diversified crops: corn, beans (*Phaseolus vulgaris*), rice, watermelon (*Citrullus lanatus*), and many vegetables.
4. Migration of banded leporinus (*Leporinus fasciatus*), silver dollar (*Metynnis luna*), red-tailed brycon (*Brycon cephalus*), silver mylossoma (*Mylossoma duriventre*), and tiger oscar (*Astronotus ocellatus*).
5. Abundant fish species: wolf fish (*Hoplias malabaricus*), bottlenose catfish (*Ageneiosus marmoratus*), driftwood catfishes (*Liosomadoras* spp.), yaraquí (*Semaprochilodus amazonensis*), long-whiskered catfish (*Zungaro* sp.), and lisa (*Schizodon fasciatus*).
6. Ornamental fish are in greatest demand and fetch the highest prices at the beginning and end of this period.
7. Harvested species include *aguaje* (*Mauritia flexuosa*), *ungurahui* (*Oenocarpus bataua*), *umari* (*Poraqueiba sericea*), *zapote* (*Matisia cordata*), Malay rose apple (*Eugenia malaccensis*), *ubilla de monte* (*Pourouma minor*), and peach palm (*Bactris gasipaes*).
8. Harvested species include *cumala* (*Virola* spp.), Spanish cedar (*Cedrela* spp.), *marupá* (*Simarouba amara*), *canela moena* (*Ocotea* spp.), *capinurí* (*Maquira coriacea*), *lupuna* (*Ceiba pentandra*), and *tornillo* (*Cedrelinga cateniformis*).
9. Year-round activities: manioc and plantain cultivation, maintenance of farm plots, fishing and hunting for food and market, and harvests of thatch and timber for housebuilding.
10. Hunting becomes more common at the start of the school year (March-April) and during the festivities of town anniversaries.

and to logging crews) and, to a lesser degree, subsistence and commercial fishing.

The Blanco River is shallower than the Tapiche, which complicates travel during the dry season. It also has a smaller human population, with only five communities. As with Palmera del Tapiche, Lobo Santa Rocino on the upper Blanco River and Frontera on the lower Blanco River are located in the uplands. Residents of Lobo Santa Rocino farm for subsistence and sell plantains in Requena. Because there are forests close to the community, several families are involved in logging, subsistence hunting, and commercial hunting.

Farther down the Blanco River, the indigenous community of Frontera is located mostly in white-sand forests (*varillales*), which are not very good for agriculture. This community cultivates plantain, corn (*Zea mays*), and manioc, mostly for subsistence. As at Wicungo, fish are abundant around Frontera, particularly in the Pobreza Stream, where villagers harvest several species of ornamental fish throughout the year. Subsistence and commercial fishing is also of great importance to this community. Logging is less common, and done either by families or as workers for a *patrón*.

Information on family economies was obtained through semi-structured interviews, based on an analysis of the economic contribution made by products for personal consumption and sale, and expenditures made in order to sustain the family. In interviews in people's homes, we asked them which products they purchase in general stores or in the large cities, and how much they cost. The greatest such expenditure for families is gasoline. Other important purchases are work tools (primarily chainsaws and spare parts), shotgun cartridges for hunting, clothing, and household items.

It is important to point out that the cash families use to buy these products comes from the forest, primarily through the sale of wood, fish (silver arowana fry and other ornamental fishes), bushmeat, agricultural products, and fruits collected from the forest (e.g., *aguaje* [*Mauritia flexuosa*] and *ungurahui* [*Oenocarpus bataua*]). It is through the sale of these products that residents are connected to the market in the district capitals (Santa Elena and Curinga), Requena, and occasionally Iquitos. We can see, then, that products obtained from the forest, farm plots, and lakes and rivers cover 60% of the family economy (Fig. 23). The remaining 40% is covered by income obtained by selling agricultural products, ornamental fish, and timber.

Food-fishing is an important economic activity, both for subsistence and to sell. For example, in the community of Frontera, a family of six may consume up to 25 kg of fish per week, sell up to 1,200 kg per year, and earn around 3,840 *nuevos soles* from fish each year.

As mentioned earlier, communities can be grouped according to the type of natural resources they use. Lobo Santa Rocino and Palmera del Tapiche earn income primarily through the sale of products from their farm plots, such as plantains (as many as seven varieties) and manioc (as many as six varieties), while Wicungo and Frontera earn theirs by selling silver arowana fry and ornamental fish, respectively (Inga Sánchez and López Parodi 2001). When we analyzed the economic activities that generate the greatest amount of income, we found that fishing generates more income than logging, and requires less effort. With logging it can take as long as six months until the timber can be sold, salaries are very low (10–15 *nuevos soles* per day), and labor conditions are very poor.

It is important to note that there are no wildlife management plans nor community agreements on hunting limits. It is clear, however, that forest resources represent a primary source of food and construction materials for residents of the Tapiche-Blanco region.

The contribution of agricultural crops to the family economy

To better understand the importance of farming, we created participatory maps in which residents identified appropriate sites for planting crops. Villagers carry out these activities based on seasonality, soil fertility, and topography (Rodríguez Achung 1990). After corroborating this information with informants and during field visits, it became clear that the most commonly farmed areas are the lowlands, levees, and uplands, and the most common crops are manioc, plantain, corn, and rice (*Oryza sativa*).

Low-lying areas (mudflats and beaches) are used to plant seasonal crops. Small areas along the Tapiche and

Blanco rivers (but less commonly on the latter) are farmed during the low-water period of June through November for corn, beans (*Phaseolus vulgaris*), watermelon (*Citrullus lanatus*), manioc (*Manihot esculenta*), chili pepper (*Capsicum annuum*), and other seasonal products (Appendix 9 and Fig. 22). Villagers cultivate relatively small plots of land (0.5–1 ha). Farm plots are scattered between streams, swamps, and oxbow lakes, but their size and location depend on individual farmers' capacity and the local landscape. Crop rotation is not necessary in the low-lying areas, because these lands are only used for a short period. This is possible thanks to seasonal flooding, a natural phenomenon that fertilizes the soil. While these lands are productive, villagers expressed concern about changes in the high-water periods. For example, in 2014 the high-water floods came early (September; see Fig. 22), and affected many crops.

The uplands are farmed for annual and perennial crops (fruit trees). These uplands include terraces and hills, which have sandy-clayey-loamy or sandy-clayey soils of a red-yellow color and a thin surface layer of organic material. These soils are only relatively productive during the first two years of use, due to their low fertility level.

Farming on the Tapiche and Blanco rivers is similar to that of all forest-dwelling and forest-dependent societies in the Amazon (Oré Balbin and Llapapasca Samaniego 1996). Farmers start the process with slash-and-burn in primary forest. After cultivating and harvesting their crops, they allow the land to lie fallow (as a *purma*) for approximately six years, so that the soil can recuperate its natural fertility. Fallow periods may be shorter (e.g., every four years) if homes are nearby or farmland is scarce; however, production on these 'young *purmas*' is low. The longer the land is allowed to rest, the greater its productivity. The interviewees stated that fallow periods of longer than 10 years (secondary forest) are excellent. Most families in the communities we visited have 'young' and 'old' *purmas*. These areas are treated as property and are passed down within the nuclear family.

Not all of the uplands are appropriate for all types of crops. To produce manioc, farmers seek out uplands

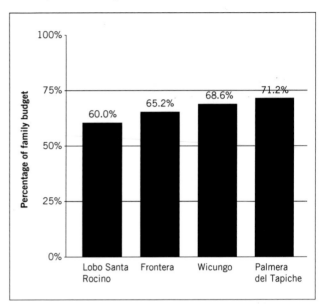

Figure 23. Proportion of family budgets covered by forest, lake, and river resources in four communities visited during the rapid inventory of the Tapiche-Blanco region, Loreto, Peru.

with clayey-loamy soils and avoid white sands. For plantains, corn, rice, and vegetables, they seek out lightly clayey soils rich in organic matter. Fruit trees and other crops require certain characteristics and soil fertilities which the farmers know well. For example, pineapples grow well in white-sand soils.

Farm plots (*chacras*) vary in size, from 0.5 to 4 ha. They contain subsistence crops, as well as staples like plantains, manioc, corn, and rice. Some of the staple crops are used for subsistence and some are sold in the local market, but most are sold at regional markets. Although *chacras* are owned by families (they are not communal), they are created via reciprocal cooperation. Forest clearing is done by communal work parties (*mingas* and *mañaneos*), while the sowing, weeding, and harvesting are normally done by the family. This kind of cooperative work integrates families, brings communities together, and reduces the need for cash to pay for labor.

The farm crops that contribute the most to community economies are manioc, plantains, and corn. These represent approximately 30% of income, depending on the community. Manioc production is a priority for the communities of Palmera del Tapiche and Lobo Santa Rocino, which are the principal producers of *fariña*. The customers who buy the most *fariña* and at the best prices are loggers. Producers can sell *fariña* to loggers at 2 *nuevos soles*/kg, whereas in Requena the price is 1.50 *nuevos soles*/kg. Manioc is also a staple food for villagers, whether as a drink (*masato*), as tapioca, or in a stew (*sancochado*). In the communities we identified more than 15 varieties of manioc. Studies by the Research Institute of the Peruvian Amazon (IIAP; Inga Sánchez and López Parodi 2001) in Jenaro Herrera have identified 38 varieties of manioc that are regularly cultivated by villagers under a broad range of environmental conditions. The communities we visited prefer the 'Colombiana' variety, given that it produces in greater volume and can remain underground for up to two years.

Plantains are another important source of income in the community economy. This is especially true for Lobo Santa Rocino and Palmera, who sell plantains to Santa Elena and Curinga, respectively, as well as to communities that have no upland forest. The customers who buy the most plantains and at the best prices are in Requena and sometimes Iquitos; there they can sell a bunch for up to 20 *nuevos soles*. The greatest obstacle to selling plantains is transport during the dry season, when the Blanco River drops to the point that canoe travel is impossible. This situation affects the communities of Lobo Santa Rocino and Nuevo Capanahua. Transport costs are also high due to the distance from markets, and this is especially problematic when the market is saturated.

The corn and rice grown by communities is generally for local consumption; some of the surplus is sold to loggers and at markets in Requena.

One concern is that primary forest is sometimes cleared for crops with limited advance planning. We observed that some families clear areas of forest that are larger than they can manage; they cultivate some of it and abandon the rest (e.g., we saw this in Palmera and Frontera). This poor practice destroys forest due to a lack of planning at the familial and community levels. We believe that a combination of community regulations and 'life plans' will help eliminate these practices. In addition, farmers confirm that agricultural production in upland forest and 'older' *purmas* is better. They can obtain up to two harvests, and less labor is needed because there are fewer weeds. While attacks by leaf-cutting ants (*Atta* spp.) are minimal, damage by spotted paca (*Agouti paca*), Central American agouti (*Dasyprocta fuliginosa*), and other rodents is greater.

Farmers are seriously concerned by leaf-cutting ants in their farm plots, especially in fallow areas or young secondary forest, where they eat crops, especially the leaves of citrus trees. These pests have caused the farmers to sow their crops ever farther away, in upland forest, and abandon fallow areas until the ants disappear.

Use of lakes and rivers

Around the communities we visited there are many oxbow lakes and streams that the villagers know extremely well, because they use them on a daily basis. Fishing is typically an individual activity; however, families also make expeditions to fish in lakes and streams. They use nets of different sizes, which they set up on the banks and then draw together and close toward the center of the lake. They also use nets called *mallones* to capture ornamental fish in streams. Hook-and-line and handcrafted arrows are also used to fish. We saw no use of the natural fish toxin *barbasco* (*Lonchocarpus utilis*) in either watershed.

The most commonly eaten and sold species of fish are black prochilodus (*Prochilodus nigricans*), hardhead (*Plagioscion* sp.), butterfly peacock bass (*Cichla ocellaris*), lisa (*Leporinus* sp.), wolf fish (*Hoplias malabaricus*), *curuhuara* (*Metynnis luna*), silver arowana (*Osteoglossum bicirrhosum*), and tiger sorubim (*Pseudoplatystoma tigrinum*). In addition, the villagers told us that some lakes have 'mothers' in the form of enormous black boas (*Eunectes murinus*) that take care of and protect them, preventing other fishermen from going to those places. Thanks to these traditional beliefs, these lakes are important breeding grounds for many fish species.

Extraction of silver arowana fry and other ornamental fish

Harvests of silver arowana fry (*Osteoglossum bicirrhosum*) are an important economic activity in the region, especially in the community of Wicungo, on the Tapiche River. Fry are harvested and sold to traders in the communities, or occasionally sold through middlemen to aquaria in Iquitos. The final destinations of these ornamental fish are aquaria in Japan, China, and Korea.

According to our interviews, in Wicungo a single silver arowana fry fetches between three and four *nuevos soles*. Each family can harvest around 7,200 fry per year, which in the best-case scenario yields a gross of 14,400 *nuevos soles*. We noted that villagers are very skilled at these harvests and good at identifying the arowanas that carry fry in their mouths. The residents who fish adult arowanas for food do so with nets and arrows. The practice of killing or injuring adults in order to extract the fry persists.

The communities of Wicungo and Santa Elena are formulating management plans for oxbow lakes. These plans must be approved by the regional fisheries agency, DIREPRO. In these plans the villagers propose to manage adult arowanas so as to not impact the fry population for the coming years. They also plan to establish a committee to patrol the lakes and prevent outsiders from harvesting fry.

It is important to note that conflicts also exist between communities regarding the use of lakes and rivers. For example, Wicungo and Santa Elena have quarreled regarding control of the Atun Cocha lake, which has generated confrontations between villagers from both communities. We hope and expect that these communities will solve these problems once their management plans are implemented.

In addition to silver arowana, other species of ornamental fish are also harvested. This is especially important for the community of Frontera, whose residents harvest fish from the Pobreza Stream and sell them directly to middlemen in the same community and sometimes to aquaria in Iquitos. Sale prices vary between 50 and 80 *nuevos soles* per thousand fishes, depending on the species. Certain rare species have a much higher value; during our visit we were told that a single specimen of the fish known as the *ebelinay* was worth up to 350 *nuevos soles*. Some families earn up to 18,000 *nuevos soles* per year from harvesting ornamental fish. It is important to note that identifying the most valuable species of ornamental fish requires significant skill. In addition, the commercial demand for these fish is generating a need for community organization. While these harvests are mostly beneficial, regulation is needed to ensure a fair distribution of benefits.

Lakes and rivers in the region, especially oxbow lakes, have great economic potential for their fish stocks and high value for ecotourism. Fishing is more autonomous than logging, but also strongly linked to the market. The *habilito* system (debt peonage) is still promoted, mostly by wealthier members of the communities. This makes the emerging leadership especially important, since the growing representation of local residents in municipal positions can help communities rethink current harvest methods and replace them with sustainable systems. Communities' deep knowledge of the region's flora, fauna, and landscape are an extremely valuable asset in this context.

Hunting

Bushmeat is of great importance to local populations, and especially to loggers, because it is a valuable source of protein (Saldaña R. and Saldaña H. 2010). We were told in interviews that the most sought-after animals are paca (*Agouti paca*), white-lipped peccary (*Tayassu pecari*), collared peccary (*Tayassu tajacu*), lowland tapir (*Tapirus terrestris*), and red brocket (*Mazama americana*). The least preferred prey are black agouti (*Dasyprocta fuliginosa*), nine-banded armadillo (*Dasypus novemcinctus*), and capybara (*Hydrochaeris hydrochaeris*).

Hunting is carried out along the banks and tributaries of the Tapiche and Blanco rivers. The region has few salt licks (*collpas*) of importance and the hunters obtain little meat during flood periods, when the animals migrate to the uplands. Hunters value periods when palms and other trees are fruiting, as those fruits help maintain healthy wildlife stocks (Fig. 22).

Based on our observations in the communities we visited, we estimate that a family of five consumes ~20 kg of meat per month (~4 kg per person). Extrapolating this to the entire community of Lobo Santa Rocino, which is composed of 40 families, suggests that residents consume ~800 kg of bush meat per month. We also noted that 80% of bushmeat is for subsistence, while the remaining 20% is sold locally.

Very infrequently, and only in extreme cases when cash is needed (e.g., to cover education or healthcare costs), bushmeat is sold in Curinga, Santa Elena, or Requena.

According to hunters in Wicungo and Frontera, the most sought-after animals have become rarer over the last 10 years. Palmera and Lobo Santa Rocino reported stable populations of paca and agouti, but considerably diminished herds of both peccaries. They confirmed that the mammals most sensitive to hunting are tapir and large primates such as Peruvian black spider monkey (*Ateles chamek*) and red uakari (*Cacajao calvus*). They also noted that for many years now hunting has been strongly encouraged by timber merchants, who need bushmeat to feed their workers while they are living in the forest during logging campaigns.

During our stay in the community of Frontera we observed a very interesting episode. After nearly two days in the forest, a hunter came home with a tapir whose meat he divided up and shared with the community. He shared roughly half of the meat with his relatives and close neighbors, and kept most of the rest for his own family; he sold a small part to other community members. According to the residents, this is typical when large animals are hunted. This reflects the local social custom of sharing both good and bad with one's relatives, which binds families and other residents together.

The communities we visited still do not have effective rules to regulate hunting. Some are beginning to restrict the use of hunting dogs, but many appear resistant to the idea. In community meetings villagers are also beginning to discuss how much bushmeat hunters should be allowed to take. While this has resulted in preliminary agreements (50 kg per family with the purpose of selling), there is no enforcement. One agreement that does work is not permitting hunters from outside communities to hunt on community land. These internal regulations require greater community organization, such as clear community boundaries and a permanent patrolling system. We feel that SERNANP staff could provide important support for these emerging projects to manage wildlife (SERNANP 2014).

Several residents in the communities of Frontera, España, and Nueva Esperanza (on the Blanco River) complained about the creation of the Matsés National Reserve and the Sierra del Divisor Reserved Zone, as mentioned earlier, arguing that the establishment of these protected areas has blocked their access to places they used to hunt. They also reported that some of them continued to hunt in the white-sand forests and upland forest in the Matsés National Reserve, which park guards did not know. We feel that the data obtained in this study will help SERNANP to better understand this situation and to work with communities to implement strategies for using and managing the region's wildlife (Fig. 24).

Use of non-timber forest products

The forest occupies a special place in the daily lives of residents of the Tapiche and Blanco watersheds. They view it as a living being with great value and a fundamental component of their subsistence. This perception led many of our interviewees to describe themselves as gatherers and to express their need for expanses of healthy forests to maintain their quality of life.

In the communities visited we documented 21 species whose fruits are eaten by residents (Appendix 9). Among the most important are the *aguaje* (*Mauritia flexuosa*), *ungurahui* (*Oenocarpus bataua*), and *chambira* palms (*Astrocaryum chambira*). Other forest species such as *Pouteria caimito*, *Spondias mombin*, and *Inga alba* are also gathered for food. Some residents also sell fruit (primarily *aguaje* and *ungurahui*) in Requena.

The forest is an important source of construction materials to build homes and other buildings. Approximately 98% of home construction materials comes from the forest, while the remaining 2%, such as nails, paint, and corrugated tin roofing, comes from Requena. Local knowledge regarding the quality and use of construction materials is significant. Hardwoods, which are highly valued and locally known as *shungos*, are used as beams in homes and bridges. Several palms are essential components of floors (*Iriartea deltoidea* wood) and roofs (*Lepidocaryum tenue*, *Polydostachys synanthera*, and *Attalea butyracea* leaves).

Canoes and rowboats are the primary modes of transport for Amazonian villagers. Among the principal timber species used for boat construction are *Cedrelinga cateniformis*, *Ocotea* sp., and *Hura crepitans*.

Figure 24. A map of natural resource use in the watersheds of the Tapiche and Blanco rivers, Loreto, Amazonian Peru, drawn by residents of the communities visited during the rapid inventory in October 2014.

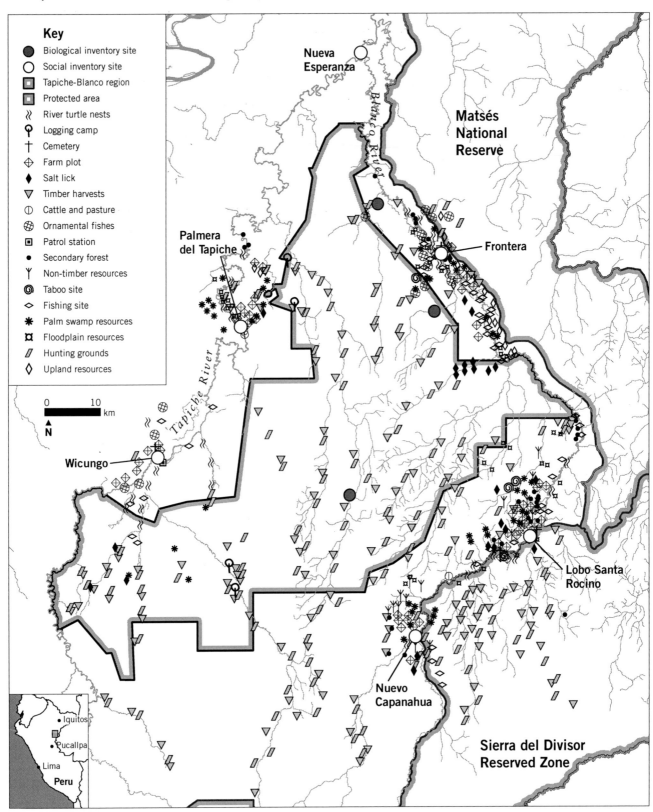

Key

- ⬤ Biological inventory site
- ◯ Social inventory site
- ▣ Tapiche-Blanco region
- ◼ Protected area
- ⁂ River turtle nests
- ⚲ Logging camp
- † Cemetery
- ⊕ Farm plot
- ◆ Salt lick
- ▽ Timber harvests
- ◐ Cattle and pasture
- ⊕ Ornamental fishes
- ▣ Patrol station
- • Secondary forest
- ⅄ Non-timber resources
- ◎ Taboo site
- ◇ Fishing site
- ✳ Palm swamp resources
- ¤ Floodplain resources
- ⫽ Hunting grounds
- ◇ Upland resources

0   10 km

▲ N

Nueva Esperanza

Matsés National Reserve

Palmera del Tapiche

Frontera

Tapiche River

Blanco River

Wicungo

Lobo Santa Rocino

Nuevo Capanahua

Sierra del Divisor Reserved Zone

Iquitos

Pucallpa

Lima

Peru

Poultry farming

Poultry farming is on the rise in most communities and forms an important component of the subsistence economy. Some families in the communities we visited breed several dozen chickens and some ducks.

This work is primarily done by women, in order to earn extra money for emergencies or other needs (e.g., illnesses, school supplies). Poultry are generally sold during the San Juan festivities, when prices are the highest.

Knowledge and use of medicinal plants

Knowledge of medicinal plants is widespread among communities of the Tapiche-Blanco region. Most villagers know the plants that are widely used to treat common maladies such as cuts, sprains, stomach aches, fevers, etc. This knowledge is learned and transmitted orally. Both men and women know the benefits of a variety of medicinal plants, and these plants are commonly used. In interviews we compiled a list of more than 100 varieties of plants that are used for medicinal purposes (Appendix 9), often in combination and utilizing different parts of the plant. Residents do not maintain a written record of these uses.

There are certain people in the communities who are celebrated for knowing a great deal about the use and management of medicinal plants. These individuals often treat villagers for certain maladies associated with local culture and the 'cosmovision' of indigenous peoples. These illnesses include *mal aire* (a bad feeling) and *cutipado*, a curse by a person or a malevolent spirit. According to Peru's National Health Institute, *cutipado* is caused by the revenge that shamans, people, plants, or animals take on a person who is attempting to harm them. This condition thus has strong links to the symbolic world of Amazonian peoples.

These older individuals know the reasons for which a person might be *cutipado* and how they should be treated. They have extensive knowledge of the plants associated with the problem and the steps that can be taken to solve it. They can also recommend certain behaviors that can prevent one from becoming *cutipado*. These are thus socially important phenomena, which can restrict or condition the behavior of villagers in certain contexts. None of this knowledge has been written down. This cosmovision-based knowledge is also often restricted to older generations. Younger villagers tend to be ignorant of these topics and feel a closer connection to modern medicine. They do not know the causes for *cutipados* or similar complaints, and generally do not believe in them.

While traditional medicine plays an important role in the treatment of daily illnesses and is well known even among youth, there is resistance among the young to certain cultural and cosmovision-based beliefs. This type of knowledge is transmitted to young people spontaneously and on a daily basis, but they have become less interested in it and are especially resistant to practices rooted in local culture. On the other hand, there are plants whose efficacy in treating certain maladies is accepted by everyone. These continue to be used and valued by everyone, and are even promoted by the health care professionals in these communities.

According to the 2007 Census of Indigenous Communities of the Peruvian Amazon (INEI 2009), the Capanahua population, which to date is comprised of only four recognized communities, uses both modern medicines and medicinal plants. The medicinal plants considered by the census-takers to be the most commonly used by the Capanahua (and the most common in the Amazonian region) were *uña de gato*, *sangre de grado*, *malva*, *piripiri*, *chuchuhuasha*, *ajos sacha*, and *leche de ojé*. For species names and a more complete list of medicinal plants used in the region, see Appendix 9.

Logging

Timber harvests take several forms in these watersheds: local forests, forest permits, concessions, and illegal logging (Appendix 10). This enables loggers to produce great quantities of wood year after year in the Tapiche and Blanco watersheds. Most harvested species have low-density wood that floats, such as *Cedrela odorata*, *Ceiba pentandra*, *Virola* spp., *Ocotea* spp., *Cedrelinga cateniformis*, and *Maquira coriacea*.

Most logging is done in unauthorized sites (Fig. 24), and much of the activity remains illegal and disorganized. For example, even though most logging concessions have expired or are in the process of expiring, they continue to be logged. Similar irregularities occur with forest permits. Some forest permits are given to communities that do not have titled land, and this is probably done so that timber harvested elsewhere can be 'legalized.' In general, lands officially designated for forestry on the Tapiche and Blanco rivers (as Bosque de Producción Permanente) are no-man's-lands. There is no enforcement of the law and communities are typically ignorant of forestry regulations. Most timber extraction is carried out without permits, in prohibited areas, often under informal agreements with community leaders or members.

Logging is concentrated in the Blanco and Tapiche headwaters, in the Pobreza, Yanayacu, Negro, Zúngaro, Fasacal, Ungurahuillo, and Punga streams, and in certain areas of the Matsés National Reserve and Sierra del Divisor Reserved Zone (Fig. 24). Since commercial timber has already been removed from forests near the main rivers and streams, merchants are now seeking out timber in more distant areas, which increases the cost of logging. Within the proposed conservation area, logging activity is concentrated in the headwaters of the Yanayacu, Huaccha, Yanayaquillo, Pobreza, and Colombiano creeks. Access to these headwaters is by river, and thus a degree of control over the use and management of natural resources there could potentially be exerted by nearby communities, especially Lobo Santa Rocino (Huaccha), Frontera (Yanayaquillo, Colombiano, and Pobreza), and San Pedro del Tapiche (Yanayacu). Despite their strategic locations, however, these communities are not strongly organized. Since 2014 CEDIA has been cooperating with them to help them define their territorial aspirations and appreciate the need for a long-term management plan for their natural resources.

While the influence of the timber merchants, known locally as *habilitadores*, is strong (see next section), perceptions of logging in the communities of the Tapiche and Blanco rivers are negative. Residents know that it is not their leading or most profitable source of income; however, logging persists in all of the communities, promoted by timber merchants in Iquitos and Requena. Villagers generally become involved out of a desire to work, have an exciting experience, or try their luck.

Likewise, some families feel that logging does offer financial benefits and complements income from ornamental fishing, food fishing, and farming, as described earlier.

How logging is financed

Logging is often financed through a system of debt peonage, locally known as *habilito*, which is common throughout the Amazon. Under *habilito*, individuals or communities accept advances in the form of cash or supplies as part of an agreement to harvest a resource. This arrangement often deteriorates into debt peonage or even slavery, which is why the system is today recognized as an exploitative practice that has no place in modern labor and credit markets. Workers under *habilito* are often paid in goods, not paid at all, or forced to work in unacceptable conditions (e.g., long hours, unhealthy and dangerous work situations, and a complete absence of safety nets; Bedoya and Bedoya 2005, *http://www.mintra.gob.pe/trabajo_forzoso/tf_ amazonia.html*).

People who want to harvest timber are often drawn to the *habilito* system. They form teams of 4–20 people, who are then given small advances of cash, provisions, equipment, tools, and fuel by a middleman working for the *habilitador*, under the condition that the teams pay him back in timber. This economic transaction is often seriously tilted in favor of the *habilitadores*, who charge high prices for the goods they provide but pay low prices for the logs they are given. After turning over their timber to the *habilitador* and calculating the balance, workers frequently end up in debt to their supposed patron. On very rare occasions logging teams manage to earn some profit. In order to maintain the relationship, the *habilitador* again offers workers some advance money to convince them to work the next logging season.

Another way that logging is financed is through residents' own resources (self-financing). In these cases the scale of extraction is small. Individual loggers invest their own money to buy fuel, provisions, and other basic equipment, and work in the forest with kin. They can obtain an average of 50 logs in a season. In order to minimize labor costs, they work in floodplain forests and take advantage of high-water periods to float out timber.

In these cases, timber merchants possessing forest permits often help 'legalize' the timber that is extracted.

Logging methods

Logging in the Tapiche and Blanco watersheds is mostly done by hand. In the upland forests workers build networks of roads 5–6 m wide to transport logs to the nearest river or stream. Logs are moved by rolling and sliding them with the help of windlasses, levers, and sometimes small motorized winches. Once the wood reaches the river, the workers build rafts to transport it downriver to sawmills. The entire process requires workers to stay in the forest for three to six months, depending on how much timber they harvest.

In floodplain forests, logging teams are smaller and often family-based. Logging roads here are few and short, as the timber can be transported by floating. These operations are typically performed during periods of flooding, so that logs can be floated to the main river and then rafted to the *habilitador*.

In both cases, timber is sold to the *habilitadores* on the banks of the main rivers and then rafted downriver to sawmills in Santa Elena (Tapiche River), Curinga (Blanco River), or Requena. In some places rafts are pushed by a small boat with a *peque peque* motor. Rafts typically contain 20–100 logs, depending on their size.

Logging by Green Gold Forestry in the Tapiche watershed

At the time of our inventory the timber company Green Gold Forestry (GGF) had a forest concession of 74,028 ha in the Tapiche-Blanco interfluve. The company obtained this concession as compensation for concessions they previously held in the Tigre watershed. By October-November 2014 the company had performed a forest inventory (GGFP 2014) but had not yet begun any forest extraction activities. The company has since left the concession, because it did not have enough timber stocks to be profitable.

In 2014, the communities of San Antonio de Fortaleza and Limón Cocha on the Tapiche River (both of which hold forest permits) began negotiations for GGF to harvest hardwoods or high-density timber. To harvest timber in San Antonio de Fortaleza, GGF

constructed extensive roads measuring more than 6 m wide, along which a forest tractor dragged logs to the banks of the Tapiche River. The wood was then transported on large barges, locally known as *chatas*, to the GGF sawmill in Iquitos. The most commonly harvested species were *shihuahuaco* (*Dipteryx micrantha*) and *ana caspi* (*Apuleia leiocarpa*). The logging machinery had a heavy impact on the forests. Community members also told us that the arrangement was not very beneficial for them or the company, due to the high cost of moving the machinery and transporting the roundwood over great distances.

The agreement negotiated with GGF indicated that a portion of the profits earned from the sale of the timber would go toward paying off the communities' debts to the Peruvian logging agency (OSINFOR). The communities acquired these debts due to poor management of their forest permits in the past, as explained below.

Negative impacts of logging on communities

Logging has had a number of social, environmental, and economic impacts on the communities of the Tapiche and Blanco rivers. For example, the communities of Nuestra Señora de Fátima, Monte Alegre, Limón Cocha, and San Antonio de Fortaleza are significantly in debt to both OSINFOR and to the Peruvian tax service (SUNAT). These debts reflect penalties incurred because these communities were defrauded by *habilitadores*, who used Bosque Local and Permiso Forestal permits granted to communities by the Forestry Program to launder illegally harvested timber and to do business with logging merchants in other watersheds.

In the case of forest concessions, most have expired. Nonetheless, some concessionaires continue to log in the watershed and claim that their concessions remain in force. These concessionaires sometimes confiscate timber cut by small logging teams near their expired concessions, arguing that it legally belongs to them.

The constant presence of *habilitadores* and traders is another negative impact on communities. Despite the exorbitant prices of the provisions and fuel sold by the *habilitadores*, villagers often agree to work with them if they are desperate for income. This frequently results in long-standing debts to the *habilitador*, as explained above.

Myths and legends related to the use of forest resources

The communities we visited told us of mythological beings that live in the forest, play an important role in residents' cosmovision, and are symbolically and culturally linked to residents' daily lives. Many of the interviewees told us about three beings: *yashingo*, *chullachaqui*, and *tunche*. These 'demons' of the forest, as they tend to be described, protect the forest and enjoy taking advantage of people or mocking them.

The *yashingo* (or *shapshico*, which means devil in Quechua) appears in the forest in the guise of a friend or relative, who then tricks the unsuspecting victim until they are lost in the forest. We heard many stories about women who were tricked into having sex with the *yashingo*, because he appeared in the form of their husbands in order to take advantage of them. One characteristic of the *yashingo* is that he not only seeks to deceive people and get them lost in the forest, but often takes people captive for long periods—men and women of all ages. Unlike the *chullachaqui* (see below), the *yashingo* does not limp or have lower extremities of unequal length. According to the villagers, the best way to identify this strange being is by asking to see his belly button, because he is a devil and thus does not have one.

The *chullachaqui* (which means 'unequal foot' in Quechua) is very similar to the *yashingo*, except that it does not tend to take captives or take advantage of its victims sexually. The distinction is interesting, and worth exploring in more detail with local residents. The *chullachaqui* is said to be identifiable by its legs of different lengths. Some say that one foot is a peccary hoof and the other is human. This same being is recognized by many Amazonian peoples, and stories of encounters are common throughout the Amazon.

As noted earlier, the names of these beings are based on Quechua words and related to the Kichwa peoples of the Amazon. Quechua words are common in the communities we visited, which suggests that these legends originated in *ribereño* societies and have been passed down through the generations as people migrated throughout the Amazon. These beings now occupy a prominent place in the *ribereño* cosmovision, as part of a more complex mythology of supernatural creatures who protect the forest and regulate its use by people.

Another forest spirit is the *tunche*, or malevolent one, who is known by its characteristic whistle. People fear the *tunche* because it can harm children, and is the bearer of bad news and a bad omen. Some people told us that the word *tunche* is used to describe the wandering souls of people who have died and have not found their path out of this world. It is said that the whistle of the *tunche* is commonly heard near communities, along the river, and in the forest.

Other supernatural beings who take care of the forests and the rivers are the *sachamama* and the *yacupuma* or *yanapuma*. The *sachamama* is a giant anaconda that protects animals in certain lakes and streams because humans avoid those places out of fear and respect. *Sachamama* is a Quechua word meaning 'forest mother.' This 'beast,' as it is described by the locals, can generate strong rain and windstorms when it gets mad. Some people claim to have seen a *sachamama* as big as a log, and it is said that she can sicken the people she encounters. The resident *sachamama* keeps people away from certain lakes and streams, where no hunting or fishing is done for fear of this animal.

The *yacupuma* or *yanapuma* is a beast resembling a puma, but black and much larger, which takes care of the forest, animals, and oxbow lakes. *Yacupuma* means 'water puma' in Quechua and *yanapuma* means 'black puma.' There are many stories told about this animal, and people even claim that it has magical and healing properties. Some say they protect themselves with the spirit of this animal through shamanic ceremonies in order to be brave and successful hunters. They also say that the animal's fat has excellent curative properties.

In the community of Wicungo, two young men told us they had seen a creature they described as half-man, half-peccary (*hombre sajino*). The animal's body was covered with bristles and it walked upright on two feet. They saw it following herds of animals (peccaries and pacas) as if it were watching over them, but they were not able to see its face. At the time of the sighting the two young men were in different parts of the forest and each saw the being on his own, but they agree on its appearance and the fact that it was accompanying a herd of animals. Since the sighting they have not returned to that place nor do they plan on doing so. Older residents have told them that the animal they saw is a devil who cares for the animals, and that they should not bother it.

In every case, the presence of these mythological beings leads to restrictions on the way people use the forest and induces people to protect certain places, avoid excessive hunting and fishing, and respect the spaces inhabited by these spirits. These mythological spirits thus play a role in regulating community life and preventing the villagers from over-harvesting certain areas of the forest. As with the *cutipados*, these ideas are taken seriously by the adult population and even young people, most of whom know the stories.

CONCLUSION

In conclusion, villagers' broad knowledge of the landscape is an asset that enables them to organize themselves and decide how to steward their resources, and it is that knowledge that will allow them to maintain the healthy conservation status of the forests and bodies of water described in the biological chapters of this book. During the presentation of our preliminary results of the rapid inventory in the community of Nueva Esperanza, villagers expressed an interest in maintaining a biologically diverse landscape. That led to a discussion about the need for a legal land status to protect and manage the landscape. During the same presentation, authorities proposed securing the territory through a title deed.

THREATS AND CHALLENGES

Below we present a summary of concerns we heard in conversations with villagers regarding threats to their quality of life.

- *Corruption at all levels of the governmental agencies that oversee natural resource use, which leads to weak governance and facilitates illegal harvests of natural resources, particularly timber.* These agencies' disorganized knowledge of the status and location of forest concessions, forest permits in indigenous communities, local forests, use permits, and the requirements for obtaining access rights to the forest is a serious problem. The result is that villagers know almost nothing about these issues, which enables fraudulent practices by timber merchants and the violation of villagers' rights.

- *Villagers' lack of knowledge regarding the technical, legal, and financial aspects of their economic activities, such as timber harvests, ornamental fish harvests, and the sale of agricultural products.* This results in a lack of planning, and as a result the villagers told us that their activities are not very profitable and that they are always in need of greater cash flow. In turn, this generates negative economic, social, and environmental impacts (i.e., debt and debt peonage; dependence, inequality, and awful labor conditions; and natural resource degradation).

- *The existence of two indigenous communities that are titled but that have tiny populations (Nueva Esperanza and Yarina Frontera Topal, on the upper Tapiche River), and that may cease to exist.* The disappearance of these communities would generate a land-use vacuum (because land in titled indigenous communities does not revert to the state) that could attract outsiders and generate social and environmental conflicts. Likewise, there is a phantom community (Nuevo Trujillo) that illegal timber merchants from Requena created under false pretenses in order to obtain a 'legal' permit to harvest timber.

- *Intensive, unregulated harvests of ornamental fish, bushmeat, and turtle eggs that are not based on an understanding of the conservation status of these species nor on management plans that ensure the activities are sustainable.* One clear example of an unsustainable practice is capturing silver arowana fry by killing the mother. It is also important to note the conflicts that unregulated harvests have caused between communities (e.g., between Wicungo and Santa Elena, or Curinga and Lobo Santa Rocino) over who controls the lakes and streams where villagers fish for ornamental and food fish.

- *The three oil and gas concessions in the region, which could have negative environmental and social impacts on communities.* Given that this is a geologically active region, environmental impacts could include water pollution, habitat loss, and soil erosion. Potential social impacts include a seasonal labor boom and the resulting boom-and-bust cycles of income, the 'need' to acquire material goods (such as electric generators, televisions, and refrigerators), and fluctuations in community populations due to the seasonal migrations of workers, all of which generate internal conflicts.

RECOMMENDATIONS

- Validate and use the participatory natural resource use maps as a tool for understanding the relationship between residents, their surroundings, and their aspirations, and for zoning communal lands. Ensure that communities are involved in the management and protection of any new protected area that may be created in the region.
  - Continue the process of titling land for communities, and promote zoning of communal lands based on soil type and traditional land use
  - Enforce zoning via communal agreements and regulations
- Build capacity among residents with regard to the technical, legal, and practical aspects of forestry through the relevant agencies, such as OSINFOR and the regional forestry agency (Programa Forestal Regional de Flora y Fauna Silvestre)
  - Help clarify and communicate laws regarding how residents can harvest timber, and which logging permits and concessions are currently in force
  - Generate a system by which communities can monitor and report on illegal resource extraction on communal lands or in the proposed protected area
  - Spread the word in communities about citizens' rights to work that is consensual, fair, and well-paid, in coordination with the Requena offices of Peru's Ministry of Labor and Defensoría del Pueblo, and putting communities in touch with the regional office of Peru's National Commission for the Fight Against Forced Labor (*http://www.mintra.gob.pe/ trabajo_forzoso/cnlctf.html*)

- Clarify the administrative processes regarding acquired rights in the area, so that strategies to protect those rights can be designed
- Promote and facilitate capacity-building in the technical, legal, and financial aspects of family-based economic enterprises in the communities
  - Build capacity for understanding markets, prices, and business costs, and for dividing income between domestic needs, business costs, taxes and other legal obligations, benefits, etc.
- Support and accompany emerging management plans for lakes and rivers by highlighting the roles that community members can play in management and thereby involving the majority of the population. These plans have the potential to minimize between-community conflicts over access to lakes and rivers.
  - Begin to implement management plans for the river turtles that nest on beaches in both watersheds
- Strengthen the relationships between local communities and the various conservation initiatives in the region (e.g., protected areas and the Tapiche Reserve ecotourism lodge) by promoting long-term communication and partnerships in order to achieve common objectives and plan activities that benefit both groups
- Use existing community gatherings (anniversary celebrations, soccer matches, church meetings, etc.) as platforms to discuss common concerns and interests within and between watersheds. The goal is to build a long-term vision regarding the conservation and use of natural resources that respects the various livelihoods in the region and makes the best use of communities' social and cultural assets.

WHY IS THE TIMBER INDUSTRY STRUGGLING TO PROMOTE LOCAL DEVELOPMENT AND CONTRIBUTE TO GOOD GOVERNANCE IN THE AMAZON?

Author: Ruth Silva[2]

INTRODUCTION

This chapter explores the trends that underlie the challenges faced by many forest users in the Peruvian Amazon who attempt to turn forest logging and timber transformation into a legal, profitable, and sustainable activity. I focus mostly on WWF's experience in that region, although many of the issues discussed may be relevant to other Amazonian countries.

Understanding these challenges is relevant for forest users, and it is crucial for individuals and organizations promoting sustainable forest management for timber production and responsible purchasing policies and practices as strategies to foster the conservation of Amazonian forests. Such strategies depend on the premise that market dynamics (logging, mining, illegal crops, etc.) have already reached forests, and will continue to destroy them as long as no competitive economic value is attached to standing forest[3]. A sustainable logging and timber trade—if successful—is believed to be capable of competing with unsustainable forest use and forest conversion.

The following themes are discussed below, with the goal of contributing to the discussion of the current state of the timber industry in Peru:

1) How global timber production and trade influence what happens in the Peruvian Amazon;

2) The shortcomings of the Lacey Act, FLEGT, and the EU Trade Regulation in helping promote legal timber production in the region;

3) The decreasing relevance of voluntary forest certification schemes;

4) The growing regional (Latin American) and national (Peruvian) demand for timber;

5) The fundamental challenge for tropical forest timber businesses: high diversity and low abundance per species;

6) Local climate change and its impact on timber production costs;

7) Weak policy implementation, under-budgeted forest administration, corruption, and their effects on the timber industry;

8) Underdeveloped and inefficient timber sector and value chains;

9) Small individual and collective forest holders with problematic land tenure, forest access rights, and access to market knowledge and services; and

10) Winners and losers: who may profit from the current state of affairs and why.

Then, to illustrate the complexity of forest management for timber production as promoted among local or indigenous communities, I describe the case of the Ashéninka community of Puerto Esperanza (Ucayali, Peru) and present some specific recommendations for this type of forest user.

Finally, I conclude with some brief reflections on whether and how we should continue to address the challenges of the timber industry in the Peruvian Amazon.

Several issues that are related to the timber industry and relevant to this discussion are not discussed here for lack of space. These include but are not limited to: a lack of research on commercial species, shortcomings in professional training for forest managers, and links between forest management and REDD, REDD+, and Indigenous REDD strategies.

This document was produced at the request of The Field Museum. It is expected that it may help them and their partner organizations to better understand community forest management and local dynamics related to timber markets as they currently exist in the

---

2 I am an anthropologist, and I have worked for over 20 years on issues related to forest management, forest economy, forest certification, local development, and forest governance in the tropical forests of Latin America. My work as part of WWF's long-standing effort to promote sustainable forest management under FSC standards, and the dedication of the forest users who WWF supports in the region (communities, small forest users associations, concessionaires) have motivated me to explore why we have not succeeded in demonstrating that sustainable management is good for conservation, a driver of local economic development, and a profitable way of doing business.

3 For many forest dwellers, their surroundings still hold cultural, social, and economic values aligned with their own visions of wellbeing, which are often quite different from those of the market economy. Unfortunately, there is no guarantee that such ways of living will prevail against the more conventional market-based development model, which is promoted even in the Amazonian countries where 'Mother Earth' herself has been granted constitutional rights, such as Bolivia and Ecuador.

farthest corners of the Peruvian Amazon, where the last relicts of high conservation value forests and ecosystems face increasing pressure from logging.

Review and comments from Margarita Céspedes and Camila Germaná (WWF Peru) helped clarify and correct some points, and so did the review by Daniel Robison Cattar.

THE CURRENT STATUS OF THE TROPICAL TIMBER INDUSTRY IN PERU

How global timber production and trade influence what happens in the Peruvian Amazon

For many years global markets defined what, how, and for whom timber was being harvested in the Peruvian Amazon. Initially, the interest was in a single species (mahogany[4]), mostly commercialized as round wood, and mostly for markets in the northern hemisphere[5]. Because of this, much of the political discourse about what is wrong with the timber sector in Peru continues to focus on these three factors: selective logging, lack of transformation, and perverse North-South market linkages. To what extent is this appropriate?

Today, single-species selective logging no longer exists in the Peruvian Amazon. To a great extent this is due to the commercial extinction of mahogany, leading to its inclusion in CITES Appendix II in order to increase control of its trade. But it also reflects a flexible market willing to incorporate a greater number of species as mahogany became depleted and the emergence or growth of new markets (see below, 'The growing regional and national demand for timber'). To a certain extent it also reflects the implementation of conservation strategies aimed at increasing the value of standing forests by increasing the number of timber species in the market, on the assumption that greater value would lead to better management (see below, 'The fundamental challenge for tropical timber businesses')[6].

Unfortunately, growing global demand for timber appears to be leading to similar processes of commercial extinction for currently targeted species (cedro [Cedrela spp.][7], shihuahuaco [Dipteryx micrantha], huayruro [Ormosia coccinea], cumala [Virola spp.], bolaina [Guazuma crinita], tornillo [Cedrelinga cateniformis], and capirona [Calycophyllum spruceanum]), at least in Peru (Muñoz 2014a). As we will see below, the domestic market plays a prominent role in this growing demand.

As for the lack of transformation and the correspondingly low added value which characterized timber exports in the past, nowadays 80% of exported Peruvian timber and timber products are processed timber (sawn wood, plywood, parquet, railway sleepers, poles, profiled wood, furniture, and parts), pulp, or paper, according to the Peruvian forestry service (SERFOR; Muñoz 2014b).

The situation is still far from perfect, however, because sawn wood is still the dominant export product (MINAG 2013). Furthermore, most processing corresponds to what is considered primary transformation, which adds little value to the product. Where secondary transformation takes place, low quality remains a problem, more noticeably so in products intended for the vastly dominant domestic market, where quality is not yet a dominant purchasing criterion. Also, because transformation mostly takes place far away from the forest, timber production costs include the transport of timber waste.

Regarding the importance of North-South market linkages, new trends are again apparent. To begin with, by 2009 exports only represented 10% of all timber recorded as legally harvested in Peru (SNV 2009). Among these exports, northern markets are declining in importance. The global economic crisis in 2008 led to a

---

4 Local markets (furniture and construction) also preferred mahogany (*Swietenia macrophylla*) or Amazonian cedar (*Cedrela odorata*), and many logging towns and Amazonian cities used high-quality mahogany remnants discarded from sawmills as firewood or cheap fencing.

5 This historical situation has influenced the structure of the national discourse and policy discussion on the timber industry and how to improve it (see articles in *La República*, *Gestión*, etc.). Sometimes there is an excessive focus on exports and on how to enable the large-scale producers linked to it (a handful of concessionaires and large industries) to become profitable and (to a lesser degree) sustainable or equitable. At other times, exporters are targeted as the sole culprit for all that is evil in the Amazonian timber industry. Neither discourse fully addresses why the timber industry in the Peruvian Amazon continues to be a threat to local development and conservation, or how and if this threat could be turned into an opportunity.

6 The promotion of Lesser Known Timber Species (LKTS) may be a controversial strategy since it increases the impact in tropical forests (previously mostly confined to the local extinction of the target species), both in terms of number of species affected and in terms of soil compaction, erosion and pollution, the creation of more or larger clearings, etc. While it promises a greater return on investment, it will only be sustainable if adequate silvicultural practices are implemented before, during, and after harvest. This has proven to be a great challenge over the years, and will not happen unless enforced. In turn, enforcement will require significant improvements in governance.

7 *Cedro* shows good regeneration in some areas where WWF carried out future harvest inventories (Margarita Cespedes, pers. comm.).

general decrease in demand for Peruvian timber, and further reductions resulted from emerging legal requirements (see below). This trend led us to the present situation, in which—as reported by ADEX in the news in 2014—Peruvian timber exports are dominated by China (45% of transactions), followed by Mexico, the Dominican Republic and the United States. Exports to Europe continue a long-term decline.

The dominance of Chinese demand is a challenge for sustainable management, since China is a country with very low requirements concerning legality and sustainability (Caramel and Thibault 2012). A second issue with Chinese markets (and Asian markets in general) is that they are presently focused on timber with little transformation, a situation that is expected to continue[8] (Blandinières et al. 2013) and that will not help the Peruvian forestry sector become more profitable (see below, 'The fundamental challenge for tropical timber businesses').

There are several other problems with timber exports from Peru, particularly regarding how exported volumes are sourced, produced, reported, and traded. These problems are a consequence of imperfect regulations, poor implementation, and weak governance, which allow one to obtain permits for inexistent trees (Urrunaga et al. 2012), to manipulate data concerning real yield per authorized roundwood volume, or to source from small scale 'legal' producers (with low sustainability requirements and little oversight; see below, 'Weak policy implementation, under-budgeted forest administration, corruption, and their effects on the timber industry'). All of the above scenarios make it possible to 'legally' export timber that has in fact been logged without permits (i.e., unsustainably produced).

The shortcomings of the Lacey Act, FLEGT, and the EU Trade Regulation in helping promote legal timber production in the region

While 'timber laundering' and the export markets that help enable it must be stopped and regulated, respectively, it is wrong to assume that they are the primary drivers of deforestation, degradation, and

weakening of forest governance in the Amazon. After all, exports only represent 10% of the total volume of timber harvested in the country (SNV 2009). That suggests that today, unsustainability is mostly driven by domestic demand.

And here lies the challenge for any policy or strategy intended to curtail illegal logging in Peru: as long as demand from unregulated markets such as China or the domestic market continue to grow, the increasing requirements to prove legality in the US and the EU will only diminish exports to those markets, and not illegal logging itself.

The situation is exacerbated by several facts:

- Other tropical countries (Cameroon, Central African Republic, Ghana, Indonesia, Liberia, Republic of the Congo) with closer commercial or historical links to Europe and with ongoing interest in FLEGT Voluntary Partnership Agreements (VPA) have a competitive advantage over Peru, since they are adopting mechanisms to assess the risk of illegality at a country level, as part of the VPA (for details visit *http://www. euflegt.efi.int/vpa* and embedded links to VPA countries).

- Hardwood species are also being harvested in regions of the northern hemisphere with better forest governance, lower transport costs, and more availability (Oliver 2012).

- Plantation timber from Asia, South America[9], the US, and Europe is growing in importance (Indufor 2012), and has lower production costs.

The decreasing relevance of voluntary forest certification schemes

Since most tropical forests faced the challenges of selective logging, no added value, and South-North exchanges described above in 'How global timber production and trade influence what happens in the Peruvian Amazon,' many global strategies have been designed to challenge the unsustainability and inequality of these market dynamics.

---

8 The cost and quality of the work force in Peru (compared to China or other processing countries) may be one of the factors influencing this preference among Chinese entrepreneurs.

9 According to Indufor (2012), Brazil has the second-largest area of fast-growing timber plantations in the world, after the US and followed by China. Timber plantations totaled 54.3 million ha in 2012; their area is expected to grow by 2.28% per year until 2022, and then by 1.3% per year until 2050.

Forest certification emerged as an alternative to more extreme strategies (e.g., boycotts) aimed at saving tropical forests from market inequalities that made logging unsustainable. Certification was based on the theory of change that the market can be part of the solution, by promoting a responsible demand that will foster socially, economically, and financially sustainable production of timber and wood products. While certification and particularly the FSC standards have become mainstream (the label is now found even on products sold in South America), several factors have reduced the present and potential contribution of forest certification as a strategy to help save tropical forests (and particularly Amazonian forests). These include:

- The diminishing demand for tropical wood products from responsible markets, versus the emerging demand from 'indifferent' markets (such as China and Latin America), for which timber is cheaper to produce;

- The competition that certified tropical hardwood products face from northern hemisphere certified wood products with better quality, greater availability, and lower cost;

- The growing supply (and competition) from certified plantation wood products from the North and South (Brazil and Chile), which now represent 37% of all certified forests (FSC 2014);

- The emergence of European Union Timber Regulation (EUTR), which must be complied with by any producer (certified or not) selling in that region, thus making compliance with EUTR a greater priority than FSC certification;

- The impact of certification costs on tropical forestry operations (see below, 'The fundamental challenge for tropical timber businesses'), which are already expensive compared to operations in boreal or temperate forests, and no guarantee of a premium price for certified producers;

- Weak local governance that may force even certified producers to become engaged in corruption just in order to operate (even when complying with all the regulations); and

- The high cost and lengthy process to obtain and maintain forest certification, resulting from issues beyond the control of the forest holder, such as imperfect land tenure (regulation, recognition, titling, demarcation), and lack of legal assurances that land rights or other rights that allow access to forests will be upheld, a situation affecting mostly small forest holders but also concessionaires[10]. This situation, rife in tropical countries, may explain why only 1.4% of all FSC-certified forests in the world belong to local communities, indigenous communities, and concessions (FSC 2014).

As a consequence of these and many other factors, FSC-certified forests in the tropics account for just 11% of the area of FSC-certified forests worldwide. The certification strategy has thus not been successful, as shown by data that indicate that 50–90% of wood produced in tropical countries is of illegal origin (Nelleman 2012).

In Peru the decline in certification began to show in 2014, when from April to November the total certified area dropped by about 30% (according to monthly data from FSC Peru), from slightly more than 1 million ha to ~700,000 ha.

The growing regional (Latin American) and national (Peruvian) demand for timber

While access to US and European markets has become increasingly difficult, Latin American markets for wood products are expanding as a consequence of economic growth in the region during the last decade. Although economic growth hasn't been completely steady, the demand for timber and wood products in Latin American countries has grown significantly, obliging many of them to import timber (especially cheap plantation timber) from neighboring countries and even from outside the region.

Countries such as Chile and Brazil—with a better developed timber industry and well-established legal frameworks for plantations—already have 2.1 and 6.5 million ha of fast growing temperate timber plantations, respectively (Muñoz 2014b). As a result,

---

10 For example, in the Peruvian region of Madre de Dios, gold mining concessions and unauthorized mining overlap several logging concessions.

plantation timber exports are valued very highly in those countries, compared to their exports of natural forest timber products (Blandinières et al. 2013), even though Brazil has by far the largest share of Amazonian forests.

This growing demand, closely related to the construction sector, and to the pulp and paper industries in more advanced forest economies such as Brazil, Chile, and Argentina, is characterized by low requirements regarding proper proof of legal origin. This may reflect shortcomings in the existing traceability and documentation mechanisms in Latin American producing countries, particularly for timber from natural forests.

As in most markets, key criteria for timber purchases in Latin American markets include a low price, timely delivery, and increasingly—since there is more demand for secondarily transformed wood products—product quality. These criteria are also applied in most public procurement, where legality requirements are limited to tax compliance, since there is a lack of clear and consistent definition of what a legally produced wood product is.

In the case of Peru, where only 10% of timber is exported (of which only 20% goes to the US and EU), and where internal demand for timber and wood products is expected to continue growing at about 7% per year, the balance of trade is negative due to the growth (13% per year) of timber imports, with a projected negative balance of US$2.5 billion by 2021 (Muñoz 2014b). Most imported timber and timber products have been sourced in plantations, with lower production costs, better access to market hubs, and vertical integration of the value chain.

Meanwhile, most tropical timber produced in Peru has inherently high production costs (see next section), increased by inefficiencies in transport and transformation, and low quality in the final products, and hence struggles to control a relevant share of the domestic market. To make matters worse, most of if it cannot be traced back to a legal and sustainable source, as I will explain below.

The fundamental challenge for tropical timber businesses: high diversity and low abundance per species

The high diversity of the Amazon forests is a well-established fact and this diversity includes several species with marketable timber. While ongoing legal and illegal logging in the Amazon suggests that harvesting such species makes sense from an economic perspective, it is worth asking where, when, and under what conditions it is profitable, and who receives those profits.

In a recent conversation, a Peruvian exporter of flooring and moldings told me that felling and transporting were the most expensive and least profitable aspects of the timber and wood product business, and here is why.

According to the Organization of American States, in 1983 Amazonian forests under management were harvesting an average 2 m^3 per hectare through selective logging. However, there were expectations (even under the market conditions of that time) that as much as 27.7 m^3 per hectare could be harvested (OEA 1987).

More than 30 years later, a review of data from two harvest years in the certified community forest of Puerto Esperanza in Ucayali, Peru (see below, 'Puerto Esperanza: A learning experience in large-scale community forest management'), shows that average volume of timber harvested was 10.58 m^3 per hectare, for 14 species. This gives a total of 17,211.8 m^3 for a two-year operation in 1,567.04 ha of forest. Most loggers harvest six to ten species, because they have no market for the rest. Puerto Esperanza was able to harvest 15 species because the buyer was a private company[11] that invested in opening markets for lesser-known species. If we focus only on the main commercial species in the Puerto Esperanza forest, *shihuahuaco* (for export) had an abundance of 0.57 m^3/ha, while *tornillo* (mostly for the domestic market) had 0.86 m^3/ha.

A WWF preliminary review of data collected in certified forest concessions in Madre de Dios (one of the main regions for timber production in Peru) found that *shihuahuaco* and *tornillo*[12] had the highest abundances,

11 Consorcio Forestal Amazónico, the company with the largest area of concession forest in Peru, supported by Danish investors, which declared bankruptcy shortly after working with this community.

12 Other species were less abundant, with mahogany occurrence ranging from 1 individual every 15 ha to 1 individual every 50 ha.

with an average of 0.34 individuals ≥50 cm DBH per hectare, each individual with an estimated volume of 2.74 m³ (Margarita Céspedes, pers. comm.). While the use of more species increases the total volume harvested in 1 ha of forest, and therefore in any given yearly harvest area, the additional species are also likely to have low abundances and are less competitive in the market, sometimes even generating higher processing costs (see below).

Hence, the question of whether harvesting a certain volume of timber of a given number of species makes sense economically depends on several factors that need to be assessed.

The first question is whether the existing stock (in volume[13] per market price) is sufficient to cover the cost of whatever level of transformation is planned, or to cover the costs of selling the standing timber[14], taking into account transport costs related to the proximity of the forest to roads or rivers.

This question must be answered considering the capacity of the forest user or trader to carry out the planned activity (selling standing timber, harvesting, transporting, primary or secondary transformation or processing). This capacity encompasses several aspects: technical, organizational, and administrative skills; capital, both in cash and in equipment; access to credit; political influence to get the paperwork done; and real market opportunities, existing contracts, market intelligence, links and alliances, among others.

As with any activity, provided the abovementioned capacities are in place, there will be (theoretically) greater opportunities to maximize profit as progress is made along the transformation process (from roundwood to final product), but there will also be greater risks, and these should be factored into the calculations.

Correspondingly, transactions at the lower levels of the transformation process put the forest/timber owner at the mercy of his buyer, who will propose a predefined 'market price' for the timber volume being sold[15], and apply as many discounts as possible to the volume calculation. Something similar happens if the forest owner hires harvest services (felling off, skidding, transport or transformation) and it is agreed that the services will be paid with timber. In this case, the service provider will set a fixed cost for the services without disaggregating the budget structure that substantiates such cost, and will estimate the volume of timber needed to pay him, using the 'volume per market price' calculation. Thus prices and costs often will not be verifiable or negotiable, and most of the time will not be transparent. That is the case because for the buyer or provider of services, the purpose of this first transaction is to begin discounting the high cost of harvest and transport at the expense of the forest or timber owner (an alternative way of discounting is to buy cheaper illegally harvested timber).

And this is a point that needs to be stressed. Commercial logging in the Amazon[16] under existing natural conditions (abundance and distribution of individuals of commercial species, topography, and unpredictable rainfall) requires:

- Large areas of intervention per year;

- Availability of cash to cover the fixed costs of large-scale timber harvests, as well as the less predictable costs in gasoline, spares, etc.;

- Capital to invest in secondary road construction, stockyard construction, or river port construction (as needed); and

- Existing investments in equipment and personnel sufficient for road maintenance and skidding, and for timber transportation (or capital to hire these services in a timely manner), including cranes and barges, when river transportation is needed.

---

13 The final yield of a given tree differs from the estimates made during census, with losses in volume taking place at several stages of harvest and transport, and particularly during trading, when sapwood/bark volume and natural imperfections are discounted. The accumulated 'discounts' differ according to the species (and there are regional variations within the species). Some species will have a final 80% yield in relation to census estimates, while others, such as *tornillo*, may have a 50% yield.

14 In many cases, selling standing timber implies covering the cost of producing and obtaining approval of the Management Plan and Yearly Operational Plan. It is important that the forest owner/manager cover these costs, in order to have a good assessment of the forest's value before signing agreements with an operator.

15 At this stage, volume is commonly measured using the Doyle method (see *https:// www.extension.purdue.edu/extmedia/fnr/fnr-191.pdf* for an explanation of this log scaling technique). This method may be confusing for inexperienced forest owners/managers, since the census and tax calculations are made based on calculations of timber volume using a different method (Smalian's formula).

16 Except for small-scale activities that allow for animal transport, extraction using streams during high water season, or operations with small machinery, where questions of sustainability may arise.

Regarding transport, because forests near roads and navigable rivers have already been harvested, and hence logging takes place farther and farther away, the cost and complexity of this activity has increased and will continue to do so.

Hence, for a forest owner or manager, understanding the processes and costs entailed in harvest and transport, ensuring that there will be some buyer for his timber, and knowing where it is most profitable to deliver it are crucial.

For operations that carry out primary and even secondary transformation, or that seek profitability through harvesting greater volumes from more species, there will be further complexities to analyze (assuming the producer has the means to carry out these processes), inherent to the diversity of his harvest.

For example, wood-drying duration varies between species and between final products; sawmills might require adjustments according to the characteristics of each species; and equipment maintenance will be affected by the workability of each species. And since volumes per hectare are low, it is likely that efficient operations require building a sufficient stock of each species before sawing and processing it. There may also be species that are more vulnerable to insects and fungi and require quicker processing. Addressing properly the complexity of tropical timber transformation is what eventually results in a profit, but a key point is that to address them, significant capital (cash or equipment) and knowledge of markets and processing needs for each species are needed, particularly if some of the services need to be contracted with a third party. Finally, it is important to consider that most logging is carried out using loans (money or services), and hence there is an urgency to sell the timber.

To make matters more complex, logging now faces competition for its workforce from better-paying and growing extractive industries in Peru, such as oil exploration and production, and legal and illegal mining.

Local climate change and its impact on timber production costs

Additional challenges are posed to logging in the Amazon by the increasingly erratic weather in the region, where extremes (flooding, drought[17], early or late rains) are more common and unpredictable. This affects the so-called *zafra* (harvest) period, which traditionally started in May, with the assumption that most harvesting and transportation would take place in the ~180 days between then and November-December. The current unpredictability causes havoc in the timber business at several levels and stages, as reported in the media[18,19] and verified first-hand.

Because well-stocked forests are remote, large-scale logging operations require the temporary deployment of heavy machinery and human resources. Untimely rain may mean that either these resources are not deployed to the field in time for harvest, skidding, and transport, or that they are stuck for too long in one area, affecting operations in other areas and increasing costs without producing income.

Transport is also obviously affected, with costs of road maintenance increasing and long delays until roads can be used again. River transport is also affected, since drought prevents heavy barges from transporting logs, while intense rain increases the risk of accidents.

These delays may be so severe that logged timber is left in the forest for several months until the next 'dry season.' Depending on the species, this may result in important timber losses due to termites, fungus, and rot. Alternatively, poor weather may result in the cautionary removal of machinery without having finished the planned harvest.

Because of these changes in weather, private companies have reported that the number of days available for the *zafra* has been significantly reduced, sometimes to as little as 100–120 days. In turn, this makes many companies unable to meet their commitments, both with suppliers (e.g., communities

17 In 2005 and 2010 there were extreme droughts, and in 2009 and 2014 there was extreme flooding.

18 http://www.rpp.com.pe/2012-10-18-adex-exportaciones-de-madera-sumaron-us$-110-millones-noticia_532137.html

19 http://www.adexperu.org.pe/BoletinesD/Prensa/BPrensa.asp?bol=1675&cod=5

selling standing timber or contracting operation services) and with buyers.

If we add to this issue the fact that some timber operations are funded through predatory loans, or that they hire some important and costly services in advance (including sawmills and drying facilities), we have a better picture of the financial complexities of running a profitable timber business in the Amazon.

Weak policy implementation, under-budgeted forest administration, corruption, and their effects on the timber industry

The circumstances described above unfold in a context of incipient institutional development and weak governance. I will not describe in detail the forest administration in Peru, which is implemented through several entities at the national and sub-national government level. Suffice to say that the key roles of granting rights, controlling proper exercise of said rights, and leading administrative processes related to both functions are seriously hindered by:

- Outdated or unclear regulations and administrative processes to enable legal forest use;

- Insufficient and inefficient inter-agency coordination (at the national level and between the national and regional levels) to implement these roles;

- Limited human, operational, and financial resources;

- Limited technical knowledge (rules, processes, and general criteria) of public officials (due to poor training, and also from constant turnover related to the political use of public offices at the local level), and in general slow responses to challenges and slow adoption of improved practices based on learning;

- Lack of access to/organization of critical information for decision-making;

- Corruption; and

- Lack of efficient mechanisms for the participation of stakeholders in solving the aforementioned problems.

Given this context and the circumstances described previously, the natural forest timber industry in Peru continues to be heavily permeated by illegality. Illegal

logging takes place within the Peruvian Amazon, and also crosses the borders of neighboring countries, putting pressure on local forests and threatening the livelihoods, lives, and cultural survival of forest inhabitants[20]. Illegal logging often feeds the 'legal' trade through layers of well-organized and functioning corruption[21], such as fraudulent permits. Corruption contributes to low prices for timber, a key stumbling block for timber producers attempting to harvest and trade legally.

The mutual feedback between illegality and low prices may be one reason (although not the only one) why the Peruvian model of sustainable timber production, based on the management of Permanent Production Forests via 40-year forest concessions, seems to be on the brink of collapse. With only 35% of all granted concessions remaining active (Muñoz 2014b), and their meager (13–20%) contribution to the total timber volume produced yearly in Peru, the question of timber harvest sustainability falls upon other production systems, which are responsible for up to 87% of all timber produced in the country[22]. Some of these alternative systems are completely illegal, while others operate through small-scale permits and are legal but with low management requirements.

Hence, illegality is not only practiced by/through concessionaires with permits based on fake data on the abundance or presence of trees (as documented by Urrunaga et al. [2012])[23]. In fact, illegally logged timber reaches the market with legal papers (Forest Transport Permits) that correspond to a variety of legitimate forest rights, granted for timber harvest in 'local' or municipal forests, indigenous communities, 'reforestation'

---

20 Several reports over the years, and more recently the report by Urrunaga et al. (2012), have also documented that sexual violence and slavery are common in logging camps.

21 It is said that in some regions, the bribing system is so well established that there are tariffs for bribes, defined by species (no matter whether they are legally harvested or not) and paid according to volume. No Forest Transport Permit is issued unless these 'fees' are duly paid, adding an extra cost to logging operations.

22 The total (100%) discussed here refers only to the timber volume documented within the legal system (which includes timber that may not be of legal origin). The volumes traded without any kind of 'legal' papers (including those being smuggled to neighboring countries) are unknown.

23 Processes such as those documented by Urrunaga et al. (2012) and direct observation of the behavior of other export companies in the field suggest that the profitability of the export business (and any timber business for that matter) may depend on two pillars: underpaying the forest owner/manager (or overharvesting the forest to increase income per investment) and sourcing cheaply produced timber on the black market.

concessions, and small private agricultural landholdings, as well as timber concessions. The scale and severity of this problem cannot be underestimated; OSINFOR's work over the last three years has shown that in a 50% sample of all permits granted for private lands in a given region, up to 97% were found to be used for many kinds of 'timber laundering,' with timber coming from protected areas, indigenous lands, or public forests. The severity of this problem explains why logging in Latin America is considered to contribute 70% of forest degradation (Brack 2013).

Underdeveloped and inefficient timber sector and value chains

The timber production sector in Peru is very diverse, ranging from completely informal, opportunistic users to large exporting companies that control the whole process from forest to port, and encompassing all kinds of users, traders, and service providers in between.

Despite this diversity, the sector is in general underdeveloped, with limited competitiveness and incipient industrial development. It also has a fractured value chain in which some links are weak due to the lack or poor quality of key services needed for timber harvesting and processing. The sector also relies heavily on informal credit and lacks sufficient capital for modernizing the industry. Even when these are available, it lacks managerial skills for efficient and profitable large-scale operations. Together with the challenges described above, this results in a contribution of only 1.1% to Peru's GDP, and a contribution in terms of generating employment estimated at 0.3% (Muñoz 2014b).

This situation is made worse by the lack of a shared agenda between forest users, which is a logical consequence of the extreme inequality in the timber business value chain and of the general mistrust between players. At present, the voice of the 'forest sector' in most political and media scenarios is dominated by ADEX (the exporters' association). As a result, that 'voice' belongs to a handful of entrepreneurs who promote their own interests as if they were the logging industry's agenda, without being really concerned with the viability of the industry as a whole, or all its challenging and

emerging opportunities (i.e., the growth of the domestic and regional markets).

Recent efforts on behalf of indigenous organizations to become more actively involved and empowered with regard to forest control, national regulations, and forestry activities within their territories may change the present situation. This, along with the long process of discussing the regulations for the new Forest and Wildlife Law, and positive developments in leadership and technical strengthening of some public offices in charge of forest administration, may lead to a comprehensive strategy that acknowledges the existence of diverse users and provides the regulatory and institutional support to articulate them in an equitable and sustainable manner.

Small individual and collective forest holders with problematic land tenure, forest access rights, and access to market knowledge and services

Of the 67.98 million ha of Amazonian forests in Peru, 12.3 million ha have been titled as Indigenous Communities or declared Territorial Reserves[24], and 0.92 million ha have been titled as peasant (*campesino*) communities (Cordero 2012). According to AIDESEP (2014), 1,124 additional indigenous communities are yet to be titled, and an unknown number of *mestizo* and *ribereño* communities without organized representation inhabit the region and remain unrecognized. Many titled communities face problems resulting from deficient mapping, overlapping rights, and conflicting data, none of which are easy to resolve, and these need to be settled to ensure that economic activities within community territory (including logging) are not hampered by unresolved conflicts.

Despite the many cultural differences between these communities, they share a diverse biome that has shaped their complex and multi-cyclical economies. Links with global economies have previously affected many of these communities, turning their inhabitants into cheap or free labor for the extraction of natural resources. Not only were their forests depleted; most local communities and individuals who participated in these economies were

---

24 These Territorial Reserves have been created to protect Indigenous Peoples in Voluntary Isolation and are under state administration.

not given the opportunity to learn how they work or to assess the damage they caused to their societies. Also, since most economic activity in communities serves the purpose of subsistence, these communities have little or no capital to invest in training or entrepreneurship. And, with some exceptions, many of these communities have little or no political voice and are unaware of their rights and obligations before the State, including those emerging from engaging with market economies (such as the need to comply with sector regulations, register their legal representatives, issue receipts, declare income, comply with labor law, etc.).

Additional problems affecting the exercise of citizen and collective rights by these populations are related to complex and costly procedures for legal recognition of their organizations. Some communities that have been involved in formal economic activities have received significant fines imposed by Peru's tax agency (SUNAT) as a consequence of their failure to declare their non-existing income (as required per tax regulations).

When in recent years local loggers realized they could 'legalize' illegally logged timber through inequitable engagements with local communities or corrupt leaders[25], this practice became generalized, particularly in regions like Ucayali and Loreto. The result was a growing number of logging permits granted to communities and a corresponding increase in sanctions imposed on these communities by OSINFOR (the supervising authority), since regulations establish the legal responsibility of the permit holder. This situation has also affected the owners of private agricultural land, as mentioned above in 'Weak policy implementation, under-budgeted forest administration, corruption, and their effects on the timber industry'[26].

Winners and losers: who may profit from the current state of affairs and why

Given this state of affairs, commercial timber activities based in the Peruvian Amazon forests appear to be a lucrative business only for those who manage to reduce their costs at the initial stages, whether through buying cheap illegal timber, or paying forest owners/managers very low prices for roundwood, or absorbing the cost of harvest and primary transformation through significant added value and/or good marketing strategies, or via a combination of all these strategies. To do this at a large scale and over time it is necessary to have capital, modern industrial capacity, organizational capacity, and market linkages to operate efficiently and cut costs.

Middle-men and service providers (for different stages of logging, transport, and transformation) also benefit from this situation, obtaining their profit at the expense of forest owners. So do corrupt government employees.

PUERTO ESPERANZA: A LEARNING EXPERIENCE IN LARGE-SCALE COMMUNITY FOREST MANAGEMENT

The Puerto Esperanza process

Puerto Esperanza is an Ashéninka indigenous community of 83 families located in the Ucayali region of Peru, 2–6 hours from the town of Atalaya, depending on how you travel. The community territory encompasses about 20,000 ha, and the community is affiliated with the Federation of Ashéninka Communities in Atalaya Province (FECONAPA).

Economic activities in Puerto Esperanza include shifting agriculture, small-scale communal cattle-ranching, fishing, hunting, and the gathering of several forest products. Prior to the Amazonía Viva project[27] which I describe here, the community had implemented small-scale logging with mixed results[28]. That logging yielded a total income of US$19,000 for a year of

---

25 In these arrangements, loggers facilitate the paperwork for the communities to obtain harvest permits. The loggers then keep the permits in exchange for money or goods, and often use them to transport wood from other forests, or harvest two or three commercial species from community forests and use the rest of the permit for laundering. The permits presented by the loggers on behalf of the communities often overestimate volumes and require the communities to carry out forestry and management practices that are never implemented, resulting in further fines.

26 OSINFOR posts on its website information about all sanctions imposed, to all types of forest use permit holders, between 2011 and 2014: http://www.osinfor.gob.pe/portal/documentos.php?idcat=129&idaso=129

27 An initiative implemented in Peru and Colombia, with financial support from the European Union and WWF Germany. Amazonía Viva was implemented in Peru by the local NGO DAR, and by the international organizations SNV, TRAFFIC, and WWF. The project was aimed at strengthening forest governance, although in its first 2.5 years it had specific goals related to achieving the FSC certification of 100,000 ha in indigenous communities' forests in Peru.

28 This previous experience, known as FORIN (Strengthening sustainable forest management in Amazonian territories belonging to indigenous peoples), was also funded by the European Union and implemented by a partnership including AIDESEP, CESVI, IBIS Dinamarca, and WWF.

harvest, but an important part of the money was lost by the community leader, leaving many pending internal debts; it also resulted in an Administrative Process by OSINFOR, later resolved by Amazonía Viva.

With project support (2011–2014) facilitated by FECONAPA, the community implemented FSC-certified large-scale forest management for two years. They hired operational services from a large certified company and generated income of ~US$300,000. Overall money transactions totaled ~US$1.6 million, and involved two certified companies (Consorcio Forestal Amazónico and Green Gold Forestry) and three local companies (Aserradero Atalaya, ITM, and Fernando Granda). Some issues that had to be addressed and/or negotiated in order to achieve these results included:

- The need to improve internal capacities in forest management (planning, supervising, and monitoring timber harvest and transport); measuring, documenting, and reporting on timber transactions in a transparent manner; communicating and facilitating dialogue to solve conflicts (internal, with neighbors, and with loggers); carrying out administrative and accounting tasks related to forest management; implementing investment plans; interacting and following up with government employees tasked with forest management; accountability and prevention of corruption;

- The services contract: even certified companies offer the usual 80/20 distribution for forest operations (80% of total volume harvested goes to the company, 20% to the community), but in this case the negotiation allowed the community to include the more valuable species in its own share; the local 'norm' is that the operating company leaves the communities with the species of lesser commercial value;

- Boundary conflicts with three neighboring communities;

- The previous sanction process by OSINFOR (resolved in favor of the community);

- Repeated registration of the community board (a costly and time-consuming process) at the Public Records Agency (SUNARP), so that it could operate on behalf of the community;

- The need to change the community's internal by-laws to allow for required forest management structures (e.g., a monitoring team) and procedures (e.g., opening a bank account);

- The need to improve internal organization and ensure women's participation in processes and benefits;

- Cultural and language barriers between the community and all external actors participating in the timber business (not just the entrepreneurs, but also the staff and consultants providing technical assistance);

- FSC certification, with its associated cost in time and money; and

- Timber sales agreements: extremely complex because of differing or unclear volume calculations, quality discounts, tax payments, and log registration.

Issues that emerged from the intervention, or that will become critical (and that are being addressed) include:

- Decreasing abundance of most commercial species in the community forest (the first harvest areas were located in the richest parts of the forest, a practice common to all timber operations, which expect to accumulate capital in the first harvests to subsidize later, poorer harvests);

- Higher transport cost for future harvests, including building a new access road from the river to the community forest (in the first two years the community used an existing road, hence the only costs were for maintenance);

- Community needs and expectations versus existing capacities;

- Dependency of the business model on one certified buyer[29], or the question of whether it is worthwhile to continue investing in FSC certification;

- Difficulty contracting operational and transport services, and even technical services (forest engineers), due to internal capacity and the scarcity of services in the region

---

29 In November 2014 the community signed a 5-year contract with a local, non-certified company.

- Incipient business/market experience (cost calculations, demand assessments, bids, negotiation processes, building relationships with the private sector, basic administration);

- Dependency on external support (Amazonía Viva) for aforementioned processes and particularly for negotiation; and

- Communication issues (including cultural and language barriers, as well as a lack of efficient means of communication) and monitoring/supervision of contracts/alliances with private companies and brokers.

Some verified achievements (beyond the income generated) include:

- Strengthened internal organization, with the community assembly [30]empowered to make all decisions concerning forest management and the use of the income it generates;

- Adaptability to changing conditions, adjusting the investment plan to address community needs and the real costs of forest management;

- Compliance with the assembly mandate and with the Community Investment Plan has allowed for family-level benefits and much-needed community investments; and

- Willingness to reinvest in forest management, even increasing original budgets to reflect experiences and learning.

A few suggestions for community forest management initiatives

While every experience is unique, due to variations in context and the internal characteristics of each process, a few issues should be considered before undertaking sustainable large-scale community forest management and monitored during implementation. These include:

- Cost-benefit analysis to assess the real commercial value of the community forest versus operational costs (see above, 'The fundamental challenge for tropical timber businesses');

- Existing capacities (organizational, political, business administration and technical) for community forest management;

- Willingness to devote community time to learning;

- Secured land tenure and clear boundaries;

- Pending issues with OSINFOR or the tax agency (SUNAT) and the severity of any sanctions (verify the potential for exoneration with the authorities);

- Freedom from community commitments to or contracts with loggers or middlemen (unless these external players are willing to adjust the terms of their agreements to ensure legality and social, environmental, and financial sustainability);

- Existing opportunities for technical and political support from a regional organization or federation, such as FECONAPA;

- Community by-laws allowing for equitable and efficient forest management (including the equitable distribution of forest income within the family unit);

- Full recognition of all parties with rights to community forest benefits (updated list of community members and clear rules for inclusion/exclusion);

- Community or community members with at least some experience and capacity in forest management or other types of market-oriented activities (including an understanding of formal/legal requirements and the capacity to demand that government employees do their duty without bribes);

- An appreciation within the community of the value of technical knowledge (forestry, accounting, business administration) and if possible a willingness to do long-term investment in developing these capacities locally. While many communities will prefer to hire indigenous technicians, or relatives, they must be aware that in doing so (unless skills exist or are developed) they may be risking the future of their business;

- Interest in and means of accessing market information (timber prices, prices for services, etc.);

---

30 Community assemblies include all members of an indigenous community.

- Opportunities for accessing financial services (micro-credit, for example) or governmental, non-governmental or multilateral subsidies or soft credits;

- Willingness of business partners (loggers, brokers) to put on paper their commitments (contracts) and to build equitable alliances;

- Willingness to discuss synergies or conflicts between forest management and the existing economic model within the community (at the family and community level if relevant), to avoid unintended negative impacts;

- The involvement of women, the elderly, and marginal sectors[31] within the community in all decision-making processes, particularly regarding where to harvest and how to invest income;

- A step-wise approach to community engagement in the timber business. While the chances for profit are low at the beginning of the value chain, gains will only be possible at later stages of the process if the community truly has the means (knowledge, capital, market contacts) to control the operation. And that is not easy;

- A recognition of the danger in putting too much stock in 'success stories' about Amazonian logging, since the path of learning is full of failure.

FINAL THOUGHTS ON THE FUTURE OF MANAGING PERU'S AMAZONIAN FOREST FOR TIMBER PRODUCTION

Illegal and unsustainable logging will continue in the Amazon as long as there is a demand for timber and some trees remain standing. Purely punitive strategies or legal frameworks cannot address this issue successfully, even if a country has the resources to deploy enforcement teams throughout the Amazon, and the mechanisms to eradicate corruption within its own ranks.

A future for the Amazon timber industry will depend on improving governance by clarifying rights (to land and natural resources), roles, and responsibilities; by

improving coordination; by focusing more on incentives than on sanctions; and by strengthening these approaches (and more) through active engagement of all relevant stakeholders (the state, civil society, the private sector) in designing rules and taking responsibility.

More specifically, since the main market for Amazon timber is currently domestic, strategies should also focus on the final consumer and on the various players along the value chain that brings the timber from the forest to the buyer. Building awareness among buyers and final consumers, and establishing adequate mechanisms to identify legally harvested wood in the final product market (not only at the forest gate or along extraction roads) are highly desired developments. It is also necessary to strengthen the capacity to add value along the value chain through quality transformation processes, since this may help to overcome the tendency to exact profit at the expense of the forest owner/manager, or of the forest itself, through overharvest.

Along with systemic incentives to manage natural forests legally, online administrative processes developed or improved with user feedback, and mechanisms to access market information in real time (costs for timber operations, updated timber prices, background of market players, etc.), high-quality and field-tested technical tools and support should be provided to forest owners and managers to carry out cost-benefit analyses of their intended operations before any permit is granted.

In-depth research on the economic impact of the growing distance between forests and markets (due to resource depletion) should be encouraged. Another priority for research is an analysis of the impact of climate change on the feasibility of timber operations, under existing rules.

Urgent thought should also be devoted to the issue of timber plantations, in order that they help (and not further threaten) natural forest sustainability. Baseline measures, such as mapping deforested and degraded areas with potential for timber plantations, as well as developing adequate regulations and incentives for their implementation in non-forested land, and providing learning resources for the efficient use and transformation of plantation timber, will also be crucial if Peru is to compete with the growing plantation timber imports.

---

31 Experience shows that in many indigenous or *ribereño* communities undergoing change, more traditional families (those mostly focused on subsistence activities and with little or no interest in the market) are not proactively included in decision-making. However, since they rely solely on the forest to provide for their needs, they are more likely to be affected by logging activities.

Excessive focus on 'success stories' or 'promising examples' should be avoided at all cost, no matter how important a buyer or a forest area may be. The temporary growth of FSC certification in Peru and other Amazon countries teaches us one very important lesson: with enough subsidies from projects and good marketing, one can increase the number of 'sustainably managed' hectares without changing in the slightest the conditions that cause illegal logging, and that will—sooner or later—lead to the demise of the natural forest timber industry and associated livelihoods (including certified operations).

Creating or strengthening conditions that improve the chances for all legal forest entrepreneurs to succeed is crucial. Also, all parties must acknowledge that no strategy on its own will solve the problem. Real, ambitious, long-term synergies will be part of the solution. And so will a critical spirit and a real inclination to acknowledge failure and turn it into learning.

Apéndices/Appendices

Sobrevuelo/Overflight

PUNTO/WAYPOINT	LONGITUD/LONGITUDE	LATITUD/LATITUDE	DESCRIPCIÓN/DESCRIPTION
1	73° 53' 19.44" W	05° 35' 02.43" S	Confluencia Tapiche-Blanco, Comunidad Nueva Esperanza/Confluence of the Tapiche and Blanco rivers, Community of Nueva Esperanza
2	73° 56' 45.22" W	05° 53' 42.50" S	Turbera, pantano/Peatlands, swampy area
3	74° 01' 15.91" W	05 °52' 37.84" S	Cocha y pastizal/Oxbow lake and grassy area
4	74° 01' 56.11" W	05° 57' 04.21" S	Complejo de cochas/Complex of oxbow lakes
5	74° 05' 32.03" W	06° 01' 27.62" S	Comunidad Santa Elena/Community of Santa Elena
6	73° 56' 02.56" W	05° 56' 57.49" S	Varillal, quebrada Yanayacu/White-sand forest near the Quebrada Yanayacu
7	73° 55' 06.99" W	06° 04' 28.74" S	Deforestación, chacras/Deforestation, farm plots
8	73° 54' 17.52" W	06° 14' 54.63" S	Varillal en medio Yanayacu/White-sand forest near the middle Yanayacu Stream
9	73° 50' 21.87" W	06° 05' 20.18" S	Divisoria de aguas y purma/Watershed divide and secondary forest
10	73° 42' 42.51" W	06° 05' 58.92" S	Tierra firme y varillal/Upland forest and white-sand forest
11	73° 41' 43.69" W	06° 00' 22.84" S	Comunidad Curinga/Community of Curinga
12	73° 49' 05.71" W	05° 56' 40.61" S	Tierra firme y varillal/Upland forest and white-sand forest

El 14 de mayo de 2014 el equipo de inventarios rápidos con socios peruanos pasó 2.75 horas sobrevolando el área de estudio Tapiche-Blanco en un Twin Otter No. 304 de la Fuerza Aérea Peruana (Grupo Aéreo 42). Los siguientes personas estaban a bordo: Corine Vriesendorp, Ernesto Ruelas y Álvaro del Campo (The Field Museum), Giussepe Gagliardi (IIAP), Carola Carpio (Directora de la Reserva Nacional Matsés, SERNANP), Luis Trevejo (CEDIA), Luis Torres Montenegro y Marcos Ríos (Servicios de Biodiversidad EIRL), Juan Carlos Vilca (DISAFILPA del Gobierno Regional de Loreto) y Jorge Solignac (Programa Forestal del Gobierno Regional de Loreto). Nuestra ruta pasó por 12 puntos identificados previo al vuelo después de examinar mapas e imágenes satelitales. Las metas del sobrevuelo eran: 1) entender mejor la vegetación de la región, 2) explorar posibles sitios para el inventario biológico y 3) documentar la actividad humana dentro del área de estudio. Ver tabla e informe técnico para más detalles.

On 14 May 2014 the rapid inventory team and partners spent 2.75 hours flying over the Tapiche-Blanco study area in a Twin Otter No. 304 of the Peruvian Air Force (Grupo Aéreo 42). The following people were on board: Corine Vriesendorp, Ernesto Ruelas, and Álvaro del Campo (The Field Museum), Giussepe Gagliardi (IIAP), Carola Carpio (Director of the Reserva Nacional Matsés, SERNANP), Luis Trevejo (CEDIA), Luis Torres Montenegro and Marcos Ríos (Servicios de Biodiversidad EIRL), Juan Carlos Vilca (Loreto Regional Government Land Titling Program), and Jorge Solignac (Loreto Regional Government Forestry Program). Our route included 12 waypoints that were previously identified by examining maps and satellite imagery. The goals of the overflight were to: 1) better understand the region's vegetation, 2) explore potential campsites for the rapid inventory, and 3) document human activity inside the study area. See table and technical report for more details.

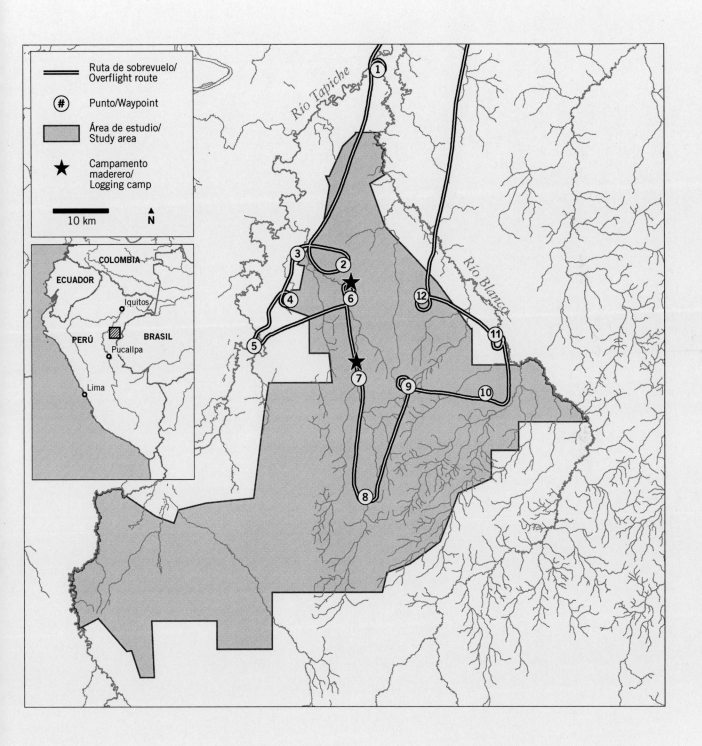

Muestras de agua/
Water samples

Muestras de agua recolectadas por Trey Crouch y Robert Stallard en tres sitios durante el inventario rápido de las cuencas de los ríos Tapiche y Blanco, Loreto, Perú, del 9 al 27 de octubre de 2014. Se empleó el sistema WGS 84 para registrar las coordenadas geográficas.

MUESTRAS DE AGUA/WATER SAMPLES

Sitio/ Site	Descripción/ Description	Muestra/ Sample	Fecha/ Date	Hora/ Time	Latitud/ Latitude (°)	Longitud/ Longitude (°)	Elevación/ Elevation (m)
C1 Yanayacu	Río Yanayacu-Blanco/ Yanayacu-Blanco River	AM140001	10/9/2014	16:45	-5.804	-73.868	114
C1T13000	Quebrada/Stream floodplain	AM140002	10/10/2014	12:40	-5.832	-73.872	112
C1 Cocha	Laguna estancada/Stagnant lake	AM140003	10/10/2014	15:00	-5.835	-73.881	100
C1 Blanco	Río Blanco/Blanco River	AM140004	10/11/2014	9:45	-5.798	-73.852	97
C1T2 Cocha	Cocha/Oxbow lake	AM140005	10/11/2014	12:00	-5.808	-73.848	105
C1T20850	Quebrada/Stream	AM140006	10/12/2014	12:43	-5.813	-73.859	134
C1T33550	Flark de turbera/Peat flark	AM140007	10/13/2014	11:52	-5.808	-73.898	101
C1T31000	Quebrada/Stream	AM140008	10/13/2014	14:15	-5.804	-73.877	116
C2 Camp	Quebrada/Stream	AM140009	10/14/2014	17:40	-6.264	-73.909	107
C2T32700	Quebrada/Stream	AM140010	10/15/2014	10:33	-6.283	-73.917	127
C2T10930	Quebrada/Stream	AM140011	10/16/2014	9:20	-6.257	-73.902	132
C2T21050 YR	Río Yanayacu-Tapiche/ Yanayacu-Tapiche River	AM140012	10/17/2014	9:10	-6.253	-73.895	121
C2T22600	Pequeño naciente en quebrada/Seep in headcut	AM140013	10/17/2014	10:40	-6.243	-73.890	129
C2 Collpa	Pequeño naciente en collpa/ Mineral lick seep	AM140014	10/17/2014	12:15	-6.238	-73.888	131
C2T31750	Pequeño naciente en quebrada/ Seep in headcut	AM140015	10/18/2014	9:35	-6.278	-73.917	130
C2T27050	Quebrada/Stream	AM140016	10/19/2014	11:30	-6.251	-73.894	88
C3T40950	Quebrada/Stream	AM140017	10/21/2014	8:15	-5.970	-73.777	131
C3T41925	Quebrada/Stream	AM140018	10/21/2014	9:40	-5.963	-73.782	117
C3T13850	Quebrada/Stream	AM140019	10/22/2014	10:20	-5.978	-73.802	130
C3T15700	Quebrada/Stream	AM140020	10/22/2014	12:30	-5.990	-73.814	140
C3T20825	Quebrada/Stream	AM140021	10/23/2014	7:30	-5.973	-73.767	120
C3T23925	Quebrada/Stream	AM140022	10/23/2014	10:20	-5.961	-73.751	131
C3 Pobreza	Quebrada Pobreza/ Pobreza Stream	AM140023	10/23/2014	18:00	-5.978	-73.773	108
C3 Collpa	Pequeño naciente en collpa/ Mineral lick seep	AM140024	10/24/2014	7:30	-5.977	-73.778	117
C3 Soil pit	Agua de calicata/Water from soil pit	–	10/25/2014	19:30	-5.977	-73.773	126
Tapiche>Blanco	Río Tapiche/Tapiche River	AM140025	10/26/2014	12:00	-5.593	-73.908	92
Ucayali	Río Ucayali/Ucayali River	AM140026	10/27/2014	10:50	-4.900	-73.781	89
Marañón	Río Marañón/Marañón River	AM140027	10/27/2014	13:10	-4.497	-73.555	86
Amazon	Río Amazonas/Amazon River	AM140028	11/5/2014	13:20	-3.706	-73.235	86

LEYENDA/LEGEND

Sitio/Site

C1 = Campamento Wiswincho/ Wiswincho Campsite

C2 = Campamento Anguila/ Anguila Campsite

C3 = Campamento Quebrada Pobreza/Quebrada Pobreza Campsite

T = Trocha/Trail

Corriente/Flow

M = Moderada/Moderate

N = Estancada/Stagnant

Sl = Débil/Weak

St = Fuerte/Strong

Tr = Muy débil/Trickle

V = Muy fuerte/Very strong

Water samples collected by Trey Crouch and Robert Stallard at three sites during the rapid inventory of the Tapiche and Blanco watersheds, Loreto, Peru, on 9–27 October 2014. Geographic coordinates use WGS 84.

Corriente/ Flow	Apariencia del agua/ Appearance of the water	Lecho/ Bed	Ancho/ Width (m)	Altura de las riberas/ Bank height (m)	Temperatura/ Temperature (°C)	Conductividad en el campo/ Conductivity in the field (µS/cm)	Campo/ Field pH	Conductividad en el laboratorio/ Conductivity in the lab (µS/cm)	Laboratorio/ Laboratory pH	Sedimento/ Sediment (mg/L)
M	Br		10		26.2	35.2	4.1	35.2	3.98	1.68
Sl	Br	Mu	–		26.2	41.8	4.0	41.8	3.93	9.24
N	Lb		100	–	–	29.5	5.6	39.5	3.92	1.12
St	Tu		70	0.5–1	–	13.9	4.8	13.9	5.39	30.5
N	Ts				26.0	13.7	4.6	13.7	5.34	12.8
Tr	Br	Br Mu			25.0	41.0	4.1	41.0	3.86	4.21
N	Cl	Pe			27.4	7.8	5.5	7.8	4.88	9.54
Tr	Br	Br Mu			26.1	26.6	4.2	26.6	4.03	7.39
M	Br	Ga	1.5	1	–	6.9	4.8	6.9	5.24	4.8
Sl	Lb	Sa–Ga	2.5	0.3	–	15.9	5.1	15.9	4.45	3.09
Sl	Br	Sa–Ga	2.5	0.5	–	25.3	4.3	25.3	4.14	3.04
M	Ts	Ga	20	2	–	7.4	4.9	7.4	5.16	1.97
Sl	Cl	W–Cl	0.5	1	–	5.6	4.9	5.6	5.26	11.4
N	Cl				–	306	7.0	306	7.54	14.1
Sl	Cl	R Cl	0.5	0.5	–	9.8	5.2	9.8	6.30	7.88
M	Cl	Sa–Ga	1	1–2	–	4.5	5.4	4.5	5.55	5.82
M	Br	Br Mu–Sa	0.5	0.1–0.3	24.7	48.8	4.0	48.8	3.80	0.28
M	Br	Br Mu–Sa	1	0.1–0.3	25.0	54.3	4.0	54.3	3.80	1.69
M	Cl	Sa	3	0.25	23.9	4.9	5.0	4.9	4.84	2.76
M	Cl	Sa	2	0.15	24.5	4.8	5.4	4.8	4.88	3.71
M	Br	Sa	2	0.1	24.3	54.3	4.0	54.3	3.85	0.28
M	Br	Sa	1.5	0.4	24.7	27.1	4.2	27.1	4.11	1.42
M	Ts	Sa	3–4	2	25.0	8.9	5.5	8.9	4.81	5.8
N	Tu	W Mu			25.0	22.7	4.9	22.7	4.80	6760
N	Br				25.0	40.1	4.3	40.1	3.95	–
St	Tu	Sa	70–80	3–5	–	30.5	6.2	30.5	6.42	44.1
St	Tu	Sa–Ga	>2000	10–15	–	228	7.0	228	7.35	155
St	Tu	Sa–Ga	>2000	10–15	–	127	7.0	127	7.04	66.3
St	Tu	Sa–Ga	>2000	10–15	29.3	189	7.0	189	7.44	232

Apariencia del agua/
Appearance of the water

Br = Marrón/Brown
Cl = Clara/Clear
Lb = Marrón claro/Light brown
Ts = Algo turbia/Slightly turbid
Tu = Turbia/Turbid

Lecho/Bed

Br = Marrón/Brown
Cl = Arcilla/Clay
Ga = Grava/Gravel
Mu = Fango/Mud

Pe = Peats/Turbas
Sa = Arena/Sand
R = Roja/Red
W = Blanco/White

Plantas Vasculares/
Vascular Plants

Plantas vasculares registradas en tres campamentos durante un inventario rápido de las cuencas de los ríos Tapiche y Blanco, Loreto, Perú, del 9 al 26 de octubre de 2014. Recopilado por Marcos Ríos, Tony Mori y Luis Torres Montenegro. Las colecciones, fotos y observaciones fueron hechas por los miembros del equipo botánico: Tony Mori, Nigel Pitman, Marcos Ríos Paredes, Luis Torres Montenegro y Corine Vriesendorp. Para estandarizar la nomenclatura de los nombres taxonómicos, utilizamos la base de datos TROPICOS del Jardín Botánico de Missouri (http://www.tropicos.org), la última clasificación de angiospermas (APG III 2009) y la aplicación en línea TNRSapp (Taxonomic Name Resolution Service; http://tnrs.iplantcollaborative.org/TNRSapp.html).

Nombre científico/Scientific name	Campamento/Campsite			Espécimen/Voucher
	Wiswincho	Anguila	Quebrada Pobreza	
SPERMATOPHYTA (937)				
Acanthaceae (1)				
Fittonia (1 sp. no identificada)		x	x	
Alismataceae (1)				
Echinodorus horizontalis		x		MR4552
Anacardiaceae (6)				
Anacardium giganteum	x		x	
Tapirira (1 sp. no identificada)	x			NP10031
Tapirira guianensis	x	x	x	MR4397
Tapirira retusa	x	x		
Thyrsodium cf. herrerense		x		NP10213
Thyrsodium spruceanum			x	
Anisophylleaceae (1)				
Anisophyllea guianensis			x	
Annonaceae (35)				
(1 sp. no identificada)		x		NP10178
Anaxagorea (1 sp. no identificada)	x			MR4333, 4337
Anaxagorea floribunda			x	MR4642
Annona (2 spp. no identificadas)		x	x	MR4662, NP10251
Bocageopsis canescens	x	x	x	MR4257, 4673
Cremastosperma (1 sp. no identificada)		x		MR4491
Cremastosperma gracilipes		x		MR4422
Duguetia (3 spp. no identificadas)	x	x		MR4247, NP10140,10163
Fusaea peruviana		x		MR4443, 4472, TM2242
Guatteria (3 spp. no identificadas)		x	x	MR4692, NP10139, 10172, 10249
Guatteria decurrens			x	MR4632, 4715
Guatteria elata			x	
Guatteria flabellata			x	MR4627
Guatteria guianensis	x			MR4304, 4365
Guatteria ucayalina		x		MR4416
Oxandra euneura			x	
Oxandra riedeliana			x	MR4633
Oxandra xylopioides		x	x	
Pseudoxandra (1 sp. no identificada)			x	MR4661
Pseudoxandra lucida	x			NP10009, 10111
Tetrameranthus pachycarpus			x	
Unonopsis (2 spp. no identificadas)	x			MR4449, 4522, NP10080
Unonopsis floribunda			x	MR4564, NP10190
Unonopsis stipitata		x		
Xylopia benthamii	x	x	x	MR4317, 4441, 4680
Xylopia cuspidata		x	x	MR4471, 4650
Xylopia cf. micans			x	NP10325

Vascular plants recorded at three campsites during a rapid inventory of the Tapiche and Blanco watersheds, Loreto, Peru, on 9–26 October 2014. Compiled by Marcos Ríos Paredes, Tony Mori, and Luis Torres Montenegro. The collections, photos, and observations are from the members of the botanical team: Tony Mori, Nigel Pitman, Marcos Ríos Paredes, Luis Torres Montenegro, and Corine Vriesendorp. Taxonomic nomenclature was standardized via the TROPICOS database of the Missouri Botanical Garden (http://www.tropicos.org), the Angiosperm Plant Group (APG III 2009), and the Taxonomic Name Resolution Service (http://tnrs.iplantcollaborative.org/TNRSapp.html).

Observación/Observation	Fotos/Photos	Estatus/Status
x		
	TM2650-2674c2	
x		
	LT158-160c1	
x		
		VU (IUCN)
x		
x		
	TM28-36c1	
	LT338-345c2, MR1076-1084c2	
	LT33-37c1, NP17c1, solo para MR4247	
	CV2228-2229c2, CV2299-2305c2, MR1288-1300c2, TM963-991, TM1013-1045c2	
x		
x		
x		
x		Endémica de Loreto, EN (León et al. 2006)
	TM3464-3471c3	
x		
	TM3580-3588c3	
	TM812-841c2	

LEYENDA/LEGEND

Espécimen, Fotos/Voucher, Photos

CV = Corine Vriesendorp

LT = Luis Torres Montenegro

MR = Marcos Ríos Paredes

NP = Nigel Pitman

TM = Tony Mori

Estatus/Status

CITES = Estatus CITES/CITES status

IUCN = Categoría de amenaza mundial según la UICN (2014)/IUCN (2014) global threat category

MINAG = Categoría de amenaza en el Perú según MINAG (2006)/Threat category in Peru fide MINAG (2006)

App. II = Apéndice II/Appendix II

CR = En Peligro Crítico/Critically Endangered

EN = En Peligro/Endangered

LC, LR/cd, LR/lc = Preocupación Menor/Least Concern

LR/nt, NT = Casi Amenazado/Near Threatened

VU = Vulnerable

PLANTAS VASCULARES/VASCULAR PLANTS				
Nombre científico/Scientific name	**Campamento/Campsite**			**Espécimen/Voucher**
	Wiswincho	Anguila	Quebrada Pobreza	
Xylopia parviflora	x	x		LT3730
Xylopia cf. *sericea*		x		
Apocynaceae (19)				
Aspidosperma (3 spp. no identificadas)	x	x	x	MR4686, NP10032, 10204, 10248, 10318, 10431, 10502
Aspidosperma excelsum	x			NP10028
Aspidosperma pichonianum		x	x	
Aspidosperma cf. *rigidum*		x	x	NP10207
Aspidosperma schultesii		x	x	
Couma macrocarpa	x	x	x	
Himatanthus (1 sp. no identificada)		x	x	MR4548, 4553
Lacmellea (1 sp. no identificada)	x			
Laxoplumeria (1 sp. no identificada)		x		MR4513, 4555, NP10171
Macoubea guianensis	x	x	x	MR4622, NP10430
Matelea (1 sp. no identificada)	x			MR4391
Malouetia tamaquarina	x			NP10045
Mucoa duckei			x	NP10487
Parahancornia peruviana	x	x	x	
Rauvolfia sprucei		x		MR4450
Rhigospira quadrangularis	x	x	x	
Tabernaemontana siphilitica	x			MR4335
Aquifoliaceae (3)				
Ilex (2 spp. no identificadas)	x		x	MR4714, NP10093
Ilex cf. *nayana*		x		
Araceae (16)				
Anthurium (4 spp. no identificadas)	x	x		MR4330, 4368, 4483, TM2218
Anthurium atropurpureum	x	x	x	
Anthurium clavigerum		x		
Anthurium eminens		x		
Anthurium pseudoclavigerum		x		
Monstera (1 sp. no identificada)		x		
Philodendron ernestii		x		
Philodendron goeldii		x		
Philodendron hylaeae		x		
Philodendron linnaei		x	x	
Philodendron megalophyllum		x		
Philodendron ornatum	x	x	x	
Urospatha sagittifolia	x	x		
Araliaceae (6)				
Dendropanax (2 spp. no identificadas)	x		x	NP10191, 10386
Dendropanax cf. *arboreus*	x	x	x	
Dendropanax umbellatus		x	x	MR4629
Schefflera megacarpa			x	MR4617
Schefflera morototoni		x	x	

Observación/ Observation	Fotos/Photos	Estatus/Status
	CV1781-1790c1	
x		
x		
x		
x		
	TM2744-2785c2	
x		
	LT205-231c1	
x		VU (MINAG)
	CV2232-2233c2	
x		
	MR959-962c1	
x		
x		
x		
x		
x		
x		
x		
x	CV2310-2312c2	
x		
x		
x		
x		
x		
x		
x		
x		

LEYENDA/LEGEND

**Espécimen, Fotos/
Voucher, Photos**

CV = Corine Vriesendorp

LT = Luis Torres Montenegro

MR = Marcos Ríos Paredes

NP = Nigel Pitman

TM = Tony Mori

Estatus/Status

CITES = Estatus CITES/ CITES status

IUCN = Categoría de amenaza mundial según la UICN (2014)/IUCN (2014) global threat category

MINAG = Categoría de amenaza en el Perú según MINAG (2006)/Threat category in Peru fide MINAG (2006)

App. II = Apéndice II/ Appendix II

CR = En Peligro Crítico/ Critically Endangered

EN = En Peligro/ Endangered

LC, LR/cd, LR/lc = Preocupación Menor/ Least Concern

LR/nt, NT = Casi Amenazado/ Near Threatened

VU = Vulnerable

PLANTAS VASCULARES/VASCULAR PLANTS				
Nombre científico/Scientific name	**Campamento/Campsite**			**Espécimen/Voucher**
	Wiswincho	Anguila	Quebrada Pobreza	
Arecaceae (37)				
Aiphanes ulei	x		x	MR4584
Astrocaryum chambira	x	x	x	
Astrocaryum jauari	x		x	
Astrocaryum macrocalyx		x		
Attalea insignis	x	x	x	
Attalea maripa		x	x	
Attalea racemosa	x	x	x	MR4620
Bactris (1 sp. no identificada)		x		MR4543
Bactris acanthocarpa			x	MR4599
Bactris acanthocarpoides		x		MR4459
Bactris hirta	x		x	MR4616
Bactris maraja	x		x	MR4269
Bactris riparia	x	x		
Chamaedorea pinnatifrons		x		MR4554
Desmoncus mitis	x	x		MR4583
Euterpe catinga		x	x	
Euterpe precatoria	x	x		
Geonoma (2 spp. no identificadas)	x	x		MR4328, 4499
Geonoma leptospadix		x		MR4465
Geonoma macrostachys	x		x	MR4327, 4580
Geonoma maxima ssp. chelidoneura	x			LT3710, MR4244
Hyospathe elegans		x	x	MR4458, 4559
Iriartea deltoidea	x	x		
Iriartella setigera	x	x		LT3706
Lepidocaryum tenue	x	x	x	
Mauritia carana		x	x	
Mauritia flexuosa	x	x	x	
Mauritiella armata	x	x		
Oenocarpus balickii		x	x	MR4528
Oenocarpus bataua	x	x	x	
Oenocarpus mapora		x	x	
Pholidostachys synanthera	x	x	x	MR4318
Socratea exorrhiza	x	x	x	
Socratea salazarii		x	x	MR4457, 4507
Syagrus smithii		x	x	MR4482
Wettinia augusta		x	x	TM2231
Asteraceae (1)				
Mikania (1 sp. no identificada)	x			MR4355
Balanophoraceae (1)				
Helosis cayennensis	x			MR4312

Observación/ Observation	Fotos/Photos	Estatus/Status
	TM3054-3083c3	LR/lc (IUCN)
x	CV2313-2314c2	
x	CV2398c2, TM1430-1453c2	
x		
x		
x		
	TM46-51c1, TM1564-1582c2, TM1866-1887c2	
	LT437-442c2	
	MR1034-1040c1, TM52-57c1	
x		
x	TM3032-3052c3	
x	CV2568-2569c3, LT657c3, TM3589-3611c3, TM3977-3984c3, TM4010-4019c3	VU (MINAG)
x		
	MR1269-1280c2, TM842-866c2}	
	TM227-240c1	
	LT0001-0005avC1, LT19-25c1	
	LT355-371c2	
x		LC (IUCN)
	LT0006-0019avC1	
x	TM1819-1831c2	
x	CV2544-2546c3, LT565-570c2, TM1984-2045c2, TM2090-2129c2, TM2159-2180c2, TM2203-2234c2, TM3950-3954c3	LR/cd (IUCN), VU (MINAG)
x	CV2409c2	
x	CV1824-1828c1, 1924c1, 2125-2126c1	
x	LT425-436c2, TM1046-1082c2, TM1100-1127c2, TM2401-2434c2	
x		
x		
	CV2172-2174c2, LT125-134c1, LT318-325c2	
x	CV2391-2394c2	
	LT412-424c2	
	CV382-384c2, TM1128-1177c2, TM2505-2538c2	LR/lc (IUCN)
	CV2268-2270c2	
	TM481-501c1	
	MR943-944c1	

LEYENDA/LEGEND

Espécimen, Fotos/ Voucher, Photos

CV = Corine Vriesendorp

LT = Luis Torres Montenegro

MR = Marcos Ríos Paredes

NP = Nigel Pitman

TM = Tony Mori

Estatus/Status

CITES = Estatus CITES/ CITES status

IUCN = Categoría de amenaza mundial según la UICN (2014)/IUCN (2014) global threat category

MINAG = Categoría de amenaza en el Perú según MINAG (2006)/Threat category in Peru fide MINAG (2006)

App. II = Apéndice II/ Appendix II

CR = En Peligro Crítico/ Critically Endangered

EN = En Peligro/ Endangered

LC, LR/cd, LR/lc = Preocupación Menor/ Least Concern

LR/nt, NT = Casi Amenazado/ Near Threatened

VU = Vulnerable

PLANTAS VASCULARES/VASCULAR PLANTS				
Nombre científico/Scientific name	**Campamento/Campsite**			**Espécimen/Voucher**
	Wiswincho	**Anguila**	**Quebrada Pobreza**	
Bignoniaceae (5)				
Adenocalymma cladotrichum	x	x		
Jacaranda macrocarpa		x	x	
Tabebuia insignis var. *monophylla*	x			
Tabebuia cf. *obscura*		x		
Tanaecium pyramidatum	x			MR4390
Boraginaceae (1)				
Cordia nodosa	x	x	x	
Bromeliaceae (8)				
Aechmea (1 sp. no identificada)	x			MR4262
Aechmea longifolia	x			MR4401
Aechmea mertensii	x	x	x	MR4402, 4572
Aechmea cf. *nidularioides*			x	MR4696
Neoregelia (1 sp. no identificada)		x		MR4547
Pepinia (1 sp. no identificada)		x		MR4527
Pitcairnia sprucei	x			MR4321, 4385
Tillandsia (1 sp. no identificada)	x			LT3739
Burmanniaceae (1)				
Gymnosiphon (1 sp. no identificada)	x			MR4253
Burseraceae (32)				
(1 sp. no identificada)		x		NP10152
Crepidospermum prancei		x		
Crepidospermum rhoifolium		x		
Dacryodes cf. *chimantensis*	x	x	x	
Dacryodes hopkinsii		x	x	NP10153, 10335
Protium (7 spp. no identificadas)		x	x	LT3724, MR4521, 4668, 4674, NP10383, 10458, 10478, 10491
Protium cf. *amazonicum*		x	x	NP10300
Protium cf. *calendulinum*		x		NP10154
Protium crassipetalum		x	x	
Protium cf. *decandrum*			x	NP10459
Protium divaricatum		x	x	NP10426, TM2233
Protium ferrugineum		x	x	
Protium gallosum		x		NP10133, 10182, 10268, 10323, 10415, 10462
Protium grandifolium			x	NP10308
Protium hebetatum		x	x	NP10328
Protium heptaphyllum	x	x	x	LT3717, 3719, MR4260, 4298, 4303, 4426, 4631, 4640, 4656, TM2232
Protium klugii		x		
Protium cf. *meridionale*	x			NP10073
Protium paniculatum		x	x	MR4562
Protium sagotianum	x	x		
Protium spruceanum		x		NP10250
Protium subserratum	x	x	x	

Observación/ Observation	Fotos/Photos	Estatus/Status
x		
x		
x		
x		
	LT200-201c1	
x		
	TM64-73c1	
	LT283-285c1	
	LT286-290c1, TM3228-3244c3	
	LT658-667c3	
	CV2425-2428c2, LT597-599c2	
	LT0020-0022avC1	
	NP8-10c1	
	TM1507-1563	
x		
x		
x		
x		
x		
x		
x		
x		

LEYENDA/LEGEND

**Espécimen, Fotos/
Voucher, Photos**

CV = Corine Vriesendorp
LT = Luis Torres Montenegro
MR = Marcos Ríos Paredes
NP = Nigel Pitman
TM = Tony Mori

Estatus/Status

CITES = Estatus CITES/ CITES status

IUCN = Categoría de amenaza mundial según la UICN (2014)/IUCN (2014) global threat category

MINAG = Categoría de amenaza en el Perú según MINAG (2006)/Threat category in Peru fide MINAG (2006)

App. II = Apéndice II/ Appendix II

CR = En Peligro Crítico/ Critically Endangered

EN = En Peligro/ Endangered

LC, LR/cd,
LR/lc = Preocupación Menor/ Least Concern

LR/nt, NT = Casi Amenazado/ Near Threatened

VU = Vulnerable

PLANTAS VASCULARES/VASCULAR PLANTS				
Nombre científico/Scientific name	**Campamento/Campsite**			**Espécimen/Voucher**
	Wiswincho	Anguila	Quebrada Pobreza	
Protium trifoliolatum	x	x	x	
Protium unifoliolatum			x	MR4652
Tetragastris panamensis	x	x	x	
Trattinnickia aspera		x	x	
Cactaceae (2)				
Pseudorhipsalis amazonica		x		MR4540
Strophocactus wittii	x			MR4400
Calophyllaceae (6)				
Calophyllum brasiliense		x		
Calophyllum longifolium	x			NP10023
Calophyllum sp. "divisor"		x		MR4428
Caraipa (1 sp. no identificada)		x		MR4539
Caraipa tereticaulis		x		MR4520
Haploclathra paniculata			x	MR4593
Capparaceae (1)				
Preslianthus pittieri		x		NP10259
Cardiopteridaceae (2)				
Dendrobangia boliviana	x	x	x	NP10198, 10230
Dendrobangia multinervia		x	x	
Caryocaraceae (3)				
Anthodiscus (1 sp. no identificada)	x	x		LT3736, MR4313, 4398
Caryocar cf. *amygdaliforme*		x	x	NP10199, 10391
Caryocar glabrum		x	x	NP10350, 10390
Celastraceae (3)				
Cheiloclinium (1 sp. no identificada)	x			MR4340
Cheiloclinium cognatum	x	x	x	MR4445
Maytenus (1 sp. no identificada)			x	NP10297
Chrysobalanaceae (26)				
Couepia (3 spp. no identificadas)	x		x	NP10011, 10416, 10515
Couepia bracteosa		x	x	
Couepia williamsii		x	x	
Hirtella bicornis		x	x	MR4454
Hirtella duckei	x	x		MR4314, 4437, 4473
Hirtella elongata	x			NP10053
Hirtella eriandra		x	x	MR4484, 4604
Hirtella racemosa		x	x	MR4412
Licania (4 spp. no identificadas)	x	x	x	MR4293, NP10039, 10166, 10170
Licania apetala	x	x	x	
Licania arachnoidea			x	NP10444
Licania cf. *caudata*		x	x	NP10155
Licania heteromorpha		x	x	
Licania intrapetiolaris	x	x	x	MR4669, 4690
Licania licaniiflora	x			NP10052
Licania longistyla	x			NP10008, 10070

Observación/ Observation	Fotos/Photos	Estatus/Status
x		
x		
x		
	TM2619-2633c2	LC (IUCN), App. II (CITES)
	NP21-22c1	LC (IUCN), App. II (CITES)
x		
	TM2277-2304c2	
		VU (MINAG)
x		
	CV2044-2048c1	
		EN (IUCN)
	CV1769-1771c1	
	CV2222-2223c2	
x		
x		
	CV2179-2185c2, CV2205-2207c2, LT125-130c1, MR945-953c1, MR1281-1287c2, TM932-962c2	
	TM767-784c2	
x		
x		

LEYENDA/LEGEND

Espécimen, Fotos/
Voucher, Photos

CV	=	Corine Vriesendorp
LT	=	Luis Torres Montenegro
MR	=	Marcos Ríos Paredes
NP	=	Nigel Pitman
TM	=	Tony Mori

Estatus/Status

CITES	=	Estatus CITES/ CITES status
IUCN	=	Categoría de amenaza mundial según la UICN (2014)/IUCN (2014) global threat category
MINAG	=	Categoría de amenaza en el Perú según MINAG (2006)/Threat category in Peru fide MINAG (2006)
App. II	=	Apéndice II/ Appendix II
CR	=	En Peligro Crítico/ Critically Endangered
EN	=	En Peligro/ Endangered
LC, LR/cd, LR/lc	=	Preocupación Menor/ Least Concern
LR/nt, NT	=	Casi Amenazado/ Near Threatened
VU	=	Vulnerable

PLANTAS VASCULARES/VASCULAR PLANTS				
Nombre científico/Scientific name	**Campamento/Campsite**			**Espécimen/Voucher**
	Wiswincho	Anguila	Quebrada Pobreza	
Licania macrocarpa		x		
Licania micrantha		x	x	
Licania octandra ssp. *grandifolia*			x	NP10364, 10461
Licania octandra ssp. *pallida*		x		NP10174, 10202, 10227
Parinari (1 sp. no identificada)	x	x	x	NP10104
Clusiaceae (14)				
Chrysochlamys ulei		x		MR4497, 4514
Clusia flavida	x			MR4276
Clusia insignis	x			MR4360
Garcinia macrophylla	x	x	x	NP10455
Moronobea coccinea	x			
Symphonia globulifera	x	x	x	
Tovomita (4 spp. no identificadas)	x	x	x	LT3718, MR4597, 4682, NP10124, 10421, 10484
Tovomita calophyllophylla	x	x	x	NP10305
Tovomita laurina	x	x	x	MR4660
Tovomita cf. *spruceana*			x	MR4658
Tovomita stergiosii	x			LT3715, MR4259, NP10082
Combretaceae (7)				
Buchenavia (3 spp. no identificadas)	x		x	NP10062, 10110, 10302}
Buchenavia macrophylla	x			
Buchenavia parvifolia	x		x	
Buchenavia reticulata	x	x	x	MR4684, NP10025
Buchenavia cf. *sericocarpa*	x			MR4309
Connaraceae (1)				
Connarus fasciculatus ssp. *pachyneurus*		x	x	MR4425, 4614
Convolvulaceae (1)				
Dicranostyles sericea			x	MR4704
Costaceae (1)				
Costus arabicus	x			MR4406
Cyclanthaceae (2)				
Cyclanthus bipartitus	x	x	x	
Evodianthus funifer		x		
Cyperaceae (7)				
Calyptrocarya luzuliformis	x			MR4356
Cyperus luzulae		x		
Diplasia karatifolia	x			
Eleocharis elegans		x		MR4551
Rhynchospora (1 sp. no identificada)	x			MR4322
Scleria (1 sp. no identificada)	x			MR4287
Scleria secans		x		
Dichapetalaceae (1)				
Tapura amazonica	x	x	x	MR4439, 4653

Observación/ Observation	Fotos/Photos	Estatus/Status
x		
x		
	TM1304-1328c2	
x		
x	LT0023-0027avC1	
	LT0028-0034avC1	
x		
x		
	LT372-380c2, TM3490-3497c3, TM3684-3696c3	
x		
x		
	TM502-516c1	
x		
x	CV1772-1774c1, LT0035avC1, MR837-839c1	
	TM2721-2743c2	
x		
	LT313-317c2, TM2437-2465c2	

PLANTAS VASCULARES/VASCULAR PLANTS

Nombre científico/Scientific name	Campamento/Campsite			Espécimen/Voucher
	Wiswincho	Anguila	Quebrada Pobreza	
Dilleniaceae (5)				
Davilla (1 sp. no identificada)	x			MR4405
Davilla kunthii	x			
Doliocarpus (2 spp. no identificadas)			x	MR4592, 4594
Doliocarpus dentatus		x	x	
Dioscoraceae (1)				
Dioscorea (1 sp. no identificada)		x		MR4516
Ebenaceae (3)				
Diospyros (1 sp. no identificada)			x	NP10510
Diospyros artanthifolia		x		MR4534
Diospyros tessmannii			x	MR4610
Elaeocarpaceae (10)				
Sloanea (8 spp. no identificadas)	x	x	x	MR4279, 4678, NP10042, 10090, 10095, 10246, 10310, 10345, 10362, 10372, 10384, 10451, 10467, 10497, 10503, 10506
Sloanea floribunda	x	x	x	NP10120, 10211
Sloanea guianensis			x	NP10457
Eriocaulaceae (1)				
Syngonanthus (1 sp. no identificada)	x			LT3720
Erythroxylaceae (2)				
Erythroxylum (1 sp. no identificada)			x	MR4567
Erythroxylum gracilipes	x			MR4353
Euphorbiaceae (28)				
Alchornea discolor	x			NP10058, 10088
Alchornea triplinervia	x		x	
Alchorneopsis floribunda		x	x	
Amanoa (1 sp. no identificada)	x			NP10001, 10055
Aparisthmium cordatum		x	x	MR4442
Conceveiba (1 sp. no identificada)	x			NP10076
Conceveiba rhytidocarpa		x	x	
Conceveiba terminalis	x	x		LT3725
Croton palanostigma		x		
Dodecastigma amazonicum			x	NP10375
Glycydendron amazonicum	x			NP10027, 10068
Hevea (1 sp. no identificada)	x			NP10065
Hevea nitida		x	x	MR4644, TM 2221
Hevea guianensis			x	
Mabea (2 spp. no identificadas)	x	x		MR4372, NP10060, 10112
Mabea speciosa			x	MR4587
Mabea standleyi		x	x	MR4466
Maprounea guianensis	x	x	x	
Micrandra siphonioides	x		x	NP10019
Micrandra spruceana	x	x	x	

Observación/ Observation	Fotos/Photos	Estatus/Status
	LT173-175c1	
x		
x		
	CV1819-1823c1, CV2499-2507c3, MR1302-1304c2, TM3741-3769c3	
	TM3384-3400c3	
	TM369-388c1	
x		
x		
x		
x	CV2214-2215c2	NT (MINAG)
	TM3770-3787c3	
x		
	MR3510-3531c3	
	TM1648-1670c2	
x		
x		

LEYENDA/LEGEND

**Espécimen, Fotos/
Voucher, Photos**

CV = Corine Vriesendorp
LT = Luis Torres Montenegro
MR = Marcos Ríos Paredes
NP = Nigel Pitman
TM = Tony Mori

Estatus/Status

CITES = Estatus CITES/ CITES status

IUCN = Categoría de amenaza mundial según la UICN (2014)/IUCN (2014) global threat category

MINAG = Categoría de amenaza en el Perú según MINAG (2006)/Threat category in Peru fide MINAG (2006)

App. II = Apéndice II/ Appendix II

CR = En Peligro Crítico/ Critically Endangered

EN = En Peligro/ Endangered

LC, LR/cd,
LR/lc = Preocupación Menor/ Least Concern

LR/nt, NT = Casi Amenazado/ Near Threatened

VU = Vulnerable

PLANTAS VASCULARES/VASCULAR PLANTS				
Nombre científico/Scientific name	**Campamento/Campsite**			**Espécimen/Voucher**
	Wiswincho	**Anguila**	**Quebrada Pobreza**	
Nealchornea yapurensis	x	x	x	MR4242, 4612
Pausandra hirsuta	x			MR4334
Pausandra martinii		x	x	MR4418, TM2235
Pera (1 sp. no identificada)		x		NP10212
Rhodothyrsus macrophyllus		x	x	MR4476, 4535
Sagotia (1 sp. no identificada)			x	MR4566
Sagotia racemosa			x	NP10387, 10394, 10493
Fabaceae (1)				
(1 sp. no identificada)			x	NP10357, 10375, 10454, 10482, 10496
Fabaceae-Caesalpinioideae (27)				
Bauhinia guianensis		x		
Campsiandra angustifolia	x			LT3709, NP10037
Crudia glaberrima	x			NP10046
Cynometra bauhiniifolia	x	x		LT3731, 10014
Dialium guianense		x	x	NP10498
Hymenaea oblongifolia	x	x		LT3737, NP10085
Macrolobium (2 spp. no identificadas)	x			MR4349, 4352, 4363
Macrolobium angustifolium	x			NP10015
Macrolobium arenarium			x	NP10293
Macrolobium bifolium		x		NP10145
Macrolobium gracile		x		NP10270
Macrolobium limbatum	x	x	x	MR4245, 4710, NP10284
Macrolobium microcalyx	x	x	x	LT3708, MR4282
Macrolobium multijugum	x			NP10041
Tachigali (2 spp. no identificadas)		x	x	MR4641, NP10342
Tachigali bracteosa		x	x	NP10296
Tachigali chrysophylla	x	x	x	
Tachigali formicarum		x		
Tachigali loretensis		x		NP10117
Tachigali macbridei	x	x	x	NP10327, 10450, 10475, 10494
Tachigali paniculata		x	x	MR4664
Tachigali pilosula ined.	x	x	x	
Tachigali schultesiana	x			NP10177
Tachigali setifera	x	x	x	
Tachigali vasquezii			x	
Fabaceae-Mimosoideae (39)				
Abarema (3 spp. no identificadas)	x		x	MR4713, NP10069, 10105
Abarema cf. *adenophora*		x		
Abarema auriculata	x			
Abarema laeta	x	x	x	
Albizia (1 sp. no identificada)		x		NP10287
Calliandra guildingii		x		MR4389
Cedrelinga cateniformis			x	

Observación/ Observation	Fotos/Photos	Estatus/Status
	CV2521-2525c3, LT11-18c1, MR815-821c1, TM1-2c1	
	LT299-304c2, MR167-175c2	
	TM3-6c1, TM3452-3463c3	
x		
	LT0042-0043avC1, NP39c1	
		LC (IUCN)
		LC (IUCN)
	TM7-12c1	LC (IUCN)
	CV1852-1864c1, LT0036-0041avC1, LT90-93c1, MR888-898c1, TM158-175c1	
	TM58-63c1	
x		
x		
		LC (IUCN)
x		
x		
x	TM2860-2866c3	
x		
x		
x		
x		

PLANTAS VASCULARES/VASCULAR PLANTS				
Nombre científico/Scientific name	Campamento/Campsite			Espécimen/Voucher
	Wiswincho	Anguila	Quebrada Pobreza	
Enterolobium barnebianum		x	x	
Inga (4 spp. no identificadas)	x		x	NP10051, 10066, 10089, 10358, 10399
Inga auristellae		x	x	NP10366
Inga brachyrhachis	x			
Inga capitata	x	x		LT3727, NP10018, 10229
Inga ciliata	x	x		
Inga cordatoalata		x		
Inga edulis			x	
Inga gracilifolia		x	x	
Inga laurina			x	
Inga marginata	x		x	NP10049
Inga nobilis	x			MR4338
Inga pruriens		x	x	NP10481
Inga psittacorum		x		NP10195
Inga thibaudiana		x		
Macrosamanea spruceana	x			MR4369
Parkia igneiflora	x	x	x	MR4311, 4605
Parkia multijuga	x	x	x	
Parkia nitida	x	x	x	
Parkia velutina		x	x	
Stryphnodendron (1 sp. no identificada)		x		
Stryphnodendron polystachyum		x	x	MR4501
Zygia latifolia	x	x	x	
Zygia longifolia	x	x	x	NP10012, 10020
Zygia juruana		x		
Zygia racemosa		x		
Zygia unifoliolata	x			LT3734, MR4252, 10026
Fabaceae-Papilionoideae (27)				
Andira macrothyrsa	x			MR4399
Clitoria (1 sp. no identificada)	x			MR4392
Dioclea (1 sp. no identificada)			x	MR4646
Diplotropis martiusii			x	NP10309, 10343
Dipteryx cf. micrantha		x		
Dussia tessmannii		x	x	NP10274, 10466
Hymenolobium (1 sp. no identificada)			x	MR4607
Hymenolobium nitidum		x	x	MR4726
Lonchocarpus (1 sp. no identificada)		x		NP10261
Machaerium (1 sp. no identificada)		x		NP10201
Machaerium cuspidatum	x	x	x	
Machaerium multifoliolatum	x			LT3726
Ormosia (2 spp. no identificadas)	x		x	MR4294, 4699
Ormosia amazonica		x		
Pterocarpus rohrii	x			
Swartzia (1 sp. no identificada)			x	MR4634
Swartzia arborescens	x	x	x	

Observación/ Observation	Fotos/Photos	Estatus/Status
x		
		LC (IUCN)
x		
x		
x		
x		
x		
x		
		LC (IUCN)
		LC (IUCN)
x		
	CV2497-2498c3	
x		
x		
x	TM1926-1939c2	
x		
x		
x		
x		
	LT63c1	
	LT161-165c1	
	LT280-282c1	
	CV2549-2555c3	
x		
x		
x		
x		
x		

PLANTAS VASCULARES/VASCULAR PLANTS				
Nombre científico/Scientific name	**Campamento/Campsite**			**Espécimen/Voucher**
	Wiswincho	Anguila	Quebrada Pobreza	
Swartzia benthamiana	x	x	x	
Swartzia cardiosperma	x		x	MR4657
Swartzia gracilis		x		NP10233, 10290
Swartzia pendula			x	MR4727
Swartzia peruviana		x		
Swartzia polyphylla	x	x	x	
Swartzia simplex	x			MR4409
Taralea oppositifolia		x	x	MR4591
Vatairea guianensis	x			NP10050, 10071
Gentianaceae (4)				
Potalia resinifera	x	x	x	MR4545
Voyria aphylla	x		x	MR4301
Voyria flavescens	x			MR4479
Voyria tenella		x		MR4478
Gesneriaceae (3)				
Codonanthe crassifolia	x	x	x	LT3740, MR4310, 4570, TM2220
Codonanthopsis dissimulata	x	x		MR4346, 4453
Drymonia semicordata	x	x		MR4313, 4332, 4475, 4546
Gnetaceae (1)				
Gnetum (1 sp. no identificada)		x		
Goupiaceae (1)				
Goupia glabra	x	x	x	MR4474, NP10084
Heliconiaceae (4)				
Heliconia densiflora		x		
Heliconia hirsuta		x		MR4538
Heliconia lasiorachis	x	x		MR4326, 4407, 4438
Heliconia psittacorum	x			MR4305, 4319
Humiriaceae (5)				
Humiria balsamifera		x	x	
Humiriastrum excelsum		x	x	NP10307
Sacoglottis (1 sp. no identificada)			x	MR4708
Sacoglottis ceratocarpa	x	x	x	MR4655, NP10128, 10214
Vantanea parviflora		x	x	
Hypericaceae (1)				
Vismia macrophylla	x	x	x	NP10006
Icacinaceae (3)				
Emmotum acuminatum		x	x	MR4689
Pleurisanthes cf. *flava*			x	MR4636
Poraqueiba cf. *guianensis*			x	
Lacistemataceae (1)				
Lacistema aggregatum	x	x	x	MR4377, 4706, NP10370, 10465
Lamiaceae (1)				
Vitex triflora	x	x		

Observación/ Observation	Fotos/Photos	Estatus/Status
x		
x		
x		
	LT232-238c1	LC (IUCN)
	TM143c1	
	LT117-122c1, LT466-471c2	
	LT575-580c2, TM3193-3207c3	
	LT305-312c2	
	LT583-588c2, MR967-973c1, TM992-1012, TM2595-2618c2	
x		
	TM785-811c2	
x	TM2475-2487c2	
	TM2578-2594c2	
	LT191-193c1, LT381-386c2, MR963-966c1, TM1613-1620	
	MR935-942c1	
x		
	TM4061-4092c3	
x		
	TM3874-3902c3	
x		
	TM301-319c1	
x		

PLANTAS VASCULARES/VASCULAR PLANTS				
Nombre científico/Scientific name	**Campamento/Campsite**			**Espécimen/Voucher**
	Wiswincho	Anguila	Quebrada Pobreza	
Lauraceae (45)				
(20 spp. no identificadas)	X	X	X	NP10075, 10078, 10079, 10148, 10149, 10188, 10194, 10219, 10221, 10223, 10224, 10226, 10238, 10257, 10267, 10275, 10277, 10333, 10341, 10349, 10360, 10368, 10373, 10400, 10463, 10474, 10490
Anaueria brasiliensis		X	X	
Aniba (1 sp. no identificada)			X	NP10220
Aniba hostmanniana		X	X	MR4725, NP10151
Endlicheria (3 spp. no identificadas)	X	X	X	MR4250, 4370, 4675, NP10147
Endlicheria formosa	X			NP10087
Licaria (2 spp. no identificadas)			X	MR4670, 4681
Licaria aurea	X			NP10162
Mezilaurus sprucei	X	X	X	NP10184, 10264, 10438
Mezilaurus synandra		X	X	
Nectandra (2 spp. no identificadas)	X		X	NP10185, 10499
Ocotea (5 spp. no identificadas)	X	X	X	MR4722, NP10040, 10183, 10189, 10514
Ocotea aciphylla	X	X	X	NP10222
Ocotea alata			X	MR4672
Ocotea argyrophylla	X	X	X	
Ocotea javitensis	X	X	X	NP10150
Ocotea oblonga	X	X		
Persea cf. *pseudofasciculata*			X	MR4677
Lecythidaceae (16)				
Cariniana decandra	X	X	X	
Couratari (2 spp. no identificadas)		X	X	NP10193, 10365
Couratari guianensis	X	X	X	
Couratari oligantha	X			NP10010
Eschweilera (6 spp. no identificadas)	X	X	X	MR4367, 4380, NP10017, 10038, 10048, 10067, 10092, 10100, 10102, 10103, 10137, 10138, 10158, 10215, 101216, 10217, 10218, 10240, 10241, 10242, 10243, 10244, 10313, 10320, 10330, 10347, 10351, 10381, 10389, 10406, 10470, 10489, 10509, 10511
Eschweilera chartaceifolia	X		X	
Eschweilera coriacea	X	X	X	NP10247
Eschweilera gigantea	X	X		
Eschweilera tessmannii		X	X	NP10258, 10516
Gustavia hexapetala		X	X	NP10281
Linaceae (3)				
Hebepetalum humiriifolium	X	X	X	
Roucheria columbiana	X	X	X	NP10115, 10469
Roucheria schomburgkii	X	X	X	

Observación/ Observation	Fotos/Photos	Estatus/Status
x		
x		
		LR/lc (IUCN)
x		
x		
x		
x	CV2279-2280c2, MR1246-1248c2, TM1671-1679	VU (IUCN)
x		
x		
x		
x		

PLANTAS VASCULARES/VASCULAR PLANTS				
Nombre científico/Scientific name	**Campamento/Campsite**			**Espécimen/Voucher**
	Wiswincho	Anguila	Quebrada Pobreza	
Loganiaceae (1)				
Strychnos mitscherlichii		x		
Loranthaceae (4)				
Aetanthus cf. *nodosus*	x			LT3714, MR4283
Oryctanthus cf. *alveolatus*	x			LT3713, MR4272
Phthirusa (1 sp. no identificada)	x			MR4274
Psittacanthus peculiaris		x		MR4550
Malpighiaceae (3)				
Burdachia prismatocarpa	x			MR4251
Byrsonima laevigata	x	x	x	LT3738, MR4299
Byrsonima stipulina	x	x	x	NP10346
Malvaceae (20)				
Apeiba aspera	x	x	x	
Apeiba tibourbou	x			
Ceiba pentandra	x			
Eriotheca (1 sp. no identificada)	x			NP10056
Huberodendron swietenioides	x	x	x	
Lueheopsis althaeiflora			x	NP10395
Lueheopsis hoehnei	x			NP10072
Matisia malacocalyx		x	x	MR4578, 4582, 4665
Mollia (1 sp. no identificada)		x		NP10206
Mollia gracilis			x	
Mollia lepidota	x	x	x	
Pachira aquatica	x			
Pachira brevipes	x	x	x	MR4270
Pachira cf. *insignis*	x	x		NP10106
Pachira cf. *macrocalyx*	x			NP10135
Sterculia (3 spp. no identificadas)	x	x	x	MR4447, 4464, NP10143, 10301
Theobroma obovatum	x	x	x	
Theobroma subincanum	x	x	x	
Marantaceae (10)				
Goeppertia roseopicta	x			MR4339
Goeppertia zingiberina			x	MR4635
Ischnosiphon (1 sp. no identificada)			x	
Ischnosiphon arouma		x		
Ischnosiphon hirsutus		x		MR4423
Ischnosiphon obliquus		x		MR4509
Monotagma (1 sp. no identificada)			x	MR4719
Monotagma angustissimum	x	x	x	MR4320, 4492
Monotagma densiflorum		x		MR4468
Monotagma laxum		x	x	MR4477, 4628

Observación/ Observation	Fotos/Photos	Estatus/Status
x		
	CV1926-1930c1, LT0044-0058avC1	Nueva para Loreto/ New to Loreto
	CV1912-1916c1, LT0059-0064avC1	
	TM2488-2504c2	
	LT26-32c1, NP12-13c1	
x		
x		
x		
x		NT (MINAG)
x		
	CV2561-2562c3	
	TM3180-3192c3	
x		
x		
x		
	CV1846-1850c1, CV2055-2057c1, NP61-62c1	VU (MINAG)
x		
x		
x		
x	LT525-528c2, TM1365-1398c2	
	LT0326-0337c2	
	CV2452-2454c3	
	TM3905-3925c3	
	LT103-107c1, MR918-924c1, MR1237-1245c2, TM1621-1647c2	Nueva para el Perú/ New for Peru
	MR1251-1261c2, TM718-720c2, TM1701-1725c2, TM3629-3646c3	

LEYENDA/LEGEND

**Espécimen, Fotos/
Voucher, Photos**

CV = Corine Vriesendorp

LT = Luis Torres Montenegro

MR = Marcos Ríos Paredes

NP = Nigel Pitman

TM = Tony Mori

Estatus/Status

CITES = Estatus CITES/ CITES status

IUCN = Categoría de amenaza mundial según la UICN (2014)/IUCN (2014) global threat category

MINAG = Categoría de amenaza en el Perú según MINAG (2006)/Threat category in Peru fide MINAG (2006)

App. II = Apéndice II/ Appendix II

CR = En Peligro Crítico/ Critically Endangered

EN = En Peligro/ Endangered

LC, LR/cd, LR/lc = Preocupación Menor/ Least Concern

LR/nt, NT = Casi Amenazado/ Near Threatened

VU = Vulnerable

PLANTAS VASCULARES/VASCULAR PLANTS				
Nombre científico/Scientific name	**Campamento/Campsite**			**Espécimen/Voucher**
	Wiswincho	Anguila	Quebrada Pobreza	
Marcgraviaceae (1)				
Marcgravia (2 spp. no identificadas)	x		x	MR4595
Melastomataceae (33)				
Aciotis purpurascens		x		MR4427
Adelobotrys (2 spp. no identificadas)		x	x	MR4536, 4598
Adelobotrys marginata			x	MR4603
Bellucia umbellata	x	x	x	MR4261, 4581, NP10203
Blakea ovalis		x		TM2234
Clidemia (2 spp. no identificadas)		x	x	MR4560, TM2238
Clidemia epiphytica		x		MR4503
Graffenrieda limbata	x			MR4361
Henriettea (1 sp. no identificada)		x		MR4498
Leandra (2 spp. no identificadas)	x	x		MR4267, 4315, 4463
Maieta guianensis	x	x	x	MR4265
Maieta poeppigii	x	x	x	
Miconia (9 spp. no identificadas)	x	x	x	MR4324, 4413, 4511, 4573, 4667, 4709, 4732, NP10118, 10167, 10253, 10398, TM2223
Miconia pyrifolia			x	MR4697
Miconia tomentosa		x	x	MR4500, 4671
Mouriri (1 sp. no identificada)	x			NP10029
Mouriri grandiflora		x	x	MR4470, 4600
Mouriri myrtifolia	x			
Salpinga secunda	x	x		MR4430
Tococa capitata	x			LT3733, MR4323
Tococa guianensis		x		LT3712
Tococa macrophysca		x	x	MR4568, 4625
Meliaceae (15)				
Guarea (1 sp. no identificada)		x		NP10289
Guarea cinnamomea		x	x	NP10326
Guarea cristata		x	x	MR4419
Guarea kunthiana	x	x		MR4424
Guarea macrophylla		x	x	NP10363
Guarea pubescens			x	MR4602, NP10479
Guarea trunciflora		x		NP10493
Guarea vasquezii			x	MR4639, 4676, 4712
Trichilia (3 spp. no identificadas)		x	x	MR4351, NP10132, 10339
Trichilia maynasiana		x		NP10173
Trichilia micrantha			x	MR4700, NP10488
Trichilia pallida		x		TM2224
Trichilia septentrionalis		x	x	
Menispermaceae (3)				
Abuta (1 sp. no identificada)			x	MR4571
Anomospermum grandifolium		x		
Telitoxicum krukovii	x			

Observación/ Observation	Fotos/Photos	Estatus/Status
	TM13158-3179c3	
	LT617-624c3, TM2945-2984c3 TM3473-3489	
	TM530-553c1 TM1779-1807c2	
x		
	TM3834-3849c3	LR/lc (IUCN)
	LT625-831c3, TM888-931c3, TM3034-3031c3	
x		
	LT0068-0073avC1, MR242-259c1	
	LT0074-0079avC1, TM251-259c1	
	LT639-654c3, TM3265-3302c3	
	MR1136-1140c2	VU (IUCN)
	TLT399-403c3	
		VU (IUCN)
	CV485-487c3	
	TM281-296c1	
x		
	TM3401-3415c3	
x	CV2196-2197c2	
x		

LEYENDA/LEGEND

Espécimen, Fotos/ Voucher, Photos
CV = Corine Vriesendorp
LT = Luis Torres Montenegro
MR = Marcos Ríos Paredes
NP = Nigel Pitman
TM = Tony Mori

Estatus/Status
CITES = Estatus CITES/ CITES status
IUCN = Categoría de amenaza mundial según la UICN (2014)/IUCN (2014) global threat category
MINAG = Categoría de amenaza en el Perú según MINAG (2006)/Threat category in Peru fide MINAG (2006)
App. II = Apéndice II/ Appendix II
CR = En Peligro Crítico/ Critically Endangered
EN = En Peligro/ Endangered
LC, LR/cd, LR/lc = Preocupación Menor/ Least Concern
LR/nt, NT = Casi Amenazado/ Near Threatened
VU = Vulnerable

PLANTAS VASCULARES/VASCULAR PLANTS				
Nombre científico/Scientific name	**Campamento/Campsite**			**Espécimen/Voucher**
	Wiswincho	Anguila	Quebrada Pobreza	
Monimiaceae (1)				
Mollinedia killipii			x	MR4707
Moraceae (39)				
Batocarpus amazonicus			x	MR4533
Brosimum alicastrum			x	
Brosimum guianense	x		x	
Brosimum lactescens	x		x	
Brosimum potabile			x	MR4606
Brosimum rubescens	x	x	x	
Brosimum utile	x	x		
Clarisia racemosa	x	x	x	
Ficus albert-smithii	x	x	x	
Ficus americana s.l.	x	x		
Ficus americana ssp. guianensis			x	
Ficus donnell-smithii	x	x		LT3742, 3750
Ficus gomelleira	x			
Ficus hebetifolia			x	LT3749
Ficus krukovii		x		LT3741
Ficus maxima	x	x		LT3747
Ficus nymphaeifolia		x		LT3751
Ficus obtusifolia	x		x	
Ficus panurensis		x		LT3745
Ficus paraensis		x		LT3744, 3748
Ficus pertusa		x		LT3743
Ficus sphenophylla	x		x	LT3746
Helicostylis scabra	x	x	x	
Helicostylis tomentosa	x	x	x	
Maquira calophylla		x		
Naucleopsis concinna	x	x	x	NP10401
Naucleopsis glabra		x	x	
Naucleopsis imitans	x	x	x	NP10122, 10432
Naucleopsis krukovii			x	NP10353
Naucleopsis oblongifolia			x	NP10420
Naucleopsis ulei	x	x	x	
Perebea (1 sp. no identificada)			x	NP10404
Perebea mollis			x	
Perebea guianensis	x		x	NP10179
Pseudolmedia laevigata	x	x	x	NP10016
Pseudolmedia laevis	x	x	x	NP10291, 10324, 10425, 10429
Pseudolmedia macrophylla	x	x		
Sorocea pubivena		x	x	MR4415, 4523, 4698
Trymatococcus amazonicus		x	x	NP10382
Myristicaceae (27)				
Compsoneura capitellata	x	x		NP10234
Compsoneura sprucei	x		x	MR4336

Observación/ Observation	Fotos/Photos	Estatus/Status
x		
x		
x		
x		
x		
x		NT (MINAG)
x		LR/lc (IUCN)
x		
x		
	TM260-267c1, LT485-490c2	
x		
		LR/lc (IUCN)
	LT491-501c2	
	LT589-596c2	
x		LR/lc (IUCN)
	LT474-484c2	LR/lc (IUCN)
	LT449-453c2	
		LR/lc (IUCN)
x		
x		LR/lc (IUCN)
x		
	TM1205-1215c2	
x		
		VU (IUCN)
x		
x		
x		
	MR1160-1167c2	

LEYENDA/LEGEND

**Espécimen, Fotos/
Voucher, Photos**

CV = Corine Vriesendorp

LT = Luis Torres Montenegro

MR = Marcos Ríos Paredes

NP = Nigel Pitman

TM = Tony Mori

Estatus/Status

CITES = Estatus CITES/
CITES status

IUCN = Categoría de amenaza
mundial según la
UICN (2014)/IUCN
(2014) global threat
category

MINAG = Categoría de amenaza
en el Perú según
MINAG (2006)/Threat
category in Peru fide
MINAG (2006)

App. II = Apéndice II/
Appendix II

CR = En Peligro Crítico/
Critically Endangered

EN = En Peligro/
Endangered

LC, LR/cd,
LR/lc = Preocupación Menor/
Least Concern

LR/nt, NT = Casi Amenazado/
Near Threatened

VU = Vulnerable

PLANTAS VASCULARES/VASCULAR PLANTS				
Nombre científico/Scientific name	**Campamento/Campsite**			**Espécimen/Voucher**
	Wiswincho	Anguila	Quebrada Pobreza	
Iryanthera crassifolia	X	X	X	NP10331
Iryanthera hostmannii			X	NP10299
Iryanthera juruensis	X		X	LT3728, NP10146, 10205
Iryanthera laevis		X	X	NP10168
Iryanthera lancifolia	X	X	X	NP10187, 10405
Iryanthera macrophylla	X	X	X	
Iryanthera paraensis	X	X	X	
Iryanthera polyneura			X	NP10410, 10460
Iryanthera tessmannii	X			MR4325
Iryanthera tricornis	X	X	X	NP10265
Osteophloeum platyspermum	X	X	X	
Otoba glycycarpa	X	X	X	
Virola albidiflora			X	NP10414
Virola calophylla	X	X	X	NP10471
Virola cf. *decorticans*		X	X	
Virola divergens/mollissima			X	NP10361, 10428
Virola duckei		X		NP10278
Virola elongata	X	X	X	NP10013
Virola flexuosa	X	X	X	
Virola loretensis	X	X	X	MR4494
Virola multicostata		X	X	NP10371
Virola multinervia	X	X	X	NP10160, 10252
Virola obovata	X	X	X	NP10131, 10134, 10169, 10232, 10442, 10513
Virola pavonis	X	X	X	NP10312
Virola sebifera	X	X		
Myrtaceae (19)				
(7 spp. no identificadas)	X	X	X	NP10064, 10083, 10091, 10228, 10304, 10306, 10456
Calyptranthes (2 spp. no identificadas)	X	X	X	LT3707, MR4386, TM2240
Eugenia (3 spp. no identificadas)	X		X	MR4376, 4379, 4383, 4728
Eugenia cf. *feijoi*		X		
Marlierea (3 spp. no identificadas)	X	X	X	MR4280, 4685, NP10116
Marlierea cf. *caudata*		X	X	
Myrcia (1 sp. no identificada)		X		MR4451
Myrcia splendens			X	MR4705
Nyctaginaceae (7)				
Guapira noxia		X		NP10283
Neea (4 spp. no identificadas)	X	X	X	MR4395, NP10121, 10176, 10314, 10338, 10388, 10412, 10424, 10472
Neea floribunda		X	X	MR4525, 4569, 4613, NP10156, TM2226
Neea parviflora		X		MR4456
Ochnaceae (10)				
Cespedesia spathulata	X	X	X	
Froesia diffusa		X		

Observación/ Observation	Fotos/Photos	Estatus/Status
	CV2198-2199c2	
x		
x	TM3132-3139c3	
x		
x		
x		
x		
	TM1330-1354c2	
x		
	LT0080-0083avC1	
	LT138-144c1, MR999-1005c1, TM403-418c1	
x		
x		
	CV2517-2519c3, TM3724-3740c3	
	LT456-457c2	
x		
x		

LEYENDA/LEGEND

**Espécimen, Fotos/
Voucher, Photos**

CV = Corine Vriesendorp

LT = Luis Torres Montenegro

MR = Marcos Ríos Paredes

NP = Nigel Pitman

TM = Tony Mori

Estatus/Status

CITES = Estatus CITES/ CITES status

IUCN = Categoría de amenaza mundial según la UICN (2014)/IUCN (2014) global threat category

MINAG = Categoría de amenaza en el Perú según MINAG (2006)/Threat category in Peru fide MINAG (2006)

App. II = Apéndice II/ Appendix II

CR = En Peligro Crítico/ Critically Endangered

EN = En Peligro/ Endangered

LC, LR/cd,
LR/lc = Preocupación Menor/ Least Concern

LR/nt, NT = Casi Amenazado/ Near Threatened

VU = Vulnerable

PLANTAS VASCULARES/VASCULAR PLANTS				
Nombre científico/Scientific name	**Campamento/Campsite**			**Espécimen/Voucher**
	Wiswincho	Anguila	Quebrada Pobreza	
Lacunaria (1 sp. no identificada)			x	NP10411
Ouratea (1 sp. no identificada)	x			NP10099
Ouratea amplifolia			x	MR4703
Ouratea polyantha	x			NP10086
Ouratea cf. *superba*	x			LT3711, MR4273
Quiina obovata		x		NP10231
Sauvagesia (1 sp. no identificada)		x		
Touroulia amazonica		x	x	MR4485
Olacaceae (6)				
Chaunochiton kappleri	x	x	x	
Dulacia candida			x	
Dulacia inopiflora	x		x	MR4354, 4702
Heisteria (1 sp. no identificada)		x		
Minquartia guianensis	x	x	x	
Tetrastylidium peruvianum		x	x	
Onagraceae (1)				
Ludwigia latifolia		x		MR4541
Orchidaceae (10)				
Braemia vittata		x		MR4506
Campylocentrum micranthum	x			
Dichaea (2 spp. no identificadas)	x	x		MR4350, 4460
Epidendrum (1 sp. no identificada)			x	MR4557
Epidendrum orchidiflorum	x			MR4357
Epistephium amplexicaule	x			MR4358
Galeandra styllomisantha		x		MR4410
Octomeria cf. *tridentata*		x		MR4480
Palmorchis sobralioides	x			MR4268
Pentaphylacaceae (2)				
Ternstroemia klugiana		x	x	MR4366
Ternstroemia penduliflora	x			MR4638
Phyllanthaceae (3)				
Hieronyma (1 sp. no identificada)	x			MR4241
Hieronyma oblonga		x		
Richeria grandis	x			LT3729
Picramniaceae (2)				
Picramnia (1 sp. no identificada)		x		NP10197
Picramnia magnifolia			x	MR4596
Piperaceae (8)				
Peperomia (1 sp. no identificada)		x		MR4544
Peperomia macrostachyos	x	x	x	MR4306, 4510, 4626, TM2236

Observación/ Observation	Fotos/Photos	Estatus/Status
	CV1865-1923c1, LT0084-0095avC1, TM132-142c1	
x		
	CV2294-2298c2	
x		
x		
	TM389-402c1	
x		
x		LR/nt (IUCN)
x		
	LT502-513c2, TM1178-1204c2	App. II (CITES)
x	LT0096-0104avC1	App. II (CITES)
	CV2238-2240c2, LT446-448c2, MR931-933c1	App. II (CITES)
	TM3245-3255c3	App. II (CITES)
	TM561-577c1	App. II (CITES)
		App. II (CITES)
	LT291-298c1	App. II (CITES), Nueva para el Perú/New for Peru (ver el texto)
		App. II (CITES)
	LT64-70c1, TM37-45c1	App. II (CITES), Nueva para el Perú/New for Peru
		Endémica de Loreto, VU (León et al. 2006)
	TM320-344c1	Endémica de Loreto, VU (León et al. 2006)
x		
	TM2867-2878c3	

PLANTAS VASCULARES/VASCULAR PLANTS				
Nombre científico/Scientific name	**Campamento/Campsite**			**Espécimen/Voucher**
	Wiswincho	Anguila	Quebrada Pobreza	
Piper (4 spp. no identificadas)	x	x		MR4329, 4432, 4440, 4455
Piper bartlingianum		x		MR4446, 4452, 4486
Piper obliquum		x		MR4435
Poaceae (1)				
Pariana (1 sp. no identificada)		x		MR4487
Polygalaceae (3)				
Diclidanthera penduliflora	x			MR4388
Securidaca (1 sp. no identificada)	x			MR4284
Securidaca paniculata	x			MR4345
Polygonaceae (3)				
Coccoloba parimensis	x			MR4387
Symmeria paniculata		x		MR4371
Triplaris cumingiana		x		
Primulaceae (4)				
Cybianthus nestorii	x	x	x	MR4296, 4693
Cybianthus penduliflorus	x			MR4381
Cybianthus peruvianus	x	x	x	MR4243, 4278, 4663
Stylogyne longifolia		x		MR4411
Proteaceae (4)				
Euplassa inaequalis			x	NP10354
Panopsis rubescens	x			NP10003, 10034, 10059
Panopsis sessilifolia		x		MR4504
Roupala montana			x	
Putranjivaceae (1)				
Drypetes (1 sp. no identificada)		x		MR4448
Rapateaceae (1)				
Rapatea ulei		x		MR4549
Rhizophoraceae (2)				
Cassipourea guianensis		x		MR4481
Sterigmapetalum obovatum	x	x	x	NP10376
Rosaceae (1)				
Prunus (1 sp. no identificada)		x		NP10119
Rubiaceae (56)				
(3 spp. no identificadas)		x	x	NP10175, 10340, 10396
Alibertia (2 spp. no identificadas)		x	x	MR4654, NP10142
Alibertia claviflora		x		TM2244
Amaioua cf. *guianensis*	x		x	
Calycophyllum megistocaulum	x	x	x	
Carapichea klugii		x		MR4444
Chimarrhis gentryana		x	x	NP10285
Coussarea (1 sp. no identificada)			x	NP10418
Duroia (1 sp. no identificada)	x			NP10081
Duroia hirsuta		x		
Duroia saccifera	x	x	x	MR4493

Observación/ Observation	Fotos/Photos	Estatus/Status
	LT169-172c1	
	CV1870-1881c1	
	LT154-156c1	
x		
		Endémica de Loreto, CR (León et al. 2006)
	LT443-445c2	
x		
	TM2795-2816c2	
	TM722-752c2	
x		
x		
x	CV2271-2272c2, MR1227-1228c2	
	TM1896-1925c2	

LEYENDA/LEGEND

**Espécimen, Fotos/
Voucher, Photos**

CV = Corine Vriesendorp

LT = Luis Torres Montenegro

MR = Marcos Ríos Paredes

NP = Nigel Pitman

TM = Tony Mori

Estatus/Status

CITES = Estatus CITES/ CITES status

IUCN = Categoría de amenaza mundial según la UICN (2014)/IUCN (2014) global threat category

MINAG = Categoría de amenaza en el Perú según MINAG (2006)/Threat category in Peru fide MINAG (2006)

App. II = Apéndice II/ Appendix II

CR = En Peligro Crítico/ Critically Endangered

EN = En Peligro/ Endangered

LC, LR/cd, LR/lc = Preocupación Menor/ Least Concern

LR/nt, NT = Casi Amenazado/ Near Threatened

VU = Vulnerable

PLANTAS VASCULARES/VASCULAR PLANTS				
Nombre científico/Scientific name	**Campamento/Campsite**			**Espécimen/Voucher**
	Wiswincho	Anguila	Quebrada Pobreza	
Faramea (1 sp. no identificada)	x		x	MR4563
Faramea juruana	x		x	MR4561, NP10057, 10329
Ferdinandusa (1 sp. no identificada)			x	NP10336, 10385
Ferdinandusa guainiae			x	MR4645
Ferdinandusa aff. *loretensis*			x	MR4588
Kutchubaea sericantha	x	x	x	NP10165, 10303, 10447
Ladenbergia amazonensis		x		NP10164
Ladenbergia oblongifolia	x		x	
Malanea boliviana	x			MR4292
Margaritopsis albert-smithii			x	MR4579
Margaritopsis cephalantha	x	x	x	MR4308, 4429, 4687
Pagamea (1 sp. no identificada)	x			MR4300
Pagamea guianensis	x			LT3722, MR4275, 4289
Pagamea cf. *plicata*		x	x	MR4461
Palicourea (3 spp. no identificadas)			x	LT3735, MR4246, 4394, 4414, 4469, TM2225, 2239
Palicourea corymbifera	x	x	x	MR4624
Palicourea grandiflora			x	
Palicourea iquitoensis		x	x	MR4417, 4512, 4624
Palicourea lasiantha			x	
Palicourea punicea		x		
Palicourea rhodothamna	x			MR4277
Platycarpum sp. nov.	x	x	x	MR4254, 4302, 4529, 4532, 4711
Psychotria (3 spp. no identificadas)	x	x	x	MR4373, 4374, 4375, 4462, 4585
Psychotria cf. *longicuspis*	x			MR4348
Psychotria lupulina		x		MR4496
Psychotria cf. *nautensis*		x		
Psychotria poeppigiana	x	x	x	MR4508
Psychotria remota	x			MR4316
Psychotria rosea	x			MR4404
Psychotria subfusca	x			MR4408
Randia (1 sp. no identificada)		x		MR4537
Remijia pacimonica	x	x	x	MR4297
Remijia pedunculata			x	NP10507
Retiniphyllum chloranthum		x	x	MR4611, TM2228
Retiniphyllum concolor		x	x	MR4518, TM2227
Rudgea guyanensis	x			MR4248, 4258, 4307
Rudgea lanceifolia			x	MR4701
Warszewiczia coccinea	x	x	x	
Rutaceae (3)				
Adiscanthus fusciflorus			x	MR4720
Conchocarpus (1 sp. no identificada)			x	MR4648
Ticorea tubiflora		x		MR4502

Observación/ Observation	Fotos/Photos	Estatus/Status
	TM3437-3451c3	
	LT609-616c3, TM2893-2911c3	
x		
	TM3368-3383c3	
	MR1100-1111c2	
	LT0111-0114avC1	
	TM3647-3661c3	
x	LT600c3	
	CV2259-2264, MR1204-1217c2	
x		
x	TM1680-1700c2	
	CV2005-2008c1	
	LT80-89c1, MR847-869c1, TM79-122c1	
	MR925-930c1	
	LT540-547c2, TM1758-1777c2	
x	CV2246-2249c2	
	LT176-190c1, TM1408-1429c2, TM2641-2647c2	
	LT245-252c1	
	TM2539-2552c2	
	CV2490-2512c3, TM3798-3722c3	Nueva para el Perú/ New for Peru
	MR1330-1348c2, TM1954-1982c2, TM2235-2276c2	
	LT53-59c1, NP11c1	
x		
	MR1413-1424c3, TM3926-3949c3	
	TM3808-3833	
	TM1253-1303c2	

LEYENDA/LEGEND

**Espécimen, Fotos/
Voucher, Photos**

CV = Corine Vriesendorp

LT = Luis Torres Montenegro

MR = Marcos Ríos Paredes

NP = Nigel Pitman

TM = Tony Mori

Estatus/Status

CITES = Estatus CITES/ CITES status

IUCN = Categoría de amenaza mundial según la UICN (2014)/IUCN (2014) global threat category

MINAG = Categoría de amenaza en el Perú según MINAG (2006)/Threat category in Peru fide MINAG (2006)

App. II = Apéndice II/ Appendix II

CR = En Peligro Crítico/ Critically Endangered

EN = En Peligro/ Endangered

LC, LR/cd, LR/lc = Preocupación Menor/ Least Concern

LR/nt, NT = Casi Amenazado/ Near Threatened

VU = Vulnerable

PLANTAS VASCULARES/VASCULAR PLANTS				
Nombre científico/Scientific name	Campamento/Campsite			Espécimen/Voucher
	Wiswincho	Anguila	Quebrada Pobreza	
Sabiaceae (6)				
Meliosma (4 spp. no identificadas)		X	X	MR4526, NP10123, 10271, 10392, 10439
Ophiocaryon (1 sp. no identificada)		X		NP10235
Ophiocaryon manausense		X	X	MR4558, 4694, 4695, NP10408, 10464
Salicaceae (6)				
Casearia (2 spp. no identificadas)	X		X	MR4393, NP10409
Casearia resinifera		X	X	MR4517
Laetia procera			X	
Laetia suaveolens	X			MR4378
Ryania speciosa		X	X	
Santalaceae (1)				
Phoradendron (1 sp. no identificada)	X			LT3721
Sapindaceae (12)				
(1 sp. no identificada)		X		NP10186
Cupania (1 sp. no identificada)		X		NP10157
Cupania diphylla	X		X	MR4288, 4688
Matayba (2 spp. no identificadas)		X	X	NP10125, 10433, 10453
Matayba arborescens			X	MR4647
Matayba inelegans		X	X	MR4718
Matayba macrocarpa			X	MR4717
Matayba peruviana		X		
Paullinia (1 sp. no identificada)			X	MR4590
Talisia (2 spp. no identificadas)		X	X	MR4691, 4723, NP10126
Sapotaceae (49)				
(5 spp. no identificadas)	X	X	X	NP10109, 10225, 10254, 10262, 10402
Chrysophyllum (1 sp. no identificada)			X	NP10369
Chrysophyllum cf. *amazonicum*	X			
Chrysophyllum argenteum			X	
Chrysophyllum manaosense			X	MR4637
Chrysophyllum prieurii		X	X	NP10136, 10208, 10292
Chrysophyllum sanguinolentum		X	X	MR4618, NP10159
Diploon aff. *cuspidatum*		X		NP10127
Ecclinusa bullata		X	X	NP10245
Ecclinusa guianensis		X	X	NP10266, 10269, 10417
Ecclinusa lanceolata	X		X	MR4621, NP10436, 10440, 10485
Elaeoluma glabrescens	X		X	MR4249, 4683
Manilkara cf. *inundata*	X			NP10094, 10096
Micropholis (3 spp. no identificadas)		X	X	MR4556, 4724, NP10294
Micropholis egensis	X		X	LT3732, NP10344
Micropholis guyanensis s.l.	X	X	X	NP10348, 10476
Micropholis obscura			X	MR4643
Micropholis trunciflora			X	NP10413
Micropholis venulosa	X	X	X	MR4721

Observación/ Observation	Fotos/Photos	Estatus/Status
	TM3329-3344c3	
	TM1940-1953c2, TM3084-3098c3	
x		
	LT132-137c1	
x		
	LT0065-0067avC1	
x		
	LT655-656c3, MR1410-1418c3, TM3498-3509c3	
x		
x		
		LR/lc (IUCN)
	TM3672-3683c3	
	LT60-62c1	
	LT0122-0131avC1	

PLANTAS VASCULARES/VASCULAR PLANTS				
Nombre científico/Scientific name	Campamento/Campsite			Espécimen/Voucher
	Wiswincho	Anguila	Quebrada Pobreza	
Pouteria (15 spp. no identificadas)	x	x	x	NP10002, 10005, 10007, 10021, 10022, 10030, 10043, 10044, 10063, 10075, 10101, 10180, 10196, 10236, 10256, 10263, 10273, 10279, 10311, 10315, 10316, 10317, 10321, 10337, 10352, 10355, 10356, 10374, 10377. 10403, 10407, 10423, 10435, 10443, 10448, 10477, 10492, 10500, 10505, 10508, 10512
Pouteria cuspidata	x	x	x	MR4281, 4524, 4659, NP10004, 10210, 10468
Pouteria gomphiifolia	x			NP10061, 10098, 10107
Pouteria guianensis	x	x	x	NP10144, 10192
Pouteria lucumifolia		x	x	MR4651, 4687
Pouteria oblanceolata			x	MR4679, 4730
Pouteria platyphylla		x	x	
Pouteria torta		x	x	NP10129, 10427
Pouteria vernicosa		x	x	NP10282
Pradosia cochlearia		x	x	MR4666
Simaroubaceae (3)				
Simaba cf. cavalcantei		x	x	MR4623, NP10209, 10295, 10397, 10501
Simaba guianensis	x			NP10024, 10036
Simarouba amara	x	x	x	
Siparunaceae (5)				
Siparuna cristata	x		x	MR4436, 4601
Siparuna cuspidata			x	
Siparuna decipiens	x		x	
Siparuna guianensis	x	x	x	
Siparuna micrantha		x		MR4519
Solanaceae (3)				
Cestrum (1 sp. no identificada)			x	MR4576
Markea formicarum		x	x	MR4490, 4531, 4574
Solanum pedemontanum	x			MR4341
Stemonuraceae (1)				
Discophora guianensis	x	x	x	
Strelitziaceae (1)				
Phenakospermum guyannense	x	x	x	
Styracaceae (1)				
Styrax guyanensis	x			LT3723
Taccaceae (1)				
Tacca parkeri	x			MR4364
Triuridaceae (1)				
Sciaphila purpurea		x	x	MR4542, 4729
Urticaceae (16)				
Cecropia distachya	x	x	x	

Observación/ Observation	Fotos/Photos	Estatus/Status
	TM145-157c1, TM2320-2338c2	
x		
x		LR/nt (IUCN)
		VU (IUCN)
x		
	CV2167-2171c2	
x		
x		
x		
	MR1404-1409c3, TM3428-3436c3	
	TM 2132-2158c2	
	MR974-980c1	
x		
x		
	LT0132-0140avC1	
	NP160-169c3, TM1583-1610c2, TM2786-2794c2	
x		

Apéndice/Appendix 3

Plantas Vasculares/
Vascular Plants

PLANTAS VASCULARES/VASCULAR PLANTS				
Nombre científico/Scientific name	Campamento/Campsite			Espécimen/Voucher
	Wiswincho	Anguila	Quebrada Pobreza	
Cecropia ficifolia	X	X	X	
Cecropia latiloba	X		X	
Cecropia sciadophylla	X	X	X	
Coussapoa orthoneura		X		
Coussapoa tessmannii	X			MR4389
Coussapoa trinervia	X			
Pourouma (2 spp. no identificadas)		X	X	NP10161, 10237, 10280, 10332, 10359, 10379, 10380, 10441, 10446, 10504
Pourouma acuminata	X			MR4396
Pourouma bicolor	X	X	X	
Pourouma guianensis	X	X	X	
Pourouma minor	X	X	X	
Pourouma myrmecophila		X	X	MR4434, 4565, 4615
Pourouma ovata		X	X	
Pourouma tomentosa		X		NP10141, 10239
Violaceae (7)				
Leonia crassa	X			
Leonia cymosa		X	X	MR4577, NP10200
Leonia glycycarpa			X	
Paypayrola grandiflora			X	MR4589
Rinorea lindeniana	X	X		MR4431, TM2241
Rinorea racemosa	X	X	X	MR4488
Rinorea viridifolia		X	X	MR4505
Vochysiaceae (9)				
Erisma bicolor		X	X	NP10288, 10393, 10419
Erisma calcaratum	X			NP10035
Qualea acuminata	X		X	NP10077, 10452
Qualea paraensis			X	
Vochysia (2 spp. no identificadas)			X	MR4608, 4609
Vochysia biloba			X	
Vochysia lomatophylla	X			
Vochysia cf. *venulosa*		X	X	MR4467, 10495
Zamiaceae (2)				
Zamia (1 sp. no identificada)		X		
Zamia ulei	X			MR4362
Zingiberaceae (1)				
Renealmia krukovii		X		MR4515
PTERIDOPHYTA (25)				
Aspleniaceae (3)				
Asplenium (1 sp. no identificada)			X	MR4575
Asplenium angustum		X		MR4530
Asplenium juglandifolium	X			MR4347
Cyatheaceae (1)				
Cyathea (1 sp. no identificada)			X	MR4630

Observación/ Observation	Fotos/Photos	Estatus/Status
x		
x		
x		
x		
	LT166-168c1	
x		
	LT259-269c1	
x		
x	TM1083-1099c2	
x		
	CV2164-2166c2, TM3303-3314c3	
x		
x		
	TM3140-3157c3	
x		
	TM3346-3367c3	
	CV2175-2178c2, LT395-398c2, MR1112-1118c2	
	TM1488-1506c2, TM1726-1740c2	
x	MR1393-1395, TM2854-2859c3	
x		
x		
x	LT346-354c2	App. II (CITES)
	TM517-529c1	NT (IUCN), App. II (CITES)
		App. II (CITES)

PLANTAS VASCULARES/VASCULAR PLANTS				
Nombre científico/Scientific name	**Campamento/Campsite**			**Espécimen/Voucher**
	Wiswincho	Anguila	Quebrada Pobreza	
Dennstaedtiaceae (1)				
Saccoloma inaequale		x	x	
Dryopteridaceae (2)				
Cyclodium (1 sp. no identificada)			x	
Cyclodium meniscioides		x		MR4421
Hymenophyllaceae (3)				
Trichomanes (1 sp. no identificada)	x			MR4291
Trichomanes pinnatum	x			MR4264
Trichomanes tanaicum	x			MR4266
Lindsaeaceae (1)				
Lindsaea lancea		x		MR4420
Lycopodiaceae (2)				
Lycopodiella cernua	x			MR4384
Lycopodiella contexta	x			MR4295
Metaxyaceae (1)				
Metaxya rostrata		x	x	TM2243
Polypodiaceae (4)				
Campyloneurum repens		x		TM2222
Microgramma megalophylla	x			LT3716, MR4256
Microgramma percussa		x		TM2230
Niphidium crassifolium	x			MR4344
Pteridaceae (3)				
Adiantum (1 sp. no identificada)	x			MR4403
Pityrogramma calomelanos		x	x	
Polytaenium guayanense	x			MR4342
Schizaeaceae (2)				
Actinostachys pennula	x			MR4286
Schizaea elegans		x	x	MR4619
Selaginellaceae (1)				
Selaginella (1 sp. no identificada)	x			MR4359
Thelypteridaceae (1)				
Thelypteris opulenta		x		MR4433
THALLOPHYTA (1)				
Cladoniaceae (1)				
Cladonia chlorophaea	x			

Observación/ Observation	Fotos/Photos	Estatus/Status
x		
x		
	LT405-410c2	
	LT147-153c1	
x		
	TM3539-3547c3	
	TM554-560c1	
	LT387-392c2	
x	MR907-909c1	

LEYENDA/LEGEND

**Espécimen, Fotos/
Voucher, Photos**

CV = Corine Vriesendorp

LT = Luis Torres Montenegro

MR = Marcos Ríos Paredes

NP = Nigel Pitman

TM = Tony Mori

Estatus/Status

CITES = Estatus CITES/ CITES status

IUCN = Categoría de amenaza mundial según la UICN (2014)/IUCN (2014) global threat category

MINAG = Categoría de amenaza en el Perú según MINAG (2006)/Threat category in Peru fide MINAG (2006)

App. II = Apéndice II/ Appendix II

CR = En Peligro Crítico/ Critically Endangered

EN = En Peligro/ Endangered

LC, LR/cd, LR/lc = Preocupación Menor/ Least Concern

LR/nt, NT = Casi Amenazado/ Near Threatened

VU = Vulnerable

**Estaciones de
muestreo de peces/
Fish sampling stations**

Resumen de las principales características de las estaciones de muestreo de peces durante un inventario rápido del interfluvio de Tapiche-Blanco, Loreto, Perú, del 9 al 25 de octubre del 2014, por Isabel Corahua y María Aldea. Todas las estaciones tenían como tipo de vegetación dominante el bosque primario.

ESTACIONES DE MUESTREO DE PECES / FISH SAMPLING STATIONS

Sitios de muestreo/ Sampling sites	Ubicación geográfica/ Location			Tipo de agua/ Water type		Tipo de ambiente/ Habitat type		Dimensiones/ Size (m)		Tipo de corriente/ Current		
	Latitud/ Latitude (S)	Longitud/ Longitude (O/W)	Altitud (msnm)/ Elevation (masl)	Negra/ Black	Blanca/ White	Léntico/ Lentic	Lótico/ Lotic	Ancho/ Width	Profun-didad/ Depth	Nula/ None	Lenta/ Slow	Moderada/ Moderate
CAMPAMENTO WISWINCHO/ WISWINCHO CAMPSITE (9–13 de octubre de 2014/9–13 October 2014)												
Cocha Yanayacu	05°50'05.2"	73°52'50.7"	100		1	1		300.0	2.5	1		
Quebrada Yanayacu/ Yanayacu Stream	05°48'17.0"	73°52'02.9"	120		1		1	3.0	0.6			1
Tahuampa en campamento/ Floodplain at camp	05°48'36.0"	73°51'56.0"	110		1	1		5.0	0.5	1		
Río Blanco/ Blanco River	05°47'34.8"	73°51'34.8"	104	1			1	70.0	3.0			1
Tahuampa Río Blanco/ Blanco River floodplain	05°48'11.5"	73°50'46.0"	105		1	1		10.0	0.6	1		
Tahuampa T1/ T1 floodplain	5°48'45.6"	73°51'20.0"	127		1	1		2.5	0.7	1		
Cocha T2/ Oxbow lake T2	5°48'29.1"	73°50'50.4"	105		1	1		70.0	2.0	1		
CAMPAMENTO ANGUILA/ANGUILA CAMPSITE (15–19 de octubre de 2014/15–19 October 2014)												
Quebrada Yanayacu (parte alta)/Yanayacu Stream (upper portion)	6°14'14.1"	73°53'20.8"	226		1		1	2.0	0.8			1
Quebrada Yanayacu (parte baja)/Yanayacu Stream (lower portion)	6°15'18.5"	73°53'54.2"	153		1		1	3.0	0.6		1	
Quebrada T3/ T3 stream	6°17'00.0"	73°55'02.0"	139		1		1	4.5	0.5		1	
Río Yanayacu/ Yanayacu River	6°16'07.2"	73°54'17.3"	132		1		1	2.5	2.0			1
Quebrada C2 (parte alta)/C2 stream (upper portion)	6°16'22.0"	73°54'33.7"	142		1		1	3.5	1.0		1	
Quebrada C2 (parte baja)/C2 stream (lower portion)	6°15'47.0"	73°54'26.0"	153		1		1	1.5	0.5		1	
Tahuampa T1/T1 floodplain	6°15'20.9"	73°53'57.8"	140		1	1		2.0	0.2	1		

LEYENDA/LEGEND   SR = Sin registro/ No record

Apéndice/Appendix 4

Estaciones de
muestreo de peces/
Fish sampling stations

Attributes of the fish sampling stations studied during a rapid inventory of the Tapiche-Blanco region, Loreto, Peru, on 9–25 October 2014, by Isabel Corahua and María Aldea. All stations had primary forest as the dominant vegetation type.

Tipo de substrato/Substrate type			Tipo de orilla/Bank type		Vegetación de fondo/Substrate vegetation		Parámetros fisicoquímicos/Water attributes	
Fangoso con materia orgánica/Muddy with organic matter	Limoso-arenoso/Silty-sandy	Arenoso y con gravas finas/Sandy with fine gravel	Nula/None	Estrecha/Narrow	Perifiton/Periphyton	Palizada u hojarasca/Snags or leaf litter	pH	Conductividad eléctrica/Electrical conductivity (µs/cm)
1			1		1		5.6	29.5
	1			1		1	4.1	35.2
1							SR	SR
1			1		1		4.8	13.9
1				1		1	SR	SR
1				1		1	4.1	41.0
1			1		1		4.6	13.7
	1		1			1	SR	SR
	1			1		1	4.9	7.4
	1			1		1	5.1	15.9
1			1			1	SR	SR
		1		1		1	SR	SR
		1		1		1	4.8	6.9
1				1		1		

Estaciones de
muestreo de peces/
Fish sampling stations

ESTACIONES DE MUESTREO DE PECES / FISH SAMPLING STATIONS

Sitios de muestreo/ Sampling sites	Ubicación geográfica/ Location			Tipo de agua/ Water type		Tipo de ambiente/ Habitat type		Dimensiones/ Size (m)		Tipo de corriente/ Current		
	Latitud/ Latitude (S)	Longitud/ Longitude (O/W)	Altitud (msnm)/ Elevation (masl)	Negra/ Black	Blanca/ White	Léntico/ Lentic	Lótico/ Lotic	Ancho/ Width	Profun-didad/ Depth	Nula/ None	Lenta/ Slow	Moderada/ Moderate
CAMPAMENTO QUEBRADA POBREZA/QUEBRADA POBREZA CAMPSITE (21–25 de octubre de 2014/21–25 October 2014)												
Quebrada Pobreza (parte alta)/Pobreza Stream (upper portion)	5°59'55.9"	73°48'41.1"	118		1		1	6.0	1.0			1
Quebrada T1/ T1 stream	5°59'19.8"	73°48'49.1"	121		1		1	2.0	0.5			1
Quebrada Pobreza (parte baja)/Pobreza Stream (lower portion)	5°57'59.2"	73°44'46.5"	119		1		1	5.0	1.0		1	
Quebrada C3/C3 stream	5°58'24.2"	73°46'02.8"	152		1		1	3.0	0.4		1	
Tahuampa T2/T2 floodplain	5°58'36.1"	73°46'12.2"	160		1	1		2.0	0.6	1		
Tahuampa T3/T3 floodplain	5°58'48.2.1"	73°46'24.3"	115		1	1		1.0	0.3	1		
Quebrada Pobreza (parte media)/Pobreza Stream (middle portion)	5°58'40.9"	73°46'21.6"	120		1		1	8.0	2.0			1
Quebradas T4/T4 streams	5°58'38.9"	73°46'22.4"	149		1		1	0.6	0.5		1	
Total				1	21	8	14			8	7	7

Apéndice/Appendix 4

Estaciones de
muestreo de peces/
Fish sampling stations

Tipo de substrato/ Substrate type			Tipo de orilla/Bank type		Vegetación de fondo/ Substrate vegetation		Parámetros fisicoquímicos/ Water attributes	
Fangoso con materia orgánica/Muddy with organic matter	Limoso-arenoso/ Silty-sandy	Arenoso y con gravas finas/Sandy with fine gravel	Nula/None	Estrecha/ Narrow	Perifiton/ Periphyton	Palizada u hojarasca/ Snags or leaf litter	pH	Conductividad eléctrica/Electrical conductivity (µs/cm)
	1			1		1	SR	SR
	1			1		1	5.4	4.8
	1			1		1	SR	SR
	1			1		1	5.5	8.9
1				1		1	SR	SR
1			1			1	4.0	54.3
	1			1		1	SR	SR
	1		1			1	SR	SR
10	10	2	7	14	3	18		

Especies de peces registradas durante un inventario rápido del interfluvio de Tapiche-Blanco, Loreto, Perú, del 9 al 25 de octubre del 2014, por Isabel Corahua y María Aldea-Guevara. Los órdenes siguen la clasificación de CLOFFSCA (Reis et al. 2003).

PECES/FISHES

Nombre científico/Scientific name	Nombre común en espanol/ Spanish common name	Registros por campamento/ Records by campsite		
		Wiswincho	Anguila	Quebrada Pobreza
MYLIOBATIFORMES (5)				
Potamotrygonidae (5)				
Paratrygon aiereba	raya			1
Potamotrygon castexi	raya			1
Potamotrygon motoro	raya			1
Potamotrygon orbygni	raya			1
Potamotrygon sp.	raya			1
OSTEOGLOSSIFORMES (2)				
Osteoglossidae (1)				
Osteoglossum bicirrhosum	arahuana			1
Arapaimatidae (1)				
Arapaima sp.	paiche			1
CHARACIFORMES (96)				
Acestrorhynchidae (1)				
Acestrorhynchus microlepis	pez aguja	5		2
Anostomidae (11)				
Abramites hypselonotus	san pedrito, lisa bruja			1
Laemolyta taeniata	lisa			1
Leporinus aripuanensis	lisa			1
Leporinus fasciatus	lisa, batún			1
Leporinus friderici	lisa, batún	1		2
Leporinus moralesi cf.	lisa de quebrada			1
Leporinus trifasciatus	lisa, batún			1
Leporinus sp.	lisa, batún			1
Pseudanos trimaculatus	lisa			1
Rhytiodus argenteofuscos	lisa			1
Schizodon fasciatus	lisa cebra			1
Characidae (50)				
Acestrocephalus boehlkei	peje zorro			1
Aphyocharax sp.	mojarita	6		3
Astyanax bimaculatus	mojarita, palta mojara			1
Astyanax sp.	mojarita	2		
Brachychalcinus nummus	palometita	1		
Brycon cephalus	sábalo			1
Brycon melanopterus	sábalo	1		4
Brycon sp.	sábalo	1		1
Bryconops caudimaculatus	mojarita	4		10
Bryconops inpai	mojarita			6
Bryconops melanurus aff.	mojarita	4		2
Charax tectifer	dentón			1
Chryssobrycon yoliae cf.	mojarita	7		
Colossoma macropomum	palometita			1
Ctenobrycon hauwellanus	mojarita	1		

Fish species recorded during a rapid inventory of the Tapiche-Blanco region, Loreto, Peru, on 9–25 October 2014, by Isabel Corahua and María Aldea-Guevara. Ordinal classification follows CLOFFSCA (Reis et al. 2003).

Número de individuos/ Number of individuals	Potencial nueva especie/Potential new species	Tipo de registro/ Type of record	Usos/ Uses	
			Consumo de subsistencia/ Subsistence consumption	Pesqueria comercial/ Commercial fisheries*
1		enc		or
1		enc		or
1		enc		or
1		enc		or
1		enc		or
1		obs	co	or
1		obs	co	or
7		col	co	or
1		col	co	or
1		enc	co	
1		enc	co	
1		enc		
3		obs	co	
1		enc	co	
1		obs	co	
1		obs	co	
1		enc	co	
1		enc	co	
1		obs	co	
1		enc	co	
9		col		or
1		obs		or
2		col		
1		col	co	
1		col	co	
5		col	co	or
2		col	co	
14		col		or
6		col		or
6		col		or
1		enc		
7		col		or
1		enc	co	
1		col	co	

LEYENDA/LEGEND

Tipo de registro/ Type of record

col = Colectado/ Collected

obs = Observado/ Observed

enc = Encuesta/ Survey

Pesquería comercial/ Commercial fisheries

co = Por consumo/ For food

or = Como ornamental/ As ornamentals

* = El uso ornamental corresponde al observado en otras partes de la Amazonía y no necesariamente en el interfluvio de Tapiche-Blanco/ Ornamental use as observed in other regions of the Amazon (not necessarily in the Tapiche-Blanco region)

PECES/FISHES				
Nombre científico/Scientific name	**Nombre común en espanol/ Spanish common name**	**Registros por campamento/ Records by campsite**		
		Wiswincho	Anguila	Quebrada Pobreza
Gnatocharax steindachneri	mojarita			3
Hemigrammus analis	mojarita	76	92	104
Hemigrammus ocellifer aff.	mojarita			67
Hemigrammus sp. 2	mojarita	30	109	28
Hemigrammus sp. 3	mojarita	3		77
Hemigrammus sp. nov.	mojarita		34	42
Hyphessobrycon agulha	mojarita	1	93	433
Hyphessobrycon agulha aff.	mojarita	424	552	414
Hyphessobrycon copelandi	mojarita	65		
Hyphessobrycon erythrostigma	mojarita	2	1	1
Iguanodectes purusii	mojara		4	
Jupiaba anteroides	mojarita			6
Moenkhausia collettii	mojara		39	
Moenkhausia comma	mojara		6	
Moenkhausia dichroura	mojara	1		
Moenkhausia lepidura	mojara	5	20	30
Moenkhausia oligolepis	mojara cola de fuego		8	1
Myleus rubripinnis	palometa		1	1
Mylossoma aerum	palometa			1
Mylossoma duriventri	palometa			1
Paracheirodon innesi	neon tetra		2	44
Phenacogaster sp.	mojara, pez vidrio		2	
Piaractus brachypomus	paco			1
Pygocentrus nattereri	paña ñasa, paña roja		2	
Roeboides myersii	dentón			1
Salminus iquitensis	sábalo macho			1
Salminus sp.	sábalo	1		
Scopaecharax sp.	mojara			13
Serrasalmus rhombeus	paña blanca	1		1
Serrasalmus sp.	paña	1		
Tetragonopterus argenteus	mojara, racta jogon		8	1
Thayeria obliqua	mojarita	1		
Triportheus pictus	sardina			1
Triportheus sp.	sardina			1
Tyttocharax sp. nov.	mojarita		21	21
Chilodontidae (2)				
Caenotropus labyrinthicus	lisa, batún			1
Chilodus punctatus	lisa, batún			1
Crenuchidae (5)				
Ammocryptocharax elegans	mojarita			3
Characidium pellucidum	mojarita		23	
Characidium sp. nov.	mojarita		6	
Crenuchus spilurus	mojarita, vetax		23	28
Geryichthys sp.	mojarita		1	

Número de individuos/ Number of individuals	Potencial nueva especie/Potential new species	Tipo de registro/ Type of record	Usos/ Uses	
			Consumo de subsistencia/ Subsistence consumption	Pesquería comercial/ Commercial fisheries*
3		col		
272		col		or
67		col		or
167		col		or
80		col		or
76	x	col		or
527		col		or
1390		col		or
65		col		or
4		col		or
4		col		or
6		col	co	
39		col		or
6		col		or
1		col		or
55		col		
9		col		or
2		obs	co	
1		enc	co	
1		obs	co	
46		col		or
2		col		or
1		obs	co	
2		col	co	
1		obs	co	
1		col	co	
1		col	co	
13		col		
2		col	co	
1		col	co	
9		col	co	or
1		col		or
1		col		
1		col	co	
42	x	col		or
1		enc	co	
1		enc	co	
3		col		or
23		col		or
6	x	col		or
51		col		or
1		col		

LEYENDA/LEGEND

**Tipo de registro/
Type of record**

col = Colectado/
Collected

obs = Observado/
Observed

enc = Encuesta/
Survey

**Pesquería comercial/
Commercial fisheries**

co = Por consumo/
For food

or = Como ornamental/
As ornamentals

* = El uso ornamental
corresponde al observado en
otras partes de la Amazonía
y no necesariamente en el
interfluvio de Tapiche-Blanco/
Ornamental use as observed
in other regions of the
Amazon (not necessarily in
the Tapiche-Blanco region)

PECES / FISHES				
Nombre científico/Scientific name	Nombre común en espanol/ Spanish common name	Registros por campamento/ Records by campsite		
		Wiswincho	Anguila	Quebrada Pobreza
Curimatidae (10)				
Curimata vittata	chio chio			1
Curimatella meyeri	chio chio			1
Curimatopsis macrolepis	chio chio	4		
Curimatopsis sp.	chio chio	3		
Cyphocharax puntostictos	chio chio			1
Cyphocharax spiluropsis	chio chio			1
Indeterminado/Unidentified	yulilla	2	2	
Potamorhina altamazonica	yahuarachi, yambina			1
Psectrogaster rutiloides	ractacara			1
Steindachnerina sp.	yulilla	1		1
Cynodontidae (1)				
Hydrolycus sp.	chambira			1
Erythrinidae (3)				
Erythrinus erythrinus	shuyo, puca witza			1
Hoplerythrinus unitaeniatus	shuyo, pintado	1		
Hoplias malabaricus	fasaco, mushco	11	3	10
Gasteropelecidae (3)				
Carnegiella myersii	pechito, mañana me voy	11		
Carnegiella strigata	pechito, mañana me voy	12	51	46
Gasteropelecus sternicla	pechito, mañana me voy	5	3	17
Hemiodontidae (2)				
Anodus elongatus	julilla, batún			1
Hemiodus unimaculatus	julilla, batún			1
Lebiasinidae (6)				
Copeina guttata	flechita	2	1	
Copella nigrofasciata	flechita	1	1	106
Nannostomus trifasciatus	pez lápiz	3	42	
Nannostomus sp.	pez lápiz	1	1	
Pyrrhulina brevis	flechita	3		5
Pyrrhulina laeta aff.	flechita		28	50
Prochilodontidae (2)				
Prochilodus nigricans	boquichico			1
Semaprochilodus insignis	yaraqui	5		
GYMNOTIFORMES (7)				
Gymnotidae (3)				
Electrophorus electricus	anguila		2	
Gymnotus yavari cf.	macana	1		
Gymnotus sp.	macana			1
Hypopomidae (2)				
Brachyhypopomus pinnicaudatus	macana	5		
Hypopygus sp.	macana			2
Rhamphychtydae (1)				
Gymnorhamphichthys rondoni	macana		1	14

Número de individuos/ Number of individuals	Potencial nueva especie/Potential new species	Tipo de registro/ Type of record	Usos/ Uses	
			Consumo de subsistencia/ Subsistence consumption	Pesquería comercial/ Commercial fisheries*
1		col	co	
1		col	co	
4		col		or
3		col		or
1		col		or
1		col		or
4		col		
1		col		or
1		col	co	
2		col		or
1		enc	co	
1		col	co	or
1		col	co	
24		col	co	
11		col		or
109		col		or
25		col		or
1		col	co	
1		col	co	
3		col		or
108		col		or
45		col		or
2		col		or
8		col		or
78		col		or
1		obs	co	
5		col	co	
2		obs		or
1		col		or
1		col		or
5		col		or
2		col		or
15		col		or

LEYENDA/LEGEND

Tipo de registro/ Type of record

col = Colectado/ Collected

obs = Observado/ Observed

enc = Encuesta/ Survey

Pesquería comercial/ Commercial fisheries

co = Por consumo/ For food

or = Como ornamental/ As ornamentals

* = El uso ornamental corresponde al observado en otras partes de la Amazonía y no necesariamente en el interfluvio de Tapiche-Blanco/ Ornamental use as observed in other regions of the Amazon (not necessarily in the Tapiche-Blanco region)

PECES / FISHES				
Nombre científico/Scientific name	Nombre común en espanol/ Spanish common name	Registros por campamento/ Records by campsite		
		Wiswincho	Anguila	Quebrada Pobreza
Sternopygidae (1)				
Sternopygus sp.	macana			3
SILURIFORMES (48)				
Asprenidae (2)				
Bunocephalus sp.	sapo cunshi			1
Bunocephalus sp. nov.	sapo cunshi		7	
Auchenipteridae (5)				
Ageneiosus sp.	bocón		1	
Centromochlus heckelii	aceitero			1
Liosomadoras morrowi	bocón, novia	3		
Tetranematichthys wallacei	bocón, novia		1	1
Trachelyopterus galateus	bocón, novia			3
Callichthyidae (13)				
Corydoras arcuatus	shirui, arcuato	1	7	1
Corydoras leopardus aff.	shirui, ipu pishca			1
Corydoras napoensis	shirui, ipu pishca			1
Corydoras pastazensis	shirui, ipu pishca		3	1
Corydoras rabauti	shirui, ipu pishca			1
Corydoras reticulata	shirui, ipu pishca			1
Corydoras semiaquilus	shirui, ipu pishca		2	1
Corydoras trilinineatus	shirui, ipu pishca			1
Corydoras sp. 1	shirui, ipu pishca		2	
Corydoras sp. 2	shirui, ipu pishca			1
Hoplosternum litorale	shirui	2		
Megalechis personata	shirui	2		1
Megalechis sp.	shirui		1	4
Cetopsidae (2)				
Denticetopsis sp.	bagre de quebrada			4
Helogenes marmoratus	bagre de quebrada		1	1
Doradidae (4)				
Acanthodoras spinossisimus	rego rego	1		
Amblydoras sp.	rego rego			1
Doras punctatus	rego rego	1		
Physophyxis lira	pirillo			3
Heptapteridae (5)				
Imparfinis sp.	bagrecito		1	
Myoglanis koepckei	bagrecito		1	
Pimelodella sp. 1	cunshi		8	1
Pimelodella sp. 2	cunshi		1	
Rhamdia quelen	cunshi		1	
Loricariidae (9)				
Ancistrus sp. 1	carachama	1	1	
Farlowella sp.	shitari aguja		2	
Hypoptopoma sp.	shitari	1		

Número de individuos/ Number of individuals	Potencial nueva especie/Potential new species	Tipo de registro/ Type of record	Usos/ Uses	
			Consumo de subsistencia/ Subsistence consumption	Pesquería comercial/ Commercial fisheries*
3		col		or
1		col		or
7	x	col		or
1		col	co	
1		enc		or
3		col	co	or
2		col	co	
3		col	co	
9		col		or
1		obs		or
1		obs		or
4		col		or
1		obs		or
1		obs		or
3		col		or
1		obs		or
2		col		or
1		col		or
2		col		
3		col		
5		col		
4		col		or
2		col		or
1		col		or
1		col		or
1		col		or
3		col		or
1		col		or
1		col		or
9		col	co	
1		col	co	
1		col	co	
2		col		or
2		col		or
1		col		or

PECES / FISHES				
Nombre científico/Scientific name	**Nombre común en espanol/ Spanish common name**	**Registros por campamento/ Records by campsite**		
		Wiswincho	Anguila	Quebrada Pobreza
Hypostomus emarginatus	carachama			1
Hypostomus sp.	carachama			1
Otocinclus macrospilus	carachamita		8	
Panaque schaeferi	carachama mama			1
Pseudorinelepis genibarbis	carachama			1
Rineloricaria sp.	shitari		1	
Pimelodidae (8)				
Brachyplatystoma juruense	zúngaro alianza			1
Calophysus macropterus	mota			1
Cheirocerus eques	mota, cawi			1
Hemisorubim platyrhynchos	toa			1
Pimelodus maculatus cf.	cunchi bagre			1
Pimelodus ornatus	cunchi negro			1
Pseudoplatystoma punctifer	zúngaro doncella			1
Pseudoplatystoma tigrinum	tigre zúngaro			1
CYPRINODOTIFORMES (2)				
Rivulidae (2)				
Rivulus sp.	pez anual		1	
Rivulus sp. 1	pez anual			1
BELONIFORMES (1)				
Belonidae (1)				
Potamorrhaphis guianensis	pez aguja		1	
PERCIFORMES (18)				
Cichlidae (16)				
Aequidens diadema	bujurqui, carapa doble		2	1
Aequidens sp.	bujurqui			3
Apistogramma sp. 1	bujurqui, carapa doble	4	10	62
Apistogramma sp. 2	bujurqui, carapa doble			54
Apistogramma sp. 3	bujurqui, carapa doble			2
Astronotus ocellatus	acarahuasu			1
Chaetobranchus flavescens	bujurqui, irapay			1
Cichla monoculus	tucunare	1		
Ciclasoma amazonarum	bujurqui			1
Crenicichla proteus	anhashua		1	1
Crenicichla sedentaria	anhashua		3	
Crenicichla sp.	anhashua		10	
Laetacara thayeri	bujurqui	1	5	
Laetacara sp.	bujurqui			5
Mesonauta festivus	bujurqui		1	1
Satanoperca jurupari	bujurqui huangana			1
Polycentridae (1)				
Monocirrhus polyacanthus	pez hoja	1		1
Sciaenidae (1)				
Plagioscion squamosissimus	corvina			1

Número de individuos/ Number of individuals	Potencial nueva especie/Potential new species	Tipo de registro/ Type of record	Usos/ Uses	
			Consumo de subsistencia/ Subsistence consumption	Pesquería comercial/ Commercial fisheries*
1		obs	co	
1		obs	co	or
8		col		or
1		enc	co	
1		obs	co	or
1		col		or
1		enc	co	
1		obs	co	
1		obs	co	
1		obs	co	
1		obs	co	
1		enc	co	
1		obs	co	
1		obs		
1		col		or
1		col		or
1		col		or
3		col		or
3		col		or
76		col		or
54		col		or
2		col		or
1		obs		or
1		obs		or
1		obs	co	or
1		col		or
2		col	co	or
3		col		or
10		col		or
6		col		or
5		col		or
2		obs		or
1		obs		or
2		obs		or
1		col	co	

LEYENDA/LEGEND

Tipo de registro/ Type of record

col = Colectado/ Collected

obs = Observado/ Observed

enc = Encuesta/ Survey

Pesquería comercial/ Commercial fisheries

co = Por consumo/ For food

or = Como ornamental/ As ornamentals

* = El uso ornamental corresponde al observado en otras partes de la Amazonía y no necesariamente en el interfluvio de Tapiche-Blanco/ Ornamental use as observed in other regions of the Amazon (not necessarily in the Tapiche-Blanco region)

PECES/FISHES				
Nombre científico/Scientific name	**Nombre común en espanol/ Spanish common name**	**Registros por campamento/ Records by campsite**		
		Wiswincho	Anguila	Quebrada Pobreza
PLEURONECTIFORMES (1)				
Achiridae (1)				
Achirus achirus	lenguadito			1

Número de individuos/ Number of individuals	Potencial nueva especie/Potential new species	Tipo de registro/ Type of record	Usos/ Uses	
			Consumo de subsistencia/ Subsistence consumption	Pesqueria comercial/ Commercial fisheries*
1		enc		or

LEYENDA/LEGEND

Tipo de registro/ Type of record

col = Colectado/ Collected

obs = Observado/ Observed

enc = Encuesta/ Survey

Pesquería comercial/ Commercial fisheries

co = Por consumo/ For food

or = Como ornamental/ As ornamentals

* = El uso ornamental corresponde al observado en otras partes de la Amazonía y no necesariamente en el interfluvio de Tapiche-Blanco/ Ornamental use as observed in other regions of the Amazon (not necessarily in the Tapiche-Blanco region)

Anfibios y Reptiles/
Amphibians and Reptiles

Anfibios y reptiles observados durante un inventario rápido en el interfluvio de Tapiche-Blanco, Loreto, Perú, del 9 al 25 de octubre de 2014, por Giussepe Gagliardi-Urrutia, Pablo J. Venegas y Marco M. Odicio. Las preferencias para tipos de vegetación se basan en los registros de campo durante el inventario.

ANFIBIOS Y REPTILES / AMPHIBIANS AND REPTILES

Nombre científico/Scientific name	Campamentos/Campsites			Comunidades aledañas/ Nearby communities	Lote 179 (Linares-Palomino et al. 2013a)	Itia Tëbu (Gordo et al. 2006)	
	Wiswincho	Anguila	Quebrada Pobreza				
AMPHIBIA (105)							
ANURA (103)							
Aromobatidae (4)							
Allobates femoralis		1			1	1	
Allobates trilineatus					1		
Allobates sp. 1	1						
Allobates sp. 2		1	1				
Bufonidae (5)							
Amazophrynella minuta		1	1				
Rhaebo guttatus	1				1	1	
Rhinella dapsilis					1	1	
Rhinella margaritifera	1	1	1		1	1	
Rhinella marina	1	1	1		1		
Centrolenidae (4)							
Hyalinobatrachium sp. 1							
Hyalinobatrachium sp. 2							
Vitreorana oyampiensis		1	1		1		
Teratohyla sp.		1					
Craugastoridae (20)							
Noblella myrmecoides		1	1		1		
Oreobates quixensis		1	1		1	1	
Pristimantis altamazonicus			1		1		
Pristimantis aff. lacrimosus*		1	1				
Pristimantis academicus		1	1				
Pristimantis buccinator		1					
Pristimantis carvalhoi							
Pristimantis croceoinguinis					1		
Pristimantis delius					1		
Pristimantis diadematus		1					
Pristimantis fenestratus							
Pristimantis lacrimosus					1		
Pristimantis luscombei (kichwarum)					1		
Pristimantis malkini		1	1		1		
Pristimantis ockendeni		1	1			1	
Pristimantis orcus			1		1		
Pristimantis padiali					1		
Pristimantis peruvianus		1			1		
Pristimantis ventrimarmoratus					1		
Strabomantis sulcatus		1	1			1	
Dendrobatidae (6)							
Ameerega hahneli		1				1	
Ameerega aff. ignipedis		1					
Ameerega trivittata		1			1	1	

Amphibians and reptiles observed during a rapid inventory of the Tapiche-Blanco region, Loreto, Peru, on 9–25 October 2014, by Giussepe Gagliardi-Urrutia, Pablo J. Venegas and Marco Odicio. Vegetation type preferences are based on field observations during the inventory.

Anfibios y Reptiles/ Amphibians and Reptiles

Tapiche (Barbosa de Souza y Rivera Gonzales 2006)	Tipo de registro/ Record type	Tipo de vegetación/ Vegetation type	Actividad/ Activity	Categoría de amenaza/ Threat category	
				IUCN (2014)	MINAGRI (2014)
1	col	bta	D	LC	
	lit		D	LC	p
	col		D		
	col		D		
1	col		D	LC	
1	col	res	N	LC	
	lit		D	LC	
1	col	res, bta, bab, bpi, bc	D,N	LC	
1	obs, fot	res, bta, bpi	N	LC	
1	lit		N		
1	lit		N		
	col	bab, bta	N	DD	
	col	bta	N		
1	col	bab, bta, bc	D,N	LC	
1	col	bta, bc	N	LC	
	col	bta, bc	N	LC	
	col	bta, bc, bpi	N	LC	
	col	bta, bc	N	DD	
	col	bta, bc	N	LC	
1	lit		N	LC	
	lit		N	LC	
	lit		N	LC	
	col	bta	N	LC	
1	lit		N	LC	
	lit		N	LC	
	lit		N	LC	
	col	bta, bab	N	LC	
1	col	bta, bc, bab	N	LC	
	col	bta	N	LC	
	lit		N	LC	
	col	bta	N	LC	
	lit		N	LC	
	col	bta, bab, bc	N	LC	
1	col	bta	D	LC	
	col	bta	D	LC	
1	col	bta	D	LC	

LEYENDA/LEGEND

* = Especie potencialmente nueva/Potentially new species

Comunidades aledañas/ Nearby communities

Fr = Frontera
Lo = Lobo Santa Rocino
NE = Nueva Esperanza
Wi = Wicungo

Tipo de registro/Record type

aud = Auditivo/Auditory
col = Colectado/Collection
fot = Fotográfico/Photographic
lit = Literatura/Literature
obs = Observación visual/Visual record

Vegetación/Vegetation

bab = Bosques sobre arena blanca/ White-sand forest
bc = Bosque de colina/Hill forest
bpi = Bosques de planicie inundable/Floodplain forest
bta = Bosque de terraza alta/ Terrace forest
co = Cocha/Oxbow lake
res = Restingas
río = Río/River

Actividad/Activity

D = Diurno/Diurnal
N = Nocturno/Nocturnal

Categoría de amenaza/ Threat category

DD = Datos deficientes/Data Deficient
EN = En Peligro/Endangered
LC = Baja preocupación/Least Concern
NA = No amenazado/Not threatened
NE = No evaluado/Not Evaluated
VU = Vulnerable

ANFIBIOS Y REPTILES/AMPHIBIANS AND REPTILES						
Nombre científico/Scientific name	**Campamentos/Campsites**			**Comunidades aledañas/ Nearby communities**	**Lote 179 (Linares-Palomino et al. 2013a)**	**Itia Tëbu (Gordo et al. 2006)**
	Wiswincho	**Anguila**	**Quebrada Pobreza**			
Ranitomeya cyanovittata		1	1		1	1
Ranitomeya quinquevittata						
Ranitomeya uakarii		1			1	
Hemiphractidae (2)						
Hemiphractus proboscideus					1	
Hemiphractus scutatus		1	1			1
Hylidae (41)						
Dendropsophus brevifrons					1	
Dendropsophus haraldschultzi				NE		
Dendropsophus leali				NE		1
Dendropsophus leucophyllatus					1	
Dendropsophus marmoratus	1					
Dendropsophus minutus					1	
Dendropsophus miyatai						1
Dendropsophus parviceps	1				1	1
Dendropsophus rossalleni					1	
Dendropsophus sarayacuensis						
Dendropsophus timbeba						
Dendropsophus triangulum					1	
Cruziohyla craspedopus						1
Hypsiboas boans	1					
Hypsiboas calcaratus		1				
*Hybsiboas aff. cinerascens**	1		1		1	1
Hypsiboas fasciatus					1	
Hypsiboas geographicus			1		1	1
Hypsiboas lanciformis		1		NE	1	
Hypsiboas microderma		1	1			1
Hypsiboas nympha			1			
Hypsiboas punctatus				NE	1	
Osteocephalus buckleyi					1	1
Osteocephalus cabrerai		1			1	
Osteocephalus deridens		1	1		1	1
*Osteocephalus aff. planiceps**	1	1	1		1	1
Osteocephalus taurinus	1	1	1		1	1
Osteocephalus yasuni	1	1			1	
Phyllomedusa bicolor		1				
Phyllomedusa tomopterna					1	
Phyllomedusa vaillantii		1	1		1	
Scinax cruentommus			1			1
Scinax garbei	1		1		1	
Scinax funereus		1		NE		
Scinax iquitorum					1	
Scinax pedromedinae					1	

Tapiche (Barbosa de Souza y Rivera Gonzales 2006)	Tipo de registro/ Record type	Tipo de vegetación/ Vegetation type	Actividad/ Activity	Categoría de amenaza/ Threat category	
				IUCN (2014)	MINAGRI (2014)
1	col	bab, bta	D	NE	
1	lit		D	NE	
	col	bta	D	LC	
	lit		N	LC	
	col	bab, bta	N	LC	
1	lit		N	LC	
	fot	bpi	N	LC	
	fot	bpi	N	LC	
1	lit		N	LC	
	col	bpi	N	LC	
	lit		N	LC	
	lit		N	LC	
1	col	bpi	N	LC	
	lit		N	LC	
1	lit		N	LC	
1	lit		N	LC	
	lit		N	LC	
	lit		N	LC	
1	fot	bpi	N	LC	
1	col	bta	N	LC	
1	col	bpi, bta	N	LC	
1	lit		N	LC	
1	col	bpi	N	LC	
1	aud	bpi	N	LC	
	col	bpi, bta	N	LC	
	col	bpi, bta	N	LC	
	fot	bpi	N	LC	
	lit		N	LC	
	col	bta	N	LC	
1	col	bta, bab	N	LC	
	col	res, bta, bab, bpi, bc	N	LC	
	col	res, bta, bab, bpi, bc	N	LC	
	col	res, bpi, bta	N	LC	
1	col	bpi	N	LC	
	lit		N	LC	
1	col	bpi, bta	N	LC	
1	col	bab	N	LC	
1	col	bpi, bta	N	LC	
	col	bpi	N	LC	
	lit		N	LC	
	lit		N	LC	

ANFIBIOS Y REPTILES / AMPHIBIANS AND REPTILES						
Nombre científico/Scientific name	Campamentos/Campsites			Comunidades aledañas/ Nearby communities	Lote 179 (Linares-Palomino et al. 2013a)	Itia Tëbu (Gordo et al. 2006)
	Wiswincho	Anguila	Quebrada Pobreza			
Scinax ruber					1	
Scarthyla goinorum					1	
Sphaenorynchus dorissae					1	
Trachycephalus cunauaru	1					
Trachycephalus typhonius					1	
Leptodactylidae (12)						
Adenomera andreae		1	1		1	
Adenomera hylaedactyla					1	
Engystomops freibergi		1	1		1	1
Leptodactylus diedrus	1	1	1			
Leptodactylus discodactylus	1	1			1	
Leptodactylus knudseni		1			1	
Leptodactylus leptodactyloides					1	
Leptodactylus mystaceus		1				
Leptodactylus pentadactylus	1	1	1		1	1
Leptodactylus petersii					1	1
Leptodactylus rhodomystax		1	1		1	1
Litodythes lineatus		1	1			
Microhylidae (8)						
Chiasmocleis antenori		1				
Chiasmocleis bassleri		1	1		1	1
Chiasmocleis magova					1	
Chiasmocleis tridactyla					1	
Chiasmocleis ventrimaculatus						1
Chiasmocleis sp. nov.*		1				
Hamptophryne boliviana					1	
Synapturanus rabus		1				1
Pipidae (1)						
Pipa pipa		1				
CAUDATA (2)						
Plethodontidae (2)						
Bolitoglossa altamazonica	1	1	1			
Bolitoglossa peruviana					1	
REPTILIA (72)						
CROCODYLIA (3)						
Alligatoridae (3)						
Caiman crocodilus	1			Wi		
Melanosuchus niger				Wi		
Paleosuchus trigonatus	1	1			1	
SQUAMATA (69)						
Boidae (2)						
Corallus hortulanus	1	1			1	
Epicrates cenchria	1					1

Tapiche (Barbosa de Souza y Rivera Gonzales 2006)	Tipo de registro/ Record type	Tipo de vegetación/ Vegetation type	Actividad/ Activity	Categoría de amenaza/ Threat category	
				IUCN (2014)	MINAGRI (2014)
	lit		N	LC	
	lit		N	LC	
	lit		N	LC	
	aud	bpi	N	LC	
	lit		N	LC	
	col	bta	D,N	LC	
1	lit		D,N	LC	
	col	bpi,bta	N	LC	
	col	bpi, bta, bab	N	LC	
	col	bpi, bab	D,N	LC	
	col	bab	N	LC	
	lit		N	LC	
	col	bta	N	LC	
1	col	bpi, bta, bab, bc	N	LC	
1	lit		N	LC	
	col	bpi, bta, bab	N	LC	
	col	bta, bc	N	LC	
1	col	bta, bc, bab	N	LC	
	col	bta	N	LC	
	lit		N	LC	
	lit		N	LC	
	lit		N	LC	
	col	bta	N		
1	lit		N	LC	
	col	bta	N	LC	
	lit	bpi	N	LC	
	col	bta, bab, bpi, bc	N	LC	
	lit		N	LC	
	obs, fot	bpi, co, río	D,N	LC	
	fot	co	D,N	LC	NT
	obs, fot	bta, bpi	N	LC	NT
	col	bpi, bab	N	NE	
1	obs, fot	bpi	D,N	NE	

LEYENDA/LEGEND

* = Especie potencialmente nueva/Potentially new species

**Comunidades aledañas/
Nearby communities**

Fr = Frontera

Lo = Lobo Santa Rocino

NE = Nueva Esperanza

Wi = Wicungo

Tipo de registro/Record type

aud = Auditivo/Auditory

col = Colectado/Collection

fot = Fotográfico/Photographic

lit = Literatura/Literature

obs = Observación visual/Visual record

Vegetación/Vegetation

bab = Bosques sobre arena blanca/ White-sand forest

bc = Bosque de colina/Hill forest

bpi = Bosques de planicie inundable/Floodplain forest

bta = Bosque de terraza alta/ Terrace forest

co = Cocha/Oxbow lake

res = Restingas

río = Río/River

Actividad/Activity

D = Diurno/Diurnal

N = Nocturno/Nocturnal

**Categoría de amenaza/
Threat category**

DD = Datos deficientes/Data Deficient

EN = En Peligro/Endangered

LC = Baja preocupación/Least Concern

NA = No amenazado/Not threatened

NE = No evaluado/Not Evaluated

VU = Vulnerable

ANFIBIOS Y REPTILES / AMPHIBIANS AND REPTILES						
Nombre científico/Scientific name	Campamentos/Campsites			Comunidades aledañas/ Nearby communities	Lote 179 (Linares-Palomino et al. 2013a)	Itia Tëbu (Gordo et al. 2006)
	Wiswincho	Anguila	Quebrada Pobreza			
Chelidae (2)						
Chelus fimbriatus				Fr		
Platemys platycephala		1			1	
Colubridae (29)						
Atractus sp.	1					
Chironius exoletus					1	
Chironius fuscus			1		1	
Chironius scurrulus		1				
Dipsas catesbyi		1	1			
Drepanoides anomalus	1	1				
Drymarchon corais	1					
Drymobius rombifer						
Erythrolamprus reginae					1	1
Erythrolamprus typhlus		1	1		1	
Helicops angulatus	1				1	
Helicops leopardinus	1					
Hydrops martii	1					
Imantodes cenchoa					1	
Leptodeira annulata						1
Oxyrhopus formosus					1	
Oxyrhopus cf. guibei					1	
Oxyrhopus melanogenys		1			1	
Oxyrhopus petola					1	
Philodryas argenteus					1	
Philodryas georgeboulengeri		1				
Philodryas viridissimus					1	
Pseudoboa coronata					1	
Rhinobothryum lentiginosum			1			
Siphlophis compressus		1				
Taeniophalus occipitalis			1			
Xenodon rabdocephalus		1				
Xenodon severus						
Xenopholis scalaris		1	1		1	
Dactyloidae (7)						
Anolis fuscoauratus	1	1	1		1	1
Anolis ortonii			1		1	
Anolis punctatus		1				
Anolis scypheus				NE		
Anolis tandai		1	1		1	
Anolis trachyderma	1	1	1		1	
Anolis transversalis		1	1		1	1

Tapiche (Barbosa de Souza y Rivera Gonzales 2006)	Tipo de registro/ Record type	Tipo de vegetación/ Vegetation type	Actividad/ Activity	Categoría de amenaza/ Threat category	
				IUCN (2014)	MINAGRI (2014)
	fot	bpi	D	NE	
	col	bta	D	NE	
	col	bpi	N		
1	lit		D	NE	
1	col	bab	D	NE	
1	fot	bta	D	NE	
	col	bta, bab	N	LC	
	col	bta, bpi	N	NE	
	fot	bpi	D	NE	
1	lit		D	NE	
	lit		D	NE	
	col	bta, bpi	D	NE	
	col	bpi	N	NE	
	col	bpi	N	NE	
	fot	bpi	N	NE	
	lit		N	NE	
1	lit		N	NE	
	lit		N	NE	
	lit		N	NE	
	col	bta	N	LC	
	lit		N	NE	
	lit		D	NE	
	col	bta	D	NE	
	lit		D	NE	
	lit		N	NE	
	col	bc	N	NE	
1	col	bta	N	NE	
	col	bta	D	NE	
	fot	bta	D	NE	
1	lit		D	NE	
	col	bta, bpi	N	NE	
1	col	res, bta, bab, bpi, bc	D	NE	
	col	bpi	D	NE	
1	col	bta	D	NE	
	fot	bpi	D	NE	
	col	bta, bc	D	NE	
1	col	res, bta, bab, bpi, bc	D	NE	
	col	bta, bc, bab	D	NE	

LEYENDA/LEGEND

* = Especie potencialmente nueva/Potentially new species

Comunidades aledañas/ Nearby communities

Fr = Frontera

Lo = Lobo Santa Rocino

NE = Nueva Esperanza

Wi = Wicungo

Tipo de registro/Record type

aud = Auditivo/Auditory

col = Colectado/Collection

fot = Fotográfico/Photographic

lit = Literatura/Literature

obs = Observación visual/Visual record

Vegetación/Vegetation

bab = Bosques sobre arena blanca/ White-sand forest

bc = Bosque de colina/Hill forest

bpi = Bosques de planicie inundable/Floodplain forest

bta = Bosque de terraza alta/ Terrace forest

co = Cocha/Oxbow lake

res = Restingas

río = Río/River

Actividad/Activity

D = Diurno/Diurnal

N = Nocturno/Nocturnal

Categoría de amenaza/ Threat category

DD = Datos deficientes/Data Deficient

EN = En Peligro/Endangered

LC = Baja preocupación/Least Concern

NA = No amenazado/Not threatened

NE = No evaluado/Not Evaluated

VU = Vulnerable

ANFIBIOS Y REPTILES / AMPHIBIANS AND REPTILES						
Nombre científico/Scientific name	Campamentos/Campsites			Comunidades aledañas/ Nearby communities	Lote 179 (Linares-Palomino et al. 2013a)	Itia Tëbu (Gordo et al. 2006)
	Wiswincho	Anguila	Quebrada Pobreza			
Elapidae (4)						
Micrurus albicinctus						
Micrurus hemprichii					1	
Micrurus obscurus		1				
Micrurus surinamensis			1			
Gymnophthalmidae (9)						
Alopoglossus angulatus		1	1			
Alopoglossus atriventris					1	
Alopoglossus buckleyi					1	
Arthrosaura reticulata					1	
Cercosaura argulus						1
Cercosaura sp.		1	1			
Iphisa elegans	1	1	1		1	
Potamites ecpleopus		1			1	
Ptychoglossus brevifrontalis		1	1		1	
Hoplocercidae (1)						
Enyalioides laticeps			1		1	1
Phyllodactylidae (2)						
Hemidactylus mabouia					1	
Thecadactylus solimoensis					1	
Podocnemididae (1)						
Podocnemis unifilis				Lo, Fr		
Scincidae (1)						
Varzea altamazonica		1			1	
Sphaerodactylidae (3)						
Gonatodes hasemani						
Gonatodes humeralis	1	1	1	Lo	1	1
Pseudogonatodes guianensis		1	1		1	
Teiidae (3)						
Ameiva ameiva					1	
Kentropyx pelviceps	1	1	1		1	1
Tupinambis teguixin					1	
Tropiduridae (1)						
Plica umbra		1	1		1	
Testudinidae (1)						
Chelonoidis denticulata				Wi	1	
Viperidae (3)						
Bothrocophias hyoprora					1	
Bothrops atrox		1	1		1	1
Bothrops brazili			1			1

Tapiche (Barbosa de Souza y Rivera Gonzales 2006)	Tipo de registro/ Record type	Tipo de vegetación/ Vegetation type	Actividad/ Activity	Categoría de amenaza/ Threat category	
				IUCN (2014)	MINAGRI (2014)
1	lit		N	NE	
	lit		N	NE	
	col	bta	N	NE	
	col	bpi	N	NE	
1	col	bta	D	LC	
	lit		D	NE	
	lit		D	NE	
	lit		D	NE	
1	lit		D	NE	
1	col	bta, bc	D	NE	
	col	bpi, bta	D	NE	
	col	bta	D,N	NE	
	col	bta, bc	D	NE	
	col	bta	D	NE	
	lit		N	NE	
1	lit		N	NE	
	fot	río	D	NE	VU
	col		D	NE	
1	lit		D	NE	
1	col	res, bta, bab, bpi, bc	D	LC	
	col	bta, bab	D	NE	
	lit		D	NE	
1	col	res, bta, bab, bpi, bc	D	NE	
1	lit		D	NE	
1	col	bta, bc, bab	D	NE	
	fot	bta	D	VU	
	lit		D,N	NE	
1	col	bta, bc, bpi	D,N	NE	
	col	bta, bc	N	NE	

LEYENDA/LEGEND

* = Especie potencialmente nueva/Potentially new species

Comunidades aledañas/ Nearby communities

Fr = Frontera

Lo = Lobo Santa Rocino

NE = Nueva Esperanza

Wi = Wicungo

Tipo de registro/Record type

aud = Auditivo/Auditory

col = Colectado/Collection

fot = Fotográfico/Photographic

lit = Literatura/Literature

obs = Observación visual/Visual record

Vegetación/Vegetation

bab = Bosques sobre arena blanca/ White-sand forest

bc = Bosque de colina/Hill forest

bpi = Bosques de planicie inundable/Floodplain forest

bta = Bosque de terraza alta/ Terrace forest

co = Cocha/Oxbow lake

res = Restingas

río = Río/River

Actividad/Activity

D = Diurno/Diurnal

N = Nocturno/Nocturnal

Categoría de amenaza/ Threat category

DD = Datos deficientes/Data Deficient

EN = En Peligro/Endangered

LC = Baja preocupación/Least Concern

NA = No amenazado/Not threatened

NE = No evaluado/Not Evaluated

VU = Vulnerable

Aves/Birds

Aves registradas por Brian J. O'Shea, Douglas F. Stotz, Percy Saboya del Castillo y Ernesto Ruelas Inzunza durante el inventario rápido de los ríos Tapiche y Blanco, Loreto, Perú, del 10 al 25 de octubre de 2014. El apéndice también contiene observaciones no publicadas de R. Haven Wiley, Juan Díaz Alván y Ernesto Ruelas Inzunza durante otros viajes a los ríos Blanco y Tapiche.

AVES/BIRDS				
Nombre científico/Scientific name	**Nombre en inglés/English name**	**Campamento/Campsite**		
		Wiswincho	Anguila	Quebrada Pobreza
Tinamidae (8)				
Tinamus major	Great Tinamou	F	U	R
Tinamus guttatus	White-throated Tinamou	U	F	F
Crypturellus cinereus	Cinereous Tinamou	F	F	F
Crypturellus soui	Little Tinamou		R	
Crypturellus undulatus	Undulated Tinamou	U	R	
Crypturellus strigulosus	Brazilian Tinamou	R	U	R
Crypturellus variegatus	Variegated Tinamou		F	U
Crypturellus bartletti	Bartlett's Tinamou	F	F	
Anhimidae (1)				
Anhima cornuta	Horned Screamer			
Anatidae (2)				
Cairina moschata	Muscovy Duck	R		
Anas discors	Blue-winged Teal			
Cracidae (4)				
Penelope jacquacu	Spix's Guan	U	F	F
Pipile cumanensis	Blue-throated Piping-Guan			
Ortalis guttata	Speckled Chachalaca	U	U	
Mitu tuberosum	Razor-billed Curassow	R		R
Odontophoridae (1)				
Odontophorus stellatus	Starred Wood-Quail		F	U
Ciconiidae (1)				
Jabiru mycteria	Jabiru			
Phalacrocoracidae (1)				
Phalacrocorax brasilianus	Neotropic Cormorant			
Anhingidae (1)				
Anhinga anhinga	Anhinga			
Ardeidae (11)				
Tigrisoma lineatum	Rufescent Tiger-Heron	U	R	R
Agamia agami	Agami Heron		R	
Cochlearius cochlearius	Boat-billed Heron			
Zebrilus undulatus	Zigzag Heron	R		
Nycticorax nycticorax	Black-crowned Night-Heron			
Butorides striata	Striated Heron			
Bubulcus ibis	Cattle Egret			
Ardea cocoi	Cocoi Heron	R		
Ardea alba	Great Egret	R		
Pilherodius pileatus	Capped Heron			
Egretta thula	Snowy Egret			
Threskiornithidae (1)				
Mesembrinibis cayennensis	Green Ibis	R	R	
Cathartidae (5)				
Cathartes aura	Turkey Vulture	U		
Cathartes burrovianus	Lesser Yellow-headed Vulture			

Birds recorded by Brian O'Shea, Douglas F. Stotz, Percy Saboya del Castillo, and Ernesto Ruelas Inzunza during the rapid inventory of the Tapiche-Blanco river basin, Loreto, Peru, on 10–25 October 2014. The appendix also contains unpublished observations of R. Haven Wiley, Juan Díaz Alván, and Ernesto Ruelas Inzunza made during previous trips along the Blanco and Tapiche rivers.

Habitats	Otras observaciones/ Other observations			Estado de conservación/ Conservation status		
	Wiley et al. (1997)	Díaz Alván	Ruelas Inzunza	IUCN (2014)	CITES (2014)	MINAGRI (2014)
SF, TF	x		x			
TF, V, SF		x		NT		
FF, SF, V	x	x				
TF	x	x				
SF, FF	x	x				
TF, V, SF						
TF						
SF, TF						
	x	x	x			
A	x	x	x		III	
		x				
TF, SF	x	x				
		x				
SF	x	x	x			
SF, V						NT
TF, V						
			x			
	x	x	x			
	x	x	x			
SF, FF	x					
SF						
	x	x	x			
SF						
	x	x	x			
	x	x	x			
	x	x	x			
A	x	x	x			
A, O	x	x	x			
	x	x	x			
		x				
SF, FF	x	x	x			
O	x	x	x			
	x	x				

LEYENDA/LEGEND

Abundancia/Abundance

C = Común (diariamente >10 en hábitat adecuado)/Common (daily >10 in proper habitat)

F = Poco común (<10 individuos/día en hábitat adecuado)/Fairly Common (<10 individuals/day in proper habitat)

U = No común (menos que diariamente)/Uncommon (less than daily)

R = Raro (uno o dos registros)/ Rare (one or two records)

X = Presente (estatus desconocido)/Present (status uncertain)

Hábitats/Habitats

A = Hábitats acuáticos (ríos o lagos)/Aquatic habitats (rivers or lakes)

FF = Várzea e igapó/Flooded forest

M = Hábitats múltiples (>3)/ Multiple habitats (>3)

O = Aire/Overhead

SF = Bosque de pantano/Swamp forest

TF = Bosque de tierra firme/ Upland forest

V = Varillales y chamizales/ White-sand forest

AVES / BIRDS				
Nombre científico/Scientific name	Nombre en inglés/English name	Campamento/Campsite		
		Wiswincho	Anguila	Quebrada Pobreza
Cathartes melambrotus	Greater Yellow-headed Vulture	F	U	U
Coragyps atratus	Black Vulture	R	-	
Sarcoramphus papa	King Vulture	R	R	R
Accipitridae (16)				
Pandion haliaetus	Osprey			
Chondrohierax uncinatus	Hook-billed Kite			
Leptodon cayanensis	Gray-headed Kite			
Elanoides forficatus	Swallow-tailed Kite			
Spizaetus ornatus	Ornate Hawk-Eagle	R	R	
Busarellus nigricollis	Black-collared Hawk	R		
Helicolestes hamatus	Slender-billed Kite	R		
Harpagus bidentatus	Double-toothed Kite	R		
Ictinia plumbea	Plumbeous Kite	R		
Accipiter superciliosus	Tiny Hawk			
Accipiter bicolor	Bicolored Hawk	R		
Geranospiza caerulescens	Crane Hawk			
Buteogallus schistaceus	Slate-colored Hawk	R		
Buteogallus urubitinga	Great Black Hawk	R		
Rupornis magnirostris	Roadside Hawk	F	R	
Leucopternis kuhli	White-browed Hawk		R	
Aramidae (1)				
Aramus guarauna	Limpkin			
Psophiidae (1)				
Psophia leucoptera	Pale-winged Trumpeter	R	U	
Rallidae (4)				
Aramides cajaneus	Gray-necked Wood-Rail	U	R	
Laterallus melanophaius	Rufous-sided Crake			
Laterallus exilis	Gray-breasted Crake			
Porphyrio martinicus	Purple Gallinule			
Heliornithidae (1)				
Heliornis fulica	Sungrebe		R	R
Eurypygidae (1)				
Eurypyga helias	Sunbittern		R	
Charadridae (2)				
Vanellus cayanus	Pied Lapwing			
Vanellus chilensis	Southern Lapwing			
Scolopacidae (5)				
Bartramia longicauda	Upland Sandpiper			
Calidris melanotos	Pectoral Sandpiper			
Actitis macularius	Spotted Sandpiper			
Tringa solitaria	Solitary Sandpiper			
Tringa melanoleuca	Greater Yellowlegs			
Jacanidae (1)				
Jacana jacana	Wattled Jacana			

LEYENDA/LEGEND

Abundancia/Abundance

C = Común (diariamente >10 en hábitat adecuado)/Common (daily >10 in proper habitat)

F = Poco común (<10 individuos/día en hábitat adecuado)/Fairly Common (<10 individuals/day in proper habitat)

U = No común (menos que diariamente)/Uncommon (less than daily)

R = Raro (uno o dos registros)/Rare (one or two records)

X = Presente (estatus desconocido)/Present (status uncertain)

Hábitats/Habitats

A = Hábitats acuáticos (ríos o lagos)/Aquatic habitats (rivers or lakes)

FF = Várzea e igapó/Flooded forest

M = Hábitats múltiples (>3)/Multiple habitats (>3)

O = Aire/Overhead

SF = Bosque de pantano/Swamp forest

TF = Bosque de tierra firme/Upland forest

V = Varillales y chamizales/White-sand forest

Habitats	Otras observaciones/Other observations			Estado de conservación/Conservation status		
	Wiley et al. (1997)	Díaz Alván	Ruelas Inzunza	IUCN (2014)	CITES (2014)	MINAGRI (2014)
O, TF	x	x	x			
O	x	x	x			
O		x	x			
	x		x			
	x					
	x					
	x	x	x			
O	x			NT		II
SF	x	x	x			II
FF	x		x			II
SF		x				II
O	x	x	x			II
	x					
V						II
	x	x				
FF	x	x				II
FF	x	x	x			II
V	x	x	x			II
TF						II
		x				
SF, TF	x			NT		
SF	x	x				
			x			
		x				
	x	x				
A	x	x	x			
SF	x	x				
	x		x			
		x				
		x				
		x				
	x	x	x			
		x				
		x				
	x	x	x			

AVES/BIRDS				
Nombre científico/Scientific name	**Nombre en inglés/English name**	**Campamento/Campsite**		
		Wiswincho	Anguila	Quebrada Pobreza
Laridae (2)				
Sternula superciliaris	Yellow-billed Tern			
Phaetusa simplex	Large-billed Tern			
Rynchopidae (1)				
Rynchops niger	Black Skimmer			
Columbidae (8)				
Patagioenas cayennensis	Pale-vented Pigeon			
Patagioenas plumbea	Plumbeous Pigeon	U	F	F
Patagioenas subvinacea	Ruddy Pigeon	F	F	U
Geotrygon montana	Ruddy Quail-Dove	F	U	F
Leptotila verreauxi	White-tipped Dove			
Leptotila rufaxilla	Gray-fronted Dove		U	
Columbina talpacoti	Ruddy Ground Dove			
Claravis pretiosa	Blue Ground Dove			
Opisthocomidae (1)				
Opisthocomus hoazin	Hoatzin	U		
Cuculidae (7)				
Coccycua minuta	Little Cuckoo			
Piaya cayana	Squirrel Cuckoo	F	F	U
Piaya melanogaster	Black-bellied Cuckoo	U	U	U
Coccyzus americanus	Yellow-billed Cuckoo			
Crotophaga major	Greater Ani	R		
Crotophaga ani	Smooth-billed Ani			
Dromococcyx pavoninus	Pavonine Cuckoo	R		
Strigidae (8)				
Megascops choliba	Tropical Screech-Owl			R
Megascops watsonii	Tawny-bellied Screech-Owl	F	F	F
Lophostrix cristata	Crested Owl			
Pulsatrix perspicillata	Spectacled Owl		R	
Ciccaba virgata/huhula	Mottled/Black-banded Owl			U
Ciccaba virgata	Mottled Owl			
Glaucidium hardyi	Amazonian Pygmy-Owl		R	R
Glaucidium brasilianum	Ferruginous Pygmy-Owl	R		
Nyctibiidae (4)				
Nyctibius grandis	Great Potoo		U	
Nyctibius aethereus	Long-tailed Potoo			R
Nyctibius griseus	Common Potoo	U	U	U
Nyctibius leucopterus	White-winged Potoo		R	R
Caprimulgidae (6)				
Chordeiles rupestris	Sand-colored Nighthawk			
Chordeiles minor	Common Nighthawk	U		R
Lurocalis semitorquatus	Short-tailed Nighthawk	U	R	U
Nyctipolus nigrescens	Blackish Nightjar	R		
Nyctidromus albicollis	Common Pauraque	F	U	

Habitats	Otras observaciones/ Other observations			Estado de conservación/ Conservation status		
	Wiley et al. (1997)	Díaz Alván	Ruelas Inzunza	IUCN (2014)	CITES (2014)	MINAGRI (2014)
	x	x	x			
	x	x	x			
		x				
	x	x				
TF, V, SF	x	x	x			
SF, FF, TF	x	x	x	NT		
TF, SF, V	x					
		x				
SF	x	x	x			
	x	x	x			
	x					
FF	x	x				
	x	x				
SF, TF	x	x				
TF, SF		x				
	x					
SF	x	x	x			
	x	x	x			
FF						
V	x	x			II	
TF, SF	x	x	x		II	
	x	x				
TF	x	x			II	
SF					II	
	x					
TF	x				II	
SF	x	x	x		II	
TF	x	x				
SF	x					
SF, TF, V	x	x				
V, TF						VU
		x				
O		x	x			
O	x		x			
V	x					
SF, TF	x	x	x			

LEYENDA/LEGEND

Abundancia/Abundance

C = Común (diariamente >10 en hábitat adecuado)/Common (daily >10 in proper habitat)

F = Poco común (<10 individuos/día en hábitat adecuado)/Fairly Common (<10 individuals/day in proper habitat)

U = No común (menos que diariamente)/Uncommon (less than daily)

R = Raro (uno o dos registros)/ Rare (one or two records)

X = Presente (estatus desconocido)/Present (status uncertain)

Hábitats/Habitats

A = Hábitats acuáticos (ríos o lagos)/Aquatic habitats (rivers or lakes)

FF = Várzea e igapó/Flooded forest

M = Hábitats múltiples (>3)/ Multiple habitats (>3)

O = Aire/Overhead

SF = Bosque de pantano/Swamp forest

TF = Bosque de tierra firme/ Upland forest

V = Varillales y chamizales/ White-sand forest

AVES/BIRDS				
Nombre científico/Scientific name	**Nombre en inglés/English name**	**Campamento/Campsite**		
		Wiswincho	Anguila	Quebrada Pobreza
Hydropsalis climacocerca	Ladder-tailed Nightjar	R		
Apodidae (6)				
Streptoprocne zonaris	White-collared Swift		R	
Chaetura cinereiventris	Gray-rumped Swift	U	F	U
Chaetura pelagica	Chimney Swift			
Chaetura brachyura	Short-tailed Swift	U	U	R
Tachornis squamata	Fork-tailed Palm-Swift	F	R	R
Panyptila cayennensis	Lesser Swallow-tailed Swift			
Trochilidae (19)				
Topaza pyra	Fiery Topaz	R	U	R
Florisuga mellivora	White-necked Jacobin	R	F	F
Glaucis hirsutus	Rufous-breasted Hermit	R		
Threnetes leucurus	Pale-tailed Barbthroat		R	
Phaethornis ruber	Reddish Hermit	U	U	
Phaethornis hispidus	White-bearded Hermit			
Phaethornis philippii	Needle-billed Hermit	U	F	F
Phaethornis malaris	Great-billed Hermit	U	U	U
Heliothryx auritus	Black-eared Fairy		R	
Polytmus theresiae	Green-tailed Goldenthroat	R		
Anthracothorax nigricollis	Black-throated Mango			
Heliodoxa aurescens	Gould's Jewelfront	R	R	U
Heliomaster longirostris	Long-billed Starthroat	R		
Chlorostilbon mellisugus	Blue-tailed Emerald	R		
Campylopterus largipennis	Gray-breasted Sabrewing		R	R
Thalurania furcata	Fork-tailed Woodnymph	F	F	U
Amazilia fimbriata	Glittering-throated Emerald	R		
Chrysuronia oenone	Golden-tailed Sapphire			
Hylocharis cyanus	White-chinned Sapphire	U		R
Trogonidae (7)				
Pharomachrus pavoninus	Pavonine Quetzal	F	F	F
Trogon melanurus	Black-tailed Trogon	U	F	F
Trogon viridis	Green-backed Trogon	F	F	F
Trogon ramonianus	Amazonian Trogon	U	U	U
Trogon curucui	Blue-crowned Trogon	U	R	R
Trogon rufus	Black-throated Trogon	R	U	F
Trogon collaris	Collared Trogon	U	U	R
Alcedenidae (5)				
Megaceryle torquata	Ringed Kingfisher	U		
Chloroceryle amazona	Amazon Kingfisher	U		
Chloroceryle americana	Green Kingfisher	R		
Chloroceryle inda	Green-and-rufous Kingfisher			R
Chloroceryle aenea	American Pygmy Kingfisher	R	R	R
Momotidae (3)				
Electron platyrhynchum	Broad-billed Motmot	R	F	F

Habitats	Otras observaciones/ Other observations			Estado de conservación/ Conservation status		
	Wiley et al. (1997)	Díaz Alván	Ruelas Inzunza	IUCN (2014)	CITES (2014)	MINAGRI (2014)
FF	x	x	x			
O						
O	x	x				
	x					
O		x	x			
O	x	x				
	x	x	x			
SF					II	
TF, SF		x			II	
SF		x			II	
SF		x			II	
SF					II	
	x	x				
TF, SF	x		x		II	
SF, TF		x	x		II	
TF					II	
V					II	
		x				
SF, TF					II	
SF					II	
V		x			II	
SF	x	x			II	
TF, SF		x			II	
V		x	x		II	
		x				
SF, V					II	
SF, TF	x					
SF, TF, V	x	x				
TF, SF, V	x	x	x			
SF, TF	x					
FF, SF	x	x				
V, TF						
SF, TF		x	x			
A	x	x	x			
A	x	x	x			
A	x	x	x			
A, SF	x	x	x			
A, SF	x	x				
SF						

AVES/BIRDS				
Nombre científico/Scientific name	**Nombre en inglés/English name**	**Campamento/Campsite**		
		Wiswincho	Anguila	Quebrada Pobreza
Baryphthengus martii	Rufous Motmot	R	F	F
Momotus momota	Amazonian Motmot	F	U	R
Galbulidae (5)				
Galbalcyrhynchus leucotis	White-eared Jacamar	U		
Galbula cyanicollis	Blue-cheeked Jacamar	R	U	U
Galbula cyanescens	Bluish-fronted Jacamar	U		
Galbula dea	Paradise Jacamar	F	F	F
Jacamerops aureus	Great Jacamar	F	U	U
Bucconidae (13)				
Notharchus hyperrhynchus	White-necked Puffbird	R	U	U
Notharchus ordii	Brown-banded Puffbird		U	F
Notharchus tectus	Pied Puffbird			R
Bucco macrodactylus	Chestnut-capped Puffbird			
Bucco tamatia	Spotted Puffbird	R		
Bucco capensis	Collared Puffbird	U	R	
Nystalus striolatus	Striolated Puffbird		U	R
Malacoptila semicincta	Semicollared Puffbird		U	
Nonnula rubecula	Rusty-breasted Nunlet	R	R	R
Nonnula ruficapilla	Rufous-capped Nunlet			
Monasa nigrifrons	Black-fronted Nunbird	U		
Monasa morphoeus	White-fronted Nunbird	F	F	U
Chelidoptera tenebrosa	Swallow-winged Puffbird	U		
Capitonidae (3)				
Capito aurovirens	Scarlet-crowned Barbet	F		
Capito auratus	Gilded Barbet	F	C	F
Eubucco richardsoni	Lemon-throated Barbet	U		
Ramphastidae (6)				
Ramphastos tucanus	White-throated Toucan	F	F	F
Ramphastos vitellinus	Channel-billed Toucan	U	F	F
Selenidera reinwardtii	Golden-collared Toucanet	F	F	U
Pteroglossus inscriptus	Lettered Aracari	R		
Pteroglossus castanotis	Chestnut-eared Aracari	R	R	
Pteroglossus azara	Ivory-billed Aracari	R	R	R
Picidae (15)				
Picumnus aurifrons	Bar-breasted Piculet		R	
Picumnus castelnau	Plain-breasted Piculet	U		
Melanerpes cruentatus	Yellow-tufted Woodpecker	R	U	U
Veniliornis passerinus	Little Woodpecker	R		
Veniliornis affinis	Red-stained Woodpecker	R	R	R
Piculus flavigula	Yellow-throated Woodpecker		U	R
Piculus chrysochloros	Golden-green Woodpecker	R	R	R
Colaptes punctigula	Spot-breasted Woodpecker			
Celeus grammicus	Scale-breasted Woodpecker	U	F	F
Celeus elegans	Chestnut Woodpecker	R	R	R

Habitats	Otras observaciones/ Other observations			Estado de conservación/ Conservation status		
	Wiley et al. (1997)	Díaz Alván	Ruelas Inzunza	IUCN (2014)	CITES (2014)	MINAGRI (2014)
TF, V	x					
SF	x	x				
V	x	x				
TF, SF						
SF	x	x				
TF, V, SF						
SF	x					
TF, SF	x	x				
V, TF						
SF						
	x	x				
SF						
SF, TF	x	x				
TF						
TF						
SF						
	x	x				
SF, FF	x	x				
TF, V, SF	x					
FF, SF	x	x	x			
FF	x	x				
TF, SF, V	x	x	x			
SF, FF	x					
TF, SF	x	x	x		II	
TF, SF	x	x	x		II	
TF, SF	x	x	x			
FF	x	x				
SF	x	x	x			
SF, TF		x				
TF						
V						
V, FF	x	x	x			
FF						
TF, SF	x	x				
TF	x					
SF, TF	x					
	x	x				
TF, V, SF	x					
TF, SF	x	x				

LEYENDA/LEGEND

Abundancia/Abundance

C = Común (diariamente >10 en hábitat adecuado)/Common (daily >10 in proper habitat)

F = Poco común (<10 individuos/día en hábitat adecuado)/Fairly Common (<10 individuals/day in proper habitat)

U = No común (menos que diariamente)/Uncommon (less than daily)

R = Raro (uno o dos registros)/ Rare (one or two records)

X = Presente (estatus desconocido)/Present (status uncertain)

Hábitats/Habitats

A = Hábitats acuáticos (ríos o lagos)/Aquatic habitats (rivers or lakes)

FF = Várzea e igapó/Flooded forest

M = Hábitats múltiples (>3)/ Multiple habitats (>3)

O = Aire/Overhead

SF = Bosque de pantano/Swamp forest

TF = Bosque de tierra firme/ Upland forest

V = Varillales y chamizales/ White-sand forest

AVES / BIRDS				
Nombre científico/Scientific name	Nombre en inglés/English name	Campamento/Campsite		
		Wiswincho	Anguila	Quebrada Pobreza
Celeus flavus	Cream-colored Woodpecker	R	U	
Celeus torquatus	Ringed Woodpecker	U	R	R
Dryocopus lineatus	Lineated Woodpecker	R		R
Campephilus rubricollis	Red-necked Woodpecker	F	F	F
Campephilus melanoleucos	Crimson-crested Woodpecker	U		
Falconidae (9)				
Herpetotheres cachinnans	Laughing Falcon	U	R	R
Micrastur ruficollis	Barred Forest-Falcon	R	U	U
Micrastur gilvicollis	Lined Forest-Falcon		F	R
Micrastur mirandollei	Slaty-backed Forest-Falcon		R	R
Micrastur semitorquatus	Collared Forest-Falcon		R	
Ibycter americanus	Red-throated Caracara	R	U	U
Daptrius ater	Black Caracara			
Milvago chimachima	Yellow-headed Caracara			
Falco rufigularis	Bat Falcon	R	R	
Psittacidae (23)				
Touit huetii	Scarlet-shouldered Parrotlet	R	U	U
Touit purpuratus	Sapphire-rumped Parrotlet			
Brotogeris sanctithomae	Tui Parakeet			
Brotogeris versicolurus	White-winged Parakeet	C		
Brotogeris cyanoptera	Cobalt-winged Parakeet	C	F	F
Pyrilia barrabandi	Orange-cheeked Parrot	F	F	U
Pionus menstruus	Blue-headed Parrot	U	F	U
Graydidascalus brachyurus	Short-tailed Parrot			
Amazona ochrocephala	Yellow-crowned Parrot	U	R	U
Amazona farinosa	Mealy Parrot	U	F	U
Amazona amazonica	Orange-winged Parrot	C	R	
Forpus xanthopterygius	Blue-winged Parrotlet			
Forpus modestus	Dusky-billed Parrotlet		R	
Pionites leucogaster	White-bellied Parrot	U	F	U
Pyrrhura roseifrons	Rose-fronted Parakeet	U	F	U
Aratinga weddellii	Dusky-headed Parakeet	U		
Orthopsittaca manilatus	Red-bellied Macaw	C	U	U
Primolius couloni	Blue-headed Macaw	U		
Ara ararauna	Blue-and-yellow Macaw	C	C	U
Ara macao	Scarlet Macaw	U		
Ara chloropterus	Red-and-green Macaw	U	R	
Ara severus	Chestnut-fronted Macaw	R		
Psittacara leucophthalmus	White-eyed Parakeet	U	R	
Thamnophilidae (52)				
Euchrepomis humeralis	Chestnut-shouldered Antwren	U	U	R
Cymbilaimus lineatus	Fasciated Antshrike	F	F	F
Frederickena unduligera	Undulated Antshrike	R		R
Taraba major	Great Antshrike	R		

Habitats	Otras observaciones/ Other observations			Estado de conservación/ Conservation status		
	Wiley et al. (1997)	Díaz Alván	Ruelas Inzunza	IUCN (2014)	CITES (2014)	MINAGRI (2014)
SF, FF	x	x				
SF	x					
SF		x				
TF, SF	x		x			
V	x	x				
V, SF	x	x	x		II	
TF, SF, V	x				II	
TF					II	
TF					II	
TF	x				II	
TF, SF	x	x	x		II	
	x	x				
	x	x	x			
V, SF	x	x			II	
SF, TF, V				VU	II	
	x					
	x	x				
FF, O	x	x	x		II	
O	x	x	x		II	
O	x	x		NT	II	
O	x	x	x		II	
	x	x	x			
O	x	x	x		II	
O, V	x			NT	II	
O	x	x	x		II	
	x	x				
TF	x	x			II	
TF, SF, V	x	x			II	
TF, SF	x	x			II	
O	x	x	x		II	
O, V	x		x		II	
O				VU	I	VU
O, SF, TF	x	x	x		II	
O	x	x			I	NT
O	x	x	x		II	
O	x				II	
O	x	x	x		II	
TF, SF						
TF, SF		x				
SF						
FF	x	x				

LEYENDA/LEGEND

Abundancia/Abundance

C = Común (diariamente >10 en hábitat adecuado)/Common (daily >10 in proper habitat)

F = Poco común (<10 individuos/día en hábitat adecuado)/Fairly Common (<10 individuals/day in proper habitat)

U = No común (menos que diariamente)/Uncommon (less than daily)

R = Raro (uno o dos registros)/ Rare (one or two records)

X = Presente (estatus desconocido)/Present (status uncertain)

Hábitats/Habitats

A = Hábitats acuáticos (ríos o lagos)/Aquatic habitats (rivers or lakes)

FF = Várzea e igapó/Flooded forest

M = Hábitats múltiples (>3)/ Multiple habitats (>3)

O = Aire/Overhead

SF = Bosque de pantano/Swamp forest

TF = Bosque de tierra firme/ Upland forest

V = Varillales y chamizales/ White-sand forest

AVES/BIRDS				
Nombre científico/Scientific name	**Nombre en inglés/English name**	**Campamento/Campsite**		
		Wiswincho	Anguila	Quebrada Pobreza
Sakesphorus canadensis	Black-crested Antshrike			
Thamnophilus doliatus	Barred Antshrike			
Thamnophilus schistaceus	Plain-winged Antshrike	U	U	R
Thamnophilus murinus	Mouse-colored Antshrike	F	F	F
Thamnophilus aethiops	White-shouldered Antshrike		R	
Thamnophilus amazonicus	Amazonian Antshrike	C		
Neoctantes niger	Black Bushbird	R		
Thamnomanes saturninus	Saturnine Antshrike	F	C	F
Thamnomanes schistogynus	Bluish-slate Antshrike	F	F	R
Isleria hauxwelli	Plain-throated Antwren	R	U	
Pygiptila stellaris	Spot-winged Antshrike	F	F	F
Epinecrophylla leucophthalma	White-eyed Antwren		R	
Epinecrophylla haematonota	Stipple-throated Antwren	U	F	F
Epinecrophylla ornata	Ornate Antwren			R
Myrmotherula brachyura	Pygmy Antwren	F	F	F
Myrmotherula ignota	Moustached Antwren	F	R	R
Myrmotherula sclateri	Sclater's Antwren	U	F	F
Myrmotherula multostriata	Amazonian Streaked-Antwren	U	R	R
Myrmotherula cherriei	Cherrie's Antwren	F		
Myrmotherula longicauda	Stripe-chested Antwren			
Myrmotherula axillaris	White-flanked Antwren	F	C	F
Myrmotherula longipennis	Long-winged Antwren	R	U	F
Myrmotherula menetriesii	Gray Antwren	F	F	U
Microrhopias quixensis	Dot-winged Antwren			
Hypocnemis peruviana	Peruvian Warbling-Antbird	F	F	F
Hypocnemis hypoxantha	Yellow-browed Antbird	R	F	U
Cercomacroides nigrescens	Blackish Antbird	U		
Cercomacroides serva	Black Antbird	F	F	F
Cercomacra cinerascens	Gray Antbird	U	U	R
Myrmoborus leucophrys	White-browed Antbird	U	R	
Myrmoborus myotherinus	Black-faced Antbird	U	F	F
Myrmoborus melanurus	Black-tailed Antbird	R		
Hypocnemoides maculicauda	Band-tailed Antbird	F		
Sclateria naevia	Silvered Antbird	F	U	F
Schistocichla schistacea	Slate-colored Antbird		U	
Schistocichla leucostigma	Spot-winged Antbird	U	U	U
Myrmeciza hemimelaena	Chestnut-tailed Antbird	U	F	F
Myrmeciza atrothorax	Black-throated Antbird	F		
Myrmeciza melanoceps	White-shouldered Antbird	U		
Myrmeciza hyperythra	Plumbeous Antbird	F		R
Myrmeciza fortis	Sooty Antbird		U	
Gymnopithys salvini	White-throated Antbird	R	F	F
Rhegmatorhina melanosticta	Hairy-crested Antbird		U	
Hylophylax naevius	Spot-backed Antbird	R		

Habitats	Otras observaciones/ Other observations			Estado de conservación/ Conservation status		
	Wiley et al. (1997)	Díaz Alván	Ruelas Inzunza	IUCN (2014)	CITES (2014)	MINAGRI (2014)
	x					
	x		x			
SF, TF	x	x				
TF, V, SF	x					
TF						
V	x	x				
SF						
TF, V, SF		x				
V, SF, TF	x	x				
TF, V	x					
TF, SF	x	x				
TF						
TF, SF, V		x				
TF						
SF, TF	x	x				
SF, TF	x	x				
TF, SF, V						
SF, FF	x	x				
V						
		x				
TF, V, SF	x	x				
TF, SF						
TF, SF, V	x					
	x					
M	x	x				
TF						
FF	x					
TF, SF	x	x				
TF, SF	x	x				
SF	x					
TF, SF, V	x	x				
FF	x		VU		NT
FF, SF						
SF	x	x				
TF						
SF	x					
TF, V, SF	x	x				
V, SF	x					
SF	x	x				
SF, FF	x					
TF						
TF, SF						
TF						
SF	x					

LEYENDA/LEGEND

Abundancia/Abundance

C = Común (diariamente >10 en hábitat adecuado)/Common (daily >10 in proper habitat)

F = Poco común (<10 individuos/día en hábitat adecuado)/Fairly Common (<10 individuals/day in proper habitat)

U = No común (menos que diariamente)/Uncommon (less than daily)

R = Raro (uno o dos registros)/ Rare (one or two records)

X = Presente (estatus desconocido)/Present (status uncertain)

Hábitats/Habitats

A = Hábitats acuáticos (ríos o lagos)/Aquatic habitats (rivers or lakes)

FF = Várzea e igapó/Flooded forest

M = Hábitats múltiples (>3)/ Multiple habitats (>3)

O = Aire/Overhead

SF = Bosque de pantano/Swamp forest

TF = Bosque de tierra firme/ Upland forest

V = Varillales y chamizales/ White-sand forest

AVES / BIRDS				
Nombre científico/Scientific name	**Nombre en inglés/English name**	**Campamento/Campsite**		
		Wiswincho	Anguila	Quebrada Pobreza
Hylophylax punctulatus	Dot-backed Antbird	U	R	
Willisornis poecilinotus	Common Scale-backed Antbird	F	F	F
Phlegopsis nigromaculata	Black-spotted Bare-eye	R	R	
Phlegopsis erythroptera	Reddish-winged Bare-eye		U	
Conopophagidae (1)				
Conopophaga aurita	Chestnut-belted Gnateater		R	
Grallaridae (1)				
Myrmothera campanisona	Thrush-like Antpitta	F	F	R
Rhinocryptidae (1)				
Liosceles thoracicus	Rusty-belted Tapaculo		F	R
Formicariidae (3)				
Formicarius colma	Rufous-capped Antthrush	R	F	
Formicarius analis	Black-faced Antthrush		R	R
Chamaeza nobilis	Striated Antthrush		R	
Furnariidae (35)				
Sclerurus mexicanus	Tawny-throated Leaftosser			R
Sclerurus rufigularis	Short-billed Leaftosser		U	U
Sclerurus caudacutus	Black-tailed Leaftosser		R	
Sittasomus griseicapillus	Olivaceous Woodcreeper	U	F	U
Deconychura longicauda	Long-tailed Woodcreeper	R	R	U
Dendrocincla merula	White-chinned Woodcreeper	R	U	R
Dendrocincla fuliginosa	Plain-brown Woodcreeper	F	U	R
Glyphorynchus spirurus	Wedge-billed Woodcreeper	F	F	F
Dendrexetastes rufigula	Cinnamon-throated Woodcreeper	F		
Nasica longirostris	Long-billed Woodcreeper	F		
Dendrocolaptes certhia	Amazonian Barred-Woodcreeper	F	F	
Dendrocolaptes picumnus	Black-banded Woodcreeper	R	R	
Xiphocolaptes promeropirhynchus	Strong-billed Woodcreeper			
Xiphorhynchus obsoletus	Striped Woodcreeper	F	R	
Xiphorhynchus ocellatus	Ocellated Woodcreeper		R	
Xiphorhynchus elegans	Elegant Woodcreeper	U	F	F
Xiphorhynchus guttatus	Buff-throated Woodcreeper	F	F	F
Dendroplex picus	Straight-billed Woodcreeper	F		
Dendroplex kienerii	Zimmer's Woodcreeper	R		
Lepidocolaptes albolineatus	Lineated Woodcreeper	R		
Xenops minutus	Plain Xenops	U	F	U
Berlepschia rikeri	Point-tailed Palmcreeper	R		
Microxenops milleri	Rufous-tailed Xenops	U	U	
Philydor erythrocercum	Rufous-rumped Foliage-gleaner		U	U
Philydor erythropterum	Chestnut-winged Foliage-gleaner		U	R
Philydor pyrrhodes	Cinnamon-rumped Foliage-gleaner		R	
Ancistrops strigilatus	Chestnut-winged Hookbill	R	U	
Automolus ochrolaemus	Buff-throated Foliage-gleaner	U	F	
Automolus subulatus	Striped Woodhaunter	U	U	R

Habitats	Otras observaciones/ Other observations			Estado de conservación/ Conservation status		
	Wiley et al. (1997)	Díaz Alván	Ruelas Inzunza	IUCN (2014)	CITES (2014)	MINAGRI (2014)
SF, FF	x					
TF, SF	x	x				
SF	x					
SF						
TF						
SF, TF		x				
TF	x		x			
TF, SF	x	x				
SF	x	x				
TF						
TF						
TF, V						
TF						
TF, SF	x	x				
TF, SF				NT		
TF, SF						
TF, SF	x	x				
SF, TF	x	x	x			
SF	x	x				
SF, FF	x	x				
SF, TF						
SF, TF	x	x				
	x					
SF	x	x				
TF	x					
TF, SF, V						
SF, TF	x	x	x			
V, SF	x	x				
FF				NT		
SF, V						
TF, SF	x	x				
SF						
TF, SF		x				
TF	x					
TF						
TF	x					
TF, SF						
SF, TF		x				
SF						

LEYENDA/LEGEND

Abundancia/Abundance

C = Común (diariamente >10 en hábitat adecuado)/Common (daily >10 in proper habitat)

F = Poco común (<10 individuos/día en hábitat adecuado)/Fairly Common (<10 individuals/day in proper habitat)

U = No común (menos que diariamente)/Uncommon (less than daily)

R = Raro (uno o dos registros)/ Rare (one or two records)

X = Presente (estatus desconocido)/Present (status uncertain)

Hábitats/Habitats

A = Hábitats acuáticos (ríos o lagos)/Aquatic habitats (rivers or lakes)

FF = Várzea e igapó/Flooded forest

M = Hábitats múltiples (>3)/ Multiple habitats (>3)

O = Aire/Overhead

SF = Bosque de pantano/Swamp forest

TF = Bosque de tierra firme/ Upland forest

V = Varillales y chamizales/ White-sand forest

AVES/BIRDS				
Nombre científico/Scientific name	Nombre en inglés/English name	Campamento/Campsite		
		Wiswincho	Anguila	Quebrada Pobreza
Automolus infuscatus	Olive-backed Foliage-gleaner		F	U
Metopothrix aurantiaca	Orange-fronted Plushcrown			
Cranioleuca gutturata	Speckled Spinetail		R	
Certhiaxis mustelinus	Red-and-white Spinetail			
Synallaxis gujanensis	Plain-crowned Spinetail			
Synallaxis rutilans	Ruddy Spinetail	R		
Tyrannidae (62)				
Tyrannulus elatus	Yellow-crowned Tyrannulet	F	F	F
Myiopagis gaimardii	Forest Elaenia	F	F	U
Myiopagis caniceps	Gray Elaenia	U	U	U
Myiopagis flavivertex	Yellow-crowned Elaenia	R		
Ornithion inerme	White-lored Tyrannulet	R	R	R
Camptostoma obsoletum	Southern Beardless-Tyrannulet	F		
Phaeomyias murina	Mouse-colored Tyrannulet	C		
Capsiempis flaveola	Yellow Tyrannulet	R		
Corythopis torquatus	Ringed Antpipit	F	F	R
Zimmerius gracilipes	Slender-footed Tyrannulet	F	U	F
Mionectes oleagineus	Ochre-bellied Flycatcher	U	F	U
Leptopogon amaurocephalus	Sepia-capped Flycatcher	R	R	
Sublegatus obscurior	Amazonian Scrub-Flycatcher			
Myiornis ecaudatus	Short-tailed Pygmy-Tyrant	R	U	R
Lophotriccus vitiosus	Double-banded Pygmy-Tyrant	F	F	F
Hemitriccus griseipectus	White-bellied Tody-Tyrant	U	F	U
Hemitriccus iohannis	Johannes's Tody-Tyrant	R		
Hemitriccus minimus	Zimmer's Tody-Tyrant		R	
Poecilotriccus latirostris	Rusty-fronted Tody-Flycatcher			
Todirostrum maculatum	Spotted Tody-Flycatcher	U		
Todirostrum chrysocrotaphum	Yellow-browed Tody-Flycatcher	U		
Cnipodectes subbrunneus	Brownish Twistwing		U	F
Rhynchocyclus olivaceus	Olivaceous Flatbill		R	R
Tolmomyias sulphurescens	Yellow-olive Flycatcher	U		
Tolmomyias assimilis	Yellow-margined Flycatcher	U	F	U
Tolmomyias poliocephalus	Gray-crowned Flycatcher	F	F	R
Tolmomyias flaviventris	Yellow-breasted Flycatcher	R		
Platyrinchus coronatus	Golden-crowned Spadebill	U	R	
Platyrinchus platyrhynchos	White-crested Spadebill	R	F	R
Onychorhynchus coronatus	Royal Flycatcher		R	U
Myiobius barbatus	Whiskered Flycatcher	U	R	R
Terenotriccus erythrurus	Ruddy-tailed Flycatcher	F	F	F
Neopipo cinnamomea	Cinnamon Manakin-Tyrant	R	U	U
Lathrotriccus euleri	Euler's Flycatcher	U	R	
Cnemotriccus fuscatus duidae	Fuscous Flycatcher	U		U
Contopus virens	Eastern Wood-Pewee		R	
Pyrocephalus rubinus	Vermilion Flycatcher			

Habitats	Otras observaciones/ Other observations			Estado de conservación/ Conservation status		
	Wiley et al. (1997)	Díaz Alván	Ruelas Inzunza	IUCN (2014)	CITES (2014)	MINAGRI (2014)
TF	x	x				
	x					
TF						
	x					
	x	x				
V		x				
V, SF, FF	x	x				
M	x	x				
TF, SF	x	x				
FF	x	x				
SF, TF		x				
V	x	x				
V						
V						
TF, SF	x					
SF, TF	x	x				
TF, SF	x	x				
TF, SF						
	x					
SF	x	x				
TF, SF, V	x	x				
TF, SF, V						
FF	x					
V						NT
		x				
FF	x	x				
FF, SF	x					
TF, V						
TF						
FF						
M	x					
M	x	x				
FF	x	x				
SF	x					
TF, SF						
SF						
SF, TF						
SF, TF, V	x					
V, TF						
SF						
V						
SF	x	x				
		x				

LEYENDA/LEGEND

Abundancia/Abundance

C = Común (diariamente >10 en hábitat adecuado)/Common (daily >10 in proper habitat)

F = Poco común (<10 individuos/día en hábitat adecuado)/Fairly Common (<10 individuals/day in proper habitat)

U = No común (menos que diariamente)/Uncommon (less than daily)

R = Raro (uno o dos registros)/ Rare (one or two records)

X = Presente (estatus desconocido)/Present (status uncertain)

Hábitats/Habitats

A = Hábitats acuáticos (ríos o lagos)/Aquatic habitats (rivers or lakes)

FF = Várzea e igapó/Flooded forest

M = Hábitats múltiples (>3)/ Multiple habitats (>3)

O = Aire/Overhead

SF = Bosque de pantano/Swamp forest

TF = Bosque de tierra firme/ Upland forest

V = Varillales y chamizales/ White-sand forest

AVES/BIRDS				
Nombre científico/Scientific name	**Nombre en inglés/English name**	**Campamento/Campsite**		
		Wiswincho	Anguila	Quebrada Pobreza
Ochthornis littoralis	Drab Water Tyrant	R		
Arundinicola leucocephala	White-headed Marsh Tyrant			
Legatus leucophaius	Piratic Flycatcher	F	F	U
Myiozetetes similis	Social Flycatcher			
Myiozetetes granadensis	Gray-capped Flycatcher			
Myiozetetes luteiventris	Dusky-chested Flycatcher	R	U	R
Pitangus lictor	Lesser Kiskadee	R		
Pitangus sulphuratus	Great Kiskadee	R		
Conopias parvus	Yellow-throated Flycatcher	F	C	C
Myiodynastes luteiventris	Sulphur-bellied Flycatcher		R	
Megarynchus pitangua	Boat-billed Flycatcher	R		
Tyrannopsis sulphurea	Sulphury Flycatcher	U		
Empidonomus aurantioatrocristatus	Crowned Slaty Flycatcher	R	R	
Tyrannus melancholicus	Tropical Kingbird	F	R	
Tyrannus savana	Fork-tailed Flycatcher			
Tyrannus tyrannus	Eastern Kingbird	U		
Rhytipterna simplex	Grayish Mourner	F	F	F
Sirystes albocinereus	White-rumped Sirystes		R	R
Myiarchus tuberculifer	Dusky-capped Flycatcher	F	U	
Myiarchus (swainsoni)	Swainson's Flycatcher	F		
Myiarchus ferox	Short-crested Flycatcher	R		
Ramphotrigon ruficauda	Rufous-tailed Flatbill	F	F	F
Attila cinnamomeus	Cinnamon Attila	U		
Attila citriniventris	Citron-bellied Attila	F	F	F
Attila spadiceus	Bright-rumped Attila	F	U	U
Cotingidae (8)				
Querula purpurata	Purple-throated Fruitcrow	U	U	U
Cephalopterus ornatus	Amazonian Umbrellabird			
Cotinga maynana	Plum-throated Cotinga	U		
Cotinga cayana	Spangled Cotinga	R	R	
Lipaugus vociferans	Screaming Piha	C	C	C
Porphyrolaema porphyrolaema	Purple-throated Cotinga			
Xipholena punicea	Pompadour Cotinga	R		
Gymnoderus foetidus	Bare-necked Fruitcrow	U	R	
Pipridae (11)				
Tyranneutes stolzmanni	Dwarf Tyrant-Manakin	F	C	C
Chiroxiphia pareola	Blue-backed Manakin	U	R	
Xenopipo atronitens	Black Manakin	C		U
Lepidothrix coronata	Blue-crowned Manakin		F	U
Heterocercus aurantiivertex	Orange-crowned Manakin	U	U	U
Manacus manacus	White-bearded Manakin			
Pipra filicauda	Wire-tailed Manakin	C		F
Machaeropterus regulus	Striped Manakin	U	U	U
Dixiphia pipra	White-crowned Manakin	F	F	C

Habitats	Otras observaciones/ Other observations			Estado de conservación/ Conservation status		
	Wiley et al. (1997)	Díaz Alván	Ruelas Inzunza	IUCN (2014)	CITES (2014)	MINAGRI (2014)
FF	x	x	x			
	x	x				
SF, TF	x	x				
	x	x	x			
	x	x				
SF, TF	x	x				
FF	x	x				
FF	x	x	x			
V, TF, SF						
TF						
FF	x	x				
V						
V, SF						
V, SF	x	x	x			
	x	x				
SF	x	x				
TF, SF						
TF, V	x					
SF, TF	x	x	x			
V						
FF		x				
SF, V, TF						
SF	x	x				
TF, V, SF	x		x			
SF, TF	x	x	x			
TF, SF	x	x				
	x					
FF, SF	x	x				
SF	x					
TF, SF, V	x	x				
	x					
SF						
SF	x	x	x			
TF, SF, V						
SF						
V	x					
TF	x					
V, SF						
		x				
SF, FF		x				
TF, V, SF	x	x				
TF, SF, V						

AVES/BIRDS				
Nombre científico/Scientific name	**Nombre en inglés/English name**	**Campamento/Campsite**		
		Wiswincho	Anguila	Quebrada Pobreza
Ceratopipra rubrocapilla	Red-headed Manakin	R	F	R
Piprites chloris	Wing-barred Piprites	F	F	U
Tityridae (11)				
Tityra inquisitor	Black-crowned Tityra			
Tityra cayana	Black-tailed Tityra			
Tityra semifasciata	Masked Tityra	R		
Schiffornis major	Varzea Schiffornis	R		
Schiffornis turdina	Brown-winged Schiffornis	F	F	F
Laniocera hypopyrra	Cinereous Mourner	U	F	U
Iodopleura isabellae	White-browed Purpletuft			R
Pachyramphus castaneus	Chestnut-crowned Becard	R		
Pachyramphus polychopterus	White-winged Becard	R	R	
Pachyramphus marginatus	Black-capped Becard	R	U	
Pachyramphus minor	Pink-throated Becard		R	
Vireonidae (8)				
Cyclarhis gujanensis	Rufous-browed Peppershrike	R		
Vireolanius leucotis	Slaty-capped Shrike-Vireo	R	F	U
Vireo olivaceus	Red-eyed Vireo	U	R	
Vireo flavoviridis	Yellow-green Vireo	R		
Hylophilus thoracicus	Lemon-chested Greenlet	F	F	R
Hylophilus semicinereus	Gray-chested Greenlet			
Tunchiornis ochraceiceps	Tawny-crowned Greenlet	R	U	R
Pachysylvia hypoxantha	Dusky-capped Greenlet	F	F	F
Corvidae (1)				
Cyanocorax violaceus	Violaceous Jay	U		
Hirundinidae (9)				
Pygochelidon cyanoleuca	Blue-and-white Swallow			
Atticora fasciata	White-banded Swallow	F		
Atticora tibialis	White-thighed Swallow	R		
Stelgidopteryx ruficollis	Southern Rough-winged Swallow	F		
Progne tapera	Brown-chested Martin			
Progne chalybea	Gray-breasted Martin			
Progne elegans	Southern Martin			
Tachycineta albiventer	White-winged Swallow	F		
Riparia riparia	Bank Swallow			
Troglodytidae (6)				
Microcerculus marginatus	Scaly-breasted Wren		F	F
Troglodytes aedon	House Wren			
Campylorhynchus turdinus	Thrush-like Wren	R		
Pheugopedius genibarbis	Moustached Wren	F	F	
Cantorchilus leucotis	Buff-breasted Wren	U		
Cyphorhinus arada	Musician Wren		U	
Polioptilidae (2)				
Ramphocaenus melanurus	Long-billed Gnatwren	R	U	U

Habitats	Otras observaciones/ Other observations			Estado de conservación/ Conservation status		
	Wiley et al. (1997)	Díaz Alván	Ruelas Inzunza	IUCN (2014)	CITES (2014)	MINAGRI (2014)
TF, SF						
TF, SF	x	x				
	x	x				
	x	x				
SF	x	x				
FF	x					
V, TF						
TF, V, SF						
TF	x	x				
SF	x	x				
SF		x				
TF						
TF	x					
FF	x					
TF, SF						
SF, TF		x				
SF						
M		x				
		x				
TF, SF	x					
M	x	x				
SF	x	x	x			
		x				
FF	x	x	x			
FF						
FF	x	x	x			
	x	x	x			
		x	x			
	x					
FF	x	x	x			
	x					
TF	x					
		x	x			
SF	x	x				
SF	x	x				
FF	x	x				
TF						
SF, TF	x					

AVES/BIRDS				
Nombre científico/Scientific name	**Nombre en inglés/English name**	**Campamento/Campsite**		
		Wiswincho	Anguila	Quebrada Pobreza
Polioptila plumbea	Tropical Gnatcatcher	R	R	
Donacobiidae (1)				
Donacobius atricapilla	Black-capped Donacobius			
Turdidae (5)				
Catharus ustulatus	Swainson's Thrush	R	U	R
Turdus hauxwelli	Hauxwell's Thrush	U	R	
Turdus lawrencii	Lawrence's Thrush	F	F	R
Turdus ignobilis	Black-billed Thrush	R		
Turdus albicollis	White-necked Thrush	F	F	F
Thraupidae (38)				
Paroaria gularis	Red-capped Cardinal			
Cissopis leverianus	Magpie Tanager		R	
Lamprospiza melanoleuca	Red-billed Pied Tanager		F	F
Nemosia pileata	Hooded Tanager	R		
Eucometis penicillata	Gray-headed Tanager	R		
Tachyphonus rufiventer	Yellow-crested Tanager	R	U	U
Tachyphonus surinamus	Fulvous-crested Tanager	R	U	F
Tachyphonus luctuosus	White-shouldered Tanager	R		
Lanio versicolor	White-winged Shrike-Tanager	U	F	U
Ramphocelus nigrogularis	Masked Crimson Tanager			
Ramphocelus carbo	Silver-beaked Tanager	U		
Thraupis episcopus	Blue-gray Tanager			
Thraupis palmarum	Palm Tanager	F	R	
Tangara xanthogastra	Yellow-bellied Tanager		R	R
Tangara mexicana	Turquoise Tanager	R		
Tangara chilensis	Paradise Tanager	F	C	C
Tangara velia	Opal-rumped Tanager	R	U	R
Tangara callophrys	Opal-crowned Tanager		R	
Tangara gyrola	Bay-headed Tanager		R	
Tangara schrankii	Green-and-gold Tanager	F	U	U
Tersina viridis	Swallow Tanager	R		
Dacnis lineata	Black-faced Dacnis	R	R	
Dacnis flaviventer	Yellow-bellied Dacnis	F		
Dacnis cayana	Blue Dacnis	U	U	R
Cyanerpes nitidus	Short-billed Honeycreeper		U	U
Cyanerpes caeruleus	Purple Honeycreeper	U	F	F
Cyanerpes cyaneus	Red-legged Honeycreeper	F		U
Chlorophanes spiza	Green Honeycreeper	U	U	R
Hemithraupis flavicollis	Yellow-backed Tanager		U	U
Volatinia jacarina	Blue-black Grassquit			
Sporophila bouvronides	Lesson's Seedeater			
Sporophila castaneiventris	Chestnut-bellied Seedeater			
Sporophila angolensis	Chestnut-bellied Seed-Finch			
Sporophila luctuosa	Black-and-white Seedeater			

Habitats	Otras observaciones/ Other observations			Estado de conservación/ Conservation status		
	Wiley et al. (1997)	Díaz Alván	Ruelas Inzunza	IUCN (2014)	CITES (2014)	MINAGRI (2014)
TF, SF	x	x				
	x	x	x			
TF, SF						
SF	x					
SF, TF		x				
V	x	x				
TF, SF	x					
	x	x	x			
SF		x				
TF						
FF						
FF	x					
TF, SF	x					
SF, TF	x					
SF	x					
TF, SF						
	x	x				
SF, FF	x	x	x			
	x	x	x			
SF, FF	x	x				
TF						
SF		x				
TF, SF	x	x				
TF, SF						
TF						
TF	x					
TF, SF	x					
SF		x				
SF						
V, SF	x					
SF			x			
TF						
TF, SF, V						
V, SF						
SF, TF	x					
TF						
		x				
		x				
	x	x	x			
	x	x				
	x					

AVES/BIRDS				
Nombre científico/Scientific name	Nombre en inglés/English name	Campamento/Campsite		
		Wiswincho	Anguila	Quebrada Pobreza
Coereba flaveola	Bananaquit	R		
Saltator maximus	Buff-throated Saltator	R	R	
Saltator coerulescens	Grayish Saltator			
Saltator grossus	Slate-colored Grosbeak	R	F	
Emberizidae (1)				
Ammodramus aurifrons	Yellow-browed Sparrow			
Cardinalidae (3)				
Piranga olivacea	Scarlet Tanager			R
Habia rubica	Red-crowned Ant-Tanager	U	F	
Cyanocompsa cyanoides	Blue-black Grosbeak	U		U
Parulidae (1)				
Myiothlypis fulvicauda	Buff-rumped Warbler		F	U
Icteridae (16)				
Psarocolius angustifrons	Russet-backed Oropendola	R	U	R
Psarocolius decumanus	Crested Oropendola	R	U	
Psarocolius bifasciatus	Olive Oropendola	R	U	
Cacicus solitarius	Solitary Black Cacique	R		
Cacicus cela	Yellow-rumped Cacique	F	F	
Cacicus latirostris	Band-tailed Oropendola			
Cacicus haemorrhous	Red-rumped Cacique		R	
Icterus croconotus	Orange-backed Troupial			
Icterus cayanensis	Epaulet Oriole	U	R	U
Gymnomystax mexicanus	Oriole Blackbird			
Lampropsar tanagrinus	Velvet-fronted Grackle			
Chrysomus icterocephalus	Yellow-hooded Blackbird			
Molothrus oryzivorus	Giant Cowbird			
Molothrus bonariensis	Shiny Cowbird			
Dolichonyx oryzivorus	Bobolink			
Sturnella militaris	Red-breasted Blackbird			
Fringillidae (6)				
Euphonia chlorotica	Purple-throated Euphonia	U		
Euphonia laniirostris	Thick-billed Euphonia			
Euphonia chrysopasta	Golden-bellied Euphonia	R		
Euphonia minuta	White-vented Euphonia	R		
Euphonia xanthogaster	Orange-bellied Euphonia	U	R	
Euphonia rufiventris	Rufous-bellied Euphonia	F	F	F
No. total de especies/Total species no.		323	270	203

Apéndice/Appendix 7

Aves/Birds

Habitats	Otras observaciones/ Other observations			Estado de conservación/ Conservation status		
	Wiley et al. (1997)	Díaz Alván	Ruelas Inzunza	IUCN (2014)	CITES (2014)	MINAGRI (2014)
V			x			
SF		x				
	x	x	x			
SF, TF	x					
	x	x	x			
SF	x					
TF, SF	x					
SF		x				
SF						
SF, TF	x	x				
SF	x		x			
TF, SF						
SF		x				
FF, SF, TF	x	x	x			
	x	x				
SF						
	x	x	x			
SF, TF	x	x				
		x				
	x					
	x					
		x				
	x					
	x					
		x				
V	x					
		x	x			
SF		x				
FF						
SF, TF	x					
TF, SF	x	x				
	312	275	111	11	61	6

LEYENDA/LEGEND

Abundancia/Abundance

C = Común (diariamente >10 en hábitat adecuado)/Common (daily >10 in proper habitat)

F = Poco común (<10 individuos/día en hábitat adecuado)/Fairly Common (<10 individuals/day in proper habitat)

U = No común (menos que diariamente)/Uncommon (less than daily)

R = Raro (uno o dos registros)/ Rare (one or two records)

X = Presente (estatus desconocido)/Present (status uncertain)

Hábitats/Habitats

A = Hábitats acuáticos (ríos o lagos)/Aquatic habitats (rivers or lakes)

FF = Várzea e igapó/Flooded forest

M = Hábitats múltiples (>3)/ Multiple habitats (>3)

O = Aire/Overhead

SF = Bosque de pantano/Swamp forest

TF = Bosque de tierra firme/ Upland forest

V = Varillales y chamizales/ White-sand forest

PERÚ: TAPICHE-BLANCO   OCTUBRE/OCTOBER 2015   471

Mamíferos/Mammals

Mamíferos registrados por Mario Escobedo y asistentes locales durante un inventario rápido del interfluvio de Tapiche-Blanco, en Loreto, Perú, del 9 al 24 de octubre de 2014. El listado también incluye especies esperadas para la zona según su rango de distribución estimado por la UICN (IUCN 2014) pero que todavía no han sido registradas allí, así como especies registradas durante las visitas a las comunidades por el equipo social. El orden, nomenclatura científica y nombres comunes en castellano siguen Pacheco et al. (2009). Los nombres comunes Capanahua fueron recogidos en las comunidades del alto Tapiche. Los nombres comunes en inglés son de IUCN (2014) y de Simmons (2005) para los murciélagos.

MAMÍFEROS / MAMMALS				
Nombre científico/ Scientific name	Nombre común en Capanahua/ Common name in Capanahua	Nombre común en castellano/Common name in Spanish	Nombre común en inglés/ Common name in English	
DIDELPHIMORPHIA (15)				
Didelphidae (15)				
Caluromys lanatus		Zarigüeyita lanuda	Brown-eared woolly opossum	
Chironectes minimus		Zarigüeyita acuática	Water opossum	
Didelphis marsupialis		Intuto, zorro	Black-eared opossum	
Hyladelphys kalinowskii		Marmosa de Kalinowski	Kalinowski's mouse opossum	
Marmosa (Micoureus) regina		Comadrejita marsupial reina	Short-furred woolly mouse opossum	
Marmosa lepida		Comadrejita marsupial radiante	Little rufous mouse opossum	
Marmosa murina		Comadrejita marsupial ratona	Linnaeus's mouse opossum	
Marmosa rubra		Comadrejita marsupial rojiza	Red mouse opossum	
Marmosops neblina		Raposa chica del Cerro Neblina		
Marmosops noctivagus		Comadrejita marsupial noctámbula	White-bellied slender mouse opossum	
Metachirus nudicaudatus		Rata marsupial de cuatro ojos	Brown four-eyed opossum	
Monodelphis emiliae		Colicorto marsupial de Emilia	Emilia's short-tailed opossum	
Philander andersoni		Zarigüeyita negra de Anderson	Anderson's four-eyed opossum	
Philander mcilhennyi		Zarigüeyita de cola poblada	Mcilhenny's four-eyed opossum	
Philander opossum		Zarigüeyita gris de cuatro ojos	Gray four-eyed opossum	
SIRENIA (1)				
Trichechidae (1)				
Trichechus inunguis		Vaca marina	South American manatee	
CINGULATA (4)				
Dasypodidae (4)				
Cabassous unicinctus	Yahuishi, pishca	Armadillo de cola desnuda	Southern naked-tailed armadillo	
Dasypus kappleri		Armadillo de Kappler	Greater long-nosed armadillo	
Dasypus novemcinctus	Yahuishi, aní	Carachupa	Nine-banded armadillo	
Priodontes maximus	Panú	Yungunturu	Giant armadillo	
PILOSA (6)				
Bradypodidae (1)				
Bradypus variegatus	Naí	Perezoso de tres dedos, pelejo	Brown-throated sloth	
Megalonychidae (2)				
Choloepus didactylus	Naí	Pelejo	Linné's two-toed sloth	
Choloepus hoffmanni	Shita naí, naí jushú	Pelejo	Hoffmann's two-toed sloth	
Ciclopedidae (1)				
Cyclopes didactylus	Nain pishca	Serafín, intepelejo	Silky anteater	
Myrmecophagidae (2)				
Myrmecophaga tridactyla	Shaúc	Oso hormiguero, oso bandera	Giant anteater	
Tamandua tetradactyla	Isibí	Shihui	Southern tamandua	
PRIMATES (17)				
Callitrichidae (4)				
Callimico goeldii	Shipi izú	Pichico falso de Goeldi	Goeldi's monkey	
Callithrix pygmaea	Shipi pishca	Leoncito	Western pygmy marmoset	
Saguinus fuscicollis	Shipi uisuni	Pichico común, pichico	Saddleback tamarin	
Saguinus mystax	Shipi uisuni	Pichico de bigote o de barba blanca	Moustached tamarin	

Mammals recorded by Mario Escobedo and local field assistants during a rapid inventory of the Tapiche-Blanco region, in Loreto, Peru, on 9–24 October 2014. The list also includes species that are expected to occur in the area based on their estimated geographic ranges (IUCN 2014) but that have not yet been recorded there, as well as species recorded during the social inventory of nearby communities. Sequence and nomenclature follow Pacheco et al. (2009). Capanahua common names were collected in communities of the upper Tapiche. English common names are from IUCN (2014) except for bats, which are from Simmons (2005).

Registros en los campamentos/ Records at campsites			Esperada/ Expected	Categoría de amenaza/ Threat category		
Wiswincho	Anguila	Quebrada Pobreza		IUCN (2014)	MINAG (2014)	CITES
			x	LC		
		od		LC		
			x	LC		
			x	LC		
			x	LC		
			x	LC		
			x	LC		
			x	DD		
fo				LC		
			x	LC		
			x	LC		
			x	LC		
			x	LC		
			x	LC		
			x	LC		
			x		VU	I
	ma	ma		LC		
			x	LC		
ma, hu, ca	ma, hu, cam	ma, hu, cam		LC		
	ma, hu, cam	ma, hu, cam		VU	VU	I
			x	LC		II
			x	LC		
			x	LC		III
			x	LC		
	co			VU	VU	II
		ol		LC		
			x	VU	VU	I
	od	od				II
od	od, fo	od		LC		II
od	od, fo	od, fo		LC		II

MAMÍFEROS / MAMMALS			
Nombre científico/ Scientific name	Nombre común en Capanahua/ Common name in Capanahua	Nombre común en castellano/Common name in Spanish	Nombre común en inglés/ Common name in English
Cebidae (4)			
Cebus unicolor	Jushu shinú	Machín blanco	Spix's white-fronted capuchin
Sapajus macrocephalus	Shino izú	Machín negro	Large-headed capuchin
Saimiri boliviensis	Wa sa	Fraile	Bolivian/Peruvian squirrel monkey
Saimiri macrodon	Wa sa	Fraile	Ecuadorian squirrel monkey
Aotidae (1)			
Aotus nancymaae	Riró		Nancy Ma's night monkey
Pithecidae (4)			
Cacajao calvus	Zitá	Huapo rojo	Red uakari
Callicebus cupreus	Na hu jushiri	Tocón	Red titi monkey
Callicebus aff. *cupreus* 'rojo'	Na hu jushiri	Tocón	Red titi monkey
Pithecia monachus	Issi, nanó	Huapo negro	Geoffroy's monk saki
Atelidae (4)			
Alouatta seniculus	Ruú	Mono coto	Red howler monkey
Ateles chamek	Issú	Maquisapa	Black-faced black spider monkey
Lagothrix poeppigii	Issú crú	Mono choro	Woolly monkey
RODENTIA (37)			
Sciuridae (5)			
Microsciurus flaviventer		Ardilla	Amazon dwarf squirrel
Sciurillus pusillus		Ardilla	Neotropical pygmy squirrel
Sciurus ignitus		Ardilla	Bolivian squirrel
Sciurus igniventris		Ardilla	Northern Amazon red squirrel
Sciurus spadiceus		Ardilla	Southern Amazon red squirrel
Erethizontidae (1)			
Coendou bicolor	Issa	Cashcushillo	Bicolor-spined porcupine
Dinomyidae (1)			
Dinomys branickii	Anú huai suni		Pacarana
Caviidae (1)			
Hydrochoerus hydrochaeris	Amüec	Ronsoco	Capybara
Dasyproctidae (2)			
Dasyprocta fuliginosa	Mari	Añuje	Black agouti
Myoprocta pratti	San, ca	Punchana	Green agouti
Cuniculidae (1)			
Cuniculus paca	Anú	Majaz	Paca
Cricetidae (17)			
Euryoryzomys macconnelli		Sacha cuy	Macconnell's rice rat
Euryoryzomys nitidus		Sacha cuy	Elegant rice rat
Holochilus sciureus		Sacha cuy	Marsh rat
Hylaeamys perenensis		Sacha cuy	
Hylaeamys yunganus		Sacha cuy	Yungus rice rat
Neacomys spinosus		Sacha cuy	Bristly mouse
Nectomys apicalis		Sacha cuy	
Nectomys rattus		Sacha cuy	Small-footed bristly mouse

Registros en los campamentos/ Records at campsites			Esperada/ Expected	Categoría de amenaza/ Threat category		
Wiswincho	Anguila	Quebrada Pobreza		IUCN (2014)	MINAG (2014)	CITES
od, fo	od			LC		II
od, fo, vo	od	od		LC		II
			x	LC		II
od, fo	od	od		LC		II
vo	vo	vo		LC		II
od, fo	od	od, fo		VU	VU	II
vo	od, fo	od		LC		II
	od, fo					
od	od, fo	od		LC		II
vo	vo	vo		LC	VU	II
	od			EN	EN	II
od,	od, fo	od, fo		VU	VU	II
od	od	od		DD	DD	
			x	DD		
	od			DD		
			x	LC		
	od			LC		
			x	LC		
			x	VU	VU	
				LC		
od		hu, ct		LC		
		ct		LC		
hu, cam, ma	hu, cam, ma	hu, cam, ma, ct		LC		III
			x	LC		
	fo			LC		
			x	LC		
			x	LC		
			x	LC		
			x	LC		
			x	LC		
			x	LC		

MAMÍFEROS / MAMMALS				
Nombre científico/ Scientific name	Nombre común en Capanahua/ Common name in Capanahua	Nombre común en castellano/Common name in Spanish	Nombre común en inglés/ Common name in English	
Oecomys bicolor		Sacha cuy	Bicolored arboreal rice rat	
Oecomys concolor		Sacha cuy	Unicolored rice rat	
Oecomys roberti		Sacha cuy	Robert's arboreal rice rat	
Oecomys superans		Sacha cuy	Foothill arboreal rice rat	
Oecomys trinitatis		Sacha cuy	Long-furred rice rat	
Oligoryzomys microtis		Sacha cuy	Small-eared pygmy rice rat	
Rhipidomys leucodactylus		Sacha cuy	White-footed climbing mouse	
Scolomys ucayalensis		Sacha cuy	Ucayali spiny mouse	
Echimyidae (8)				
Dactylomys dactylinus		Sacha cuy	Amazon bamboo rat	
Mesomys hispidus		Sacha cuy	Spiny tree rat	
Isothrix bistriata		Sacha cuy	Yellow-crowned brush-tailed rat	
Makalata macrura		Sacha cuy	Long-tailed tree rat	
Proechimys brevicauda		Sacha cuy	Huallaga spiny rat	
Proechimys cuvieri		Sacha cuy	Cuvier's spiny rat	
Proechimys simonsi		Sacha cuy	Simon's spiny rat	
Proechimys steerei		Sacha cuy	Steere's spiny rat	
Leporidae (1)				
Sylvilagus brasiliensis		Conejo	Tapeti	
CHIROPTERA (104)				
Moormopidae (3)				
Pteronotus gymnonotus		Murciélago de espalda desnuda	Big naked-backed bat	
Pteronotus parnellii		Murciélago bigotudo	Common mustached bat	
Pteronotus personatus		Murciélago bigotudo menor	Wagner's mustached bat	
Furipteridae (1)				
Furipterus horrens		Murciélago sin pulgar	Thumbless bat	
Emballonuridae (11)				
Centronycteris centralis		Murciélago peludo	Thomas's shaggy bat	
Centronycteris maximiliani		Murciélago velludo de Maximiliano	Shaggy bat	
Cormura brevirostris		Murciélago de saco ventral	Chestnut sac-winged bat	
Diclidurus albus		Murciélago blanco común	Northern ghost bat	
Peropteryx kappleri		Murciélago de sacos de kappler	Greater dog-like bat	
Peropteryx leucoptera		Murciélago de sacos aliblanco	White-winged dog-like bat	
Peropteryx macrotis		Murciélago de sacos orejudo	Lesser dog-like bat	
Rhynchonycteris naso		Murcielaguito narigudo	Proboscis bat	
Saccopteryx bilineata		Murcielaguito negro de listas	Greater sac-winged bat	
Saccopteryx canescens		Murcielaguito de listas difusas	Frosted sac-winged bat	
Saccopteryx leptura		Murcielaguito pardo de listas	Lesser sac-winged bat	
Noctilionidae (2)				
Noctilio albiventris		Murciélago pescador menor	Lesser bulldog bat	
Noctilio leporinus		Murciélago pescador mayor	Greater bulldog bat	
Phyllostomidae (60)				
Phyllostominae (22)				
Micronycteris brosseti		Murciélago orejudo de Brosset	Brosset's big-eared bat	

Registros en los campamentos/ Records at campsites			Esperada/ Expected	Categoría de amenaza/ Threat category		
Wiswincho	**Anguila**	**Quebrada Pobreza**		**IUCN (2014)**	**MINAG (2014)**	**CITES**
			x	LC		
			x	LC		
			x	LC		
			x	LC		
			x	LC		
			x	LC		
			x	LC		
			x	LC		
			x	LC		
			x			
			x	LC		
			x	LC		
			x	LC		
			x	LC		
			x	LC		
			x	LC		
			x	LC		
			x	LC		
			x	LC		
			x	LC		
			x	LC		
			x	LC		
			x	LC		
			x	LC		
			x	LC		
			x	LC		
			x	LC		
od, of	od			LC		
			x	LC		
			x	LC		
		vo, od		LC		
			x	LC		
			x	LC		
			x	DD		

MAMÍFEROS / MAMMALS				
Nombre científico/ Scientific name	Nombre común en Capanahua/ Common name in Capanahua	Nombre común en castellano/Common name in Spanish	Nombre común en inglés/ Common name in English	
Micronycteris hirsuta		Murciélago de orejas peludas	Hairy big-eared bat	
Micronycteris megalotis		Murciélago orejudo común	Little big-eared bat	
Micronycteris minuta		Murciélago orejudo de pliegues altos	Tiny big-eared bat	
Micronycteris schmidtorum		Murciélago orejudo de vientre blanco	Schmidt's big-eared bat	
Glyphonycteris daviesi		Murciélago orejudo de Davies	Graybeard bat	
Glyphonycteris sylvestris		Murciélago de pelaje tricoloreado	Tricolored bat	
Trinycteris nicefori		Murciélago de orejas puntiagudas	Niceforo's bat	
Lophostoma brasiliense		Murciélago de orejas redondas pigmeo	Pygmy round-eared bat	
Lophostoma carrikeri		Murciélago orejudo de vientre blanco	Carriker's round-eared bat	
Lophostoma silvicolum		Murciélago de orejas redondas	White-throated round-eared bat	
Tonatia saurophila		Murciélago orejón grande	Stripe-headed round-eared bat	
Mimon crenulatum		Murciélago de hoja nasal peluda	Striped hairy-nosed bat	
Macrophyllum macrophyllum		Murciélago pernilargo	Long-legged bat	
Phyllostomus discolor		Murciélago hoja de lanza menor	Pale spear-nosed bat	
Phyllostomus elongatus		Murciélago hoja de lanza alargado	Lesser spear-nosed bat	
Phyllostomus hastatus		Murciélago hoja de lanza mayor	Greater spear-nosed bat	
Lonchorhina aurita		Murciélago de espada	Common sword-nosed bat	
Phylloderma stenops		Murciélago de rostro pálido	Pale-faced bat	
Trachops cirrhosus		Murciélago verrucoso, come-sapos	Fringe-lipped bat	
Chrotopterus auritus		Falso vampiro	Woolly false vampire bat	
Vampyrum spectrum		Gran falso vampiro	Spectral bat	
Glossophaginae (7)				
Anoura caudifer		Murciélago longirostro menor	Tailed tailless bat	
Glossophaga commissarisi		Murciélago longirostro de Commissaris	Commissaris's long-tongued bat	
Glossophaga soricina		Murciélago longirostro de Pallas	Pallas's long-tongued bat	
Lichonycteris degener		Murciélago longirostro oscuro		
Lionycteris spurrelli		Murciélago longirostro pequeño	Chestnut long-tongued bat	
Lonchophylla thomasi		Murciélago longirostro de Thomas	Thomas's nectar bat	
Choeroniscus minor		Murcielaguito longirostro amazónico	Lesser long-tongued bat	
Carolliinae (5)				
Carollia brevicauda		Murciélago frutero colicorto	Silky short-tailed bat	
Carollia benkeithi		Murciélago frutero	Chestnut short-tailed bat	
Carollia perspicillata		Murciélago frutero común	Seba's short-tailed bat	
Rhinophylla fischerae		Murciélago pequeño frutero de Fischer	Fischer's little fruit bat	
Rhinophylla pumilio		Murciélago pequeño frutero común	Dwarf little fruit bat	
Sturnirinae (3)				
Sturnira lilium		Murciélago de charreteras amarillas	Little yellow-shouldered bat	
Sturnira magna		Murciélago de hombros amarillos grande	Greater yellow-shouldered bat	
Sturnira tildae		Murciélago de charreteras rojizas	Tilda's yellow-shouldered bat	
Stenodermatinae (18)				
Artibeus anderseni		Murcielaguito frugívoro de Andersen	Andersen's fruit-eating bat	
Artibeus concolor		Murcielaguito frugívoro pardo	Brown fruit-eating bat	

Registros en los campamentos/ Records at campsites			Esperada/ Expected	Categoría de amenaza/ Threat category		
Wiswincho	Anguila	Quebrada Pobreza		IUCN (2014)	MINAG (2014)	CITES
			x	LC		
			x	LC		
			x	LC		
			x	LC		
			x	LC		
			x	LC		
			x	LC		
			x	LC		
			x	LC		
			x	LC		
	cap, fo			LC		
			x	LC		
			x	LC		
cap, fo	cap, fo			LC		
		od, vo		LC		
			x	LC		
			x	LC		
cap, fo	cap, fo			LC		
			x	LC		
			x	NT		
			x	LC		
			x	LC		
cap, fo				LC		
			x			
cap, fo				LC		
			x	LC		
			x	LC		
			x	LC		
			x	LC		
	cap, fo			LC		
	cap, fo			LC		
			x	LC		
			x	LC		
			x	LC		
			x	LC		
			x	LC		
			x	LC		

LEYENDA/LEGEND

Registros/Records

ba = Bañadero/Wallow

cam = Camino/Trail

cap = Captura/Capture

co = Comedero/Feeding sign

ct = Cámara trampa/ Camera trap

fo = Foto/Photo

hu = Huellas/Tracks

ma = Madriguera/Den

od = Observación directa/ Direct observation

ol = Olor/Smell

vo = Vocalización/Call

Categoría de amenaza/ Threat category

DD = Datos Insuficientes/ Data Deficient

EN = En Peligro/Endangered

LC = Preocupación Menor/ Least Concern

NT = Casi Amenazado/ Near Threatened

VU = Vulnerable

MAMÍFEROS / MAMMALS

Nombre científico/ Scientific name	Nombre común en Capanahua/ Common name in Capanahua	Nombre común en castellano/Common name in Spanish	Nombre común en inglés/ Common name in English	
Artibeus gnomus		Murciélago frutero enano	Dwarf fruit-eating bat	
Artibeus lituratus		Murcielaguito frugívoro mayor	Great fruit-eating bat	
Artibeus obscurus		Murcielaguito frugívoro negro	Dark fruit-eating bat	
Artibeus planirostris		Murciélago frutero de rostro plano		
Chiroderma trinitatum		Murciélago menor de listas	Little big-eyed bat	
Chiroderma villosum		Murciélago de lineas tenues	Hairy big-eyed bat	
Mesophylla macconnelli		Murcielaguito cremoso	MacConnell's bat	
Platyrrhinus brachycephalus		Murciélago de nariz ancha de cabeza pequeña	Short-headed broad-nosed bat	
Platyrrhinus incarum		Murciélago de nariz ancha inca		
Platyrrhinus infuscus		Muciélago de nariz ancha de listas tenues	Buffy broad-nosed bat	
Sphaeronycteris toxophyllum		Murciélago apache	Visored bat	
Uroderma bilobatum		Murciélago constructor de toldos	Common tent-making bat	
Uroderma magnirostrum		Murciélago amarillento constructor de toldos	Brown tent-making bat	
Vampyressa thyone		Murciélago de orejas amarillas ecuatoriano	Northern little yellow-eared bat	
Vampyriscus bidens		Murcielaguito de lista dorsal	Bidentate yellow-eared bat	
Vampyrodes caraccioli		Muciélago de listas pronunciadas	Great stripe-faced bat	
Desmodontinae (3)				
Desmodus rotundus		Vampiro común	Common vampire bat	
Diaemus youngi		Vampiro aliblanco	White-winged vampire bat	
Diphylla ecaudata		Vampiro peludo	Hairy-legged vampire bat	
Thyropteridae (2)				
Thyroptera discifera		Murciélago de ventosas de vientre pardo	Peters's disk-winged bat	
Thyroptera tricolor		Murciélago de ventosas de vientre blanco	Spix's disk-winged bat	
Vespertilionidae (9)				
Eptesicus brasiliensis		Murciélago parduzco	Brazilian brown bat	
Eptesicus furinalis		Murciélago pardo menor	Argentinian brown bat	
Lasiurus blossevillii		Murciélago rojizo	Red bat	
Lasiurus cinereus		Murciélago escarchado	Hoary bat	
Lasiurus ega		Murciélago amarillento	Southern yellow bat	
Myotis albescens		Murcielaguito plateado	Silver-tipped Myotis	
Myotis nigricans		Murciélago negruzco común	Black Myotis	
Myotis riparius		Murcielaguito acanelado	Riparian Myotis	
Myotis simus		Murciélago vespertino aterciopelado	Velvety Myotis	
Molossidae (17)				
Cynomops abrasus		Murciélago de cola libre	Cinnamon dog-faced bat	
Cynomops paranus		Murciélago cara de perro de Pará	Brown dog-faced bat	
Cynomops planirostris		Murciélago de cola libre de vientre blanco	Southern dog-faced bat	
Eumops auripendulus		Murciélago de cola libre común	Black bonneted bat	

Registros en los campamentos/ Records at campsites			Esperada/ Expected	Categoría de amenaza/ Threat category		
Wiswincho	Anguila	Quebrada Pobreza		IUCN (2014)	MINAG (2014)	CITES
			x	LC		
			x	LC		
			x	LC		
			x	LC		
			x	LC		
			x	LC		
			x	LC		
			x	LC		
			x			
			x	LC		
			x	DD	DD	
		cap, fo		LC		
			x	LC		
			x	LC		
cap, fo						
			x	LC		
			x	LC		
			x	LC		
			x	LC		
			x	LC		
			x	LC		
			x	LC		
			x	LC		
			x	LC		
			x	LC		
			x	LC		
			x	LC		
			x	LC		
			x	DD		
			x	DD		
			x	DD		
			x	LC		
			x	LC		

LEYENDA/LEGEND

Registros/Records

ba = Bañadero/Wallow

cam = Camino/Trail

cap = Captura/Capture

co = Comedero/Feeding sign

ct = Cámara trampa/ Camera trap

fo = Foto/Photo

hu = Huellas/Tracks

ma = Madriguera/Den

od = Observación directa/ Direct observation

ol = Olor/Smell

vo = Vocalización/Call

Categoría de amenaza/ Threat category

DD = Datos Insuficientes/ Data Deficient

EN = En Peligro/Endangered

LC = Preocupación Menor/ Least Concern

NT = Casi Amenazado/ Near Threatened

VU = Vulnerable

MAMÍFEROS / MAMMALS				
Nombre científico/ Scientific name	Nombre común en Capanahua/ Common name in Capanahua	Nombre común en castellano/Common name in Spanish	Nombre común en inglés/ Common name in English	
Eumops bonariensis			Dwarf bonneted bat	
Eumops glaucinus			Wagner's bonneted bat	
Eumops hansae		Murciélago de bonete de Sanborn	Sanborn's bonneted bat	
Eumops perotis		Murciélago de cola libre gigante	Greater bonneted bat	
Eumops trumbulli		Murciélago bonetero de los llanos	Trumbull's bonneted bat	
Molossops neglectus		Murciélago cara de perro marrón	Rufous dog-faced bat	
Molossops temminckii		Murcielaguito de cola libre	Dwarf dog-faced bat	
Molossus coibensis		Murciélago mastín de Coiba	Coiban mastiff bat	
Molossus molossus		Murciélago casero	Pallas's mastiff bat	
Molossus rufus		Murciélago mastín negro	Black mastiff bat	
Nyctinomops macrotis		Murciélago mastín mayor	Big free-tailed bat	
Promops centralis		Murciélago mastín acanelado	Big crested mastiff bat	
Promops nasutus		Murciélago mastín narigón	Brown mastiff bat	
CARNIVORA (17)				
Canidae (2)				
Atelocynus microtis	Uchiti	Perro de monte, sacha perro	Short-eared dog	
Speothos venaticus	Uchiti	Perro de monte, sacha perro	Bush dog	
Procyonidae (4)				
Bassaricyon alleni		Olingo, chosna pericote	Allen's olingo	
Nasua nasua	Shi shió	Achuni	Coati	
Potos flavus		Chosna	Kinkajou	
Procyon cancrivorus	Mashú	Osito cangrejero	Crab-eating raccoon	
Mustelidae (5)				
Eira barbara	Buca	Manco	Tayra	
Galictis vittata		Hurón grande, grisón	Greater grison	
Lontra longicaudis	Inú busí	Nutria	Neotropical otter	
Mustela africana		Comadreja rayada	Amazon weasel	
Pteronura brasiliensis	Neí, aní	Lobo de río	Giant otter	
Felidae (6)				
Leopardus pardalis	Cutsino	Tigrillo	Ocelot	
Leopardus tigrinus		Tigrillo	Oncilla	
Leopardus wiedii		Tigrillo	Margay	
Panthera onca	Inu, aní	Otorongo	Jaguar	
Puma concolor	Chasu, inú	Puma	Puma	
Puma yagouaroundi	Wi si, inú	Añushi puma	Jaguarundi	
PERISSODACTYLA (1)				
Tapiridae (1)				
Tapirus terrestris	Ahua	Sachavaca	Lowland tapir	
CETARTIODACTYLA (6)				
Platanistidae (1)				
Inia geoffrensis		Bufeo colorado	Boto	
Delphinidae (1)				
Sotalia fluviatilis		Bufeo gris	Tucuxi	

Registros en los campamentos/ Records at campsites			Esperada/ Expected	Categoría de amenaza/ Threat category		
Wiswincho	Anguila	Quebrada Pobreza		IUCN (2014)	MINAG (2014)	CITES
			x	LC		
			x	LC		
			x	LC		
			x	LC		
			x	LC		
			x	DD		
			x	LC		
			x	LC		
			x	LC		
			x	LC		
			x	LC		
			x	LC	VU	
		ct		NT	VU	
			x	NT		I
	od, vo			LC		III
od		ct		LC		
		od		LC		III
				LC		
		od, ct		LC		III
			x	LC		III
co	od, f	co		DD		I
			x	LC		I
			x	EN	EN	
	hu	ct		LC		I
			x	VU	DD	I
			x	NT	DD	I
	ra			NT	NT	I
			x	LC	NT	II
			x	LC		II
od	cam, hu	cam		VU	NT	II
od				DD	DD	II
od				DD	DD	I

LEYENDA/LEGEND

Registros/Records

ba = Bañadero/Wallow
cam = Camino/Trail
cap = Captura/Capture
co = Comedero/Feeding sign
ct = Cámara trampa/ Camera trap
fo = Foto/Photo
hu = Huellas/Tracks
ma = Madriguera/Den
od = Observación directa/ Direct observation
ol = Olor/Smell
vo = Vocalización/Call

Categoría de amenaza/ Threat category

DD = Datos Insuficientes/ Data Deficient
EN = En Peligro/Endangered
LC = Preocupación Menor/ Least Concern
NT = Casi Amenazado/ Near Threatened
VU = Vulnerable

MAMÍFEROS / MAMMALS			
Nombre científico/ Scientific name	Nombre común en Capanahua/ Common name in Capanahua	Nombre común en castellano/Common name in Spanish	Nombre común en inglés/ Common name in English
Tayassuidae (2)			
Pecari tajacu	Junú	Sajino	Collared peccary
Tayassu pecari	Yahua	Huangana	White-lipped peccary
Cervidae (2)			
Mazama americana	Chacsu ushini jushu	Venado colorado	Red brocket
Mazama nemorivaga	Chacsu	Venado gris	Amazonian brown brocket

Registros en los campamentos/ Records at campsites			Esperada/ Expected	Categoría de amenaza/ Threat category		
Wiswincho	**Anguila**	**Quebrada Pobreza**		**IUCN (2014)**	**MINAG (2014)**	**CITES**
hu, cam, ba, ol	hu, cam, ol, ra	hu, co		LC		II
od				NT	NT	II
	hu			DD	DD	
od	od	od, ct		LC		

**Principales plantas utilizadas/
Commonly used plants**

Plantas útiles de mayor uso identificadas por los pobladores locales durante el inventario rápido del interfluvio de Tapiche-Blanco, Loreto, Perú, del 9 al 26 de octubre de 2014. El equipo social incluía a D. Alvira, L. Cardozo, J. Inga, Á. López, C. Núñez, J. Paitan, M. Pariona, D. Rivera, J. Urrestty y R. Villanueva.

PRINCIPALES PLANTAS UTILIZADAS / COMMONLY USED PLANTS							
Nombre regional/ Regional common name	Nombre científico/ Species name	Familia/ Family	Cultivadas en las chacras/ Planted in farm plots	Frutos comestibles (plantas silvestres)/ Edible fruits (wild plants)	Construcción de viviendas/ Used for housebuilding	Leña/ Firewood	Valor comercial como madera/ Commercial timber
Aguaje	*Mauritia flexuosa*	Arecaceae		x			
Aguanillo	*Otoba parvifolia*	Myristicaceae					x
Ají charapita, ají dulce, pimiento	*Capsicum annuum*	Solanaceae	x				
Amarun caspi	*Aspidosperma excelsum*	Apocynaceae					x
Ana caspi	*Apuleia leiocarpa*	Fabaceae					x
Andiroba	*Carapa guianensis*	Meliaceae					x
Anis moena	*Ocotea aciphylla*	Lauraceae					x
Arroz capirona, arroz carolina	*Oryza sativa*	Poaceae	x				
Azucar huayo blanco	*Hymenaea courbaril*	Fabaceae					x
Balata masha	*Brosimum utile*	Moraceae					x
Bombonaje	*Carludovica palmata*	Cyclanthaceae			x		
Caihua	*Cyclanthera pedata*	Cucurbitaceae	x				
Caimito	*Pouteria caimito*	Sapotaceae		x			
Camu camu	*Myrciaria dubia*	Myrtaceae		x			
Caña	*Saccharum officinarum*	Poaceae	x				
Canela moena	*Ocotea javitensis*	Lauraceae					x
Caoba	*Swietenia macrophylla*	Meliaceae					x
Capinuri	*Maquira coriacea*	Moraceae					x
Capirona	*Calycophyllum megistocaulum*	Rubiaceae				x	x
Capirona del bajo	*Capirona decorticans*	Rubiaceae					x
Carahuasca	*Guatteria guianensis*	Annonaceae			x		
Cashillo	*Anacardium giganteum*	Anacardiaceae					x
Casho	*Anacardium occidentale*	Anacardiaceae		x			
Catahua	*Hura crepitans*	Euphorbiaceae			x		x
Caterine	*Attalea racemosa*	Arecaceae			x		
Cedro	*Cedrela odorata*	Meliaceae					x
Chambira	*Astrocaryum chambira*	Arecaceae		x			
Charapilla, shihuahuaco	*Dipteryx micrantha*	Fabaceae					x
Chontaquiro	*Diplotropis martiusii*	Fabaceae					x
Chullachaqui caspi, cumala	*Virola surinamensis*	Myristicaceae					x
Cocona	*Solanum sessiliflorum*	Solanaceae	x				
Copaiba	*Copaifera* sp.	Fabaceae					x
Cormiñon	Desconocido/Unknown						x
Coto caspi	Desconocido/Unknown						x
Cumala	*Virola* spp.	Myristicaceae			x		x
Cumala	*Minquartia guianensis*	Olacaceae					x
Cumala amarillo	*Virola multinervia*	Myristicaceae					x
Cumala blanco	*Virola calophylla*	Myristicaceae					x
Cumala, cumala colorado	*Virola albidiflora*	Myristicaceae					x
Cunchi moena	*Ocotea* sp.	Lauraceae					x

Useful plants identified by residents of the Blanco and Tapiche watersheds during a rapid inventory of the Tapiche-Blanco region on 9–26 October 2014. The social team included D. Alvira, L. Cardozo, J. Inga, Á. López, C. Núñez, J. Paitan, M. Pariona, D. Rivera, J. Urrestty, and R. Villanueva.

PRINCIPALES PLANTAS UTILIZADAS / COMMONLY USED PLANTS

Nombre regional/ Regional common name	Nombre científico/ Species name	Familia/ Family	Cultivadas en las chacras/ Planted in farm plots	Frutos comestibles (plantas silvestres)/ Edible fruits (wild plants)	Construcción de viviendas/ Used for housebuilding	Leña/ Firewood	Valor comercial como madera/ Commercial timber
Espintana	*Bocageopsis canescens*	Annonaceae			X		
Espintana	*Oxandra xylopioides*	Annonaceae					X
Frijol	*Phaseolus vulgaris*	Fabaceae	X				
Goma huayo	*Parkia igneiflora*	Fabaceae					X
Guaba	*Inga edulis*	Fabaceae		X			
Guacamayo caspi	*Simira cordifolia*	Rubiaceae					X
Guayaba	*Psidium guajava*	Myrtaceae		X			
Guisador, gengibre	*Zingiber officinale*	Zingiberaceae	X				
Huacapú	*Minquartia guianensis*	Olacaceae			X		X
Hualaja	*Zanthoxylum* sp.	Rutaceae					X
Huamansamana	*Jacaranda macrocarpa*	Bignoniaceae					X
Huambe	*Philodendron* sp.	Araceae			X		
Huayruro	*Ormosia coccinea*	Fabaceae					X
Huimba	*Ceiba samauma*	Malvaceae					X
Icoja	*Unonopsis* sp.	Annonaceae					X
Irapay	*Lepidocaryum tenue*	Arecaceae			X		
Ishpingo	*Amburana cearensis*	Fabaceae					X
Itauba	*Mezilaurus itauba*	Lauraceae					X
Lagarto caspi	*Calophyllum brasiliense*	Calophyllaceae					X
Limón	*Citrus limon*	Rutaceae	X				
Lupuna	*Ceiba pentandra*	Malvaceae					X
Macambo	*Theobroma bicolor*	Malvaceae		X			
Machimango	*Eschweilera* sp.	Lecythidaceae					X
Machinga	*Brosimum utile*	Moraceae					X
Maiz de bajo	*Zea mays* (variedad/variety)	Poaceae	X				
Maiz de rolo	*Zea mays* (variedad/variety)	Poaceae	X				
Maiz poc poc	*Zea mays* (variedad/variety)	Poaceae	X				
Mamey, pomarosa	*Syzygium malaccense*	Myrtaceae	X	X			
Mango	*Mangifera indica*	Anacardiaceae	X				
Mari mari	*Hymenolobium pulcherrimum*	Fabaceae					X
Mariti caspi	*Tapirira retusa*	Anacardiaceae					X
Marupá	*Simarouba amara*	Simaroubaceae					X
Mauba	*Vochysia venulosa*	Vochysiaceae					X
Moena	*Anaueria brasiliensis*	Lauraceae					X
Moena	*Ocotea aciphylla*	Lauraceae					X
Moena, moena amarillo	*Ocotea* spp.	Lauraceae					X
Mullaca	*Physalis angulata*	Solanaceae		X			
Ojé	*Ficus insipida*	Moraceae					X
Palisangre	*Brosimum rubescens*	Moraceae			X		X

Principales plantas utilizadas/
Commonly used plants

PRINCIPALES PLANTAS UTILIZADAS/COMMONLY USED PLANTS							
Nombre regional/ Regional common name	Nombre científico/ Species name	Familia/ Family	Cultivadas en las chacras/ Planted in farm plots	Frutos comestibles (plantas silvestres)/ Edible fruits (wild plants)	Construcción de viviendas/ Used for housebuilding	Leña/ Firewood	Valor comercial como madera/ Commercial timber
Palmiche	*Pholidostachys synanthera*	Arecaceae			x		
Palo de sangre	*Dialium guianense*	Fabaceae					x
Palta	*Persea americana*	Lauraceae	x				
Papelillo caspi	*Cariniana decandra*	Lecythidaceae					x
Pashaco	*Dimorphandra pennigera*	Fabaceae					x
Pepino	*Cucumis sativus*	Cucurbitaceae	x				
Pichirina	*Vismia* sp.	Hypericaceae				x	x
Pijuayo	*Bactris gasipaes*	Arecaceae	x				
Piña	*Ananas comosus* var. *comosus*	Bromeliaceae	x				
Pino	*Goupia glabra*	Celastraceae					x
Plátano bellaco	*Musa paradisiaca* (variedad/variety)	Musaceae	x				
Plátano blanco	*Musa paradisiaca* (variedad/variety)	Musaceae	x				
Plátano capirona	*Musa paradisiaca* (variedad/variety)	Musaceae	x				
Plátano colorado	*Musa paradisiaca* (variedad/variety)	Musaceae	x				
Plátano guineo	*Musa paradisiaca* (variedad/variety)	Musaceae	x				
Plátano isla	*Musa paradisiaca* (variedad/variety)	Musaceae	x				
Plátano manzana	*Musa paradisiaca* (variedad/variety)	Musaceae	x				
Plátano sapucho	*Musa paradisiaca* (variedad/variety)	Musaceae	x				
Plátano seda	*Musa paradisiaca* (variedad/variety)	Musaceae	x				
Pona, sachapona	*Socratea exorrhiza*	Arecaceae			x		
Pucuna caspi	*Iryanthera tricornis*	Myristicaceae					x
Pumabarba	*Sloanea floribunda*	Elaeocarpaceae					x
Pumacaspi, purmacaspi	*Croton palanostigma*	Euphorbiaceae					x
Quillobordón	*Aspidosperma* sp.	Apocynaceae					x
Quillosisa	*Vochysia lomatophylla*	Vochysiaceae					x
Quinilla	*Pouteria* spp.	Sapotaceae					x
Remocaspi	*Aspidosperma rigidum*	Apocynaceae				x	
Remocaspi	*Aspidosperma* sp.	Apocynaceae					x
Requia blanca	*Trichilia poeppigii*	Meliaceae					x
Sacha culantro	*Eryngium foetidum*	Apiaceae	x				
Sacha papa	*Dioscorea* aff. *altissima*	Dioscoreaceae	x				
Sandía	*Citrullus lanatus*	Cucurbitaceae	x				
Shebón	*Attalea butyracea*	Arecaceae			x		
Shimbillo	*Inga alba*	Fabaceae		x		x	

PRINCIPALES PLANTAS UTILIZADAS / COMMONLY USED PLANTS

Nombre regional/ Regional common name	Nombre científico/ Species name	Familia/ Family	Cultivadas en las chacras/ Planted in farm plots	Frutos comestibles (plantas silvestres)/ Edible fruits (wild plants)	Construcción de viviendas/ Used for housebuilding	Leña/ Firewood	Valor comercial como madera/ Commercial timber
Shimbillo	*Inga multijuga*	Fabaceae					x
Shiringa	*Hevea guianensis*	Euphorbiaceae					x
Sinamillo	*Oenocarpus mapora*	Arecaceae		x	x		
Tamishi	*Heteropsis* sp.	Araceae			x		
Tangarana	*Tachigali* sp.	Fabaceae					x
Tangarana de altura	*Tachigali formicarum*	Fabaceae					x
Tomate	*Lycopersicon esculentum*	Solanaceae	x				
Topa	*Ochroma pyramidale*	Malvaceae			x		
Tornillo	*Cedrelinga cateniformis*	Fabaceae			x		x
Toronja	*Citrus paradisi*	Rutaceae	x				
Tortuga	*Diclinanona tessmannii*	Annonaceae					x
Tortuga caspi	*Tetrameranthus pachycarpus*	Annonaceae					x
Ubilla	*Pourouma cecropiifolia*	Urticaceae		x			
Ubos	*Spondias mombin*	Anacardiaceae		x			
Umari	*Poraqueiba sericea*	Icacinaceae		x			
Ungurahui	*Oenocarpus bataua*	Arecaceae		x			
Yacushapana	*Terminalia oblonga*	Combretaceae					x
Yarina	*Phytelephas macrocarpa*	Arecaceae		x	x		
Yuca	*Manihot esculenta* (variedad/variety)	Euphorbiaceae	x				
Yuca 3 mesinas/yuca chica	*Manihot esculenta* (variedad/variety)	Euphorbiaceae	x				
Yuca amarillo palo blanco	*Manihot esculenta* (variedad/variety)	Euphorbiaceae	x				
Yuca amarillo palo negro	*Manihot esculenta* (variedad/variety)	Euphorbiaceae	x				
Yuca blanca/hoja morada	*Manihot esculenta* (variedad/variety)	Euphorbiaceae	x				
Yuca brava	*Manihot esculenta* (variedad/variety)	Euphorbiaceae	x				
Yuca de bajo	*Manihot esculenta* (variedad/variety)	Euphorbiaceae	x				
Yuca mayuruna	*Manihot esculenta* (variedad/variety)	Euphorbiaceae	x				
Yuca motelo/motelo rumo	*Manihot esculenta* (variedad/variety)	Euphorbiaceae	x				
Yuca palo maria	*Manihot esculenta* (variedad/variety)	Euphorbiaceae	x				
Yuca piririca	*Manihot esculenta* (variedad/variety)	Euphorbiaceae	x				
Yuca rolo	*Manihot esculenta* (variedad/variety)	Euphorbiaceae	x				
Yuca señorita	*Manihot esculenta* (variedad/variety)	Euphorbiaceae	x				

PRINCIPALES PLANTAS UTILIZADAS / COMMONLY USED PLANTS							
Nombre regional/ Regional common name	Nombre científico/ Species name	Familia/ Family	Cultivadas en las chacras/ Planted in farm plots	Frutos comestibles (plantas silvestres)/ Edible fruits (wild plants)	Construcción de viviendas/ Used for housebuilding	Leña/ Firewood	Valor comercial como madera/ Commercial timber
Yuca umbisha	*Manihot esculenta* (variedad/variety)	Euphorbiaceae	x				
Yuca yaquerana	*Manihot esculenta* (variedad/variety)	Euphorbiaceae	x				
Zapallo	*Cucurbita pepo*	Cucurbitaceae	x				
Zapote	*Matisia cordata*	Malvaceae					x

**Formas legales de
acceso al bosque/
Legal forestry operations**

Datos sobre la situación actual de formas legales de acceso al bosque con fines de extracción de productos forestales en las cuencas Tapiche y Blanco, Loreto, Perú, marzo de 2015. Los datos fueron compilados por el equipo social del inventario rápido del interfluvio de Tapiche-Blanco, del 9 al 26 de octubre de 2014. El equipo social incluía a D. Alvira, L. Cardozo, J. Inga, Á. López, C. Núñez, J. Paitan, M. Pariona, D. Rivera, J. Urrestty y R. Villanueva.

FORMAS LEGALES DE ACCESO AL BOSQUE/LEGAL FORESTRY OPERATIONS		
No.	**Formas de acceso al bosque/Types of forestry permits**	**No. de contrato/Contract information**
1	Concesión Forestal/Forestry Concession	16-REQ/C-J-036-04
2		16-REQ/C-J-088-04
3		16-REQ/C-J-113-04
4		16-REQ/C-J-190-04
5		16-REQ/C-J-239-04
6		16-REQ/C-J-240-04
7		16-REQ/C-J-241-04
8		16-REQ/C-J-242-04
9		16-REQ/C-J-038-04
10		16-REQ/C-J-023-14
11		16-REQ/C-J-087-04
12		16-REQ/C-D-024-14
13		16-REQ/C-J-165-04
14		16-REQ/C-J-191-04
15		16-REQ/C-J-058-04
16		16-IQU/D-C-001-12
17	Permiso Forestal/Forestry Permit	Comunidad Campesina San Antonio de Fortaleza N°16-REQ/P-MAD-SD-002-14
18		Comunidad Nativa Yarina Frontera Topal N°16-REQ/P-MAD-SD-005-13
19		Comunidad Nativa Nuevo Trujillo N°16-REQ/P-MAD-SD-003-14
20		Comunidad Nativa Nueva Esperanza-Alto Tapiche N°16-REQ/P-MAD-A-002-08
21	Bosque Local/Local Forest Permit	Bosque Local "Nuevo Progreso" N°16-REQ/L-MAD-SD-010-13
22		Bosque Local "España" N°16-REQ/L-MAD-SD-009-13
23		Bosque Local "Bellavista-Río Tapiche" N°16-REQ/L-MAD-SD-005-14
24		Bosque Local "Wicungo" N°16-REQ/L-MAD-SD-003-12

LEYENDA/LEGEND

Formas de acceso al bosque/Types of forestry permits

Concesión Forestal/Forestry Concession = Autorización del Estado que permite a personas naturales o jurídicas extraer recursos maderables dentro del Bosque de Producción Permanente, pagando un derecho anual por el tamaño de la concesión/A permit that grants people or companies the right to harvest timber inside Permanent Production Forests, and requires an annual payment based on the size of the concession

Permiso Forestal/Forestry Permit = Autorización del Estado que permite a comunidades nativas y campesinas tituladas extraer recursos maderables dentro de su territorio comunal, pagando un derecho basado en el volumen de madera extraido/A permit that grants titled indigenous or *campesino* communities the right to harvest timber from their communal lands, and requires a fee based on the volume harvested

Bosque Local/Local Forestry Permit = Autorización del Estado que permite a centros poblados que aún no cuentan con el título de propiedad para extraer los recursos maderables dentro de áreas con menos de 500 ha cercanas

al centro poblado, pagando un derecho basado en el volumen de madera extraido/A permit that grants settlements lacking a land title the right to harvest timber from nearby areas up to 500 ha in size, and requires a fee based on the volume harvested

Situación legal a marzo de 2015/Legal status in March 2015

Vigente/In force = Título habilitante en las cuales han cumplido con la presentación de su Plan General de Manejo Forestal (PGMF) y Plan Operativo (POA)/The permit has been granted and the user has satisfied the requirement of presenting a General Plan for Forestry Management and an Operational Plan

No Vigente/Not in Force = Título habilitante en las cuales no han cumplido con la presentación de su Plan General de Manejo Forestal (PGMF) y Plan Operativo (POA)/The permit has been granted but the user has not yet satisfied the requirement of presenting a General Plan for Forestry Management and an Operational Plan

Apéndice/Appendix 10

**Formas legales de
acceso al bosque/
Legal forestry operations**

Data on the status of legal forestry operations in the Tapiche and Blanco watersheds of Loreto, Peru, as of March 2015. Data compiled by the social team of a rapid inventory of the Tapiche-Blanco region on 9–26 October 2014. The social team included D. Alvira, L. Cardozo, J. Inga, Á. López, C. Núñez, J. Paitan, M. Pariona, D. Rivera, J. Urrestty, and R. Villanueva.

Representante legal/ Legal representative	Superficie/ Size (ha)	Situación legal a marzo de 2015/ Legal status in March 2015
Elinor Mori Torres	27,025	No vigente/Not in force
Eliezer Segundo Barrera Vasquez	30,336	No vigente/Not in force
Industrial Flores SA	11,765	No vigente/Not in force
Caleb Respaldiza Santillán	27,504	No vigente/Not in force
Caleb Respaldiza Santillán	10,000	Vigente/In force
Pablo Respaldiza Santillán	15,000	Vigente/In force
Necy Doris Cardenas Montalvan	11,616	PAU/CMC
Cesar Augusto Moreno Culqui	5,000	Vigente/In force
Virgilo Augusto Rojas Bicerra	9,031	Caducado consentida/ Agreement to Revoke
Inversiones El Forastero	31,686	Vigente/In force
Cesar Augusto Moreno Culqui	23,824	Caducado/Revoked
Industrial Maderera JRAK SAC	6,426	Vigente/In force
Forestal Azaña SAC	37,241	Caducado/Revoked
Pablo Respaldiza Santillán	22,500	Caducado/Revoked
Manuel Lavi Taboada	5,000	PAU/CMC
Green Gold Forestry Perú SAC	74,029	Vigente/In force
Segundo Juan Acho Canayo	15,016	Vigente/In force
Pacífico Gordon Chumo	3,305	PAU/CMC
Moises Moran Cainamary		Vigente/In force
Juan Hidalgo Chumo	5,000	PAU/CMC
Jony Ricopa Vásquez	500	No vigente/Not in force
Jaime Murayari García	500	Vigente/In force
Menelao Padilla Hidalgo	500	Vigente/In force
Luis Enrique Gordon Rengifo	500	No vigente/Not in force

Caducado/Revoked = Conclusión anticipada de la vigencia del título habilitante, conforme la ley orgánica para el aprovechamiento sostenible de recursos naturales, ley N°26821 y la legislación forestal y de fauna silvestre/ The permit has been temporarily revoked based on Law No. 26821 (regulating sustainable natural resource harvests) or other forestry and wildlife regulations

Caducado Consentido/Agreement to Revoke = Procedimiento administrativo único concluido, según plazo de ley; es decir el administrado no interpuso ningún recurso de apelación a la resolución de caducidad. Caso contrario el procedimiento pasa a una instancia superior. Según la resolución presidencial 007-2013-OSINFOR, la instancia superior es el tribunal forestal, que a la fecha aún no está implementada. Al no estar implementado esta instancia los concesionarios recurren al poder judicial para su defensa./The permit

has been revoked and the permittee has not challenged the revocation. Presidential Resolution 007-2013-OSINFOR establishes that challenges to revocation will be heard by the Forestry Tribune, but until that tribune is created challenges are heard by courts.

PAU/CMC = Es el procedimiento administrativo único concluido donde el procedimiento iniciado al título habilitante cuenta con medida cautelar (CMC), es decir paralización de todo movimiento/An investigation of irregularities has resulted in the suspension of forestry activities under the permit

PAU/SMC = Es el procedimiento administrativo único concluido donde el procedimiento iniciado al título habilitante no cuenta con medida cautelar y puede realizar algunas actividades/An investigation of irregularities has not resulted in the suspension of forestry activities under the permit

Acosta, A. 2009. Bioecologia de *Dendrobates reticulatus* Boulenger, 1883 (Anura: Dendrobatidae) en varillal alto seco de la Reserva Nacional Allpahuayo Mishana, Iquitos. Tesis para optar el grado académico de doctor en medio ambiente y desarrollo sostenible. Universidad Nacional Federico Villareal, Lima.

AIDESEP (Asociación Interétnica de Desarrollo de la Selva Peruana). 2014. ¿Cuántas muertes indígenas se esperan para titular las 1124 comunidades nativas de la Amazonía, que aseguran la vida en el planeta? Comunicado especial publicado en el diario *La República*, 13 de setiembre de 2014. Disponible en línea en *http://www.aidesep.org.pe/comunicado-aidesep-cuantas-muertes-indigenas-se-esperan-para-titular-las-1124-comunidades-nativas-de-la-amazonia-que-aseguran-la-vida-en-el-planeta/*

Aleixo, A., and B. M. Whitney. 2002. *Dendroplex* (=*Xiphorhynchus*) *necopinus* Zimmer 1934 (Dendrocolaptidae) is a junior synonym of *Dendrornis kienerii* (=*Xiphorhynchus picus kienerii*) Des Murs 1855 (1856). Auk 119:520–523.

Álvarez Alonso, J. 2002. *Characteristic avifauna of white-sand forests in northern Peruvian Amazonia.* Master's thesis. Louisiana State University, Baton Rouge.

Álvarez Alonso, J. 2007. Comunidades locales, conservación de la avifauna y de la biodiversidad en la Amazonía peruana. Revista Peruana de Biología 14:151–158.

Álvarez Alonso, J., and B. M. Whitney. 2001. A new *Zimmerius* tyrannulet (Aves: Tyrannidae) from white-sand forest of northern Amazonian Peru. Wilson Bulletin 113:1–9.

Álvarez Alonso, J., and B. M. Whitney. 2003. Eight new bird species for Peru and other distributional records from white-sand forests of northern Peruvian Amazon, with implications for biogeography of northern South America. Condor 105:552–566.

Álvarez Alonso, J., J. Díaz Alván, and N. Shany. 2012. Avifauna de la Reserva Nacional Allpahuayo Mishana, Loreto, Perú. Cotinga 34:61–84.

Álvarez Alonso, J., M. R. Metz, and P. V. A. Fine. 2013. Habitat specialization by birds in western Amazonian white-sand forests. Biotropica 45:335–372.

Alverson, W. S., L. O. Rodríguez y/and D. K. Moskovits, eds. 2001. *Perú: Biabo Cordillera Azul.* Rapid Biological Inventories Report 2. The Field Museum, Chicago.

Alvira, D., J. Homan, D. Huayunga, J. J. Inga, A. Lancha Pizango, A. Napo, M. Pariona, P. Ruiz Ojanama y/and B. Tapayuri. 2014. Comunidades humanas visitadas: Patrimonio social y cultural/Communities visited: Social and cultural assets. Pp. 175–187, 363–374 y/and 518–521 en/in N. Pitman, C. Vriesendorp, D. Alvira, J. Markel, M. Johnston, E. Ruelas Inzunza, A. Lancha Pizango, G. Sarmiento Valenzuela, P. Álvarez-Loayza, J. Homan, T. Wachter, Á. del Campo, D. F. Stotz y/and S. Heilpern, eds. *Perú: Cordillera Escalera-Loreto.* Rapid Biological and Social Inventories Report 26. The Field Museum, Chicago.

Amanzo, J. 2006. Mamiferos medianos y grandes/Medium and large mammals. Pp. 98–106, 205–213 y/and 320–327 en/in C. Vriesendorp, N. Pitman, J. I. Rojas Moscoso, B. A. Pawlak, L. Rivera Chávez, L. Calixto Méndez, M. Vela Collantes y/and P. Fasabi Rimachi, eds. *Perú: Matsés.* Rapid Biological Inventories Report 16. The Field Museum, Chicago.

APG (Angiosperm Phylogeny Group) III. 2009. An update of the Angiosperm Phylogeny Group classification for the orders and families of flowering plants: APG III. Botanical Journal of the Linnean Society 161:105–121.

Aquino, R. 1988. Preliminary survey on the population densities of *Cacajao calvus ucayalii*. Primate Conservation 9:24–26.

Aquino, R., and F. Encarnación. 1994. Primates of Peru. Annual Scientific Report. German Primate Center (DPZ), Gottingen.

Aquino R., J. Álvarez y A. Mulanovich. 2005. Diversidad y estado de conservación de primates en las Sierras de Contamana, Amazonía peruana. Revista Peruana de Biología 12(3):427–434.

Armacost, J. W., Jr., and A. P. Capparella. 2012. Colonization of mainland agricultural habitats by avian river-island specialists along the Amazon River in Peru. Condor 114:1–6.

Asner, G. P., D. E. Knapp, R. E. Martin, R. Tupayachi, C. B. Anderson, J. Mascaro, F. Sinca, K. D. Chadwick, S. Sousan, M. Higgins, W. Farfan, M. R. Silman, W. A. Llactayo León, and A. F. Neyra Palomino. 2014. *The high-resolution carbon geography of Peru*. A collaborative report of the Carnegie Airborne Observatory and the Ministry of Environment of Peru. Available online at *http://dge.stanford. edu/pub/asner/carbonreport/CarnegiePeruCarbonReport-English.pdf*

Baraloto, C. S. Rabaud, Q. Molto, L. Blanc, C. Fortunel, B. Hérault, N. Dávila, I. Mesones, M. Ríos, E. Valderrama, and P. V. A. Fine. 2011. Disentangling stand and environmental correlates of aboveground biomass in Amazonian forests. Global Change Biology 17(8):2677–2688.

Barbosa de Souza, M., y/and C. F. Rivera G. 2006. Anfibios y reptiles/Amphibians and reptiles. Pp. 83–86, 182–185 y/and 258–262 en/in C. Vriesendorp, T. S. Schulenberg, W. S. Alverson, D. K. Moskovits y/and J.-I. Rojas Moscoso, eds. *Perú: Sierra del Divisor*. Rapid Biological Inventories Report 17. The Field Museum, Chicago.

Barnett, A. A., and D. Brandon-Jones. 1997. The ecology, biogeography and conservation of the uakaris, *Cacajao* (Pitheciinae). Folia Primatologica 68:223–235.

Bass, M. S., M. Finer, C. N. Jenkins, H. Kreft, D. F. Cisneros-Heredia, S. F. McCracken, N. C. A. Pitman, P. H. English, K. Swing, G. Villa, A. Di Fiore, C. C. Voigt, and T. H. Kunz. 2010. Global conservation significance of Ecuador's Yasuní National Park. PLoS ONE 5(1):e8767. Available online at *http://www.plosone.org*

Blandinières, J. P., L. Betancur, D. Maradei y/and G. Penno Saraiva. 2013. Timber trade flows within, to, and from South America/Flujos de madera en, hacia y desde América del Sur. Final report/Informe final. European Union and EPRD Letter of Contract No. 2011/278461.

Bodmer, R. E., T. G. Fang, and L. Moya I. 1988. Ungulate management and conservation in the Peruvian Amazon. Biological Conservation 45:303–310.

Bowler, M. 2007. The ecology and conservation of the red uacari monkey on the Yavarí River, Peru. Ph.D. dissertation, University of Kent, Canterbury.

Bowler, M., C. Barton, S. McCann-Wood, P. Puertas, and R. Bodmer. 2013. Annual variation in breeding success and changes in population density of *Cacajao calvus ucayalii* in the Lago Preto Conservation Concession, Peru. Pp. 173–178 in L. M. Veiga, A. A. Barnett, S. F. Ferrari, and M. A. Norconk, eds. *Evolutionary biology and conservation of titis, sakis and uacaris*. Cambridge University Press, Cambridge.

Brack, D. 2013. *Ending global deforestation: Policy options for consumer countries*. Chatham House and Forest Trends, London. Available online at *http://www.chathamhouse.org/ publications/papers/view/194247*

Brako, L., and J. L. Zarucchi. 1993. Catalogue of the flowering plants and gymnosperms of Peru. Monographs in Systematic Botany from the Missouri Botanical Garden 45:i-xi, 1–1286.

Burney, C. W., and R. T. Brumfield. 2009. Ecology predicts levels of genetic differentiation in Neotropical birds. American Naturalist 174:358–368.

Bush M. 1994. Amazonian speciation: A necessarily complex model. Journal of Biogeography 21:5–17.

Caramel, L., and H. Thibault. 2012. China at the centre of 'illegal timber' trade. *The Guardian*, 11 December 2012. Available online at *http://www.theguardian.com/environment/2012/ dec/11/china-illegal-logging-deforestation*

Carvalho, T. P., S. J. Tang, J. I. Fredieu, R. Quispe, I. Corahua, H. Ortega, and J. S. Albert. 2009. Fishes from the upper Yuruá River, Amazon basin, Peru. Check List 5(3):673–691.

Catenazzi, A., y/and M. Bustamante. 2007. Anfibios y reptiles/Amphibians and reptiles. Pp. 62–67, 130–134 y/and 206–213 en/in C. Vriesendorp, J. A. Álvarez, N. Barbagelata, W. S. Alverson y/and D. K. Moskovits, eds. *Perú: Nanay-Mazán-Arabela*. Rapid Biological Inventories Report 18. The Field Museum, Chicago.

Catenazzi, A., and R. von May. 2014. Conservation status of amphibians in Peru. Herpetological Monographs 28(1):1–23.

CEDIA (Centro para el Desarrollo del Indígena Amazónico). 2011. Expediente técnico para el establecimiento del área de conservación regional varillales del río Blanco y Tapiche. CEDIA, Iquitos.

CEDIA (Centro para el Desarrollo del Indígena Amazónico). 2012. Diagnóstico de la tenencia y propiedad de la tierra y recursos naturales Tapiche-Blanco. CEDIA, Iquitos.

Cohn-Haft, M. 2014. White-winged Potoo (*Nyctibius leucopterus*). In J. del Hoyo, A. Elliott, J. Sargatal, D. A. Christie, and E. de Juana, eds. *Handbook of the birds of the world alive*. Lynx Edicions, Barcelona. Available online at *http://www.hbw.com/ node/55158* and accessed on 6 February 2015.

Cohn-Haft, M., and G. A. Bravo. 2013. A new species of *Herpsilochmus* antwren from west of the Rio Madeira in Amazonian Brazil. Pp. 272–276 in J. del Hoyo, A. Elliott, J. Sargatal, and D. A. Christie, eds. *Handbook of the birds of the world*. Special Volume: New Species and Global Index. Lynx Edicions, Barcelona.

Collen, B., F. Whitton, E. E. Dyer, J. E. M. Baillie, N. Cumberlidge, W. R. T. Darwall, C. Pollock, N. I. Richman, A.-M. Soulsby, and M. Böhm. 2014. Global patterns of freshwater species diversity, threat and endemism. Global Ecology and Biogeography 23:40–51.

Colwell, R. 2005. *EstimateS: Statistical estimation of species richness and shared species from samples*. Version 7.5. Available online at *http://purl.oclc.org/estimates*

Cordero, D., ed. 2012. *Una mirada integral a los bosques del Perú.* UICN, Quito.

Cornejo, F. 2008. *Callimico goeldii.* IUCN Red List of Threatened Species. Version 2014.3. Available online at *http://www.iucnredlist.org.* Accessed 1 November 2014.

Costa, F. R. C., F. E. Penna e F. O. G. Figueiredo. 2008. *Guía de marantáceas da Reserva Ducke e da Reserva Biológica do Uatumã.* INPA, Manaus. Available online at *http://ppbio.inpa.gov.br/sites/default/files/GUIA-marantaceas-ebook_bot.pdf*

Da Costa Reis, M. 2011. *Propuesta Área de Conservación Privada "Reserva Tapiche:" Distrito Tapiche, Provincia de Requena, Región Loreto.* Borrador de expediente técnico.

Dávila, N., I. Huamantupa, M. Ríos Paredes, W. Trujillo y/and C. Vriesendorp. 2013. Flora y vegetación/Flora and vegetation. Pp. 85–97, 242–250 y/and 304–329 en/in N. Pitman, E. Ruelas Inzunza, C. Vriesendorp, D. F. Stotz, T. Wachter, Á. del Campo, D. Alvira, B. Rodríguez G., R. C. Smith, A. R. Sáenz R. y/and P. Soria R., eds. *Perú: Ere-Campuya-Algodón.* Rapid Biological and Social Inventories Report 25. The Field Museum, Chicago.

De la Cruz Bustamante, N. S., L. Fídel Smoll, V. R. Lipa Salas, A. D. Zuloaga Gastiaburu, R. Cavero Loayza, P. Ticona Turpo, M. A. Geldres Espinoza, A. Hipólito Romero y W. Valdivia Vera. 1999. *Geología de los cuadrángulos de Lagunas, Río Cauchío, Santa Cruz, Río Sacarita, Río Samiria, Bretaña, Requena, Remoyacu, Angamos, Santa Isabel, Tamanco, Nueva Esperanza, Buenas Lomas, Laguna Portugal, Puerto Rico, Tabalosos, Curinga, Quebrada Capanahua, Quebrada Betilia y Río Yaquerana (Cartas 11-l, 11-m, 11-n, 11-ñ, 11-o, 11-p, 11-q, 12-l, 12-m, 12-n, 12-ñ, 12-o, 12-p, 12-q, 13-ñ, 13-o, 13,p, 14-ñ, 14-o, 14-p).* Boletín No. 134, Serie A: Carta Geológica Nacional. Instituto Geológico Minero y Metalúrgico, Lima.

DIREPRO (Dirección de Extracción y Procesamiento Pesquero). 2013. *Procedencia de recursos hidrobiológicos ornamentales (zonas de pesca): Anual 2013.* DIREPRO, Iquitos. Disponible en línea en: *http://www.perupesquero.org/*

Draper, F. C., K. H. Roucoux, I. T. Lawson, E. T. A. Mitchard, E. N. Honorio Coronado, O. Lähteenoja, L. T. Montenegro, E. Valderrama Sandoval, R. Zaráte, and T. R. Baker. 2014. The distribution and amount of carbon in the largest peatland complex in Amazonia. Environmental Research Letters 9:1–12.

Dudley, R., M. Kaspari, and S. P. Yanoviak. 2012. Lust for salt in the western Amazon. Biotropica 44(1):6–9.

Duellman, W. E. 2005. *Cusco Amazónico: La vida de los anfibios y reptiles en un bosque tropical amazónico.* Comstock Publishing Associates, Ithaca.

Duellman, W. E., and E. Lehr. 2009. *Terrestrial-breeding frogs (Strabomantidae) in Peru.* Nature und Tier Verlag, Münster.

Dumont, J. F. 1991. Fluvial shifting in the Ucamara Depression as related to the neotectonics of the Andean foreland Brazilian Craton Border (Peru). Géodynamique 6(1):9–20.

Dumont, J. F. 1993. Lake patterns as related to neotectonics in subsiding basins: The example of the Ucamara Depression, Peru. Tectonophysics 222(1):69–78.

Dumont, J. F. 1996. Neotectonics of the Subandes-Brazilian Craton boundary using geomorphological data: The Marañón and Beni Basins. Tectonophysics 259(1–3):137–151.

Dumont, J. F., and F. Garcia. 1991. Active subsidence controlled by basement structures in the Marañon basin of northeastern Peru. Pp. 343–350 in *Land subsidence* (Proceedings of the Fourth International Symposium on Land Subsidence). International Association of Hydrological Sciences Publication No. 200, Wallingford.

Dumont, J. F., and M. Fournier. 1994. Geodynamic environment of quaternary morphostructures of the subandean foreland basins of Peru and Bolivia: Characteristics and study methods. Quaternary International 21:129–142.

Eisenberg, J. F., and K. H. Redford. 1999. *Mammals of the Neotropics: The central tropics. Volume III: Ecuador, Peru, Bolivia, Brazil.* University of Chicago Press, Chicago.

Encarnación, F. 1993. El bosque y las formaciones vegetales en la llanura amazónica del Perú. Alma Mater 6:95–114.

Erikson, P. 1994. Los Mayoruna. Pp. 1–127 en F. Santos y F. Barclay, eds. *Guía etnográfica de la alta Amazonía.* Ediciones Abya-Yala, Quito.

Escobedo, M. 2003. Murciélagos/Bats. Pp. 82–84, 164–165 y/and 276 in N. Pitman, C. Vriesendorp y/and D. Moskovits, eds. *Peru: Yavarí.* Rapid Biological Inventories Report 11. The Field Museum, Chicago.

Faivovich, J., J. Moravec, D. F. Cisneros-Heredia, and J. Köhler. 2006. A new species of the *Hypsiboas benitezi* group from the western Amazon Basin (Amphibia: Anura: Hylidae). Herpetologica 62:96–108.

Fine, P., N. Dávila, R. B. Foster, I. Mesones y/and C. Vriesendorp. 2006. Flora y vegetación/Flora and vegetation. Pp. 63–74, 174–183 y/and 250–287 en/in C. Vriesendorp, N. Pitman, J. I. Rojas Moscoso, B. A. Pawlak, L. Rivera Chávez, L. Calixto Méndez, M. Vela Collantes y/and P. Fasabi Rimachi, eds. *Perú: Matsés.* Rapid Biological Inventories Report 16. The Field Museum, Chicago.

Fine, P. V. A., R. García-Villacorta, N. C. A. Pitman, I. Mesones, and S. W. Kembel. 2010. A floristic study of the white-sand forests of Peru. Annals of the Missouri Botanical Garden 97(3):283–305.

Finer, M., C. N. Jenkins, and B. Powers. 2013. Potential of best practice to reduce impacts from oil and gas projects in the Amazon. PloS ONE 8(5):e63022. Available online at *http://www.plosone.org*

Finer, M., and M. Orta-Martínez. 2010. A second hydrocarbon boom threatens the Peruvian Amazon: Trends, projections, and policy implications. Environmental Research Letters 5:014012. Available online at *http://iopscience.iop.org/1748-9326/5/1/014012/article*

Finer, M., C. N. Jenkins, M. A. Blue Sky, and J. Pine. 2014. Logging concessions enable illegal logging crisis in the Peruvian Amazon. Scientific Reports 4: 4719. Available online at *http://www.nature.com/srep/2014/140417/srep04719/full/srep04719.html*

Fleck, D. W., and J. D. Harder. 2000. Matsés Indian rainforest habitat classification and mammalian diversity in Amazonian Peru. Journal of Ethnobiology 20:1–36.

Fleck, D. W., R. S. Voss, and N. B. Simmons. 2002. Underdifferentiated taxa and sublexical categorization: An example from Matses classification of bats. Journal of Ethnobiology 22:61–102.

Franco, W., and N. Dezzeo. 1994. Soils and soil water regime in the terra firme-caatinga forest complex near San Carlos de Rio Negro, state of Amazonas, Venezuela. Interciencia 19:305–316.

Freitas, L. 1996a. *Caracterización florística y estructural de cuatro comunidades boscosas de la llanura aluvial inundable en la zona de Jenaro Herrera, Amazonía peruana.* Documento Técnico No. 21, Instituto de Investigaciones de la Amazonía Peruana, Iquitos.

Freitas, L. 1996b. *Caracterización florística y estructural de cuatro comunidades boscosas de terraza baja en la zona de Jenaro Herrera, Amazonía peruana.* Documento Técnico No. 26, Instituto de Investigaciones de la Amazonía Peruana, Iquitos.

Frost, D. R. 2015. *Amphibian species of the world: An online reference.* Available online at *http://research.amnh.org/vz/herpetology/amphibia* and accessed on 22 May 2015.

FSC (Forest Stewardship Council). 2014. *Global FSC certificates: Type and distribution.* Available online at *https://ic.fsc.org/preview.facts-and-figures-november-2014.a-3810.pdf*

Galvis, G., J. Mojica, P. Sánchez-Duarte, C. Castellano y C. Villa-Navarro. 2006. Peces del valle medio del Magdalena, Colombia. Biota Colombiana 7(1):23–37.

García-Villacorta, R., M. Ahuite y M. Olórtegui. 2003. Clasificación de bosques sobre arena blanca de la Zona Reservada Allpahuayo-Mishana. Folia Amazónica 14:17–33.

García-Villacorta, R., N. Dávila, R. B. Foster, I. Huamantupa y/and C. Vriesendorp. 2010. Flora y vegetación/Flora and vegetation. Pp. 58–65, 176–182 y/and 250–270 en/in M. P. Gilmore, C. Vriesendorp, W. S. Alverson, Á. del Campo, R. von May, C. López Wong y/and S. Ríos Ochoa, eds. *Perú: Maijuna.* Rapid Biological and Social Inventories Report 22. The Field Museum, Chicago.

García-Villacorta, R., I. Huamantupa, Z. Cordero, N. Pitman y/and C. Vriesendorp. 2011. Flora y vegetación/Flora and vegetation. Pp. 86–97, 211–221 y/and 278–306 en/in N. Pitman, C. Vriesendorp, D. K. Moskovits, R. von May, D. Alvira, T. Wachter, D. F. Stotz y/and Á. del Campo, eds. *Perú: Yaguas-Cotuhé.* Rapid Biological and Social Inventories Report 23. The Field Museum, Chicago.

Gasché, J. 1999. *Desarrollo rural y pueblos indígenas amazónicos.* Ediciones Abya-Yala, Quito.

Gehara, M., A. J. Crawford, V. G. D. Orrico, A. Rodríguez, S. Lötters, A. Fouquet, L. S. Barrientos, F. Brusquetti, I. De la Riva, R. Ernst, G. G. Urrutia, F. Glaw, J. M. Guayasamin, M. Hölting, M. Jansen, P. J. R. Kok, A. Kwet, R. Lingnau, M. Lyra, J. Moravec, J. P. Pombal Jr., F. J. M. Rojas-Runjaic, A. Schulze, J.C. Señaris, M. Solé, M.T. Rodrigues, E.Twomey, C.F. B. Haddad, M. Vences, and J.Köhler. 2014. High levels of diversity uncovered in a widespread nominal taxon: Continental phylogeography of the Neotropical tree frog *Dendropsophus minutus*. PLoS ONE 9(9):e103958. Available online at *http://www.plosone.org*

Gentry, A. 1988. Tree species richness of upper Amazonian forests. Proceedings of the National Academy of Sciences USA 85:156–159.

Géry, J. 1990. The fishes of Amazonas. Pp. 353–370 in H. Soli, ed. *The Amazon: Limnology and landscape ecology of a mighty tropical river and its basin.* Monographiae Biologiae Vol. 56. Dr. W. Junk Publishers, Dordrecht, Boston, Lancaster.

GGFP (Green Gold Forestry Perú). 2014. *Plan general de manejo forestal, Contrato de Concesión Forestal Consolidado N° 16-IQU/D-C-001-12.* GGFP, SAC, Iquitos.

Gibbs, R. J. 1967. The geochemistry of the Amazon River system: Part I. The factors that control the salinity and composition and concentration of suspended solids. Geological Society of America Bulletin 78:1203–1232.

Gilmore, M. P., C. Vriesendorp, W. S. Alverson, Á. del Campo, R. von May, C. López Wong y/and S. Ríos Ochoa, eds. 2010. *Perú: Maijuna.* Rapid Biological and Social Inventories Report 22. The Field Museum, Chicago.

Gordo, M., G. Knell y/and D. E. Rivera Gonzáles. 2006. Anfibios y reptiles/Amphibians and reptiles. Pp. 83–88, 191–196 y/and 296–303 en/in C. Vriesendorp, N. Pitman, J. I. Rojas Moscoso, B. A. Pawlak, L. Rivera Chávez, L. Calixto Méndez, M. Vela Collantes y/and P. Fasabi Rimachi, eds. *Perú: Matsés.* Rapid Biological Inventories Report 16. The Field Museum, Chicago.

Goulding, M., M. Carvalho, and E. Ferreira. 1988. *Rio Negro: Rich life in poor water: Amazon diversity and foodchains: Ecology as seen through fish communities.* SPB Academic Publishing, The Hague.

Harvey, M. G., G. F. Seeholzer, D. Cáceres A., B. M. Winger, J. G. Tello, F. Hernández Camacho, M. A. Aponte Justiniano, C. D. Judy, S. Figueroa Ramírez, R. S. Terrill, C. E. Brown, L. A. Alza León, G. Bravo, M. Combe, O. Custodio, A. Quiñonez Zumaeta, A. Urbay Tello, W. A. Garcia Bravo, A. Z. Savit, F. W. Pezo Ruiz, W. M. Mauck III, and O. Barden. 2014. The avian biogeography of an Amazonian headwater: The Upper Ucayali River, Peru. Wilson Bulletin 126:179–191.

Herrera, R., C. F. Jordan, H. Klinge, and E. Medina. 1978a. Amazon ecosystems: Their structure and functioning with particular emphasis on nutrients. Interciencia 3:223–231.

Herrera, R., T. Merida, N. Stark, and C. F. Jordan. 1978b. Direct phosphorous transfer from leaf litter to roots. Naturwissenschaften 65:208–209.

Hershkovitz, P. 1987. Uacaries, New World monkeys of the genus *Cacajao* (Cebidae, Platyrrhini): A preliminary taxonomic review with the description of a new subspecies. American Journal of Primatology 12:1–53.

Heyer, W. R. 1994. Variation within the *Leptodactylus podicipinus-wagneri* complex of frogs (Amphibia: Leptodactylidae). Smithsonian Contributions to Zoology 546:1–124.

Heymann, E. W. 2004. Conservation categories of Peruvian primates. Neotropical Primates 12:154–155.

Heymann, E. W., y R. Y. Aquino. 1994. Exploraciones primatológicas en las quebradas Blanco, Blanquillo y Tangarana, Río Tahuayo, Amazonía peruana. Folia Amazónica 6:1–2.

Hidalgo, M. H., y/and J. Pezzi Da Silva. 2006. Peces/Fishes. Pp. 73–83, 173–182 y/and 250–257 en/in C. Vriesendorp, T. S. Schulenberg, W. S. Alverson, D. K. Moskovits y/and J.-I. Rojas Moscoso, eds. *Perú: Sierra del Divisor*. Rapid Biological Inventories Report 17. The Field Museum, Chicago.

Hidalgo, M. H., y/and M. Velásquez. 2006. Peces/Fishes. Pp. 74–83, 184–191 y/and 288–295 en/in C. Vriesendorp, N. Pitman, J. I. Rojas Moscoso, B. A. Pawlak, L. Rivera Chávez, L. Calixto Méndez, M. Vela Collantes y/and P. Fasabi Rimachi, eds. *Perú: Matsés*. Rapid Biological Inventories Report 16. The Field Museum, Chicago.

Hijmans, R. J., S. E. Cameron, J. L. Parra, P. G. Jones, and A. Jarvis. 2005. Very high resolution interpolated climate surfaces for global land areas. International Journal of Climatology 25:1965–1978.

Honorio, E. N., T. R. Pennington, L. A. Freitas, G. Nebel y T. R. Baker. 2008. Análisis de la composición florística de los bosques de Jenaro Herrera, Loreto, Perú. Revista Peruana de Biología 15(1):53–60.

Hoorn, C., F. P. Wesselingh, H. ter Steege, M. A. Bermudez, A. Mora, J. Sevink, I. Sanmartín, A. Sanchez-Meseguer, C. L. Anderson, J. P. Figueredo, C. Jaramillo, D. Riff, F. R. Negri, H. Hooghiemstra, J. Lundberg, T. Stadler, T. Särkinen, and A. Antonelli. 2010. Amazonia through time: Andean uplift, climate change, landscape evolution, and biodiversity. Science 330:927–931.

IIAP (Instituto de Investigación de la Amazonía Peruana) and PROMPEX (Peruvian Export Promotion Agency). 2006. *Peru's ornamental fish*. IIAP and PROMPEX, Iquitos.

Indufor. 2012. *Strategic review on the future of forest plantations*. Report prepared for the Forest Stewardship Council. Indufor, Helsinki.

INEI (Instituto Nacional de Estadística e Informática). 2009. *Censo nacional de las comunidades indígenas de la Amazonía peruana 2007: XI de población y VI de vivienda*. INEI, Lima.

Inga Sánchez, H., y/and J. López Parodi. 2001. *Diversidad de yuca (Manihot esculenta Crantz) en Jenaro Herrera, Loreto, Perú*. Documento Técnico No. 28, Instituto de Investigaciones de la Amazonía Peruana, Iquitos.

IUCN (International Union for the Conservation of Nature). 2014. *IUCN Red List of Threatened Species*. IUCN, Gland. Available online at *http://www.iucnredlist.org*

Jenkins, C., S. L. Pimm, and M. Joppa. 2013. Global patterns of terrestrial vertebrate diversity and conservation. *Proceedings of the National Academy of Sciences USA* 110(28):E2602–E2610.

Johnsson, M. J., R. F. Stallard, and R. H. Meade. 1988. First-cycle quartz arenites in the Orinoco River Basin, Venezuela and Colombia. Journal of Geology 96(3):263–277.

Jordan, C. F., and R. Herrera. 1981. Tropical rain forests: Are nutrients really critical? American Naturalist 117:167–180.

Jordan, C. F., E. Cuevas, and E. Medina. 2013. *NPP Tropical Forest: San Carlos de Rio Negro, Venezuela, 1975–1984, R1*. Data set. Available online at *http://www.daac.ornl.gov* from Oak Ridge National Laboratory Distributed Active Archive Center, Oak Ridge.

Jorge, M. L. S. P., y/and P. M. Velazco. 2006. Mamíferos/Mammals. Pp. 98–106, 196–204 y/and 274–284 en/in C. Vriesendorp, T. S. Schulenberg, W. S. Alverson, D. K. Moskovits y/and J.-I. Rojas Moscoso, eds. *Perú: Sierra del Divisor*. Rapid Biological Inventories Report 17. The Field Museum, Chicago.

Josse, C., G. Navarro, F. Encarnación, A. Tovar, P. Comer, W. Ferreira, F. Rodríguez, J. Saito, J. Sanjurjo, J. Dyson, E. Rubin de Celis, R. Zárate, J. Chang, M. Ahuite, C. Vargas, F. Paredes, W. Castro, J. Maco y F. Reátegui. 2007. *Sistemas ecológicos de la cuenca amazónica de Perú y Bolivia: Clasificación y mapeo*. NatureServe, Arlington.

Krokoszyński, L., I. Stoińska-Kairska y A. Martyniak. 2007. *Indígenas aislados en la Sierra del Divisor (Zona fronteriza Perú-Brasil). Informe sobre la presencia de los grupos indígenas en la situación de aislamiento voluntario en los afluentes derechos del bajo Ucayali, desde el río Callería hasta el alto Maquía (Sierra del Divisor occidental), en los departamentos de Ucayali y Loreto.* Informe de UAM-AIDESEP, Iquitos, Lima, Poznan.

Kummel, B. 1948. Geological reconnaissance of the Contamana region, Peru. Geological Society of America Bulletin 59:1217–1266.

Lähteenoja, O., and K. H. Roucoux. 2010. Inception, history and development of peatlands in the Amazon basin. PAGES News 18(1):27–29.

Lane, D. F., T. Pequeño y/and J. F. Villar. 2003. Aves/Birds. Pp. 67–73, 150–156 y/and 254–267 en/in N. Pitman, C. Vriesendorp y/and D. Moskovits, eds. *Peru: Yavarí.* Rapid Biological Inventories Report 11. The Field Museum, Chicago.

Latrubesse, E. M., and A. Rancy. 2000. Neotectonic influence on tropical rivers of southwestern Amazon during the Late Quaternary: The Moa and Ipixuna River basins, Brazil. Quaternary International 72:67–72.

Leite-Pitman, R., N. Pitman y P. Álvarez, eds. 2003. *Alto Purús: Biodiversidad, conservación y manejo.* Center for Tropical Conservation, Duke University.

Leite-Pitman, M. R. P., and R. S. R. Williams. 2011. *Atelocynus microtis.* The IUCN Red List of Threatened Species. Version 2015.2. Available online at *http://www.iucnredlist.org*

León, B., J. Roque, C. Ulloa Ulloa, N. Pitman, P. M. Jørgensen y A. Cano, eds. 2006. *Libro rojo de las plantas endémicas del Perú.* Revista Peruana de Biología 13(2):1–976.

Linares-Palomino, R., J. Deichmann y A. Alonso, eds. 2013a. *Biodiversidad y uso de recursos naturales en la cuenca baja del Río Tapiche, Loreto, Perú.* Documento Técnico No. 31. Instituto de Investigaciones de la Amazonía Peruana, Iquitos.

Linares-Palomino, R., G. Chávez, E. Pérez, F. Takano, H. Zamora, J. L. Deichmann y A. Alonso. 2013b. Patrones de diversidad y composición en comunidades de pteridophyta, aves, anfibios, reptiles y murciélagos en la cuenca del río Tapiche, Loreto. Pp. 14–55 en R. Linares-Palomino, J. Deichmann y A. Alonso, eds. *Biodiversidad y uso de recursos naturales en la cuenca baja del río Tapiche.* Documento Técnico No. 31. Instituto de Investigaciones de la Amazonía Peruana, Iquitos.

López-Parodi, J., and D. Freitas. 1990. Geographical aspects of forested wetlands in the lower Ucayali, Peruvian Amazonia. Forest Ecology and Management 33/34:157–168.

Lowe-McConnell, R. H. 1987. *Ecological studies in tropical fish communities.* Cambridge University Press, Cambridge.

Lynch, J. D. 2002. A new species of the genus *Osteocephalus* (Hylidae: Anura) from the western Amazon. Revista de la Academia Colombiana de Ciencias Exactas, Físicas y Naturales 26:289–292.

Malleux, J. 1982. *Inventarios forestales en bosques tropicales.* Departamento de Manejo Forestal, Universidad Nacional Agraria La Molina, Lima.

Matauschek, C., D. Meyer, Y. Lledo-Ferrer, and C. Roos. 2011. *A survey to the lower río Tapiche-río Blanco, Departamento Loreto, Peru, final report and perspectives.* Unpublished report for Conservation International.

Medina, E., and E. Cuevas. 1989. Patterns of nutrient accumulation and release in Amazonian forests of the upper Rio Negro basin. Pp. 217–240 in J. Proctor, ed., *Mineral nutrients in tropical forest and savanna ecosystems.* Special publication of the British Ecological Society 9. Blackwell Scientific Publications, Oxford.

Mejía C., K. 1995. *Diagnóstico de recursos vegetales de la Amazonía peruana.* Documento Técnico No. 16. Instituto de Investigaciones de la Amazonía Peruana, Iquitos.

MINAG (Ministerio de Agricultura del Perú). 2006. Aprueban categorización de especies amenazadas de flora silvestre. Decreto Supremo No. 043-2006-AG. MINAG. Diario Oficial El Peruano, Lima.

MINAG (Ministerio de Agricultura del Perú). 2013. *Perú forestal en números año 2012.* Dirección General Forestal y de Fauna Silvestre, Ministerio de Agricultura y Riego, Lima.

MINAGRI (Ministerio de Agricultura y Riego del Perú). 2014. *Decreto Supremo que aprueba la actualización de la lista de clasificación y categorización de las especies amenazadas de fauna silvestre legalmente protegidas.* Decreto Supremo No. 004-2014-MINAGRI. Diario Oficial El Peruano, Lima.

Montenegro, O., y/and M. Escobedo. 2004. Mamíferos/Mammals. Pp. 80–88, 164–171 y/and 254–261 en/in N. Pitman, R. C. Smith, C. Vriesendorp, D. Moskovits, R. Piana, G. Knell y/and T. Wachter, eds. *Perú: Ampiyacu, Apayacu, Yaguas, Medio Putumayo.* Rapid Biological Inventories Report 12. The Field Museum, Chicago.

Moreau, M.-A., and O. T. Coomes. 2006. Potential threat of the international aquarium fish trade to silver arawana *Osteoglossum bicirrhosum* in the Peruvian Amazon. Oryx 40(2):152–160.

Muñoz, F. 2014a. *Informe de seis meses de gestión: 1 Octubre 2013–31 Marzo 2014.* Dirección General Forestal y de Fauna Silvestre, Ministerio de Agricultura y Riego, Lima.

Muñoz, F. 2014b. *Presente y futuro del sector forestal peruano: El caso de las concesiones y las plantaciones forestales.* Dirección General Forestal y de Fauna Silvestre, Ministerio de Agricultura y Riego, Lima. Disponible en línea en *http://www.bcrp.gob.pe/docs/Publicaciones/Seminarios/2014/forestal/forestal-2014-munoz.pdf*

Munsell Color Company. 1954. *Soil color charts.* Munsell Color Company, Baltimore.

Nebel, G., L. P. Kvist, J. K. Vanclay, H. Christensen, L. Freitas y J. Ruiz. 2000a. Estructura y composición florística del bosque de la llanura aluvial en la Amazonía peruana: I. El bosque alto. Folia Amazónica 10(1–2): 91–149.

Nebel, G., J. Dragsted y J. K. Vanclay. 2000b. Estructura y composición florística del bosque de la llanura aluvial en la Amazonía peruana: II. El sotobosque de la restinga. Folia Amazónica 10(1–2):151–181.

Nebel, G., L. P. Kvist, J. K. Vanclay, H. Christensen, L. Freitas, and J. Ruíz. 2001. Structure and floristic composition of flood plain forests in the Peruvian Amazon I. Overstorey. Forest Ecology and Management 150:27–57.

Neill, D. A., M. A. Ríos Paredes, L. A. Torres Montenegro, T. J. Mori Vargas y/and C. Vriesendorp. 2014. Vegetación y flora/Vegetation and flora. Pp. 98–119, 292–311 y/ and 408–465 en/in N. Pitman, C. Vriesendorp, D. Alvira, J. Markel, M. Johnston, E. Ruelas Inzunza, A. Lancha Pizango, G. Sarmiento Valenzuela, P. Álvarez-Loayza, J. Homan, T. Wachter, Á. del Campo, D. F. Stotz y/and S. Heilpern, eds. Perú: Cordillera Escalera-Loreto. Rapid Biological and Social Inventories Report 26. The Field Museum, Chicago.

Nellemann, C., and INTERPOL Environmental Crime Programme, eds. 2012. Green carbon, black trade: Illegal logging, tax fraud and laundering in the world's tropical forests. A Rapid Response Assessment. United Nations Environment Programme and GRID-Arendal, Arendal.

OEA (Organización de los Estados Americanos). 1987. Estudio de casos de manejo ambiental: Desarrollo integrado de un área en los trópicos húmedos – Selva Central del Perú. Organización de los Estados Americanos, Washington, DC.

Oliver, R. 2012. Sawn hardwood markets, 2011–2012. Pp. 57–66 in UNECE/FAO Forest Products Annual Market Review, 2011–2012. Geneva Timber and Forest Study Paper 30. United Nations Economic Commission for Europe and Food and Agriculture Organization of the United Nations, New York and Geneva. Available online at http://www.unece.org/fileadmin/DAM/timber/publications/FPAMR_2012.pdf

Oré Balbin, I., y D. Llapapasca Samaniego. 1996. Huertas domesticas como sistema tradicional de cultivo en Moena Caño, río Amazonas, Iquitos, Perú. Folia Amazónica 8(1):91–110.

Ortega, H., M. Hidalgo y/and G. Bertiz. 2003. Peces/Fishes. Pp. 59–63, 143–146 y/and 220–243 en/in N. Pitman, C. Vriesendorp y/and D. Moskovits, eds. Perú: Yavarí. Rapid Biological Inventories Report 11. The Field Museum, Chicago.

Ortega, H., L. Chocano, C. Palma e Í. Samanez. 2010. Biota acuática en la Amazonía peruana: Diversidad y usos como indicadores ambientales en el bajo Urubamba (Cusco-Ucayali). Revista Peruana de Biología 17(1):29–35.

Ortega, H., M. Hidalgo, E. Correa, J. Espino, L. Chocano, G. Trevejo, V. Meza, A. M. Cortijo y R. Quispe. 2012. Lista anotada de los peces de aguas continentales del Perú. Segunda edición. Ministerio del Ambiente y Museo de Historia Natural, Lima.

O'Shea, B. J., and O. Ottema. 2007. Environmental and social impact assessment for the proposed Bakhuis bauxite mining project. Specialist study Ornithology, SRK Consulting, Cape Town.

O'Shea, B. J., and S. Ramcharan. 2013. A rapid assessment of the avifauna of the ipper Palumeu Watershed, southeastern Suriname. Pp. 145–160 in L. E. Alonso and T. H. Larsen, eds. A rapid biological assessment of the upper Palumeu River watershed (Grensgebergte and Kasikasima) of southeastern Suriname. RAP Bulletin of Biological Assessment 67. Conservation International, Washington, DC.

Pacheco, V., y S. Solari. 1997. Manual de los murciélagos peruanos con énfasis en especies hematófagas. Organización Panamericana de la Salud, Lima.

Parker, T. A. III, and J. V. Remsen, Jr. 1987. Fifty-two Amazonian bird species new to Bolivia. Bulletin of the British Ornithologists' Club 107:94–107.

Pérez-Peña, P. E., G. Chávez, E. Twomey, and J. L. Brown. 2010. Two new species of Ranitomeya (Anura: Dendrobatidae) from eastern Amazonian Peru. Zootaxa 2439:1–23.

Pitman, N., C. Vriesendorp y/and D. Moskovits, eds. 2003a. Perú: Yavarí. Rapid Biological Inventories Report 11. The Field Museum, Chicago.

Pitman, N., H. Beltrán, R. B. Foster, R. García, C. Vriesendorp y/and M. Ahuite. 2003b. Flora y vegetación/Flora and vegetation. Pp. 52–59, 137–143 y/and 188–218 en/in N. Pitman, C. Vriesendorp y/and D. K. Moskovits, eds. Perú: Yavarí. Rapid Biological Inventories Report 11. The Field Museum, Chicago.

Pitman, N., R. C. Smith, C. Vriesendorp, D. Moskovits, R. Piana, G. Knell y/and T. Wachter, eds. 2004. Perú: Ampiyacu, Apayacu, Yaguas, Medio Putumayo. Rapid Biological Inventories Report 12. The Field Museum, Chicago.

Pitman N. C. A., H. Mogollón, N. Davila, M. Ríos, R. García-Villacorta, J. Guevara, T. R. Baker, A. Monteagudo, O. Phillips, R. Vásquez-Martínez, M. Ahuite, M. Aulestia, D. Cárdenas, C. E. Cerón, P.-A. Loizeau, D. A. Neill, P. Núñez V., W. A. Palacios, R. Spichiger, and E. Valderrama. 2008. Tree community change across 700 km of lowland Amazonian forest from the Andean foothills to Brazil. Biotropica 40:525–535.

Pitman, N., C. Vriesendorp, D. K. Moskovits, R. von May, D. Alvira, T. Wachter, D. F. Stotz y/and Á. del Campo, eds. 2011. Perú: Yaguas-Cotuhé. Rapid Biological and Social Inventories Report 23. The Field Museum, Chicago.

Pitman, N., E. Ruelas Inzunza, C. Vriesendorp, D. F. Stotz, T. Wachter, Á. del Campo, D. Alvira, B. Rodríguez Grández, R. C. Smith, A. R. Sáenz Rodríguez y/and P. Soria Ruiz, eds. 2013. *Perú: Ere-Campuya-Algodón*. Rapid Biological and Social Inventories Report 25. The Field Museum, Chicago.

Pitman, N., C. Vriesendorp, D. Alvira, J. Markel, M. Johnston, E. Ruelas Inzunza, A. Lancha Pizango, G. Sarmiento Valenzuela, P. Álvarez-Loayza, J. Homan, T. Wachter, Á. del Campo, D. F. Stotz y/and S. Heilpern, eds. 2014. *Perú: Cordillera Escalera-Loreto*. Rapid Biological and Social Inventories Report 26. The Field Museum, Chicago.

Pomara, L. Y., K. Ruokolainen, H. Tuomisto, and K. R. Young. 2012. Avian composition co-varies with floristic composition and soil nutrient concentration in Amazonian upland forests. Biotropica 44:545–553.

PROCREL (Programa de Conservación, Gestión y Uso Sostenible de la Diversidad Biológica de Loreto). 2009. *Estrategia para la gestión de las Áreas de Conservación Regional de Loreto*. PROCREL, Gobierno Regional de Loreto, Iquitos.

Puertas, P., and R. E. Bodmer. 1993. Conservation of a high diversity primate assemblage. Biodiversity and Conservation 2:586–593.

Räsänen, M., A. Linna, G. Irion, L. Rebata Hermani, R. Vargas Huaman y F. Wesselingh. 1998. Geología y geoformas en la zona de Iquitos. Pp. 59–137 en R. Kalliola y S. Flores Paitán, eds. *Geoecología y desarollo amazónico: Estudio integrado en la zona de Iquitos, Perú*. Annales Universitatis Turkuensis Series A II 114. Universidad de Turku, Turku.

Reis, E., S. Kullander, and C. Ferraris. 2003. *Checklist of the freshwater fish of South and Central America*. EDIPUCRS, Porto Alegre.

Remsen, J. V., Jr., J. I. Areta, C. D. Cadena, A. Jaramillo, M. Nores, J. F. Pacheco, J. Perez-Emon, M. B. Robbins, F. G. Stiles, D. F. Stotz, and K. J. Zimmer. 2015. *A classification of the bird species of South America*. Version 13 May 2015. American Ornithologists' Union. Available online at *http://www.museum.lsu.edu/~Remsen/SACCBaseline.html* and accessed 28 May 2015.

Rhea, S., G. Hayes, A. Villaseñor, K. P. Furlong, A. C. Tarr, and H. M. Benz. 2010. *Seismicity of the earth 1900–2007, Nazca Plate and South America*. U. S. Geological Survey Open File Report 2010–1083-E, 1 sheet, scale 1:12,000.

Ribeiro, J. E. L. S., M. J. G. Hopkins, A. Vicentini, C. A. Sothers, M. A. S. Costa, J. M. Brito, M. A. D. Souza, L. H. P. Martins, L. G. Lohmann, P. A. C. L. Assunção, E. C. Pereira, C. F. Silva, M. R. Mesquita e L. C. Procópio. 1999. *Flora da Reserva Ducke: Guia de identificação das plantas vasculares de uma floresta de terra-firme na Amazônia Central*. INPA/DFID, Manaus.

Ridgely, R. S., and G. Tudor. 1989. *The birds of South America*. Vol. 1. University of Texas Press, Austin.

Rivera, C., y P. Soini. 2002. La herpetofauna de la Zona Reservada Allpahuayo-Mishana, Amazonía norperuana. Recursos Naturales 1(1):143–151.

Rivera, C., R. von May, C. Aguilar, I. Arista, A. Curo y R. Schulte. 2003. Una evaluación preliminar en la Zona Reservada Allpahuayo-Mishana, Loreto, Perú. Folia Amazónica 14:139–148.

Rodríguez Achung, F. 1990. Los suelos de áreas inundables de la Amazonía peruana: Potencial, limitaciones y estrategia para su investigación. Folia Amazónica 2:7–25.

Rodríguez, L. O., y/and G. Knell. 2003. Anfibios y reptiles/ Amphibians and reptiles. Pp. 63–67, 147–150 y/and 244–253 en/in N. Pitman, C. Vriesendorp y/and D. Moskovits, eds. *Perú: Yavarí*. Rapid Biological Inventories Report 11. The Field Museum, Chicago.

Rodríguez, L. O., y/and G. Knell. 2004. Anfibios y reptiles/ Amphibians and reptiles. Pp. 67–70, 152–155 y/and 234–241 en/in N. Pitman, R. C. Smith, C. Vriesendorp, D. Moskovits, R. Piana, G. Knell y/and T. Wachter, eds. *Perú: Ampiyacu, Apayacu, Yaguas, Medio Putumayo*. Rapid Biological Inventories Report 12. The Field Museum, Chicago.

Rondon, X. J., D. L. Gorchov, and F. Cornejo. 2009. Tree species richness and composition 15 years after strip clear-cutting in the Peruvian Amazon. Plant Ecology 201(1):23–37.

Rosenberg, G. H. 1990. Habitat specialization and foraging behavior by birds of Amazonian river islands in northeastern Peru. Condor 92:427–443.

Saldaña R., J. S., y V. L. Saldaña H. 2010. La cacería de animales silvestres en la comunidad de Bretaña, río Puinahua, Loreto, Perú. Revista Colombiana de Ciencia Animal 3(2):225–237.

Salovaara, K., R. Bodmer, M. Recharte y/and C. Reyes F. 2003. Diversidad y abundancia de mamíferos/Diversity and abundance of mammals. Pp. 74–82, 156–164 y/and 268–275 en/in N. Pitman, C. Vriesendorp y/and D. Moskovits, eds. *Perú: Yavarí*. Rapid Biological Inventories Report 11. The Field Museum, Chicago.

Salvador G., A. I. 1972. *El misionero del remo*. Imprenta Editorial San Antonio, Lima.

San Román, J. V. 1994. *Perfiles históricos de la Amazonía peruana*. Ediciones Paulinas, Centro de Estudios Teológicos de la Amazonía, Centro Amazónico de Antropología y Aplicación Práctica e Instituto de Investigaciones de la Amazonía Peruana, Iquitos.

Sánchez F., A., J. W. De la Cruz, R. Monge M., C. F. Jorge, I. Herrera T., M. Valencia M., D. Romero F., J. Cervante G. y M. A. Cuba. 1999. *Geología de los cuadrángulos de Puerto Arturo, Flor de Agosto, San Antonio del Estrecho, Nuevo Perú, San Felipe, Río Algodón, Quebrada Airambo, Mazán, Francisco de Orellana, Huata, Iquitos, Río Maniti, Yanashi, Tamshiyacu, Río Tamshiyacu, Buenjardín, Ramón Castilla, Río Yavarí-Mirín y Buenavista*. Boletín 132, Sector de Energía y Minas, Instituto Geológico Minero y Metalúrgico, Lima.

Sánchez Y., J., D. Alvarez C., A. Lagos M. y N. N. Huamán. 1997. *Geología de los cuadrángulos de Balsapuerta y Yurimaguas.* Boletín 103, Sector de Energía y Minas, Instituto Geológico Minero y Metalúrgico, Lima.

Santos Granero, F., y F. Barclay. 2002. *La frontera domesticada: Historia económica y social de Loreto, 1850–2000.* Fondo Editorial Pontificia Universidad Católica del Perú, Lima.

Saunders, T. J. 2008. Geología, hidrología y suelos: Procesos y propiedades del paisaje/Geology, hydrology, and soils: Landscape properties and processes. Pp. 66–75, 193–201 y/and 254–261 en/in W. S. Alverson, C. Vriesendorp, Á. del Campo, D. K. Moskovits, D. F. Stotz, M. García Donayre y/and L. A. Borbor L., eds. *Ecuador, Perú: Cuyabeno-Güeppí.* Rapid Biological and Social Inventories Report 20. The Field Museum, Chicago.

Schulenberg, T. S., C. Albujar y/and J. I. Rojas Moscoso. 2006. Aves/Birds. Pp. 86–98, 185–196 y/and 263–273 en/in C. Vriesendorp, T. S. Schulenberg, W. S. Alverson, D. K. Moskovits y/and J.-I. Rojas Moscoso, eds. *Perú: Sierra del Divisor.* Rapid Biological Inventories Report 17. The Field Museum, Chicago.

Schulenberg, T. S., D. F. Stotz, D. F. Lane, J. P. O'Neill, and T. A. Parker, III. 2010. *Birds of Peru.* Revised and updated edition. Princeton University Press, Princeton.

Scott, N. J., Jr. 1994. Complete species inventories. Pp. 78–84 in W. R. Heyer, M. A. Donnelly, R. W. McDiarmid, L. C. Hayek, and M. S. Foster, eds. *Measuring and monitoring biological diversity: Standard methods for amphibians.* Smithsonian Institution Press, Washington, DC.

Sébrier, M., and P. Soler. 1991. Tectonics and magmatism in the Peruvian Andes from late Oligocene time to the present. Pp. 255–278 in R. S. Harmon, and C. W. Rapela, eds. *Andean magmatism and its tectonic setting.* Special Paper 265. Geological Society of America, Boulder.

SERNANP (Servicio Nacional de Áreas Naturales Protegidas por el Estado). 2009. *Plan director de las áreas naturales protegidas (Estrategia nacional).* SERNANP, Ministerio del Ambiente, Lima.

SERNANP (Servicio Nacional de Áreas Naturales Protegidas por el Estado). 2014. *Plan maestro de la Reserva Nacional Matsés 2014–2019, aprobado con Resolución Presidencial No. 54–2014-SERNANP.* Ministerio del Ambiente, Lima.

Simmons, N. B. 2005. Order Chiroptera. Pp. 312–529 in D. E. Wilson and D. M. Reeder, eds. *Mammal species of the world: A taxonomic and geographic reference.* Third Edition. Johns Hopkins University Press, Baltimore. Updated versions available online at *http://vertebrates.si.edu/msw/mswcfapp/msw/index.cfm*

Simmons, N. B., R. S. Voss, and D. W. Fleck. 2002. A new Amazonian species of *Micronycteris* (Chiroptera: Phyllostomidae) with notes on the roosting behavior of sympatric congeners. American Museum Novitates 3358:1–16.

Smith, B. T., J. E. McCormack, A. M. Cuervo, M. J. Hickerson, A. Aleixo, C. D. Cadena, J. Pérez-Emán, C. W. Burney, X. Xie, M. G. Harvey, B. C. Faircloth, T. C. Glenn, E. P. Derryberry, J. Prejean, S. Fields, and R. T. Brumfield. 2014. The drivers of tropical speciation. Nature 515:406–409.

Snow, D., and A. Bonan. 2014. Pompadour Cotinga (*Xipholena punicea*). In J. del Hoyo, A. Elliott, J. Sargatal, D. A. Christie, and E. de Juana, eds. *Handbook of the birds of the world alive.* Lynx Edicions, Barcelona. Available online at *http://www.hbw.com/node/57039* and accessed on 6 March 2015.

SNV (Stichting Nederlandse Vrijwilligers). 2009. *Estudio del mercado nacional de madera y productos de madera para el sector de la construcción.* Disponible en línea en *http://www.snvworld.org/es/publications/estudio-del-mercado-nacional-de-madera-y-productos-de-madera-para-el-sector-de-la*

Socolar, J. B., J. Díaz Alván, P. Saboya, L. Pomara, B. O'Shea, D. F. Stotz, F. Schmitt, D. Graham, and B. Carnes. Unpublished manuscript. Noteworthy bird records from Loreto, Peru: The trickle-through biogeography of upper Amazonia.

Spichiger, R., J. Méroz, P.-A. Loizeau y L. Stutz De Ortega. 1989. Los árboles del Arboretum Jenaro Herrera. Vol. I: Moraceae a Leguminosae. (Contribución a la flora de la Amazonía peruana). Boissiera 43:1–359.

Spichiger, R., J. Detraz-Méroz, P.-A. Loizeau y L. Stutz De Ortega. 1990. Los árboles del Arboretum Jenaro Herrera. Vol. II: Linaceae a Palmae. (Contribución a la flora de la Amazonía peruana). Boissiera 44:1–565.

Stallard, R. F. 1985. River chemistry, geology, geomorphology, and soils in the Amazon and Orinoco basins. Pp. 293–316 in J. I. Drever, ed. *The chemistry of weathering.* NATO ASI Series C: Mathematical and Physical Sciences 149. D. Reidel Publishing Co., Dordrecht.

Stallard, R. F. 1988. Weathering and erosion in the humid tropics. Pp. 225–246 in A. Lerman and M. Meybeck, eds. *Physical and chemical weathering in geochemical cycles.* NATO ASI Series C: Mathematical and Physical Sciences 251. Kluwer Academic Publishers, Dordrecht.

Stallard, R. F. 2006a. Procesos del paisaje: Geología, hidrología y suelos/Landscape processes: Geology, hydrology, and soils. Pp. 57–63, 170–176 y/and 230–249 en/in C. Vriesendorp, N. Pitman, J. I. Rojas Moscoso, L. Rivera Chávez, L. Calixto Méndez, M. Vela Collantes, M. y/and P. Fasabi Rimachi, P., eds. *Perú: Matsés.* Rapid Biological Inventories Report 16. The Field Museum, Chicago.

Stallard, R. F. 2006b. Geología e hidrología/Geology and hydrology. Pp. 58–61, 160–163, 218–219 y/and 248 en/in C. Vriesendorp, T. S. Schulenberg, W. S. Alverson, D. K. Moskovits y/and J.-L. Rojas Moscoso, eds. *Perú: Sierra del Divsor.* Rapid Biological Inventories Report 17. The Field Museum, Chicago.

Stallard, R. F. 2007. Geología, hidrología y suelos/Geology, hydrology, and soils. Pp. 44–50, 114–119 y/and 156–162 en/in C. Vriesendorp, J. A. Álvarez, N. Barbagelata, W. S. Alverson, and D. K. Moskovits, eds. Perú: Nanay-Mazán-Arabela. Rapid Biological Inventories Report 18. The Field Museum, Chicago.

Stallard, R. F. 2011. Procesos paisajísticos: Geología, hidrología y suelos/Landscape processes: Geology, hydrology, and soils. Pp. 72–86, 199–210 y/and 272–275 en/in N. Pitman, C. Vriesendorp, D. K. Moskovits, R. von May, D. Alvira, T. Wachter, D. F. Stotz y/and Á. del Campo, eds. Perú: Yaguas-Cotuhé. Rapid Biological and Social Inventories Report 23. The Field Museum, Chicago.

Stallard, R. F. 2012. Weathering, landscape equilibrium, and carbon in four watersheds in eastern Puerto Rico. Pp. 199–248 in S. F. Murphy and R. F. Stallard, eds. Water quality and landscape processes of four watersheds in eastern Puerto Rico. U. S. Geological Survey Professional Paper 1789-H.

Stallard, R. F. 2013. Geología, hidrología y suelos/Geology, hydrology, and soils. Pp. 74–85, 221–231 y/and 296–330 en/in N. Pitman, E. Ruelas Inzunza, C. Vriesendorp, D. F. Stotz, T. Wachter, Á. del Campo, D. Alvira, B. Rodríguez Grández, R. C. Smith, A. R. Sáenz Rodríguez y/and P. Soria Ruiz, eds. Perú: Ere-Campuya-Algodón. Rapid Biological and Social Inventories Report 25. The Field Museum, Chicago.

Stallard, R. F., and J. M. Edmond. 1983. Geochemistry of the Amazon 2. The influence of geology and weathering environment on the dissolved-load. Journal of Geophysical Research-Oceans and Atmospheres 88(C14):9671–9688.

Stallard, R. F., L. Koehnken, and M. J. Johnsson. 1991. Weathering processes and the composition of inorganic material transported through the Orinoco River system, Venezuela and Colombia. Geoderma 51(1–4):133–165.

Stallard, R. F., y/and V. Zapata-Pardo. 2012. Geología, hidrología y suelos/Geology, hydrology, and soils. Pp. 76–86, 233–242 y/and 318–319 en/in N. Pitman, E. Ruelas Inzunza, D. Alvira, C. Vriesendorp, D. K. Moskovits, Á. del Campo, T. Wachter, D. F. Stotz, S. Noningo Sesén, E. Tuesta Cerrón y/and R. C. Smith, eds. Perú: Cerros de Kampankis. Rapid Biological and Social Inventories Report 24. The Field Museum, Chicago.

Stallard, R. F., y/and L. Lindell. 2014. Geología, hidrología y suelos/Geology, hydrology, and soils. Pp. 84–98, 280–292 y/and 402–407 en/in N. Pitman, C. Vriesendorp, D. Alvira, J. Markel, M. Johnston, E. Ruelas Inzunza, A. Lancha Pizango, G. Sarmiento Valenzuela, P. Álvarez-Loayza, J. Homan, T. Wachter, Á. del Campo, D. F. Stotz y/and S. Heilpern, eds. Perú: Cordillera Escalera-Loreto. Rapid Biological and Social Inventories Report 26. The Field Museum, Chicago.

Stark, N., and M. Spratt. 1977. Root biomass and nutrient storage in rain forest oxisols near San Carlos de Rio Negro. Tropical Ecology 18:1–9.

Stark, N. M., and C. F. Jordan. 1978. Nutrient retention by the root mat of an Amazonian rain forest. Ecology 59(3):434–437.

Stotz, D. F. 1993. Geographic variation in species composition of mixed species flocks in lowland humid forests in Brazil. Papéis Avulsos de Zoologia (São Paulo) 38:61–75.

Stotz, D. F., S. M. Lanyon, T. S. Schulenberg, D. E. Willard, A. T. Peterson, and J. W. Fitzpatrick. 1997. An avifaunal survey of two tropical forest localities on the middle Rio Jiparaná, Rondônia, Brazil. Ornithological Monographs 48:763–781.

Stotz, D. F. y/and T. Pequeño. 2006. Aves/Birds. Pp. 197–205, 304–319 y/and 304–319 en/in C. Vriesendorp, N. Pitman, J. I. Rojas Moscoso, B. A. Pawlak, L. Rivera Chávez, L. Calixto Méndez, M. Vela Collantes y/and P. Fasabi Rimachi, eds. Perú: Matsés. Rapid Biological Inventories Report 16. The Field Museum, Chicago.

Stotz, D. F., y/and J. Díaz Alván. 2007. Aves/Birds. Pp. 67–73, 134–140 y/and 214–225 en/in C. Vriesendorp, J. A. Álvarez, N. Barbagelata, W. S. Alverson y/and D. K. Moskovits, eds. Perú: Nanay-Mazán-Arabela. Rapid Biological Inventories Report 18. The Field Museum, Chicago.

Stotz, D. F., y/and J. Díaz Alván. 2010. Aves/Birds. Pp. 81–90, 197–205 y/and 288–310 en/in M. P. Gilmore, C. Vriesendorp, W. S. Alverson, Á. del Campo, R. von May, C. López Wong y/and S. Ríos Ochoa, eds. Perú: Maijuna. Rapid Biological and Social Inventories Report 22. The Field Museum, Chicago.

Stotz, D. F., y/and E. Ruelas Inzunza. 2013. Aves/Birds. Pp. 114–120, 257–263 y/and 362–373 en/in N. Pitman, E. Ruelas Inzunza, C. Vriesendorp, D. F. Stotz, T. Wachter, Á. del Campo, D. Alvira, B. Rodríguez Grández, R. C. Smith, A. R. Sáenz Rodríguez y/and P. Soria Ruiz, eds. Perú: Ere-Campuya-Algodón. Rapid Biological and Social Inventories Report 25. The Field Museum, Chicago.

Struhsaker, T. T., H. Wiley, and J. A. Bishop. 1997. Conservation survey of Río Tapiche, Loreto, Peru: 1 February–8 March 1997. Unpublished report for the Amazon Center for Environmental Education and Research (ACEER) Foundation.

TEAM Network. 2011. Terrestrial vertebrate protocol implementation manual, v. 3.1. Tropical Ecology, Assessment and Monitoring Network, Center for Applied Biodiversity Science, Conservation International, Arlington.

ter Steege, H., N. Pitman, D. Sabatier, H. Castellanos, P. Van der Hout, D. C. Daly, M. Silveira, O. Phillips, R. Vasquez, T. Van Andel, J. Duivenvoorden, A. A. De Oliveira, R. Ek, R. Lilwah, R. Thomas, J. Van Essen, C. Baider, P. Maas, S. Mori, J. Terborgh, P. N. Vargas, H. Mogollón, and W. Morawetz. 2003. A spatial model of tree alpha-diversity and tree density for the Amazon. Biodiversity and Conservation 12:2255–2277.

ter Steege, H., et al. 2013. Hyperdominance in the Amazonian tree flora. Science 342(6156).

Tirira, D. 1999. Mamíferos del Ecuador. Pontificia Universidad Católica del Ecuador, Quito.

Tobler, M. 2013. *Camera Base Version 1.6, User guide.* Available online at *http://www.atrium-biodiversity.org/tools/camerabase/files/CameraBaseDoc1.6.pdf*

Trueb, L. 1974. Systematic relationships of neotropical horned frogs, genus *Hemiphractus* (Anura, Hylidae). Occasional Papers of the Museum of Natural History of the University of Kansas 29:1–60.

Uetz, P., and J. Hošek, eds. 2014. The reptile database: An online reference. Available online at *http://www.reptile-database.org* and accessed 8 January 2015.

Urrunaga, J. M., A. Johnson, I. Dhaynee Orbegozo, and F. Mulligan. 2012. *The laundering machine: How fraud and corruption in Peru's concession system are destroying the future of its forests.* Environmental Investigation Agency, Washington, DC. Available online at *http://eia-international.org/reports/the-laundering-machine1*

Val, A., and V. Almeida-Val. 1995. *Fishes of the Amazon and their enviroment: Physiological and biochemical aspects.* Springer-Verlag, Berlin.

Van Perlo, B. 2009. *A field guide to the birds of Brazil.* Oxford University Press, Oxford.

Veloza, G., R. Styron, M. Taylor, and A. Mora. 2012. Open-source archive of active faults for northwest South America. GSA Today 22(10):4–10.

Venegas P. J., y/and G. Gagliardi-Urrutia. 2013. Anfibios y reptiles/Amphibians and reptiles. Pp. 107–113, 251–257 y/and 346–361 en/in N. Pitman, E. Ruelas Inzunza, C. Vriesendorp, D. F. Stotz, T. Wachter, Á. del Campo, D. Alvira, B. Rodríguez Grández, R. C. Smith, A. R. Sáenz Rodríguez y/and P. Soria Ruiz, eds. *Perú: Ere-Campuya-Algodón.* Rapid Biological and Social Inventories Report 25. The Field Museum, Chicago.

Venegas P. J., G. Gagliardi-Urrutia y/and M. Odicio. 2014. Anfibios y reptiles/Amphibians and reptiles. Pp. 127–138, 319–329 y/and 470–481 en/in N. Pitman, C. Vriesendorp, D. Alvira, J. Markel, M. Johnston, E. Ruelas Inzunza, A. Lancha Pizango, G. Sarmiento Valenzuela, P. Álvarez-Loayza, J. Homan, T. Wachter, Á. del Campo, D. F. Stotz y/and S. Heilpern, eds. *Perú: Cordillera Escalera-Loreto.* Rapid Biological and Social Inventories Report 26. The Field Museum, Chicago.

Vermeer J., J. C. Tello-Alvarado, J. T. Villacis del Castillo, and A. J. Bóveda Penalba. 2013. A new population of red uakaris (*Cacajao calvus* ssp.) in the mountains of north-eastern Peru. Neotropical Primates 20(1):12–17.

von May, R., K. Siu-Ting, J. Jacobs, M. Medina-Muller, G. Gagliardi, L. Rodriguez, and M. Donnelly. 2009. Species diversity and conservation status of amphibians in Madre de Dios, Peru. Herpetological Conservation and Biology 4(1):14–29.

von May, R., y/and P. J. Venegas. 2010. Anfibios y reptiles/Amphibians and reptiles. Pp. 74–81, 190–197 y/and 282–286 en/in M. P. Gilmore, C. Vriesendorp, W. S. Alverson, Á. del Campo, R. von May, C. López Wong y/and S. Ríos Ochoa, eds. *Perú: Maijuna.* Rapid Biological and Social Inventories Report 22. The Field Museum, Chicago.

von May, R., y/and J. J. Mueses-Cisneros. 2011. Anfibios y reptiles/Amphibians and reptiles. Pp. 108–116, 230–237 y/and 330–335 in N. Pitman, C. Vriesendorp, D. K. Moskovits, R. von May, D. Alvira, T. Wachter, D. F. Stotz y/and Á. del Campo, eds. *Perú: Yaguas-Cotuhé.* Rapid Biological and Social Inventories Report 23. The Field Museum, Chicago.

Vriesendorp, C., N. Pitman, R. B. Foster, I. Mesones y/and M. Ríos. 2004. Flora y vegetación/Flora and vegetation. Pp. 54–61, 141–147 y/and 190–213 en/in N. Pitman, R. C. Smith, C. Vriesendorp, D. K. Moskovits, R. Piana, G. Knell y/and T. Watcher, eds. *Perú: Ampiyacu, Apayacu, Yaguas, Medio Putumayo.* Rapid Biological Inventories Report 12. The Field Museum, Chicago.

Vriesendorp, C., N. Pitman, J. I. Rojas Moscoso, B. A Pawlak, L. Rivera Chávez, L. Calixto Méndez, M. Vela Collantes y/and P. Fasabi Rimachi, eds. 2006a. *Perú: Matsés.* Rapid Biological Inventories Report 16. The Field Museum, Chicago.

Vriesendorp, C., T. S. Schulenberg, W. S. Alverson, D. K. Moskovits y/and J.-I. Rojas Moscoso, eds. 2006b. *Perú: Sierra del Divisor.* Rapid Biological Inventories Report 17. The Field Museum, Chicago.

Vriesendorp, C., N. Dávila, R. B. Foster, I. Mesones y/and V. L. Uliana. 2006c. Flora y vegetación/Flora and vegetation. Pp. 62–73, 163–173 y/and 220–247 en/in C. Vriesendorp, T. S. Schulenberg, W. S. Alverson, D. K. Moskovits y/and J.-I. Rojas Moscoso, eds. *Perú: Sierra del Divisor.* Rapid Biological Inventories Report 17. The Field Museum, Chicago.

Vriesendorp, C., N. Dávila, R. B. Foster y/and G. Nuñez I. 2007. Flora y vegetación/Flora and vegetation. Pp. 50–56, 163–173 y/and 163–189 en/in C. Vriesendorp, J. A. Álvarez, N. Barbagelata, W. S. Alverson y/and D. K. Moskovits, eds. *Perú: Nanay-Mazán-Arabela.* Rapid Biological Inventories Report 18. The Field Museum, Chicago.

Vriesendorp, C., W. S. Alverson, N. Dávila, S. Descanse, R. B. Foster, J. López, L. C. Lucitante, W. Palacios y/and O. Vásquez. 2008. Flora y vegetación/Flora and vegetation. Pp. 75–83, 202–209 y/and 262–292 en/in W. S. Alverson, C. Vriesendorp, A. del Campo, D. K. Moskovits, D. F. Stotz, M. García D. y/and L. A. Borbor L., eds. *Ecuador-Perú: Cuyabeno-Güeppí.* Rapid Biological and Social Inventories Report 20. The Field Museum, Chicago.

Walker, J. D., and J. W. Geissman. 2009. 2009 GSA Geologic Time Scale. GSA Today 9(4):60–61.

Watsa, M., G. Erkenswick, J. Rehg, and R. Pitman. 2012. Distribution and new sightings of Goeldi's monkey (*Callimico goeldii*) in Amazonian Peru. International Journal of Primatology 33(6):1477–1502.

Whitney, B. M., D. C. Oren e D. C. Pimentel Neto. 1996. *Uma lista anotada de aves e mamíferos registrados em 6 sítios do setor norte do Parque Nacional da Serra do Divisor, Acre, Brasil: Uma avaliação ecológica.* Informe não publicado. The Nature Conservancy e S. O. S. Amazônia, Brasília e Rio Branco.

Whitney, B. M., D. C. Oren e D. C. Pimentel Neto. 1997. *Uma lista anotada de aves e mamíferos registrados em 6 sítios do setor sul do Parque Nacional da Serra do Divisor, Acre, Brasil: Uma avaliação ecológica.* Informe não publicado. The Nature Conservancy e S. O. S. Amazônia, Brasília e Rio Branco.

Whitney, B. M., and J. Álvarez Alonso. 1998. A new *Herpsilochmus* antwren (Aves: Thamnophilidae) from northern Amazonian Peru and adjacent Ecuador: The role of edaphic heterogeneity of terra firma forest. Auk 115:559–576.

Whitney, B. M., and J. Álvarez Alonso. 2005. A new species of gnatcatcher from white-sand forests of northern Amazonian Peru with revision of the *Polioptila guianensis* complex. Wilson Bulletin 117:113–127.

Whitney, B. M., M. Cohn-Haft, G. A. Bravo, F. Schunck, and L. F. Silveira. 2013. A new species of *Herpsilochmus* antwren from the Aripuana-Machado interfluvium in Central Amazonian Brazil. Pp. 277–281 in J. del Hoyo, A. Elliott, J. Sargatal, and D. A. Christie, eds. *Handbook of the birds of the world.* Special Volume: New Species and Global Index. Lynx Edicions, Barcelona.

Wiley, H., J. Bishop, and T. Struhsaker. 1997. Birds of the Río Tapiche, Loreto. Pp. 23–31 in T. T. Struhsaker, H. Wiley, and J. A. Bishop, eds. *Conservation survey of Río Tapiche, Loreto, Peru: 1 February–8 March 1997.* Unpublished report for the Amazon Center for Environmental Education and Research (ACEER) Foundation. Updated list (12 March 2015) available online at *http://www.unc.edu/~rhwiley/loreto/tapiche97/Rio_Tapiche_1997.html*

Yánez-Muñoz, M., y/and P. J. Venegas. 2008. Anfibios y reptiles/Amphibians and reptiles. Pp. 90–96, 215–221 y/and 308–323 en/in W. S. Alverson, C. Vriesendorp, Á. del Campo, D. K. Moskovits, D. F. Stotz, M. García D. y/and L. A. Borbor L., eds. *Ecuador-Perú: Cuyabeno-Güeppí.* Rapid Biological and Social Inventories Report 20. The Field Museum, Chicago.

Zimmer, J. T. 1934. Studies of Peruvian birds XIV: Notes on the genera *Dendrocolaptes, Hylexetastes, Xiphocolaptes, Dendroplex* and *Lepidocolaptes.* American Museum Novitates 753:1–26.

Alverson, W. S., D. K. Moskovits y/and J. M. Shopland, eds. 2000. Bolivia: Pando, Río Tahuamanu. Rapid Biological Inventories Report 01. The Field Museum, Chicago.

Alverson, W. S., L. O. Rodríguez y/and D. K. Moskovits, eds. 2001. Perú: Biabo Cordillera Azul. Rapid Biological Inventories Report 02. The Field Museum, Chicago.

Pitman, N., D. K. Moskovits, W. S. Alverson y/and R. Borman A., eds. 2002. Ecuador: Serranías Cofán-Bermejo, Sinangoe. Rapid Biological Inventories Report 03. The Field Museum, Chicago.

Stotz, D. F., E. J. Harris, D. K. Moskovits, K. Hao, S. Yi, and G. W. Adelmann, eds. 2003. China: Yunnan, Southern Gaoligongshan. Rapid Biological Inventories Report 04. The Field Museum, Chicago.

Alverson, W. S., ed. 2003. Bolivia: Pando, Madre de Dios. Rapid Biological Inventories Report 05. The Field Museum, Chicago.

Alverson, W. S., D. K. Moskovits y/and I. C. Halm, eds. 2003. Bolivia: Pando, Federico Román. Rapid Biological Inventories Report 06. The Field Museum, Chicago.

Kirkconnell P., A., D. F. Stotz y/and J. M. Shopland, eds. 2005. Cuba: Península de Zapata. Rapid Biological Inventories Report 07. The Field Museum, Chicago.

Díaz, L. M., W. S. Alverson, A. Barreto V. y/and T. Wachter, eds. 2006. Cuba: Camagüey, Sierra de Cubitas. Rapid Biological Inventories Report 08. The Field Museum, Chicago.

Maceira F., D., A. Fong G. y/and W. S. Alverson, eds. 2006. Cuba: Pico Mogote. Rapid Biological Inventories Report 09. The Field Museum, Chicago.

Fong G., A., D. Maceira F., W. S. Alverson y/and J. M. Shopland, eds. 2005. Cuba: Siboney-Juticí. Rapid Biological Inventories Report 10. The Field Museum, Chicago.

Pitman, N., C. Vriesendorp y/and D. Moskovits, eds. 2003. Perú: Yavarí. Rapid Biological Inventories Report 11. The Field Museum, Chicago.

Pitman, N., R. C. Smith, C. Vriesendorp, D. Moskovits, R. Piana, G. Knell y/and T. Wachter, eds. 2004. Perú: Ampiyacu, Apayacu, Yaguas, Medio Putumayo. Rapid Biological Inventories Report 12. The Field Museum, Chicago.

Maceira F., D., A. Fong G., W. S. Alverson y/and T. Wachter, eds. 2005. Cuba: Parque Nacional La Bayamesa. Rapid Biological Inventories Report 13. The Field Museum, Chicago.

Fong G., A., D. Maceira F., W. S. Alverson y/and T. Wachter, eds. 2005. Cuba: Parque Nacional "Alejandro de Humboldt." Rapid Biological Inventories Report 14. The Field Museum, Chicago.

Vriesendorp, C., L. Rivera Chávez, D. Moskovits y/and J. Shopland, eds. 2004. Perú: Megantoni. Rapid Biological Inventories Report 15. The Field Museum, Chicago.

Vriesendorp, C., N. Pitman, J. I. Rojas M., B. A. Pawlak, L. Rivera C., L. Calixto M., M. Vela C. y/and P. Fasabi R., eds. 2006. Perú: Matsés. Rapid Biological Inventories Report 16. The Field Museum, Chicago.

Vriesendorp, C., T. S. Schulenberg, W. S. Alverson, D. K. Moskovits y/and J.-I. Rojas Moscoso, eds. 2006. Perú: Sierra del Divisor. Rapid Biological Inventories Report 17. The Field Museum, Chicago.

Vriesendorp, C., J. A. Álvarez, N. Barbagelata, W. S. Alverson y/and D. K. Moskovits, eds. 2007. Perú: Nanay-Mazán-Arabela. Rapid Biological Inventories Report 18. The Field Museum, Chicago.

Borman, R., C. Vriesendorp, W. S. Alverson, D. K. Moskovits, D. F. Stotz y/and Á. del Campo, eds. 2007. Ecuador: Territorio Cofan Dureno. Rapid Biological Inventories Report 19. The Field Museum, Chicago.

Alverson, W. S., C. Vriesendorp, Á. del Campo, D. K. Moskovits, D. F. Stotz, Miryan García Donayre y/and Luis A. Borbor L., eds. 2008. Ecuador, Perú: Cuyabeno-Güeppí. Rapid Biological and Social Inventories Report 20. The Field Museum, Chicago.

Vriesendorp, C., W. S. Alverson, Á. del Campo, D. F. Stotz, D. K. Moskovits, S. Fuentes C., B. Coronel T. y/and E. P. Anderson, eds. 2009. Ecuador: Cabeceras Cofanes-Chingual. Rapid Biological and Social Inventories Report 21. The Field Museum, Chicago.

Gilmore, M. P., C. Vriesendorp, W. S. Alverson, Á. del Campo, R. von May, C. López Wong y/and S. Ríos Ochoa, eds. 2010. Perú: Maijuna. Rapid Biological and Social Inventories Report 22. The Field Museum, Chicago.

Pitman, N., C. Vriesendorp, D. K. Moskovits, R. von May,
D. Alvira, T. Wachter, D. F. Stotz y/and Á. del Campo, eds.
2011. Perú: Yaguas-Cotuhé. Rapid Biological and Social
Inventories Report 23. The Field Museum, Chicago.

Pitman, N., E. Ruelas I., D. Alvira, C. Vriesendorp, D. K. Moskovits,
Á. del Campo, T. Wachter, D. F. Stotz, S. Noningo S.,
E. Tuesta C. y/and R. C. Smith, eds. 2012. Perú: Cerros
de Kampankis. Rapid Biological and Social Inventories
Report 24. The Field Museum, Chicago.

Pitman, N., E. Ruelas Inzunza, C. Vriesendorp, D. F. Stotz,
T. Wachter, Á. del Campo, D. Alvira, B. Rodríguez Grández,
R. C. Smith, A. R. Sáenz Rodríguez y/and P. Soria Ruiz, eds.
2013. Perú: Ere-Campuya-Algodón. Rapid Biological and
Social Inventories Report 25. The Field Museum, Chicago.

Pitman, N., C. Vriesendorp, D. Alvira, J.A. Markel, M. Johnston,
E. Ruelas Inzunza, A. Lancha Pizango, G. Sarmiento
Valenzuela, P. Álvarez-Loayza, J. Homan, T. Wachter,
Á. del Campo, D.F. Stotz y/and S. Heilpern, eds. 2014.
Perú: Cordillera Escalera-Loreto. Rapid Biological and Social
Inventories Report 26. The Field Museum, Chicago.